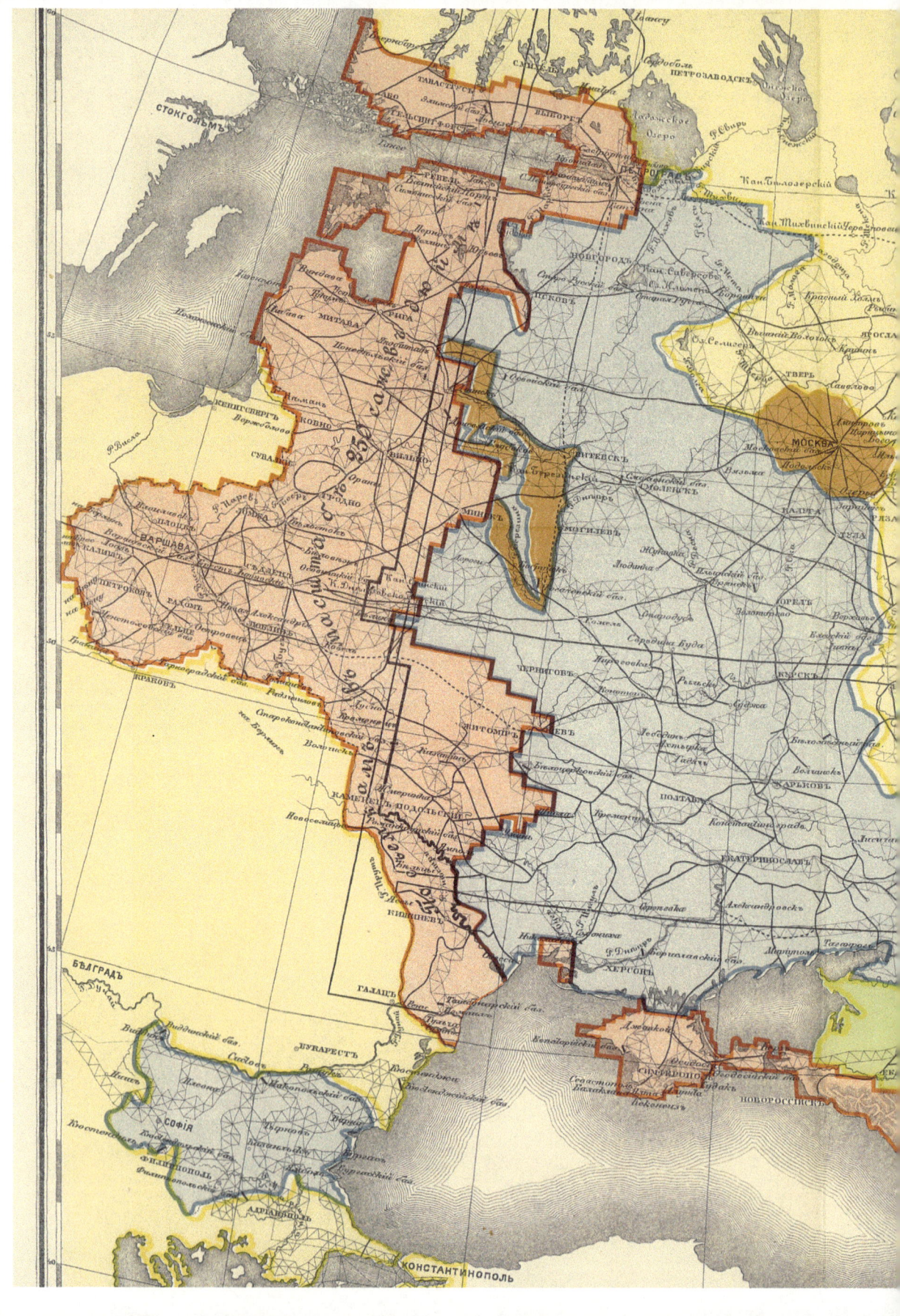

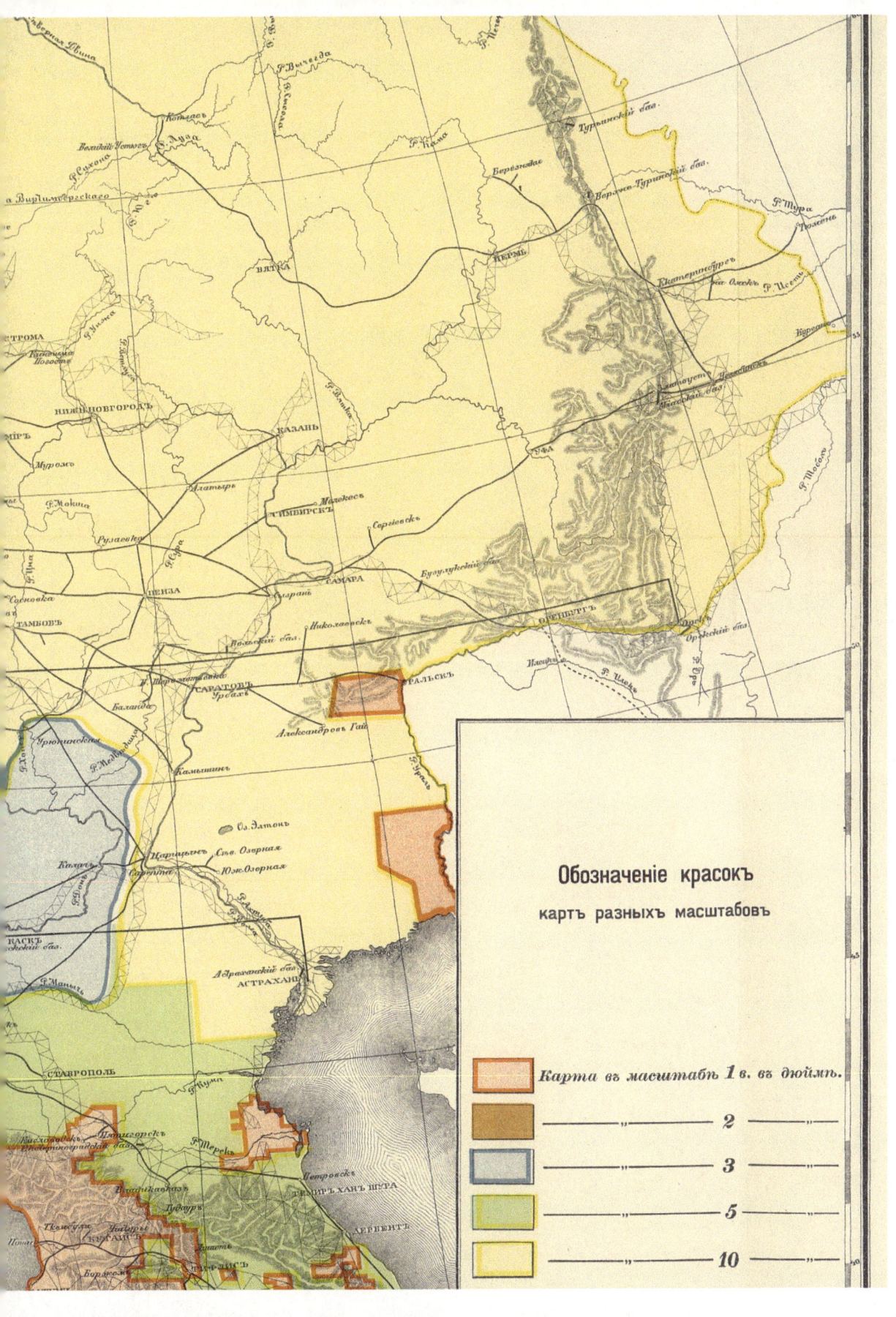

Обозначеніе красокъ

картъ разныхъ масштабовъ

	Карта въ масштабѣ **1** в. въ дюймѣ.
	„ ————— **2** ————— „
	„ ————— **3** ————— „
	„ ————— **5** ————— „
	„ ————— **10** ————— „

Martin Jeske
Ein Imperium wird vermessen

Martin Jeske

Ein Imperium wird vermessen

Kartographie, Kulturtransfer und Raumerschließung
im Zarenreich (1797–1919)

DE GRUYTER
OLDENBOURG

Die Open-Access-Version sowie die Druckvorstufe dieser Publikation wurden vom
Schweizerischen Nationalfonds zur Förderung der wissenschaftlichen Forschung
unterstützt.

**Schweizerischer
Nationalfonds**

ISBN 978-3-11-073697-7
e-ISBN (PDF) 978-3-11-073162-0
e-ISBN (EPUB) 978-3-11-073171-2
DOI: https://doi.org/10.1515/9783110731620

Library of Congress Control Number: 2022944546

Bibliographic information published by the Deutsche Nationalbibliothek
Die Deutsche Nationalbibliothek verzeichnet diese Publikation in der Deutschen National-
bibliografie; detaillierte bibliografische Daten sind im Internet über http://dnb.dnb.de abrufbar.

© 2023 beim Autor, publiziert von Walter de Gruyter GmbH, Berlin/Boston
Dieses Buch ist als Open-Access-Publikation verfügbar über www.degruyter.com.

Einbandabbildung: Karta vladenij Rossiskoj imperii v 1855 gody, in: Strel´bickij, Ivan Afanas'evič:
Zemel´nye priobretenija Rossii v carstvovanie Imperatora Aleksandra II-go s 1855 po 1881 god,
Sankt Peterburg 1881, Anhang. (Russländische Nationalbibliothek, Sankt-Peterburg, Signatur:
18.141.3.26).
Übersicht der zur russischen Gradmessung ausgewählten Dreiecke, in: Brief des Herrn Professors
Struve an den Herausgeber, in: Astronomische Nachrichten 2 (1824) 33, Spalte 152, Anhang.
(Staatsbibliothek zu Berlin, Signatur: 4" Oh 1806-1/2=1/48+Beil.1823/24")
Satz: bsix information exchange GmbH, Braunschweig
Druck und Bindung: CPI books GmbH, Leck

www.degruyter.com

Vorwort

Karten sind Instrumente zur Vermessung der Welt. Die von ihnen erzeugten Raumbilder dokumentieren geschichtliche Entwicklungen in all ihrer Kontinuität und Dynamik. Sie spiegeln die Dauerhaftigkeit von Naturverhältnissen ebenso wider wie die Verschiebung von Machtverhältnissen und Grenzen. Dies wird drastisch demonstriert in einem Augenblick, da lange Zeit von einem „Ende der Geschichte" die Rede war. Der Krieg der Russländischen Föderation unter Vladimir Putin gegen die Ukraine hat aufs Neue die Bedeutung von staatlichem Territorium, politischen und kulturellen Grenzen, militärischen Frontverläufen und physischen Infrastrukturen ins allgemeine Bewusstsein gehoben. Es sind besonders Kriegszeiten, in denen Räume neu vermessen, Karten neu gezeichnet und für die Information der Öffentlichkeit genutzt werden.

Der Angriffskrieg Putins Russland gegen die Ukraine führt uns brutal vor Augen, dass imperiale Großmachtphantasien auch im 21. Jahrhundert nicht der Vergangenheit angehören. Aktuelle wie historische Landkarten spielen dabei eine bedeutsame Rolle, denn sie prägen nach wie vor kollektive Vorstellungen von staatlichen Territorien, dienen als Rechtfertigungen und Handlungsgrundlagen für politische und militärische Entscheidungen. Die Geschichte der Vermessung und Kartographie steht in unmittelbarem Zusammenhang mit der Herausbildung territorialer Verfasstheit von Staaten und deren Grenzen, wie wir sie heute gemeinhin kennen und zuweilen für überholt halten. Im Wechselverhältnis von Politik und Wissenschaft wurden Vermessung und Kartographie im Europa des langen 19. Jahrhunderts zu immer wichtigeren Instrumenten für die Erlangung staatlicher Kontrolle über geographische und politische Räume sowie für deren visuelle Repräsentation als staatliches Territorium. Von dem Prozess, wie sich die wissenschaftlich begründete Vermessung und Kartographie im Zarenreich etablierte und das Selbstbild des Russländischen Imperiums veränderte, handelt dieses Buch.

Noch bevor ich meine Berufsausbildung zum Vermessungstechniker antrat, war ich in der west-sibirischen Taiga unterwegs gewesen mit deutschen und russischen Pfadfindern auf einem Nebenfluss des Irtysch. Dabei bekam ich persönlich einen ersten Eindruck von der viel beschworenen „russischen Weite", begann zu verstehen, dass Deutschland vergleichsweise kleinräumig, dafür aber dicht besiedelt und gut erschlossen ist. Angesichts der sibirischen Wildnis, der großen Entfernungen, der wenigen und archaisch anmutenden Weiler mit ihren unbefestigten Wegen und schief stehenden Holzhäusern fragte ich mich, wie das Leben auf derart entlegenen Inseln wohl funktionierte und wie das mit einer „Supermacht" zusammenpassen sollte. Mein erster Berufsabschluss als Vermesser konnte mir diese und andere Fragen letztlich nicht beantworten. Ich begann das Studium der Kulturwissenschaften, der russischen Sprache und Osteuropäischen Geschichte und hatte das Glück an der Europa-Universität Viadrina in Frankfurt an der Oder an einen inspirierenden Lehrer wie Karl Schlögel, Professor für osteuropäische Geschichte, zu geraten, der mich ermunterte, meine Perspektive als Vermesser in die kulturgeschichtliche Forschung einzubringen. Darin ermutigt fand ich den Weg zu Frithjof Benjamin Schenk, Professor an der Universität Basel, wo ich im Rahmen eines Doktorats die Gelegenheit erhielt, meine interdisziplinäre Perspektive weiter auszubilden. Ergebnis ist dieses Buch. Ihm liegt mein 2020 verteidigtes und anschließend überarbeitetes Dissertationsmanuskript zugrunde, das ich 2015 bis 2019 als wissenschaftlicher Mitarbeiter im Bereich Osteuropäische Geschichte am Departement Geschichte der Universität Basel verfasst habe. Oft habe ich den Spagat zwischen Imperien- und Kartographiegeschichte als Gratwanderung wahrgenommen, dabei nicht den einen oder anderen politischen oder technischen Aspekt zu vernachlässigen oder zu stark zu betonen. Letzten Endes kam es darauf an, deutlich zu machen, dass sich topographische Karten als historische Quellen erst im Zusammenhang mit ihren wissenschaftlich-technischen Grundlagen als Dokumente politischer Perspektivbildung erschließen und interpretieren lassen. Es geht nicht um Vermessung und Kartographie als Selbstzweck, sondern um die Herausarbeitung ihrer Bedeutung für die Bildung staatlicher und politischer Macht des Russländischen Imperiums.

Dass diese Arbeit zustande kommen konnte, verdanke ich der Unterstützung und Hilfe zahlreicher Menschen und Institutionen. An erster Stelle gilt mein Dank Professor Frithjof Benjamin Schenk, dem Bereichsleiter Osteuropäische Geschichte des Departements Geschichte an der Universität Basel. Als Erstbetreuer hat er mich über sämtliche Phasen meines Doktorats hinweg begleitet, war stets ansprechbar und hat mir mit seinen Hinweisen und Kommentaren geholfen, einen gangbaren Weg in unübersichtlichem Terrain zu finden. Nicht zuletzt hat er mir als Projektleiter gezeigt, wie ein erfolgreicher Drittmittelantrag auszusehen hat. In diesem Zusammenhang gilt mein besonderer Dank auch der Basel Graduate School of History (BGSH) und ihrem ehemaligen Koordinator, Dr. Roberto Sala. Mit dem „Startstipendium" erhielt ich 2014 die Möglichkeit, einen soliden Plan für mein Dissertationsprojekt auf die Beine zu stellen. Der Mitgliedschaft der BGSH habe ich exzellente Forschungsbedingungen sowie die Teilnahme an Workshops, Summer Schools und Konferenzen zu verdanken. Die Zugehörigkeit zu diesem auserwählten Kreis von Nachwuchswissenschaftlern hat mich angespornt und in meiner Arbeit bestärkt. Ohne die großzügige Finanzierung des Schweizerischen Nationalfonds (SNF) wäre das Dissertationsvorhaben in der erfolgten Weise nicht möglich gewesen. Als wissenschaftlicher Mitarbeiter eines SNF-Forschungsprojektes erhielt ich vier Jahre lang die Möglichkeit, mich ausschließlich meiner Forschungsarbeit widmen zu können. In diesem Zeitraum konnte ich über ein Dutzend Forschungsaufenthalte in Archiven, Bibliotheken und Instituten in Moskau, Sankt Petersburg, Tartu, Berlin, München und Marburg absolvieren. Darüber hinaus konnte ich meine Überlegungen und Zwischenergebnisse auf Veranstaltungen in Basel, Gotha, Moskau, Stanford, Stuttgart, Tartu und Wien vortragen und diskutieren. Diese Freiheit habe ich als außerordentliches Privileg und als besondere Verpflichtung empfunden, um meine Forschung voranbringen und deren Ergebnisse auch international präsentieren zu können. Dafür bedanke ich mich herzlich. Neben den genannten Personen und Institutionen haben mir viele andere Kolleginnen und Kollegen sowie Freunde und Familienmitglieder geholfen, dieses Forschungsprojekt zu bestreiten. Die Verantwortung für alle Fehler und Irrtümer in dieser Arbeit trage allein ich. Diejenigen, die ich hier namentlich nicht erwähne, bitte ich um Verzeihung. Stellvertretend bedanke ich mich für Hinweise auf Quellen und Literatur, für kritische Kommentare und Denkanstöße recht herzlich bei meinem Zweitgutachter Professor Martin Aust sowie bei Dr. Viktor Michajlovic Bezotosnyj, Wolfgang Crom, Dr. Markijan Semenovič Čubej, Viktor Ebers, Dr. Anastasia Alekseevna Fedotova, Dr. Catherine Gibson, Dr. Markus Heinz, Dr. Tat'jana Vladimirovna Iljušina, Dr. Lea Leppik, Dr. Christian Lotz, Dr. Kersti Lust, Dr. Felix Lühning, Marija Fedorovna Matveeva, Wolfram Pobanz, Dr. Martin Rickenbacher, Dr.-Ing. Roland Schittenhelm, Dr. Denis Sdvižkov, Prof. Dr. Steven Seegel, Prof. Dr. Natal'ja Georgievna Suchova und Dr. Erki Tammiksaar. Für die unschätzbare Hilfe bei Transkription, Übersetzung, Bildbearbeitung und Korrekturlesen geht mein aufrichtiger Dank an Christian Árpási, Carl Hentzschel, Evamaria Sandberg und Nadine Thieme. Für die administrative Unterstützung besten Dank an das Deutsche Historische Institut Moskau (DHIM). Für die professionelle Drucklegung dieses Buches geht mein Dank an Martin Rethmeier, Dr. Sophie Wagenhofer, Jana Fritsche und Antonia Mittelbach vom Verlag De Gruyter Oldenbourg. Schließlich möchte ich mich insbesondere bei meiner Frau Anna für all die Geduld, das Vertrauen und den Zuspruch herzlich bedanken. Das Buch widme ich unseren gemeinsamen Kindern Lara und Julia.

Berlin im Sommer 2022

Hinweise zu diesem Buch

Datumsangaben bis zur Umstellung am 1. (14.) Februar 1918 erfolgen nach dem bis dahin in Russland gültigen Julianischen Kalender. Dieser lief im 19. Jahrhundert gegenüber dem Gregorianischen Kalender zwölf, im 20. Jahrhundert dreizehn Tage nach. Beziehen sich die Datumsangaben vor der genannten Umstellung auf den Gregorianischen Kalender, wird darauf mit dem Zusatz (n. S.) für neuer Stil verwiesen.

Russische Wörter werden nach der im deutschsprachigen Raum üblichen wissenschaftlichen Umschrift wiedergegeben. Auf die Wiedergabe der alten russischen Letter wie der alten russischen Rechtschreibung (vor 1918) wird verzichtet. Eine Ausnahme bildet die Verwendung der alten Genitiv-Endung -ago statt -ogo.

Mit der historischen Selbstbezeichnung „*Rossijskij*" (Russländisch) wurde auf den multiethnischen Charakter des Zarenreiches verwiesen. Auch heute findet sich dies im offiziellen Namen „*Rossijskaja Federacija*" (Russländische Föderation).[1]

Ortsbezeichnungen sind nach der jeweiligen zeitgenössischen Schreibweise in wissenschaftlicher Umschrift wiedergegeben, z. B. Vil'no und Tver'. Ausnahmen bilden Namen von Städten, Gouvernements und Gewässern, die sich im Deutschen allgemein eingebürgert haben, z. B. Moskau, Livland und Volhynien, Wolga und Ostsee. Die Schreibweise von Sankt Petersburg in den Quellenangaben wird wie im Titel angegeben.

Rubelangaben werden im Untersuchungszeitraum bis Mitte des 19. Jahrhunderts in „Silber-Rubel" (*rubl' serebrom*) und „Assignaten-Rubel" (*rubl' assignacijami*) unterschieden. Wenn die Rubelangabe ohne Zusatz erfolgt, lässt die Quelle keine weiteren Schlüsse zu. Ab 1. März 1853 wird unter der Angabe „Rubel" nur noch ein Silber-Rubel verstanden, da die Bezeichnung Assignaten-Rubel abgeschafft wurde.[2]

Übersetzungen stammen vom Autor, soweit nicht anders angegeben.

Kursivschrift wird für Titel von Karten und Schriften verwendet, genauso, wie für fremdsprachige Bezeichnungen. Zugleich werden betonte Worte und Diskursbegriffe kursiv geschrieben, z. B. *mental map*.

Russische Maße und Maßstäbe

Längen- und Flächenmaße

Im Jahre 1835 wurde eine Kommission aus Gelehrten gebildet, um die russländischen Maße und Gewichte so genau wie möglich wissenschaftlich festzustellen. Im

---

1 Vgl. Goehrke, Carsten: Russland, eine Strukturgeschichte. Paderborn [u. a.] 2010, S. 14.

2 Katychova, Ljudmila Aleksandrovna: Ot rublja bumažnogo k rublju serebrjanomu, in: Zimarina, N. P. (Hrsg.): Russkij rubl'. Dva veka istorii, XIX–XX vv., Moskva 1994, S. 55. Zu den Wechselkursen von Silber-Rubel zu Assignaten-Rubel im Zeitraum von 1821–1839, vgl. ebd. S. 41.

entsprechenden Gesetz wurde u. a. bestimmt, Vergleiche mit dem englischen Längenmaß vorzunehmen, das bereits früher als Grundlage für das russische Längenmaß gedient hatte. Als Normalmaß der russländischen Längenmaße wurde ein Sažen festgelegt, der per Gesetz fortan sieben englischen Fuß entsprach.[3] Ab 1. Januar 1900 wurde per Gesetz das metrische System und das Kilogramm im Zarenreich zur parallelen Verwendung erlaubt. Als russländisches Normalmaß diente fortan ein Aršin zu 28 Zoll.[4]

Längenmaße

Djujm	1 djujm	= 1 Zoll (inch)	= 2,54 cm
Veršok	1 veršok	= 7/4 Zoll	= 4,44 cm
Fuß (fut)	1 fut	= 12 Zoll	= 30,48 cm
Aršin	1 aršin (28 djujm)	= 28 Zoll	= 71,12 cm
Sažen	1 sažen (3 aršin)	= 7 Fuß	= 2,13 m
Werst (versta)	1 versta (500 sažen)	= 42.000 Zoll	= 1,0668 km
Meile (milja)	1 milja	= 7 Werst	= 7,468 km

Flächenmaße

$Djujm^2$	$1\ djujm^2$	= 6,45 cm^2
$Fuß^2$	$1\ fut^2$	= 929,03 cm^2
$Aršin^2$	$1\ aršin^2$	= 5.058,05 cm^2
$Sažen^2$	$1\ sažen^2$	≈ 4,55 m^2
Desjatine (desjatina)	1 desjatina	= 10.925 m^2 ≈ 1,1 ha
$Werst^2$ (versta)	$1\ versta^2$	≈ 1,14 km^2

---

3 Vgl. Polnoe sobranie zakonov Rossijskoj imperii (künftig: PSZ) Reihe II, Bd. 10, Teil 2, Nr. 8.459.
4 Vgl. PSZ III, 19, Teil 1, Nr. 17.056.

Karten-Maßstäbe

Pläne

Verkleinerungsverhältnis nach russischem Längenmaß	Verkleinerungsverhältnis nach metrischem Längenmaß	Bezeichnung nach Maßstab
50 Sažen in 1 Djujm	1 cm : 4.200 cm (42 m)	-
100 Sažen in 1 Djujm	1 cm : 8.400 cm (84 m)	-
200 Sažen in 1 Djujm	1 cm : 16.800 cm (168m)	-
250 Sažen o. ½ Werst in 1 Djujm	1 cm : 21.000 cm (210 m)	Halb-Werst-Karte

Topographische Karten

Verkleinerungsverhältnis nach russischem Längenmaß	Verkleinerungsverhältnis nach metrischem Längenmaß	Bezeichnung nach Maßstab	Zuordnung Maßstabsbereich bis 1920
500 Sažen oder 1 Werst in 1 Djujm	1 cm : 42.000 cm (420 m)	Ein-Werst-Karte	großer Maßstab
1.000 Sažen oder 2 Werst in 1 Djujm	1 cm : 84.000 cm (840 m)	Zwei-Werst-Karte	großer Maßstab
3 Werst in 1 Djujm	1 cm : 126.000 cm (1,26 km)	Drei-Werst-Karte	mittlerer Maßstab
5 Werst in 1 Djujm	1 cm : 210.000 cm (2,10 km)	Fünf-Werst-Karte	mittlerer Maßstab
10 Werst in 1 Djujm	1 cm : 420.000 cm (4,20 km)	Zehn-Werst-Karte	kleiner Maßstab
20 Werst in 1 Djujm	1 cm : 840.000 cm (8,40 km)	Zwanzig-Werst-Karte	kleiner Maßstab

Geographische Karten

Verkleinerungsverhältnis nach russischem Längenmaß	Verkleinerungsverhältnis nach metrischem Längenmaß
25 Werst in 1 Djujm	1 cm : 1.050.000 cm (10,05 km)
40 Werst in 1 Djujm	1 cm : 1.680.000 cm (16,80 km)
50 Werst in 1 Djujm	1 cm : 2.100.000 cm (21 km)
100 Werst in 1 Djujm	1 cm : 4.200.000 cm (42 km)

Inhaltsverzeichnis

1 Einleitung

1.1 Gegenstand und Fragestellung

„Trotz einer schwach entwickelten Technik, Industrie und Wirtschaft war in Russland mehr als anderswo der Bedarf nach topographischen Aufnahmen und Karten hauptsächlich militärisch geprägt."[1] Mit diesen Worten wird im Jahr 1923 die Leistung des Militär-Topographen-Korps (KVT, *Korpus Voenno-Topografov*), das 100 Jahre zuvor gegründet worden war, zusammengefasst. Die Einschätzung stammt von Jakov Ivanovič Alekseev (1872–1942), Inspektor des Militär-Topographen-Korps der Roten Arbeiter- und Bauern-Armee, in einer Zeit, als die Elektrifizierung des gesamten Landes (GOÈLRO) angestrebt und die durch Krieg zerrüttete Industrie und Wirtschaft der soeben gegründeten Sowjetunion durch die Neue Ökonomische Politik (NÈP) wiederbelebt werden sollte. Angesichts der Herausforderungen klingt in seinen Worten kritisch an, dass im Unterschied zu anderen Staaten die Herstellung topographischer Karten im Zarenreich zu sehr von militärischen Interessen geleitet und daher viel zu wenig Rücksicht auf die Landesentwicklung genommen wurde. Diese Erkenntnis war keineswegs neu, war sie doch Gegenstand von Diskussionen innerhalb des Militärs, die über die Ausrichtung der russischen Landesaufnahmen (*gosudarstvennye s"emki*) bereits ein Jahrhundert zuvor in den 1820er Jahren aufgekommen waren. Die folgenden Jahrzehnte des 19. Jahrhunderts zeigen eine sukzessive Verengung der Vermessung und Kartographie des Russländischen Imperiums auf militärische Bedarfe, woran zahlreiche Initiativen aus der Ziviladministration und Wissenschaft dauerhaft nichts zu ändern in der Lage waren.

Gegenstand der vorliegenden Studie ist die Geschichte der topographischen Vermessung und kartographischen Erschließung des Russländischen Reiches im 19. und frühen 20. Jahrhundert. Die geodätische Erfassung des größten Landes der Erde, an der zahlreiche staatliche und wissenschaftliche Institutionen mitwirkten, wird als Aspekt der Territorialisierung Russlands verstanden und hinsichtlich der Bedeutung von Kulturtransfers aus dem westlichen Europa untersucht.

In dem Moment als das Russländische Imperium zusammenbrach, lag von seinem ausgedehnten Territorium *keine* einheitliche, detaillierte, gedruckte topographische Karte vor. Stattdessen war der Grad der kartographischen Raumerschließung regional höchst unterschiedlich. Genauere topographische Aufnahmen erfassten bis 1917 lediglich rund 15 Prozent des europäischen Russland, ca. 50 Prozent des Kaukasus sowie rund acht Prozent Sibiriens und Turkestans.[2] Dies wird in

---

1 Alekseev, Jakov Ivanovič: Kratkij očerk dejatel'nosti Korpusa voennych topografov za vsë vremja ego suščestvovanija (s 1822 po 1923g.), Moskva 1923, S. 3.
2 Vgl. Artanov, [Aleksandr Ivanovič]: Staryj opyt i novye zadači, in: Geodezist. Naučno-techničeskij i obščestvenno-političeskij žurnal 3 (1928) 2, S. 6.

den Übersichtskarten (*otčetnye karty*) von 1917 und 1918 (Abb. Vor- und Nachsatz) deutlich, welche die Abdeckung des Russländischen Imperiums durch verschiedene gedruckte, sich teilweise überlappende topographische Kartenwerke des Generalstabs in unterschiedlichen Maßstäben zeigen. Sichtbar wird darin die starke Konzentration der detailliertesten Karten in großen Maßstäben (Flächensignaturen in Rot, Braun und Hellbraun) auf westliche und südliche Grenzgebiete, während Karten für den Norden und das Landesinnere, sowohl des europäischen, als auch des asiatischen Russland nur in mittleren mittlerem (Blau) und überwiegend kleinen Maßstäben (Grün, Gelb, Graubraun, Ocker, Grau, Hellgrün) vorlagen.[3] Am Kartenrand heißt es zur Erläuterung: „Jede Farbe zeigt den größten verfügbaren Karten-Maßstab des jeweiligen Gebietes, unabhängig davon, dass für das gleiche Gebiet noch andere Karten in kleineren Maßstäben existieren."[4] Diese Übersichtskarten hatte das Militär im Anhang eines Berichtes an eine interministerielle Kommission gerichtet, die angesichts des Ersten Weltkrieges gebildet wurde, um für die Kriegswirtschaft dringend benötigte heimische Bodenschätze zu erschließen.[5] Diese Dokumente veranschaulichten den Experten die Ergebnisse der topographisch-kartographischen Arbeiten, die seit dem frühen 19. Jahrhundert beim Generalstab ausgeführt worden waren. Grundsätzlich bestand die Aufgabe des zarischen Generalstabs in der Erfassung und Darstellung von Gegebenheiten und Daten, welche die oberste Militärführung für ihre Entscheidungen bzw. Kriegsvorbereitungen benötigte.[6] Dabei spielten taktische und strategische Planungen eine zunehmend wichtige Rolle. Nach den viel zitierten Worten des preußischen Militärreformers Carl von Clausewitz (1780–1831) ist: „[...] die Taktik die Lehre vom Gebrauch der Streitkräfte im Gefecht, die Strategie die Lehre vom Gebrauch der Gefechte zum Zweck des Krieges."[7] Gefechte beziehen sich demnach auf kleinräumige Schlachtfelder, während die Strategie großräumige Kriegsschauplätze ins Auge fasst. Dies erforderte unterschiedliche topographische Karten. Denn als allgemein gültig kann angenommen werden:

---

3 Vom europäischen Teil des Russländischen Imperiums einschließlich Kaukasus nahmen zum Jahr 1917 unterschiedliche Kartenmaßstäbe folgende Anteile des Territoriums ein: Ein-Werst-Karte: 10,3 %; Zwei-Werst-Karte: 9,8 %; Drei-Werst-Karte: 30,1 %; Fünf-Werst-Karte (Kaukasus): 100 %; Zehn-Werst-Karte: 87 %. Vom ehemaligen asiatischen Teil des Russländischen Imperiums (Turkestan, Sibirien) nahmen zum Jahr 1918 unterschiedliche Kartenmaßstäbe folgende Anteile des Territoriums ein: Ein-Werst-Karte: 0,7 %; Zwei-Werst-Karte: 9 %; Fünf-Werst-Karte (Transkaspien): 3,8 %; Zehn-Werst-Karte: 40 %. Vgl. Artanov: Staryj opyt i novye zadači, S. 8.

4 Primečanie [Anmerkung auf dem Kartenfeldrand], in: Otčetnaja karta planov i kart krupnago masštaba Aziatskoj Rossii, sostavlennych i izdannych Korpusom veonnych topografov k 1918g., in: Kratkij doklad o rabotach Korpusa voennych topografov, predstavlennyj v mežduvedomstvennuju komisiju po obedineniju s"emočnych rabot, obrazovannuju pri Rossijskoj akademii nauk v 1917 godu, Moskva 1919, Kartenbeilage.

5 Vgl. Kap. 4.3.2.

6 Voennaja ėnciklopedija, Bd. VII, Sankt-Peterburg 1912, S. 234.

7 Clausewitz, Carl von: Vom Kriege, Hamburg 2017 [Nachdruck von 1832–1834], S. 107.

Taktik und Strategie erheben an Karten verschiedene Forderungen. Für taktische Handlungen benötigt man Karten in großen Maßstäben. Strategen, die mit vielen zahlreichen Teilen operieren, die in einem weiten Raum verteilt sind, brauchen Karten in kleinen Maßstäben. Nur in einer kompakten Karte kleinen Maßstabs kann man den Zusammenhang zwischen unterschiedlichen Faktoren militärischer Operationen in ihrem Ganzen begreifen. Kriegserfolg ergibt sich aus dem Gelingen von taktischen und strategischen Handlungen. Folglich braucht man für den Krieg Karten in großen und kleinen Maßstäben.[8]

Aus den Abbildungen auf Vor- und Nachsatz geht klar hervor, dass der zarische Generalstab vor allem das westliche und südliche Grenzgebiet des Russländischen Imperiums für militärische Aktionen vorbereitet hatte. Das dicht besiedelte Zentralrussland und die weniger bevölkerten Gebiete im Norden und Osten des Landes wurden bei detaillierten topographischen Neuaufnahmen und Aktualisierungen spätestens seit den Großen Reformen praktisch nicht mehr berücksichtigt. Mit dieser starken Fokussierung auf die Peripherien zum Zweck der Grenzsicherung und Expansion ging *de facto* eine Ungleichbehandlung und kartographische Fragmentierung des gigantischen Territoriums einher.

Die vorliegende Analyse zielt auf die Frage, warum es der Zarenregierung letztlich nicht gelang, ein umfassendes, auf Vermessungsdaten basierendes Kartenbild des ganzen Reiches zu erstellen, bzw. welche Prozesse diese Form der Territorialisierung des Reiches behinderten. Die leitenden Fragestellungen sind dabei: Wie wurde der Vermessungsprozess des physischen Raumes institutionell und organisatorisch bewältigt? Welche Rolle spielten dabei ausländische Vorbilder und Kulturtransfers aus dem westlichen Europa? Welchen Logiken und welchem Nutzenkalkül folgte die Vermessung und kartographische Erschließung des Reiches in den unterschiedlichen Phasen der historischen Entwicklung? Inwiefern unterstützten oder behinderten sich die verschiedenen staatlichen und wissenschaftlichen Institutionen, die an der Vermessung des Landes mitwirkten? Welche Gebiete des Reiches wurden früher und welche später, welche detaillierter oder weniger detailliert erfasst und was sagt dies über räumliche Hierarchien auf den mentalen Landkarten (*mental maps*) des Reiches aus? Und schließlich: was zeigen die typischen Kartenbilder und inwiefern trugen sie im „langen 19. Jahrhundert"[9] wirklich zum Prozess der Territorialisierung des größten Landes der Erde bei?

Der Blick der Studie konzentriert sich im ersten Teil auf die Organisation der Vermessung sowie deren wissenschaftliche Grundlagen. Im zweiten Teil stehen fünf Kartenwerke im Mittelpunkt, die den Hauptinteressen der Zeit entsprechend, ganz oder teilweise das europäische Russland, das Großherzogtum Finnland, (Kongress-)

---

8 Žukovič, I.: Kakie karty nužny Krasnoj armii, in: Geodezist. Naučno-techničeskij i obščestvenno-političeskij žurnal, organ Voenno-topografičeskogo upravlenija 1 (1925) 2, S. 10 f.
9 Als „langes 19. Jahrhundert" wird hier die Zeitspanne zwischen der Französischen Revolution 1789 und der Oktober-Revolution 1917 verstanden.

Polen sowie den Kaukasus beinhalten. Karten vom asiatischen Russland oder Russisch-Amerika werden in dieser Studie dagegen nicht berücksichtigt.

Mit dem Untersuchungszeitraum von 1797 bis 1919 wird ein Prozess in den Blick genommen, der vom systematischen Aufbau staatlicher Institutionen und deren Ringen um Wege und Kompetenzen bei der topographischen Vermessung und Kartierung des Reiches geprägt war. Bewusst wird die Betrachtung über die Epochenschwelle des Jahres 1917 hinaus ausgedehnt, um zu zeigen, dass es auch nach der Machtübernahme der Bolschewiki kaum gelang, das folgenschwere institutionelle Ungleichgewicht aufzulösen, das durch die Vereinnahmung der topographischen Vermessung und Kartographie durch das Militär im Zarenreich entstanden war. Schließlich erreichte die sowjetische Administration erst Ende der 1980er Jahre ein *vollständiges* detailliertes topographisches Kartenwerk im Maßstab 1:25.000 von ihrem gesamten ausgedehnten Territorium fertigzustellen. Es umfasste sagenhafte 201.442 Kartenblätter.[10] Damit gelang es den Bolschewiki ebenso wenig wie der Zarenregierung dieses gigantische Unterfangen auf absehbare Zeit abzuschließen.

1.2 Forschungsstand und Erkenntnisperspektiven

Die Auseinandersetzung mit Herrschaft und Territorium sowie der Wahrnehmung von Raum in der russischen Geschichte hat sich seit der Auflösung der UdSSR und dem einsetzenden *spatial turn* in den Geistes- und Sozialwissenschaften intensiviert.[11] Karl Schlögel hat das 19. Jahrhundert – auch mit Blick auf das Zarenreich – als „Jahrhundert der Exploration, der Vermessung, der ethnographischen Erkun-

---

10 Vgl. Kašin, Leonid Andreevič: Topografičeskoe izučenie Rossii (istoričeskij očerk), Moskva 2001, S. 74; Loginova, Larisa Vladimirovna: Topografičeskie i obščegeografičeskie karty, in: Ljuty, A. A. (Hrsg.): Kartografičeskaja izučennost' Rossii (topografičeskie i tematičeskie karty), Moskva 1999, S. 15.

11 Schenk, Frithjof Benjamin: Der spatial turn und die Osteuropäische Geschichte, in: H-Soz-u-Kult 01.06.2006, URN: http://hsozkult.geschichte.huberlin.de/forum/2006-06-001 [Zugriff: 23.05.2022]; Baron, Nick: New Spatial Histories of Twentieth Century Russia and the Soviet Union: Surveying the Landscape, in: Jahrbücher für Geschichte Osteuropas 55 (2007) 3, S. 374–400; Bassin, Mark; Ely, Christopher; Stockdale, Melissa K. (Hrsg.): Space, Place, and Power in Modern Russia: Essays in the New Spatial History, DeKalb 2010; Happel, Jörn; Jovanović, Mira; Werdt, Christophe von (Hrsg.): Osteuropa kartiert – Mapping Eastern Europe, Schriftenreihe: Osteuropa, Bd. 3, Münster 2010; Schlögel, Karl: Raum und Raumbewältigung als Probleme der russischen Geschichte, in: ders. (Hrsg.): Mastering Russian Spaces. Raum und Raumbewältigung als Probleme der russischen Geschichte, Schriften des Historischen Kollegs, Kolloquien 74, München 2011; Schenk, Frithjof Benjamin: Mental Maps: Die kognitive Kartierung des Kontinents als Forschungsgegenstand der europäischen Geschichte, in: Europäische Geschichte Online (EGO), hg. vom Leibniz-Institut für Europäische Geschichte (IEG), Mainz 2013-06-05. URL: http://www.ieg-ego.eu/ [Zugriff: 25.05.2022]; Haslinger, Peter: Der spatial turn und die Geschichtsschreibung zu Ostmitteleuropa in Deutschland, in: Zeitschrift für Ostmitteleuropa-Forschung, 63 (2014) 1, S. 74–95.

dung und Neuordnung, der Kartographie [und] der Verkehrserschließung"[12] beschrieben. Während die ethnographische Vermessung und die verkehrstechnische Erschließung des Zarenreiches aus kulturhistorischer Warte jüngst umfassend beleuchtet wurden[13], ist die Geschichte der kartographischen Vermessung Russlands noch nicht hinreichend untersucht worden, obwohl wiederholt gefordert wurde, auch in der Osteuropäischen Geschichte die Karte als historische Quelle ernst zu nehmen.[14] Für die deutschsprachige Historiographie haben unter anderem Ute Schneider und Karl Schlögel auf die Bedeutung von Karten als historische Quellen für die Erforschung räumlicher Repräsentation hingewiesen.[15] Als *common sense* kulturwissenschaftlicher Arbeiten über historischen Karten[16] kann dabei gelten, dass diese als Medien der Wissensgenerierung und -vermittlung zu verstehen sind und territoriale Räume nicht bloß abbilden, sondern auch bildhaft hervorbringen. Studien, die Karten als historische Quellen von Herrschaftsstrategien und Raumwahrnehmungen lesen, können insbesondere auf Arbeiten des britischen Geographen und Historikers John B. Harley aufbauen.[17] Neben der Studie von Denis Wood, die sich mit der Ausübung von Macht durch Karten aus der Perspektive der Kartosemiotik befasst[18], nimmt auch die Monographie von Jeremy Black Harleys Gedanken auf.[19] Sie kommt einmal mehr zu dem Schluss, dass die Herstellung und das Lesen von Karten nicht von eingeschriebenen Machtstrukturen zu trennen sei. Auch James R. Akerman mahnte bereits in den späten 1990er Jahren eine intensivere Auseinandersetzung mit der Beziehung von Kartographie und Staatskunst an.[20]

---

12 Schlögel: Raum und Raumbewältigung, S. 4.

13 Knight, Nathaniel: Constructing the Science of Nationality. Ethnography in Mid-Nineteenth Century Russia, Ann Arbor 1997; Mogil'ner, Marina: Homo imperii. Istorija fizičeskoj antropologii v Rossii, Moskva 2008; Schenk, Frithjof Benjamin: Russlands Fahrt in die Moderne. Mobilität und sozialer Raum im Eisenbahnzeitalter, Schriftenreihe: Quellen und Studien zur Geschichte des Östlichen Europa, Bd. 82, Stuttgart 2014.

14 Vgl. Happel; Jovanović; Werdt: Osteuropa kartiert, S. 8.

15 Schlögel, Karl: Im Raume lesen wir die Zeit. Über Zivilisationsgeschichte und Geopolitik, München [u. a.] 2003, S. 79–265; Schneider, Ute: Die Macht der Karten. Eine Geschichte der Kartografie vom Mittelalter bis heute, Darmstadt 2004.

16 Dipper, Christof; Schneider, Ute (Hrsg.): Kartenwelten. Der Raum und seine Repräsentation in der Neuzeit, Darmstadt 2006; Günzel, Stephan; Nowak, Lars (Hrsg.): KartenWissen. Territoriale Räume zwischen Bild und Diagramm, Schriftenreihe: Trierer Beiträge zu den historischen Kulturwissenschaften, Bd. 5, Wiesbaden 2012.

17 Harley, John B.: Deconstructing the Map, in: Cartographica 26 (1989) 6, S. 1–20; Harley, John B.: [Laxton, Paul (Hrsg.)]: The New Nature of Maps. Essays in the History of Cartography, Baltimore 2001.

18 Wood, Denis: The Power of Maps, New York [u. a.] 1992.

19 Black, Jeremy: Maps and Politics, London 1997.

20 Akerman, James R.: Cartography and Statecraft: Studies in Governmental Mapmaking in Modern Europe and its Colonies, in: Cartographica. The International Journal for Geographic Information and Geovisualization 35 (1998) 3/4, S. v.

Zu den Arbeiten der *Critical cartography* über das Wechselverhältnis von Karte und Macht gehören eine Reihe innovativer Fallstudien zu anderen Ländern und geographischen Regionen: So hat sich Matthew H. Edney mit der Vermessung und kartographischen Erfassung Indiens durch die britische Kolonialherrschaft zwischen 1765 und 1843 auseinandergesetzt.[21] Dabei geht er der Frage nach, wie die *East India Company* die britische Kolonie nach den erkenntnistheoretischen Maßstäben der späten Aufklärung zu vermessen versuchte, welche Rolle dabei der *Great Trigonometrical Survey* spielte und welche Bedeutung dieses Unterfangen für die räumliche Durchdringung, Repräsentation und Selbstlegitimation des *British Empire* hatte. Zur Entwicklung der Vermessung und Kartographie Frankreichs zwischen 1660 und 1848 hat Josef W. Konvitz geforscht.[22] Im Fokus seiner Arbeit stehen die Tätigkeiten von Wissenschaftlern, Ingenieuren und Beamten sowie die Fortschritte auf dem Gebiet der Kartographie zur Zeit der Aufklärung. Analysiert wird die Wechselbeziehung zwischen Kartographie und dem politischen, dem ökonomischen sowie dem militärischen Bereich. Einerseits wird die Erweiterung der praktischen Anwendung der Karte für den Staat, andererseits die Bedeutung der Politik für die Entwicklung der Kartographie beleuchtet. Diese Arbeit befasst sich mit dem Mutterland der modernen trigonometrischen Landesaufnahme und legt einen Fokus auf die wechselseitige Beziehung zwischen Kartographie und politischer Macht. Dass Frankreich nach dem Ende der Napoleonischen Kriege als einziger europäischer Staat über eine Karte verfügte, die auf einem astronomisch-trigonometrischen Netz beruhte, betonen Francesc Nadal und Luis Urteaga in ihrer vergleichenden Studie zur Entwicklung der topographischen Kartographie in Europa im 19. Jahrhundert.[23] Die Autoren untersuchen die Beziehungen von zivilen und militärischen Institutionen bei der Entstehung einer modernen staatlichen Kartographie. Dabei wird erkennbar, dass mit Ausnahme von Spanien, Portugal und Großbritannien, die meisten europäischen Staaten (inkl. Russland) dem Modell des französischen Generalstabs folgten und militär-topographische Vermessungen unabhängig von zivilen Kataster-Vermessungen durchführten. Deutlich wird hier das Spannungsverhältnis zwischen dem Vermessungs-Engagement des Militärs auf der einen und den Bedarfen einer modernen zivilen staatlichen Administration auf der anderen Seite, das sich auch in Russland im 19. Jahrhundert – mit schwerwiegenden Konsequenzen – beobachten lässt. Kataster-Karten als Werkzeug zur Beherrschung eines Landes untersuchen Roger J. P. Kain und Elizabeth Baignet in vergleichender europäischer Perspektive vom 17. bis

---

21 Edney, Matthew H.: Mapping an Empire. The Geographical Construction of British India 1765–1843, Chicago [u. a.] 1997.
22 Konvitz, Josef W.: Cartography in France 1660–1848. Science, Engineering, and Statecraft, Chicago [u. a.] 1987.
23 Nadal, Francesc; Urteaga, Luis: Cartography and State: National Topographic Maps and Territorial Statistics in the Nineteenth Century, Schriftenreihe: Geo Critica, Nr. 88, Barcelona 1990.

zum 19. Jahrhundert.[24] Die Studie belegt die Bedeutung von Liegenschaftskarten als Instrument staatlicher Herrschaft über lokale Räume und gibt einen Überblick über den Entwicklungsstand der territorialen Administration europäischer Staaten.

Auch in der Nationalismus- und Imperien-Forschung lässt sich in den vergangenen Jahren ein wachsendes Interesse an Karten, an deren „Sprache" und Zeichensystem bzw. deren politischer Instrumentalisierung beobachten. Bereits Benedict Anderson hat in seiner breit rezipierten Studie *Imagined Communities* auf die Bedeutung von Karten und entsprechender Raumbilder als sogenannte *logo maps* für die Entstehung und Konsolidierung von „vorgestellten Gemeinschaften" hingewiesen.[25] Vor diesem Hintergrund sind in den letzten Jahren zahlreiche Arbeiten entstanden, die sich mit der Bedeutung von Karten für die Konstruktion und Imagination von Nationen (und Imperien) auseinandersetzen. In diesem Kontext werden neben rein topographischen Karten auch *thematische* Karten als Quellen herangezogen. David Gugerli und Daniel Speich untersuchen u. a. das Verhältnis von Macht, Wissen und Raum am Beispiel der Schweiz im 19. Jahrhundert aus einer kulturgeschichtlichen Perspektive.[26] Dabei interessieren sie sich insbesondere für die Wirkung der sog. *Dufourkarte*, eines topographischen Kartenwerkes aus dem Jahr 1883, das Ergebnisse der vorangegangenen Landesvermessung der Schweiz dokumentiert. Die Autoren heben hervor, dass die beteiligten Wissenschaftler ihre Arbeit in den Dienst des entstehenden modernen Staates stellten und ihre Tätigkeit auf dessen Orientierungsbedarfe ausrichteten und dass der wissenschaftlich-technische Vermessungsprozess nachhaltige Folgen für die Veränderung der Raumwahrnehmung in der Schweiz hatte.

Matthew Edney betont, dass die *logo map* als Projektionsfläche nationaler Gemeinschaftsbildung häufig als kartographische Gegenreaktion auf koloniale Raumvisionen zu betrachten sei.[27] Mit Blick auf maritime Imperien unterstreicht er, dass die „imperiale Karte" meist nicht für die Einheimischen des abgebildeten kolonisierten Territoriums vorgesehen war, sondern sich vielmehr an das Publikum im imperialen Zentrum richtete. Das vorliegende Forschungsprojekt setzt hier an. Schließlich sollten topographische Karten auch im Russländischen Reich dem Ziel dienen, ein einheitliches Raumbild des Reiches für die Untertanen des Zaren zu entwerfen.[28]

---

24 Kain, Roger J. P.; Baignet, Elizabeth: The Cadastral Map in the Service of the State: A History of Property Mapping, Chicago/London 1992.

25 Anderson, Benedict: Imagined Communities. Reflections on the Origin and Spread of Nationalism, London/New York 2006, S. 170–178.

26 Gugerli, David; Speich, Daniel: Topografien der Nation. Politik, kartografische Ordnung und Landschaft im 19. Jahrhundert, Zürich 2002.

27 Edney, Matthew H.: The Irony of Imperial Mapping, in: Akerman, James R. (Hrsg.): The Imperial Map. Cartography and the Mastery of Empire, Schriftenreihe: Lectures in the History of Cartography, Chicago 2009, S. 44.

28 Vgl. Schenk: Russlands Fahrt in die Moderne, Kap. 3.4. u. 4.2.

Hier schließt die Studie an Debatten der vergleichenden Imperien-Forschung an[29], deren Erkenntnisinteresse seit jüngerer Zeit verstärkt Formen imperialer Selbstbeschreibung gilt.[30] Der Geographie als „Königin der imperialen Wissenschaften"[31] und der Karte als Werkzeug kommt hierbei zweifelsohne eine zentrale Rolle zu.

Dass das Russländische Kaiserreich nicht so homogen war, wie es kleinmaßstäbliche topographische Karten Glauben machen wollten, und dass das Ende von Imperien zur großen Stunde von *nationalen* Kartenbildern wurde[32], zeigt u. a. Vytautas Petronis mit seiner Arbeit über die ethnographische Kartographie des Zarenreiches und die kartographische Konstruktion Litauens im späten 19. und frühen 20. Jahrhundert.[33] Dabei geht er der Frage nach, wie das (ethnisch definierte) litauische Territorium auf Karten des Russländischen Reiches und anschließend auf denen des Nationalstaates abgebildet wurde. Thematisiert wird hier u. a. die Rolle der Kaiserlichen Russischen Geographischen Gesellschaft (IRGO) bei der ethnographischen Vermessung der westlichen Provinzen und der zunehmende Einsatz der ethnographischen Kartographie als imperiales Herrschaftsinstrument. Dagegen analysiert Tomaš Nenartovič (thematische) Karten von der Region Wilna aus der kaiserlich-russischen, deutschen, polnischen, litauischen, belarussischen und sowjetischen Perspektive, um unterschiedliche Blickwinkel und Interessen zu rekonstruieren.[34] Geo-

29 Kappeler, Andreas: Russland als Vielvölkerreich: Entstehung – Geschichte – Zerfall, München 1993; Lieven, Dominic: Empire. The Russian Empire and Its Rivals, London 2000; Miller, Aleksej (Hrsg.): Rossijskaja imperija v sravnitel'noj perspektive. Sbornik statej, Moskva 2004; Burbank, Jane; Hagen, Mark von; Remnev, Anatoly (Hrsg.): Russian Empire. Space, People, Power, 1700–1930, Bloomington 2007; Vulpius, Ricarda: Das Imperium als Thema der Russischen Geschichte, in: Zeitenblicke 6 (2007) 2, [24.12.2007], URL: http://www.zeitenblicke.de/2007/2/vulpius/index_html [Zugriff 16.06.2022]; Leonhard, Jörn; Hirschhausen, Ulrike von: Empires und Nationalstaaten im 19. Jahrhundert, Göttingen 2009; Aust, Martin; Vulpius, Ricarda; Miller, Aleksej (Hrsg.): Imperium inter pares. Rol' transferov v istorii Rossijskoj imperii (1700–1917), Moskva 2010; Weeks, Theodore R.: Nationality, Empire, and Politics in the Russian Empire and USSR: An Overview of Recent Publications, in: H-Soz-u-Kult [29.10.2012], URL: http://hsozkult.geschichte.hu-berlin.de/forum/2012-10-001 [Zugriff 16.06.2022]; Schenk: Russlands Fahrt in die Moderne.
30 Bassin, Mark: Imperial Visions. Nationalist Imagination and Geographical Expansion in the Russian Far East, 1840–1865, Cambridge 1999; Ely, Christopher: This Meager Nature. Landscape and National Identity in Imperial Russia, DeKalb 2002; Weiß, Claudia: Wie Sibirien „unser" wurde. Die Russische Geographische Gesellschaft und ihr Einfluss auf die Bilder und Vorstellungen von Sibirien im 19. Jahrhundert, Göttingen 2007; Gerasimov, Ilya; Kusber, Jan; Semyonov, Alexander (Hrsg.): Empire Speaks Out. Languages of Rationalization and Self-Description in the Russian Empire, Leiden [u. a.] 2009; Frank, Susi K.: Imperiale Aneignung. Diskursive Strategie der Kolonisation Sibiriens durch die russische Kultur, München 2016.
31 Bell, Morag; Butlin, Robin; Heffernan, Michael (Hrsg.): Geography and Imperialism 1820–1940, Manchester [u. a.] 1995.
32 Vgl. Schlögel: Im Raume lesen wir die Zeit, S. 85.
33 Petronis, Vytautas: Constructing Lithuania. Ethnic Mapping in Tsarist Russia, ca. 1800–1914, Stockholm 2007.
34 Nenartovič, Tomaš: Kaiserlich-russische, deutsche, polnische, litauische, belarussische und sowjetische kartographische Vorstellungen und territoriale Projekte zur Kontaktregion von Wilna

graphisch umfassender thematisiert Steven Seegel die Strategien der Zarenregierung, das westliche Grenzland (vor allem Polen-Litauen) kartographisch in den imperialen Raum zu integrieren.[35] Wie Petronis nimmt er dabei die IRGO als Akteur der territorial-räumlichen Erfassung in den Blick und untersucht die Einflüsse von Karten auf Raumbilder und daraus abgeleitete territoriale Ansprüche aus imperialer wie nationaler Perspektive. Beide Arbeiten zeigen, wie wichtig der Zarenmacht die territorial-räumliche Integration ihrer westlichen Peripherie war, welchen wissenschaftlichen, institutionellen und substanziellen Aufwand sie dafür betrieb und wie sie mit „imperialen Karten" versuchte, Raumbilder zu erzeugen und Herrschaft zu sichern. Sie stellen auch die Bedeutung der IRGO für diesen Prozess heraus. Für die vorliegende Studie ist von Bedeutung, dass die IRGO neben der „statistischen" und der „ethnographischen Abteilung" eben auch über eine „geographische Abteilung" verfügte, die u. a. mit „mathematischer Geographie", also den mathematischen Grundlagen der Kartographie, betraut war. Deren Arbeit wurde in der bisherigen Forschung jedoch kaum untersucht.

Mit Blick auf die (Vor-)Geschichte der Vermessung und Kartographie des Zarenreiches im 19. Jahrhundert baut die Studie auf zahlreichen Arbeiten der westlichen, russischen und sowjetischen Historiographie auf: Valerie Kivelson nimmt in ihrer Studie Karten bzw. politisch territoriales Denken im Moskauer Reich des 17. Jahrhunderts in den Blick, das sich einerseits auf die Expansion und Landnahme an den Rändern des Reiches bezog, andererseits auf die Organisation und Entwicklung des Kernlandes. Dies seien zwei Teile *eines* Projektes – „die Schaffung und imaginative Konsolidierung eines territorialen zarischen Imperiums" –, so Kivelson.[36] Dass die zarische Regierung mehr denn je im 19. Jahrhundert diesen Spagat zu bewältigen hatte und wie sie ihn zu bewältigen versuchte, möchte die vorliegende Studie darlegen. Dafür bietet die Arbeit von Martin Aust einen weiteren wichtigen Ausgangspunkt. Diese befasst sich mit Landstreitigkeiten des russischen Adels im 18. Jahrhundert und u. a. mit den „Generalvermessungen" als Maßnahme für deren Beilegung.[37] Dass bei diesen Landvermessungen der zentralrussischen Gouvernements auf wissenschaftliche und technische Errungenschaften des späten 18. und 19. Jahrhunderts weitgehend verzichtet wurde, während diese systematisch für die Erfassung der imperialen Peripherien angewendet worden waren, will die vorliegende Studie zeigen. Daran erweist sich, dass die Bewältigung des Spagats, *ein* territoriales Impe-

---

1795–1939, München 2016. URL: http://geb.uni-giessen.de/geb/volltexte/2017/12435/ [Zugriff 25.05.2022].

35 Seegel, Steven: Mapping Europe's Borderlands. Russian Cartography in the Age of Empire, Chicago/London 2012.

36 Kivelson, Valerie: Cartographies of Tsardom. The Land and its Meanings in Seventeenth-Century Russia, Ithaca [u. a.] 2006, S. 10.

37 Aust, Martin: Adlige Landstreitigkeiten in Rußland. Eine Studie zum Wandel der Nachbarschaftsverhältnisse 1676–1796, Schriftenreihe: Forschungen zur osteuropäischen Geschichte, Bd. 60, Wiesbaden 2003.

rium zu schaffen und es mit einheitlichen detaillierten Karten imaginativ zu konsolidieren, für die zarische Regierung zu einer unlösbaren Aufgabe wurde.

Traditionell stark wissenschaftsgeschichtlich geprägt und mehrheitlich von Naturwissenschaftlern, Geographen, Ingenieuren und Militärs verfasst, sind dagegen die sowjetischen und russischen Forschungsarbeiten zur Geschichte der Geodäsie und Kartographie Russlands. Ältere Standardwerke zur Kartographie-Geschichte Russlands des 16.–18. Jahrhunderts stammen aus der Feder von Vera Fëdorovna Gnučeva und Sergej Efimovič Fel' oder des Exilanten Leo Bagrow, der besonders dem westlichen Publikum durch seine englischsprachigen Publikationen bekannt ist.[38] Aber auch Lehrbücher, wie die mehrfach aufgelegte Arbeit von Konstantin Alekseevič Sališčev, sind für die Rekonstruktion der Vorgeschichte der Vermessung Russlands im 19. Jahrhundert nach wie vor von großem Wert.[39] Einen bedeutenden Vorstoß die Geschichte des Land- und Forstkatasters in Russland vom 16. bis zum Anfang des 20. Jahrhunderts in einem Überblick zu skizzieren, hat Aleksej Ėnverovič Karimov unternommen.[40] Wesentlich umfassender widmete sich Tatjana Vladimirovna Iljušina den Problemen der Landvermessung und des Katasters vom 10. bis Anfang des 20. Jahrhunderts.[41] Zur Geschichte der Geodäsie und Kartographie im 19. und frühen 20. Jahrhundert hat Zinaida Kuzminična Novokšanova neben mehreren biographischen Arbeiten ein wichtiges Standardwerk vorgelegt.[42] Hier werden die wissenschaftlichen Grundlagen und der Ablauf der zivilen wie militärischen Geodäsie und Kartographie in ihrer geschichtlichen Entwicklung dargestellt und wichtige Daten tabellarisch zusammengestellt. Auch bieten u. a. die Arbeiten von Pëtr Pavlovič Papkovskij und Leonid Andreevič Kašin wichtige Einsichten.[43] Einen Überblick über die Geschichte der russischen Kartographie vom 16. bis zum frühen 20. Jahrhundert hat Fjodor Anisimovič Šibanov vorgelegt.[44] Von Bedeutung ist diese Arbeit vor allem aufgrund einer umfassenden Liste von Gesetzestexten (PSZ) für den Zeit-

---

38 Gnučeva, Vera Fëdorovna: Geografičeskij departament Akademii nauk XVIII veka, Moskva 1946; Fel', Sergej Efimovič: Kartografija Rossii XVIII veka, Moskva 1960; Bagrow, Leo [Castner, Henry W. (Hrsg.)]: A History of the Russian Cartography up to 1800, Wolfe Island (Ontario) 1975.

39 Sališčev, Konstantin Alekseevič: Osnovy kartovedenija. Čast' istoričeskaja i kartografičskie materialy, Moskva 1943 [1948; 1962].

40 Karimov, Aleksej Ėnverovič: Dokuda topor i socha chodili. Očerki istorii zemel'nogo i lesnogo kadastra v Rossii XVI– načala XX veka, Moskva 2007.

41 Iljušina, Tat'jana Vladimirovna: Kadastr prirodnych resursov Rossii. Očerki istorii (X–načalo XX vv.), Moskva 2012.

42 Novokšanova (Sokolovskaja), Zinaida Kuz'minična: Karl Ivanovič Tenner, Moskva 1957; dies.: Fëdor Fëdorovič Šubert. Voennyj geodezist, Moskva 1958; dies.: Vasilij Jakovlevič Struve, Moskva 1964; dies.: Kartografičeskie i geodezičeskie raboty v Rossii v XIX–načale XX v., Moskva 1967.

43 Papkovskij, Pëtr Pavlovič: Iz istorii geodezii, topografii i kartografii v Rossii, Moskva 1983; Kašin: Topografičeskoe izučenie Rossii.

44 Shibanov, Fyodor Anisimovich: Studies in the History of Russian Cartography, Part 2, From the History of Russian Cartography in the 18th, 19th, and Early 20th Centuries, Supplement Nr. 3 to the Canadian Cartographer 12 (1975) S. 15.

raum zwischen 1696 und 1912, welche die Regelungen zur Vermessung und Kartographie betreffen.[45]

Neuere wichtige Einblicke in die Geschichte der russischen Militär-Kartographie vom 18. bis zum Anfang des 20. Jahrhunderts verdanken wir den Arbeiten von Valerij Vasilevič Gluškov.[46] Als Militär-Geodät bietet der Autor einen umfassenden Überblick mit umfangreichen bibliographischen und archivalischen Angaben. Vor allem der Anhang mit zahlreichen Kurzbiographien von Akteuren der Vermessung und Kartographie ist hilfreich. Angesichts der zentralen Rolle des Militärs bei der Vermessung des Zarenreiches im 19. Jahrhundert ist diese Arbeit für die vorliegende Studie besonders von Bedeutung. Sie beleuchtet die Gründung der militär-topographischen und kartographischen Institutionen, benennt wichtige Akteure, analysiert die Ausbildungspraxis sowie Fragen der technisch-instrumentellen Ausrüstung und der angewendeten wissenschaftlichen Methoden. Gleichzeitig bleiben jedoch Fragen der Zusammenarbeit von militärischen und zivilen Behörden weitgehend unbeantwortet. Ebenso wenig wird eine Analyse von Karten durchgeführt. Unverzichtbar ist hingegen das akribisch ausgearbeitete Nachschlagewerk über den militär-topographischen Dienst als zentrale Institution der topographischen Vermessung Russlands.[47] Nirgendwo sonst lässt sich bisher so leicht ein Überblick zu dessen historischer Struktur und Organisation verschaffen.

Aleksej Vladimirovič Postnikovs Darstellung über die Entwicklung der großmaßstäblichen Kartographie in Russland umfasst den Zeitraum vom 18. bis zum Beginn des 20. Jahrhunderts.[48] Für den vorliegenden Kontext sind insbesondere die Ausführungen zu militärischen und zivilen Vermessungsprojekten des 19. Jahrhunderts (inkl. abgedruckten Kartenbeispielen) bedeutsam. Postnikov – der wohl bedeutendste zeitgenössische russische Kartographie-Historiker – beleuchtet kurz die Bemühungen, die geodätischen und kartographischen Arbeiten der verschiedenen Ministerien zu koordinieren und gibt wie kein anderer Autor detaillierte Hinweise auf Archivbestände. Mit der Auflösung der UdSSR im Jahr 1991 öffneten sich bislang verschlossene Archive, und der äußerst restriktive Umgang mit historischem Kartenmaterial wurde gelockert. Dies ermöglichte auch die Publikation eines reichen Kartenbildbandes zur Geschichte der russischen Kartographie des 16. bis 20. Jahrhunderts. Das Werk zeigt einen Längsschnitt topographischer und thematischer Karten in kleinen, mittleren und großen Maßstäben.[49] Einleitend erklärt Postnikov dem Leser, dass der Mangel an ernsthaften kartographie-historischen Untersuchungen und

---

45 Shibanov: Studies in the History of Russian Cartography, S. 103–127.

46 Gluškov, Valerij Vasilevič: Istorija voennoj kartografii v Rossii (XVIII–načalo XX v.), Moskva 2007.

47 Dolgov, Evgenij Ivanovič; Sergeev, Sergej Vladimirovič: Istorija častej topografičeskoj služby, Schriftenreihe: Topografičeskaja služba vooružennych sil Rossijskoj Federacii, Moskva 2012.

48 Postnikov, Aleksej Vladimirovič: Razvitie krupnomasštabnoj kartografii v Rossii, Moskva 1989.

49 Postnikov, Aleksej Vladimirovič: Karty zemel' rossijskich. Očerk istorii geografičeskogo izučenija i kartografirovanija našego otečestva, Moskva 1996.

Faksimile-Publikationen von historischen Karten in der UdSSR vor allem in den starken Beschränkungen der Benutzung und Veröffentlichung kartographischer Materialien begründet ist. Sogar für alte Karten aus dem 18. und 19. Jahrhundert wurden laut Postnikov die gleichen restriktiven Benutzungsordnungen angewendet wie für alle neueren topographischen und geographischen Karten in einem Maßstab größer als 1 : 2,5 Millionen. Demnach waren alle topographischen Karten (Maßstab größer als 1 : 1 Million) als geheim (*sekretno*) eingestuft, während geographische Karten im Maßstabsbereich zwischen 1 : 1 Million und 1 : 2,5 Millionen nur für den Dienstgebrauch (*služebnoe ispolzovanie*) zugänglich waren. Infolge dieser Einschränkungen wurden die entsprechenden Karten in Bibliotheken und Archiven in speziellen Abteilungen verwahrt [*specchran*], weshalb die Karten nur von jenen studiert werden konnten, die Zutritt zu geheimen Dokumenten besaßen. Die Publikation dieser Karten war aber in jedem Falle ausgeschlossen.[50]

In den sowjetischen und russischen Studien zur Vermessungs- und Kartographie-Geschichte spielen Fragen zu Kulturtransfers kaum eine Rolle. Lediglich Postnikov hat sich in zwei Aufsätzen auch mit dem Austausch zwischen Akteuren der Kartographie-Geschichte aus dem Zarenreich und dem westlichen Ausland befasst und damit ein noch wenig erforschtes Feld betreten.[51] Während andere Gebiete der „Verwestlichung" des Zarenreiches bzw. Transferprozesse von West nach Ost seit dem 18. Jahrhundert bereits relativ gut erforscht sind[52], blieb bisher die Kartographie-Geschichte weitgehend unberührt. Zumindest der rege grenzüberschreitende wissenschaftliche Austausch zwischen Astronomen und Mathematikern – denen

---

50 Vgl. Postnikov, Aleksej Vladimirovič: Karty zemel' rossijskich, S. 7. Öffentlich zugängliche Karten und Pläne (z. Bsp. Touristen-Karten) waren sehr allgemein gehalten und ungenau, da sie nicht etwa als Folgekarten von großmaßstäblichen Grundkarten abgeleitet, sondern aus der Karte der Sowjetunion im Maßstab 1 : 2,5 Millionen vergrößert worden waren, deren spezielle Projektion zu absichtlichen Verzerrungen von Koordinaten, Distanzen und Richtungen im Kartenbild führte. Vgl. Postnikov, Alexey Vladimirovich: Maps for Ordinary Consumers versus Maps for the Military: Double Standards of Map Accuracy in Soviet Cartography, 1917–1991, in: Unverhau, Dagmar (Hrsg.): Geheimhaltung und Staatssicherheit. Zur Kartographie des Kalten Krieges, Bd. 1, Schriftenreihe: Archiv zur DDR-Staatssicherheit, im Auftrag der Bundesbeauftragten für die Unterlagen des Staatssicherheitsdienstes der ehemaligen Deutschen Demokratischen Republik, Bd. 9.1, Berlin 2009, S. 92.
51 Postnikov, Alexei Vladimirovich: Contact and conflict. Russian mapping of Finland and the development of Russian cartography in the 18th and early 19th centuries, in: FENNIA. International Journal of Geography, 171 (1993) 2, S. 63–98; ders.: Outline of the History of Russian Cartography, in: Kimitaka, Matsuzato (Hrsg.): Regions: A Prism to View the Slavic-Eurasian World, Sapporo 2000, S. 1–49.
52 Aust; Vulpius; Miller: Imperium inter pares; Riha, Ortun; Fischer, Marta (Hrsg.): Naturwissenschaften als Kommunikationsraum zwischen Deutschland und Russland im 19. Jahrhundert, Schriftenreihe: Wissenschaftsbeziehungen im 19. Jahrhundert zwischen Deutschland und Russland auf den Gebieten Chemie, Pharmazie und Medizin, Bd. 6, Aachen 2011; Renner, Andreas: Russische Autokratie und europäische Medizin. Organisierter Wissenstransfer im 18. Jahrhundert, Schriftenreihe: Medizin, Gesellschaft und Geschichte – Beihefte (MedGG-B) 34, Stuttgart 2010.

eine Schlüsselrolle bei der geodätischen Vermessung des Zarenreiches im 19. Jahrhundert zukommt – wurde durch die edierten Quellensammlungen von Karin Reich und Elena Roussanova ausführlich belegt.[53]

Die vorliegende Studie versucht darüber hinaus Erkenntnisse hinsichtlich der personellen Verflechtung der Wissenschaftskulturen Russlands und West- und Mitteleuropas zusammenzutragen sowie die Herausbildung institutioneller Strukturen auf dem Gebiet der Geodäsie und Kartographie im Zarenreich zu beleuchten. Insbesondere die Analyse von Kooperations- und Konkurrenzbeziehungen zwischen Behörden und wissenschaftlichen Institutionen der Landesvermessung und Kartographie soll neue Erkenntnisse zur Funktionsweise des zarischen Herrschaftsapparates und zu den Grenzen imperialer Macht erbringen. Die vorliegende Arbeit soll nicht zuletzt im Hinblick auf die historische *Mental-Maps*-Forschung Erkenntnisse liefern, die sich „[...] für die Geschichte kollektiver Vorstellungen von der räumlichen Strukturierung der Welt und ihrer Teilregionen interessiert".[54] Die hier untersuchten historischen topographischen Karten spiegeln konkrete räumliche Wahrnehmungen ihrer Auftraggeber und Verfasser vom Russländischen Imperium wider, wodurch die Raumbilder anderer Zeitgenossen potentiell geprägt wurden. Für diese Forschungsperspektive ist es besonders relevant, dass Geheimhaltung und Verfügbarkeit von topographischen Karten Auswirkungen auf die Ausbildung gesellschaftlicher wie amtlicher Raumbilder haben.

1.3 Aufbau und Quellen der Arbeit

Der Hauptteil der vorliegenden Studie ist in zwei weitgehend chronologisch angelegte Teile gegliedert. Der erste Teil besteht aus drei Abschnitten (Kapitel 2–4), die sich vorwiegend mit Aspekten der Organisation und dem Ablauf der Vermessung Russlands befassen. Die Ausführungen des ersten Teils beziehen sich insbesondere auf fünf Karten, die jeweils in einem Abschnitt des anschließenden zweiten Teils analysiert werden (Kapitel 5–9).

Eingangs steht die Frage nach Akteuren und Strukturen (Kapitel 2), welche die Vermessung und Kartographie in Russland seit dem 18. Jahrhundert geprägt und die Ausgangslage für die folgenden Entwicklungen im langen 19. Jahrhundert wesentlich mitbestimmt haben. Dabei geht es zunächst um den wissenschaftlichen Beitrag der Russländischen Akademie der Wissenschaften in Bezug auf die praktisch nutzbaren Ergebnisse der astronomischen Ortsbestimmungen sowie um das vom Regie-

---

53 Reich, Karin; Roussanova, Elena: Carl Friedrich Gauss und Russland: Sein Briefwechsel mit in Russland wirkenden Wissenschaftlern, Schriftenreihe: Abhandlungen der Akademie der Wissenschaften zu Göttingen, Bd. 16, Berlin 2012; dies.: Formeln und Sterne: Korrespondenz deutscher Gelehrter mit der Kaiserlichen Akademie der Wissenschaften zu St. Petersburg, Aachen 2013.
54 Schenk: Mental Maps, S. 8.

renden Senat geführte Projekt der Generalvermessungen als groß angelegte Inventur staatlichen Grundbesitzes. Keine geringere Rolle spielte das zarische Militär, das sich derweil auf die Erfassung der Grenzgebiete konzentriert hatte, bevor es sich als Zentrum der topographischen Kartographie verstetigte, Fachpersonal ausbildete, Ressourcen band und große Teile Russlands nach eigenen Interessen kartierte. Daran änderte auch die Dezentralisierung der militärischen Strukturen nichts. Im Gegenteil, diese forcierte die militärische Kartenproduktion in den asiatischen Teilen Russlands. Gleichzeitig existierte eine Vielfalt ziviler ministerialer Vermessung und Kartographie, was die übergreifende Frage nach den Ursachen dieser Doppelarbeiten, vor allem aber nach den Folgen für die Selbstbeschreibung des Imperiums aufwirft.

Inhalt des darauffolgenden Abschnittes (Kapitel 3) ist die Frage nach der Herstellung und Gewährleistung geeigneter geodätischer Grundlagen für die topographische Erfassung des Landes. Dies stand in besonderer Weise mit interimperialen Kulturtransfers, wissenschaftlichen Forschungen, praktischen Anwendungen sowie mit der systematischen Ausbildung eigener Experten in Zusammenhang. Dabei offenbart sich, inwieweit die Entwicklung der Geodäsie in Russland von den Spannungen zwischen theoretischer Forschung und praktischer Anwendung beeinflusst wurde.

Der letzte Abschnitt des ersten Teils (Kapitel 4) thematisiert das bisher kaum beachtete zeitgenössische Konzept der staatlichen Landesaufnahmen. Dieses Konzept ist relevant, da es über eine bemerkenswert ergiebige Erklärungskraft für die komplexen, teilweise widersprüchlichen und schwer nachvollziehbaren Vorgänge bietet. Zentral hierbei sind die Erwägungen über die allgemeinstaatliche oder militärische Ausrichtung und räumliche Konzentration topographischer Aufnahmen sowie die oben bereits eingeleitete Frage, warum sich im Laufe der Vermessung des Reiches kontraproduktiver Ressortegoismus bzw. Doppelarbeiten im Sinne einer effektiveren gemeinsamen Vorgehensweise der zarischen Administration nicht vermeiden ließen. Die Folgen dieses Vorgehens lassen sich dagegen an den Karten selbst ablesen.

Der zweite Teil der vorliegenden Arbeit fokussiert Karten als visuelle Ergebnisse der Vermessungen. Ausgehend von dem gewählten Aufbau, fünf topographische Karten in je einem Kapitel zu analysieren, folgt die Untersuchung einem Grundmuster. Jeweils am Anfang steht eine detaillierte Beschreibung der Form und des Inhalts der untersuchten Karte. Das ist wesentlich, da es noch keine annähernd vollständigen Beschreibungen gibt, diese aber eine unverzichtbare Grundlage für die Untersuchung bilden. Erst anschließend wird auf Grundlage des Kartenbildes und anderer Quellen nach Kontext, Voraussetzungen, Herstellung, Zweck und Nutzen gefragt, um auf die übergreifende Frage nach dem Selbstbild des Russländischen Imperiums Antworten zu finden.

Im ersten Abschnitt des zweiten Teils (Kapitel 5) wird ausgehend von der *Hundertblatt-Karte* analysiert, zu welchem Zweck die zarische Regierung den westlichen Teil des ausgedehnten Staatsterritoriums samt seinen Grenzgebieten zwischen 1799 und 1816 kartographisch in einem komplexen neuen Bild aus zunächst 100 Blättern zusammenfassen ließ, wie diese Aufgabe bewältigt wurde und inwiefern dies als ein Resultat der administrativen Zentralisierung und äußerer Einflüsse zu verstehen ist. Es wird ferner gefragt, welchen Nutzen diese Karte als Instrument für die zarische Regierung im beginnenden 19. Jahrhundert entfaltete, um sich angesichts der Bedrohung durch das revolutionäre Frankreich als europäische Großmacht zu behaupten, imperiale Expansionsbestrebungen weiter zu verfolgen und schließlich das eigene Territorium gegen Napoleon zu verteidigen, dessen unkonventionelle Kriegführung mehr denn je topographisch-kartographisches Wissen auf allen Seiten erforderte. Im Kontext der ambivalenten französisch-russischen Beziehungen wird nach der Rolle von Transfers militärischen Fachwissens für die Vermessung und Kartographie im Russländischen Imperium gefragt.

Der nächste Abschnitt (Kapitel 6) handelt von der *Schubert-Karte*, deren Herstellung beim Militär in den 1820er Jahren begonnen und 1840 abgeschlossen wurde. Es wird analysiert, wie die *Schubert-Karte* hergestellt und für welche Zwecke sie gebraucht wurde. Im Vergleich zur Hundertblatt-Karte bot ihr Maßstab die vierfache Fläche, was sich auf Qualität und Quantität der dargestellten Objekte, bzw. Signaturen erheblich auswirkte. Ihr Verkleinerungsverhältnis bildete den günstigsten Kompromiss, der unter den gegebenen Bedingungen möglich war, um zügig das ausgedehnte heterogene europäische Russland in einem Kartenwerk homogen und wesentlich detaillierter darzustellen, als es die *Hundertblatt-Karte* erlaubte. Neben ihrer Bedeutung für die Innenpolitik wird untersucht, inwieweit sie als Instrument der Außenpolitik diente, um den eigenen Herrschaftsraum in Europa zu konsolidieren und abzugrenzen.

Ausgehend von der *Specialcharte von Livland* in sechs Blättern wird im darauffolgenden Abschnitt (Kapitel 7) das Raumbild des livländischen Adels von der russländischen Ostseeprovinz in den Blick genommen. Die Vermessungen und die Herstellung der Karte in den Jahren 1816 bis 1839 werden mit der Agrarreform in der Ostseeprovinz in Verbindung gebracht. Dabei wird die Rolle der Universität Dorpat für wissenschaftliche Kulturtransfers analysiert, wodurch die Triangulation als entscheidende Vermessungs-Methode für die Zusammenstellung der neuen Karte verwendet werden konnte. Schließlich bildeten diese Vermessungen einen zentralen Ausgangspunkt für die russländische Geodäsie im 19. Jahrhundert. Die Analyse der Karte zeigt einerseits, wie das imperiale Zentrum von den wissenschaftlichen Vorstößen seiner weitgehend selbstverwalteten nordwestlichen Peripherie für die Ausarbeitung des Kartenbildes vom Imperium als Ganzes profitierte. Andererseits bildete diese Karte einen Gegenentwurf zu der von militärischen Interessen stark dominierten topographischen Kartographie Russlands.

In einem weiteren Schritt geht es um die *Drei-Werst-Karte* (Kapitel 8), die von 1846 bis 1917 und darüber hinaus für zahlreiche Gouvernements des westeuropäischen Russlands gedruckt wurde. Im Gegensatz zu allen vorhergehenden Abschnitten wird hier eine Folgekarte untersucht, die *ausschließlich* auf Landesaufnahmen beruht und von einem polnischen Muster beeinflusst worden ist. Dabei ist zu fragen, wie dieses neue Raumbild von der militär-taktischen Perspektive des zarischen Militärs geprägt wurde und warum dieses aber nur kurz den militärischen Ansprüchen genügen konnte. Damit verbunden ist die weitere Frage, ob und inwiefern die ständig wiederholte konzentrierte Kartierung der westlichen und südlichen Grenzgebiete ursächlich für die kartographische Fragmentierung des ausgedehnten Russländischen Imperiums war und welche Folgen daraus erwuchsen.

Abschließend wird die *Strel'bickij-Karte* untersucht (Kapitel 9), die ihren Vorläufer in der *Schubert-Karte* (Kapitel 6) findet und zum Typ der *Zehn-Werst-Karten* zählt. Ab 1865 gezeichnet, bildete sie sukzessive das gesamte europäische Russland, den Kaukasus sowie angrenzende Territorien des Osmanischen, Deutschen und Habsburger Reiches ab. Im Gegensatz zur *Drei-Werst-Karte* (Kapitel 8) beruht die *Strel'bickij-Karte* auf einer Vielzahl Quellen unterschiedlicher Qualität, was ein altbekannter Kompromiss war, um den abgebildeten Raum überhaupt kartieren zu können. Dieser Kompromiss begründete einen langfristigen Standard, der bis mindestens in die 1930er Jahre reichte. Mit der Dezentralisierung des zarischen Militärs erschienen weitere derartige *Zehn-Werst-Karten* von Westsibirien, Turkestan und Ostasien. Es wird untersucht, welche Bedeutung der lithographischen Drucktechnik zukommt und in welchem politischen Kontext ein neues militär-strategisches Raumbild vom europäischen Russland entstand. Schließlich wird danach gefragt, welchen Wert die *Strel'bickij-Karte* im Ersten Weltkrieg und im anschließenden Bürgerkrieg hatte und wie lange sie in der Sowjetunion noch Verwendung fand.

Topographische Karten als historische Quellen dokumentieren, welches Bild sich die verantwortlichen Akteure von einem konkreten physischen Raum zu einer bestimmten Zeit gemacht haben bzw. welches Raumbild sie produzierten. Diese Eigenschaft ist für die Forschungsarbeit zentral, um die Selbstbeschreibung im Zarenreich des langen 19. Jahrhunderts zu untersuchen. Folglich gehen die fünf Abschnitte im zweiten Teil von topographischen Kartenwerken aus, die jeweils ein bestimmtes Raumbild wiedergeben.

Wenn die kartographische Darstellung eines Territoriums das angestrebte Ziel des Vermessungsprozesses ist, dann kommt der Analyse der Karte als „Endprodukt" ein besonderer Stellenwert zu. Karten sind nicht nur Ergänzungen für Textquellen, sondern eine eigenständige Quellengattung, die spezifische Methoden der Analyse erfordert. Die Untersuchung folgt dabei dem Gedanken, dass Karten in bestimmten historischen, gesellschaftlichen und politischen Kontexten entstanden sind und zeigen, wie die Welt wahrgenommen, strukturiert und abgebildet wurde.[55] Die Untersuchung orientiert sich an drei verschiedenen theoretischen Zugängen zur Kartenanalyse nach John B. Harley. Erstens wird die Karte als eine Art Sprache bzw. graphischer Text verstanden, der rhetorische und metaphorische Qualität besitzt. Die Karte ist folglich nicht neutral, da sie Einzelheiten nicht objektiv benennt, lokali-

---

[55] Vgl. Harley: The New Nature of Maps, S. 53.

siert oder aufzählt, sondern zugleich wertet, zu überzeugen beabsichtigt und semantisch aufgeladen ist. Denn die Herstellung von Karten setzt voraus, dass ausgewählt, ausgelassen, vereinfacht, klassifiziert, hierarchisiert und symbolisiert wird. Zweitens wird die Karte nach Erwin Panofskys ikonologischer Interpretation auf ihren symbolischen Inhalt befragt.[56] So können tiefere symbolische Ebenen der Karte analysiert werden, die beispielsweise in einem bestimmten Gebiet, einem geographischen Merkmal, einer Stadt oder einem Ort repräsentiert sein können. Es wird davon ausgegangen, dass auf diesen symbolischen Ebenen politische Macht effektiv wahrgenommen, kommuniziert und reproduziert wird. Die dritte Perspektive leitete Harley von diskurstheoretischen und wissenssoziologischen Theorien Michel Foucaults und Anthony Giddens ab. Dabei wird angenommen, dass Wissen als eine Form von Macht einen Weg sucht, die je eigenen und subjektiven Werte in Gestalt wissenschaftlicher Objektivität zu präsentieren. Entsprechend stellt Kartographie auch eine Form von Wissen und Macht dar. So etwa gibt der Vermesser nicht nur die Landschaft in einer nur abstrakten Weise wieder, sondern eben auch die räumlichen Gegebenheiten des vorherrschenden politischen Systems. Auch Karten, die auf wissenschaftlicher Grundlage hergestellt wurden, sind auf diese Weise untrennbar mit Machtausübung verwoben und nicht wertfrei.[57]

Bei der Auswahl der hier untersuchten Kartenwerke ging es darum, den bedeutenden Trend aufzuzeigen, dass bestimmte Gebiete des Zarenreiches im Verlauf des Untersuchungszeitraumes in ständig größeren Karten-Maßstäben immer detaillierter erfasst *und* aktuell gehalten wurden. Einerseits soll damit die zunehmende Verwissenschaftlichung der Vermessung und Kartographie herausgearbeitet werden. Denn ohne diese Voraussetzung wäre das systematische kartographische Erschließen der Topographie des Reiches nicht realisierbar gewesen. Andererseits soll insbesondere das militärische Interesse an der kartographischen Erfassung von bestimmten Landesteilen untersucht (europäisches Russland, westliche und südliche Grenzen) und mögliche zivile Alternativen aufgezeigt werden. Die Kartenauswahl soll somit dem Ziel dienen, unterschiedliche inhaltliche Schwerpunkte zu analysieren, wie sie sich einerseits in Karten-Signaturen und Karten-Beschriftungen, andererseits in Karten-Ausschnitten wie Karten-Maßstäben niederschlagen. Dies steht im unmittelbaren Zusammenhang mit den Interessen der Auftraggeber der Kartenwerke.

Die starke staatliche Zentralisierung der russischen Kartographie beim Militär spiegelt sich im Spektrum der gedruckten russischen Karten besonders deutlich.

---

56 Letzte Stufe des „ikonologischen Dreischritts", welche nach der gesellschaftlichen Bedeutung eines Kunstwerkes fragt und dieses als Spiegel der zeitgenössischen Weltanschauung versteht. Vgl. Lengwiler, Martin: Praxisbuch Geschichte. Einführung in die historischen Methoden, Zürich 2011, S. 141.
57 Vgl. Harley: The New Nature of Maps; Harley: Deconstructing the Map; Vollmar, Rainer: Die Vielschichtigkeit von Karten als kulturhistorische Produkte, in: Unverhau, Dagmar (Hrsg.): Geschichtsdeutung auf alten Karten, Archäologie und Geschichte, Wiesbaden 2003, S. 381–395.

Vier der fünf ausgewählten Kartenwerke wurden von hohen Offizieren des zarischen Militärs in Sankt Petersburg verantwortet. Aus militärischer Perspektive produzierten sie Raumbilder des Reiches im Zentrum des Russländischen Imperiums. Um diese repräsentative kartographische Dominanz bewusst zu kontrastieren, fiel die weitere Wahl auf eine lokal initiierte Karte aus dem nordwestlichen Randgebiet des Vielvölkerreiches. Dabei geht es um die Rekonstruktion einer agrarwirtschaftlichen Perspektive in der Peripherie des Reiches, die das Raumbild in der Karte bestimmt. So sehr sich diese Karte von den anderen untersuchten Karten auch abhebt, die Schaffung ihrer geodätischen Grundlagen spielt im Zusammenhang mit wissenschaftlichen und technologischen Kulturtransfers aus dem westlichen Ausland eine zentrale Rolle für die gesamte Entwicklung der Geodäsie im Zarenreich.

Zusammengefasst waren folgende Eigenschaften der Karten für ihre Auswahl entscheidend. Alle fünf untersuchten Karten wurden im Generalstab in Sankt Petersburg gestochen und gedruckt. Die Kartenauswahl repräsentiert topographische Karten aus dem gesamten Untersuchungszeitraum in unterschiedlichen Maßstäben. Vier der fünf untersuchten Karten wurden von Zeitgenossen als epochale Hauptwerke der russischen Kartographie beschrieben, für deren Herstellung der größtmögliche Aufwand betrieben worden ist. Diese Karten stammen vom zarischen Generalstab und waren darauf angelegt, das gesamte europäische Russland in einer Vielzahl von Blättern abzubilden. Diese wurden Jahrzehnte lang aktualisiert und größtenteils öffentlich verkauft. Es ist davon auszugehen, dass sie im Vergleich zu anderen russischen Karten höhere Auflagen hatten, wodurch diese stärkere Verbreitung fanden. Zumindest fanden in der zeitgenössischen Literatur des In- und Auslandes eben diese Karten große Beachtung. Die fünfte, ebenfalls in Sankt Petersburg gestochene und gedruckte Karte, stellt in mehrfacher Hinsicht ein Gegenbeispiel zu den anderen vier Karten dar. Konzeptuell bildete sie geradezu eine radikale Alternative. Aus dem differenzierenden Vergleich dieser Karte mit den anderen vier untersuchten Karten treten die besonderen Eigenschaften und Unterschiede der innewohnenden Raumbilder hervor.

Im Gegensatz zum Großteil des publizierten historischen Schrifttums, erwies sich das Aufspüren von Karten in Bibliotheken und Archiven als besonders anspruchsvoll. Die ausgewählten Karten möglichst vollständig sowie in verschiedenen Zeitständen zur Einsicht auf den Tisch zu bekommen, kann besonders in Russland als größere Herausforderung bezeichnet werden. Bedeutende Bibliotheken Russlands (RNB, RGB, BAN, RGO) verfügen nach Aussagen ihrer eigenen Mitarbeiter kaum über vollständige Sammlungen amtlicher russischer Karten. Und die im Russländisch Staatlichen Militär-Historischen Archiv (RGVIA) in Moskau liegenden Kartenbestände und andere Dokumente waren im Rahmen der vorangegangenen Recherchen nur begrenzt einsehbar. Oftmals waren nur wenige oder Teile von Karten mit der Begründung verfügbar, dass die in der Sowjetunion gepflegte Geheimhaltung große Lücken in die Sammlungsbestände gerissen habe oder deren Zustand eine Benutzung nicht erlaube. Vor allem die Bestände der Staatsbibliothek zu Berlin

(SBB) und anderer Bibliotheken wie Archive konnten diese Beschränkung etwas ausgleichen. Die an russischen Karten reiche Plankammer des mit dem Versailler Vertrag aufgelösten deutschen Generalstabs gehört seit 1919 zum Bestand der SBB. Eine Vielzahl relevanter gedruckter Karten sind in Berlin sofort verfügbar, während die Recherche im RGVIA zwar grundsätzlich möglich war, aber nur unter erschwerten Bedingungen durchgeführt werden konnte. Dieses Archiv ist für das vorliegende Forschungsthema dennoch unersetzbar, da es seinen eigenen Ursprung in jenem Karten-Depot findet, das 1797 gegründet wurde und damit den Hauptbestand zum Thema der militärischen Vermessung und Kartographie im Zarenreich aufbewahrt. Im RGVIA sind u. a. die relevanten Bestände zur Entstehungsgeschichte der hier untersuchten Karten (z. B. Handzeichnungen) genauso zu finden, wie über das 1822 gegründete (Militär-) Topographen-Korps, Personalakten beteiligter Akteure sowie Korrespondenzen und Dossiers, Berichte und Konzepte.

Für die Vorbereitungen der Recherche im RGVIA haben sich neben der aufschlussreichen Webseite[58] mehrere Publikationen als hilfreich erwiesen. Etwa ein Jubiläums-Sammelband, der sowohl den Bestand als auch die Geschichte des Archivs beschreibt.[59] Neueren Datums sind der Archivführer in vier Bänden[60] sowie eine Quellenedition[61], die vom Archiv selbst herausgegeben wurden. Für die konkrete Suche nach Kartenbeständen ist der 1910 herausgegebene Katalogband[62] des im RGVIA integrierten Militär-Wissenschaftlichen Archivs (*Voenno-učennyj archiv*) unverzichtbar. Dieses Verzeichnis führt die bis dato gültigen Signaturen der einzelnen Bestandseinheiten auf, welche allerdings oft nur sehr allgemein betitelt sind. Zudem ist ein bedeutender Teil dieser Bestände nur auf Mikrofilm oder in Form von Photokopien für die Lektüre verfügbar. Unabhängig von dieser konkreten Archivarbeit bieten für die allgemeine Karten-Recherche zeitgenössische Rechenschaftsberichte und Verkaufs-Kataloge des zarischen Militärs erste Anhaltspunkte für die Recherche. Um an aussagekräftige Metadaten zu gelangen, können diese das Nachforschen und Studieren in den Kartensammlungen der Bibliotheken und Archive erleichtern, nicht aber ersetzen.[63] Die unmittelbare Arbeit mit dem kartographischen Quellenma-

---

58 URL: Rgvia.rf [Zugriff: 18.06.2022]

59 Ryženkov, Michail Rafailovič (Hrsg.): Dokumental'nye relikvii rossijskoj istorii. 200–letie Voenno-istoričeskogo archiva, Moskva 1998.

60 Rossijskij gosudarstvennyj voenno-istoričeskij archiv, putevoditel' v 4-ch tomach, Moskva 2006–2009.

61 Snežko, N. G. (Hrsg.): Rossijskij gosudarstvennyj voenno-istoričeskij archiv. Istorija v dokumentach, 1797–2007, Moskva 2011.

62 Katalog Voenno-učenago archiva Glavnago upravlenija General'nago štaba, Bd. III, Sankt Peterburg 1910.

63 Die für diese Studie herangezogenen Karten stammen aus folgenden Sammlungs-Beständen: Rossijskij gosudarstvennyj voenno-istoričeskij archiv, Moskva; Rahvusarhiiv, Tartu; Sankt-Peterburgskij filial Archiva rossijskoj akademii nauk, Sankt-Peterburg; Naučnyj archiv Russkogo geografičeskogo obščestva, Sankt-Peterburg; Rossijskaja gosudarstvennaja biblioteka, Moskva; Rossijskaja nacional'naja biblioteka, Sankt-Peterburg; Biblioteka Akademii nauk Sankt-Petersburg; Gosudarst-

terial *de visu* ist letztendlich unverzichtbar. Diese ermöglicht nämlich erst, einen vollständigen Eindruck von einer Karte als historische Quelle zu erhalten – genau so, wie diese in ihrer papiernen Erscheinungsform in die Hände zeitgenössischer Leser kam und potenziell deren Raumbild prägte. Dazu gehört vor allem das persönliche Wahrnehmen des Kartenblatt-Formats, des Kartenschnitts und des Verhältnisses von Karten-Maßstab zum Fassungsvermögen einer Karte, um die Grenzen der Darstellbarkeit und Lesbarkeit der Signaturen, d. h. topographischer Details im Kartenbild, und ihre Eignung für konkrete Zwecke zu verstehen. Diese Erkenntnisse erlauben selektiv reproduzierte, meist vergrößerte oder verkleinerte Kartenausschnitte oder selbst via *Web-Map-Services* verfügbare retrodigitalisierte historische Karten mit Zoom-Funktion nicht. Trotz der großen Anstrengungen hinsichtlich Digitalisierung und Sichtbarmachung einzelner Kartenbilder im Internet, ist auch der Bibliothekswelt der begrenzte Wert dieses Angebots bewusst. Wolfgang Crom, Leiter der Kartenabteilung der SBB gibt zu bedenken: „Insbesondere tritt bei kartographischen wie bei allen bildhaften Materialien [...] die Besonderheit, nämlich die Gleichzeitigkeit des Überblicks bei der Vertiefung ins Detail, zugunsten eines gesteigerten Vergrößerns von Ausschnitten zurück.“[64]

Die Kontextualisierung der ausgewählten Karten sowie die Untersuchungen zu den Vermessungen erfolgen mithilfe archivalischer Dokumente wie originalen Karten-Manuskripten, Berichten und Protokollen, Konzepten und Briefen. Des Weiteren konnte auf eine breite Palette publizierter Quellen zugegriffen werden. Allen voran auf die *Vollständige Gesetzessammlung des Russländischen Imperiums* (PSZ)[65], auf ministerielle Rechenschaftsberichte, Tagebücher, Artikel in Fachzeitschriften, Monographien, Verkaufs-Kataloge und Kalender, Personal- und Vorlesungsverzeichnisse, Enzyklopädien, Lehrbücher sowie Instruktionen und nicht zuletzt auf eine Vielzahl gedruckter topographischer wie thematischer Karten und Atlanten. Unverzichtbar waren auch die historischen Abrisse in Form von ministerialen Jubiläums-Schriften, nicht selten verfasst von beteiligten Akteuren.[66]

vennaja publičnaja istoričeskaja biblioteka Rossii, Moskva; Staatsbibliothek zu Berlin; Bayerische Staatsbibliothek, München; Herder-Institut für historische Ostmitteleuropaforschung, Marburg; Universitätsbibliothek Basel; Universitätsbibliothek Bern, Thüringer Universitäts- und Landesbibliothek, Jena; Forschungsbibliothek Gotha.

64 Crom, Wolfgang: Kartendigitalisierung – buntes Bild oder Mehrwert?, in: Kartographische Nachrichten 5 (2016) 66, S. 243. Die Retrodigitalisierung von historischen Karten ist nur ein Zwischenschritt. Was folgen wird, ist die automatisierte Vektorisierung von Objekten im Kartenbild (Wege, Gewässer, Bodenbeckungen usw.) und deren bibliothekarische Erschließung. Hierzu wird in der Kartenabteilung der Staatsbibliothek zu Berlin gearbeitet.

65 Volltext elektronisch verfügbar: URL: http://nlr.ru/e-res/law_r/content.html [Zugriff: 18.06.2022]

66 U. a. Istoričeskij očerk dejatel'nosti Korpusa voennych topografov, 1822–1872, Sanktpeterburg 1872; Stoletie Voennago ministerstva 1802–1902, 50 Bde., Sankt-Peterburg 1902–1914; Istoričeskoe obozrenie pjatidesjatiletnej dejatel'nosti Ministerstva gosudarstvennych imuščestv, 1837–1887, 5 Bde. Sankt-Peterburg 1888.

Für zahlreiche Aufgaben erleichtern und beschleunigen Internet-Volltext- und Bild-Angebote, wie sie in den vergangenen Jahren stark zugenommen haben, die Forschungsarbeit erheblich. Als besonders hilfreich für die vorliegende Studie haben sich die Online-Angebote der Russländischen National-Bibliothek Sankt Petersburg (RNB)[67], der Russländischen Staatsbibliothek Moskau (RGB)[68], der Staatlichen Öffentlichen Historischen Bibliothek Russlands in Moskau (GPIB Rossii)[69], der Bibliothek der Russischen Geographischen Gesellschaft (RGO)[70] in Sankt Petersburg, der Staatsbibliothek zu Berlin (SBB)[71] sowie der Bayerischen Staatsbibliothek in München (BSB)[72] erwiesen. Unter anderen sind ebenso die Internet-Seiten Runivers[73] und Bibliophika[74] sowie die David Rumsey Map Collection[75] und Maps4you.lt[76] zu nennen.

1.4 Theoretische Vorüberlegungen

1.4.1 Topographische Karten und Territorialisierung

Im Jahr 1874 wurde die Gesamtfläche des Zarenreiches mit rund 22 Millionen Quadratkilometern beziffert, wovon der europäische Teil ca. 5,5 Millionen Quadratkilometer einnahm.[77] Die Ausdehnung Russlands über ein Sechstel der Erdoberfläche war das Resultat einer über Jahrhunderte andauernden Expansion. Während im Westen die territoriale Ausdehnung 1815 weitgehend abgeschlossen war, setzten sich russische Eroberung und Landnahme in Asien und im Kaukasus bis in die zweite Hälfte des 19. Jahrhunderts fort.[78] Zeitgleich mit der territorialen Ausdehnung lassen sich seit dem späten 18. Jahrhundert intensive Bemühungen der Zarenregierung

---

67 URL: http://primo.nlr.ru/primo_library/libweb/action/search.do?menuitem=2&catalog=true [Zugriff: 18.06.2022]
68 URL: http://elibrary.rsl.ru/ [Zugriff: 18.06.2022]
69 URL: http://elib.shpl.ru/ru/nodes/9347-elektronnaya-biblioteka-gpib [Zugriff: 18.06.2022]
70 URL: https://lib.rgo.ru/dsweb/HomePage [Zugriff: 18.06.2022]
71 URL: https://staatsbibliothek-berlin.de/die-staatsbibliothek/abteilungen/karten [Zugriff: 18.06.2022]
72 URL: https://opacplus.bsb-muenchen.de/metaopac/start.do [Zugriff: 18.06.2022]
73 URL: https://runivers.ru/ [Zugriff: 18.06.2022]
74 URL: http://www.bibliophika.ru/ [Zugriff: 18.06.2022]
75 URL: https://www.davidrumsey.com/ [Zugriff: 18.06.2022]
76 URL: http://www.maps4u.lt/ru/news.php [Zugriff: 18.06.2022]
77 Vgl. Strel'bickij, Ivan Afanas'evič: Isčislenie poverchnosti Rossijskoj Imperii v obščem eja sostave v carstvovanie imperatora Aleksandra II., Sanktpeterburg 1874, S. 246. Die Fläche des gesamten europäischen Kontinents beträgt rund 10 Millionen Quadratkilometer.
78 Kappeler: Russland als Vielvölkerreich, S. 93–98; Hierzu auch: LeDonne, John P.: The Russian Empire and the World, 1700–1917. The Geopolitics of Expansion and Containment, New York 1997; ders.: The Grand Strategy of the Russian Empire, 1650–1831, New York 2004.

beobachten, den eroberten Raum dauerhaft beherrschbar zu machen und in staatliches „Territorium" zu verwandeln. Wie neuere Forschungen zur begrifflichen Schärfung vorschlagen, ist ein Imperium „[...] ein politischer Verband von erkennbarer territorialer Form, in dem ein staatlich organisiertes Zentrum systematisch in den politischen Prozess schwächerer Peripherien eingreift."[79] Unter einem „Territorium" wird hingegen ein begrenzter geographischer Raum verstanden, der eine „effektive Kontrolle öffentlichen und politischen Lebens erlaubt".[80] Vom 16. bis zum 18. Jahrhundert hatten „die dramatischsten Veränderungen nicht die Intensität der Kontrolle von Herrschern über ein bestimmtes Territorium [betroffen], sondern die Ausdehnung des Raumes, über den Macht ausgeübt wurde."[81] In dieser territorialen Expansion bestand für europäische Großmächte eine der gebräuchlichsten Methoden, das Kräfte-Gleichgewicht zu den jeweils eigenen Gunsten zu verschieben.[82] So wird in einem russischen Lehrbuch über Militär-Geographie aus dem Jahr 1909 auch hervorgehoben, dass Russlands räumliche Ausdehnung (55 Prozent von Europa und 36 Prozent von Asien) nur dem gesamten (verstreuten) Territorium des Britischen Imperiums nachstehe, von dem es immerhin 75 Prozent ausmache, während andere Großmächte in diesem Vergleich weit abgeschlagen rangierten.[83] Territorium, so die Argumentation von Charles Maier, „muss im 19. Jahrhundert in zunehmendem Maße als Voraussetzung für staatliche Souveränität angesehen werden".[84] Nicht zuletzt für Imperien in ihrer großen räumlichen Ausdehnung war entscheidend, den von ihnen eroberten physischen Raum auch als Territorium effektiv zu erfassen und zu kontrollieren. Bei den Prozessen der „Raumbewältigung"[85] und „Territorialisierung"[86] spielten in Russland im 19. Jahrhundert Prozesse der ethnographischen und geologischen Erkundung[87], der kartographischen Vermessung, der statistischen Er-

---

79 Osterhammel, Jürgen: Imperien, in: Budde, Cornelia; Conrad, Sebastian; Janz, Oliver (Hrsg.): Transnationale Geschichte. Themen, Tendenzen und Theorien, Göttingen 2006, S. 60. Hierzu auch: Lieven: Empire, S. 3–26; Burbank, Jane; Cooper, Frederick: Imperien der Weltgeschichte. Das Repertoire der Macht vom alten Rom und China bis heute, Frankfurt/ M. 2012, S. 15–28.
80 Maier, Charles S.: Transformations of Territoriality. 1600–2000, in: Budde; Conrad; Janz (Hrsg.): Transnationale Geschichte. Themen, Tendenzen und Theorien, Göttingen 2006, S. 34.
81 Burbank; Cooper: Imperien der Weltgeschichte, S. 237.
82 Vgl. Lieven: Empire, S, 267.
83 Vgl. Kannenberg, Vasilij Ričardovič: Voennaja geografija. Obščij obzor Rossii v voenno-geografičeskom otnošenii, pograničnaja polosa Rossii, kak teatry voennych dejstvij, Sankt-Peterburg 1909, S. 3.
84 Vgl. Lieven: Empire, S. 267.
85 Schlögel: Raum und Raumbewältigung, S. 1–25.
86 Maier: Transformations of Territoriality; Delaney, David: Territory. A Short Introduction, Malden 2005; Sack, Robert D.: Human Territoriality. Its Theory and History, Cambridge 1986; Gottmann, Jean: The Significance of Territory, Charlottesville 1976.
87 Tokarev, Sergej Aleksandrovič: Istorija russkoj ėtnografii, Moskva 1966; Knight: Constructing the Science of Nationality; Mogil'ner: Homo imperii.

fassung, der infrastrukturellen Erschließung[88] und der rechtlichen Homogenisierung eine herausragende Rolle. Die vorliegende Studie setzt hier ein und fragt nach der topographischen Vermessung und kartographischen Erschließung als zentralem Aspekt der Selbstexploration und Territorialisierung des russländischen Vielvölkerreiches im langen 19. Jahrhundert. Stuart Elden bekräftigt, dass Territorium erst von Akteuren generiert wird, indem diese Raum territorialisieren.[89] Territorium muss demnach als Ergebnis von Aktionen verstanden werden, die sich auf bereits bestehendes Territorium oder auf ein vormals neutrales Gebiet richten.[90] Maier und Elden stimmen weitgehend darin überein, dass Territorium in einem stetigen Wandel begriffen war und ist, einen Prozess darstelle und eben nicht als eine unveränderliche Gegebenheit verstanden werden dürfe.[91] Maier operiert folglich mit dem Begriff „Territorialität" (*territoriality*) und schafft so Aufmerksamkeit für die jeweilige Beschaffenheit eines Territoriums als „politischen Raum" (*political space*) in einem bestimmten (historischen) Zusammenhang.[92] Elden unterstreicht dagegen die Notwendigkeit, zu untersuchen, wie Territorium als „politische Methode" (*political technology*) in unterschiedlichen historischen und geographischen Kontexten verstanden worden ist.[93] Diese Zugänge bilden für die vorliegende Arbeit wichtige Ausgangspunkte, um die hier untersuchten topographischen Karten als Instrumente und Dokumente des Territorialisierungs-Prozesses im Russländischen Imperium zu verstehen, wie er im langen 19. Jahrhundert von unterschiedlichen Akteuren beeinflusst wurde.

Maier hebt hervor, dass die Erdoberfläche endlich ist und ein Staat Territorium nur auf Kosten eines anderen gewinnen könne.[94] Dies verweist u. a. auf die große Bedeutung territorialer Grenzen, die nach Jürgen Osterhammel „Nebenprodukt und zugleich Indiz eines Prozesses der Territorialisierung von Macht"[95] sind, und über deren Hoheit sich nach Karl Schlögel „Souveränität und Machtvollkommenheit" erst erweisen.[96] Das Aufkommen des Territoriums als staatlicher Raum war mit Theorie und Praxis der Grenzziehung eng verbunden. Sein Schutz war ein grundlegendes Instrument für politische Autorität bzw. für territoriale Kontrolle, und wurde erst dann gefolgt von der Organisation des Raumes innerhalb der Grenzen, so Maier.[97] Impe-

---

88 Schenk: Russlands Fahrt in die Moderne.

89 Vgl. Elden, Stuart: The Birth of Territory, Chicago/London 2013, S. 5.

90 Vgl. Elden: The Birth of Territory, S. 17.

91 Vgl. Maier, Charles S.: Once within Borders. Territories of Power, Wealth, and Belonging since 1500, Cambridge [u. a.] 2016, S. 2; Elden: The Birth of Territory, S. 17.

92 Vgl. Maier: Transformations of Territoriality, S. 35; ders.: Once within Borders, S. 2 u. 48.

93 Vgl. Elden: The Birth of Territory, S. 322.

94 Maier: Once within Borders, S. 8.

95 Osterhammel, Jürgen: Die Verwandlung der Welt. Eine Geschichte des 19. Jahrhunderts, Schriftenreihe der Bundeszentrale für politische Bildung, Bd. 1044, Bonn 2010, S. 180.

96 Schlögel: Im Raume lesen wir die Zeit, S. 84.

97 Vgl. Maier: Once within Borders, S. 9.

rium (als eine Art Staat) sei hinsichtlich des Begriffs Territorium jedoch eine „schwammige Konstruktion". Denn Imperien verfügten nicht über einheitliche Territorien. Sie vereinigten in sich verschiedene Völker und Konfessionen, Regionen und Orte, welche unterschiedliche Möglichkeiten und Rechte besaßen. Daher bildete die „tiefe" Durchdringung ihrer Territorien eine besondere Herausforderung für Imperien.[98] Denn der Raum eines Imperiums wurde als ruhelos begriffen, indem es: „an seinen Rändern umkämpft, zur Expansion gereizt und zur Verteidigung gezwungen [war]."[99] Doch verlässliches und systematisches Wissen über das eigene Territorium wurde im 19. Jahrhundert, dem Zeitalter der europäischen Großmachtkonkurrenz, in zunehmendem Maße auch zur Voraussetzung für die Funktionsweise und das Überleben von Imperien. Um sich im wirtschaftlichen Wettbewerb behaupten und in militärischen Auseinandersetzungen Stand halten zu können, waren alle Großmächte gezwungen, die Anstrengungen bei der Erschließung und dem Ausbau des eigenen Staatsgebiets zu intensivieren. Die Verwissenschaftlichung der Vermessung und Kartographie seit dem 18. Jahrhundert ermöglichte eine zunehmende Präzisierung der Grundlagen der Erschließung physischer Räume. Dieser Zusammenhang bestand in fast allen europäischen Gesellschaften, was die Basis für wissenschaftliche Austauschbeziehungen schuf.[100] Mit Blick auf die Wechselbeziehungen zwischen Russland und dem westlichen Europa entwickelte sich aus der wachsenden Institutionalisierung der staatlichen Organisation und des Wissenschaftsbetriebs seit dem 18. Jahrhundert jener Rahmen, in dem Austauschbeziehungen auf den Gebieten Vermessung und Kartographie geknüpft und ausgebaut wurden. In zahlreichen Ländern Europas übernahmen im 19. Jahrhundert die Generalstäbe mit ihren Landesaufnahmen die Herstellung von Karten des eigenen Staates.[101] Im vorliegenden Zusammenhang war infolgedessen der wissenschaftliche Austausch mit dem Transfer von militärischem *know-how* eng verbunden. Neben der Petersburger Akademie der Wissenschaften und der Dorpater Universität war auch der zarische Generalstab ein Zentrum für Austauschbeziehungen, welche hier mit dem Konzept der Kulturtransfers gefasst werden sollen. Diese sind nach Matthias Middell „[...] nicht auf eine gesellschaftliche Sphäre beschränkt, sondern betreffen die Bewegung von Sachen, Personen und Ideen, sie erfassen die materielle Kultur ebenso wie die symbolischen Welten [...]".[102] Dabei geht es weniger darum, „[...] welche Kultur die andere beein-

---

98 Vgl. Maier: Once within Borders, S. 48.

99 Maier: Once within Borders S. 49.

100 Dieser Zusammenhang wurde in einem Gespräch des Autors mit Karl Schlögel hergestellt.

101 Vgl. Lexikon zur Geschichte der Kartographie. Von den Anfängen bis zum Ersten Weltkrieg, hrsg. von Kretschmer, Ingrid; Dörflinger, Johannes; Wawrik, Franz, Bd. 1, Wien 1986, in: Die Kartographie und ihre Randgebiete. Enzyklopädie, hrsg. von Arnberger, Erik: Bd. C/1, S. 436; Bd. C/2, S. 497.

102 Middell, Matthias: Kulturtransfer und Historische Komparatistik – Thesen zu ihrem Verhältnis, in: Comparativ. Zeitschrift für Globalgeschichte und Vergleichende Gesellschaftsforschung 10 (2000) 1, S. 18.

flusst hat, sondern vielmehr warum in der einen Kultur das Bedürfnis entstanden ist, aus einer anderen bestimmte Elemente aufzunehmen und in das eigene Reservoir adaptiert zu integrieren."[103] Demnach steuert „nicht der Wille zum Export, sondern die Bereitschaft zum Import [...] hauptsächlich die Kulturtransferprozesse."[104] Für die Erforschung von Kulturtransfers zwischen dem Russländischen Imperium und seinen Nachbarn eignen sich in besonderer Weise auch die Zugänge der *histoire croisée* und *entangled history*[105], da sie Untersuchungen über Interaktionsprozesse auf unterschiedlichen nationalen, regionalen, wie imperialen Ebenen ermöglichen.[106] Das Konzept der *histoire croisée* fordert u. a. eine Geschichtsschreibung, „[...] die von der Ebene der Handelnden ausgeht, von den Konflikten, in denen sie standen, und den Strategien, die sie zu ihrer Lösung entwickelten."[107] Um die Rolle von Akteuren im Transferprozess zu untersuchen, werden biographische und prosopographische Perspektiven als methodische Zugänge genutzt. Werdegänge von Mittlern im Kulturtransfer sind von besonderem Interesse, da an ihnen Kommunikationswege beispielhaft analysiert und Netzwerke rekonstruiert werden können, die für Austauschprozesse konstitutiv waren.[108] Für Russland im 18. Jahrhundert hat Jan Kusber auf die Rolle zentraler Akteure als Träger in Transferprozessen hingewiesen. Demnach sind Netzwerkanalysen zur Beobachtung von Kulturtransfers besonders wichtig.[109] Im vorliegenden Forschungsprojekt geraten u. a. die Astronomen Friedrich Georg Wilhelm (Vasilij Jakovlevič) Struve (1793–1864) und Friedrich Theodor (Fëdor Ivanovič) Schubert (1758–1825) samt ihren Söhnen[110] und Kollegen[111], deren Schüler und andere Akteure in den Blick. So werden Prozesse der Aneignung, Ver-

---

103 Middell, Matthias: Deutsch-russisch-französische Kulturbeziehungen im 18. und 19. Jahrhundert – ein Feld triangulärer Kulturtransfers, in: Riha, Ortun; Fischer, Marta (Hrsg.): Naturwissenschaften als Kommunikationsraum zwischen Deutschland und Russland im 19. Jahrhundert, Schriftenreihe: Wissenschaftsbeziehungen im 19. Jahrhundert zwischen Deutschland und Russland auf den Gebieten Chemie, Pharmazie und Medizin, Bd. 6, Aachen 2011, S. 51.
104 Middell: Kulturtransfer und Historische Komparatistik, S. 21.
105 Espagne, Michel; Werner, Michael: Transferts. Les relations interculturelles dans l'espace franco-allemand (XVIIIe–XIXe siècle), Paris 1988.
106 Aust; Vulpius; Miller: Imperium inter pares, S. 7.
107 Werner, Michael; Zimmermann, Bénédicte: Vergleich, Transfer, Verflechtung. Der Ansatz der Histoire croisée und die Herausforderung des Transnationalen, in: Geschichte und Gesellschaft 28 (2002) 4, S. 617.
108 Vgl. Schweiger, Hannes; Holmes, Deborah: Nationale Grenzen und ihre biographischen Überschreitungen, in: Fetz, Bernhard (Hrsg.): Die Biographie – Zur Grundlegung ihrer Theorie, Berlin/ New York 2009, S. 407.
109 Vgl. Kusber, Jan: Kulturtransfer als Beobachtungsfeld historischer Kulturwissenschaft. Das Beispiel des neuzeitlichen Russland, in: ders.; Dreyer, Mechthild, Rogge, Jörg; Hütig, Andreas (Hrsg.): Historische Kulturwissenschaften. Positionen, Praktiken und Perspektiven, Bielefeld 2010, S. 273.
110 Astronom Otto Wilhelm v. Struve (1819–1905) und Militär-Geodät Theodor Friedrich Schubert (1789–1865).
111 Astronom Friedrich Wilhelm Bessel (1784–1846) und der Mathematiker Carl Friedrich Gauss (1777–1855).

mittlung und Anwendung von Wissensbeständen aus der Astronomie und Geodäsie sowie dem Militär rekonstruiert und deren Wirkmächtigkeit erforscht.[112] Ob und inwieweit sich Prozesse des Kulturtransfers auf das konkrete Handeln einzelner Institutionen auswirkten, wird in einem vergleichenden Blick auf die an der Vermessung beteiligten Behörden untersucht. Im vorliegenden Fall wird im differenzierenden Vergleich[113] sichtbar gemacht, was unterschiedliche Ministerien mit ihren Vermessungsarbeiten beabsichtigten, welche Mittel ihnen dafür zur Verfügung standen und welche Ziele sie erreichen konnten. Hierbei stehen zudem die Kooperationsbeziehungen und Konkurrenzverhältnisse der beteiligten Institutionen im Fokus.

Wie Ulrike Jureit konstatiert, bildet gerade das Wissen und die Fähigkeit, ein bestimmtes Gebiet als geschlossene geometrische Fläche in einem einheitlichen Größenmaßstab zu erfassen und zu projizieren, eine zentrale Voraussetzung für den Prozess der „Territorialisierung". In diesem Zusammenhang wird betont, dass die Kartographie *das* zentrale Leitmedium räumlicher Repräsentation darstellt(e).[114] Karten – so John B. Harley – dienen als Wissensspeicher der Kontrolle über geographischen Raum und sind als genuine Mittel staatlicher Macht zu betrachten: je grösser die administrative Komplexität eines Staates und je grösser seine Bestrebung zur territorialen und sozialen Herrschaft, desto größer ist sein „Appetit auf Karten".[115]

Mit der Bedeutung der Kartographie für die Entwicklung eines Territoriums als politischen Raum hat sich Jordan Branch beschäftigt. Der Autor verweist darauf, dass das frühneuzeitliche Europa zwei bedeutende Umwälzungen erlebte. Einerseits in der Kartenherstellung, andererseits in den Konzepten und Praktiken politischer Herrschaft. Die Benutzung von Karten übte demnach Einfluss darauf aus, wie Herrscher ihr Reich wahrnahmen. Dies veränderte sich in dem Maße, wie sie und andere zunehmend Karten gebrauchten, die die Welt aus einer neuen Perspektive zeigten. Zwar änderte sich dadurch „lediglich" die Raumvorstellung bzw. das Raumbild[116] (*view of space*) des Herrschers von seinem Reich. Die Vorstellung von dem, was beherrscht wurde, war aber zentral für die Art und Weise, wie politische Akteure ihre

---

112 Vgl. Stegbauer, Christian; Häussling, Roger (Hrsg.): Handbuch Netzwerkforschung, Schriftenreihe: Netzwerkforschung, Bd. 4, Wiesbaden 2010; Düring, Marten; Eumann, Ulrich: Historische Netzwerkforschung, Ein neuer Ansatz in den Geschichtswissenschaften, in: Geschichte und Gesellschaft, Zeitschrift für historische Sozialwissenschaft 39 (2013) 3, S. 369–390.
113 Vgl. Lengwiler: Praxisbuch Geschichte, S. 194.
114 Jureit, Ulrike: Das Ordnen von Räumen. Territorium und Lebensraum im 19. und 20. Jahrhundert, Hamburg 2012, S. 16 f.
115 Harley: The New Nature of Maps, S. 55.
116 Als Übersetzung für das angloamerikanische „view of space" wird hier mit den in der Forschung etablierten deutschsprachigen Begriffen „Raumvorstellung" bzw. „Raumbild" operiert. Unter Raumvorstellung versteht Martina Löw „eine Idee von Raum, eine Verdichtung [von] Raumbilder[n] sowie deren symbolische Besetzung mit in wissenschaftlichen Disziplinen geltendem und/oder in den Alltag transformierten Wissen um den Raum". Löw, Martina: Raumsoziologie, Frankfurt/M. 2001, S. 16. Zum Begriff „Raumbild": Ipsen, Detlev: Raumbilder, in: Informationen zur Raumentwicklung 11/12 (1986), S. 921–931. Vgl. Schenk: Russlands Fahrt in die Moderne, S. 23 f., FN 32.

Interessen verfolgten. Die frühneuzeitliche Kartographie beeinflusste demzufolge Konzepte und Praktiken der politischen Autorität, was zu einem Wandel von Territorialität und gleichzeitig zum Verschwinden von nicht-territorialen Autoritäten beitrug.[117] Branch argumentiert, dass im Mittelalter politische Interaktionen und Strukturen sowohl Territorialität, als auch Formen der Autoritäts-Legitimation beinhalteten, die vom Territorium getrennt waren. Dies konnten persönlich-feudale Bindungen oder hoheitliche Rechte und Pflichten sein. Mit der zunehmenden Benutzung von Karten auf allen Ebenen europäischer Gesellschaften wurden jedoch diejenigen Formen politischer Autorität untergraben, die sich *nicht* für kartographische Darstellungen eigneten.[118] Was darunter konkret verstanden werden kann, mag ein Blick auf das frühneuzeitliche Russland zeigen. Wie Valerie Kivelson darlegt, nahm bereits im Zarenreich des 17. Jahrhunderts das offizielle Interesse an der Herstellung von militärischen und administrativen Karten vor dem Hintergrund der staatlichen Zentralisierung zu.[119] Gleichzeitig wurden nicht-territoriale, dynastische Autoritätsansprüche bildlich inszeniert, wie die 1668 von Simon Ušakov geschaffene Ikone „Pflanzung des Baumes der russischen Herrschaft" (*nasaždenie dreva gosudarstva Rossijskogo*) dokumentiert. Das Bild zeigt einen Lebensbaum, der innerhalb der Moskauer Kreml-Mauern wurzelt und dessen Früchte aus Kameen die heilige Jungfrau Maria umgeben. Abgebildet sind darin herrschende Fürsten, Zaren und heilige Männer Moskaus. Catherine Merridale beschreibt dieses Bild als „Gemälde eines politischen Manifestes im Namen eines Zaren". Dieser Baum soll demnach die Verwurzelung des amtierenden Zaren Alexej Michailovič Romanov (1645–1667) in der Vergangenheit Moskaus mitsamt seinen Erben zeigen und sie als Teil einer kontinuierlichen Linie imaginieren.[120] Wie Willard Sunderland entschieden formuliert, war das Moskauer Reich des 17. Jahrhunderts kein Territorialstaat. „Während es Institutionen territorial organisierte und territoriale Ressourcen wie Land, wertvolle Metalle und Pelze als profitable Quellen (*pribyl'*) begriff, verfügte es nicht über ein einheitliches staatliches Konzept, das Territorium als ein wesentliches Gut betrachtete."[121] Der entscheidende Wandel im politischen Umgang mit Territorium setzte erst mit der Regentschaft von Zar Peter I. (1682–1725) ein. Vor dem Hintergrund der kameralistischen politischen Theorie gewann die rationale Sichtweise des zarischen Staates auf das wenig erschlossene Land an Kraft, dessen Ressourcen für Wohl (*blago*) und Nutzen (*pol'za*) besser studiert, bewirtschaftet und ausgenutzt werden sollten. Die

---

117 Vgl. Branch, Jordan: The Cartographic State. Maps, Territory, and the Origins of Sovereignty, Schriftenreihe: Cambridge Studies in International Relations, Bd. 127, New York 2014, S. 1–9.
118 Vgl. Branch: The Cartographic State, S. 68 f.
119 Vgl. Kivelson: Cartographies of Tsardom, S. 29–56.
120 Vgl. Merridale, Catherine: Der Kreml. Eine neue Geschichte Russlands, Frankfurt/M. 2014, S. 29–31, 257 (Abbildung).
121 Sunderland, Willard: Imperial Space. Territorial Thought and Practice in the Eighteenth Century, in: Burbank; Hagen; Remnev: Russian Empire, Space, People, Power, 1700–1930, Bloomington 2007, S. 35.

petrinische Ära war ganz besonders von Kriegen gekennzeichnet, die sowohl territoriale Verluste als auch Gewinne mit sich brachten. Mit dem Sieg über Schweden wurde Zar Peters I. offizieller Titel 1721 in Imperator (*imperator*) verwandelt, und Russland nahm als Imperium (*imperija*) den Status einer europäischen Großmacht in Anspruch. Eine der tiefgreifenden Veränderungen in Bezug auf Territorium gründete im veränderten Denken über Geographie und geographische Praxis. Mit der Verwissenschaftlichung der Gewinnung räumlicher Informationen zeigte der Staat zunehmend Interesse an der Geographie als staatlichem Instrument – vor allem an neuen Karten. Die nach europäisch-wissenschaftlichem Muster entworfene Karte (*karta/landkarta*) trat im frühen 18. Jahrhundert an die Stelle der alten Moskauer Zeichnungen (*čertež*), denen es sichtbar an wissenschaftlichen Grundlagen mangelte.[122]

Schematisch veranschaulicht Jordan Branch, wie sich Karten, deren Herstellung, das Raumbild und Konzepte politischer Autorität wechselseitig beeinflussten. Demnach führte eine neue Methode der Vermessung und Kartenherstellung dazu, dass erzeugte Karten auf einem Gradnetz aus Längen und Breitengraden und Projektionen basierten. Dies prägte das Raumbild, indem die Welt fortan geometrisch berechenbar und teilbar erschien. Einerseits regte dieses neue Raumbild das Interesse an Karten an. Andererseits beeinflusste es die Verfahren der Vermessung und Kartenherstellung, indem es Bedarfe nach methodischen Verbesserungen schuf, die zu exakten Standards wissenschaftlicher Genauigkeit beitrugen.[123] Gleichzeitig begründete dieses Raumbild das Konzept der politisch-territorialen Autorität, während die Menge erzeugter Karten bestimmte, ob die nicht-territorialen Formen von politischer Autorität an Bedeutung verloren und verdrängt wurden. Der konzeptuelle Wandel führte demnach zur zunehmenden Herstellung von Karten, welche die territoriale Perspektive verbreiteten.[124] Exemplarisch legt Branch dar, wie die im 18. Jahrhundert entstandene Frankreich- bzw. Cassini-Karte (1747–1818) ihre Wirkmacht erst durch die Verknüpfung zweier dominierender kartographischer Konzepte aus der Frühen Neuzeit gewann, welche zuvor zwar reichlichen Gebrauch fanden, jedoch ganz und gar voneinander getrennt waren. Nämlich, aus der Verbindung von Atlas-Karten von ausgedehnten Regionen, Kontinenten oder der Erde in kleinen Maßstäben einerseits, und aus lokalen Kataster-Karten in großen Maßstäben andererseits. Erst die Vermessung eines gesamten Reiches auf Grundlage einer Triangulation als neue wissenschaftliche Methode ermöglichte, die lokal zunehmenden Kartierungen privaten Grundbesitzes mit der auf einem Gradnetz basierenden Kartierung von ausgedehnten Regionen, Kontinenten und der Erde kartographisch miteinander zu vereinigen. Dies wurde durch den zentralisierten Staat genutzt und weiter verstärkt, was einen fundamentalen Wandel von politischer Autorität und Herrschaftspraktiken bewirkte, so dass die Konzepte von Herrschern durch kartierte Bilder zunehmend ver-

---

122 Vgl. Sunderland: Imperial Space, S. 36–38.
123 Vgl. Sunderland: Imperial Space, S. 60 f.
124 Vgl. Sunderland: Imperial Space, S. 69.

ändert wurden.[125] Schließlich weist der Autor darauf hin, dass die in Europa zirkulierenden Karten und das Verständnis von Souveränität bei den Haupt-Akteuren zusätzlich in Wechselwirkung stand.[126] Bei der Neuordnung Europas auf dem Wiener Kongress 1814–1815 waren nicht-territorial begründete Autoritätsansprüche, wie feudale Rechte oder Privilegien, nicht mehr ausschlaggebend. Kartographisch dokumentierte Grenzlinien bestimmten nun territoriale Souveränität.[127] Übereinstimmend konstatiert Willard Sunderland für das Russländische Imperium die starke Transformation seiner Territorialität bis zum Ende des 18. Jahrhunderts, so dass von der Reichselite Territorium ganz anders wahrgenommen wurde als noch ein Jahrhundert zuvor.[128] Er schreibt: „Das Imperium war zunehmend in territorialen Begriffen definiert und gedacht worden, während die Art des Regierens zunehmend als Wissenschaft von der territorialen Verwaltung verstanden worden war."[129] Dazu passt, dass im Übergang vom 18. zum 19. Jahrhundert die Zentralisierung und Professionalisierung der Vermessung und der Kartographie in Russland angestrebt wurde, was zu wachsender Genauigkeit, Ausführlichkeit und im Verlauf der Jahrzehnte zu immer neuen Auflagen-Rekorden gedruckter topographischer Karten führte und das Bild des Reiches prägte. Dafür waren wissenschaftliche, technische und organisatorische Grundlagen erforderlich, die im folgenden Abschnitt einführend erläutert werden.

1.4.2 Kartographie und topographische Karten

Im Folgenden sollen einige Grundlagen der Kartographie und topographischer Karten vereinfacht erklärt werden, um naturwissenschaftliche und technische Sachverhalte wie Begrifflichkeiten verständlich zu machen, die für das bessere Verständnis der vorliegenden Studie notwendig sind. Systematische Darstellungen der Kartographie finden sich in der entsprechenden Fachliteratur.[130] Der Begriff „Kartographie" soll erstmals von dem deutschen Gelehrten und Kartenverfasser Heinrich Berghaus (1797–1884) im Jahr 1829 benutzt worden sein.[131] In Russland etablierte er sich spä-

---

125 Vgl. Branch: The Cartographic State, S. 76.
126 Vgl. Branch: The Cartographic State, S. 76.
127 Vgl. Branch: The Cartographic State, S. 135–138.
128 Vgl. Sunderland: Imperial Space, S. 53.
129 Vgl. Sunderland: Imperial Space, S. 54.
130 Vgl. Kohlstock, Peter: Kartographie. Eine Einführung, Paderborn 2004; Monmonier, Mark: Eins zu einer Million. Die Tricks und Lügen der Kartographen, Basel 1996; Wesen und Aufgaben der Kartographie. Topographische Karten (Aufnahme; Entwurf Topographischer und geographischer Karten; Kartenwerke), hrsg. von Arnberger, Erik; Kretschmer, Ingrid, Teil 1, Schriftenreihe: Die Kartographie und ihre Randgebiete, Bd. I, Wien 1975; Eckert, Max: Die Kartenwissenschaft. Forschungen und Grundlagen zu einer Kartographie als Wissenschaft, 2 Bde., Berlin/ Leipzig 1921 u. 1925.
131 Vgl. Pápay, Gyuala: Zur Herausbildung der Wissenschaftsdisziplin Kartographie, in: Guntau, Martin; Laitko, Hubert (Hrsg.): Der Ursprung moderner Wissenschaften. Studien zur Entstehung wissenschaftlicher Disziplinen, Berlin 1987, S. 218.

testens zu Beginn der 1850er Jahre.[132] Er eignet sich auch für die Erfassung und Analyse des gesamten Untersuchungszeitraums (1797–1919) der vorliegenden Studie. Im 18. und 19. Jahrhundert fand die Kartenherstellung zunächst im Rahmen der Geographie und Geodäsie statt, bis sich die Kartographie im 19. und 20. Jahrhundert zunehmend als eigenständige Wissenschafts- und Technikdisziplin herausbildete.[133] Verstanden wird Kartographie in der vorliegenden Studie als „die Lehre von der Logik, Methodik und Technik der Konstruktion, Herstellung und Ausdeutung von Karten und anderen kartographischen Ausdrucksformen [u. a. Globus], die geeignet sind, eine räumlich richtige Vorstellung von der Wirklichkeit zu erwecken.“[134] Dabei ist es wichtig hervorzuheben, dass Karten „kein Abbild der Wirklichkeit abgeben, sondern nur die Möglichkeit, sich die Wirklichkeit vorzustellen.“[135] Anders ausgedrückt: „Eine Karte stellt nur eine von unendlich vielen Möglichkeiten dar, einen bestimmten Sachverhalt oder bestimmte Daten kartographisch wiederzugeben.“[136] Was die Definition des Begriffs Karte angeht, soll es hier genügen, sie als „verkleinertes, vereinfachtes und verebnetes Abbild der Erdoberfläche“[137] zu verstehen. Das Wort „Karte“ stammt vermutlich vom altgriechischen „charta“ (Blatt, Papier) ab und ist als Begriff für kartographische Darstellungen seit der Renaissance nachzuweisen. Bis zur Einführung des Terminus „karta“ unter der Regentschaft Zar Peters I. wurde für kartographische Darstellungen im Zarenreich aber ausschließlich der Begriff „čertež“ (Zeichnung) verwendet. Für großmaßstäbliche Festlanddarstellungen verbreitete sich in der zweiten Hälfte des 18. Jahrhunderts die Bezeichnung „topografičeskaja karta“ (topographische Karte).[138] Für die vorliegende Arbeit ist es zentral, zwischen topographischen und thematischen Karten zu unterscheiden. Während topographische Karten als eine „maßstabsabhängige Auswahl der natürlichen und künstlichen Objekte der Erdoberfläche“[139] verstanden werden, stellen thematische Karten hingegen „ein oder mehrere in unmittelbarem oder mittelbarem Zusammenhang mit der Erde stehende Themen dar“[140] (z. B. für Statistik, Ethnographie, Geologie). Die Studie konzentriert sich auf die Herstellung, den Inhalt und den Gebrauch topographischer Karten, die „eine Kartenart [darstellen], in der alle für die Orientierung und Tätigkeit des Menschen im Gelände notwendigen Gegebenheiten der Erdoberfläche, bzw. der

---

132 Vgl. Sališčev, Konstantin Alekseevič: Wie alt sind die Begriffe Karte und Kartographie?, in: Petermanns Geographische Mitteilungen. Zeitschrift für Geo- und Umweltwissenschaften 123 (1979) 1, S. 67.

133 Vgl. Lexikon der Kartographie und Geomatik: in zwei Bänden, hrsg. von Bollmann, Jürgen; Koch, Wolf Günther, Bd. 2, Heidelberg/Berlin 2001/2002, S. 371 f.

134 Wesen und Aufgaben der Kartographie, Bd. 1, S. 21.

135 Zitiert nach: Wesen und Aufgaben der Kartographie, Bd. 1, S. 24.

136 Monmonier: Eins zu einer Million, S. 14.

137 Kohlstock: Kartographie, S. 15.

138 Sališčev: Wie alt sind die Begriffe Karte und Kartographie, S. 65 f.

139 Lexikon der Kartographie und Geomatik, Bd. 2, S. 385.

140 Kohlstock: Kartographie, S. 17.

Landschaft entsprechend dem Kartenmaßstab vollständig und richtig wiedergegeben werden. Siedlungen, Verkehrswege und -objekte, Grenzen, Gewässer, Bodenbedeckung (Situation) und Reliefformen sowie eine Reihe sonstiger zur allgemeinen Orientierung notwendiger oder ausgezeichneter Erscheinungen bilden den Hauptinhalt topographischer Karten, der durch Kartenschrift eingehend erläutert ist."[141]

Nur vereinzelt und in einem sehr speziellen Sinne werden hier thematische Karten herangezogen, um beispielsweise territoriale Expansionen oder Einteilungen von Verwaltungsgebieten, Ausdehnungen von Vermessungsarbeiten, Kartenschnitt und Blattzählung oder verschiedene Ausschnitte von topographischen Kartenwerken auf einem Blick sichtbar zu machen, wie etwa die Abbildungen hier auf dem Vor- und Nachsatzblatt. Dies ist eine Beschränkung, die sich aus der Aufgabenstellung der vorliegenden Arbeit ergibt, spielen thematische Karten doch eine zentrale Rolle für die Ausbildung von Raumbildern. Die thematische Fokussierung erlaubt es, beinahe jeden Aspekt natürlichen und gesellschaftlichen Lebens „zum Thema zu machen", also selektiv hervorzuheben. In thematischen Karten lassen sich Klimazonen ebenso darstellen wie Verkehrsrouten, die Verteilung und Dichte von Bildungseinrichtungen ebenso wie die Ausbreitung von Epidemien. Man spricht von Bevölkerungskarten, Sprachkarten, Konfessionskarten. Mit ihnen lassen sich Urbanisierungs- und Industrialisierungs-Prozesse erfassen und visualisieren, die Ausbreitung von Kunststilen ebenso wie der Verlauf von Schlachten und Gefechten. Alle großen Landesbeschreibungen bedienen sich der Ausdrucksmöglichkeiten, die das Genre der thematischen Karte zur Verfügung stellt. Man kann dies leicht an einem der bedeutendsten Werke der Erfassung und Beschreibung des Russländischen Imperiums zeigen; dem mehrbändigen, von Pëtr Petrovič Semënov (Tjan-Sanskij) (1827–1914) herausgegebenen Werk *Russland. Eine vollständige geographische Beschreibung unseres Vaterlandes.*[142]

1.4.2.1 Geodäsie und Topographie

Während thematische Karten vornehmlich im Zusammenhang mit der Geographie stehen, deren Aufgabe „im Studium der räumlichen Differenzierung der Erdoberfläche und in der Erklärung des kausalen Zusammenhangs aller Erscheinungen, die das Bild der Erde formen, liegt"[143], sind dagegen topographische Karten vorrangig mit der Geodäsie verbunden.[144] Die Geodäsie bildete sich im 19. Jahrhundert zwischen der Astronomie und der Geographie als eigenständige wissenschaftliche Disziplin heraus[145] und beschäftigt sich mit der „Erfassung und Vermessung sowohl der

---

141 Lexikon der Kartographie und Geomatik, Bd. 2, S. 371.
142 Semënov, Pëtr Petrovič: (Hrsg.) Rossija. Polnoe geografičeskoe opisanie našego otečestva, 11 Bde. Sankt-Peterburg 1899–1914.
143 Zitiert nach Kohlstock: Kartographie, S. 11.
144 Vgl. ABC Kartenkunde, hrsg. von Ogrissek, Rudi, Leipzig 1983, S. 5.
145 Vgl. Lexikon zur Geschichte der Kartographie, Bd.1, S. 259.

Erdfigur als auch der Erdoberfläche sowie mit deren Abbildung"[146]. Aufgrund ihrer engen Beziehung zur Astronomie waren bis zur professionellen Ausbildung von Geodäten (*geodezisty*) vornehmlich Astronomen mit geodätischen Vermessungen und Berechnungen befasst, um die Grundlagen zur Herstellung genauer topographischer Karten zu schaffen. Zentren dieser Arbeiten waren in der Regel Observatorien – in Russland seit 1839 die Hauptsternwarte in Pulkovo nahe Sankt Petersburg.

Die hier untersuchten Karten repräsentieren u. a. das Gradnetz der Erde, das ein sphärisches Koordinatensystem auf der gekrümmten Erdoberfläche bildet. Dieses besteht aus Längen- und Breitengraden bzw. aus Meridianen und Parallelen und dient zur Orientierung und Ortsbestimmung. Während die Meridiane von einem beliebigen Nullmeridian (in Russland 1844 bis 1919 nach dem Pulkovoer Meridian) 180 Grad östlich sowie westlich gezählt werden, sind die Breitenkreise vom Äquator nach Norden und Süden jeweils in 90 Grad geteilt. Die Gradeinteilung wird durch Winkelminuten und Sekunden ergänzt und kann an der Gradleiste im Kartenrahmen abgelesen werden. Als geographische Länge wird der Abstand eines Punktes auf der Erdoberfläche vom Nullmeridian genannt – als geographische Breite der Abstand vom Äquator. Beide Winkelangaben bilden die geographischen Koordinaten eines Ortes.[147] Die Erfassung der geographischen Koordinaten eines Ortes in der Natur erfolgte zunächst durch astronomische Ortsbestimmungen (*astronomičeskoe opredelenie mestnosti*), die im 18. und 19. Jahrhundert durch technische Fortschritte und Erfindungen – z.B. Chronometer und Telegraph – erheblich präzisiert werden konnten. Hier soll lediglich darauf hingewiesen werden, dass vor allem die Bestimmung der geographischen Länge eines Ortes sehr aufwändig war, weshalb auf diesem Wege vergleichsweise wenige Orte in ihrer Lage bestimmt wurden. Während die geographische Breite eines Beobachtungsortes dem Höhenwinkel des Polarsterns entspricht und dessen Messung verhältnismäßig einfach ist, bot sich als Alternative für die komplizierte Bestimmung der geographischen Länge eines Ortes die Feststellung des Ortszeitunterschiedes zu einem lagemäßig bekannten Referenzpunkt, wie einer Sternwarte, an. Die Ortszeit am gesuchten Ort wurde durch Himmelsbeobachtung ermittelt, während das mitgeführte Chronometer die Ortszeit des Referenzpunktes verriet, woraus sich die Ortszeitdifferenz berechnen ließ. Da die Erde in 24 Stunden 360 Grad um die eigene Achse rotiert, kann aus der gemessenen Ortszeitdifferenz von beispielsweise einer Stunde zwischen einem bekannten und dem gesuchten Ort ein Längenunterschied von 15 Grad abgeleitet werden.[148] Je ungenauer aber die ermittelte Ortszeitdifferenz, desto ungenauer der Längenunterschied und damit

---

146 Zitiert nach: Lexikon zur Geschichte der Kartographie, Bd.1, S. 259.
147 Vgl. ABC Kartenkunde, S. 221.
148 Vgl. Schröder, Eberhard: Kartenentwürfe der Erde. Kartographische Abbildungsverfahren aus mathematischer und historischer Sicht, Schriftenreihe: Mathematische Schulbücherei, Bd. 128, Leipzig 1988, S. 40–53.

die ermittelte geographische Länge des gesuchten Ortes. Exemplarisch wird hier die Abhängigkeit genauer Karten von präzisen Messinstrumenten greifbar.

Als eine bahnbrechende Methode der Geodäsie gilt die Triangulation (Dreiecksmessung), um einerseits die Größe und Gestalt der Erde durch Gradmessungen zu bestimmen und andererseits Lagefestpunktfelder als Gerüst für topographische Aufnahmen zu schaffen.[149] Sie boten die notwendige Ergänzung der astronomisch so aufwändig bestimmten Orte, da mit einer vollständigen Dreiecksmessung eine Vielzahl Punkte über Winkel- und Streckenmessung zunächst in ihrer relativen Lage genau bestimmt werden konnten. Damit bot erst die Triangulation die Voraussetzung für den Aufbau eines möglichst dichten und zuverlässigen Lagefestpunktnetzes aus trigonometrischen Punkten (*trigonometričeskie punkty*) als Gerüst für topographische Aufnahmen. Aufwändige astronomische Ortsbestimmungen blieben dagegen abgelegenen Orten oder wichtigen Referenzpunkten vorbehalten, an denen neue Triangulationen angeschlossen werden konnten.[150] Bei einer Triangulation wird die gegenseitige Lage von Dreieckspunkten auf Grundlage einer ermittelten Dreiecksseite (Basis) durch Winkelmessung mit einem Instrument (Theodolit) festgestellt. Die Lage und Orientierung des Dreiecksnetzes auf einem mathematischen Modell des Erdkörpers (Ellipsoid) erfolgten durch astronomische Bestimmung von geographischer Breite und Länge (astronomische Ortsbestimmung) von mindestens einem Dreieckspunkt sowie der Bestimmung des Horizontalwinkels zwischen einer Dreiecksseite und einer Himmelsrichtung (Azimut). Sämtliche Dreieckspunkte bilden das Lagefestpunktfeld, das die geometrische Basis für die Herstellung eines grundlegenden topographischen Kartenwerkes eines Landes bildet[151], „und dafür sorgt, dass alle Kartenblätter zueinander die gleiche Genauigkeit aufweisen."[152] „Für sehr große Gebiete müssen Triangulationen auf verschiedenen Ebenen erfolgen. Eine sehr genaue Triangulation „erster Ordnung" wird zwischen weit entfernten Hügeln (bis 100 km) vorgenommen und berücksichtigt in der Berechnung die Krümmung der Erdoberfläche. Das bildet dann die Basis für die Triangulationen „zweiter" und „dritter Ordnung", die eine ausreichende Dichte an Punkten für detaillierte Vermessungen bieten."[153]

Die Berechnung der geographischen Koordinaten der trigonometrischen Punkte erfolgte auf Grundlage einer mathematischen Bezugsfläche (Rotationsellipsoid), deren Parameter durch Gradmessungen bestimmt wurden. Diese Bezugsfläche ist notwendig, da „die Erdfigur [...] ein mathematisch nicht beschreibbarer kugelähnlicher Körper" (Geoid) ist und in der Geodäsie durch „mathematisch definierbare Nähe-

---

149 Vgl. Lexikon zur Geschichte der Kartographie, Bd. 1, S. 432 f., 435.
150 Vgl. Kohlstock: Kartographie, S. 47.
151 Vgl. Lexikon zur Geschichte der Kartographie, Bd. 2, S. 819.
152 Wesen und Aufgaben der Kartographie, Bd.1, S. 120.
153 Edney: Mapping an Empire, S. 27.

rungskörper" wie das Rotationsellipsoid ersetzt wird.[154] Der Erdkörper ist an seinen Polen abgeplattet, weshalb vor allem die Abstände der einzelnen Breitengrade auf der Erdoberfläche nicht gleich groß sind. Diese Unterschiede mussten mittels Breiten-Gradmessungen ermittelt werden, damit das geeignetste Rotationsellipsoid für eine konkrete Erdgegend berechnet werden konnte. In Russland wurde das 1841 vom Königsberger Astronom Friedrich Wilhelm Bessel (1784–1846) berechnete und nach ihm benannte „Bessel-Ellipsoid" bis 1942 verwendet.[155]

Wie in anderen westeuropäischen Staaten wurde auch im Russländischen Imperium die Geodäsie anfangs in höhere (*vyššaja geodezija*) und niedere (*nisšaja geodezija*) geteilt. Unter der niederen Geodäsie wurden topographische Aufnahmen (*topografičeskie s"emki*) verstanden[156], was auf die Topographie als Teilgebiet der Geodäsie hinweist. Topographen-Schülern wurde die Beziehung von Topographie und Geodäsie in einem russischen Lehrbuch Anfang des 20. Jahrhunderts so erklärt:

> Die Ausdehnung des Festlandes verlangt die Untersuchung in einzelnen Teilen, was aber das Wissen über die Gesamtheit voraussetzt. Diese Gesamtheit, d. h. die allgemeine Form und Größe der Erde, wird von der Geodäsie untersucht. [...] Kurz gesagt, stellt die Geodäsie die allgemeine Gestalt der imaginären, so genannten Niveaufläche der Erde fest, während die Topographie die tatsächliche Oberfläche des Festlandes untersucht.[157]

Die topographische Aufnahme bezeichnet die Gewinnung des Inhaltes topographischer Originalkarten mithilfe unterschiedlicher Methoden.[158] Die Messtischaufnahme (*menzul'naja s"emka*), deren Blütezeit mit der Zeit der zahlreichen Landesaufnahmen im Europa des 19. Jahrhunderts zusammenfällt, wird als „klassische Aufnahmemethode des 19. Jahrhunderts" bezeichnet.[159] Die Gewinnung des topographischen Karteninhalts erfolgte dabei mithilfe eines Messtischs auf einem Dreibein (*menzula*) im Feld, wobei die Winkel einer Figur (z. B. eines Sees oder eines Feldes) mithilfe eines Fernrohrlineals (*kipregel'*) graphisch auf ein vorbereitetes Messtischblatt übertragen wurden. Gründete solch eine Messtischaufnahme auf trigonometrischen Punkten, so wurden diese vor der Aufnahme mittels Koordinaten auf das Messtischblatt übertragen und dienten während des Messvorgangs im Feld als Orientierung.[160]

In Russland wurden Messtischaufnahmen auf Grundlage eines Lagefestpunktfeldes auch „instrumentelle Aufnahmen" (*instruemtal'nye s"emki*) oder als „topogra-

---

154 Vgl. ABC Kartenkunde, S. 120.
155 Vgl. ABC Kartenkunde, S. 63.
156 Vgl. Bolotov, Aleksej Pavlovič: Geodezija, ili rukovodstvo k isledovaniju obščago vida zemli, postroeniju kart i proizvodstvu trigonometrieskich i topografičeskich s"emok i nivellirovok, Teil 1, Sanktpeterburg 1836, S. V f.
157 Vitkovskij, Vasilij Vasil'evič: Topografija, Sankt-Peterburg 1915, S. 1.
158 Vgl. Lexikon zur Geschichte der Kartographie, Bd. 1, S. 43.
159 Vgl. Lexikon zur Geschichte der Kartographie, Bd. 1, S. 43.
160 Vgl. Lexikon zur Geschichte der Kartographie, Bd. 2, S. 489 f.

phische Aufnahmen" (*topografičeskie s"emki*) bezeichnet. Aufgrund der großen Ausdehnung Russlands und des unzureichenden Personals konnten vielerorts aber nur wesentlich weniger genaue Aufnahmen durchgeführt werden, die weder auf einem Lagefestpunktnetz beruhten noch unter Zuhilfenahme eines Messtischs und genauer Winkelmessinstrumente entstanden. Dazu gehörten die „Aufnahmen nach Augenmaß" (*glazomer'nye s"emki*), die mit einem Kompass (*bussol'*) durchgeführt wurden und sich auf wenige astronomisch bestimmte Punkte stützten, bzw. selbiges als „Marschroutenaufnahmen" (*maršrutnye s"emki*) entlang eines Korridors oder die flüchtige Ergänzung bereits vorhandener Karten nach Augenmaß durch sogenannte „Rekognoszierungen"(*rekognoscirovki*).[161]

1.4.2.2 Grundkarte und Folgekarte

In Bezug auf die Funktion der Karten ist hier vor allem die Unterscheidung zwischen Grundkarte und Folgekarte bedeutsam. Als Grundkarte wird das grundlegende topographische Kartenwerk eines Landes verstanden, das für die Ableitung von Karten in kleineren Maßstäben dient und die sogenannte Landesaufnahme darstellt. Unter einer Folgekarte wird dagegen die durch Verkleinerung und adäquate graphische Gestaltung (Generalisierung) aus dem vorhergehenden größeren Maßstab abgeleitete Karte verstanden. Als Kartenwerk wird die „Gesamtheit von Kartenblättern für ein bestimmtes Gebiet mit gleicher Gestaltung und im Allgemeinen auch mit gleichem Maßstab" bezeichnet.[162] Im Vergleich zu anderen europäischen Großmächten wie Preußen, Frankreich oder Österreich, konnte im Russländischen Imperium eine flächendeckende Landesaufnahme nicht realisiert werden, auf deren Grundlage verschiedene, jeweils einheitliche Folgekarten hätten abgeleitet werden können. Stattdessen bezog sich die Herstellung von Grundkarten sowie die Ableitung von Folgekarten auf einzelne Gouvernements, weshalb in Russland auch von mehreren Landesaufnahmen die Rede war. Oder aber die Folgekarte war die Ableitung aus einer Vielzahl *verschiedener* Grundkarten, die als Ergebnisse ungleicher Aufnahmemethoden teilweise sehr unterschiedliche Genauigkeiten aufwiesen. Dies trifft vor allem auf die Kartenwerke in kleinen Maßstäben zu, welche das russländische Territorium einheitlich imaginieren, dabei aber den trügerischen Eindruck erwecken, als böte das Kartenbild überall gleich zuverlässige und genaue topographische Informationen.

1.4.2.3 Karten-Maßstab

Da der Inhalt einer Karte wesentlich vom Maßstab abhängt, ist es für das Verständnis dieser Studie von essenzieller Bedeutung, die Angabe der Karten-Maßstäbe zu

---

161 Vgl. Schellwitz, P[aul Hartmann]: Übersicht der Russischen Landesaufnahmen bis incl. 1885, in: Zeitschrift der Gesellschaft für Erdkunde zu Berlin 22 (1887), S. 110 f.
162 Vgl. Kohlstock: Kartographie, S. 17.

verstehen – insbesondere „große" von „kleinen Maßstäben" unterscheiden zu können. Allgemein gibt der Kartenmaßstab das Verkleinerungsverhältnis zwischen Kartenstrecke und Naturstrecke an. Ein besonders erhellender Merksatz lautet: „Die meisten Karten sind kleiner als die Wirklichkeit, die sie abbilden, und der Maßstab einer Karte verrät uns, um wieviel kleiner."[163] So repräsentiert beispielsweise eine Karte im numerischen Meter-Maßstab 1 : 100.000 das dargestellte Gebiet kleiner als eine Karte im Maßstab 1 : 50.000. Demnach gilt: je größer die Maßstabzahl (Nenner), desto stärker ist die Verkleinerung. Die Bezeichnung „kleiner" oder „großer Maßstab" bezieht sich dabei auf die Größe der im Kartenbild dargestellten Objekte – nicht auf die Maßstabzahl! Für Flächenvergleiche von Karten in unterschiedlichen Maßstäben ist zu beachten, dass beispielsweise eine Karte im Maßstab 1 : 21.000 im Kartenfeld vier Mal mehr Platz für Signaturen bietet als eine Karte im Maßstab 1 : 42.000 (Abb. 9). „Dem Maßstab als linearem Verkleinerungsverhältnis entsprechen bei Flächenvergleichen stets die Quadrate der Maßstabzahlen. Bei linearer Verkleinerung auf die Hälfte reduziert sich die Kartenfläche auf 1/4. Bei Verkleinerung auf 1/5 entsprechend die Fläche auf 1/25".[164] Insbesondere die russischen topographischen Karten aus dem frühen 19. Jahrhundert erschweren das Verständnis des Kartenmaßstabs. Eine Schwierigkeit liegt in der graphischen Darstellungsform der Maßstab-Angabe, die meistens als aufgedruckte Maßstab-Leiste in Werst (mehrfach geteilte Linie mit Entfernungsangaben) erfolgte, wonach das Verkleinerungsverhältnis erst berechnet werden muss, um es als numerischen Maßstab angeben zu können. Die numerische Angabe wurde zwar im 19. Jahrhundert zunehmend gebräuchlich, erfolgte aber nach dem russländischen Längensystem, das sich am englischen Normalmaß orientierte.[165] So wurde der numerische Maßstab beispielsweise mit der Formel „eine Werst im Djujm" (*odna versta v djujme*) ausgedrückt, was bedeutet, dass in der Karte ein Werst (42.000 Djujm) Naturstrecke einem Djujm (ein Zoll) Kartenstrecke entspricht (1 : 42.000). Für die zeitgenössischen Kartenleser gewann der Kartenmaßstab im Verlaufe des 19. Jahrhunderts auch in Russland so stark an Aussagekraft über den Inhalt topographischer Karten, dass diese zunehmend nach ihrem Verkleinerungsverhältnis klassifiziert und bezeichnet wurden. So, wie englische Karten „Ein-Zoll-Karte" (*one inch map*) heißen, wurde in der zweiten Hälfte des 19. Jahrhunderts in Russland beispielsweise aus inoffiziellen Karten-Kurztiteln, wie „Schubert-Karte", der den Namen des verantwortlichen Redakteurs nannte, oder auch offiziellen Kartenklassifizierungen, wie „Spezialkarte" (*special'naja karta*), nun „Zehn-Werst-Karte" (*desjativerstanaja karta*), woraus der Kartenleser entnehmen konnte, welchen Grad an inhaltlicher Detailliertheit er im Kartenbild erwarten konnte. Diese Praxis hat große Bedeutung für die Orientierung in den Quellen wie in der Literatur, da anstatt der offiziellen ausführlichen Karten-Titel oft die Kurz-

---

163 Kohlstock: Kartographie, S. 17.
164 ABC Kartenkunde, S. 390.
165 Vgl. PSZ II, 10, Nr. 8.459.

titel nach dem Maßstab Gebrauch fanden und finden. Diese Klassifizierung topographischer Karten nach ihrem Maßstab blieb bis 1919 und weit darüber hinaus üblich. Der Übergang auf den metrischen Maßstab erfolgte im revolutionären Russland parallel zur Umstellung auf das Meter als Normalmaß. Bereits 1918 wurde das erste Kartenwerk Sowjetrusslands im metrischen Maßstab von 1 : 1 Million (*millionnaja karta*) begonnen, während gleichzeitig noch topographische Karten im Werst-Maßstab erschienen.[166] Im Russland des 19. Jahrhunderts umfasste die Kategorie „topographische Karten" den Maßstabsbereich zwischen der „Ein-Werst-Karte" (*odnaverstnaja karta*) mit einem Verkleinerungsverhältnis von „einem Werst in einem Djujm" (1 : 42.000) und der „Zwanzig-Werst-Karte" (*dvadcativerstnaja karta*) mit einem Verkleinerungsverhältnis von 20 Werst in einem Djujm (1 : 840.000). In diesem Maßstabsbereich wurden topographische Karten „großen", „mittleren" und „kleinen" Maßstäben zugeordnet: „Ein-Werst-Karten" (1 : 42.000) sowie „Zwei-Werst-Karten" (1 : 84.000) wurden dem „großen Maßstab" (*krupnyj masštab*) zugerechnet, „Drei-Werst-Karten" (1 : 126.000) sowie „Fünf-Werst-Karten" (1 : 210.000) dem „mittleren Maßstab" (*srednij masštab*) und schließlich „Zehn-Werst-Karten" (1 : 420.000) sowie „Zwanzig-Werst-Karten" dem „kleinen Maßstab" (*melkij masštab*).[167] Eine zusammenfassende Übersicht der russischen Karten-Maßstäbe befindet sich am Anfang des vorliegenden Buches.

1.4.2.4 Karten-Projektion

Die flache Abbildung des sphärischen Koordinatensystems in der zweidimensionalen Kartenebene bedarf einer so genannten Karten-Projektion bzw. eines Kartennetzentwurfes, um die unweigerlich auftretenden Verzerrungen mathematisch zu kompensieren und dabei möglichst an den einen oder anderen Zweck einer Karte anzupassen. Jede Karten-Projektion ist nur eine Kompromisslösung, da nur der Globus Flächen, Winkel, Umrisse, Entfernungen und Richtungen gleichzeitig verzerrungsfrei abbilden kann.[168] Mit der Wahl der Karten-Projektion kann die Größe der einen oder anderen Verzerrung beeinflusst werden. Handelt es sich um eine Karte zur Navigation in der Seefahrt, muss diese *winkeltreu* sein (z. B. Mercator-Projektion). Sollen einer Karte aber Flächen entnommen werden können, bedarf es einer *flächentreuen* Projektion (z. B. Bonnesche Projektion).[169] Im 18. Jahrhundert entwickelten sich diese Karten-Projektionen sprunghaft und das Gradnetz der Erde wurde zum festen Bestandteil des Karteninhaltes.[170] Von der Karten-Projektion kann auch

---

166 Vgl. Sališčev: Osnovy kartovedenija, S. 205 f.
167 Vgl. Gluškov: Istorija voennoj kartografii v Rossii, S. 87.
168 Vgl. Monmonier: Eins zu einer Million, S. 29.
169 Vgl. Monmonier: Eins zu einer Million, S. 27–36.
170 Vgl. Wesen und Aufgaben der Kartographie, Bd. 1, S. 182, Eckert: Kartenwissenschaft, Bd. 1, S. 128.

der Kartenschnitt abhängen, d. h. wie ein Kartenwerk in Einzelblätter zerlegt wird.[171] So zeigen die in einer Polyeder-Projektion entworfenen großmaßstäblichen, russischen topographischen Kartenwerke ab dem letzten Viertel des 19. Jahrhunderts den Kartenschnitt nach dem Gradnetz und entsprechen damit sogenannten Gradabteilungskarten. Die Einzelblätter werden dabei durch Meridiane und Breiten abgegrenzt, weshalb sie unterschiedliche trapezförmige Formate aufweisen und stets genordet sind. Die in Bonnescher Projektion konstruierten mittel- und kleinmaßstäblichen topographischen Kartenwerke sind dagegen in gleich große Einzelblätter unterteilt. Der Kartenschnitt wurde dabei durch ein beliebig festgelegtes rechtwinkeliges Netz bestimmt und über das Gradnetz gelegt (Abb. 13). In Karten mit großen Ausschnitten können die zum Rand hin liegenden Einzelblätter ein zunehmend gekipptes Gradnetz zeigen, wodurch die geographische Nordrichtung in einigen Kartenblättern verloren geht und Lagebeziehungen verdreht erscheinen (Abb. 13). Umso größer der im Kartenwerk dargestellte Erdteil, desto stärker kann dieser Effekt auftreten. Dies trifft gerade auf kleinmaßstäbliche Kartenwerke des ausgedehnten Russländischen Imperiums zu.

1.4.2.5 Kartographische Reproduktionstechniken

Schließlich seien noch die drei wichtigsten kartographischen Reproduktionstechniken Kupferstich, Lithographie und Photographie erwähnt, denen sowohl für Karteninhalte als auch für die Höhe der Auflagen und damit für die Verbreitung von gedruckten Karten im Untersuchungszeitraum entscheidende Bedeutung zukam. Beim Kupferstich, der für den Kartendruck seit dem 15. Jahrhundert Verwendung fand, wurde mithilfe einer „Pause" der zu druckende Karteninhalt spiegelverkehrt in eine Kupferplatte graviert oder geätzt und Druckfarbe in die entstandenen Vertiefungen gewischt. In einer Kupferdruckpresse wurde feuchtes Papier darauf gedrückt, wobei sich dieses in die Vertiefungen schmiegte und die Farbe aufnahm. Der in diesem Tiefdruckverfahren hergestellte Abzug wurde auch als Kupferstich bezeichnet. Bei jedem Druckgang nutzte sich die gestochene Kupferplatte jedoch ab, was sich zunehmend auf die Schärfe und den Schwärzungsgrad der Abzüge auswirkte, so dass schätzungsweise nur 1.500 bis 2.000 vollständige Drucke möglich waren, bevor eine Kupferplatte höchstens ein zweites oder gar drittes Mal aufgestochen wurde, um abgenutzte Vertiefungen per Hand möglichst wieder herzustellen. Mit der Erfindung der Galvanoplastik (1840) konnten fortan auch Original-Kupferplatten mit geringem Aufwand vervielfältigt werden, wodurch große Karten-Auflagen bei niedrigeren Herstellungskosten ermöglicht wurden. Nachteile der Kupferstichtechnik bestanden im großen Zeitaufwand sowie in den relativ hohen Kosten, da ein geübter Stecher für den Stich eines größeren detaillierten Kartenblattes bis zu einem Jahr benötigen konnte. Zudem war die Wiedergabe von Flächen und Halbtönen nicht möglich und

---

171 Vgl. Wesen und Aufgaben der Kartographie, Bd. 1, S. 184.

der Farbendruck nur sehr schwer zu realisieren, weshalb meistens per Hand koloriert wurde. Dennoch wurde in der staatlichen Kartographie aller europäischen Länder die Kupferstichtechnik der Lithographie vorgezogen, da besonders die Korrekturfähigkeit der Druckplatten unbegrenzt war.[172] Im Gegensatz zum Kupferstich war der am Ende des 18. Jahrhunderts erfundene und als Lithographie bekannte Steindruck eine neue Reproduktionstechnik auch für Karten, bei der die spiegelverkehrte Übertragung des Karten-Inhaltes auf eine Kalkschieferplatte mit fettiger Tusche oder Kreide erfolgte. Nach Befeuchtung der Steinoberfläche mit Wasser nahmen nur die mit Fett vorgezeichneten Linien und Flächen die fettige Druckfarbe auf, während diese an den angefeuchteten zuvor freigelassenen Stellen abgestoßen wurde. Die Übertragung des Karteninhaltes vom Lithographie-Stein auf das Papier erfolgte durch Steindruckpressen. Die in diesem Flachdruckverfahren hergestellten Abzüge wurden auch als Lithographie bezeichnet. Die unmittelbare Übertragung der Zeichnung mit dem Karten-Inhalt auf die Oberflächen von einem oder mehreren Steinen beschleunigte das Verfahren stark. Vorteilhaft gegenüber dem Kupferstich zeigte sich die Lithographie in der schnelleren und billigeren Übertragung der Zeichnung auf die Druckplatte, da der zeitraubende Stich entfiel. Auch ermöglichte sie die Reproduktion von Flächen – später auch in Farbe (Chromolithographie seit 1830). Der Druckvorgang war zudem schneller und die Auflagen konnten weit höher, unter Verwendung mehrerer Drucksteine sogar unbegrenzt sein, womit die Massen(re)produktion von Zeichnungen einsetzte. Dagegen konnte die Lithographie die Feinheiten der Zeichnungen eines Kupferstiches nicht erreichen, setzte sich aber in der zweiten Hälfte des 19. Jahrhunderts für die Herstellung von Karten und Atlanten in Europa und den USA durch, bis sie mit dem ausgehenden 19. Jahrhundert von photographischen Reproduktionsverfahren allmählich ersetzt wurde.[173] Während Kupferstich und Lithographie manuelle Verfahren der Reproduktion darstellen, bot die seit Mitte des 19. Jahrhunderts aufkommende Photographie u. a. photomechanische Reproduktionsverfahren. Dabei erfolgte mittels Photographie die Herstellung von Druckformen aus Metall (Heliogravüre) und Stein (Photolithographie) ohne manuelle Übertragung der Zeichnung auf die Druckplatte, wodurch eine Verbilligung kartographischer Druckerzeugnisse in der zweiten Hälfte des 19. Jahrhunderts erreicht werden konnte.[174]So stiegen auch in Russland die gedruckten Auflagen beträchtlich. Während in den Kriegsjahren 1812–1813 im Sankt Petersburger Karten-Depot rund 77.000 Kartenblätter gedruckt worden waren, vervielfältigte die russische Seite in den Kriegsjahren 1914–1918 rund 100.000.000 Kartenblätter.[175] Dies war das Resultat ständiger Entwicklungen der Reproduktionstechniken, die in den oben beschrie-

---

172 Vgl. Lexikon zur Geschichte der Kartographie, Bd. 1, S. 424–430; Bd. 2, S. 664–668.
173 Vgl. Lexikon zur Geschichte der Kartographie, Bd. 1, S. 451–456; Bd. 2, S. 664–668.
174 Vgl. Lexikon zur Geschichte der Kartographie, Bd. 1, S. 451–456; dass., Bd. 2, S. 664–668.
175 Vgl. N. N.: Kratkoe opisanie Depo-kart, Sankt-Peterburg 1816, S. 6.; Artanov: Staryj opyt i novye zadači, S. 10.

benen Wechselbeziehungen mit der wachsenden Bedeutung topographischer Karten für den Prozess der Territorialisierung gesehen werden müssen.

Erster Teil

2 Akteure und Strukturen

2.1 Vermessung und Kartographie im 18. Jahrhundert

Die Gründung des Karten-Depots bei der kaiserlichen Suite Zar Pauls I. (1796–1801), die am Anfang des gut 120 Jahre umfassenden Untersuchungszeitraumes steht, war eine beispiellose Zäsur in der Geschichte der Kartographie Russlands. Nie zuvor hatte es eine derartige Zentralisierung von Institutionen, Kompetenzen und Quellen für die Herstellung von topographischen Karten gegeben. In folgendem Abschnitt wird herausgearbeitet, worin die Schwerpunkte in Vermessung und Kartographie des Zarenreiches vor dieser Zentralisierung lagen, welche Akteure die tragenden Rollen spielten und wie sie das 1797 neu gegründete Karten-Depot prägten. Im Fokus stehen dabei insbesondere die Petersburger Akademie der Wissenschaften, die Vermessungs-Kanzlei beim Dirigierenden Senat sowie der Generalstab der zarischen Armee.

2.1.1 Sternkunde als Mutter der Geographie

Die Akademie der Wissenschaften und Künste in Sankt Petersburg (*Akademija nauk i chudožestv v Sankt-Peterburge*) spielte bei der naturwissenschaftlichen Erforschung und Beschreibung des expandierenden Russländischen Imperiums im 18. Jahrhundert eine führende Rolle. Die 1724 gegründete Akademie entwickelte sich als Forschungsinstitution und Lehreinrichtung zu einem Zentrum des wissenschaftlichen Kulturtransfers, wo u. a. zahlreiche ausländische Wissenschaftler Gelegenheit erhielten, Forschungen zu betreiben und Fachleute auszubilden, die zur Erkundung und Erschließung des Imperiums beitrugen. Seit 1727 veranstaltete die Petersburger Akademie astronomische Expeditionen, um für die Herstellung genauer Generalkarten von Russland geographische Koordinaten von unterschiedlichen Orten bereitzustellen.[1] Insbesondere das 1739 gegründete Geographische Departement der Akademie (*Geografičeskij departament Akademii nauk*) war mit Forschungen auf den Gebieten der astronomischen Ortsbestimmung und Kartenprojektion befasst, um genaue Karten des Zarenreiches herzustellen. Neben dem russischen Universalgelehrten Michail Vasil'evič Lomonosov (1711–1765) zählen zu seinen berühmtesten Köpfen der französische Astronom Joseph-Nicolas Delisle (1688–1768) und der schweizerische Mathematiker Leonhard Euler (1707–1783).[2] Dem Geographischen Departement

---

1 Vgl. Šibanov, Fjodor Anisimovič: Russkaja polevaja astronomija v XVIII v., in: Kelarev, L. A.; Moiseeva, L. V. (Hrsg.): Kartografija. Učenye zapiski, Nr. 226, Serija geografičeskich nauk, H. 12, Leningrad 1958, S. 12–15.
2 Vgl. Gnučeva: Geografičeskij departament Akademii nauk, S. 130 f.; 140 f.; Kretschmer, Ingrid: Leonhard Eulers Beitrag zur Kartographie, in: Scharfe, Wolfgang; Jäger, Eckhard: Kartographiehistorisches Colloquium Lüneburg, Berlin 1985, S. 29–38.

der Akademie war es mit dem *Russländischen Atlas*[3](*Atlas Russicus*)1745 gelungen, einen lang erwarteten Reichsatlas der Akademie vorzulegen, nachdem bereits 1734 der *Atlas des Allrussischen Imperiums*[4] (*Kirilovscher Atlas*) vom Ober-Sekretär des Dirigierenden Senats, Ivan Kirilovič Kirilov (1695–1737), in weitgehender Selbstregie erschienen war. Für die Überarbeitung des *Atlas Russicus* wurde auf Betreiben Lomonosovs 1760 vom Dirigierenden Senat (*Pravitel'stvujuščij senat*) die Zusendung von zuverlässigen geographischen Mitteilungen aus allen Städten an die Petersburger Akademie befohlen.[5] 1763 erfolgte ein weiterer Befehl[6], nachdem die neue Kaiserin Katharina II. (1762–1796) keine Antwort auf die Frage erhalten hatte, wie weit Tver von Sankt Petersburg entfernt sei. Sie hatte vom Dirigierenden Senat die Herstellung von speziellen Plänen aller Städte des Reiches verlangt, bei deren Anfertigung u. a. „sachkundige Leute" (*znajuščie ljudi*) nach den Distanzen zwischen den Städten im Reich zu fragen und die gesammelten Daten nach Sankt Petersburg zu senden seien. Später berichtete Katharina II. über die Verhältnisse unmittelbar nach ihrer Thronbesteigung:

> Der Senat schickte [...] Ukase und Befehle in die Gouvernements, aber die Anordnungen des Senats wurden da so schlecht ausgeführt, daß die Redensart: ‚Man wartet auf den dritten Ukas', fast sprichwörtlich geworden war, weil dem ersten und zweiten nie Folge geleistet wurde. [...] Der Senat ernannte zwar Wojewoden, kannte aber nicht die Zahl der Städte im Reiche. Als ich ein Verzeichnis der Städte verlangte, gestanden sie ihre Unkenntnis ein. Desgleichen hatte der Senat seit seiner Einsetzung keine Karte des ganzen Reiches besessen. Als ich im Senat war, schickte ich fünf Rubel nach der Akademie der Wissenschaften, auf dem anderen Ufer des Flusses, und man kaufte den Kirillowschen gedruckten Atlas, den ich sofort dem Dirigierenden Senat schenkte.[7]

Diese Worte der Kaiserin geben einen unmittelbaren Eindruck sowohl vom unbefriedigenden geographischen Wissen des Dirigierenden Senats als höchster Reichsbehörde, als auch vom Grad der Erfassung des Reiches zu Beginn der 1760er Jahre. Sie offenbaren, wie unberechenbar und diffus die räumliche Wahrnehmung vom Reich aus Sicht der Regentin gewesen sein muss, deren Reformwerk auf geographisches und topographisches Wissen angewiesen war. Vor allem, um die Verwaltung zu dezentralisieren und den schwachen Staatshaushalt Russlands zu konsolidieren. Die

---

3 Atlas rossijskoj sostojaščej iz devjatnadcati special'nych kart predstavljajuščich vserossijskuju Imperiju s pograničnymi zemljami, sočinennoj po pravilam geografičeskim i novejšim observacijam, s priložennoju pritom general'noju kartoju velikija seja imperii, staraniem i trudami Imperatorskoj akademii nauk, Sanktpeterburg [1745]

4 Atlas vserossijskoj imperii, [Sankt Peterburg 1726–1734].

5 Vgl. PSZ I, 15, Nr. 11.029; Komkov, Gennadij Danilovič; Levšin, Boris Venediktovič; Semënov, Lev Konstantinovič: Geschichte der Akademie der Wissenschaften der UdSSR, Berlin 1981, S. 112.

6 Vgl. PSZ I, 16, Nr. 11.883.

7 Zitiert nach: Boehme, Erich (Hrsg.): Memoiren der Kaiserin Katharina II. Nach den von der Kaiserlichen Russischen Akademie der Wissenschaften veröffentlichten Manuskripten, Bd. 2, Leipzig 1913, S. 307–308. (Übersetzung nach Boehme zitiert.)

Bedeutung dieses Wissens für die absolutistische Herrschaft und die als Merkantilismus bezeichneten wirtschaftspolitischen Maßnahmen liegen auf der Hand. Wer physischen Raum in Territorium verwandeln, diesen tiefer zu durchdringen, effektiver beherrschen und auszubeuten wünscht, braucht genaue und aktuelle geographische und topographische Karten sowie topographisch-statistische Daten. So waren etwa die Fragen, wie viele Städte das Reich überhaupt zählt und welche Entfernungen sie voneinander bzw. vom administrativen Zentrum trennen, von großer praktischer Bedeutung. Ohne diese und andere Informationen war die Verwirklichung der weitgehenden Gouvernements-Reform[8] von 1775 undenkbar. Aus den 23 Gouvernements (*gubernii*) wurden sukzessive 40 Statthalterschaften (*namestničestva*) und Gouvernements sowie zwei Regionen (*oblasti*) neu gebildet. Die Größe dieser administrativen Einheiten hing dabei von der Bevölkerungsdichte ab, denn jede Statthalterschaft sollte rund 300.000 bis 400.000 Seelen (männliche Personen) zählen, jeder untergeordnete Kreis 20.000 bis 30.000.[9] Keine Stadt und kein Dorf sollte weiter als eine Tagesreise von der entsprechenden Verwaltungsbehörde entfernt sein.[10] Wie sollte diese territoriale Reorganisation ohne verlässliche Daten gelingen? Und noch viele andere Fragen waren offen: Wo müssen neue Verwaltungszentren eingerichtet werden? Wie gelangt man dorthin? Wo verlaufen die alten und neuen administrativen Grenzen? Es ist schlicht nicht vorstellbar, diese und ähnliche andere Fragen ohne Karten und Datenverzeichnisse zu beantworten, welche eine annähernd richtige Vorstellung vom räumlichen Nebeneinander der Orte in ihren unterschiedlichen Eigenschaften geben. Die im Verlaufe der Regentschaft Katharinas II. vermehrt erschienenen Publikationen geben Antworten auf derlei Fragen und belegen die Intensivierung der Arbeiten auf dem Gebiet der Topographie des Reiches. Auskünfte boten Verzeichnisse über Entfernungen und geographische Koordinaten, geographisch-statistische Lexika, Pläne, Karten und Atlanten, die allesamt eifrig ausgearbeitet und aktualisiert wurden. Text, Tabelle und Kartenbild ergänzten sich zu einer umfassenden Topographie, welche den Zeitgenossen ein zunehmend detailliertes Bild des Reiches schenkte – ein Bild, dass sich hauptsächlich auf den europäischen Teil Russlands konzentrierte, während jenseits des Urals das Unberechenbare und Diffuse dominierten. So publizierte die Petersburger Akademie beispielsweise ab 1778 in dem von ihr herausgegebenen Kalender Wegentfernungen innerhalb des Reiches. Neben dem Kalender, den Zeitangaben über Auf- und Untergang von Sonne und Mond oder über den zu erwartenden Eisgang auf der Neva, wurden in einem jährlich aktualisierten und ständig erweiterten Verzeichnis die Wegstrecken von ver-

---

8 PSZ I, 20, Nr. 14.392.

9 Vgl. Tarchov, Sergej Anatol'evič: Istoričeskaja ėvoljucija administrativno-territorial'nogo i političeskogo delenija Rossii, in: Trejviš, Andrej Il'ič; Artobolevskij, Sergej Sergeevič (Hrsg.): Regionalizacija i razvitie Rossii: geografičeskie processy i problemy, Moskva 2001, S. 193.

10 Vgl. Madariaga, Isabel de: Katharina die Große. Das Leben der russischen Kaiserin, Wiesbaden 2004, S. 124.

schiedenen Städten des Reiches nach Sankt Petersburg, nach Moskau und in das jeweilige Gouvernements-Zentrum angegeben. Dies verweist auf ein Raumbild, das vor allem von Wegstrecken und Korridoren bestimmt ist. Dem Kalender war nun die Antwort auf Katharinas II. Frage zu entnehmen, dass Reisende 568 Werst Wegstrecke zurücklegen müssen, um von Sankt Petersburg nach Tver zu gelangen.[11] Im beigefügten Kommentar heißt es:

> In diesem Verzeichnis konnten etliche Städte nicht angegeben werden, besonders was die neu gegründeten Städte und ihre Entfernungen zur Hauptstadt und in die Gouvernements-Zentren angeht. Etliche Auskünfte über die Distanzen waren zweifelhaft, da sie sich von den bei der Akademie gesammelten Daten unterscheiden. Die Akademie wird sich Mühe geben, die vorhandenen und in diesem Fall nicht zu vermeidenden Mängel in der Zukunft zu beseitigen und sich der zweifelhaften Angaben zu vergewissern.[12]

Waren anfangs 359 Orte gelistet, stieg ihre Zahl bis zur Jahrhundertwende auf 424 an.[13] Auch geographische Koordinaten von insgesamt 139 Orten aus dem gesamten Zarenreich teilte die Petersburger Akademie im Kalender für das Jahr 1800 mit. Dies stellte das Resultat aller astronomischen Expeditionen der Akademie im 18. Jahrhundert dar, welche unternommen worden waren, um die Generalkarten des Reiches auf eine wissenschaftliche Grundlage zu stellen und eine möglichst genaue Vorstellung von den wahren räumlichen Dimensionen des Reiches zu erhalten. Wie den Verzeichnissen zu entnehmen ist, handelte es sich bei diesen astronomisch bestimmten Orten um Gouvernements-Zentren, Kreis- und Hafenstädte, Gefängnisse, Festungen, Bergwerke, Klöster, Fabriken, Poststationen, Kriegsschauplätze, Flussmündungen, Inseln, Klippen und Ankerplätze. Von den 139 Orten wurden 71 in ihrer geographischen Breite und Länge angegeben, so dass sie auf der Erdoberfläche eindeutig lokalisiert werden konnten. 68 Orte hingegen waren nur ihrer Breite nach bestimmt worden, was mit der vielfach größeren methodischen und technischen Herausforderung zu erklären ist, die Länge eines Ortes astronomisch exakt zu bestimmen. Mit 55 geographischen Koordinaten war der größte Teil der ermittelten Orte westlich des Urals, im gesamten europäischen Teil des Russländischen Reiches verteilt – von Kola im Norden bis Enikol' auf der Halbinsel Krim im Süden, von Grodno im Westen bis Kazan im Osten. Im ungleich größeren Sibirien waren hingegen nur 16 Orte vollständig bestimmt worden. Einige davon lagen im östlichen Uralgebir-

---

11 Rospisanie gorodov s pokazaniem rastojanij, gubernskich gorodov ot stolic i gubernskich gorodov, skol'ko na pervoj slučaj sobrat' bylo možno, in: Mesjacoslov na leto ot roždestva christova 1779, kotoroe est' prostoe, soderžaščee v sebe 365 dnej, sočinennyj na znatnejšija mesta Rossijskoj imperii v Sanktpeterburge pri Imperatorskoj akademii nauk, Sanktpeterburg [1778], S. 75.
12 Rospisanie gorodov, S. 77.
13 Tablica pokazyvajuščaja mesta Rossijskoj imperii, kotorych širota i dolgota ili odna širota opredeleny astronomičeskimi nabliodenijami, in: Mesjacoslov na leto ot roždestva christova 1800, kotoroe est' visokosnoe, soderžaščee v sebe 366 dnej, sočinennyj na znatnejšija mesta Rossijskoj imperii, v Sanktpeterburge pri Imperatorskoj akademii nauk, Sanktpeterburg [1799], S. 70–82.

ge, im Süden, vor allem aber an der östlichen Peripherie Sibiriens, der Pazifikküste und Halbinsel Kamčatka, während Ortslagen im Inneren der riesigen Landmasse weitestgehend unbekannt blieben.[14] Demnach bezog sich dieses Raumbild hauptsächlich auf das europäische Russland, das von Orten mit politischer, administrativer, militärischer und wirtschaftlicher Bedeutung geprägt war. In den neuen Karten, die dieses Wissen berücksichtigten, erschien das Zarenreich mehr denn je als aufgeklärter absolutistischer Staat im Osten Europas. Der Historiker Steven Seegel gibt zu bedenken, dass aus der kaiserlichen Perspektive die zarischen Geographen und Kartographen Russland nicht nur zu entdecken und zu erkunden, sondern eben auch das Phantasiebild der Verwestlichung auszudenken und zu realisieren hatten.[15] Zudem galt es, die imperiale Macht symbolisch zu rechtfertigen und zu legitimieren, was Valerie Ann Kivelson und Ronald Grigor Suny *discursive power* nennen.[16] Großen Einfluss auf die Kartographie des Reiches hatte aber nicht nur die methodische Befähigung zur Entwicklung ihrer wissenschaftlichen Grundlagen. Das Territorium wurde durch Expansion vergrößert und neu geordnet. Existierende Karten wurden von der Gouvernements-Reform ab 1775 zunehmend entwertet. Mit jeder territorial-administrativen Veränderung veralteten Karteninhalte zusehends. Bis zum Jahr 1785 dauerte die grundlegende Neugliederung des gesamten Territoriums, die als Herrschaftspraxis des aufgeklärten Absolutismus beschrieben worden ist.[17] Damit die Karten und Atlanten ihren Gebrauchswert nicht verloren, mussten sie aktuell gehalten werden und die gültigen politisch-administrativen Grenzverläufe der Verwaltungs-Einheiten abbilden. Gegen Ende der Gouvernements-Reform büßte das Geographische Departement der Akademie aber seine führende Rolle in der Herstellung von Karten im Zarenreich ein, bis es seine Tätigkeiten durch die endgültige Zentralisierung der Kartographie 1799 einstellte.[18] Im 19. Jahrhundert konnte die Petersburger Akademie der Wissenschaften nicht an Ihre kartographischen Leistungen des 18. Jahrhunderts anschließen, wohingegen sie ihre Kompetenzen in Bezug auf die astronomischen Ortsbestimmungen ausbaute und sich mit dem Betrieb der Hauptsternwarte in Pulkovo ab 1839 als zentraler Akteur bei der Vermessung Russlands einbrachte – getreu dem Diktum des deutschen Astronomen Franz Xaver von Zach:

> Es bedarf wohl in unseren Tagen kaum einer Erinnerung, vielweniger eines Beweises, dass die Sternkunde die wahre Mutter der Geographie sey [...] ohne [astronomische Kenntnisse] würden

---

14 Vgl. Tablica pokazyvajuščaja mesta Rossijskoj imperii, S. 58–62.
15 Vgl. Seegel: Mapping Europe's Borderlands, S. 77.
16 Vgl. Kivelson, Valerie Ann; Suny, Ronald Grigor: Russia's Empires, New York 2017, S. 6.
17 Vgl. Aretin, Karl Otmar Freiherr von: Das Problem des Aufgeklärten Absolutismus in der Geschichte Russlands, in: Handbuch der Geschichte Russlands, 1613–1856. Vom Randstaat zur Hegemonialmacht, hrsg. von Zernack, Klaus, Bd. 2/II, Stuttgart 2001, S. 864 f.
18 Vgl. dazu Kap. 5.2.

wir weder die wahre Größe und Gestalt unseres Erdballs, noch die wahre Lage der Länder, Provinzen, Städte und Dörfer [...] kennen gelernt haben.[19]

2.1.2 Generalvermessungen und Atlas-Kartographie

Landvermessungen waren bereits vor der Regentschaft Zar Peters I. (1682–1725) vielfach unternommen worden, um nicht den Überblick über staatliche Güter und Leibeigene zu verlieren, die der Staat an Adlige als Belohnung für ihre militärischen und zivilen Dienste verschenkt hatte. Mit der Einführung der Bezahlung von Offizieren und Beamten im Jahr 1714 ließ das Interesse an Landvermessungen aber nach. Folglich kannten vielerorts weder Verwaltung, noch Grundbesitzer die Grenzverläufe ihrer Ländereien sowie deren administrative Zugehörigkeiten. Diese unübersichtliche Situation begünstigte Landraub, was Landstreitigkeiten nach sich zog.[20] Mit der Befreiung des Adels von der Dienstpflicht 1762 wuchs das Bedürfnis, Eigentumsgrenzen zwischen privaten Gütern und Reichsdomänen (*gosudarstvennoe imučšestvo*) bzw. Kron-Land zu ziehen. Umso mehr, als der kirchliche Landbesitz 1764 verstaatlicht worden war. Ferner hatte die Regierung unter Katharina II. in großem Umfang ausländische Kolonisten angeworben, was das Bedürfnis nach genauen Zahlen über den Umfang der Reichsdomänen in den Gouvernements steigerte, um die Zuteilung von Kron-Land an die neuen Bauern vornehmen zu können. 1765 wurde ein Komitee für die Vermessung des Kron-Landes einberufen, das neue Regeln für die Vermessung von Landbesitz ausarbeitete und in einem Manifest publizierte.[21] Ab 1766 erfolgten umfangreiche Vermessungs- und Kartierungsarbeiten, die bis 1861 bzw. 1888 aktiv als Generalvermessungen (*general'nye meževanija*) separat nach Gouvernements eröffnet und geschlossen wurden. Die Ziele der Generalvermessungen bestanden erstens darin, die nicht beigelegten Landstreitigkeiten unter privaten Landbesitzern zu schlichten, zweitens, Grenzen von Landgütern (*dači*)[22] im Feld sowie in Plänen und juristischen Dokumenten festzulegen und drittens, den Bestand von Ländereien in Staats- und Privatbesitz zu dokumentieren.[23] Diese Maßnahmen unterschieden sich stark von den katastralen Maßnahmen westlicher Regierungen, da

---

19 Zach, Franz Xaver von: Einleitung, in: Allgemeine Geographische Ephemeriden 1 (1798) 1, in: Brosche, Peter (Hrsg.): Astronomie der Goethezeit. Textsammlung aus Zeitschriften und Briefen Franz Xaver von Zachs, ausgewählt und kommentiert von Peter Brosche, Schriftenreihe: Ostwalds Klassiker der exakten Wissenschaften, Bd. 280, Thun/Frankfurt a. M. 1998, S. 56.

20 Vgl. Madariaga: Katharina die Große, S. 317; German, Ivan Egorovič: Istorija russkago meževanija, Moskva 1914, S. 181–192; Aust: Adlige Landstreitigkeiten in Rußland.

21 Vgl. Bagrow; Castner: A History of the Russian Cartography, S. 234; PSZ I, 17, Nr. 12.474.

22 Der Begriff „dači" leitet sich aus dem Schenken, bzw. Geben ab und verweist auf die Tradition, dass Landgüter an den Adel für ihre Dienste gegeben worden waren. Vgl. Slovar' russkogo jazyka XVIII veka, Bd. 6, Leningrad 1991, S. 41.

23 Vgl. Fel': Kartografija Rossii XVIII veka, S. 210.

sie keine unmittelbar fiskalischen Ziele verfolgten.[24] Institutionell wurden die Generalvermessungen zuerst von Vermessungs-Kanzleien in den jeweiligen Gouvernements geregelt[25], ab 1777 aber zentral von der Vermessungs-Kanzlei (*Meževaja kancelarija*) in Moskau gesteuert.[26] Verwaltet wurden diese Institutionen von der Haupt-Vermessungs-Expedition (*Glavnaja meževaja ėkspedicija*), ab 1794 als Vermessungs-Departement (*Meževoj departament*) bezeichnet, das beim Dirigierenden Senat als oberster Reichsbehörde angesiedelt war. An ihrer Spitze stand der General-Prokuror, der als Mittler zwischen Senat und Krone diente.

Der Feldmesser (*zemlemer*, bzw. *meževščik*) hat in der russischen Belletristik als bekannte Figur der Öffentlichkeit Spuren hinterlassen, wie etwa der Feldmesser Smirnov aus einer Erzählung von Anton Pavlovič Čechov (1860–1904).[27] Diese und andere Geschichten prägen das Bild des Feldmessers im Zarenreich bis heute. Obgleich er für den landbesitzenden Adel, wie auch für die später landbesitzende (und oft verschuldete) Bauernschaft Rechtssicherheit über ihr Eigentum an Grund und Boden verkörpert haben mag, ist es nicht zielführend, hier auf diese Figur im Allgemeinen, oder auf ihren Arbeitsalltag im Speziellen näher einzugehen. Wichtiger ist es dagegen, auf die zugebilligte personelle Ausstattung zu blicken. 1766 waren insgesamt 101 Feldmesser eingeplant[28], von denen ein Teil aus dem militärischen Dienst entspringen sollte.[29] Dem steigenden Personalbedarf wurde 1779 mit der Gründung der Konstantin-Vermessungs-Schule (*Konstantinovskaja meževaja škola*) in Moskau begegnet, wo Ende des 18. Jahrhunderts 100 Schüler gezählt wurden.[30] Bis zum Ende des 18. Jahrhunderts erarbeiteten die Feldmesser umfangreiches Kartenmaterial. Laut Bericht an Zar Paul I. (1796–1801) existierten Ende 1796 im Archiv der Vermessungs-Kanzlei knapp 170.000 handgezeichnete Vermessungspläne aus 23 Gouvernements im europäischen Russland.[31] Diese Pläne waren grundlegend wichtig für die Dokumentation der Generalvermessungen, wie sie seit Beginn 1766 in den Gebieten in und um Moskau im Gange waren und potentielles Ausgangsmaterial für die Zusammenstellung von topographischen Karten boten. Für 19 der 23 Gou-

---

24 Vgl. Ėnciklopedičeskij slovar', hrsg. von Brokgauz, Fridrich Arnold; Efron, Il'ja Abramovič, Bd. IVa, Sankt-Peterburg 1892, S. 318.

25 Vgl. PSZ I, 17, Nr. 12.659.

26 Vgl. Fel': Kartografija Rossii XVIII veka, S. 210.

27 Vgl. Thies, Bernhard (Hrsg.): Zwei Tapfere. Humoristische Erzählung von Anton Tschechow, Leipzig 1922.

28 Vgl. PSZ I, 44, Nr. 12.541.

29 Vgl. German: Istorija russkago meževanija, S. 211.

30 Vgl. PSZ I, 44, Nr. 17.621.

31 Vgl. PSZ I, 24, Nr. 17.621. Die 23 Gouvernements in der chronologischen Reihenfolge ihrer Vermessungen: Moskau, Olonec, Pskov, Novgorod, Vladimir, Tver', Vologda, Tula, Rjazan', Tambov, Penza, Voronež, Char'kov, Smolensk, Mogilev, Polock (Vitebsk), Nižnij Novgorod, Jaroslavl', Kostroma, Kaluga, Orel, Kursk, St. Petersburg.

vernements wurden auf dieser Grundlage topographische Übersichtskarten hergestellt.[32]

Im Jahr 1768 war festgelegt worden, in den Gouvernements Pläne jedes einzelnen Landgutes im Maßstab 1 : 8.400 sowie Stadtpläne im Maßstab 1 : 8.400 bzw.
1 : 4.200 auf Grundlage der vorangegangenen Vermessungen anzufertigen. Diese
Pläne wurden zunächst für die Zusammenstellung von Kreis-Karten in kleineren
Maßstäben verwendet.[33] Dabei wurden die einzelnen Pläne nach ihrem Bildinhalt
aneinandergelegt und die daraus abgeleiteten Karten ohne Karten-Projektion, d. h.
ohne Berücksichtigung der sphärischen Gestalt der Erde verkleinert gezeichnet.[34]
Dies führte zwangsläufig zu starken Verzerrungen der abgebildeten Topographie.
Um ihren Zweck als Bilddokumentation von Grenzverläufen zu erfüllen, mussten
sich die Vermessungspläne in großen Maßstäben nicht auf Orte beziehen, deren exakte Lage auf der Erdoberfläche bekannt war. Um aber aus diesen Plänen der Landgüter auch genaue und zuverlässige topographische Karten von Kreisen und Gouvernements in kleineren Maßstäben ableiten zu können, wäre es notwendig gewesen,
Lagefestpunkte und eine Kartenprojektion zu verwenden. Ohne diese Voraussetzungen war eine lagegetreue, verzerrungsarme Kartierung von Orten, Flussläufen, Straßen und Wegen nicht zu erreichen. Den Zeitgenossen in Russland waren diese
Zusammenhänge längst bekannt, wie die oben beschriebenen Aufgaben des Geographischen Departements der Akademie belegen. Die Feldmesser hatten 1766 eine erste Vermessungs-Instruktion erhalten.[35] Eine weitere ausführliche Anleitung sah die
Verwendung eines (geodätischen) Astrolabiums, in Russland als Kompass mit Peil-
vorrichtung zur Bestimmung von Winkeln in der Horizontalebene bekannt, sowie einer Messkette (einfaches Instrument zur Distanzbestimmung) vor und bezog sich
ausschließlich auf lokale Vermessungen von Ländereien bzw. deren Grenzen, ohne
diese aber im größeren geographischen Zusammenhang auf der Erdoberfläche zu
verorten.[36] Obwohl die Verwendung geographischer Koordinaten bereits in einem
Feldmesser-Handbuch[37] aus dem Jahr 1757 empfohlen worden war, in dem auch die
Messmethoden der astronomischen Ortsbestimmung erklärt wurden, blieb die offizielle Anleitung der Feldmesser bis in die 1840er Jahre im Wesentlichen unverändert.[38] Im Sinne einer möglichen integrierten Vermessung Russlands gestaltete sich

---

32 Vgl. Ivanov, Pëtr Ivanovič: Opyt istoričeskago izsledovanija o meževanii zemel' v Rossii, Moskva
1846, S. 107 f. Topographische Übersichtskarten waren darin nicht für die Gouvernements Vladimir,
Penza, Voronež und Kostroma erwähnt.
33 Vgl. Tichomirova, M. M.: Novye dannye o kartach general'ogo meževanija Rossii, in: Sbornik
statej po kartografii 9 (1961) 13, S. 101–112.
34 Vgl. Fel': Kartografija Rossii XVIII veka, S. 210 f.
35 Vgl. PSZ I, 17, Nr. 12.570.
36 Vgl. PSZ I, 17, Nr. 12.711.
37 Cicianov, Dmitrij Pavlovič: Kratkoe matematičeskoe iz''jasnenie zemlemerija meževogo,
Sanktpeterburg 1757.
38 Vgl. Postnikov: Razvitie krupnomasštabnoj kartografii v Rossii, S. 57 f.

dieses Vorgehen aber als schwerwiegendes Problem, da die Feldmesser mit ihren Arbeiten keine Bezüge zu geographischen Kontexten herstellten und dies die Ableitung genauer topographischer Karten erschwerte oder gar verhinderte. Peter Brosche fasst diese Schwierigkeit so zusammen:

> [es geht] immer um diese zwei Ziele: eine in sich (relativ) stimmige geometrische Beschreibung eines Gebiets einerseits, und den Zusammenhang dieser Beschreibung mit der Erde als Ganzes andererseits. Anschaulich könnte man sagen: Man möchte eine gute Karte des Gebiets herstellen und außerdem ihren genauen Platz auf der Erdoberfläche kennen [...].[39]

Dieses Problem war keineswegs nur auf Russland beschränkt, sondern auch unter Gelehrten und Beamten in anderen europäischen Staaten ein gewichtiges Thema. Der deutsche Astronom Franz Xaver von Zach ärgerte sich 1798, als er schrieb:

> [...] Auf was gründen sich denn unsere heutigen geographischen Karten? Die meisten derselben sind Stückwerke, nachlässig verbundene Aufnahmen gewöhnlicher Land- und Feld-Messer, die mit Messketten und schlechten Boussolen in einem Lande über Berg und Thal ziehen, Städte, Dörfer, Flüsse Wege, Berge, und sogenannte Situationen auf das Papier bunt hinzeichnen, und sich um wahre Maße, Entfernungen, Orientirungen oder sonstige-systematische Verbindungen gar nicht bekümmern. Wie sollten sie sich auch um Dinge bekümmern, deren Daseyn sie nicht einmal ahnen, da solche Leute kaum ein Dreyeck richtig zu messen oder zu berechnen im Stande wissen, Trigonometrie nur dem Namen nach kennen, und von geographischen Ortsbestimmungen gar keinen Begriff haben. Eine richtige Länder-Vermessung, so wie sie der heutige Zustand der Wissenschaft erlaubt, erfordert keine gemeine, sondern tiefe Kenntniss der Stern und Messkunde, verbunden mit vieler practischen Geschicklichkeit, und die innigste Bekanntschaft und Vertraulichkeit mit den kostbarsten, künstlichsten und zusammengesetztesten Werkzeugen. Dergleichen Arbeiten können daher nur den gewandtesten Astronomen übertragen werden; nur von diesen ist eine wahre und richtige Länder-Vermessung und eine wahre Landkarten-Reform zu erwarten; da wo dies geschehen ist, ist es allein durch sie geschehen.[40]

Ebendieser Mangel an Zusammenhang von Feldmesskunst und Astronomie verhinderte auch im Zarenreich die Ableitung genauer und zuverlässiger topographischer Karten aus einer sehr großen Zahl vorhandener Vermessungspläne. Dass dies von verantwortlichen Zeitgenossen als Problem adressiert wurde, belegt eine Initiative von zwei führenden Beamten des Zarenreiches. 1781 wurde ihrem Gesuch stattgegeben, drei Expeditionen der Petersburger Akademie der Wissenschaften für astronomische Beobachtungen zu entsenden. Das Gesuch stammte von General-Prokuror Fürst Aleksandr Alekseev Vjazemskij (1764–1792)[41], u. a. verantwortlich für die Generalvermessungen, sowie von Sergej Gerasimovič Domašnev (1775–1782), Direktor der Sankt Petersburger Akademie der Wissenschaften. Sie argumentieren:

---

39 Vgl. Postnikov: Razvitie krupnomasštabnoj kartografii v Rossii, S. 150.
40 Zach: Einleitung, S. 57 f.
41 In dieser Funktion war er auch für die Haupt-Vermessungs-Expedition verantwortlich. Zudem saß er der Kommission für die Gouvernements-Reform vor.

Nach unserer Überzeugung besteht die Notwendigkeit, nicht so sehr eine physische Expedition, als eine astronomische durchzuführen, um die genaueren Breiten und Längen von Städten festzustellen, um eine generelle sphärische Karte des Reiches herzustellen; weil die zurzeit durchgeführte Generalvermessung nur Pläne und geometrische Karten darstellt, welche nach den bekannten geometrischen Regeln und nach aller wahrscheinlicher Genauigkeit die Lage und die Distanzen zwischen den Städten auf flacher Ebene darstellen, die der natürlichen sphärischen Oberfläche des Erdballs nicht entsprechen. Das verursacht eine große Differenz im ausgedehnten Raum des Reiches und besonders bei der Herstellung der Generalkarte des Imperiums Ihrer Kaiserlichen Majestät. In Anbetracht dessen haben wir entschieden, bei Ihnen untertänigst die Entsendung dreier Expeditionen vorzuschlagen.[42]

Dies berührte unmittelbar eine Angelegenheit, mit der sich Astronomen und Mathematiker der Akademie der Wissenschaften schon lange beschäftigt hatten. Viajzemskij und Domašnev nannten in ihrem Gesuch 31 Orte, deren geographische Koordinaten ermittelt werden sollten.[43] Im Ergebnis der Expeditionen standen bis 1785 die geographischen Breiten und Längen von 15 Städten im europäischen Teil Russlands fest.[44] Diese Kooperation zwischen Senat und Akademie dokumentiert das Konzept, auf Grundlage astronomischer Ortsbestimmungen die Ergebnisse der Generalvermessung für die Herstellung von Karten in kleineren Maßstäben nutzbar machen zu wollen. Doch wider besseren Wissens war offenbar die Entscheidung bereits getroffen, von den großmaßstäblichen Vermessungsplänen ohne Bezug auf geographische Koordinaten und Projektion Karten in kleineren Maßstäben abzuleiten und 1782 auf Kosten des Senats (10.000 Rubel) im *Atlas der Statthalterschaft Kaluga*[45] zu publizieren. Dieser Atlas beinhaltet die 1776 bis 1779 vermessene Statthalterschaft Kaluga und umfasst insgesamt 41 gedruckte Karten und Pläne von der gesamten Statthalterschaft (1 : 336.000), von den Kreisen (1 : 84.000) und Städten (1 : 4.200 und 1 : 8.400). Abbildung 1 zeigt die verkleinerte *Geometrische Karte der Statthalterschaft Kaluga*[46]. Lediglich die Windrose zeigt darin die Nordung zur Orientierung an. Ein Gitternetz

---

42 PSZ I, 21, Nr. 15.128.

43 Vgl. PSZ I, 21, Nr. 15.128.

44 Vgl. Komkov (u. a.): Geschichte der Akademie der Wissenschaften der UdSSR, S. 140. Es handelte sich dabei um folgende Städte: Caricyn, Kamyšin, Orel, Kursk, Nežin, Lubny, Cherson, Char'kov, Voronež, Tambov, Kaluga, Jaroslavl', Kostroma, Vologda und Petrozavodsk.

45 Atlas Kalužskago namestničestva, sostojaščago iz dvenadcati gorodov i uezdov, obmeževannago v blagopolučnoe carstvovanie Imp. Ekateriny Alekseevny II učreždennym ot e. i. v. k pol'ze i spokojstviju vernopodannych jeja gosudarstvennym zemel' razmeževaniem, Sankt Peterburg 1782. Im Zuge der Veränderungen durch die Gouvernements-Verordnung von 1775 wurde fortan das Gouvernement (Gubernija) als Statthalterschaft (namestničestvo), und die Provinz (provincija) als Kreis (uezd) bezeichnet, was mit der „Konterreform" Pauls I. wieder rückgängig gemacht wurde, vgl. Tarchov: Istoričeskaja évoljucija administrativno-territorial'nogo i političeskogo delenija Rossii, S. 191–213; Milov, Leonid Vasil'evič.: Issledovanie ob „ėkonomiceskich primecanijach" k general'nomu mezevaniju, Moskva 1965, S. 76.

46 Geometričeskaja karta Kalužskago namestničestva, [Maßstab 1 : 336.000], in: Atlas Kalužskago namestničestva, [Sankt Peterburg] 1782.

aus Längen- und Breitengraden ist nicht eingezeichnet, was die Abwesenheit einer Kartenprojektion und in ihrer Lage exakt bestimmter Orte bezeugt. Die künstlerischen Darstellungen des Gouvernement-Wappens und Kartentitels (oben links), die Angaben über angrenzende Kreise anderer Gouvernements (unten links), die Maßstableiste (unten mittig) und der Signaturen-Schlüssel (unten rechts) sind typisch für Karten des 18. Jahrhunderts. Der zum Atlas gehörende Anhang in zwei großformatigen Bänden (insgesamt über 1.300 Seiten) enthält nach Kreisen geordnete tabellarische Verzeichnisse, welche die Bezeichnungen (*zvanie*) bzw. Eigentümer der Landgüter (*dači*) angeben sowie deren Flächen und Nutzungen, die Zahl der darauf befindlichen Höfe und Einwohner, kurze ökonomische Beschreibungen (*kratkie ėkonomičeskie primečanija*) sowie Verweise auf die Abbildung des verzeichneten und beschriebenen Landgutes im Plan bzw. der Karte.[47] Dieser reiche Anhang veranschaulicht, wie tief die zarische Administration in die Besitz- und Wirtschaftsverhältnisse im Gouvernement Kaluga mittlerweile vorgedrungen war. Zudem verweist der Anhang darauf, dass die topographischen Karten erst im Zusammenhang mit solchen Datenerhebungen eine vollständige Einheit bildeten. Es zeigt ein detailliertes lokales Raumbild von Kernrussland aus der Perspektive der zarischen Administration, wie es von Landbesitz und Landwirtschaft geprägt war. Ungeachtet Viajzemskijs und Domašnevs Initiative von 1781, erging 1783 ein kaiserlicher Erlass, wonach der *Atlas der Statthalterschaft Kaluga* als Muster für die Herstellung weiterer Atlanten anderer Statthalterschaften dienen sollte.[48] Zwar sind im 18. und 19. Jahrhundert mindestens 31 derartige Gouvernements-Vermessungs-Atlanten (*gubernskij meževoj atlas*) anderer Statthalterschaften und Gouvernements gezeichnet worden. Publiziert wurden diese Werke aber nicht, weshalb der *Atlas der Statthalterschaft Kaluga* als der erste und einzige herausgegebene Atlas der Generalvermessungen in die Geschichte eingegangen ist.[49] Vermutlich waren die Ursachen dafür vielfältig. Die hohen Herstellungskosten und möglicherweise ein zu geringer Absatz mögen hierfür ausschlaggebend gewesen sein. Denkbar ist zudem, dass die Qualität der Vermessungs-Pläne sehr heterogen war, was sich auf die Atlaskarten unmittelbar auswirkte. Im Vergleich zu den anderen Statthalterschaften Russlands war Kaluga mit 2,7 Millionen Desjatinen Fläche (26.000 Quadrat-Werst) eine der kleinsten. Während der vier Jahre andauernden Generalvermessung wurden dort 6.380 Pläne gezeichnet. Die Kosten dafür beliefen sich ohne die Herstellung des Atlas auf rund 12.000 Rubel, während beispielsweise das Gouvernement Saratov knapp 19 Millionen Desjatinen Fläche umfasste und die Vermessungskosten sich auf 1,25 Millionen Rubel beliefen. Diese Generalvermessung dauerte 37 Jahre (1798–1835), in denen lediglich rund

---

47 Vgl. Opisanii i alfavity k Kalužskomu atlasu, 2 Bde., [Sankt Peterburg 1782].
48 Vgl. PSZ I, 21, Nr. 15.688.
49 Vgl. Bagrow; Castner: A History of the Russian Cartography, S. 235; Fel': Kartografija Rossii XVIII veka, S. 211. Darin werden die Atlanten ausführlich genannt und ihr Archivierungsort zum Jahr 1960 angegeben.

2.700 Pläne gezeichnet wurden.[50] Diese unterschiedlichen Zahlen verweisen auf die unterschiedlichen Herausforderungen der Generalvermessungen. Offenbar war die Vermessungs-Instruktion nicht umfassend und die Zahl der Feldmesser nicht ausreichend, um den verschiedenen Anforderungen der Gouvernements in ihren sehr verschiedenen Flächenausdehnungen, Besiedelungsdichten, Zugänglichkeiten und wohl nicht zuletzt den Besitzverhältnissen gerecht werden zu können. Die Karten im *Atlas der Statthalterschaft Kaluga* (1782), dem einzigen publizierten Atlas der Generalvermessung, dokumentiert zumindest die Absicht, die Vermessungsergebnisse nicht nur im Sinne der Generalvermessung für die Herstellung von Rechtssicherheit in Bezug auf Landbesitz zu verwenden, sondern daraus auch topographische Karten des Gouvernements und der Kreise abzuleiten. Nur beruhten diese weder auf astronomisch bestimmten Lagefestpunkten, noch auf einer Projektion, weshalb große Verzerrungen das Ergebnis schmälerten. Daran vermochte auch die Kooperation zwischen Senat und Akademie nichts zu ändern, obwohl bereits der Prototyp eines neuen Gouvernements-Atlas die Lösung versprach. 1785 hatte die Akademie der Wissenschaften einen eigenen *Atlas der Statthalterschaft Kaluga* herausgegeben.[51] Zweifellos war der 1782 erschienene – gleichnamige – *Atlas der Statthalterschaft Kaluga* neben den auf astronomischen Expeditionen gewonnenen geographischen Koordinaten die wichtigste Quelle für die Zusammenstellung dieses Werkes. Es umfasste neben zwölf Kreis-Karten (1:230.000) die *Generalkarte der Statthalterschaft Kaluga*[52]. Das sichtbar Neue in diesen Karten bestand in einer umlaufenden Gradleiste am Kartenfeldrand sowie in einem Gradnetz. Damit waren der Statthalterschaft Kaluga mit ihren Kreisen, Siedlungen, Wegen und Flüssen nun berechenbare Orte auf der Erdoberfläche gegeben worden und brachten sie so in Zusammenhang mit dem geographischen Kontext. Diese methodische Integration von Messergebnissen ließ sich jedoch nicht für gleichartige Atlanten anderer Statthalterschaften anwenden, da das große Vorhaben, weitere Vermessungs-Atlanten aus den Ergebnissen der Generalvermessungen herzustellen, nicht zu Ende gebracht worden war. Wie Valentin Giterman über den tieferen Sinn Katharinas II. Reformpolitik schreibt, musste die althergebrachte schwache Verwaltungsordnung Russlands durch Dezentralisierung gestärkt werden. Dabei ging es aber nicht um die Hebung lokaler Autonomie, sondern um die Festigung des zentralen Regierungsapparates und seiner Macht.[53] In diesem Licht zeigt sich jedoch, wie schwer es dem zentralen Regierungsapparat gefallen war, mit den einzelnen Ergebnissen der lokalen Generalvermessungen ein zuverlässiges und genaues topographisch-kartographisches Selbstbild von Russland zu entwerfen und daraus neue politische Kraft zu ziehen. Wie die *Hundertblatt-Karte*

---

50 Vgl. Ivanov: Opyt istoričeskago issledovanija o meževanii, S. 106 f.

51 Atlas Kalužskago namestničestva, [Sankt Peterburg] 1785.

52 General'naja karta Kalužskago namestničestva, razdelënnaja na 12 uezdov, Massstab [1:630.000], in: Atlas Kalužskago namestničestva, [Sankt Peterburg] 1785.

53 Vgl. Giterman, Valentin: Geschichte Russlands, Bd. II, Frankfurt/M. 1965, Bd. 2, S. 238.

belegt, erzeugte erst die Zentralisierung der Kartographie unter Paul I. den nötigen Druck, um aus zahlreichen Vermessungsdaten und Karten ein ganz neues Bild vom Reich zu gewinnen.[54]

2.1.3 Militär-Topographie der Grenzgebiete

Aleksej Postnikov hat die 1760er Jahre als verpasste Chance in der russischen Kartographie des 18. Jahrhunderts beschrieben. Anstatt eine integrierte Vermessung und Kartierung des Reiches anzustreben, waren doppelte Organisationsstrukturen staatlicher Akteure in Form der Vermessungsbehörde (Vermessungs-Kanzlei) und des Militärs (Generalstab) verfestigt worden. Die unterschiedlichen Anforderungen hatten sich dann sowohl auf die Ausbildung des jeweiligen Personals, als auch auf die Methoden ihrer Vermessung und Kartographie ausgewirkt.[55] Zunächst hatte das Militär nach Katharinas II. Thronbesteigung eine neue Karte des Zarenreiches angeregt.[56] Im Siebenjährigen Krieg (1756–1763), in dem es aus russischer Perspektive um die „Beschneidung der Macht des preußischen Königs"[57] gegangen war, hatte sich bei der zarischen Armee das weitgehende Fehlen einer militärischen Kartographie bemerkbar gemacht, woraufhin der verantwortliche Generalstab personell deutlich verstärkt wurde. So stieg 1763 die Zahl seiner Offiziere von nicht mehr als 25 auf nunmehr 84, um 1772 während des Krieges mit dem Osmanischen Reich und der ersten Teilung Polen-Litauens auf insgesamt 105 Beamte vergrößert zu werden.[58] Eine zentrale Aufgabe des Generalstabs während Friedenszeiten bestand in der Sammlung und Produktion von Karten, um die Aufstellung von Truppen in ihren ständigen Quartieren zu organisieren, die Auswahl von Lagerstätten in der Sommerzeit zu treffen, Karten für die Wahl von Marschrouten zwischen Stationierungspunkten herzustellen und vor allem, um alle Gouvernements in ihren *gesamten* Ausdehnungen zu vermessen.[59] Kaum war in diesem Zusammenhang beim Kriegs-Kollegium (*Voennaja kollegija*) die Idee einer neuen Karte Russlands aufgekommen, mussten die Arbeiten bereits 1765 wieder eingestellt werden. Zwar hatte die Sankt Petersburger Akademie der Wissenschaften auf Anfrage zehn geographische Koordinaten mitgeteilt, jedoch

---

54 Vgl. Kap. 5.2.

55 Vgl. Postnikov: Aleksej Vladimirovič: Geografičeskie issledovanija i kartografirovanie Pol'ši v processe sozdanija „topograficeskoj karty carstva Pol'skogo (1818–1843)" (in Druckvorbereitung), Moskva 1995, S. 44.

56 Istoričeskij očerk dejatel'nosti Korpusa voennych topografov, S. 51–53.

57 Lexikon der Geschichte Rußlands. Von den Anfängen bis zur Oktober-Revolution, hrsg. von Torke, Hans-Joachim, München 1985, S. 345 f.

58 Vgl. Stein, Felix von: Geschichte des russischen Heeres vom Ursprunge desselben bis zur Thronbesteigung des Kaisers Nikolai I. Pawlowitsch, Stuttgart 1975 [Nachdruck von 1885], S. 141–143.

59 Vgl. Istoričeskij očerk dejatel'nosti Korpusa voennych topografov, S. 50; Postnikov: Razvitie krupnomasštabnoj kartografii v Rossii, S. 74; Gluškov: Istorija voennoj kartografii v Rossii, S. 34.

reichten diese Angaben bei Weitem nicht für diese Karte Russlands aus. Der Überlegung, die Armee eigene astronomische Ortsbestimmungen durchzuführen zu lassen, standen die mangelnde Ausbildung der Offiziere gegenüber. Schließlich verabschiedete sich der Generalstab von der Idee einer flächendeckenden Vermessung des Reiches und beschränkte sich auf Karten der militärisch bedeutendsten Grenzgebiete, während für das Innere des Reiches Karten und Pläne der wichtigen Truppen-Quartiere und Marschrouten ausreichen mussten.[60] Die Expansion des katharinäischen Russlands nach Westen und Süden hat die Aufmerksamkeit des Generalstabs samt seiner Kartographie zunehmend auf die einverleibten neuen Gebiete gebunden, während sich die Generalvermessungen nach juristischen und wirtschaftlichen Gesichtspunkten fast ausschließlich mit Kernrussland befassten. Bis zum Ende des Zarenreiches verhinderte diese Trennung eine einheitliche, detaillierte topographisch-kartographische Erfassung des Russländischem Imperiums. Infolgedessen entstanden unterschiedliche Raumbilder von Teilen des Reiches.

Die militärische Aufmerksamkeit auf die Grenzgebiete brachte militär-organisatorische Veränderungen mit sich. Bereits 1763 wurden nördliche und westliche Grenzgebiete angesichts möglicher Kriegsschauplätze in acht Divisionen eingeteilt. Dabei handelte es sich um die livländische, estnische, finnische, Sankt Petersburger, Smolensker, Moskauer, Sevsker und ukrainische Division. Eine Folge dieser Ausrichtung war die Massierung russischer Truppen in den nordwestlichen Teilen des Landes.[61] Um in den genannten Divisionen strategische Entscheidungen treffen und die Dislokation der Truppen vornehmen zu können, waren Karten vor allem mit Informationen über Wege, Flüsse, Wälder, Sümpfe und nicht zuletzt über das Gelände unverzichtbar.[62] Zudem waren Festungen für die Verteidigung der Reichsgrenzen enorm wichtig und spielten in der militärischen Strategie des 18. und 19. Jahrhunderts eine herausragende Rolle. Die Auswahl ihrer Standorte war dabei von besonderer Bedeutung und topographische Karten wurden für ihre Planung dringend benötigt. Das bildet den Hintergrund für die Verflechtung der militär-topographischen Kartographie mit dem Festungsbau, was nicht nur in Russland, sondern etwa auch in Frankreich üblich war.[63] Besonders deutlich spiegelt sich dies im Personal. So war der verantwortliche Redakteur der *Hundertblatt-Karte*, Karl Ludwig Wilhelm Oppermann (1766–1831), Ingenieur für Festungsbau. Während nach dem Plan von 1763 insgesamt 49 Festungen und fünf Linien zur Verteidigung der Grenzen vorgesehen waren, existierten nach Katharinas II. und Pauls I. Regentschaft im Jahr 1801 insgesamt 37 Festungen an vier Abschnitten der Reichsgrenze. Davon befanden sich elf an der nördlichen Grenze, sechs an der westlichen, 19 an der südlichen und eine an

---

60 Istoričeskij očerk dejatel'nosti Korpusa voennych topografov, S. 51–53.
61 Vgl. Gluškov: Istorija voennoj kartografii v Rossii, S. 35.
62 Vgl. Gluškov: Istorija voennoj kartografii v Rossii, S. 35 f.
63 Vgl. Konvitz: Cartography in France, S. 33.

der östlichen.[64] Alle Befestigungsaktivitäten gingen mit Vermessungen und Kartierungen der strategisch und politisch bedeutenden Grenzgebiete einher. Nach der
Analyse des zarischen Offiziers Lev Ľvovič Friman (1856–?) hatte die Organisation
der Verteidigung der Westgrenze in größerem Ausmaß nur auf dem Papier stattgefunden, da ihre Verwirklichung mit der vorrückenden Grenze mehrfach verworfen
und neu begonnen werden musste. Die drei Teilungen Polen-Litauens veränderten
den Verlauf der Westgrenze sehr stark, was Folgen für die Verteilung von Festungen
nach sich zog. Nach der ersten Teilung Polen-Litauens wurden ab 1772 Verteidigungsanlagen für den 1100 Werst langen Grenzabschnitt Riga-Kiev begonnen, keine
aber verwirklicht. Die zweite Teilung Polen-Litauens 1793 erforderte wieder eine
neue Untersuchung und Planung für die Verteilung von Festungen, die mit der dritten Teilung 1795 abermals an Bedeutung verloren. Diese dritte Teilung hatte nicht
nur Folgen in Bezug auf die Verschiebung der Lage befestigter Grenzpunkte, sondern auch auf ihren Charakter und den Nutzen ihrer Verteilung.[65] Innerhalb von drei
Jahren (1795–1797) gaben die Regierungen verschiedenen Offizieren den Auftrag,
diesem Problem mit einem strategischen Konzept zu begegnen. Unter ihnen waren
auch die späteren Hauptverantwortlichen der *Hundertblatt-Karte*, Jan Pieter van
Suchtelen (1751–1836) und Karl Ludwig Wilhelm Oppermann. Nach ihrem Verteidi-
gungskonzept aus dem Jahr 1796 sollten Festungen nach Möglichkeit an schiffbaren
Flüssen, an Wegekreuzungen und an den offensten Stellen der Reichsgrenze liegen,
damit diese den Zugang nicht versperrten, aber dennoch eine defensive und offensive Stütze für die Armee böten.[66] Nach Oppermann bestand die Lösung des Problems an der Westgrenze in wenigen Festungen mit starken Truppen. Es sei unver-
gleichlich günstiger, den Feind außerhalb des Reiches zu treffen, als auf seinen
Einmarsch zu warten. Daher müsse man einen Ort für die Festung suchen, damit
sich die Truppen beim Rückzug sammeln können, falls die Operation nicht erfolgreich sein würde.[67] Dieses Konzept veranschaulicht, wie groß das Interesse der Mili-
tärstrategen an Informationen über die Topographie war, um die geeignetsten Plätze
für Befestigungsanlagen zu finden. Eben diese strategischen Überlegungen wurden
angestellt, als Polen-Litauen kurz zuvor von Russland, Habsburg und Preußen rest-
los aufgeteilt und von der Landkarte getilgt worden war (1795). Künftig grenzte das
Russländische Imperium direkt an das Königreich Preußen sowie an das Habsburger
Reich. Vor allem Russlands neue Grenze mit Preußen war nun mehrere hundert Kilometer lang.[68] Doch bis zum Ende der Regentschaft Pauls I. im Jahr 1801 wurden nur

---

64 Vgl. Friman, Lev L'vovič: Istorija kreposti v Rossii. Očerk, do načala XIX stoletija, Teil 1, Sankt-
Peterburg 1895, S. 147.
65 Vgl. Friman: Istorija kreposti v Rossii, S. 149 f.
66 Vgl. Friman: Istorija kreposti v Rossii, S. 150 f.
67 Vgl. Friman: Istorija kreposti v Rossii, S. 151 f.
68 Vgl. Karte: Teilungen Polens – Russland dringt nach Westen vor 1772–95, in: Barnes, Ian: Ruheloses Russland, 3000 Jahre Geschichte in Karten, Darmstadt 2016, S. 53.

drei Festungsbauten verwirklicht und zwar in Kamenec-Podolsk, Riga und Kiev –
nicht aber im polnisch-litauischen Teilungsgebiet.[69] Nach Friman sah die Lage in Bezug auf die übrigen Grenzabschnitte zur Jahrhundertwende folgendermaßen aus:
Russlands erfolgreicher Krieg gegen das Osmanische Reich (1768–1774) hatte eine
starke Veränderung des südlichen Grenzverlaufes zur Folge. Russland stand nun in
unmittelbarer Berührung mit den Bergvölkern des Kaukasus, was eine neue Grenzli-
nien-Befestigung erforderte, die viel mehr Mittel und Kräfte verlangte, als die bisherige südliche Grenze.[70] Mit dem Ende des Krieges gegen die Osmanen gewann Russland einen Teil der Ufer des Schwarzen sowie des Asowschen Meeres, ab 1774
erfolgte die Besetzung der Krim. Die südliche Grenze Russlands mit dem europäischen Teil des Osmanischen Reiches hatte sich von der früheren Steppengrenze
mehrheitlich zu einer Seegrenze verwandelt. Die Hauptkonzentration der Grenzbe-
festigungen lag nunmehr auf der Halbinsel Krim, bzw. in Sevastopol als geschützte
Hafenanlage für die Schwarzmeerflotte sowie auf der kaukasischen Linie. Für den
Schutz von Werften, militärischen und Handels-Häfen entstanden geeignete Befestigungsanlagen, während breite Flüsse das Festland begrenzten, das nur über strategisch gelegene Festungen zu erreichen war.[71] An der östlichen Grenze wurde der
Schutz vor allem durch Grenzlinien gewährleistet, welche aus ununterbrochenen
Barrieren bestanden, die mit Erde oder Holz verstärkt waren und Stützpunkte
(*krepostcy, feldšancy, reduty, forposty*) umschlossen.[72] Wie die Umwandlung dieses
gefährlichen Grenzgebietes zu einem Teil des Russländischen Imperiums erfolgte,
ist Gegenstand neuerer Forschungen.[73]

Die Vermessungen und Kartierungen durch den zarischen Generalstab konzentrierten sich auf die Gebiete der Divisionen, vor allem im Westen bzw. Süden des europäischen Russland, die im letzten Viertel des 18. Jahrhunderts sukzessiv einverleibt worden waren. Die unter Katharinas II. Regentschaft erfolgte Expansion
veränderte den westlichen Grenzverlauf vollkommen, indem der strategisch und
wirtschaftspolitisch bedeutsame Zugang zum Schwarzen Meer und ein gewaltiger
Landgewinn erzielt worden war, was eine gleichzeitige Produktion von möglichst
genauen Karten erforderte, um diese Gebiete zu kontrollieren und als Territorium zu
integrieren. Wie noch genauer ausgeführt wird, hat das zarische Militär diesen
Randgebieten bis zum Ende des Zarenreiches 1917 größte Bedeutung beigemessen,
was im Unterschied zum Kernland mit einer zunehmend detaillierten topogra-

---

69 Vgl. Friman: Istorija kreposti v Rossii, S. 151 f.
70 Vgl. Friman: Istorija kreposti v Rossii, S. 154.
71 Vgl. Friman: Istorija kreposti v Rossii, S. 152.
72 Vgl. Friman: Istorija kreposti v Rossii, S. 152 f.
73 Vgl. Khodarkovsky, Michael: Russia's Steppe Frontier. The Making of a Colonial Empire 1500–
1800, Bloomington [u. a.] 2002; Sunderland, Willard: Taming the Wild Field. Colonization and Empire on the Russian Steppe, Ithaca/New York 2004; Rieber, Alfred J.: The Struggle for the Eurasian
Borderlands. From the Rise of Early Modern Empires to the End of the First World War, Cambridge
2014.

phisch-kartographischen Erfassung und aufwändigen Aktualisierungen einherging. Aus militärischer Perspektive zeichnen sich seit dem letzten Drittel des 18. Jahrhunderts deutlich verschiedene Raumhierarchien zwischen Peripherie und Zentrum ab. Dies war verbunden mit der zunehmenden Separation der Kartierung des Landes durch die Zentralbehörden seit der Regentschaft Katharinas II.: Militärische Sicherung der Grenzgebiete einerseits, verwaltungstechnische Erfassung und wirtschaftlicher Ausbau des Kernlandes andererseits.

Im Fokus der militärischen Vermessungs- und Kartierungsaktivitäten in den Randgebieten standen Offiziere unter der Leitung des Generalquartiermeisters (*General-kvartirmejstr*), der für alle Fragen der Quartierwahl, des Lagerbaus und der Verteilung der Armee im Lager und auf dem Marsch sowie für die Wahl der Marschrouten, den Straßen- und Brückenbau verantwortlich zeichnete.[74] Für derartige Planungen und Entscheidungen – einschließlich des Festungsbaus – bedurfte es dringend genauer Karten und Pläne, um die Armee nicht nur strategisch günstig dislozieren, positionieren und mobilisieren, sondern auch effektiv mit Ausrüstung, Munition und Verpflegung versorgen zu können. Beschrieben werden die Methoden für topographische Aufnahmen im 1761 gedruckten Lehrbuch *Praktische Geometrie für die Kadetten des Landwegebaus*.[75] Diese unterschieden sich in einem wesentlichen Punkt von der Methode der zivilen Feldmesser. Während für die Vermessung und Kartierung von Eigentumsgrenzen das Gelände eine untergeordnete Rolle spielte, war das Militär an der Erfassung strategisch und taktisch bedeutender Berge und Täler sehr interessiert. Den Versuch, das systematische Vorgehen bei der topographischen Aufnahme auch bei der Herstellung von einheitlichen Kartenbildern zu etablieren, belegt der erste bekannte Signaturen-Schlüssel für militär-topographische Karten aus den 1760er und 1770er Jahren.[76] 1794 erschien dann ein noch detaillierterer Signaturen-Schlüssel für das Zeichnen militärischer Pläne und Karten.[77] Dieser zeigt eine Vielzahl Signaturen für unterschiedliche Klassen von Wegen, Brücken und Grenzen, Gewässern, Bodenbedeckungen (z. B. Wald oder Feld) und Siedlungen. Auch beinhaltet dieser eine Vielzahl wirtschaftlicher und anderer Objekte, wie Wind- und Wassermühlen, Friedhöfe, Bergwerke und Poststationen. Für den Großteil dieser Karten-Signaturen lässt sich keine klare Trennlinie zwischen militärischem und zivilem Zweck ziehen. Der eindeutig militärische Charakter dieses Zei-

---

74 Vgl. Geschichte der Behördenorganisation Russlands von Peter dem Großen bis 1917, hrsg. von Amburger, Erik, Leiden 1966, S. 305.

75 Nazarov, Stepan: Praktičeskaja geometrija, sočinennaja pri Suchoputnom šljachetnom kadetskom korpuse, dlja upotreblenija obučajuščegosja blagorodnogo junošestva, nachodjaščimsja pri onom Korpuse inž.-praporščikom Stepanom Nazarovym, Teil II, O praktike geometrii vooBšče, Sankt Peterburg 1761.

76 Vgl. Postnikov: Razvitie krupnomasštabnoj kartografii v Rossii, S. 75.

77 Vgl. Lukin, Semen: (Hrsg.): Načal'noe osnovanie situacii zaključajuščee v sebe vse čto izobražaetsja na topografičeskich, častnych kartach i voennych planach v pol'zu upražnjajuščichsja v sej nauki [Sankt Peterburg 1794].

chenschlüssels zeigt sich in den Symbolen für Verteidigungsanlagen (Festungen, Redouten, Wälle), in der stark differenzierten Auswahl der Zeichen für Schlachtaufstellungen eigener und gegnerischer Truppenformationen sowie für Gelände (Berge, Böschungen, Täler, Gebirge).

Entsprechend der vom Generalstab getroffenen Entscheidung, nicht die *gesamten* Gouvernements topographisch aufzunehmen, bezog sich ein Großteil der militärischen Kartenproduktion auf die strategisch bedeutenden Grenzregionen und Nachbarländer im Norden, Westen und Süden des europäischen Russland. Diese Karten zeichnen ein Bild von den Peripherien und angrenzender Länder, von den strategisch wichtigen Divisionen, von den neu gewonnenen Gebieten einschließlich ihrer Grenzen und bedeutender Küstenregionen.[78] Im Zuge der deutlichen Expansion des Zarenreiches nach Westen und Süden entsprachen die acht im Nordwesten des europäischen Russland verteilten Divisionen nicht mehr dem neuen territorialen *Status quo* des Imperiums. Unter Zar Paul I. wurden diese durch zwölf neue Divisionen,[79] später als Inspektionen (*inspekcii*) bezeichnet, ersetzt, die sich auch auf neu gewonnene Gebiete ausdehnten. Ebendort, wo Festungen und Linien zur Verteidigung der Grenzen dienten oder in Planung waren. Die in Abbildung 3 farblich hervorgehobenen Flächen zeigen die militär-strategische Territorialgliederung in ihrer räumlichen Ausdehnung und Verteilung. Dabei sticht vor allem die direkte Nachbarschaft mit Preußen und die Auflösung Polen-Litauens ins Auge. Die Inspektionen bildeten Bezirke, in denen die Truppen zu Friedenszeiten ihre Standquartiere bezogen. Im Falle einer Mobilmachung sollten aber nicht die gesamten Inspektionstruppen ins Feld rücken, sondern nur einzelne Abteilungen, die zu größeren taktischen Körpern neu vereinigt werden konnten.[80] Unabhängig von der großflächigen Ausdehnung der Inspektionen waren die tatsächlichen Truppenstärken aber sehr unterschiedlich verteilt. Der größte Teil der Armee war in den neu gewonnenen Gebieten im Westen und Süden des europäischen Russland stationiert, während knapp ein Viertel der Truppen die innere Sicherheit, vor allem in Sankt Petersburg und Moskau garantie-

---

78 Karten des Ingermanlands (1763–1765), der Ostsee-Provinzen (1766), des Verbindungsweges zwischen Astrachan' und Kisljar (o. J.), des Fürstentums Moldau (1772), von Preußen (1786, 1791, 1796), von den „benachbarten Ländern im Süden des Russländischen Imperiums" (1786), von den „Regionen, wo die vereinigte kaiserliche Armee gegen die osmanischen Häfen operiert" (1788), des Verbindungsweges zwischen der Festung Silistrija (an der Donau) bis nach Konstantinopel (1793), des Grenzgebietes zwischen Schwarzem und Kaspischem Meer (1793), von den einverleibten polnischen und osmanischen Gebieten (1793) sowie des litauischen Gouvernements (1797), vgl. Istoričeskij očerk dejatel'nosti Korpusa voennych topografov, S. 25–27; 54 f.; Glinoeckij, Nikolaj Pavlovič: Istorija Russkago General'nago štaba, 1698–1825, Bd. I, Sankt Peterburg 1883, S. 135. Einen eindrucksvollen Überblick über die Entwicklung der räumlichen Wahrnehmung bietet: Katalog voenno-uče-nagoarchivaglavnagoupravlenijageneral'nagoštaba, Bd. 3, Sankt Peterburg 1910, S. 319–418.
79 Vgl. PSZ I, 43, Kniga štatov, Teil 1, Nr. 17.606.
80 Vgl. Miljutin, Dmitrij Alekseevič: Geschichte des Krieges Rußlands mit Frankreich unter der Regierung Kaiser Paul's I. im Jahre 1799, Bd. I, München 1856, S. 60.

ren sollte.[81] Die neuen Inspektionen umfassen die einverleibten Gebiete vollständig und geben den Blick auf die militär-strategische Territorialgliederung wieder. Sie umfasst den gesamten europäischen Teil Russlands mit Ausnahme der nördlichen wie nordöstlichen Gebiete, wo eine ständige Stationierung von Truppen offenbar weniger Sinn machte.

Im Hinblick auf zeitgenössische Publikationen des 1797 gegründeten Karten-Depots (*Depo kart*) sticht ins Auge, dass die im Jahr 1799 gedruckte *Generalkarte eines Teils Russlands, eingeteilt in Gouvernements und Kreise samt Abbildung der Post- und anderer Hauptstraßen*[82] genau diese Inspektionen umfasst. Von Zeitgenossen als Quartierkarte für die Armee beschrieben,[83] gibt sie ein spezifisches Raumbild der Militärführung wieder, das insbesondere von einem Netz aus Wegstrecken bestimmt ist. So zeigt sie die Lage von Städten, Festungen und kleineren Siedlungen sowie die Verläufe von administrativen Grenzen und Flüssen. Vor allem aber zeigt sie das Wegenetz mit zusätzlichen Ziffern für die Distanzen von Ort zu Ort. Auf dieser Informationsgrundlage ließen sich Marschrouten leicht berechnen und Truppen einfacher dislozieren. Die nur wenige Jahre später erschienene *Hundertblatt-Karte* umfasst einen nahezu identischen Ausschnitt (Abb. 13). Ihr größerer Maßstab erlaubte jedoch eine wesentlich detailliertere Darstellung des Landes auf 100 Blättern, wofür eine ungleich größere Menge Daten von allen Akteuren der Vermessung und Kartographie Russlands im 18. Jahrhunderts herangezogen werden musste. Diese Aufgabe zu lösen, bedurfte einer beispiellosen Zentralisierung der Kartographie, die 1797 mit der Gründung des Karten-Depots bei der kaiserlichen Suite erfolgte und sich ab 1812 in Form des Militär-Topographischen Depots (*Voenno-topografičeskij depot*) als Teil des späteren Kriegsministeriums fortsetzte.[84]

2.2 Vermessung und Kartographie im 19. Jahrhundert

2.2.1 Institutionalisierung der Militär-Topographie

Die 1796 gebildeten Inspektionen wurden unter Zar Alexander I. im Jahr 1806 wieder aufgehoben.[85] Allem Anschein nach traten an ihre Stelle 1810 militärische Großformationen (Armeen und Armeekorps), die sich überwiegend auf die bedrohten Grenzgebiete des europäischen Russlands konzentrierten.[86] Das Karten-Depot, bzw. das

81 Vgl. LeDonne: The Grand Strategy of the Russian Empire, S. 124 f.
82 General'naja karta časti Rossii, razdelennaja na Gubernii I uezdy s izobražneniem počtovych I drugich glavnych dorog [Maßstab 1 : 2.300.000], Sankt Peterburg 1799.
83 Vgl. Zapiski Voenno-topografičeskago depo, Teil I, Sankt Peterburg 1837, S. 9 f.
84 Vgl. Kap. 4.1.3.1., 5.2. u. 5.8.3.1.
85 Vgl. Ėnciklopedia voennych i morskich nauk, hrsg. von Leer, Genrich Antonovič, Bd. III, Sankt Peterburg 1888, S. 372.
86 Behördenorganisation Russlands, S. 334.

Militär-Topographische Depot in Sankt Petersburg blieb bis zu den Militär-Reformen der 1860er Jahre das kartographische Zentrum des Imperiums. Ihm wurde das 1822 gegründete Topographen-Korps (*Korps topografy*) in Sankt Petersburg zur Seite gestellt, welches für die Bereitstellung und Organisation von ausreichenden und gut ausgebildeten Topographen verantwortlich war. Dieses Personal wurde zu Ausbildungszwecken und je nach Bedarf für unterschiedliche Aufgaben im Militär-Topographischen Depot, bei Landesaufnahmen sowie bei den Führungen der Großformationen – insbesondere in den westlichen und südlichen Peripherien des europäischen Russland – eingesetzt.[87] Ab 1862 wurden die 1810 gebildeten Großformationen wieder aufgelöst und schrittweise in eine territoriale Gliederung militärischer Verwaltungseinheiten überführt.[88] Dabei handelte es sich anfangs um drei, ab 1864 um zehn Militärbezirke (*voennye okruga*) im europäischen Russland, die jeweils mehrere Gouvernements umfassten (außer Warschau). Für die örtliche Verwaltung der Armee und deren militärische Organe wurden jeweils Militärbezirksverwaltungen aufgebaut, deren Stäbe grundsätzlich topographische und statistische Daten vom jeweiligen Bezirk zu sammeln hatten.[89] Für den asiatischen Teil Russlands wurden ab 1865 die zusätzlichen Militärbezirke Kaukasus, Orenburg und Turkestan sowie West- und Ost-Sibirien gebildet, die in den folgenden Jahrzehnten zum Teil mehrfach territorial reorganisiert wurden und neue Bezeichnungen erhielten.[90] Eine eigene Militär-Topographische Abteilung (*Voenno-topografičeskoe otdelenie*) wurde 1865 zuerst in Tiflis, dem Sitz der Militärbezirksverwaltung Kaukasus, gegründet.[91] Diese befasste sich neben der Militär-Topographischen Abteilung in Sankt Petersburg als erste Anstalt mit der systematischen Erhebung und Verarbeitung militär-topographischer Daten *außerhalb* des imperialen Zentrums und institutionalisierte

---

87 Vgl. Istoričeskij očerk dejatel'nosti Korpusa voennych topografov, S. 93. Die 144 Topographen wurden 1822 zur praktischen Ausbildung wie folgt verteilt: Militär-Topographisches Depot in Sankt Petersburg 41; Landesaufnahme Vil'no 22; Hauptquartier der II. Armee 10; Hauptquartier der I. Armee 17; Stab des 2. und 5. Infanterie-Korps je 4; Stab des 4. und 5. Reserve-Kavallerie-Korps je 4; Moskauer-Kolonnenführer-Schule 18; Aufnahme der Sibirischen Linie 14; Kaukasisches Sonder-Korps 3; Litauisches Sonder-Korps 3.
88 Vgl. Behördenorganisation Russlands, S. 327.
89 Vgl. PSZ II, 39, Teil 1, Nr. 41.162. Das waren 1862 die Militärbezirke: Warschau, Vil'no und Kiev; ab 1864: Petersburg, Finnland, Riga, Vil'na, Warschau, Kiev, Odessa, Charkov, Moskau und Kazan'; Karta Rossijskoj imperii s označeniem voennych okrugov, suchoputnych, vodnjanych i telegrafnych soobščenij, 1 Blatt, Maßstab 1 : 5.040.000, Sankt Peterburg 1864.
90 Vgl. PSZ II, 40, Teil 1, Nr. 42.368; vgl. Smagin, Roman Jur'evič: Voenno-topografičeskaja služba v Sibiri v XIX–načale XX veka, Diss. Univ. Omsk 2015, S. 72–75. URN: https://omgpu.ru/sites/default/files/smagin_dissertaciya.pdf [Zugriff: 18.06.2022]; Danilov, Nikolaj Aleksandrovič (Hrsg.): Istoričeskij očerk razvitija voennago upravlenija v Rossii, Schriftenreihe: Stoletie Voennago Ministerstva 1802–1902, Bd. I, Sankt Peterburg 1902, S. 608, Kartenbeilagen, S. 634/635, 640/641; Karta voennych okrugov Aziatskoj Rossii, in: Atlas Aziatskoj Rossii, Reihe: Aziatskaja Rossija, 3 Bde. u. Atlas, Sankt Peterburg 1914, Karte 11.
91 Vgl. PSZ II, 40, Teil 1, Nr. 42.368.

erstmals dezentrale militär-topographische und kartographische Arbeiten. Während die Militär-Topographische Abteilung in Sankt Petersburg für den gesamten europäischen Teil Russlands bis 1918 verantwortlich blieb, wurden für den asiatischen Teil jeweils Militär-Topographische Abteilungen in den Militärbezirksverwaltungen gegründet.[92] Die Aufgabe dieser Abteilungen bestand jeweils im Aufbau eines präzisen trigonometrischen und astronomischen Lagefestpunktnetzes, in der methodischen Ausführung topographischer Arbeiten und in der Systematisierung gesammelter topographischer Informationen für die Herausgabe ausführlicher Karten sowie in der Sammlung von geographischen und topographischen Berichten über die Bezirke.[93] Abbildung 62 zeigt die Gliederung des asiatischen Russland zum Jahr 1914 in fünf Militärbezirke: Kazan (gelb), Turkestan (rosa), Omsk (grün), Irkutsk (orange) und Priamur (grau/violett). Von den Militär-Topographischen Abteilungen wurden unter anderem *Zehn-Werst-Karten* zusammengestellt und herausgegeben, die inhaltlich auf die Bedarfe der Stäbe der einzelnen Militärbezirksverwaltungen ausgerichtet wurden (Abb. 61). Die Stabschefs vor Ort waren verpflichtet, ständig Daten als Entscheidungsgrundlage für den jeweiligen Oberkommandierenden bereitzustellen, welche topographische und statistische Informationen über den gesamten Militärbezirk beinhalteten, um über Mobilmachung, Verlegung, Einquartierung und Verpflegung der Truppen Entscheidungen treffen zu können.[94] Im Zusammenhang mit einer erhöhten Kriegsbereitschaft wurden 1899 die Erfahrungen und Methoden bei der Sicherung der Westgrenze des Russländischen Imperiums auf seine zentral- und ostasiatischen Grenzgebiete übertragen, damit die dortigen Militärbezirksverwaltungen im Kriegsfall autonomer agieren konnten. Diese sahen neben dem jeweiligen Stabschef einen gesonderten Generalquartiermeister vor, der eine Sammlung von militär-statistischen und topographischen Daten über den jeweiligen Bezirk sowie über angrenzende Gebiete benachbarter Staaten zu führen und ständig zu aktualisieren hatte. Dieser musste sich schriftlich über den Fortgang der geodätischen, topographischen und kartographischen Arbeiten informieren und die Bestellung, Vorbereitung, Aufbewahrung und Versendung von Karten und Plänen an die Truppen organisieren.[95] Geodätische Vermessungen, topographische Aufnahmen und die Herstellung gedruckter topographischer Karten(werke) waren im langen 19. Jahrhundert auf diese Weise eine institutionalisierte und seit den 1860er Jahren eine dezentralisierte Angelegenheit des zarischen Kriegsministeriums.

---

92 Die Militär-Topographischen Abteilungen der Militärbezirke Orenburg, West- und Ostsibirien wurden 1867, die für den Militärbezirk Turkestan 1868 gegründet. Vgl. Gluškov: Istorija voennoj kartografii v Rossii, S. 151 f.

93 Vgl. Smagin: Voenno-topografičeskaja služba v Sibiri, S. 72.

94 Vgl. Svod voennych postanovlenij 1869 goda, Teil 1, Buch 2, voennyja upravlenija, Nr. 84, Sankt Peterburg 1893, S. 209.

95 Vgl. Danilov Nikolaj Aleksandrovič (Hrsg.): Istoričeskij očerk razvitija voennago upravlenija v Rossii, Schriftenreihe: Stoletie Voennago ministerstva 1802–1902, Bd. I, Sankt Peterburg 1902, S. 608; Svod voennych postanovlenij 1869 goda, § 81/3, Nr. 2, 6, 7, S. 209.

2.2.2 Vielfalt ziviler Vermessung und Kartographie

Wie dargestellt wurde, hatten Vermessung und Kartographie nicht militärischen Ursprungs im Russland des 18. Jahrhunderts bereits eine umfassende Geschichte. Trotz der wachsenden Dominanz des Militärs auf diesen Gebieten, dienten sie im 19. Jahrhundert einer breiten Vielfalt behördlicher Zwecke und waren insbesondere Instrumente von zivilen Ministerien, wie dem Justiz-, Verkehrs-, Innen-, und Finanzministerium sowie von den Ministerien für Volksaufklärung, für Reichsdomänen sowie für Zarengüter. Nicht zentralstaatlich initiierte Vermessungen und Karten blieben dagegen seltene Ausnahmen. Dennoch gab es sie, wie die Aktivitäten der Livländischen Gemeinnützigen und Ökonomischen Sozietät belegen. Die Vermessungen und kartographischen Tätigkeiten ziviler Akteure dienten dem Aufbau von Lagefestpunktnetzen, der Verteilung, Dokumentation und Besteuerung von Landbesitz sowie der Verbesserung der Land- und Forstwirtschaft. Genauso dienten sie aber auch dem Bau von Wasser- und Landwegen sowie Eisenbahntrassen, der Erschließung von Rohstoffen und der Besiedelung von Land. Dabei handelte es sich um vereinzelte Arbeiten für spezielle Zwecke unterschiedlicher Ressorts, die oft nur mittelbar mit topographischen Karten im Zusammenhang standen. Sie waren kaum Teil der groß angelegten staatlichen Landesaufnahmen, die möglichst flächendeckende topographische Karten(werke) in verschiedenen Maßstäben begründeten. Eine entscheidende Frage in diesem Zusammenhang lautet dennoch, weshalb diese Akteure mit dem Kriegsministerium nur sehr vereinzelt kooperierten, um die topographisch-kartographische Erschließung des ausgedehnten Imperiums arbeitsteilig zu realisieren. Jedem einzelnen Akteur in all seinen Berührungspunkten mit dem Militär nachzugehen, würde den Rahmen dieser Studie bei Weitem sprengen. Daher richtet sich der Fokus auf Initiativen und Projekte, die paradigmatische Probleme bei der ressortübergreifenden Vermessungskooperation veranschaulichen. Der folgende Abschnitt gibt zunächst eine allgemeine Übersicht zur Vielfalt der Vermessung und Kartographie ziviler Institutionen, um Orientierungen und Einordnungen zu ermöglichen.

Die im 18. Jahrhundert beim Dirigierenden Senat angesiedelten Institutionen der Generalvermessungen lagen ab 1802 bis 1917 in der Verantwortung des neu gegründeten Justizministeriums (*Ministerstvo justicii*). Es war in Bezug auf Landvermessungen verantwortlich für die Durchsetzung von Gerichtsbeschlüssen. Ihm unterstanden die Vermessungskanzlei in Moskau sowie die Landvermessungsschulen in Moskau, Pskov, Penza, Kursk, Ufa sowie in Tiflis. Ab 1836 verfügte es über ein eigenes Vermessungs-Korps.[96] Unter Vermittlung der (Kaiserlichen) Russischen Geographischen Gesellschaft kooperierte das Justiz- mit dem Kriegsministerium in den Jahren 1847 bis 1866, um die sogenannten Mende-Aufnahmen durchzuführen, die in

---

96 Vgl. Vysšie i central'nye gosudarstvennye učreždenija Rossii 1801–1917, hrsg. von Raskin, David Iosifovič, Bd. 2, Sankt Peterburg 2001, S. 80–89.

der vorliegenden Studie als Konzept für eine „Integrierte Landesaufnahme" untersucht werden.[97]

Das Ministerium für die Zarengüter (*Ministerstvo udelov*) existierte 1852 bis 1856. Zuvor verwaltete ab 1797 das Departement für die Zarengüter (*Departament udelov*) private Ländereien der Kaiserfamilie in 32 Gouvernements. 1892 wurde es von der Hauptverwaltung für die Zarengüter (*Glavnoe upravlenie udelov*) beerbt, das bis 1917 existierte. Die Wirtschaftsabteilung des Departements verfügte über eigene Landmesser und verantwortete u. a. die Vermessung kaiserlichen Landesbesitzes. Ab 1859 wurden eigene Pläne und Karten angefertigt.[98] Die Arbeiten des Ministeriums für die Zarengüter finden in der vorliegenden Studie nur am Rande Erwähnung, da sie nach den ausgewerteten Quellen für die Landesaufnahmen bzw. für die Publikation topographischer Karten(werke) lediglich eine untergeordnete Rolle spielten.[99]

Das 1802 bis 1917 bestehende Finanzministerium (*Ministerstvo financii*) unterhielt 1811 bis 1837 das Departement für Reichsdomänen, das sich u. a. mit der Vermessung und Verwaltung von Kron- und Pachtgütern (u. a. Wälder, Felder, Bergwerke) sowie mit der Vermessung städtischer Ländereien befasste. Diese Tätigkeiten wurden an das Ministerium für Reichsdomänen übergeben.[100]

Das 1837 gegründete Ministerium für Reichsdomänen (*Ministerstvo gosudarstvennych imuščestv*) wurde ab 1894 mehrfach umgewandelt.[101] Im Ersten Weltkrieg hatte es bis 1917 als Landwirtschaftsministerium (*Ministerstvo zemledelija*) die Lebensmittelversorgung der Armee und des Landes zu besorgen.[102] 1837 in drei Departements gegliedert, sollte es für 33 Gouvernements in Zentralrussland und Kleinrussland sowie im südlichen Kaukasus und in Sibirien Kron-Bauern und Kron-Land verwalten, dafür ein Kataster aufbauen und Pachtwirtschaft betreiben. Außerdem war es seine Aufgabe, Kronbauern in den Ostseeprovinzen, im Vil'noer und weißrussischen Gouvernement sowie in den südwestlichen Gouvernements zu verwalten und unter Berücksichtigung der lokal tradierten Rechtsgrundlagen Steuereinnahmen einzutreiben (*ljustracija*). Zudem betrieb es Musterfarmen und landwirtschaftliche Lehranstalten. Schließlich erfolgte die Gründung eines separaten Departements für Wald. Ab 1847 wurde ein eigenes Zivil-Topographen-Korps, ab 1861 eine eigene Vermessungsverwaltung aufgebaut.[103] Neben zahlreichen neu entstandenen Komitees zu verschiedenen Verantwortungsbereichen innerhalb des Ministeriums, wurde

---

97 Vgl. Kap. 4.1.5.

98 Istorija udelov za stoletie ich suščestvovanija 1797–1897, Bd. 1, Sankt Peterburg 1902; Vysšie i central'nye gosudarstvennye učreždenija Rossii, Bd. 3, S. 190.

99 Vgl. Kap. 4.1.5.

100 Vgl. Vysšie i central'nye gosudarstvennye učreždenija Rossii, Bd. 2, S. 108.

101 1894–1905 Ministerium für Landwirtschaft und Reichsdomänen (*Ministerstvo zemledelija i gosudarstvennych imuščestv*); 1905–1915 Hauptverwaltung für Flurbereinigung und Landwirtschaft (*Glavnoe upravlenie zemleustrojstva i zemledelija*).

102 Vgl. Vysšie i central'nye gosudarstvennye učreždenija Rossii, Bd. 2, S. 70–73.

103 Vysšie i central'nye gosudarstvennye učreždenija Rossii, Bd. 3, S. 70–79.

1905 die Umsiedlungsverwaltung (*Peresilenčeskoe upravlenie*) vom Ministerium der inneren Angelegenheiten übernommen, welche bis 1918 existierte. Sie organisierte die Umsiedlung von Bauern aus Zentralrussland nach Sibirien und war verantwortlich für die Zuweisung von vermessenem und abgegrenztem Land. In ihrer Obhut lag u. a. die Organisation von topographischen Arbeiten sowie die Schaffung sämtlicher Bedingungen für die Erschließung und Kultivierung des Landes.[104] In der vorliegenden Studie werden insbesondere die Bemühungen des Ministeriums analysiert, für das umfangreiche Kronland im Zarenreich ein kartenbasiertes Kataster aufzubauen, das die Dokumentation von Eigentumsrechten an Land mit der Erhebung von Steuern verbinden und die als rückständig empfundene Generalvermessung reformieren sollte. Für die Vermessungsarbeiten kooperierte das Kriegsministerium mit dem Ministerium für Reichsdomänen über zwei Jahrzehnte. Das ursprüngliche Konzept für ein Kataster bot bedeutende Chancen für Landesaufnahmen.[105]

Das Ministerium der inneren Angelegenheiten (*Ministerstvo vnutrennych del*) wurde 1802 gegründet und bestand bis 1917. Das ihm unterstellte *Wirtschaftsdepartement* (*Chosjajstvennyj departament*) bzw. die spätere Hauptverwaltung für Angelegenheiten der örtlichen Wirtschaft (*Glavnoe upravlenie po delam mestnago chozjajctva*) verfügte ab 1819 über ein Zeichenbüro bei der Städteverwaltung, das sich ab 1849 mit Prüfung und Verbesserung von Stadtplänen, topographischen Aufnahmen von Stadtländereien und der Anfertigung von Kopien befasste.[106] Im Zusammenhang mit der Aufhebung der Leibeigenschaft 1861, wurde die Landschaftsabteilung (*Zemskij otdel*) verselbstständigt, welche bereits seit 1858 als Teil des Statistischen Zentralkomitees (*Central'nyj statističeskij komitet*) im Ministerium existierte. Ihre allgemeine Aufgabe bestand darin, die ländliche Wirtschaft und den Bauernstand zu organisieren.[107] Konkret hieß das ab 1861, die Aufhebung der Leibeigenschaft zu überwachen und zu regeln. In den ersten zwei Jahren (1861–1863) konnten nur mit Ihrer Hilfe ungefähr zwei Drittel der Streitfälle (ca. 7.000) zwischen Gutsherrn und einzelnen Bauern gelöst werden.[108] Dafür wurden auch private Schlichter und Landmesser beauftragt und eine Kooperation mit dem Justizministerium per Gesetz befohlen.[109] In dieser Studie wird nur punktuell Bezug auf die statistischen Arbeiten des Ministeriums der inneren Angelegenheiten genommen, da sich aus den herangezogenen Quellen keine weiteren Zusammenhänge mit Landesaufnahmen und den daraus abgeleiteten topographischen Karten(werken) herstellen lassen.[110]

---

104 Vysšie i central'nye gosudarstvennye učreždenija Rossii, Bd. 3, S. 91 f.
105 Vgl. Kap. 4.1.5.1. u. 7.4.2.
106 Vysšie i central'nye gosudarstvennye učreždenija Rossii, Bd. 2, S. 30, 60 f.
107 Vgl. Behördenorganisation Russlands, S. 138.
108 Vysšie i central'nye gosudarstvennye učreždenija Rossii, Bd. 2, S. 45; Ochoty krestjanskogo dela po svedenjam po ucennym v nojabre 1863ago goda, in: Severnaja počta 1863, Nr. 285, S. 1159.
109 PSZ II, 40, Nr. 42.232.
110 Vgl. Kap. 4.1.5.6.

Die Russische Geographische Gesellschaft, kurz RGO (*Russkoe geografičeskoe obščestvo*) wurde 1845 gegründet und ging 1849 in die Kaiserliche Russische Geographische Gesellschaft, kurz IRGO (*Imperatorskoe russkoe geografičeskoe obščestvo*) über. Die Gesellschaft wurde als Ergänzung der Akademie der Wissenschaften in Sankt Petersburg bezeichnet und ihre Aufgabe darin verstanden, die bei Regierungsstellen und privaten Personen vorhandenen statistischen und topographischen Daten zu bearbeiten und zu publizieren. Sie verfügte über eine kartographische Kommission und war Herausgeberin von Karten, die in Kooperation mit dem Kriegsministerium gedruckt wurden. Die IRGO entwickelte sich als interministerielles und wissenschaftliches Forum, das Kooperationen anregte und koordinierte, beispielsweise die im Zusammenhang mit den Justizministerium erwähnten Mende-Aufnahmen oder das zentrale Komitee für die einheitliche Erfassung des Landes auf Initiative des Verkehrsministers.[111]

Die lokalen Selbstverwaltungen (*Zemstva*) auf Gouvernements- und Kreisebene wurden im Zuge der *Großen Reformen* unter Zar Alexander II. eingeführt und existierten 1864 bis 1918. Vor dem ersten Weltkrieg waren in 43 Gouvernements Zemstva vertreten. Ihre wesentlichen Aufgaben bestanden in der Verwaltung und Steuererhebung.[112] Vermessungen und Umgang mit kartographischem Material liegen daher nahe. Die für diese Studie herangezogenen Quellen haben keine Anhaltspunkte für die Zemstva als Urheber von Plänen und Karten ergeben, die für die topographische Erschließung Russlands relevant gewesen wären. Im Gegenteil, der zeitgenössischen Literatur ist zu entnehmen, dass von einigen Zemstva die veraltete *Drei-Werst-Karte* des Militär-Topographischen Depots für ihre Tätigkeiten herangezogen wurde.[113]

Im Gegensatz zu den zentralstaatlich gegründeten und finanzierten Institutionen, übernahm die Livländische Gemeinnützige und Ökonomische Sozietät, kurz Ökonomische Sozietät, Aufgaben der livländischen Selbstverwaltung. Sie existierte von 1792 bis 1939, war eine landwirtschaftliche Gesellschaft nach englischem Vorbild und wurde von adligen Gutsbesitzern aus der livländischen Ritterschaft getragen. Im Unterschied zu anderen landwirtschaftlichen Gesellschaften im Russländischen Reich, wie der Freien Ökonomischen Gesellschaft zu Sankt Petersburg (*Vol'noe ėkonomičeskoe obščestvo*), der Kurländischen Ökonomischen Gesellschaft oder dem Estländischen landwirtschaftlichen Verein, initiierte und finanzierte die Ökonomische Sozietät astronomische wie trigonometrische Vermessungen für die Herstellung einer topographischen Karte. Dafür kooperierte sie mit der Universität

---

111 Vgl. Kap. 4.1.5.3. u. 4.3.1.
112 Vgl. Torke: Lexikon der Geschichte Rußlands, S. 420 f.
113 Vgl. Iveronov, Ivan Aleksandrovič: Sovremennaja geodezičeskaja dejatel'nost' v Rossii, in: Trudy Topografo-geodezičeskoj kommissii geografičeskago otdelenija Imperatorskago obščestva ljubitelej estestvoznanija, antropologii i etnografii, sostojaščago pri Moskovskom universitete (1897) VI, S. 86.

Dorpat und dem Militär-Topographischem Depot.[114] Die dabei verwendete Methode bot ein pragmatisches Konzept, wie es bei den Mende-Aufnahmen später Verwendung fand. Umfassend wird die Entwicklung und Bedeutung dieser außergewöhnlichen Initiative für die Vermessung und Kartierung Russlands in dieser Studie untersucht.[115]

Das 1865 bis 1917 bestehende Verkehrsministerium (*Ministerstvo putej soobščenija*) hatte mehrere Vorläufer.[116] Im Zeitraum von 1809 bis 1865 wurden dort die inneren Verkehrswege, Handelshäfen, hydrotechnischen Bauten (z. B. Schleusen), der Bau von Chausseen sowie die bauliche Gestaltung von Großstädten organisiert. 1842 kam der Bau von Telegraphen- und Eisenbahnlinien hinzu.[117] Das 1865 gegründete Verkehrsministerium war eine zentrale Behörde für die technische und administrative Verwaltung der Verkehrswege, die in Departements gegliedert war. Dazu gehörte u. a. die Vorläufige statistische Abteilung (1873–1899), in die 1881 die kartographische Abteilung integriert wurde. Zusammengelegt als Abteilung für Statistik und Kartographie, existierte sie 1899 bis 1918, wo ein Kartograph sowie ein Zeichner Verkehrskarten und graphische Arbeiten anfertigten.[118] Im Jahre 1809 wurde sowohl das Ingenieur-Korps für Verkehrswege (*Korpus inženerov putej soobščenija*), als auch das Institut des Ingenieur-Korps für Verkehrswege (*Institut Korpusa inženerov putej soobščenija*) gegründet. Das Institut diente der Ausbildung zukünftiger Ingenieure für Verkehrswege, was auch Geodäsie, Astronomie und das Zeichnen von Karten und Plänen beinhaltete. Das Ingenieur-Korps war militärisch organisiert und besorgte in Friedenszeiten den Wasser- bzw. Landwegebau, während es in Kriegszeiten mit Aufnahmen und dem Bau neuer militärischer Verkehrswege und anderer Dienste für die Quartiermeister diente.[119] Karten und Atlanten publizierte das 1820 bei der Hauptverwaltung für Verkehrswege gegründete Kartendepot samt Zeichenbüro und Druckerei selbst, wie der 1832 publizierte *Hydrographische Atlas des Russländischen Imperiums*[120] eindrucksvoll belegt.[121] Ausgedehnte Vermessungsprojekte für den Bau von Eisenbahnen und Chausseen brachten hunderte Pläne und Karten

---

114 Vgl. Kap. 7.4.3.

115 Vgl. Kap. 7.4.2. u. 4.1.5.

116 1798–1809 Departement für Wasserwege (*Departament vodjanych kommunikacij*); 1809–1810 Hauptverwaltung für Wasser- und Landstraßen (*Glavnoe upravlenie vodjanych i suchoputnych soobščenij*); 1810–1832 Hauptverwaltung für Verkehrswege (*Glavnoe upravlenie putej soobščenija*); 1832–1865 Hauptverwaltung für Verkehrswege und öffentliche Gebäude (*Glavnoe upravlenie putej soobščenija i publičnych zdanij*); 1864–1865 Hauptverwaltung für Verkehrswege (*Glavnoe upravlenie putej soobščenija*).

117 Vgl. Vysšie i central'nye gosudarstvennye učreždenija Rossii, Bd. 3, S. 8 f.

118 Vysšie i central'nye gosudarstvennye učreždenija Rossii, Bd. 3, S. 10 f., 34 f.

119 Vgl. Postnikov, Razvitie krupnomasštabnoj kartografii v Rossii, S. 188; Sokolovskij, Evgenij Matveevič: Pjatidesjatiletie Instituta i Korpusa inženerov putej soobšenija. Istoričeskij očerk, Sankt Peterburg 1859, S. 142.

120 Gidrografičeskij atlas Rossijskoj imperii, Sankt Peterburg 1832.

121 Vgl. Postnikov, Razvitie krupnomasštabnoj kartografii, S. 189.

in Manuskriptform hervor. Bei der Herstellung von Karten wurde auf publizierte Karten sowie auf den Signaturenschlüssel des Militär-Topographischen Depots zurückgegriffen.[122] Bis zur weitreichenden Aufhebung der Geheimhaltung militärischer topographischer Karten und Pläne nach dem Krimkrieg, hatten selbst Offiziere des Ingenieur-Korps für Verkehrswege und öffentliche Gebäude nur ein einziges Mal Zugang zu den Vermessungsergebnissen und kartographischen Unterlagen des Militär-Topographischen Depots erhalten, um Gegenden für die Anlage des Eisenbahnnetzes zu erforschen.[123] Die Zusammenarbeit mit dem Militär gestaltete sich weiterhin schwierig, wie die in dieser Studie untersuchte Initiative des Verkehrsministers für interministerielle Kooperationen unter dem Dach der IRGO belegt.[124]

Das Ministerium für Volksaufklärung (*Ministerstvo narodnago prosveščenija*) bestand von 1802 bis 1917. Ihm unterstanden verschiedene pädagogische und wissenschaftliche Einrichtungen, unter anderem die Universitäten des Reiches sowie die Kaiserliche Akademie der Wissenschaften in Sankt Petersburg.[125] Zu Letzterer hatte das 1799 aufgelöste Geographische Departement (*Geografičeskij departament*) gezählt, das für die russische Kartographie im 18. Jahrhundert zentrale Bedeutung erlangt hatte.[126] Im 19. Jahrhundert zeichnete die Akademie für geodätische Grundlagenvermessungen, wie die Russisch-Skandinavische Gradmessung verantwortlich, indem ihr das 1839 eröffnete Hauptobservatorium in Pulkovo (*Glavnaja observatorija v Pulkove*) unterstellt war, das sich als wissenschaftliches und organisatorisches Zentrum der geodätischen Vermessung Russlands etablierte. Zudem diente es als Ausbildungszentrum für Geodäten aus Militär und Verwaltung verschiedener Ressorts.[127] Während des ersten Weltkrieges wurde unter dem Dach der Akademie der Wissenschaften die Kommission zur Erforschung der natürlichen Produktionsmittel (KEPS) gegründet. Wie aus der vorliegenden Studie hervorgeht, strebte diese eine interministerielle Zusammenarbeit für die Erschließung der dringend notwendigen Bodenschätze an und forderte dafür eine neue topographische Karte Russlands.[128]

---

122 Vgl. Postnikov: Karty zemel' rossijskich, S. 124; Postnikov: Razvitie krupnomasštabnoj kartografii v Rossii, S. 189.
123 Vgl. Istoričeskij očerk dejatel'nosti Korpusa voennych topografov, S. 443.
124 Vgl. Kap. 4.3.1.
125 Vgl. Vysšie i central'nye gosudarstvennye učreždenija Rossii, Bd. 3, S. 115; Behördenorganisation Russlands, S. 190.
126 Vgl. Kap. 2.1.1.
127 Vgl. Kap. 3.2.
128 Vgl. Kap. 4.3.2.

3 Geodäsie – Ausmessung und Abbildung der Erdoberfläche

3.1 Auftakt der Geodäsie im Zarenreich

3.1.1 Friedrich Georg Wilhelm Struve als führender Astronom

Friedrich Georg Wilhelm Struve (1793–1864) stammte aus Altona bei Hamburg und hatte sich 1808 für ein Studium an der Universität Dorpat nach Livland begeben, einer deutschsprachigen Provinz im Nordwesten des Zarenreiches. Ebendort im Fach Astronomie promoviert, wurde er als Leiter der Universitätssternwarte, dann als Professor für Mathematik und Astronomie berufen, wo er sich neben Forschung und Lehre mit praktischen Fragen der Landesvermessung und Kartographie zu befassen begann – eine in dieser Zeit weit verbreitete Aufgabe für Astronomen. Mit 45 Jahren war er als Professor an der Universität Dorpat emeritiert worden und setzte 1839 seine wissenschaftlichen Tätigkeiten an Russlands neuer Hauptsternwarte in Pulkovo, rund 15 Kilometer südlich von Sankt Petersburg, fort. Es war der Ort, an dem Struves Wirken für das Russländische Imperium seinen größten Nutzen entfaltete, nachdem er dafür in Dorpat die Grundlagen geschaffen hatte. Pulkovo etablierte sich als Zentrum der Geodäsie im Zarenreich (Abb. 4).[1] Im folgenden Abschnitt wird der Frage nachgegangen, unter welchen Bedingungen der Auftakt der Geodäsie in Russland gelingen konnte. Dabei nahm die Russisch-Skandinavische Gradmessung die zentrale Rolle ein, in deren Rahmen sich wissenschaftliche und technologische Kulturtransfers abspielten.

3.1.1.1 Wissenschaftliche und technologische Kulturtransfers

Struve war mit vielen Wissenschaftlern und Instrumentenbauern grenzüberschreitend vernetzt, was ihn als ein Vertreter der *génération Bonaparte* charakterisiert, wie unten näher ausgeführt wird.[2] Mit deutschen Gelehrten und Mechanikern pflegte Struve enge Austauschbeziehungen, die als wissenschaftliche und technologische Kulturtransfers beschrieben werden können. Für die Vermessung des Zarenreiches machte er diese konkret nutzbar. Vor allem drei seiner zahlreichen Kontakte sind im vorliegenden Zusammenhang von besonderer Bedeutung, nämlich zu den Astronomen Carl Friedrich Gauß und Friedrich Wilhelm Bessel sowie zum Mechaniker Georg von Reichenbach.

Der 21-jährige Struve lernte den 37-jährigen Carl Friedrich Gauß (1777–1855) auf seiner ersten Reise im Jahr 1814 kennen, als der Göttinger Professor bereits ein be-

---

1 Vgl. Kap. 3.2.
2 Vgl. Kap. 3.1. u. 4.1.1.

rühmter Mathematiker war. Struve pflegte mit ihm Briefkontakt und besuchte ihn wiederholt in den Jahren 1815, 1820, 1830 und 1838.[3] Gauß, geboren in Braunschweig, studierte Mathematik an der Universität Göttingen und verfasste seine Dissertationsschrift an der Universität Helmstedt. Er entwickelte zahlreiche bahnbrechende mathematische Lösungen, darunter die „Methode kleinster Quadrate", die für den Ausgleich von astronomischen und geodätischen Messfehlern Verwendung fand. Weltruhm erlangte er schließlich mit der Berechnung der Bahn des Planeten Ceres. Im Jahr 1807 wurde Gauß an der Universität Göttingen als Professor für Astronomie und Direktor der Universitäts-Sternwarte berufen, wo er bis zu seinem Tode wirkte. Ab 1816 nahm er an der Breitengradmessung in Dänemark teil und führte 1821 bis 1823 die Gradmessungen in Hannover durch. 1828 bis 1844 leitete er die Triangulation im Königreich Hannover, wobei er Instrumente wie das Heliotrop erfand.[4] Erstmals kam bei einer Vermessung die „Methode kleinster Quadrate" zum Einsatz, womit er die Messfehler gleichmäßig verteilen und das Ergebnis verbessern konnte. Zusammen mit der „konformen Projektion", einem Verfahren zur übereinstimmenden Abbildung des Erdmodells in der Kartenebene[5], leiteten diese Erfindungen einen neuen Abschnitt in der Vermessung ein. Durch seine theoretischen Arbeiten soll die führende Rolle Frankreichs in der Geodäsie im 19. Jahrhundert auf die deutschen Länder übergegangen sein. Zudem legte er 1828 eine bedeutende Definition der mathematischen Erdfigur vor und war an der Grundlagenforschung der elektro-magnetischen Telegraphie beteiligt.[6] Im Winter 1820 beteiligte sich Struve gemeinsam mit Gauß an einer dänischen Basismessung im holsteinischen Braak.[7] Struve erfuhr von der Erfindung des Heliotropen durch Gauß und schrieb in einem Brief an ihn, dass er sehr dankbar wäre:

[...] wenn Sie mir eine kurze Beschreibung des von ihnen construirten Heliotrops zukommen lassen würden, weil ich gerne diesen Winter für den Gebrauch im nächsten Sommer hier durch unseren geschickten Mechanikus diese Vorrichtung ausführen lassen wollte."[8]

---

3 In den 23 erhaltenen Briefen wurden wissenschaftlich relevante Informationen und Forschungsergebnisse ausgetauscht. Allerdings endete dieser 1847 aus ungeklärten Gründen. Vgl. Reich; Roussanova: Carl Friedrich Gauss und Russland S. 677; 692–696 f.

4 Spiegelinstrument, das Sonnenlicht zur Signalisierung in eine Richtung lenkt, um als Zielmarke auf weite Entfernungen angepeilt zu werden. Das Gerät wurde auch als optischer Telegraph verwendet und bot eine Alternative zu nächtlichen Beobachtungen mit Signallampen auf Signal- oder Kirchtürmen. Vgl. Torge, Wolfgang: Geschichte der Geodäsie in Deutschland, Berlin 2009, S. 135 f.

5 Die endgültige Ausarbeitung der Methode erfolgte erst nach Gauß' Tod und wurde im 20. Jahrhundert unter der Bezeichnung „Gauß-Krüger Abbildung" weltweit angewandt. Vgl. Lexikon zur Geschichte der Kartographie, Bd.1, S. 247 f.

6 Vgl. Lexikon zur Geschichte der Kartographie, Bd.1, S. 247 f.

7 Die Basismessung diente der Bestimmung einer Referenzlänge, um das dänische Dreiecksnetz trigonometrisch zu berechnen.

8 Struve an Gauß, 30. Oktober/11. November (n. S.) 1821 (Dorpat), zitiert nach: Reich; Roussanova: Carl Friedrich Gauss und Russland, S. 713.

Gauß legte in seinem Antwortbrief an Struve die Konstruktion und Funktionsweise ausführlich dar und versah den Text mit einer Zeichnung.[9] Struve ließ sich daraufhin vier Heliotrope in vereinfachter Form anfertigen und benutzte diese bei seinen Breitengradmessungen.[10] Die erstmalige Verwendung des Heliotrop-Prinzips in Russland kann somit auf die Beziehung zwischen Struve und Gauß zurückgeführt werden. Auch die „Methode der kleinsten Quadrate" wurde nun in Russland angewendet, um geodätische Messungen auszugleichen und zu verbessern. Teilweise veränderte Struve das Berechnungsverfahren für seine Arbeiten.[11]Die Methode der „konformen Projektion" fand zumindest Eingang in ein russisches Lehrbuch zur praktischen Astronomie, welches von einem Struve-Schüler verfasst wurde. Darin beschreibt er sie als „außerordentlich bequem".[12] Neben den persönlichen Besuchen Struves in Göttingen und der brieflichen Korrespondenz, war der gegenseitige Austausch der eigenen Publikationen ein wichtiger Bestandteil ihrer wissenschaftlichen Beziehung. In der erhaltenen Gauß-Bibliothek sind 16 Titel von Friedrich Georg Wilhelm Struve nachweisbar[13], während der 1845 herausgegebene Bibliothekskatalog der Hauptsternwarte Pulkovo 18 Veröfflichungen von Gauß verzeichnete, 1858 waren es bereits 77.[14]

Die geodätischen Arbeiten Friedrich Wilhelm Bessels (1784–1846) führten zu einer wissenschaftlichen Durchdringung der Beobachtungskunst.[15] Struve nannte Bessel „Europas ersten praktischen Astronomen"[16], der ihn den Umgang mit astronomischen Instrumenten lehrte. Struve nahm sich die Erfahrungen und Methoden zum

---

9 Vgl. Gauß an Struve, 21. Dezember 1821 (n. S.) (Göttingen), zitiert nach: Reich; Roussanova: Carl Friedrich Gauss und Russland, S. 716–718.
10 Eine ausführliche Beschreibung der Anfertigung und Verwendung, in: Struve, Friedrich Georg Wilhelm: Beschreibung der unter allerhöchstem Kaiserlichen Schutze von der Universität zu Dorpat veranstalteten Breitengradmessung in den Ostseeprovinzen Russlands, ausgeführt und bearbeitet in den Jahren 1821 bis 1831 mit Beihülfe des Capitain-Lieutenants B. W. V. Wrangel und Anderer, Dorpat 1831, S. 49–51.
11 Vgl. Sawitsch, Aleksej: Die Anwendung der Wahrscheinlichkeitstheorie auf die Berechnung der Beobachtungen und geodätischen Messungen oder die Methode der kleinsten Quadrate, Mitau 1863, S. 4.
12 Vgl. Sawitsch, Aleksej: Abriss der practischen Astronomie, vorzüglich in ihrer Anwendung auf geographische Ortsbestimmung, Bd. 2, Hamburg 1851, S. 289 f.; Russischer Titel: Savič, Aleksej Nikolaevič: Priloženie praktičeskoj astronomii k geografičeskomu opredeleniju mest, Sankt-Peterburg 1845.
13 Vgl. Reich; Roussanova: Carl Friedrich Gauss und Russland, S. 684 f.
14 Vgl. Struve, Friedrich Georg Wilhelm: Librorum in bibliotheca speculae Pulcovensis contentorum Catalogus systematicus, Petropoli 1845; Struve, Otto: Librorum in bibliotheca speculae Pulcovensis anno 1858 exeunte contentorum catalogus systematicus, Petropoli 1860.
15 Vgl. Torge: Geschichte der Geodäsie in Deutschland, S. 161.
16 Zitiert nach: Ławrynowicz, Kasimir: Friedrich Wilhelm Bessel, Schriftenreihe: Vita Mathematica, Bd. 9, Basel/Boston/Berlin 1995, S. 111.

Vorbild, weshalb er sich selbst als seinen Schüler bezeichnete.[17] Bessel wurde in Minden geboren und war Autodidakt. Er sammelte erste praktische Erfahrungen bei den Astronomen Heinrich Wilhelm Olbers in Bremen und bei Johann Hieronymus Schröter in Lilienthal und wurde durch seine wissenschaftlichen Leistungen früh bekannt. 1805 erhielt er gemeinsam mit Struves Professor Huth aus Frankfurt (Oder) einen astronomischen Preis in Berlin.[18] Er folgte dem Ruf nach Königsberg, wo er von 1810 bis zu seinem Tod im Jahr 1846 als Professor für Astronomie und als Direktor der Universitäts-Sternwarte wirkte.[19] Dort bekam er im Jahr 1814 von Struve erstmals Besuch, woraus sich eine langjährige Beziehung entwickelte, wie Briefwechsel bezeugen.[20] 23 Publikationen Bessels verzeichnete die Bibliothek der Haupt-Sternwarte Pulkovo im Jahr 1845.[21] Struves tiefe Verehrung gegenüber Bessel und der Astronomie in Preußen wird in einem Briefentwurf Struves an den preußischen König Friedrich Wilhelm III. (1797–1840) deutlich:

> So steht auch jetzt die Astronomie in Europa unter dem Schutze freigiebiger Fürsten in schöner Blüthe, vor allem aber in den Ländern Deutscher Zunge. Hervorgerufen ward diese Blüthe durch den Aufschwung den die deutsche Wissenschaft des Himmels in Euer Königlichen Majestät Staaten seit der Begründung der Sternwarte in Königsberg nahm. [...] Wenn ich es wage Euer Majestät das Werk ehrerbietig zu Füßen zu legen, welches das Ergebnis langjähriger Arbeit ist, so geschieht dies mit der Bitte, daß Eure K.M. in demselben einen geringen Beweis meines Dankes entgegenzunehmen und einen [...] Beleg finden möge, daß das auf Preußens Sternwarten gegebene Beispiel auch jenseits der Grenzen von Eurer K. Majestät Staaten (auffordernd) gewirkt habe.[22]

Hier deutet Struve zwei Jahre vor der Fertigstellung der neuen Haupt-Sternwarte Pulkovo an, dass die Aufmerksamkeit bei der zarischen Reichsregierung gegenüber der

---

17 Vgl. Oettingen: Gedächtnisrede zur Feier des hundertjährigen Geburtstages von Wilhelm Struve, S. 36. Struves Ausführungen über die Methoden zur Berichtigung der Instrumente beziehen sich mehrfach auf Bessels Verfahren. Vgl. Struve, Friedrich Georg Wilhelm: Breitengradmessung in den Ostseeprovinzen, S. 73–75.
18 Vgl. Schwemin, Friedhelm: Bodes astronomisches Jahrbuch als biographische Quelle, in: Hamel, Jürgen [u. a.] (Hrsg.): Gottfried Kirch (1639–1710) und die Berliner Astronomie im 18. Jahrhundert, Schriftenreihe: Acta Historica Astronomiae, Vol. 41, Frankfurt/M. 2010, S. 207.
19 Vgl. Ławrynowicz: Friedrich Wilhelm Bessel, S. 14–16.
20 Vgl. Struve, Otto: Wilhelm Struve, S. 25 f.; Von der Beziehung zwischen Struve und Bessel zeugen 212 Briefe, welche als Nachlass Bessels im Archiv der Berlin-Brandenburgischen Akademie der Wissenschaften zu finden sind. Vgl. Reich; Roussanova: Carl Friedrich Gauss und Russland, S. 688.
21 Vgl. Struve, Friedrich Georg Wilhelm: Librorum in bibliotheca speculae Pulcovensis.
22 Sankt-Peterburgskij filial Archiva Rossijskoj akademii nauk, Sankt-Peterburg (künftig: SPF ARAN Sankt-Peterburg), f. 721, op. 1, ed. chr. 68, Materialy po s"emke v lifljandskoj gub.: kontrakty, vyčislenie, l. 83, Briefentwurf: Friedrich Georg Wilhelm Struve an Königliche Majestät [Friedrich Wilhelm III.] vom 24./12. November 1837. Vermutlich schrieb Struve diesen Begleitbrief für die Schenkung seines neuesten Werkes: Ueber Doppelsterne nach den auf der Dorpater Sternwarte mit Fraunhofers grossem Fernrohre von 1824–1837 angestellten Micrometermessungen, Sankt Petersburg 1837.

Astronomie vom wissenschaftlichen Fortschritt in Preußen beeinflusst worden war. Wie noch dargelegt werden wird, hatte hierbei auch der preußische Hofbeamte und Universalgelehrte Alexander von Humboldt (1769–1859) wohl gewichtigen Einfluss ausgeübt. Wie andere Astronomen seiner Zeit beschäftigte sich auch Bessel mit geodätischen Fragen. Seine praktischen und theoretischen Arbeiten erlangten dabei große Bedeutung und werden in einem Zuge mit denen von Gauß genannt.[23] Bessel setzte sich in den 1830er Jahren intensiv mit der Figur der Erde auseinander, nachdem er die Verbindung von Gradmessungen in Russland geprüft hatte und von russischer Seite gebeten worden war, das preußische Dreiecksnetz nach Osten auszudehnen, um es mit dem russischen zu verbinden.[24] Die Bereitwilligkeit Bessels, auf diesen Vorschlag einzugehen, war mit der Aussicht verbunden, die Ergebnisse der russischen Gradmessungen für seine Berechnungen der Erdfigur verwenden zu können.[25] Nachdem die Verbindung der Dreiecksnetze abgeschlossen und die ostpreußische Gradmessung unter seiner Leitung durchgeführt worden war, schritt er zur Berechnung des Erdsphäroids unter Verwendung der Resultate weiterer Gradmessungen in Peru, Ostindien, Frankreich, England, Hannover, Dänemark, Schweden und Russland.[26] Diese theoretischen und praktischen Arbeiten hatten ein grundlegendes wissenschaftliches Ergebnis hervorgebracht. Ein neues mathematisches Referenzmodell der Erde, das in die Geschichte der Wissenschaft als sogenanntes „Bessel-Ellipsoid" einging. Die im Jahr 1841 publizierte Polabplattung dieses Erdmodells betrug 1 : 299,153. Demnach wäre ein Breitengrad an den Polen 111,680 Kilometer lang, während er am Äquator nur 110,564 Kilometer betrüge.[27] Dieses wissenschaftliche Resultat hatte gewaltigen Einfluss auf die zweidimensionale Abbildung des asymmetrischen Erdkörpers und bildete eine grundlegende Voraussetzung für die Herstellung genauer topographische Karten. Das „Bessel-Ellipsoid" war für seine Zeit das genaueste Modell der Erdfigur und bildete vor allem ab dem letzten Drittel des 19. Jahrhunderts den mathematischen Bezugskörper für Mittel- und Osteuropa.[28] Struve begründete die 1845 veröffentlichte Flächenberechnung des europäischen Russland bereits auf diesem Rotationsellipsoid von Bessel.[29] Zusammenfassend betrachtet, war die Beziehung zwischen Struve und Bessel hinsichtlich geodätischer

---

23 Vgl. Torge: Geschichte der Geodäsie in Deutschland, S. 133.

24 Vgl. Bessel, Friedrich Wilhelm; Baeyer, Johann Jacob: Gradmessung in den Ostseeprovinzen und ihre Verbindung mit Preussischen und Russischen Dreiecksketten, Berlin 1838, S. 99.

25 Vgl. Bessel; Baeyer: Gradmessung in den Ostseeprovinzen, S. 99.

26 Die Summe aller Bögen betrug ca. 50 Grad (ca. 5.700 Kilometer), wovon der russische Teil acht Grad zwei Minuten betrug.

27 Vgl. Ławrynowicz: Friedrich Wilhelm Bessel, S. 251.

28 Vgl. Ławrynowicz: Friedrich Wilhelm Bessel, S. 251; Lexikon zur Geschichte der Kartographie, Bd. 1, S. 89.

29 Vgl. Struve, Friedrich Georg Wilhelm: Ueber den Flächeninhalt der 37 westlichen Gouvernements und Provinzen des europaeischen Russlands in: Bulletin de la classe physico-mathématique de l'Académie de sciences de Saint-Pétersbourg, Bd. 4, Nr. 22–24, Saint-Pétersbourg 1845, S. 336 f.

Fragen von gegenseitigem Nutzen geprägt. Einerseits konnte Bessel seine Berechnungen auf die neuesten Resultate der russischen Gradmessung stützen. Andererseits lernte Struve von Bessel Methoden im Umgang mit Instrumenten und verwendete das „Bessel-Ellipsoid" selbst als Berechnungsgrundlage. Zudem bezog sich das spätere Vermessungsnetz in Russland auf Bessels Modell, bis es erst 1946 vom präziseren „Krasovskij-Ellipsoid" abgelöst wurde.[30]

Für Struve spielten ebenso die Vermessungsinstrumente von Georg von Reichenbach (1771–1826) eine zentrale Rolle, um präzise Messergebnisse erreichen zu können. In Durlach geboren, baute Reichenbach erste Instrumente nach einem Muster des berühmten englischen Optikers und Gerätebauers Jesse Ramsden (1735–1800).[31] Nachdem er zwei Jahre in England studiert hatte, führte ihn sein Interesse für Präzisionsmechanik zu einem ungelösten Problem des Instrumentenbaus, nämlich der exakt gleichmäßigen Gradeinteilung von astronomischen und geodätischen Winkelmessinstrumenten. Im Jahr 1800 erfand Reichenbach eine bahnbrechende Methode, um eine Werkzeugmaschine für die Herstellung höchster Teilungsgenauigkeit zu konstruieren.[32] Damit war er in der Lage, die genaueste Gradeinteilung bei Winkelmessinstrumenten (Kreise) seiner Zeit herzustellen.[33] Dies führte zur Gründung einer eigenen mechanischen Anstalt in Zusammenarbeit mit verschiedenen Teilhabern, wie Joseph Liebherr, Joseph von Utzschneider, Traugott Leberecht von Ertel und Joseph von Fraunhofer. Durch die Zusammenarbeit mit dem Optiker Fraunhofer konnten die mechanischen Apparate mit präzisen Linsen ergänzt werden, die eine bis dahin unerreichte Beobachtungsgenauigkeit ermöglichten.[34] Sternwarten in ganz Europa gehörten zu Reichenbachs Auftraggebern. Neben Struve schätzten Astronomen aus Kopenhagen, Mailand, Paris und Wien sowie aus Göttingen und Königsberg die Präzisionsinstrumente aus München.[35] Nachdem sich Struve bereits 1815 von den Instrumenten in verschiedenen deutschen Sternwarten überzeugt hatte, bestellte er 1817 im Auftrag der Universität Dorpat einen Meridiankreis, der 1822 in Dorpat in Betrieb genommen wurde.[36] Erstmals besuchte er die mechanische Anstalt „Reichenbach und Ertel" im Jahr 1820. Dort gab er weitere Bestellungen auf und erstand ein Universalinstrument, das nach Reichenbachs Plänen, als Resul-

---

30 Vgl. Ławrynowicz: Friedrich Wilhelm Bessel, S. 252.

31 Vgl. Dyck, Walter von: Georg von Reichenbach, München 1912, S. 1f.

32 Vgl. Dyck: Georg von Reichenbach, S. 13–16.

33 Vgl. Preyss, Carl Robert: Georg von Reichenbach, in: Allgemeine Vermessungsnachrichten, Zeitschrift für alle Zweige des Vermessungs-, Karten- und Liegenschaftswesens sowie für Bodenverbesserung und Landesplanung 69 (1962) 2, S. 45.

34 Vgl. Dyck: Georg von Reichenbach, S. 18–20; Preyss, Carl Robert: Joseph von Fraunhofer, Physiker – Industriepionier, Schriftenreihe: Stöppel-Kaleidoskop, Bd. 203, München 2008, S. 42–45.

35 Vgl. Preyss: Georg von Reichenbach, S. 45.

36 Vgl. Oettingen Arthur von: Gedächtnisrede zur Feier des hundertjährigen Geburtstages von Wilhelm Struve, gehalten am 15./3. April 1893 in der Aula der Universität Dorpat, in: Lehmann-Filhés, Rudolf; Seeliger, Hugo (Hrsg.): Vierteljahrsschrift der Astronomischen Gesellschaft 29 (1894) 1, S. 73.

tat aller seiner Erfahrungen, neben einer guten Uhr, eine ganze Sternwarte ersetzen können sollte (Abb. 5).[37] Struve gelang es, die Konstruktion zu verbessern[38], was eine beachtete Neuerung in der Messmethode ermöglichte.[39] Struve benutzte das Universalinstrument anschließend bei seiner Gradmessung in den Ostseeprovinzen als ein Hauptinstrument und bewunderte die Genauigkeit der Münchner Instrumente sehr.[40] Um die Herstellung der Präzisionsinstrumente zu studieren, schickte Struve seinen Dorpater Schüler Uno Porth (1813–?) für drei Jahre in die Münchner Werkstatt.[41] Für die Prüfung, Wartung und Reparatur der Instrumente in der Universitäts-Sternwarte in Dorpat sowie in der Hauptsternwarte Pulkovo dürfte diese Expertise für das Erreichen genauer Messergebnisse von größtem Nutzen gewesen sein. Zu den von Struve bei seiner Gradmessung verwendeten Instrumenten zählten u. a. die von „Reichenbach und Ertel".[42] Für Struves Arbeiten haben Reichenbachs Instrumente eine bedeutende Rolle gespielt. Seine exakten Messergebnisse müssen im Zusammenhang mit der hohen Genauigkeit dieser Instrumente gesehen werden. Aber auch Reichenbach profitierte von den Konstruktionsverbesserungen durch Struve sowie von den Aufträgen aus Russland. Seit 1824 führte der „Optiker und Mechaniker aus dem Königreich Bayern" ein Geschäft auf dem Nevskij-Prospekt in Sankt Petersburg, wo er optische Instrumente, Fernrohre und Teleskope feil bot.[43]

3.1.2 Russisch-Skandinavische Gradmessung

Um die Frage nach der Gestalt und Größe der Erde zu beantworten, veranlasste die französische Akademie der Wissenschaften bereits in der ersten Hälfte des 18. Jahrhunderts Gradmessungen über die Grenzen Frankreichs hinaus, womit eine Abplattung der Erde schließlich nachgewiesen werden konnte. Bei der verwendeten Methode wurden die Länge eines Bogens zwischen zwei Orten eines Meridians trigonometrisch (Streckenmessung) und der Breitenunterschied astronomisch (Winkelmessung) bestimmt. Der Abstand der Breitengrade nimmt demnach in Richtung

---

37 Zitiert nach: Dyck: Georg von Reichenbach, S. 36.
38 Vgl. Dyck: Georg von Reichenbach, S. 36.
39 Vgl. Struve, Friedrich Georg Wilhelm: Breitengradmessung in den Ostseeprovinzen, S. 37.
40 Vgl. Struve, Friedrich Georg Wilhelm: Breitengradmessung in den Ostseeprovinzen, S. 2.
41 Vgl. Ichsanova, Vera: Pulkovo/Sankt Petersburg: Spuren der Sterne und der Zeiten. Geschichte der russischen Hauptsternwarte, Frankfurt/M. [u. a.] 1995, S. 29.
42 Die genaue Aufzählung und Funktionsbeschreibung der Geräte in: Struve, Friedrich Georg Wilhelm: Breitengradmessung in den Ostseeprovinzen, S. 13 f.
43 Vgl. Sanktpeterburgskie vedomosti, Nr. 16, 22. Februar 1824, S. 210. 1848 erfolgte in Sankt Petersburg die Versteigerung des Vermögens des verschuldeten Optikers und Mechanikers Reichenbach. Pribavlenie k Sanktpeterburgskim vedomostjam, Nr. 186, 20. August 1848, S. 735.

der Pole zu.[44] Diese Gradmessungen, auch Meridian- oder Breitengradmessungen genannt, wurden im 19. Jahrhundert europa- und weltweit unternommen und standen im Zusammenhang mit staatlichen topographischen Vermessungen (Landesaufnahmen), die auf trigonometrischen Netzen basierten.[45] Ziel der trigonometrischen Vermessungen war die wechselseitige Bestimmung der Breite und Länge von Punkten, um auf diese Weise eine stabile Grundlage für topographische Aufnahmen zu erhalten. Die Berechnung der tatsächlichen geographischen Breite und Länge setzt aber das Wissen um Größe und Gestalt der Erdoberfläche voraus, die durch Gradmessungen bestimmt werden können. Umso umfangreicher ein Staat, der von einem trigonometrischen Netz bedeckt wird, desto notwendiger ist die Kenntnis der Figur und Größe der Erde, um das ganze trigonometrische Netz richtig zu berechnen.[46] Vor diesem Hintergrund heißt es in einem zeitgenössischen Lehrbuch aus der Feder eines Struve-Schülers: „Bei der Berechnung eines bedeutenden Dreiecks-Netzes, muss man nun immer auf die wahre Gestalt der Erde Rücksicht nehmen."[47] Dies galt insbesondere für das Russländische Imperium, dessen europäischer Teil die Hälfte des europäischen Kontinents einnahm. Um genaue topographische Karten herstellen zu können, war demnach eine Gradmessung als notwendige Voraussetzung besonders wichtig.

Die Idee für eine Gradmessung in Russland war zu Beginn des 19. Jahrhunderts nicht neu. Mindestens drei Initiativen hatte es gegeben, bevor Struve seine Gelegenheit wahrnahm. Der französische Astronom in russischen Diensten Joseph-Nicolas Delisle (1688–1768) hatte sich bereits knapp ein Jahrhundert zuvor vergeblich mit einer vergleichbaren Absicht beschäftigt. Auch 1814 misslang es der zarischen Militärführung, einen deutschen Astronomen für eine Gradmessung in Russland zu gewinnen. Struves Doktorvater hatte in Char'kov ebenso eine Gradmessung vergeblich zu initiieren versucht. Schließlich soll er Struve inspiriert haben[48], wohingegen dieser nur rückblickend berichtete, als Student sei ihm bereits aufgefallen, dass sich das Terrain zwischen Donau und Lappland für eine Gradmessung eignen würde.[49] Angesichts der drei zuvor gescheiterten Versuche, eine Gradmessung im Zarenreich durchzuführen, erscheint Struves Chance umso mehr als das Resultat günstiger Umstände. Insbesondere hatte er es wohl dem Auftrag der Ökonomischen Sozietät zu verdanken, bereits umfangreiche astronomisch-geodätische Vermessungen vorge-

---

44 Vgl. Murdin Paul: Die Kartenmacher. Der Wettstreit um die Vermessung der Welt, Mannheim 2010; Lexikon zur Geschichte der Kartographie, Bd.1, S. 204 f.

45 Vgl. Murdin: Die Kartenmacher; Lexikon zur Geschichte der Kartographie, Bd.1, S. 204f; Kap. 4.

46 Vgl. Zapiski Voenno-topografičeskago depo, Teil XII, Sankt Peterburg 1849, S. 11.

47 Sawitsch: Abriß der practischen Astronomie, S. 288.

48 Vgl. Bogalej, Dmitrij Ivanovič: Opyt istorii Char'kovskago universiteta, po neizdannym materialam, Bd. 1, 1802–1815, Char'kov 1893–1898, S. 724.

49 Vgl. Struve, Friedrich Georg Wilhelm: Arc du méridien de 25° 20' entre le Danube et la Mer Glaciale, mesuré depuis 1816 jusqu'en 1855, sous la direction de C. de Tenner, Christopher Hansteen [u.a.], Bd. 2, Sankt-Péterbourg 1860, S. XII.

nommen und auf diesem Wege seine Eignung unter Beweis gestellt zu haben, als er 1820 einen Antrag zur Billigung und Förderung eines solchen Unternehmens bei der Reichsregierung wagte. Schließlich wurde die Russisch-Skandinavische Gradmessung von mehreren Beteiligten unter Struves Leitung durchgeführt und erreichte entlang des Dorpater Meridians eine Ausdehnung von 2.822 Kilometer, was einem Winkel von 25° 20′ entspricht.[50] In einer zeitgenössischen Karte (Abb. 11) veranschaulicht die vertikale Liniensignatur den ausgedehnten Verlauf der Gradmessung vom Eismeer bis zur Donaumündung, ausgehend vom Dorpater Meridian entlang der russischen Westgrenze (fette rote gestrichelte Linie). Diese Gradmessung fasste mehrere separate astronomisch-trigonometrische Messungen zusammen, wie sie von Struve zu Beginn in Livland durchgeführt worden waren. All diese Vermessungen erfolgten sukzessive im Zeitraum von 1816 bis 1852, während die Auswertungen bis 1855 in Anspruch nahmen. Struve legte die Ergebnisse in einem publizierten Forschungsbericht dar, der die gesamten Unternehmungen in vier Abschnitte gliedert: erstens – Entstehung der Idee bis zur Messung der Teil-Bögen im Gouvernement Vil'no und den Ostseeprovinzen bis zum Jahr 1831; zweitens – Fortführung der Messungen bis Tornio im Norden und Vorbereitungen zur Fortführung der Messungen bis zum Fluss Dnestr im Süden von 1830 bis 1844; drittens – Fortführung der Gradmessung bis zur Küste des Eismeeres im Norden und bis zum Ufer der Donau im Süden von 1844 bis 1852; viertens – ergänzende Arbeiten sowie Auswertung der Messungen ab 1851.[51] Struve legte 1831 in einem Zwischenbericht dar, er habe bereits bei seiner astronomisch-trigonometrischen Vermessung Livlands (1816–1819) für die Herstellung der *Specialcharte von Livland* festgestellt, dass sich im Anschluss eine Gradmessung anbieten würde. Er schrieb:

> Bei der Ausführung dieser Arbeit entstand von selbst der Gedanke, dass die Dreieckspuncte im Meridian von Dorpat einst zu einer Breitengradmessung benutzt werden könnten, für welche eine weitere Ausdehnung nach Norden bis zum Finnischen Meerbusen sich als möglich darbot.[52]

Struve stellte daraufhin einen Antrag beim Rektor der Universität Dorpat, worauf im Frühjahr 1820 zunächst Fürst Carl Christoph von Lieven (1767–1845), Kurator des Dorpater Lehrbezirks, Zar Alexander I. ersuchte, Struve eine Auslandsreise und die nötigen Mittel zu bewilligen, um astronomische Instrumente bei Reichenbach in München für eine Gradmessung in den Ostseeprovinzen anzuschaffen. Dafür wollte sich Struve unter anderem mit dem Astronomen und Mathematiker Gauß in Göttin-

---

50 Vgl. Submission to the World Heritage Committee for Inscription on the World Heritage List, 2004 in: https://whc.unesco.org/uploads/nominations/1187.pdf [Zugriff: 19.06.2022].
51 Vgl. Struve, Friedrich Georg Wilhelm: Arc du méridien, S. IX–XI.
52 Struve, Friedrich Georg Wilhelm: Breitengradmessung in den Ostseeprovinzen, S. 1.

gen beraten.[53] Zudem legte der zuständige Minister für Volksaufklärung dem Zaren ein von Struve verfasstes Gesuch vor, worin er die vorangegangenen Bemühungen europäischer Wissenschaftler erläuterte, die wahre Erdgestalt so genau wie möglich zu bestimmen. Er schrieb:

> [...]dass nach der Wiederkehr des Friedens in Europa wieder alle Völker dieser so erhabenen Frage des menschlichen Wissens Aufmerksamkeit schenken, und sich die Wissenschaftler einiger Länder gegenseitig Hilfe bei ihren Vermessungen geben. Mit der dänischen Gradmessung wäre von südlicher Seite eine andere Vermessung verbunden, die im Königreich Hannover von Gauß durchgeführt wird. Auf diese Weise könnte sich die Vermessung des europäischen Meridians, an der Geodäten aus Frankreich, England, Deutschland und Dänemark beteiligt sind, bald von den Balearen bis zum Nordufer Jütlands erstrecken. Die Fortsetzung dieser Vermessung könnte nur in Russland oder Schweden erfolgen. Der nördliche Parallel-Bogen Jütlands führt durch die baltischen Provinzen Russlands, und die Breitengradvermessung durch Kur-, Liv- und Estland wäre mit dem dänischen verbunden. Russland hätte dann die Ehre, die Vermessung des europäischen Meridians sogar bis an die Orte weiterzuführen, wo die feste Erde der Welt endet oder wo selbst die Natur weiteren Unternehmungen Grenzen setzt.[54]

Zar Alexander I. gewährte die Unternehmung unter der Bedingung, dem Chef des Generalstabs Kopien der Aufzeichnungen und Beschreibungen über die Vermessung Livlands zu überreichen[55], was in den 1820er Jahren zu den wiederholten Forderungen von Seiten des Militärs führte, Struve möge doch bitte seine Ergebnisse mit dem Militär teilen. Im Gegenzug bat dieser aber darum, erst Generalstabsoffiziere für die Spezialvermessungen Livlands bereitzustellen, damit die *Specialcharte von Livland* vollständig gezeichnet werden könne. Schließlich schätzte der ehemalige Chef des Militär-Topographischen Depots, Theodor Friedrich (Fëdor Fëdorovič) Schubert (1789–1865), den Nutzen von Struves Vermessungen für das Militär-Topographische Depot im Rückblick folgendermaßen ein:

> Die Ergebnisse der Arbeit Struves haben die von ihm verwendete Methode vollkommen gerechtfertigt. Die Vermessung eines Meridianbogens und die Triangulation von General Tenner haben sie vielmals bestätigt und man kann die Präzision nur bewundern, die Herr Struve mit solch unbedeutenden Mitteln erreicht hat. Obwohl diese Triangulation, [...] nicht unter die großen Triangulationen in Russland gezählt werden kann, haben wir sie dennoch darunter aufgeführt, weil sie bis jetzt die einzige ist, die in Livland durchgeführt wurde und weil zurzeit sogar

---

53 Vgl. O komandirovanii Professora Derptskago universiteta Struve v Germaniju, dlja predpologaemago im trigonometričeskago izmerenija Ostzejskich provincij, in: Sbornik" postanovlenij, po Ministerstvu narodnago prosveščenija, Bd. 1, Abt. 1, 1802–1825, Anhang, Sankt-Peterburg 1864, Anhang, S. 35.
54 Zitiert nach: O komandirovanii Professora Derptskago universiteta Struve v Germaniju, S. 36–38.
55 Vgl. O komandirovanii Professora Derptskago universiteta Struve v Germaniju, S. 34 f.

das topographische Depot sich dieses Netzes bedient, welches durch diese Triangulation geliefert worden ist, um eine detaillierte Karte dieses Gouvernements herzustellen.[56]

Auf Struves Antrag wurden ihm 2.960 Silber-Rubel zur Anschaffung nötiger Instrumente bewilligt.[57] Dass diese wissenschaftliche Unternehmung von russischer Seite damit in Gang gebracht wurde, erfuhr die deutschsprachige Wissenschaftswelt umgehend durch Struve selbst. Auf seiner Auslandsreise berichtete Struve an den Herausgeber des in Berlin verlegten *Astronomischen Jahrbuches* im Jahr 1820:

> Ich bin jetzt hier, um meine Reise nach Göttingen und München anzutreten. Die Hauptveranlassung zu der selben ist, dass Se. Majestät der Kaiser mir den Auftrag gegeben, eine Gradmessung in den Ostseeprovinzen Russlands, Curland, Livland und Estland auszuführen, zu welcher ich die Instrumente in München bestellen werde.[58]

Und wenige Wochen darauf:

> [...] die neue Göttinger Sternwarte, die wir besucht haben, hat unsere ganze Bewunderung erregt. Die Reichenbachschen Instrumente, [...] sind in jeder Rücksicht meisterhaft gearbeitet. Am bewundernswertesten ist die optische Kraft der Fernrohre.[59]

Bei seinem anschließenden Besuch der Sternwarte auf dem Seeberg bei Gotha, berichtete ihm der Astronom Bernhard August von Lindenau (1779–1854) von seinem Vorschlag an den russischen Generalstabschef Pëtr Michajlovič Volkonskij (1776–1852) im Jahr 1814, eine Gradmessung an den Ufern des Weißen Meeres durchzuführen. Diese Unternehmung kam jedoch nicht zustande, da Volkonskij auf der Verwendung von Instrumenten beharrte, die in Sankt Petersburg hergestellt worden waren, Lindenau hingegen nur Geräten von Reichenbach aus München vertraute.[60] Von der Genauigkeit der Instrumente hingen maßgeblich die Resultate der ganzen geodätischen Vermessungen ab, die sich auf die Qualität der topographischen Karten direkt auswirkten. Offenbar war das Kriegsministerium dennoch nicht bereit, die teure An-

---

56 Schubert, Theodor Friedrich: Exposé des travaux astronomiques et géodésiques exécutés en Russie dans un but géographique jusqu'à l'année 1855, Carte des triangulations exécutées en Russie, Saint-Pétersbourg 1858, S. 141.
57 Vgl. Busch, Friedrich: Der Fürst Karl Lieven und die Kaiserliche Universität Dorpat unter seiner Oberleitung. Aus der Erinnerung und nach seinen Briefen und amtlichen Nachlassen, Dorpat 1846, S. 103.
58 Struve, Friedrich Georg Wilhelm: Brief an den Herausgeber, datirt Altona den 24. Juli 1820, in: Bode, Johann Elert (Hrsg.): Astronomisches Jahrbuch für das Jahr 1823 nebst einer Sammlung der neuesten in die astronomischen Wissenschaften einschlagenden Abhandlungen, Beobachtungen und Nachrichten, Berlin 1820, S. 250.
59 Struve, Friedrich Georg Wilhelm: Brief an den Herausgeber, Gotha vom 12. August 1820, in: Bode Johann Elert (Hrsg.): Astronomisches Jahrbuch für das Jahr 1823 nebst einer Sammlung der neuesten in die astronomischen Wissenschaften einschlagenden Abhandlungen, Beobachtungen und Nachrichten, Berlin 1820, S. 245 f.
60 Vgl. Struve, Friedrich Georg Wilhelm: Arc du méridien, S. XIII f.

schaffung ausländischer Instrumente zu tragen, während dies Zar Alexander I. mit Blick auf Struves kluge Ausführungen billigte. Diese packten den „Retter Europas" offenbar bei der Ehre, indem sich Russland an den wissenschaftlichen Anstrengungen anderer europäischer Länder beteiligen könne. Durch die kaiserliche Bewilligung hatte sich Struve schließlich von der Qualität der Reichenbachschen Instrumente selbst überzeugen können. Er reiste zum mechanischen Institut „Reichenbach und Ertel" nach München, worüber er berichtete:

> In München war ich so glücklich, das eine Hauptinstrument, Reichenbachs Universalinstrument, welches fertig vorhanden war, zu erstehen, und die übrigen zu bestellen. Zugleich gewährte mir dieser Aufenthalt in München den unschätzbaren Vortheil, mit der großen mechanischen Anstalt daselbst vertraut zu werden, die Vollendung des für die Dorpater Sternwarte in Arbeit befindlichen Meridiankreises zu beschleunigen; endlich die unvergleichliche optische Anstalt der Herren von Utzenschneider und Fraunhofer kennen zu lernen.[61]
> Zweitens hoffte ich durch eine Zusammenkunft mit den Herren Gauß und Schuhmacher für meine Arbeit wesentliche Belehrung aus ihren bisherigen Erfahrungen zu erhalten, und namentlich die Operationen bei der für die dänische Gradmessung in dem Jahre auszuführenden Basismessungen aus eigener Anschauung kennen zu lernen, eine Arbeit, die mit einem neuen eigenthümlichen Apparate, von dem Mechaniker Repsold in Hamburg angefertigt, unternommen werden sollte. Beide Zwecke wurden erreicht.[62]

Neben seiner Beschäftigung mit dem Ausgleich von Instrumentenfehlern entwickelte Struve die so genannte „vollkommenere Methode", die durch eine veränderte Abfolge der Arbeitsschritte ein schnelleres und genaueres Messen erlaubte.[63] Der preußische Militär-Geodät Johann Jacob Baeyer (1794–1885) schätzte die Neuerungen so ein:

> Diese Verbesserungen lieferten so günstige Resultate, dass sie nach und nach allgemein eingeführt wurden und dass sie in der praktischen Geodäsie, in Verbindung mit der Methode der kleinsten Quadrate einen entscheidenden Fortschritt bezeichnen. Auf diese Weise hatte sich die Verbindung zwischen Wissenschaft und Praxis vollkommen bewährt, und Russland einen Platz in der höheren Geodäsie erobert, den es auf einem anderen Wege schwerlich erreicht haben würde.[64]

Wie der Göttinger Astronom Gauß verwendete Struve für seine Messungen größtenteils geodätische und astronomische Instrumente, die bei Reichenbach in München und Repsold in Hamburg gefertigt worden waren.[65] Im Unterschied zur astronomisch-trigonometrischen Vermessung Livlands, bedurfte die Gradmessung nicht nur feinerer Instrumente, sondern auch mehrerer Gehilfen, was Offizieren und Stu-

---

61 Struve, Friedrich Georg Wilhelm: Breitengradmessung in den Ostseeprovinzen, S. 2.
62 Struve, Friedrich Georg Wilhelm: Breitengradmessung in den Ostseeprovinzen, S. 2.
63 Vgl. Struve, Friedrich Georg Wilhelm: Breitengradmessung in den Ostseeprovinzen, S. 34, S. 6 f.
64 Baeyer, Johann Jacob: Ueber die Grösse und Figur der Erde. Eine Denkschrift zur Begründung einer mittel-europäischen Gradmessung, Berlin 1861, S. 16.
65 Vgl. Struve, Friedrich Georg Wilhelm: Breitengradmessung in den Ostseeprovinzen, S. 13 f.

denten die Gelegenheit bot, Erfahrungen in praktischer Astronomie und Geodäsie zu sammeln. Bevor Struve Generalstabsoffiziere regulär auszubilden begann, kommandierte die zarische Admiralität Offiziere als Messgehilfen nach Dorpat ab. Vor allem der Marine-Offizier Bernhard Friedrich von Wrangel (1797–1872) unterstützte Struve über fünf Jahre. Zwischenzeitlich beteiligten sich neben anderen der Offizier Burchard Friedrich Lemm (1802–1872) sowie Ernst Wilhelm Preuss (1800–1839), Gehilfe an der Dorpater Universitätssternwarte.[66] Die Arbeiten umfassten einerseits Winkelmessungen in 37 Hauptdreiecken, die Ermittlung der Basislänge sowie die Höhenbestimmungen aller Dreieckspunkte. Andererseits wurden die Polhöhen der drei Hauptpunkte in Jacobstadt, Dorpat und Hochland astronomisch beobachtet.[67] Einem Bericht von 1824 fügte Struve eine Abbildung der Dreieckskette entlang des Dorpater Meridians bei, die das abstrakte Gerüst dieser Erdmessung veranschaulicht (Abb. 7).[68] Die Vielfalt Struves Tätigkeiten verzögerte den Abschluss der Arbeiten, so dass 1829 letzte Vervollständigungen und Prüfungen vorgenommen und die Gradmessung der Ostseeprovinzen auf einem Bogen von insgesamt 3° 35′ abgeschlossen werden konnte.[69] Unabhängig von Struve führte der Militär-Geodät Karl Friedrich (Karl Ivanovič) Tenner (1783–1860) mit seinen Gehilfen 1816–1827 trigonometrische Vermessungen im Auftrag des zarischen Generalstabs durch[70], wobei er auch eine Gradmessung zwischen den Gouvernements Kurland und Grodno unternahm. Dies ermöglichte den Zusammenschluss der beiden Gradmessungen zu einem größeren Bogen von 8° 3′, was unter Beratung und Prüfung des unabhängigen Königsberger Astronomen Bessel sowie des Chefs des Topgraphen-Korps Theodor Friedrich Schubert bis zum Jahr 1831 erfolgte. Struve verwies nach Abschluss dieser Arbeiten schon auf weitere Untersuchungen, wie die notwendige Fortsetzung der Gradmessung, die Zar Nikolaus I. bereits genehmigt hatte, um verlässlichere Auskunft über die „wahrscheinliche Figur der Erde" zu erhalten.[71] Ab 1830 begannen die Militär-Geodäten Oberg und Melan[72] unter Struves Anleitung die Gradmessung nach Lappland im Großfürstentum Finnland fortzusetzen. Die Hauptarbeit dieses zweiten Abschnittes leistete dann der Direktor der Sternwarte in Helsinki, Friedrich Woldstedt (1813–1861) mit Gehilfen, der die Gradmessung im Jahr 1844 auf einem Bogen von 5° 26′ bis

---

66 Vgl. Struve, Friedrich Georg Wilhelm: Breitengradmessung in den Ostseeprovinzen, S. 9–11.

67 Vgl. Struve, Friedrich Georg Wilhelm: Breitengradmessung in den Ostseeprovinzen, S. 115–342.

68 Uebersicht der zur russischen Gradmessung ausgewählten Dreiecke, in: Brief des Herrn Professors Struve an den Herausgeber, in: Astronomische Nachrichten (1824) 2, Nr. 33, Spalte 152, Anhang.

69 Vgl. Struve, Friedrich Georg Wilhelm: Breitengradmessung in den Ostseeprovinzen, S. 8.

70 Vgl. Kap. 4.1.2.1.

71 Vgl. Struve, Friedrich Georg Wilhelm: Vereinigung der beiden in den Ostseeprovinzen und in Litthauen bearbeiteten Bogen der Russischen Breitengradmessung, in: Mémoires de l'académie impériale des sciences de Saint-Pétersbourg, sciences mathématiques, physiques et naturelles, Bd. 2, Saint-Pétersbourg 1833, S. 400–425.

72 Vornamen und Lebensdaten von Melan unbekannt.

Tornio zum vorläufigen Abschluss brachte.[73] Währenddessen führte Tenner die Triangulation der Gouvernements Volhynien und Podolien mit seinen Gehilfen durch und wurde 1844 mit der Vermessung Bessarabiens und der südlichen Fortsetzung der Gradmessung bis an die Donau beauftragt.[74] Tenner realisierte zwischen dem Gouvernement Vil'no und Bessarabien einen Großteil der Russisch-Skandinavischen Gradmessung. Diese Arbeiten fanden im Rahmen der trigonometrischen Vermessungen der Gouvernements an der russländischen Westgrenze statt. Sie bildeten damit keine separaten Unternehmungen zur Lösung höherer wissenschaftlicher Probleme. Kurz, die sukzessiv erweiterte Gradmessung war nur im Zusammenhang mit den Landesaufnahmen der westlichen Gouvernements durch den Generalstab möglich, die noch 1815, unmittelbar nach dem Wiener Kongress befohlen worden waren.[75] In der bisherigen Fachliteratur ist das ein kaum beachteter Aspekt, der die extreme Ausdehnung der Messung über 25 Breitengrade auf der Nordhalbkugel der Erde erst erlaubte. Das immense Interesse der zarischen Reichsregierung an der militärischen Kontrolle des westlichen Grenzgebietes im Zusammenhang mit der territorialen Neuordnung des postnapoleonischen Europas ermöglichte und erforderte zugleich das Großprojekt einer Gradmessung im Russländischen Imperium. Struve schuf damit die geodätischen Grundlagen für die genauere, zusammenhängende topographische Kartographie des Zarenreiches, vor allem aber seiner westlichen Grenzgebiete.

Um die Gradmessung von Tornio am nördlichen Ufer des Bottnischen Meerbusens bis an das Ufer des Eismeeres auszudehnen, wurde Struve vom schwedisch-norwegischen König Oskar I. (1799–1859) in seinem Vorhaben unterstützt.[76] Daraufhin wurde von 1845 bis 1852 von den norwegischen und schwedischen Astronomen Christopher Hansteen (1784–1873), Nils Selander (1804–1870) und Gehilfen ein Bogen von 4° 50′ Ausdehnung gemessen, der sich von Fuglenes, dem nördlichen Endpunkt der Gradmessung (70° 40′ 11″ nördl. Br.) bei Hammerfest am Nordkap bis Tornio erstreckte. Tenner schloss seine Arbeiten 1850 ab, als er in Staro-Nekrasovka an der Donau, den südlichen Endpunkt der Gradmessung (45° 20′ 48″ nördl. Br.) erreichte.[77] Abschließend erfolgten ergänzende Arbeiten sowie die Auswertung der Messungen ab 1851. Unverzüglich wandte sich der zuständige Generalquartiermeister, Friedrich Wilhelm Rembert von Berg (1794–1874) an Struve und erklärte, dass die Breitengradmessung ganz im Sinne des zarischen Generalstabs wäre und er deshalb alle Arbeiten unterstützen würde.[78] Vor dem Hintergrund der erwarteten Resultate schrieb Berg im Jahr 1851 an Struve:

---

73 Vgl. Struve, Friedrich Georg Wilhelm: Arc du méridien, S. XV f.
74 Vgl. Struve, Friedrich Georg Wilhelm: Arc du méridien, S. XV f.
75 Vgl. Kap. 4.1.1.
76 Vgl. Struve, Friedrich Georg Wilhelm: Arc du méridien, S. XV–XIX.
77 Vgl. Struve, Friedrich Georg Wilhelm: Arc du méridien, S. XXI–XXV.
78 Vgl. Baeyer: Ueber die Grösse und Figur der Erde, S. 17.

Wenn man die Ausdehnung des Terrains des russischen Imperiums in Betracht zieht, hat sich eine genaue Kenntnis der Dimensionen und der Gestalt der Erde seit langem als unabdingbar für die Arbeiten des Militärtopographischen Depots gezeigt; es scheint mir folglich wünschenswert, dass das Depot so früh wie möglich in den Besitz der Daten kommt, auf denen es möglich sein wird, mit Sicherheit alle Berechnungen der trigonometrischen Operationen Russlands zu gründen.[79]

Wie aus der obigen Beschreibung hervorgeht, war dieses umfangreiche Unternehmen nicht allein Struves Werk. Doch verantwortete er als Zentralfigur die gesamte wissenschaftliche Leitung und Organisation von der Initiative und den wissenschaftlichen bzw. technologischen Kulturtransfers, über die Ausbildung zahlreicher Mitarbeiter, die Ausarbeitung eigener Messmethoden und Prüfung von Instrumenten, bis hin zur Vergleichung von Maßen und schließlich auch die Veröffentlichung der Resultate.[80] In den Jahren 1857 bis 1860 veröffentlichte Struve die Ergebnisse der Russisch-Skandinavischen Gradmessung ausführlich in zwei Bänden.[81] Der gesamte Meridianbogen von 25° 20′ war in einen südlichen und einen nördlichen Hauptbogen sowie 12 Partialbögen geteilt, die an 13 astronomisch bestimmten Punkten angeschlossen waren. Insgesamt wurden 259 Dreiecke gemessen, 34 davon in Schweden und Norwegen.[82] Der ermittelte Meridianbogen maß rund 2.822 Kilometer und es wurde ein wahrscheinlicher Fehler von umgerechnet ±4 Millimetern auf einen Kilometer angenommen.[83] Die Russisch-Skandinavische Gradmessung gehört aufgrund ihrer hohen Genauigkeit und der bis dahin größten Ausdehnung zu den bedeutendsten Gradmessungen in der Geschichte der Geodäsie. Sie ging als sogenannter *Struve Geodetic Arc* oder „Struve-Bogen" in die Wissenschaftsgeschichte ein und wurde im Jahr 2005 in die Liste des UNESCO-Weltkulturerbes aufgenommen.[84] Nur die Gradmessungen in Peru (1735–1745), Frankreich (1791–1799), Britisch-Indien (1800–1843) und Ostafrika (1879–1954) haben vergleichbare wissenschaftliche Bedeutung erlangt.[85] Für das Zarenreich brachte diese Gradmessung einerseits einen beträchtlichen Prestigegewinn, indem es sich an einer Forschung beteiligte, die ebenso eifrig von anderen europäischen Großmächten, allen voran Frankreich und dem Briti-

---

79 Zitiert nach: Struve, Friedrich Georg Wilhelm: Arc du méridien, S. XXXI.

80 Vgl. Oettingen: Gedächtnisrede zur Feier des hundertjährigen Geburtstages von Wilhelm Struve, S. 80.

81 Vgl. Struve, Friedrich Georg Wilhelm: Arc du méridien.

82 Von den insgesamt 259 Dreiecken wurden 34 in Schweden und Norwegen gemessen.

83 Vgl. Struve, Friedrich Georg Wilhelm: Über die Breitengradmessung zwischen der Donau und dem Eismeer, in: Sitzungsberichte der Mathematisch-Naturwissenschaftlichen Classe der Kaiserlichen Akademie der Wissenschaften, Bd. 21, H. 1, Wien 1856 (Sitzung vom 5. Juni 1856) S. 3 f.; Baeyer: Ueber die Grösse und Figur der Erde, S. 18.

84 Vgl. http://whc.unesco.org/en/list/1187 [Zugriff: 19.06.2022]

85 Vgl. The Struve Geodetic Arc. Submission to the World Heritage Committee for Inscription on the World Heritage List, 2004, pdf-download: http://whc.unesco.org/en/list/1187/documents/, S. 29. [Zugriff: 19.06.2022]

schen Imperium betrieben worden war. Andererseits bildete die Gradmessung das Rückgrat für trigonometrische Vermessungen im europäischen Russland. Die Triangulation diente als Gerüst für die über Jahrzehnte ausgeführten topographischen Aufnahmen des Imperiums und war damit für eine präzise topographische Kartographie im Zarenreich genauso von zentraler Bedeutung, wie für Frankreich oder das Britische Imperium. Lord Warren Hastings (1732–1818), Generalgouverneur in Britisch-Ostindien brachte kurz vor seinem Tod 1817 den Wert der Triangulation für eine genaue Karte auf den Punkt:

> Es gibt keine andere solide Basis als Triangulation, auf der die exakte Geographie gegründet ist. Die ersten Triangel, die über dieses Land verteilt sind, errichten so jenseits allen Irrtums eine Vielzahl von Punkten, und die Räume, die von ihnen erfaßt werden, wenn sie von den Details die die untergeordneten Landvermesser eintragen, werden der Welt eine Karte ohne Beispiel liefern, sei es hinsichtlich ihrer Genauigkeit, sei es hinsichtlich ihrer Ausführlichkeit oder hinsichtlich der Einheitlichkeit der Anstrengungen, die zu ihrer Erstellung vonnöten waren. Die Bedeutung, die Ökonomen und Staatsmänner, aber auch die gebildeten Schichten Europas solchen Werken beimessen, wird bestätigt durch die Hartnäckigkeit, die England und Frankreich seit vielen Jahren in solchen Unternehmungen an den Tag legen.[86]

Die Karte in Abbildung 11 zeigt u. a. die großflächige Ausdehnung der trigonometrischen Vermessungen im europäischen Russland, wie sie sukzessive ausgedehnt worden waren. Die nach links geneigte, dicht schraffierte Flächensignatur zeigt den Bereich, der bis zum Jahr 1858 von Triangulationen erfasst war (westliches Russland samt polnischen Gouvernements und südlichem Kaukasus). In den übrigen Gebieten, wo diese Triangulationen noch nicht erfolgt waren, mussten wesentlich weniger Punkte ausreichen, welche sämtlich astronomisch bestimmt wurden. Diese Gebiete sind mit einer nach rechts geneigten, weniger dicht schraffierten Flächensignatur wiedergegeben (Norden, mittlerer Osten und Südosten des europäischen Russland, Ural-Gebirge, Uferzonen am Weißen Meer, Walachei sowie die europäische Türkei und der westliche Teil Kleinasiens), während manche Teile im Nord- und Südosten vollkommen unberücksichtigt blieben. Angesichts dieser Karte gilt auch für das Zarenreich, was Karl Schlögel für Frankreich im ausgehenden 18. Jahrhundert konstatierte: „Der wissenschaftliche Apparat für die Vermessung der Welt begann Gestalt anzunehmen. Die Verwandlung von Raum in Territorium war in Gang gesetzt."[87] Und ebenso im Hinblick auf die trigonometrische Vermessung Indiens durch das Britische Imperium lassen sich Parallelen zur trigonometrischen Vermessung Russlands ziehen: „In ihr findet das Ideal der europäischen Aufklärung, die Welt in einem empirisch genauen und rational kontrollierten Prozeß zu vermessen und zu erfassen, seinen vollkommenen Ausdruck."[88] Dennoch musste die Regierung des ausgedehnten Zarenreichs einen besonderen Weg einschlagen, der zur kartographi-

---

86 Zitiert nach: Schlögel: Im Raume lesen wir die Zeit, S. 194.
87 Schlögel: Im Raume lesen wir die Zeit, S. 176.
88 Schlögel: Im Raume lesen wir die Zeit, S. 192.

schen Fragmentierung des Landes führte. Im Bericht an den Minister für Volksauf-klärung vom Dezember 1851 legte Struve Rechenschaft über die Tätigkeiten der Hauptsternwarte in den ersten zwölf Jahren ihres Bestehens ab und weist den Minis-ter unmissverständlich darauf hin, dass *eine* genaue Karte vom gesamten Russländi-schen Imperium auf trigonometrischen Grundlagen nicht zu schaffen sei und folg-lich räumliche Prioritäten gesetzt werden müssen:

> Aufgrund der außerordentlichen Ausdehnung des Imperiums ist es letztendlich nicht möglich, eine genaue Karte Russlands herzustellen, wenn man für diese Sache als einzige Grundlage tri-gonometrische Aufnahmen annimmt, so, wie es in anderen Staaten gemacht wird. Durch Ver-einigung von trigonometrischen und topographischen Aufnahmen kann man erstklassige Kar-ten nur von den wichtigsten Teilen des Landes herstellen.[89]

Zwar wurden die geodätischen Grundlagen von Struve initiiert und begonnen, doch war angesichts dieser Worte klar, dass die ausgedehnten Vermessungen noch meh-rere Jahrzehnte Arbeit bieten würde. Struve war als Universitäts-Professor und spä-terer Direktor der Hauptsternwarte federführend daran beteiligt, zivile und militäri-sche Geodäten und Astronomen für die notwendigen Arbeiten auszubilden. Diese Lehrtätigkeit bildete die Grundlage für das „System Struve", das die personelle Ver-sorgung für die geodätische Vermessung des Imperiums sicherte.

3.1.2.1 Lösung der Personalfrage: „System Struve"

Struve nutzte seine Funktion als Professor an der Universität Dorpat für wissen-schaftliche und technologische Kulturtransfers, die sich für seine geodätischen Ar-beiten und seine Lehre als essentielle Grundlage erwiesen. Struve baute sich außer-halb Russlands sukzessive ein persönliches Netzwerk vor allem zu deutschen Astronomen und Mechanikern auf, erwarb gezielt deren Schriften und Instrumente für die Dorpater Universität und bestritt damit einerseits seine Vermessungen und andererseits seine theoretischen und praktischen Lehrtätigkeiten innerhalb Russ-lands. Wie er das organisierte, welche Schwerpunkte er dabei setzte und welchen Nutzen seine Schüler entfalteten, ist Inhalt des folgenden Abschnitts.

Das Gründungsstatut der Universität Dorpat sah keinen Lehrstuhl für Astrono-mie vor. Zunächst blieb die Astronomie ein Teilbereich der Reinen und Angewand-ten Mathematik, welche von einem Außerordentlichen Professor und Observator be-treut wurde, bis sie im Jahr 1820 ihren ersten eigenen Lehrstuhl in Dorpat erhielt.[90] Nachdem Struve ab 1813 als Außerordentlicher Professor gelehrt hatte und zudem seit 1818 die Professur für Reine und Angewandte Mathematik vertrat, wurde er 1820

---

89 Struve, Friedrich Georg Wilhelm: Doklad V. Ja. Struve ministru narodnago prosveščenija A. P. Širinskomu-Šichmatovu o rezultatach dejatel'nosti GAO za 12 let [1851], in: Abalakin, Viktor Kuz'mič (Hrsg.): Glavnaja astronomičeskaja observatorija v Pulkove 1839–1917gg. Sbornik dokumentov, Sankt-Peterburg 1994, S. 99.
90 Vgl. Novokšanova: Vasilij Jakovlevič Struve, S. 204.

zum ersten Ordentlichen Professor für Astronomie an der Alma Mater Dorpatensis berufen. Bis zu seiner Emeritierung 1839 gab er 121 Vorlesungen in 20 verschiedenen mathematischen und astronomischen Fächern.[91] Die Durchsicht der Vorlesungsverzeichnisse aus den Jahren 1814 bis 1839 ergab, dass Struve die Schriften folgender Gelehrter in seinen Veranstaltungen las: je einmal Leonhard Euler (1707–1783), Johann Elert Bode (1747–1826), Johann Franz Encke (1791–1865), Jean-Baptiste Joseph Delambre (1749–1822) und Jacob Struve (1755–1841)[92], je zwei Mal Johann Carl Friedrich Gauß (1777–1855), je drei Mal Louis Puissant (1769–1843) sowie Friedrich Theodor von Schubert (1758–1825), je vier Mal Sylvestre François de Lacroix (1765–1843), fünf Mal Christian Ludwig Gerling (1788–1864), je acht Mal Heinrich Wilhelm Brandes (1777–1834). Struves Favorit war jedoch Johann Gottlieb Friedrich von Bohnenberger (1765–1831), dessen Schriften er in 28 Vorlesungen wiedergab. Dieser Einblick in Struves Lehrinhalte belegt, dass er vornehmlich deutsche und französische Gelehrte referierte sowie praktische Astronomie und Geodäsie auf dem Lehrplan standen, wie sie bei der astronomisch-trigonometrischen Vermessung Livlands angewendet worden waren. Der württembergische Astronom Bohnenberger, in Gotha und Göttingen ausgebildet, gehörte demnach zu Struves Standard-Repertoire. Für die Lehrveranstaltungen im Frühjahrssemester 1821 heißt es im Vorlesungsverzeichnis:

> Wilhelm Struve, Hofrat, ordentl. Professor der Astronomie, wird 1) allgemeine und sphärische Trigonometrie, Mont., Dienst. und Donnerst. von 3–4; 2) Anleitung zur geographischen Ortsbestimmung, nach Bohnenberger, Mittw., Freyt. und Sonnab. von 3–4 lesen; 3) die praktisch geodätischen Übungen mit seinen Zuhörern in bequemen Stunden fortsetzen [...].[93]

Bohnenberger war der wissenschaftliche Kopf der ab 1795 veranstalteten astronomisch-trigonometrischen Vermessung Schwabens nach französischem Vorbild sowie der ab 1818 unternommenen „Detailvermessung" Württembergs. Warum Struve gerade Bohnenbergers Arbeiten in seinen Vorlesungen bevorzugte, ist nicht nachgewiesen. Struve hatte 1815 Tübingen, den Wirkungsort Bohnenbergers besucht und ihn möglicherweise kennengelernt. Dem Württemberger wurde ein didaktisches Talent nachgesagt[94], das sich offenbar auch in seiner von Struve gelesenen Schrift niederschlug.[95] Zwischen 1798 und 1810 waren in den Fachzeitschriften *Allgemeine*

---

91 Vgl. Oettingen: Gedächtnisrede zur Feier des hundertjährigen Geburtstages von Wilhelm Struve, S. 87.
92 Der Vater von F. G. W. Struve war u. a. Mathematiker.
93 Verzeichnis der vom 17ten Januar 1821 zu haltenden halbjährlichen Vorlesungen auf der Kaiserlichen Universität zu Dorpat. (Universitätsbibliothek Tartu, URN: https://www.ester.ee/record=b2386961 [Zugriff: 24.05.2022]
94 Vgl. Fischer, Hanspeter: Astronom, Kartograph und Geodät. Zum 150. Todestag des Tübinger Gelehrten Johann Gottlieb Friedrich von Bohnenberger, in: Beiträge zur Landeskunde, (1981) 2, S. 15.
95 Bohnenberger, Johann Gottlieb Friedrich: Anleitung zur geographischen Ortsbestimmung vorzüglich vermittelst des Spiegelsextanten, Göttingen 1795.

Geographische Ephemeriden und *Monatliche Correspondenz* zahlreiche Beiträge Bohnenbergers zur Herstellung der *Charte von Schwaben*[96] erschienen. Denkbar ist, dass sich Struve bei seiner Vermessung Livlands an den praktischen Vermessungserfahrungen Bohnenbergers orientierte und seine Ausführungen zu schätzen wusste. Die Rechenschaftsberichte Struves an den Rektor der Dorpater Universität aus den Jahren 1820 und 1832 beinhalten auch Inventurverzeichnisse. Demnach verfügte die Bibliothek der Universitäts-Sternwarte im Jahr 1820 über insgesamt 269 Monographien und Zeitschriften in deutscher, französischer, lateinischer und englischer Sprache. Die häufigsten Verlagsorte waren demnach Gotha, Göttingen, Paris, Leipzig, Tübingen und Hamburg. Als einziger Verlagsort Russlands erscheint Sankt Petersburg bei lediglich fünf Monographien, deren alleiniger Autor der deutsche Astronom und Akademiker Friedrich Theodor von Schubert war. Doch nicht nur die im Vorlesungsverzeichnis genannten Astronomen befinden sich als ihre Autoren darunter, sondern eine ganze Reihe weiterer namhafter europäischer Gelehrter vom späten 16. bis ins frühe 19. Jahrhundert.[97] Stetig nahm dieser Bibliotheksbestand zu, so dass er nach dem Rechenschaftsbericht aus dem Jahr 1832 insgesamt 430 Nummern zählte.[98] Diese Verzeichnisse belegen die starke fachliche Orientierung an den Autoren des westlichen Auslands.

Die genaue Zahl von Struves Schülern ist nicht bekannt. Unter ihnen waren aber mehrere, welche für die geodätische Vermessung des Imperiums wertvolle Dienste leisteten. Studenten und Offiziere, künftige Generäle, Professoren und Direktoren von Sternwarten zog er bei seinen praktischen Arbeiten zur Geodäsie als Helfer heran. Ihre Beteiligung an wichtigen angewandten wissenschaftlichen Tätigkeiten machte sie zu brauchbaren Praktikern für die Erfassung und Durchdringung des Reiches. Selbst zwei spätere Generalquartiermeister zählten zu Struves ersten Schülern. Friedrich Wilhelm Rembert Berg und Wilhelm Heinrich Lieven (1799–1880), bekamen in ihrer hohen Funktion im zarischen Generalstab großen Einfluss auf die Organisation der Vermessung und Kartographie des Reiches. Neben seinem Sohn Otto Struve schlossen bei ihm eine Reihe von Studenten ihr Studium ab. In der ersten Hälfte der 1820er Jahre wurde Struve vom russischen Generalstab gefragt, ob er Offiziere der Quartiermeister-Abteilung des Generalstabs sowie Offiziere des hydrographischen Departements des Marineministeriums in praktischer Astronomie und Geodäsie ausbilden würde.[99] Struve willigte ein, da dies seine Tätigkeiten ausweiten

---

96 Vgl. Baumann, Eberhard: J. G. F. Bohnenbergers erstes geodätisch-kartographisches Werk, in: Mitteilungen Deutscher Verein für Vermessungswesen e. V. – Gesellschaft für Geodäsie, Geoinformation und Landmanagement, Landesverein Baden-Württemberg e. V. 57 (2010) 2, S. 94.
97 Vgl. Rahvusarhiiv, Tartu (künftig: Tartu ERA/EAA), ERA.402.5.19., Acta des Conseils und Directoriums der Kaiserlichen Universität zu Dorpat betreffend das Observatorium, Vol. I, Bl. 154.
98 Vgl. Tartu ERA.402.5.234., Acta des Conseils und Directoriums der Kaiserlichen Universität zu Dorpat betreffend das Observatorium, Vol. II., Bl. 173–173 verso.
99 Vgl. Oettingen: Gedächtnisrede zur Feier des hundertjährigen Geburtstages von Wilhelm Struve, S. 79.

und es ihm angenehm sein würde, wenn das von ihm geleitete Observatorium zum weiteren Nutzen des Landes beitragen könnte.[100] Unter den Offizieren des Generalstabs befanden sich unter anderen Michail Pavlovič Vrončenko und David Davidovič Oberg (1806–?), während vom Topographen-Korps Ivan Osipovič Vasil'ev (1802–1866) entsandt wurde.[101] Die Ausbildungsdauer umfasste insgesamt drei Jahre, wobei in den Sommermonaten keine Vorlesungen stattfanden. Diese Jahreszeit wurde der in Arbeit befindlichen Gradmessung in den Ostseeprovinzen vorbehalten, an deren Feldarbeiten sich nur die besten Offiziere beteiligten.[102] Bisher ist nicht thematisiert worden, unter welchen Umständen Struve immer stärker in die Ausbildung von Offizieren involviert wurde, und sich dies auch als wichtige Aufgabe der Hauptsternwarte Pulkovo verstetigte. Nach den vorliegenden Quellen scheinen ihm zunächst einzelne Offiziere für die Ausführung der Gradmessung in den Ostseeprovinzen anvertraut worden zu sein. Vor dem Hintergrund der sukzessiven Landesaufnahmen in den westlichen Gouvernements wurde ein Personalmangel beim zuständigen Militär beklagt, dem mit dem Aufbau eines Topographen-Korps ab 1822 entgegengewirkt wurde. Dieses Korps sah aber keine Ausbildung für Offiziere vor, wie sie an der Kolonnenführerschule erfolgte, bis diese im Zusammenhang mit dem Dekabristen-Aufstand 1825 geschlossen worden war. Die Kaiserliche Kriegs- und spätere Generalstabs-Akademie in Sankt Petersburg wurde erst ab 1832, eine spezielle geodätische Abteilung erst in den 1850er Jahren aufgebaut.[103] Zudem starb der Astronom und Akademiker Friedrich Theodor von Schubert 1825, der zu Beginn des 19. Jahrhunderts die Ausbildung von Militär-Geodäten übernommen hatte.[104] Zusammengefasst ergibt sich das Bild, dass Struves theoretische und praktische Lehrtätigkeit in Dorpat eine günstige Möglichkeit für das Militär bot, ihre Offiziere zu Geodäten auszubilden, die theoretisch und praktisch befähigt wurden, die geodätischen Grundlagen für die vom Generalstab zentral organisierte Topographie und Kartographie des Imperiums aufzubauen. So führten Struves Schüler beispielsweise astronomische Ortsbestimmungen in der europäischen Türkei, in Kaukasien und Kleinasien in den Jahren 1828 bis 1832 durch.[105] Für die Offiziere des Generalstabs verfasste Struve kurz darauf eine Anweisung zum Gebrauch von Instrumenten für die astronomische Orts-

---

100 Vgl. Novokšanova: Vasilij Jakovlevič Struve, S. 208.

101 Vgl. Zapiski Voenno-topografičeskago depo, Teil I, S. 31. Darin werden zwölf Offiziere als Struves Schüler namentlich angegeben.

102 Vgl. Novokšanova: Vasilij Jakovlevič Struve, S. 208.

103 Vgl. Kap. 4.1.3.1.

104 Vgl. Kap. 5.4.

105 Vgl. Struve, Friedrich Georg Wilhelm: Astronomische Ortsbestimmungen in der europäischen Türkei, in Kaukasien und Klein-Asien, nach den von Officieren des Kaiserlichen Generalstabes in den Jahren 1828 bis 1832 angestellten astronomischen Beobachtungen, in: Mémoires de L'Académie Impériale des Sciences de Sankt-Pétersbourg, Sciences Mathématiques et Physiques, Bd. 4, Saint-Pétersbourg 1850, S. 130–205.

bestimmung.[106] Angesichts dieser direkten Verbindung zeigt sich, dass die von Struve ausgebildeten Offiziere gezielt dafür eingesetzt wurden, Kriegsschauplätze und Interessen-Gebiete im Rahmen der imperialen Expansionspolitik zu vermessen und damit militärisch besser kontrollierbar zu machen. Der gut unterrichtete preußische Militärgeodät Johann Jacob Baeyer urteilte über die Ausbildung der Offiziere bei Struve:

> Durch diese systematische Ausbildung wurde das große Uebel, welches leider heute noch da und dort besteht, gänzlich gehoben, und das darin seinen Grund hat, dass aus Mangel an gehöriger Ausbildung die Lehrarbeiten mit den besseren in ein Gemengsel zusammen geworfen werden, wodurch der Werth des Ganzen unter die Mittelmässigkeit herabgedrückt wird und die Resultate weder den wissenschaftlichen Anforderungen genügen, noch den darauf verwendeten Mitteln entsprechen.[107]

Die Ausbildung von Offizieren setzte Struve auch in Pulkovo fort, bis er dies 1848 an seinen Schüler Georg Thomas Sabler (1810–1864) übertrug.[108] Dieser hatte in Dorpat bei Struve die Ausbildung des „Professoren-Instituts" durchlaufen, welches bis zur Schließung im Jahr 1839 drei Astronomen unter den insgesamt 22 Absolventen zählte. Die 1827 gegründete Lehranstalt der Universität Dorpat hatte zum Ziel, aus den begabtesten russischstämmigen Studenten aller Reichsuniversitäten künftige Professoren in zwölf verschiedenen Disziplinen heranzubilden. Hierfür wurden die Auserwählten auf Staatskosten nach Dorpat entsandt, wo sie nach erfolgreicher Dissertation an einer ausländischen Universität ein Praktikum absolvieren und hernach als Professoren an den russischen Universitäten lehren sollten.[109] Pjotr Ivanivič Kotel'nikov (1809–1879) war der Einzige, der von 1828 bis 1833 im Fachbereich Astronomie studierte. Im zweiten Zyklus, von 1833 bis 1839, bildete Struve Aleksej Nikolaevič Savič (1810–1883) und den oben genannten Sabler aus.[110] Letztere hatten während dieser Ausbildung gemeinsam mit Georg Albert Fuß (1806–1854) Struves Plan verwirklicht, den Höhenunterschied der Meeresspiegel zwischen dem Schwarzen und dem Kaspischen Meer mit einem Nivellement[111] über eine Distanz von 800 Kilometer zu bestimmen und dabei eine Reihe von astronomischen Ortsbestimmun-

---

106 Struve, Friedrich Georg Wilhelm: Anwendung des Durchgangs-Instruments für die geographische Ortsbestimmung. Zum Gebrauch d. Offiziere d. kaiserl. Russ. Generalstabes, Sankt Petersburg 1833.

107 Baeyer: Ueber die Grösse und Figur der Erde, S. 17.

108 Vgl. Novokšanova: Vasilij Jakovlevič Struve, S. 210.

109 Vgl. Tamul, Villu: Das Professoreninstitut und der Anteil der Universität Dorpat/Tartu an den russisch-deutschen Wissenschaftskontakten im ersten Drittel des 19. Jahrhunderts, in: Benninghoven, Friedrich; Hartmann, Stefan; Irgang, Winfried [u. a.] (Hrsg.): Zeitschrift für Ostforschung, Länder und Völker im östlichen Mitteleuropa, 41 (1992) 4, S. 526.

110 Vgl. Tamul: Das Professoreninstitut und der Anteil der Universität Dorpat, S. 528, 539.

111 Messverfahren zur Bestimmung von Höhenunterschieden.

gen vorzunehmen. Abbildung 11 zeigt die entsprechende Route dieser „Nivellie-rungs-Expedition" in den Jahren 1836–1837 zwischen Kaspischem und Schwarzem Meer (schmale rote Linie mit schwarz gezeichneten Rauten). Im Ergebnis wurde fest-gestellt, dass der Wasserspiegel des Kaspischen Meeres rund 26 Meter tiefer lag, als der des Schwarzen Meeres.[112] Kurz zuvor war Vasilij Fëdorovič Fëdorov (1802–1855), ein anderer Struve-Schüler, von seiner viereinhalb Jahre dauernden Reise aus Sibi-rien zurückgekehrt, wo er insgesamt 79 Punkte astronomisch bestimmt hatte.[113]

Mit seinen Lehrtätigkeiten gelang es Struve, den Kreis ziviler und militärischer Fachleute für die geodätische Vermessung des Russländischen Imperiums sukzessi-ve zu vergrößern. Tabelle 1 zeigt eine Auswahl wichtiger Schüler von Struve mit ih-ren späteren Funktionen und Tätigkeiten.[114] Darin wird das „System Struve" sicht-bar, das seinen Nutzen für das Zarenreich in Form von wissenschaftlichen und technologischen Kulturtransfers einschließlich der erfolgreichen Multiplikation von Fachpersonal entfaltete, so dass zahlreiche geodätische Operationen innerhalb und außerhalb des Russländischen Imperiums verwirklicht werden konnten. Wie Abbil-dung 11 belegt, lag bei diesen Vermessungen der Schwerpunkt klar im europäischen Russland. Diese Übersichtskarte zeigt neben der Russisch-Skandinavischen Breiten-Gradmessung und dem Nivellement zwischen Kaspischem und Schwarzem Meer auch großflächig ausgeführte trigonometrische und astronomische Vermessungen, Chronometer-Expeditionen ausgehend von der Hauptsternwarte Pulkovo in ver-schiedene Städte des europäischen Russland sowie eine Längen-Gradmessung, an denen sämtlich Struve und seine Schüler wesentlich beteiligt waren.

---

112 Vgl. Struve, Friedrich Georg Wilhelm (Hrsg.): Beschreibung der zur Ermittelung des Höhenun-terschiedes zwischen dem Schwarzen und dem Caspischen Meere mit allerhöchster Genehmigung auf Veranlassung der Kaiserlichen Akademie der Wissenschaften in den Jahren 1836 und 1837 von G. Fuß, A. Sawitsch u. G. Sabler ausgeführten Messungen, nach den Tagebüchern und Berechnun-gen der drei Beobachter zusammengestellt, Sankt Petersburg 1849; Komkov (u. a.): Geschichte der Akademie der Wissenschaften der UdSSR, S. 202.
113 Vgl. Struve, Friedrich Georg Wilhelm: Anwendung des Durchgangs-Instruments für die geogra-phische Ortsbestimmung, S. 129–205; Struve, Friedrich Georg Wilhelm (Hrsg.): Fedorow's vorläufige Berichte über die von ihm in den Jahren 1832 bis 1837 auf allerhöchsten Befehl in West-Sibirien ausgeführten astronomisch-geographischen Arbeiten, Sankt Petersburg 1838; Schubert: Exposé des travaux astronomiques et géodésiques, S. 17.
114 Vgl. Novoksanova: Kartografičeskie i geodezičeskie raboty v Rossii, S. 196–200; Levickij Grigori Vasil'evič: Astronomy Jur'evskago universiteta s'' 1802 po 1894 god'', in: Učenyja zapiski impera-torskago Jur'evskago universiteta 8 (1900) 2, S. 133–140; Zapiski Voenno-topografičeskago depo, Teil I (1837), S. 12.

Tab. 1: Auswahl wichtiger Schüler von F. G. W. Struve mit Angabe von Funktionen und Tätigkeiten

Nr.	Name	Lebensdaten	Beruf	Ausbildung bei Struve	Funktionen bei geodätischen Vermessungen
1	Berg, Friedrich Wilhelm Rembert	1794–1874	Offizier	Sagnitz ab 1808	Gen.-Quartiermeister (1843–1855)
2	Lieven, Wilhelm Heinrich	1799–1880	Offizier	Dorpat ab 1817	Triang. Livl., Gen.-Quartiermeister (1855–1861)
3	Knorre, Carl Friedrich	1801–1883	Astronom	Dorpat ab 1818	Triang. Livl., 1. Direkt. (Marine-) Observat. Nikolaev (ab 1821), Lehre, Leiter der Verm. d. Küsten d. Schw., Asovschen u. Marmara-Meeres
4	Walbeck, Henrich Johan	1793–1822	Astronom	Dorpat 1819	1819 Berechn. e. i. Russl. gebräuchl. Erdellipsoids
5	Lemm, Burchard Friedrich	1802–1872	Offizier	Dorpat ab 1821	B.-Gradm., Berat. Astron. (1832–?), astr. Ortsbest., Chron.-Exp.
6	Preuss, Ernst Wilhelm	1800–1839	Astronom	Dorpat ab 1822	B.-Gradm., Assist. F. G. W. Struve
7	Wrangel, Bernhard Friedrich	1797–1872	Offizier	Dorpat ab 1822	B.-Gradm., Chron.-Exp., Verm. d. Ostsee-Küsten
8	Fёdorov, Vasilij Fёdorovič	1802–1855	Astronom	Dorpat ab 1823	Astr. Ortsbest., Exp. Ararat, Lehre, 1. Direkt. (Uni-) Observat. Kiev (ab 1845)
9	Vrončenko, Michail Pavlovič	1802–1855	Offizier	Dorpat ab 1824	Triang., L-Gradm., astron. Ortsbest., Chron.-Exp
10	Oberg, David Davidovič	1806–?	Offizier	Dorpat bis 1826	Triang.
11	Vasil'ev, Ivan Osipovič	1802–1866	Offizier	Dorpat ab 1830	Triang., L.-Gradm.
12	Sabler, Georg Thomas	1810–1864	Astronom	Dorpat ab 1832	Niv. zw. Kasp. u. Schwarzem Meer, Chron.-Exp., B.-Gradm., Direkt. Univ.-Sternw. Wilna (1854–1864)
13	Porth, Uno Wilhelm	1813–?	Mechaniker	Dorpat ab 1833 u. München	Leitung mech. Werkst. Pulkovo 1839–1845, Bau v. Instrum. f. versch. Sterw. i. Russl.
14	Savič, Aleksej Nikolaevič	1810–1883	Astronom	Dorpat ab 1834	Niv. zw. Kasp. u. Schwarzem Meer, Lehre, Lehrb., Veröff.
15	Struve, Otto Wilhelm	1819–1905	Astronom	Dorpat ab 1836	Assist. W. Struve, Chron.-Exp., Berat. Astron (1847–1862), Direkt. Hauptsternw. Pulkovo (1862–1889)
16	Döllen, Wilhelm Johann Heinrich	1820–1897	Astronom	Dorpat ab 1837	Chron.-Exp., Lehrb., Lehre, Berat. Astron. (1862–1890), Bau v. Instrum.
17	Šidlovski, Andrej Petrovič	1818–1892	Astronom	Dorpat ab 1837	Chron.-Exp., Lehrb., Lehre, Veröff.
18	Schweizer, Kaspar Gottfried	1816–1873	Astronom	Pulkovo ab 1841	Chron.-Exp., Lehre, Veröff., Direkt. Univ.-Sternw. Moskau (ab 1856)

Während die vertikale Liniensignatur (fette rote gestrichelte Linie) die Russisch-Skandinavische Gradmessung vom Eismeer bis zum Donaudelta zeigt, wird mit der gleichen Liniensignatur die horizontal verlaufende Längengrad-Messung von Bessarabien bis Astrachan (1848–1857) symbolisiert. Das Ziel war im Prinzip das gleiche wie bei der Breitengradmessung. Es ging um die Feststellung von Distanzunterschieden zwischen Längengraden, um Rückschlüsse auf die Form und Größe der Erde ziehen und dies für eine möglichst präzise trigonometrische Vermessung und topographische Kartographie nutzbar zu machen zu können. Struve hatte diese Längengradmessung entlang des Parallels auf 47½ Grad nördlicher Breite vorgeschlagen, um sie westwärts über das europäische Russland hinaus durch ganz Mittel- und Westeuropa zu verlängern. Ab 1848 wurden dafür präzise Triangulationen unter Leitung der Struve-Schüler Vrončenko, ab 1855 unter Vasil'ev durchgeführt. 1857 wurde die Wolgamündung bei Astrachan' erreicht, wodurch der gemessene Bogen schließlich eine Strecke von rund 1.684 Kilometer erreichte. Doch fehlten auf dieser Breite in Mittel- und Westeuropa die benötigten Anschlüsse mit der geforderten Genauigkeit, weshalb sich Struve 1857 mit verschiedenen europäischen Wissenschaftlern und Regierungen auf eine neue, die „europäische Längengrad-Messung" entlang des 52. Breitengrades einigte.[115] An diesem internationalen Unternehmen beteiligten sich russländische, deutsche, französische und britische Geodäten. Die Vermessungsarbeiten dauerten 40 Jahre und wurden erst 1907 abgeschlossen. Die Triangulation verband Valencia in West-Irland mit Orsk im Ural über ein gewaltiges geodätisches Netz aus 1.646 Dreiecken. Im Resultat konnte festgestellt werden, dass die Längengrade nur geringfügige Unregelmäßigkeiten aufweisen.[116]

Schließlich zeigt Abbildung 11 mehrere Reiserouten von sogenannten Chronometer- Expeditionen (1845–1857), die mehrere Städte im europäischen Russland mit der Hauptsternwarte Pulkovo verbinden (schmale rote Linien mit schwarzen Punkten). Die astronomische Bestimmung der exakten geographischen Länge eines Punktes stellte eine viel größere Schwierigkeit dar, als die Ermittlung seines Breitengrades.[117] Um dieses Problem zu lösen, wurden Chronometer-Expeditionen auf dem See- und Landweg unternommen.[118] Nachdem Struve 1839 die geographische Breite und Länge der Hauptsternwarte Pulkovo astronomisch bestimmt hatte, wurden 1843 und 1844 wiederholt Chronometer-Expeditionen zwischen den Sternwarten Pulkovo, Altona und Greenwich auf dem Seeweg durchgeführt, um die Längenunterschiede

---

115 Vgl. Novokšanova: Kartografičeskie i geodezičeskie raboty v Rossii, S. 52; Struve, Otto: Wilhelm Struve. Zur Erinnerung an den Vater, den Geschwistern dargebracht, Karlsruhe 1895, S. 67.
116 Vgl. Grosjean, Georges: Geschichte der Kartographie, Schriftenreihe: Geographica Bernensia, Reihe U, Nr. 8, Bern 1980, S. 104.
117 Vgl. Kap. 1.4.2.1.
118 Vgl. Grosjean: Geschichte der Kartographie, S. 104 f.

zu den dortigen, genau bekannten, Observatorien zu ermitteln.[119] Ausgehend von Pulkovo leitete dann Struves Sohn, Schüler und Nachfolger Otto in den Jahren 1845 bis 1857 fünf „Große Chronometer-Expeditionen" über Land an Orte in die Grenzregionen des europäischen Russland, um deren Längenunterschiede zu Pulkovo exakt zu ermitteln. Die Karte in Abbildung 11 verortet u. a. die in Tabelle 2 aufgeführten Routen.[120]

Tab. 2: Chronometer-Expeditionen im europäischen Russland

Jahr	Ausgangsort	Zwischenstationen	Zielort	ermittelte Punkte
1845–1846	Pulkovo	Moskau, Char'kov, Nikolaev, Odessa etc.	Warschau	12
1850	Moskau	Nižnij Novgorod	Kazan	2
1854	Pulkovo	keine	Dorpat	1
1855	Moskau	Saratov	Astrachan'	6
1857	Pulkovo	Moskau	Archangel'sk	6

Auf diesen fünf Chronometer-Expeditionen konnten 27 Orte im europäischen Russland exakt bestimmt werden, die hernach als Bezugspunkte für lokale Vermessungen dienen konnten. Ihre geographische Länge definierte sich nun durch den Längenunterschied zum Meridian von Pulkovo, dem künftigen Nullmeridian des Russländischen Reiches. Neben diesen aufwändigen Operationen erfolgten im gleichen Zeitraum 18 kleinere Expeditionen u. a. durch die Struve-Schüler Lemm, Šidlovski, Vrončenko und Döllen. Zwischen 1845 und 1857 wurden auf diese Weise im europäischen Russland 756 Punkte ermittelt.[121] Mit der Einführung der elektromagnetischen Telegraphie in Russland ab 1860 verlor diese chronometrische Methode jedoch an Bedeutung.[122]

Das „System Struve" bildete die Grundlage der personellen Versorgung für die geodätische Vermessung des Zarenreiches. Struves Wirken entfaltete seinen größten Nutzen für das Russländische Imperium in Pulkovo, nachdem er dafür in Dorpat die Grundlagen geschaffen hatte. Mit der Hauptsternwarte bekam die Bedeutung seiner Arbeit für das Zarenreich einen sichtbaren Ausdruck.

---

119 Vgl. Struve, Friedrich Georg Wilhelm; Struve, Otto: Expédition chronométrique exécutée par ordre de sa majesté l'empereur Nicolas Ier entre Altona et Greenwich pour la détermination de la longitudegéographique de l'observatoirecentral de Russie, Saint-Pétersbourg 1846.
120 Vgl. Schellwitz: Übersicht der Russischen Landesaufnahmen, S. 107–143; S. 114 f.
121 Vgl. Schellwitz: Übersicht der Russischen Landesaufnahmen, S. 114 f.
122 Vgl. Stavenhagen, Willibald von: Skizze der Entwicklung und des Standes des Kartenwesens des außerdeutschen Europa, Ergänzungsheft 148 zu Petermanns Mitteilungen, Gotha 1904, S. 201.

3.2 Pulkovo als Zentrum der Geodäsie in Russland

Die umfangreichen Vermessungsoperationen und Lehrtätigkeiten organsierte Struve seit 1839 als Gründungsdirektor der Hauptsternwarte in Pulkovo (*Glavnaja astronomičeskaja observatorija, ab 1855 Nikolaevskaja glavnaja astronomičeskaja observatorija*), die zur Kaiserlichen Russländischen Akademie der Wissenschaften in Sankt Petersburg gehörte (Abb. 4). Das Gebäude bot in seiner Größe, Ausstattung und Lage die Voraussetzungen, um neben anderen wichtigen astronomischen Forschungen die geodätischen Grundlagen für Vermessung und Kartographie des ausgedehnten Imperiums zu schaffen. Vor allem aber wurde die Sternwarte zunächst zum geodätischen Ausgangs- und Referenzpunkt für die Vermessung und Kartographie des Reiches. Das alte Observatorium der Akademie, untergebracht in der Turmspitze der Kunstkammer am Neva-Ufer, war den Anforderungen schon seit Jahrzehnten nicht mehr gerecht geworden. Platzmangel hatte das Einrichten und Verwenden vorhandener Instrumente behindert, sensible Messungen wurden durch Erschütterungen und städtischen Dunst erschwert.[123] Obwohl die Reichsregierung bereits im 18. Jahrhundert gewaltige räumliche Herausforderungen bei der Vermessung und Kartierung des Landes zu bewältigen hatte und eine eigene Meeres-Flotte im Aufbau begriffen war, konnte diese Sternwarte als Ausgangspunkt umfangreicher geodätischer Operationen keine gesamtstaatliche Bedeutung erlangen. Bereits unter der Regierung Katharinas II. bestand daher die Absicht, ein neues Observatorium zu errichten, was jedoch auch unter Paul I. sowie Alexander I. nicht verwirklicht worden war. Erste Planungen für ein neues Observatorium wurden 1827 unternommen.[124] Angesichts dieses Jahrzehnte langen Stillstands stellt sich die Frage, warum dieses Projekt gerade unter Zar Nikolaus I. in Gang kam und erst 1830 konkret wurde. Im Dezember 1830 lernte Struve Zar Nikolaus I. (1825–1855) in Dorpat persönlich kennen, als sich dieser auf der Durchreise nach Sankt Petersburg über den Zustand der Universitäts-Sternwarte erkundigte. Während der Audienz bekam Struve den Auftrag, einen Plan für eine vollkommen neue Akademie-Sternwarte in der Umgebung von Sankt Petersburg anzufertigen.[125] 1829, ein gutes Jahr zuvor, war der preußische Hofbeamte und Universalgelehrte Alexander von Humboldt (1769–1859) für eine Forschungsreise in Russland zu Gast. Offenbar hatte seine Anwesenheit zum kaiserlichen Entschluss für den Bau einer neuen Akademie-Sternwarte beigetragen. Zunächst jedoch konnte Nikolaus I. Humboldts Begeisterung über die wissenschaftlichen Möglichkeiten nicht teilen, der „Physik der Erde" in einem Land näher zu kommen, das sich auf dem Globus über 135 Längengrade erstreckte. Noch vor sei-

---

123 Vgl. Komkov (u. a.): Geschichte der Akademie der Wissenschaften der UdSSR, S. 217.
124 Vgl. Abalakin, Viktor Kuz'mič (Hrsg.): Glavnaja astronomičeskaja observatorija v Pulkove 1839–1917gg. Sbornik dokumentov, Sankt-Petersburg 1994, S. 3 f.
125 Vgl. Oettingen: Gedächtnisrede zur Feier des hundertjährigen Geburtstages von Wilhelm Struve, S. 83 f.

nem Aufbruch in das Ural-Gebirge schmeichelte Humboldt seinem kaiserlichen Gastgeber damit, dass dessen Reich „so groß wie der Mond" sei. Doch der Zar erwiderte ernüchtert: „Wenn es 3/4 kleiner wäre, würde es verständiger regiert werden."[126] Während Humboldt, der 60-jährige Naturforscher die langfristigen wissenschaftlichen Möglichkeiten sah, die sich aus der großen Flächenausdehnung und Vielseitigkeit des Russländischen Imperiums ergaben, hatte der 33-jährige Zar Nikolaus I. anscheinend die kurz- bis mittelfristigen politischen Herausforderungen vor Augen, dieses gewaltige Vielvölkerreich mit seinen großen Entfernungen zu beherrschen, zu integrieren, wirtschaftlich zu stabilisieren und prosperieren zu lassen. Nicht zuletzt befand er sich zu diesem Zeitpunkt im Krieg mit dem Osmanischen Reich (1828–1829). Humboldt kehrte von seiner rund achtmonatigen Forschungsreise nach Sankt Petersburg zurück, die ihn in einer Kutsche bereits über 16.000 Kilometer durch das Zarenreich geführt hatte, bevor er nach Berlin weiterreiste. Zum Abschluss seines Aufenthalts in Russland hielt er einen Vortrag in einer außerordentlichen Sitzung der Russländischen Kaiserlichen Akademie der Wissenschaften. Mit dieser Rede beabsichtigte er offenkundig, Akademiemitglieder, Hofbeamte und höchste Würdenträger des Reiches von seinen Forschungsideen zu überzeugen, die Bedeutung der Naturwissenschaften für die Erschließung des Zarenreiches deutlich zu machen und ihre vermehrte Unterstützung anzuregen.[127] In seinem Redemanuskript heißt es dazu:

> Neue Geräte, ich würde fast zu sagen wagen, neue Organe, sind geschaffen worden, um den Menschen in einem engeren Kontakt mit den geheimnisvollen Kräften zu bringen, die das Werk der Schöpfung beleben und deren ungleicher Kampf, deren scheinbare Störungen ewigen Gesetzen unterliegen. Wenn die modernen Reisenden in kurzer Zeit einen größeren Raum der Erdoberfläche ihren Beobachtungen unterwerfen können, dann verdanken sie die Vorteile, die sie genießen, den Fortschritten der mathematischen und physischen Wissenschaften, der Präzision der Instrumente, der Vervollkommnung der Methoden und der Kunst, Tatsachen zusammenzufassen und sich zu allgemeinen Betrachtungen zu erheben. […] Glücklich das Land, dessen Regierung der Literatur und den schönen Künsten, die nicht nur die Phantasie des Menschen bezaubern, sondern auch seine intellektuelle Kraft fördern und die edlen Gedanken beleben, erhabenen Schutz gewährt; den physikalischen und mathematischen Wissenschaften, die so glücklich die Entwicklung der Industrie und des allgemeinen Gedeihens beeinflussen; dem Eifer der Reisenden, die sich bemühen, in unbekannte Gebiete vorzudringen oder die Reichtümer des vaterländischen Bodens prüfen, durch Messungen die nützliche Kenntnis seiner Gestaltung zu präzisieren.[128]

---

126 Alexander von Humboldt in einem Brief (französisch) aus Sankt Petersburg vom 3. Mai 1829 (n. S.) an seinen Bruder Wilhelm, zitiert nach: Knobloch, Eberhard; Schwarz, Ingo; Suckow, Christian (Hrsg.): Alexander von Humboldt. Briefe aus Russland 1829, Schriftenreihe: Beiträge zur Alexander-von-Humboldt-Forschung, Bd. 30, S. 111 f.
127 Vgl. Vnutrennija izvestija, in: Severnaja pčela, 19. November 1829, Nr. 139, Titelblatt.
128 Humboldt, Alexander von: Rede, gehalten in der außerordentlichen Sitzung der Kaiserlichen Akademie der Wissenschaften von St. Petersburg, 16./28.11.1829, zitiert nach: Knobloch (u. a.): Alexander von Humboldt. Briefe aus Russland 1829 (Übersetzung aus dem Französischen), S. 271.

Humboldts Auditorium mag beeindruckt, vielleicht sogar euphorisch von der greifbaren Macht der Naturwissenschaften gewesen sein, wie der berühmte Gast sie beschworen hatte. Humboldts Plädoyer für eine starke Akademie forderte zwar die unbedingte Freiheit der Wissenschaften[129], dies verstand er aber mit dem großen Nutzen der Erkenntnisse für den Staat und seinen Interessen an der Erschließung und Ausbeutung von Ressourcen zu verbinden. Humboldt war in erster Linie von Russlands Finanzminister Georg Ludwig Graf Cancrin (1774–1845) eingeladen worden, um seinen Rat als Bergbaufachmann für die Modernisierung der russischen Montanindustrie zu suchen und damit handfesten ökonomischen Interessen zu dienen, weniger, um theoretischen Forschungsfragen nachzugehen.[130] Humboldt lieferte aber weit mehr, indem er die Bedeutung der Naturwissenschaften für den Staat insgesamt vor Augen führte. Er warnte aber davor, diese zu seinem alleinigen Instrument zu machen und der notwendigen geistigen Freiheit zu berauben. Zar Nikolaus I. hatte genau verstanden, welche Kraft in den Wissenschaften für die Erschließung des Reiches lag. Im Februar 1830 bemängelte Nikolaus I. beim Lesen eines Berichtes über die geodätischen Arbeiten des Generalstabs, dass es im Inneren des Reiches und besonders in den asiatischen Gouvernements ausgedehnte Gebiete geben würde, wo noch keine astronomischen Ortsbestimmungen durchgeführt worden waren. Die einzelnen Aufnahmen des Generalstabes konnten so den erwarteten Nutzen – nämlich grundlegende geographische Kenntnisse – nicht liefern, solange astronomisch bestimmte Punkte fehlten. Obwohl der Generalstab Offiziere eingesetzt hatte, um dieses Ziel zu erreichen und schon vieles davon erreicht worden war, wies der Zar darauf hin, dass die Errungenschaften durch die Beteiligung der Akademie der Wissenschaften größer und doppelte Arbeiten verhindert werden könnten. In Folge dessen sollte die Akademie der Wissenschaften in Zukunft enger mit dem Generalstab zusammenarbeiten, um die astromischen Ortsbestimmungen zu vervollständigen.[131] Dies war möglicherweise ein entscheidender Beweggrund, eine neue Sternwarte in der Nähe Sankt Petersburgs zu errichten. Das Interesse und sachliche Verständnis des Kaisers ist durchaus plausibel, da Nikolaus I. der prominenteste Schüler Karl Ludwig Wilhelm Oppermanns – Hauptverfasser der *Hundertblatt-Karte* – war und die Grundlagen von genauen Karten und ihre militärische Bedeutung sehr gut kannte.[132] Überhaupt hat er als Regent viel Zeit mit Karten verbracht, da er das größte Interesse an den Planungen militärischer Operationen hegte, worauf der große Umfang und das geographische Detail seiner Anmerkungen und Befehle an

---

129 Vgl. Humboldt: Rede, zitiert nach: Knobloch (u. a.): Alexander von Humboldt. Briefe aus Russland 1829 (Übersetzung aus dem Französischen), S. 281.

130 Vgl. Suckow, Christian: Alexander von Humboldt und Rußland. Thesen zu Biographie und Werk, in: Internationale Zeitschrift für Humboldt-Studien, VI (2005) 11, S. 12.

131 Vgl. O tom, čtoby General'nyj štab sostojal v snošenii s Akademieju nauk po predmetu astronomičeskago opredelenija mestnostej, in: Dopolnenie k sborniku Ministerstva narodnago prosveščenija, Sankt Peterburg 1867, S. 305 f.

132 Vgl. Kap. 5.4.

seine Generäle hinweist.[133] Diese begrenzten Ausschnitte tragen bei, den Kontext zu erhellen, in dem die kaiserliche Entscheidung für den Bau einer neuen Hauptsternwarte reifte und Struve als Gründungsdirektor berufen worden war. Kurz, allem Anschein nach wurde die Reichsregierung durch den preußischen Hofbeamten und Naturforscher Humboldt ermutigt, die Wissenschaften für die Entwicklung des Landes stärker denn je einzubeziehen. Wie der oben zitierte Briefentwurf Struves an den preußischen König andeutet, hatte aus seiner Sicht gerade das Beispiel Preußens die Bereitschaft der zarischen Reichsregierung gestärkt, eine neue Sternwarte zu bauen. Die Akademie, welche in geographischen Fragen ihre Autorität durch die Gründung des Karten-Depots eingebüßt hatte[134], erhielt mit Pulkovo wieder größere Bedeutung für die Kartographie des Reiches. Die neue Hauptsternwarte sollte dieser Aufgabe nach dem Wunsch des Zaren in der Nähe Sankt Petersburgs gerecht werden. Unter Zar Nikolaus I. folgten ebenso die Gründungen untergeordneter Sternwarten u. a. in Moskau, Kazan und Kiev.[135]

Als Standort für die neue Sternwarte wurde der westlich von Carskoe Selo gelegene Pulkovoer Hügel ausgewählt, wo das Gebäude in klassizistischer Architektur errichtet wurde (Abb. 4) Die Gesamtkosten für Bau, Instrumente und Bibliothek beliefen sich auf rund eine halbe Millionen Silber-Rubel.[136] Erst im Vergleich wird deutlich, wie viel die künftige Hauptsternwarte der Reichsregierung wert war. Russlands erste Eisenbahn, die Sankt Petersburg mit Carskoe Selo und Pavlovsk auf einer 25 Kilometer langen Trasse verband, kostete inklusive Schienen, Brücken, Gebäuden, Lokomotiven und Waggons rund 1,5 Millionen Silber-Rubel.[137] Für ein wissenschaftliches Institut im Zarenreich dürfte ein Drittel dieser gigantischen Summe beispiellos hoch gewesen zu sein.

In Pulkovo setzte sich der wissenschaftliche und technologische Kulturtransfer unter Struve mehr denn je fort. Die hauseigene Bibliothek wurde auf Struves Betreiben durch den Ankauf von Privatbibliotheken mit den Nachlässen bekannter europäischer Astronomen bestückt und ständig durch neue Fachliteratur aus dem In- und Ausland erweitert. 1845 veröffentlichte Struve einen Bestandskatalog, der 5.411 Titel verzeichnete.[138] 1858 enthielt die Bibliothek bereits 18.890 Titel.[139] Die Wissenschaftshistorikerinnen Karin Reich und Elena Roussanova zählen sie zu den bedeutendsten wissenschaftlichen Bibliotheken im 19. Jahrhundert.[140] Struves 1845 publi-

---

133 Vgl. Fuller, William C. Jr.: Strategy and Power in Russia, 1600–1914, New York 1992, S. 237.

134 Vgl. Kap. 5.2.

135 Vgl. Ichsanova: Pulkovo/Sankt Petersburg, S. 13.

136 Vgl. Struve, Friedrich Georg Wilhelm: Doklad V. Ja. Struve, S. 97–105; S.103.

137 Vgl. Klein, L.: Die erste russische Eisenbahn von St. Petersburg nach Zarskoe-Selo und Pawlowsk, in: Allgemeine Bauzeitung mit Abbildungen 7 (1842), S. 117. 104–125.

138 Struve, Friedrich Georg Wilhelm: Librorum in bibliotheca speculae Pulcovensis.

139 Struve, Otto: Librorum in Bibliotheca speculae pulcovensis anno 1858

140 Vgl. Reich; Roussanova: Carl Friedrich Gauss und Russland, S. 684.

zierte Beschreibung der Hauptsternwarte[141]sollte nach der Absicht ihres Verfassers bei der Gründung neuer astronomischer Anstalten dienen. Da diese Schrift neben der Analyse von Instrumenten auch ihre Benutzung beschreibt, wurde sie von Astronomen als Handbuch benutzt und war Jahrzehnte lang beim Bau neuer Sternwarten in Russland und darüber hinaus wegweisend.[142]

3.2.1 Kampf um die Ausrichtung der Hauptsternwarte

Laut Statut von 1838 verfolgte die Gründung der Hauptsternwarte drei Ziele. Erstens – die Ausführung regelmäßiger und umfassender Beobachtungen zur Förderung der Astronomie. Zweitens – um korrespondierende Beobachtungen anzustellen, die für geographische Unternehmungen im Imperium sowie für die Durchführung von Forschungsreisen notwendig waren. Drittens – sollte sie mit allen Mitteln die praktische Astronomie vervollkommnen helfen, um diese auf die Bedarfe der Geographie und Seefahrt anzupassen und praktische Übungen in der geographischen [astronomischen] Ortsbestimmung durchzuführen.[143] Zu den Haupttätigkeiten des neuen Observatoriums zählte Struve die Zusammenstellung von Katalogen über genaue Himmelspositionen von Sternen. Diese so genannten „Fundamental-Kataloge" bildeten u. a. die Grundlage für die Zusammenstellung astronomischer Jahrbücher, die verschiedenen Aufgaben der praktischen Astronomie dienten, u. a. für geodätische Arbeiten und Navigation. Doch die notwendigen Beobachtungen für die Zusammenstellung der Kataloge war eine Angelegenheit von Jahrzehnten, während die praktischen Bedarfe verschiedener staatlicher Stellen des Reiches drängten.[144] Die Beteiligung der Hauptsternwarte an den oben geschilderten geodätischen Vermessungen und Expeditionen, wie sie in der Übersichtskarte abgebildet sind (Abb. 11), hatten wissenschaftliche Forschungen zur Astronomie an der Hauptsternwarte stark eingeschränkt. Offenbar geschah somit genau das, wovor Humboldt gewarnt hatte. Nämlich, die Wissenschaften zum alleinigen Instrument des Staates zu machen und der notwendigen geistigen Freiheit zu berauben.Wie aus einem Brief des Großfürsten und General-Admirals Konstantin Nikolaevič (1827–1892) an den Minister für Volksaufklärung vom 21. Dezember 1856 hervorgeht, beschwerte sich der Sohn des Zaren in diesem Sinne beim zuständigen Minister und forderte ferner die Anhebung der Geldmittel für die Hauptsternwarte. Er schrieb:

---

141 Struve, Friedrich Georg Wilhelm: Description de l'observatoire astronomique central de Poulkova, Saint-Pétersbourg 1845.
142 Vgl. Ichsanova: Pulkovo/Sankt Petersburg, S. 37.
143 Vgl. Ustav Glavnoj astronomičeskoj observatorii, 19 ijunja 1838g. (a. S.), in: Abalakin: Glavnaja astronomičeskaja observatorija v Pulkove 1839–1917gg. Sbornik dokumentov, Sankt-Peterburg 1994, S. 59.
144 Vgl. Abalakin: Glavnaja astronomičeskaja observatorija v Pulkove, S. 11.

Unser Generalstab, die Vermessungs-Behörde, die Geographische Gesellschaft und das Marine-Ministerium machten und machen Gebrauch von der Arbeit und der Unterstützung der Sternwarte, obwohl diese Tätigkeiten nicht ihrem ersten Ziel entsprechen. Dies führte dazu, dass heute die rein wissenschaftlichen Studien – das Hauptziel der Sternwarte – durch Mangel an Arbeitskräften und Mitteln zweitrangigen Tätigkeiten weichen mussten.[145]

Infolge dieses Briefes setzte der Minister für Volksaufklärung beim Staatsrat durch, das Jahresbudget der Hauptsternwarte bedeutend zu erhöhen, damit das im Statut festgelegte erste Ziel – die Forschung – gewährleistet war.[146] Am 17. Dezember 1857 wurde der neue Haushalt beschlossen und von 18.000 auf rund 32.000 Silber-Rubel angehoben, wovon jedoch künftig 10.000 Silber-Rubel vom Kriegs- und Marine-Ministerium übernommen wurden.[147] Damit erhielt die Hauptsternwarte zwar mehr Mittel, um die astronomische Forschung als ihre erste Hauptaufgabe zu finanzieren. Gleichzeitig geriet sie aber in eine finanzielle Abhängigkeit vom Militär. Dass diese Mittelzuweisung überhaupt in der Zeit leerer Kassen nach dem verlorenen Krim-Krieg gebilligt wurde, weist umgekehrt darauf hin, wie stark vor allem Armee und Marine bei der Vermessung des Reiches auf die Hauptsternwarte angewiesen waren. Insgesamt geht aus dieser bemerkenswerten Zuwendung hervor, welch große Bedeutung der Hauptsternwarte von der Reichsregierung entgegenbracht wurde, als das Imperium vor den schwierigen Herausforderungen der Großen Reformen stand.

3.2.2 Der Nullmeridian als Ausdruck eines „unklaren Nationalgefühls"

Nachdem die exakte Position der Hauptsternwarte 1843 und 1844 bestimmt worden war, bildete Pulkovo fortan den Bezugspunkt für die Berechnung der Längengrade in Russland, was zuerst in der ab 1846 erschienenen *Drei-Werst-Karte* seinen Niederschlag fand[148], gefolgt von der 1864 in Auftrag gegebenen *Strel'bickij-Karte* (Abb. 6).[149] Allerdings hatte Direktor Struve strikt abgelehnt, dass der Längengrad von Pulkovo künftig als russländischer Nullmeridian in Karten Gebrauch finden sollte. Vielmehr plädierte er für einen internationalen Nullmeridian, obwohl es im 19. Jahrhundert in vielen Staaten durchaus üblich war, den Nullmeridian für nationale topographische Kartenwerke nach einer eigenen staatlichen Sternwarte zu definie-

---

145 Pis'mo velikogo knjaza Konstantina Nikolaeviča ministru narodnogo prosveščenija A. S. Norovu ob uvelečenii assignovanij na soderžanie N[ikolaevskoj] g[lavnoj] a[stronomičeskoj] o[bservatorii], 21 dekabrja 1856g. (a. S.), in: Abalakin: Glavnaja astronomičeskaja observatorija v Pulkove 1839–1917gg. Sbornik dokumentov, Sankt-Peterburg 1994, S. 105.
146 Vgl. Iz zapiski tovarišča ministra narodogo osveščenija P. A. Vjazemskogo gosudarstvennomy sovetu o neobchodimosti izmenenij v štate NGAO, 24 maja 1857g. (a. S.), in: Abalakin: Glavnaja astronomičeskaja observatorija v Pulkove, S. 106–108.
147 Vgl. Abalakin: Glavnaja astronomičeskaja observatorija v Pulkove, S. 102, 109.
148 Vgl. Komkov (u. a.): Geschichte der Akademie der Wissenschaften der UdSSR, S. 221; Kap. 8.1.
149 Vgl. Kap. 9.1.

ren.[150] Neben diesen nationalen Meridianen war es zudem international etabliert, auf ausgewählten Karten die Längengrade von Paris, Greenwich oder Ferro zu zählen.[151] In Ermangelung einer repräsentativen Hauptsternwarte im Zarenreich vor der Inbetriebnahme Pulkovos, wurde *die Specialcharte von Livland* genauso nach dem Meridian von Ferro orientiert[152], wie die größten topographischen Kartenprojekte Russlands in der ersten Hälfte des 19. Jahrhunderts, nämlich die *Hundertblatt-Karte*[153] und die *Schubert-Karte*[154]. Der zunehmende Weltverkehr in der zweiten Hälfte des 19. Jahrhunderts stieß die Debatte um eine Vereinheitlichung der Nullmeridiane neu an, nachdem dieses Vorhaben bereits öfter gescheitert war. Der Weltverkehr bedurfte einer einheitlichen Weltzeit, die sich nach dem Nullmeridian orientieren sollte. Seit 1871 war dieses Thema Gegenstand wiederholter internationaler Verhandlungen, aber selbst die Meridiankonferenz 1884 in Washington konnte keinen einstimmigen Beschluss unter den zahlreich anwesenden Staatsregierungen fassen.[155] Nachdem Struves Sohn Otto Wilhelm (1819–1905) als nachfolgender Direktor der Hauptsternwarte (1862–1889) an dieser Meridiankonferenz in Washington teilgenommen hatte, publizierte er einen Bericht über die Ergebnisse und schilderte die frühere Auffassung seines Vaters zum russländischen Nullmeridian in der russischen Kartographie so:

> Namentlich hatte sich W. Struve, gleich nach der im Jahre 1839 erfolgten Gründung der Hauptsternwarte in Pulkowa, entschieden dagegen erklärt, dass dadurch in die Russische Kartographie ein besonderer erster Meridian eingeführt werde. Dieser Ansicht entsprechend, organisierte er 1843 und 1844 große Chronometerexpeditionen, durch welche der Längenunterschied zwischen Pulkowa und Greenwich aufs Schärfste festgestellt wurde, so dass wir in den Stand gesetzt wurden, alle in Russland bestimmten oder noch zu bestimmenden Längen mit voller Stränge auf den Meridian der letztgenannten Sternwarte zu beziehen, der schon damals der am häufigsten gebrauchte war.

---

150 Vgl. Lexikon zur Geschichte der Kartographie, Bd. 2, S. 550.

151 Vgl. Lexikon zur Geschichte der Kartographie, Bd. 2, S. 550.

152 Der Bezug auf den Meridian der westlichen Spitze der kanarischen Insel Ferro für die Längenzählung auf Karten reicht in das zweite Jahrhundert (n.Chr.) auf die Lehre von Claudius Ptolemäus zurück. Seit 1634 war der Meridian von Ferro Einheitsmeridian von Frankreich und teilte die Neue und Alte Welt in eine westliche und östliche Hemisphäre. 1724 wurde festgelegt, den Meridian von Ferro auf 20 Grad westlich der Pariser Sternwarte anzunehmen, weshalb der wahre Bezugspunkt seitdem Paris war. Seit 1732 wurde der Meridian von Ferro auf Karten allgemein gebräuchlich, bis neue Sternwarten in Europa zunehmend eigene Nullmeridiane definierten. Vgl. Haag, Heinrich: Die Geschichte des Nullmeridians, Leipzig 1913, S. 55–60, 95; Lexikon zur Geschichte der Kartographie, S. 549.

153 Vgl. Kap. 5.1.

154 Vgl. Kap. 6.1.

155 Vgl. Lexikon zur Geschichte der Kartographie, Bd. 2, S. 551.

Struves Sohn schreibt ferner, dass seit 1853 zwar auf allen Seekarten das Längennetz nach dem Meridian von Greenwich eingetragen und nur auf dem Rande der Karten dessen Beziehung zu Pulkovo vermerkt wurde. Aber:

> Trotz solchen Vorganges sind wir indessen hier zu Lande in Bezug auf Kartographie doch nicht ganz frei von dem Einflusse des unklaren Nationalgefühls geblieben, welches für Pulkowa den Anspruch erhob, wenigstens für Russland als erster Meridian zu gelten. Diesem Umstand ist es zuzuschreiben, dass z. B. auf verschiedenen von dem Kaiserlichen Generalstabe herausgegebenen Karten, im Widerspruche mit den Ansichten der Pulkowaer Astronomen, selbst in solchen Fällen, wo die Karten nicht blos ein locales Interesse hatten, das Längennetz nach Pulkowa verzeichnet und dessen Beziehung auf den Meridian von Greenwich nur auf dem Rande vermerkt ist.[156]

Otto Wilhelm Struves Auslassung offenbart, dass die Idee eines russländischen Nullmeridians, wie sie seit 1846 in Russland in zahlreichen topographischen Karten verwirklicht wurde, nicht von seinem Vater, dem Gründungsdirektor der Hauptsternwarte, stammt, sondern vielmehr andere Urheber haben muss. Offensichtlich sind diese im Militär-Topographischen Depot beim Generalstab in Sankt Petersburg zu suchen, das an dieser Praxis bis 1917 gezielt festhielt. Offensichtlich wurde u. a. der russländische Nullmeridian genutzt, um die restliche Autonomie Polens nach dem Januaraufstand 1863–1864 sinnbildlich aufzuheben. Visuell wurde so hervorgehoben, wo das Macht-Zentrum und wo die Peripherie des Reiches ist. Nach dem Novemberaufstand in Polen 1831–1832 hatte es der zarische Generalstab offenbar in Ermangelung einer Hauptsternwarte noch gebilligt, in der *Topographischen Karte des Zartums Polen* (1818–1843) den Längengrad von Warschau als polnischen Nullmeridian abzubilden.[157] In den 1870er Jahren wurde bei der Aktualisierung und sprachlichen Russifizierung dieser Karte aber der Warschauer Bezug nun vom russländischen Nullmeridian ersetzt. Das Kartenbild vom Russländischen Imperium hatte damit seine Perspektive offenbart: Das Macht-Zentrum Sankt Petersburg ist darin symbolischer Ausgangspunkt für die räumliche Verortung der unterschiedlichen Besitzungen des Reiches. Genauso, wie auf allen Bahnhöfen und allen Telegraphenbüros des Zarenreiches die Uhrzeit Hauptsternwarte in Pulkovo einheitlich galt.[158] Auf diese Weise wurde mithilfe des russländischen Nullmeridians in topographischen Karten imperiale Politik betrieben. Das Messen und Zählen von Raum und Zeit hatte in Pulkovo bei Sankt Petersburg seinen Ausgangs- und Bezugspunkt. Der Kartenausschnitt in Abbildung 6 bildet Sankt Petersburg samt russländischem Nullmeridian ab. Oben rechts ist das typische „[Länge östl./ westl.] von Pulkovo" (*ot Pulkova*) gedruckt, wie es sich in zahlreichen topographischen Karten des zarischen General-

---

156 Struve, Otto: Die Beschlüsse der Washingtoner Meridianconferenz, Sankt Petersburg 1885, S. 2 f.
157 Vgl. Kap. 8.2.
158 Vgl. Urbansky, Sören: Kolonialer Wettstreit. Russland, China, Japan und die Ostchinesische Eisenbahn, Reihe: Globalgeschichte, Bd. 4, Frankrfurt/M. 2008, S. 54.

stabs findet. Der Nullmeridian verläuft genau durch das Stadtzentrum Sankt Petersburgs, wie bereits der 48. Breitengrad östlich der Insel Ferro. Es ist fraglich, ob in den 1830er Jahren der Bauplatz für das Hauptobservatorium danach ausgewählt wurde, den russländischen Nullmeridian symbolisch durch das Herz des imperialen Zentrums verlaufen zu lassen.

Die Russische Revolution 1917 als politische Zäsur war nicht identisch mit der Lebensdauer der alten topographischen Karten des Zarenreiches. Denn diese waren teilweise bis in die 1930er und 1940er Jahre unverändert in Gebrauch, als die zarische Macht nicht mehr existierte. Zwar verlor mit den neuen topographischen Kartenwerken Sowjetrusslands der russländische Nullmeridian an Bedeutung, indem die Zählung der Längengrade künftig nach der Sternwarte von Greenwich erfolgte. Doch das Russländische Imperium blieb auf alten Karten noch sichtbar. Der vollständige Übergang auf die neuen Kartenwerke dauerte Jahrzehnte, sodass mit dem weiteren Gebrauch der topographischen Karten aus dem Zarenreich der russländische Nullmeridian von Pulkovo noch weit bis ins 20. Jahrhundert Verwendung fand. Am 16. September 1918 hatte der Rat der Volkskommissare der RSFSR beschlossen, im Zeitraum vom 1. Januar 1919 bis 1. Januar 1922 den internationalen Meter als offizielles Längenmaß in Russland einzuführen.[159] Ende 1918 wurde bereits mit der Herstellung eines neuen Kartenwerkes von Russland im metrischen Maßstab 1 : 1 Million begonnen[160], die dem Konzept der *Internationalen Weltkarte* (*Carte Internationale du Monde au Millionième*) folgte.[161] Dieses internationale Projekt stellte einen überstaatlichen Versuch dar, die Topographie der Welt standardisiert und systematisch zu kartieren. Die Parameter dafür wurden 1913 in Paris international beschlossen und sahen u. a. einen einheitlichen Blattschnitt, einen einheitlichen Maßstab im metrischen System, sowie den einheitlichen Nullmeridian von Greenwich vor.[162] Mit der Beteiligung Russlands an diesem überstaatlichen Projekt wurde ursprünglich die Kaiserliche Russische Geographische Gesellschaft 1913 von der Reichsregierung beauftragt, nachdem dies der zarische Generalstab abgelehnt hatte.[163] Der Kriegsausbruch 1914 verhinderte jedoch den Beginn der Arbeiten.[164] Demnach handelte es sich um ein Vorhaben des späten Zarenreiches, an dessen Vorarbeiten im Auftrag der Sowjetregierung 1918 wieder angeschlossen wurde. Mit dem Befehl Nr. 48 vom

---

159 Vgl. Dekret ot 14 sentjabrja 1918 goda. O Vvedenii meždunarodnoj metričeskoj sistemy mer i vesov, in: Sobranie uzakonenij i razporjaženij pravitel'stva RSFSR za 1917–1918gg., Nr. 66 ot 16 sentjabrja 1918g., Abteilung 1, Moskva 1942, S. 902f.
160 Vgl. Alekseev: Kratkij očerk dejatel'nosti Korpusa voennych topografov, S. 17.
161 Vgl. Šokalskij, Julij Michajlovič: Trudy počvennogo otdela K. E. P. S. [Aufsatz von November 1918], H. I, Schriftenreihe: Otčety o dejatel'nosti Komissii po izučeniju estestvennych projzvoditel'-nych sil Rossii pri Rossijskoj akademii nauk, Nr. 19, Petrograd 1923, S. 8.
162 Vgl. Cartography in the Twentieth Century, hrsg. von Monmonier, Mark, Teil 1, in: The History of Cartography, Bd. 6, Chicago 2015, S. 689.
163 Vgl. Šokalskij: Trudy počvennogo otdela, S. 8.
164 Vgl. Šokalskij: Trudy počvennogo otdela, S. 14.

4. April 1919 wurde beim Militär-Topographen-Korps der Roten Arbeiter- und Bauern-Armee der metrische Maßstab und der internationale Nullmeridian von Greenwich eingeführt. Diese Anpassungen waren durch den vorangegangenen Übergang auf den internationalen Meter sowie durch die Einführung der internationalen Weltzeit nach dem Längengrad von Greenwich notwendig geworden.[165] Ferner wurden die Formate und Blattschnitte aller künftigen Aufnahmeblätter und davon abgeleiteter Karten nach den Parametern der *Internationalen Weltkarte* ausgerichtet.[166] Damit gaben die Bolschewiki den russländischen Nullmeridian auf, um ihr innovatives Karten-System[167] nach einer Weltkarte auszurichten, die als eine internationale wissenschaftliche Gemeinschaftsarbeit angelegt war. Seit Ende der 1930er Jahre lehnte die Sowjetregierung eine weitere Beteiligung an diesem internationalen Projekt ab.[168] Dennoch wurde am Nullmeridian von Greenwich als neuen Bezug für die Längengradzählung in sowjetischen Karten und Atlanten festgehalten, was Struves Überzeugung auf Umwegen rund ein Jahrhundert später gerecht wurde.

165 Vgl. Prikaz po Korpusu voennych topografov ot 4 aprelja 1919g., Nr. 48, in: Ja. A.: K voprosu o novych masštabach i razbivke s"emočnych planšetov i kart, priloženija, in: Voenno-topografičeskij žurnal, 3 (1920) 1–3, S. 78.
166 Vgl. Prikaz po Korpusu voennych topografov ot 4 Aprelja 1919, S. 80.
167 Die einzelnen Karten-Maßstäbe entstehen durch glatte Teilung, womit eine Überlappung der Kartenblätter vermieden wird und eine beispiellose Übersichtlichkeit erstmals gegeben ist. Demnach bestand ein Karten-Blatt im Maßstab 1 : 1 Million aus vier Blättern im Maßstab 1 : 500.000, aus 36 Blättern im Maßstab 1 : 200.000 etc., schließlich aus 2.304 Blättern im Maßstab 1 : 25.000. Vgl. Albrecht, Oskar: Zur Frage des Blattschnittes. Gegenüberstellung bisheriger Lösungen und Vorschläge, in: Mitteilungen des Chefs der Kriegs-Karten und Vermessungswesens 3 (1944) 3, S. 120.
168 Vgl. Cartography in the Twentieth Century, S. 690; Kap. 4.4.

4 Landesaufnahmen – Topographien des 19. Jahrhunderts

4.1 Landesaufnahme als Konzept der Raumerschließung

Wie in anderen europäischen Kontinentalmächten auch, wurde nach dem Ende der napoleonischen Kriege im Russländischen Imperium auf das Konzept der Landesaufnahme gesetzt, um eine flächendeckende, einheitliche topographische Erfassung des Staatsterritoriums als administrative und militärische Grundlage zu verwirklichen. Vor allem die Erfahrungen von 1812, der Krieg mit der *Grande Armée* im eigenen Land, hatten im Zarenreich den gefährlichen Mangel an detaillierten topographischen Karten für eine zweckmäßige Landesverteidigung deutlich offenbart.[1] Die Einführung der Massenkonskription (*levée en masse*), der Übergang zu neuen Schlachttaktiken mit flexiblen militärischen Einheiten und nicht zuletzt die Einbeziehung der Staaten mit all ihren Ressourcen und Bevölkerungen in das Kriegsgeschehen, verlieh dem Wissen über geographisch-räumliche Bedingungen eine größere Bedeutung, als es noch in Zeiten der Kabinettskriege gehabt hatte. Im Gegensatz zu den punktuellen Aufnahmen von potentiellen Schlachtfeldern ging es nun um eine flächenhafte topographische Erfassung des ausgedehnten Raumes. Das Schlagwort dieses Unterfangens hieß „Landesaufnahme". Dieser Begriff wurde im deutschsprachigen Raum seit dem 18. Jahrhundert verwendet und bezeichnet die einheitliche, flächenhafte Vermessung und Kartierung eines Staatsgebietes oder größerer Teile desselben, wie sie in zahlreichen europäischen Staaten unter diversen Bezeichnungen stattfand. Eine Landesaufnahme beinhaltete die gesamten Vermessungsarbeiten für die geographische, administrative und vielfach auch katastrale Erfassung eines Landes. Im 18. Jahrhundert vielerorts noch ohne geodätische Grundlagen, fußten die Landesaufnahmen im 19. Jahrhundert nach französischem Beispiel auf Triangulationen. Die Landesvermessung als Bestandteil der Landesaufnahme beinhaltete die Schaffung der geodätischen Grundlagen durch Basismessung, Triangulation, Nivellement und astronomische Ortsbestimmung. Mitte des 19. Jahrhunderts waren bereits große Teile Europas von zahlreichen Gradmessungen, großräumigen Triangulationen und umfangreichen astronomischen Positionsbestimmungen überzogen. Ihre Resultate waren die Bestimmung und Abbildung von Lagefestpunktfeldern auf mathematisch streng definierten Bezugsflächen, welche als Gerüst für topographische Aufnahmen dienten. Das Ideal war die Herstellung von topographischen Karten in verschiedenen Maßstäben, d. h. die Ableitung von Folgekarten aus handgezeichneten Originalkarten. Der große Aufwand der vielfältigen Arbeiten setzte eine staatliche Organisation voraus, was im 19. Jahrhundert – der Blütezeit der Landesaufnahmen – vorwiegend durch die jeweiligen Generalstäbe

---

1 Vgl. Kap. 5.8.3.

realisiert wurde. Dort institutionalisiert, führten als Geodäten und Topographen ausgebildete Militärs die Landesaufnahmen aus.[2] In einem deutschsprachigen Lexikon aus dem frühen 20. Jahrhundert heißt es unter dem Stichwort Landesaufnahme:

> Landesaufnahme oder Landeskartierung, Mappierung. Die Arbeiten zur Herstellung einer Landeskarte des Staatsgebietes, die nicht nur eingehendere Kenntnis von der Erdfläche des Staates gewährt, sondern auch für die Staatsverwaltung, Feststellung und Sicherung des Grundbesitzes, Landwirtschaft und Steuerwesen als Dokument mit amtlicher Beweiskraft benutzt werden und namentlich auch militärischen Zwecken dienen soll. [...] Bei Ausführung der Landesaufnahme wird das Land durch trigonometrische Netzlegung in Dreiecke oder Polygone geteilt, deren Eckpunkte als trigonometrische Netzpunkte in Bezug auf ihre geographische Lage nach Länge und Breite sowie nach ihrer absoluten Höhe über Normalnull durch Nivellements festgestellt und im Lande durch Stein- und Holzpyramidensignale bezeichnet sind. Das trigonometrische Netz beruht in erster Linie auf der Messung einer oder mehrerer Basen. Nach erfolgter Wahl der Bildfläche und Kartenprojektion erfolgt nun mittels der topographischen Aufnahme die Übertragung des Landesbildes unmittelbar auf das Papier.[3]

Obwohl in Russland eine offenkundige Anlehnung an den deutschsprachigen Begriff Landesaufnahme spätestens seit 1822 in offiziellem Gebrauch war (*s"emki gosudarstvennye*), fehlt dieser Eintrag im entsprechenden russischsprachigen Lexikon.[4] Vor dem Hintergrund unterschiedlicher Interessen unterlag der Begriff in Russland während des 19. Jahrhunderts einem mehrfachen Bedeutungswandel und war vermutlich daher nicht eindeutig zu definieren. Dieser Abschnitt handelt von der Einführung, Diskussion, Aushöhlung und Abschaffung des Konzeptes Landesaufnahme und dessen Bedeutung für die Raumerschließung im Zarenreich. In Frankreich, Preußen und Österreich wurden die bereits im 18. Jahrhundert unternommenen Landesaufnahmen im 19. Jahrhundert von neu gegründeten Topographischen Büros beim Militär abermals durchgeführt, um auf genauere und ausführlichere Kartenwerke zugreifen zu können. Der große Nutzen von topographischen Kartenwerken für die Territorialstaaten im postnapoleonischen Europa rechtfertigte den beträchtlichen Aufwand. In Frankreich wurde 1817 eine topographische Neuaufnahme des Landes angeregt, auf deren Grundlage die *Generalstabskarte von Frankreich* im Maßstab 1 : 80.000 entstand.[5] In Preußen erfolgten ab 1816 Vorarbeiten für die topographische Neuaufnahme, welche für die Zusammenstellung der *Preußi-*

---

2 Vgl. Lexikon der Kartographie und Geomatik, Bd. 2, S. 92; Lexikon zur Geschichte der Kartographie, Bd. 1, S. 437; ABC Kartenkunde, S. 356 f.; Torge: Geschichte der Geodäsie in Deutschland, S. 3 f.; Kartographie in Stichworten, hrsg. von Wilhemy, Herbert, Berlin/Stuttgart 2002, S. 129.
3 Meyers Großes Konversations-Lexikon. Ein Nachschlagewerk des allgemeinen Wissens, Bd. 12, Leipzig und Wien 1908, S. 98.
4 Vgl Ėnciklopedičeskij slovar', Bd. XXXII, Sankt Petersburg 1901, S. 199–201.
5 Wesen und Aufgaben der Kartographie, Bd. 1, S. 465. Carte de l' Etat-Major, 1 : 80.000, 273 Blätter, Paris [1818]–1878.

schen Generalstabskarte in den Maßstäben 1 : 100.000 und 1 : 86.400 diente.[6] Und in Österreich wurde bereits 1806 eine topographische Neuaufnahme angeordnet, deren Resultate die Grundlagen für die *Spezialkarten* im Maßstab 1 : 144.000 bildeten.[7] Im Zarenreich bildete ab 1846 die *Drei-Werst-Karte* im Maßstab 1 : 126.000 das entsprechende Pendant. Als erste Folgekarte wurde sie ausschließlich aus den Originalkarten der Landesaufnahmen der westlichen Gouvernements im europäischen Russland abgeleitet. Diese These ist neu. Insofern neu, als dass der von den Zeitgenossen verwendete Begriff Landesaufnahmen (*gosudarstevennye s"emki*) in der älteren wie neueren Forschungsliteratur kaum erwähnt, erklärt und diskutiert, noch mit der *Drei-Werst-Karte* in Zusammenhang gebracht worden ist. Das ist bemerkenswert, da dem Konzept Landesaufnahme ein großer Erklärungswert für die Frage nach der kartographischen Erschließung Russlands im 19. Jahrhundert zukommt. Seine Geschichte ist direkt mit dem Ringen um die Vermessungspolitik im Zarenreich verknüpft. Der wesentliche Punkt in der Begriffsbestimmung zur Landesaufnahme wird hier in den verschiedenen Funktionen einer einzigen, flächendeckenden topographischen Landeskarte für den Staat gesehen. Denn es war schlicht eine Frage der Kosten, d. h. des Arbeitsaufwandes und des benötigten Personals, ob jede Behörde für ihre Belange eine eigene Karte herstellen müsste oder aber, ob ein koordiniertes Vorgehen eine systematische Landesaufnahme für unterschiedliche staatliche Zwecke aus *einer* Hand ermöglichte. Diese Frage wurde nicht nur in Russland diskutiert. Sie war in allen europäischen Staaten relevant und wurde überwiegend zu Gunsten der jeweiligen Generalstäbe beantwortet, während die Bedarfe der zivilen Staatsverwaltungen mal mehr, mal weniger berücksichtigt wurden.[8] Der große Bedarf des Militärs nach topographischen Karten, vor allem von den Randgebieten des Russländischen Imperiums, höhlte das Konzept der Landesaufnahme sukzessive aus. Demnach stellt die *Drei-Werst-Karte* eine Ableitung von topographischen Aufnahmen dar, die als Landesaufnahmen für allgemeinstaatliche Zwecke begonnen, schrittweise aber auf die Belange des Militärs reduziert wurden. Anhand dieses Prozesses lässt sich zeigen, wie sich die topographische Kartographie Russlands im 19. Jahrhundert wandelte. Die Geschichte der topographischen Vermessung und Kartographie im Russland des langen 19. Jahrhunderts ist sehr umfangreich und in einem

---

6 Vgl. Wesen und Aufgaben der Kartographie, Bd. 1, S. 481, 640. „Topographische Karte vom östlichen Theile der Monarchie", 1 : 100.000, 249 Blätter (Sektionen), o. O. 1841; später „Topographische Karte vom Preußischen Staate mit Einschluß der Anhaltinischen und Thüringischen Länder", 1 : 100.000, 601 Blätter; Topographische Karte der Provinz Westphalen und der Rheinprovinz, 1 : 80.000, 72 Blätter (Sektionen), o. O. 1841.
7 Vgl. Wesen und Aufgaben der Kartographie, Bd. 1, S. 436; Lexikon zur Geschichte der Kartographie, Bd. 2, S. 567. „Spezialkarten" der einzelnen Länder, Maßstab 1 : 144.000, 370 Blätter, o. O. [Wien] o. J. [1811–?].
8 Eine Ausnahme in dieser Beziehung bildeten England und Württemberg. Vgl. Meyers Großes Konversations-Lexikon, Bd. 12, S. 99; Lexikon zur Geschichte der Kartographie, Bd. 1, S. 195 f.; Bd. 2, S. 799.

Kapitel kaum sinnvoll darstellbar. Hier soll es lediglich um die Frage gehen, was die verantwortlichen Stellen mit ihrem Handeln bezweckten, wie sie ihre Vorhaben verwirklichten und welche Konsequenzen sich daraus ergaben. So wird in diesem Abschnitt nach dem praktischen Vermessungsprozess und den damit verbundenen organisatorischen Herausforderungen gefragt und erkundet, was in Russland ursprünglich mit dem Begriff Landesaufnahmen beabsichtigt worden war, welche Ursachen für die Abkehr von diesem Konzept verantwortlich waren, und nicht zuletzt, welche Folgen daraus für die topographisch-kartographische Raumerschließung des Zarenreiches resultierten.

4.1.1 *Génération Bonaparte* stellt Weichen

Wissenschaftlich-methodische Fragen bei der Realisierung von Landesaufnahmen stellten sich grenzüberschreitend. Mit Hilfe von Gelehrtenwissen suchten überwiegend die General- oder Quartiermeisterstäbe der europäischen Großmächte die komplexen Herausforderungen zu bewältigen. Aus einer inter-imperialen Perspektive betrachtet, gehörten ihre Akteure weniger einer Nation, sondern eher einer historischen Ära an: der so genannten *génération Bonaparte*.[9] Neben Friedrich Georg Wilhelm Struve[10] können ihr für das Zarenreich u. a. die Militärs Karl Ludwig Wilhelm Oppermann und Fürst Pëtr Michailovič Volkonskij sowie Karl Friedrich Tenner und Theodor Friedrich Schubert zugerechnet werden. Diese Akteure setzten sich in ihren unterschiedlichen Tätigkeiten mit militär-administrativen, organisatorischen, technischen und wissenschaftlich-methodischen Fragen auseinander, die gleichwohl einen europäischen Diskurs um die kartographische Erfassung staatlicher Territorien bestimmten. Ihre Arbeiten während der ersten Hälfte des 19. Jahrhunderts waren stark von der in vielen Bereichen tonangebenden Vorgehensweise Frankreichs, zunehmend aber auch von der Praxis in deutschen Ländern geprägt. Unmittelbar nachdem 1815 die Neuordnung Europas im zweiten Pariser Friedensvertrag besiegelt worden war, wurden im Zarenreich Konsequenzen aus den ernüchternden Kriegserfahrungen gezogen. Mit Befehl vom 12. Dezember 1815 wurde das Kriegs-Kollegium umorganisiert. Dabei blieb die 1812 festgelegte Organisationsstruktur des Militär-Topographischen Depots unter der Leitung Oppermanns bestehen, wurde aber der direkten Befehlsgewalt des Kriegsministers entzogen und dafür dem Chef des nach französischem Vorbild neu gegründeten Hauptstabes seiner Kaiserlichen Majestät (*Glavnyj štab Ego Imperatorskago Veličestva*), Fürst Pëtr Michailovič Volkonskij un-

---

9 Seit den 1990er Jahren wird der inter-imperiale Charakter von bestimmten Biographien betont. Vgl. Sdvižkov Denis: L'Empire d'Occident Faces the Russian Empire. Inter-Imperial Exchanges and Their Reflections in Historiography, in: Planert, Ute (Hrsg.): Napoleon's Empire. European Politics in Global Perspective, New York 2016, S. 160.
10 Vgl. Kap. 3.1.

terstellt.[11] Neben dem Amt des Generalquartiermeisters (1810–1823) übernahm Volkonskij den Direktorposten des Militär-Topographischen Depots von Oppermann (1816–1823).[12] Damit wurde dieses nicht nur von einem Experten und hochkarätigem Militär geleitet, der als enger Vertrauter Zar Alexanders I. die Neuorganisation und Neuausrichtung des gesamten zarischen Militärs maßgeblich beeinflusste.[13] Ferner unterstand es künftig einem Mann, der die Bedeutung und Arbeitsweise des napoleonischen Generalstabs samt seines topographischen Dienstes selbst in Frankreich kennengelernt hatte, sehr gut wusste, wie die französischen Ingenieur-Geographen arbeiteten und welches Gewicht ihnen für den Erfolg der *Grande Armée* zukam.[14] Zweifellos beeinflusste diese Erfahrung Volkonskijs Denken und Handeln als verantwortlicher Chef der Vermessung und Kartographie bei der zarischen Armee. Die napoleonischen Kriege hatten die dringende Notwendigkeit der Versorgung von Armeen mit genauen großmaßstäblichen Karten in ganz Europa offenbart. Die bestehenden lokalen Aufnahmen in Russland, welche zu oft nur die Erfordernisse des Augenblicks berücksichtigt hatten, waren lückenhaft. Das Ziel bestand nun darin, flächendeckende topographische Arbeiten systematisch durchzuführen, die auf einem zuverlässigen Netz von Lagefestpunkten gründeten.[15] Als Chef des neuen Hauptstabes befahl Volkonskij noch im Dezember 1815 die trigonometrische Vermessung des westlichen Gouvernements Vil'no, was gleichsam als Beginn der systematischen Triangulation des europäischen Russlands gilt.[16] Vor allem über dieses Gouvernement war die *Grande Armée* viereinhalb Jahre zuvor in das Territorium des Russländischen Imperiums eingedrungen, als unter Napoleon zehntausende Soldaten den Njemen bei Kovno ostwärts überquerten und ins Landesinnere strömten. Mit dem Befehl von 1815 setzte die zarische Generalität nun zuerst auf die topographische Erschließung dieses geschichtsträchtigen Kriegsschauplatzes. Die astrono-

---

11 Vgl. PSZ I, 33, Nr. 26.021; Gejsman, Platon Aleksandrovič (Hrsg.): Glavnyj štab, Istoričeskij očerk vozniknovenija i razvitija v Rossii General'nago štaba v 1825–1902g. g., Schriftenreihe: Stoletie Voennago ministerstva 1802–1902, Bd. IV, Teil 2, Buch 2, Abt. 1, Sankt Peterburg 1910, S. 152.
12 Vgl. Gluškov: Istorija voennoj kartografii v Rossii, S. 427, 475. Ein Generalquartiermeister war u. a. verpflichtet, ausführliche Instruktionen und Vorschläge zum bevorstehenden Gefecht auszuarbeiten und war persönlich zuständig für die Wahl der Lagerplätze und bestimmte die Reihenfolge der Truppen, die diese Plätze einnahmen. Er sammelte und stellte die besten Karten und topographischen Aufnahmen samt Beschreibungen zusammen. Täglich führte er ein Journal, worin Karten, Skizzen und Pläne enthalten waren. Er stand in ständiger Verbindung mit allen Generälen und Beamten und musste Übersichten und Aufnahmen von Orten hinter der Front anfertigen. Während des Gefechts stand er mit dem Oberbefehlshaber im Feld. Vgl. PSZ I, 32, Nr. 24.975, §§ 99,100,103,108,109, 111.
13 Vgl. Voennaja ènciklopedija, Bd. VII, Sankt Peterburg 1912, S. 22.
14 Vgl. Kap. 5.8.3.
15 Vgl. Sališčev: Osnovy kartovedenija, S. 166.
16 Vgl. Novokšanova-Sokolovskaja: Kartografičeskie i geodezičeskie raboty v Rossii, S. 34; Gluškov: Istorija voennoj kartografii v Rossii, S. 57–59; Postnikov: Razvitie krupnomasštabnoj kartografii v Rossii, S. 108.

misch-trigonometrischen Vermessungen und topographischen Aufnahmen leitete Tenner, der auf Grundlage seiner praktischen Erfahrungen und Überzeugungen als Offizier einen Entwurf für eine neue Vermessungsinstruktion vorlegte. Die bevorstehenden umfangreichen Arbeiten in den westlichen Gouvernements erforderten zunehmend Topographen, was Volkonskij dazu veranlasste, ein Topographen-Korps zu schaffen. Mit dieser Aufgabe betraute er Theodor Friedrich Schubert, seinen späteren Nachfolger als Leiter des Militär-Topographischen Depots (1825–1843). In dieser Funktion setzte sich Schubert mit allen Kräften für Landesaufnahmen ein, die nicht nur von den Interessen des Militärs, sondern auch von denen ziviler Behörden geleitet sein sollten.

4.1.2 Landesaufnahme des Gouvernements Vil'no

Um einen exemplarischen Eindruck vom Gang und Aufwand einer flächenhaften Landesaufnahme von einem einzigen Gouvernement in Russland zu bekommen, sei die astronomisch-trigonometrische Vermessung und topographische Aufnahme des Gouvernements Vil'no unter der Leitung Tenners skizziert. Dies soll verdeutlichen, vor welchen immensen organisatorischen, personellen, finanziellen und zeitlichen Herausforderungen die zarische Militärführung stand, allein den ausgedehnten physischen Raum des westlichen Grenzgebietes nach einer in weiten Teilen Europas gängigen Methode zu kartieren. Angesichts dieser konkreten Beschreibung werden personelle Entscheidungen und die spätere Diskussion der Zeitgenossen um eine Veränderung der Ziele und Methoden der topographischen Aufnahmen erst nachvollziehbar.

4.1.2.1 Astronomisch-trigonometrische Vermessung

Karl Friedrich Tenners astronomisch-trigonometrische Vermessung (1816–1821) lief gleichzeitig mit der Struves in Livland und folgte prinzipiell den gleichen Arbeitsschritten.[17] Für diese Operation musste das Gouvernement zunächst erkundet werden, um die folgenden Arbeitsschritte zu planen. Im Ergebnis stellte sich heraus, dass die Vermessung mit großen Schwierigkeiten verbunden sein würde, da das Land flach und waldig war und daher kaum direkte Sichtverbindungen über große Distanzen existierten. Die Lösung bestand in hölzernen Signal-Bauten, die erst errichtet werden mussten. Zentrale Bedeutung hatte die äußerst genaue Streckenmessung der Basis, die für die spätere trigonometrische Berechnung der Fixpunkte für die topographische Aufnahme von entscheidender Bedeutung war. Hierfür wurde der „Normal-Sažen Nr. 1" (*dlina sažen 1*) vorbereitet, dessen Länge nach dem Muster eines französischen Toise-Normalmaßes in Sankt Petersburg hergestellt worden

---

17 Vgl. Kap. 7.4.1.

war. Der große Aufwand zur Vermeidung von Messfehlern wurde betrieben, da sich diese mit dem Umfang des Dreiecksnetzes potenzieren und auf die Bezugspunkte für die topographische Aufnahme auswirkten – folglich Distanzen zwischen kartierten Objekten nicht mehr stimmen und Aufnahmeblätter untereinander zu klaffen beginnen würden. Die anschließende trigonometrische Vermessung erfolgte in drei Etappen. Hierbei wurde zunächst das Dreiecksnetz mit den größten Seitenlängen (erste Ordnung) sehr genau gemessen. Dafür wurden von 100 Punkten aus die Winkel von 119 Dreiecken gemessen. Allein für diese Operation wurden hölzerne Signale, Pyramiden und Türme mit bis zu 30 Metern Höhe errichtet. Die Dreiecksnetze der zweiten und dritten Ordnung verdichteten das Dreiecksnetz der ersten Ordnung und bestanden aus insgesamt 3.020 Dreiecken mit 1.225 Punkten. Schließlich galt es, über die gesamten elf Kreise des Gouvernements Vil'no mit einer Flächenausdehnung von 58.000 Quadratwerst, so viele trigonometrische Punkte gleichmäßig zu verteilen, dass jeder einzelne Quadrant von 100 Quadratwerst (der Flächeninhalt eines Messtischblattes) mindestens drei dieser Punkte beinhaltete, um schließlich von einem geometrischen Netz verbunden zu werden, auf das sich die Kartierung der topographischen Objekte stützte. Bei seinen trigonometrischen Vermessungen gebrauchte Tenner hauptsächlich Methoden französischer Gelehrter, wie die des Astronomen Jean-Baptiste Joseph Delambre (1749–1822), der seit 1810 Ehrenmitglied der Russländischen Akademie der Wissenschaften war. Die Berechnung der Dreiecksseiten unternahm Tenner nach erprobten Methoden der französischen Mathematiker Adrien-Marie Legendre (1752–1833) und Siméon Denis Puisson (1781–1840), um die Koordinaten für die Eintragung von mindestens drei trigonometrischen Punkten auf jedem Messtischblatt nach der Projektion des französischen Mathematikers Rigobert Bonne (1727–1795) zu erhalten. Das Format eines solchen Messtischblattes war quadratisch und maß 20 x 20 Djujm (ca. 51 x 51 cm), was im Aufnahmemaßstab von 250 Sažen im Djujm (1 : 21.000) in der Natur zehn mal zehn Werst (10,7 x 10,7 Kilometer) entsprach und einen Flächeninhalt von 100 Quadratwerst ergab.[18]

4.1.2.2 Topographische Aufnahme

1819 bis 1829 wurde eine flächendeckende topographische Neuaufnahme des Gouvernements Vil'no auf Grundlage der vorangegangenen astronomisch-trigonometrischen Vermessung veranstaltet. Als Methode dafür wurde die Messtischaufnahme (*menzul'naja s"emka*) verwendet (Abb. 51). Diese war ein in Europa seit dem 17. Jahrhundert verbreitetes graphisches Verfahren der terrestrischen topographischen und katastralen Aufnahme mit dem Messtisch für einzelne sowie flächendeckende großmaßstäbliche topographische Aufnahmen ausgedehnter Gebiete. Der Messtisch be-

---

18 Vgl. Zapiski Voenno-topografičeskago depo, Teil VIII (1843), S. 1–53; Istoričeskij očerk dejatel'nosti Korpusa voennych topografov (1872), S. 67–78; Novokšanova: Karl Ivanovič Tenner, S. 32–48; Gluškov: Istorija voennoj kartografii v Rossii, S. 58, 500.

steht aus einer quadratischen Tischplatte, die auf einem Dreibein montiert ist. Mit dem Einsetzen der Landesaufnahmen in Europa im 18. Jahrhundert wurde die Messtischaufnahme bis in das 20. Jahrhundert zum beherrschenden Verfahren. Ihr Zweck bestand in der Bestimmung der Winkel einer Figur (Kontur) unmittelbar im Gelände sowie die verkleinerte Zeichnung auf dem Messtischblatt als Original- bzw. Manuskript-Aufnahmeblatt. Voraussetzung für dieses Verfahren war die vorausgehende Bestimmung von Fixpunkten in der Natur durch Triangulation und die darauffolgende maßstabsgetreue Übertragung der ermittelten Punkte auf das Messtischblatt, das auf dem Messtisch während der Aufnahme befestigt wurde.[19] Nachdem das Instrument auf einem bereits bestimmten Punkt aufgestellt, ausgerichtet und orientiert worden war, begann der Kartierungs-Vorgang. Der Vermessungs-Ingenieur und Historiker Martin Rickenbacher beschreibt den darauffolgenden Prozess folgendermaßen:

> Nun konnten die aufzunehmenden Punkte beispielsweise Strassenkreuzungen, Bachgabelungen, Brücken, markante Gebäude oder sonstige Geländepunkte, mit Hilfe einer einfachen Visiervorrichtung angezielt werden. Diese bestand in der Regel aus einem Fernrohr in Kombination mit einem Lineal. Damit konnten die Visierstrahlen zu den Aufnahmepunkten auf das Messtischblatt gezeichnet werden. Nahe gelegene Punkte, zu denen die Distanzen direkt gemessen und auf dem Plan im entsprechenden Massstab aufgetragen werden konnten, wurden auf diese Weise direkt kartiert. Zur Ermittlung von weiter entfernten Punkten verschob sich der Topograf auf die nächste bekannte Station und zog nach dem gleichen Verfahren die entsprechenden Strahlen auf dem Messtischblatt. Die gesuchten Punkte konnten so als Schnittpunkte der entsprechenden Strahlen ermittelt werden [...]. Durch den fortlaufenden Bezug verschiedener Stationen konnte der Karteninhalt immer mehr verdichtet werden, sodass schliesslich die noch fehlenden Objekte *à la vue*, also auch ohne eigentliche Messung eingetragen werden konnten.[20]

Dieses Verfahren für die topographische Aufnahme wurde zwar weiterentwickelt, das grundlegende Prinzip blieb aber gleich und wurde in Russland bis weit ins 20. Jahrhundert angewendet. Bevor die instrumentelle Bestimmung von Höhen ab 1845 erfolgte, hing die Kartierung des Reliefs nach Augenmaß stark vom zeichnerischen Können des jeweiligen Topographen ab. Abbildung 51 stammt aus einem russischen Lehrbuch für Topographie aus dem Jahr 1904 und zeigt eine traditionelle Messtischaufnahme samt instrumenteller Bestimmung von Höhenmesspunkten (*reečnye točki*). Der abgebildete Messtisch (*menzula*) wurde auf einer Böschung über einem bekannten Messpunkt aufgestellt und bildet sodann eine Station. Am Horizont hinten links ist eine Turm-Konstruktion als Signal für einen trigonometrischen Punkt dargestellt, an dem die Aufnahme orientiert wird. Der Topograph visiert mit der Kippregel (*kipregel'*) – einem Fernrohr, das fest auf einem Blechstreifen mit Zei-

---

19 Vgl. Lexikon zur Geschichte der Kartographie, Bd. 2, S. 488–490.
20 Rickenbacher Martin: Napoleons Karten der Schweiz. Landesvermessung als Machtfaktor, 1798–1815, Baden 2011, S. 30 f.

chenkante befestigt ist – alle landschaftlichen Objekte sowie die Messlatten an, die an den Wegkurven von Gehilfen lotrecht gehalten werden. Gleichzeitig überträgt der Topograph die visierten Richtungen, indem er entlang der Zeichenkante Visierstrahlen auf das Messtischblatt (*planšet/brul'on*) zeichnet. Zudem notiert er die beobachteten Vertikalwinkel der Messpunkte und berechnet daraus Höhen, welche später zu einzelnen Höhenangaben gebraucht oder zu Höhenlinien verbunden werden, um eine exakte Geländedarstellung im Kartenbild zu ergeben. Nach der Aufnahme wird die quer liegende Feldmessbake (*vecha*) wieder aufgestellt, um die Station zur späteren Orientierung von einer anderen Station aus anvisieren zu können und das geometrische Netz zu verdichten. Martin Rickenbacher fährt fort:

> Auf diese Weise wurde der Karteninhalt direkt im Gelände grafisch vermessen. Definitiv ermittelte Kartenelemente wurden abends oder an Regentagen in Tusche ausgezogen. Gute Topografen zeichneten sich dadurch aus, dass sie das Gelände rasch in die verschiedenen Kammern gliedern und die landschaftlichen Einheiten erfassen konnten. Sie waren in der Lage, ihre Geländekenntnisse auch noch Monate nach der eigentlichen Feldarbeit bei der Reinzeichnung nutzbringend einzusetzen, und entwickelten somit eine Art topografisches Gedächtnis. Die Reinzeichnung erfolgte in der Regel in den Wintermonaten. Erst anschliessend konnten die Originale zur kartographischen Bearbeitung weitergeleitet werden."[21]

Die topographische Aufnahme des Gouvernements Vil'no begann 1819 und war auf Grund ihrer astronomisch-trigonometrischen Grundlage die erste ihrer Art in Russland. Dabei handelte es sich um einen experimentellen Vorgang, da weder eine offizielle Vermessungsinstruktion, noch ausreichend qualifiziertes Personal vorhanden waren. Aus unterschiedlichen Abteilungen der Armee waren 25 Offiziere abkommandiert worden, um die Aufnahmen unter Karl Tenners Leitung zu verwirklichen. Wie sich aber herausstellte, waren lediglich fünf von ihnen in der Lage, das Relief nach Lehmanns System auf dem Messtischblatt zu zeichnen. Um den Personalmangel schrittweise zu beheben, forderte Tenner Waisenkinder aus Militärsiedlungen an, um diese während der Aufnahmen als militärische Topographen auszubilden.[22] Dennoch beteiligten sich in den ersten drei Jahren lediglich 25 Topographen an Tenners Aufnahmen, in den folgenden Jahren durchschnittlich 50.[23] Die Aufnahmen dauerten täglich zehn Stunden und fanden von Anfang April bis Ende Oktober, bzw. an 150 Arbeitstagen statt. In diesem Zeitraum nahm ein Topograph durchschnittlich 140 Quadratwerst auf.[24] Demnach schaffte jeder Topograph durchschnittlich knapp anderthalb Messtischblätter in einer Saison. Dass dabei nicht nur die bezweckten

---

21 Rickenbacher: Napoleons Karten der Schweiz, S. 31.
22 Vgl. Istoričeskij očerk dejatel'nosti Korpusa voennych topografov (1872), S. 157 f.
23 Vgl. Istoričeskij očerk dejatel'nosti Korpusa voennych topografov (1872), S. 160.
24 Vgl. Rossijskij gosudarstvennyj voenno-istoričeskij archiv, Moskva (künftig: RGVIA Moskva), f. 846, op. 16, d. 18006, Memuar", soderžaščij proekt" dlja proizvodstva bol'šich gosudarstvennych voennych s"emok, napisannyj gen.majorom" Tennerom. Gorod Vil'no 1826go goda, l. 9, 79ob.; Novokšanova: Karl Ivanovič Tenner, S. 55.

Resultate erlangt wurden, ist einem zeitgenössischen Zirkular des Generalstabs zu entnehmen. Demnach stellte Tenner bei der Prüfung fest, dass einige Messtischblätter vollständig falsch aufgenommen worden waren und die Arbeiten wiederholt werden mussten. Die Verantwortlichen wurden daraufhin öffentlich streng getadelt und dazu verpflichtet, die Kosten der Neuaufnahme zu tragen. Künftig wurde jeder Topograph vor das Kriegsgericht gestellt, der eine falsche instrumentale Aufnahme zu verantworten hatte.[25] Dies zeigt nicht nur, wie wichtig der Regierung die zuverlässige Kartierung des Landes war, sondern auch, unter welchem Leistungsdruck die Topographen beim Zeichnen der Messtischblätter standen. Insgesamt dauerten die Aufnahmen der elf Kreise des Gouvernements Vil'no rund zehn Jahre und brachten 658 Messtischblätter hervor. Die Kosten für diese Aufnahme pro Quadratwerst lagen bei durchschnittlich 5,08 Assignaten-Rubel, was Gesamtkosten von rund 300.000 Assignaten-Rubel ergab.[26] Im Vergleich zu späteren Ausgaben wird die Bedeutung dieser hohen Kosten noch deutlich. Um Zeit und Ausgaben für zukünftige Landesaufnahmen zu sparen, legte Tenner dem Generalquartiermeister in Sankt Petersburg noch während der Aufnahmen eine selbst verfasste Vermessungsinstruktion vor. Seine Vorschläge waren der Ausgangspunkt für die erste Diskussion um die Ausrichtung der Landesaufnahmen.

4.1.3 Institutionelle und personelle Organisation

Die praktischen Erfahrungen bei der Landesaufnahme im Gouvernement Vil'no hatten den Mangel an notwendigen Geodäten und Topographen hervorgehoben. Vor allem dieser Umstand hatte die lange Dauer der Arbeiten von rund zehn Jahren verursacht. Damit waren die Arbeiten aber noch längst nicht beendet, denn sie hatten im Hinblick auf die Ausdehnungen des Russländischen Imperiums gerade erst begonnen. Das 58.000 Quadratwerst große Gouvernement Vil'no hatte lediglich einen Bruchteil des europäischen Teils des Zarenreiches ausgemacht. Eine entscheidende Voraussetzung für die Vermessung des Russländischen Imperiums bildete damit die gezielte personelle und institutionelle Organisation.

4.1.3.1 Bildung, Zweck und Umfang des Topographen-Korps

Aleksej Postnikov hat die Bildung des Topographen-Korps untersucht und erklärt, dass seine Gründung im Jahr 1822 im Zusammenhang mit der Entstehung der Schule für Kolonnenführer (*Učilišče kolonnovožatych*) stand, die als Anstalt für die reguläre Ausbildung von Quartiermeister-Offizieren diente. Diese Offiziere waren bis dahin

---

25 Vgl. Befehl Nr. 160 vom 29. Juli 1826, in: Sobranie prikazov otdannych po General'nomy štabu (byvšej Kvartirmejsterskoj časti) s 1815 po 1830 god, Sankt Peterburg 1831, S. 126 f.
26 Vgl. Istoričeskij očerk dejatel'nosti Korpusa voennych topografov (1872), S. 159.

für topographische Aufnahmen verantwortlich. Die Schule wurde bereits 1810 in Moskau auf private Initiative von Michail Nikolaevič Murav'ëv (1796–1866) als „Gesellschaft für Liebhaber der Mathematik" gegründet, wo junge Adlige und ausgesuchte Kantonisten (Waisen) in einem vierjährigen Programm unter anderem in topographischen Aufnahmen ausgebildet worden waren. Ab 1820 erfolgte dort nur noch die Ausbildung von Offizieren. Ab 1823 in Sankt Petersburg ansässig, hatten dort bereits rund 200 Offiziere ihre Ausbildung erhalten, bis die Anstalt 1826 infolge des Dekabristen-Aufstandes aufgelöst wurde.[27] Während sich die Schule für Kolonnenführer als Ausbildungsstätte für künftige Quartiermeister-Offiziere etablierte und als Vorläufer der 1832 gegründeten Militär-Akademie gilt, wurde eine Institution für die Ausbildung und Formierung unterer Dienstränge zu Topographen benötigt.

Bei der Armeeführung in Sankt Petersburg wurde die Organisation der topographischen Dienste anderer europäischer Länder analysiert. Als Spezialist für theoretische und praktische Geodäsie legte Murav'ëv im Jahr 1819 Volkonskij ein Konzept über die Grundlagen zur Herstellung neuer Karten von Russland vor. Neben den geodätischen Arbeiten durch Offiziere sei es für die Ausführung der topographischen Aufnahmen aber erforderlich, ein Korps von Ingenieur-Geographen zu gründen. Die Durchführung aller Aufnahmen vom Russländischen Imperium müssten ferner einer *einheitlichen* Instruktion folgen, und nicht vom Willen eines einzelnen Verantwortlichen abhängig sein. Somit würde ein jeder in der Lage sein können, Aufnahmen mit dem Instrument oder nach Augenmaß zu machen. Als Topographen sollten Kantonisten dienen, die in einer noch zu gründenden Topographen-Schule ausgebildet werden mussten. Volkonskij beauftragte noch im selben Jahr Theodor Friedrich Schubert, ein Statut für ein Topographen-Korps zu erarbeiten.[28] Volkonskij wusste, welche Bedeutung dem Korps der französischen Ingenieur-Geographen (*Corps impérial des Ingénieurs Géographes*) zukam. Im Hinblick auf die Übernahme französischer Organisations-Strukturen erfolgte mit der Gründung des Topographen-Korps auf russischer Seite beim Haupt-, bzw. Generalstab ein konsequenter Schritt. Nicht nur wissenschaftliche Methoden, sondern auch organisatorische Strukturen mussten übernommen werden, um die systematische Kartierung des Landes zu verwirklichen. Wie Militär-Historiker aus dem 19. Jahrhundert betonen, war bei der Rekrutierung für das Topographen-Korps auf junge Adlige bewusst verzichtet worden, da diese aus Karriereabsichten vermutlich nicht lange Topographen bleiben würden, während Kantonisten kein Anrecht auf freie Berufswahl hatten.[29] Bei diesen Kantonisten handelte es sich um Kinder-Soldaten (Kinder von Soldaten; Waisen sowie uneheliche Kinder) – nicht jünger als zehn Jahre – deren Organisation (*Voennoe sirotskoe otdelenie*) ab 1824 dem Chef der Militärsiedlungen (*voennye poselenija*) Aleksej

---

27 Vgl. Postnikov: Geografičeskie issledovanija i kartografirovanie Pol'ši, S. 98 f.
28 Vgl. Postnikov: Geografičeskie issledovanija i kartografirovanie Pol'ši, S. 100 f.
29 Vgl. Istoričeskij očerk dejatel'nosti Korpusa voennych topografov (1872), S. 94.

Andreevič Arakčeev (1769–1834) oblag.[30] Im Jahr 1842 unterstanden 242.000 Kantonisten der zarischen Armee, die nicht nur als Militär-Topographen ausgebildet wurden, sondern auch als Personal für die Artillerie, Militär-Medizin sowie für das Kriegs-Ingenieur-Wesen.[31] Ziel war es, einen Bruchteil der Kantonisten systematisch als Topographen auszubilden und so lange wie möglich im Dienst zu halten. Dafür wurde beim Topographen-Korps eine spezielle Fachschule eingerichtet. Zwölf Jahre praktische Erfahrung im Feld und Zeichensaal benötigten fertig ausgebildete Topographen gewöhnlich, um in den Unteroffiziersrang befördert zu werden.[32] Im Gründungsjahr der Fachschule (1822) konnten 144 Kantonisten rekrutiert und zur praktischen Ausbildung in verschiedenen militärischen Dienststellen, Armeen und Korps verteilt werden. Unter anderem wurden für die priorisierte topographische Aufnahme des Gouvernements Vil'no 22 dieser Kantonisten abkommandiert.[33]

Laut Gründungsstatut bestand der Zweck des Topographen-Korps darin, während Friedenszeiten Landesaufnahmen zu realisieren und im Kriegsfall die kämpfenden Truppen mit örtlichen militärischen Übersichten (*voennye obozrenija mest*) zu versorgen.[34] Das formulierte Ziel von Landesaufnahmen in Friedenszeiten markierte ein neues Kapitel der Vermessung und Kartierung Russlands. Hierbei ging es um eine groß angelegte, programmatische Neuvermessung des Territoriums zur Schaffung einheitlicher Grundlagen für die Zusammenstellung von topographischen Karten. Die traditionelle Praxis, vorhandene Materialien teils stark unterschiedlicher Herkunft, Qualität und Aktualität samt Fehlern immer wieder abzukupfern und in neuen Karten zu vereinheitlichen, wie es bei der *Hundertblatt-Karte* oder auch bei den *Zehn-Werst-Karten* Praxis war, sollte mit den Landesaufnahmen und den daraus abzuleitenden Karten, wie der *Drei-Werst-Karte*, überwunden werden.

Die Zahl der Topographen und Geodäten[35] blieb von 1832 bis zum Ende des Zarenreiches mit der relativ geringen Zahl von durchschnittlich 500 Personen relativ

---

30 Vgl. Kap. 6.3.4.

31 Vgl. Voennaja ėnciklopedia, Bd. XII, Sankt-Peterburg 1913, S. 355.

32 Vgl. Istoričeskij očerk dejatel'nosti Korpusa voennych topografov (1872), S. 94; Postnikov: Karty zemel' rossijskich, S. 120; Postnikov: Razvitie krupnomasštabnoj kartografii v Rossii, S. 118.

33 Vgl. Istoričeskij očerk dejatel'nosti Korpusa voennych topografov (1872), S. 93 f.

34 Vgl. PSZ I, 38, Nr. 28.901; PSZ I, T. 32, 24.975, Abt. XIV, §§ 279, 285. Die detaillierteste Darstellung über Vorgeschichte, Gründung und Tätigkeiten in den ersten 50 Jahren des (Militär-)Topographen-Korps erschien zu seinem 50-jährigem Jubiläum: Istoričeskij očerk dejatel'nosti Korpusa voennych topografov 1822–1872, Sankt Peterburg 1872.

35 Das militärische Vermessungs-Personal bestand aus Topographen und Geodäten. Den weit größten Teil des Topographen-Korps machten Topographen (*topografy*) aus. Ihre Bezeichnung galt für alle Absolventen der Topographen-Schule, die beim Topographen-Korps angesiedelt wurde. Die Topographen standen bis ins späte 19. Jahrhundert in unteren Dienstgraden bis zum Unteroffiziersrang. Die Offiziere des Topographen-Korps trugen zunächst keine spezielle Bezeichnung. Für diejenigen Offiziere, die ab 1854 ihre Ausbildung in der geodätischen Abteilung an der Generalstabs-Akademie und an der Hauptsternwarte Pulkovo erhalten hatten, wurde ab 1866 eine Abteilung für Geodäten (*geodezisty*) beim Militär-Topographen-Korps eingerichtet, womit sich diese Be-

konstant. Erst der Stellenplan von 1918 sah unter der neuen Regierung eine deutliche Anhebung auf 732 Personen vor. Im Vergleich zum topographischen Dienst Österreich-Ungarns, das ein wesentlich kleineres Territorium zu kartieren hatte, fällt die verhältnismäßig geringe Stärke des zarischen Topographen-Korps auf. Obwohl Österreich-Ungarn eine Fläche umfasste, die um das 37-fache kleiner als das Zarenreich war, verfügte Wien über mehr Vermessungs-Personal als Sankt Petersburg.[36] Für die „kartographische Eroberung" (Emil von Sydow) des Russländischen Imperiums waren damit wesentlich schwächere personelle Voraussetzungen gegeben, als beim wesentlich kleineren europäischen Nachbarn. Das Resultat der Vermessungen in Russland konnte unter diesen Bedingungen nicht wie in Österreich-Ungarn ausfallen. Weder im Hinblick auf die Flächendeckung, noch hinsichtlich der Detailliertheit. Die verhältnismäßig geringe Zahl an Topographen muss daher als *die* entscheidende Ursache für die Abkehr von allgemeinstaatlichen Landesaufnahmen in Betracht gezogen werden. Warum aber die Zahl der Topographen so gering blieb, obwohl sehr wahrscheinlich allen Verantwortlichen die Folgen bewusst waren, ist unklar. Denkbar ist, dass Ressort-Egoismus zu der Entscheidung führte, die Zahl der Topographen nicht wesentlich anzuheben. Aus Sicht der zarischen Militärführung scheinen für ihre Absichten rund 500 Topographen ausreichend gewesen zu sein. Dass die Durchführung von Landesaufnahmen für gesamtstaatliche Zwecke von der Militärführung, bzw. von dem ihm unterstellten Topographen-Korps in Friedenszeiten übernommen wurde, rief in den Reihen der beteiligten höheren Offiziere bereits in den 1820er Jahren Kritik hervor. Was folgte, war ein Ringen um den Zweck der Landesaufnahmen.

4.1.4 Vom Ringen um den Zweck der Landesaufnahmen

Im Frühjahr 1826 erreichte Hans von Diebitsch (1785–1831), Chef des Hauptstabes in Sankt Petersburg, ein ca. 170-seitiges Manuskript aus Vil'no. Verfasst hatte es der dortige Chef der topographischen Aufnahmen, Oberquartiermeister Karl Friedrich Tenner. Dabei handelt es sich um den Entwurf einer neuen Vermessungsinstruktion, um den Gang der topographischen Aufnahmen zu beschleunigen und Kosten zu sen-

---

zeichnung im offiziellen Sprachgebrauch etablierte. Wie bereits ihre Vorgänger und Wegbereiter, führten diese Geodäten astronomische sowie trigonometrische Vermessungen durch und leiteten topographische sowie kartographische Arbeiten. In der vorliegenden Untersuchung werden auch diejenigen Akteure Geodäten genannt, die vor 1854 ihre geodätische Ausbildung erhalten hatten und anschließend Vermessungen leiteten.

36 Vgl. Auzan, Andrej Ivanovič: O Vysšem geodezičeskom upravlenii, in: Voenno-topografičeskij žurnal (1920) 1–3, S. 46; N. K.: Poslednie štaty Korpusa voennych topografov, utverždennye 10-go oktjabrja 1919g., in: Voenno topografičeskij žurnal (1920) 1–3, S. 101 f.

ken.[37] Das Konzept zeigt, dass noch keine allgemeinverbindliche Vermessungsinstruktion existiert hatte und nach dem ersten Jahrzehnt der trigonometrischen und topographischen Vermessungen erste Versuche unternommen worden waren, um praktische Antworten auf die Fragen nach einer systematischen Vermessung und Kartierung des ausgedehnten Raumes zu finden und in einer allgemeingültigen Anleitung zu übernehmen. Im Begleitbrief an den Chef des Hauptstabes schreibt Tenner:

> Wenn meinem Entwurf gefolgt wird, dann wird er alle nützlichen Informationen für die Bewegung der Truppen enthalten, die von einer militärischen Karte verlangt werden sowie auch alle nützlichen Ergebnisse für die mathematische und physische Geographie, die von jeder guten Aufnahme zu erwarten sind. Dabei wird das dreifache an Zeit wie an Kosten gespart, die für die heute durchgeführten staatlichen militärischen Aufnahmen (*gosudarstvennye voennye s"emki*) aufgewandt werden. [...] Von der Größe des Maßstabs, den man für die Darstellung der Ortslage annimmt, hängen Zeit und Kosten ab, die man für die Durchführung der Aufnahmen benötigt. Je geringer der Maßstab ist, desto weniger werden Zeit und Geld verbraucht. [...] Aus diesem Memoir werden Eure Exzellenz ersehen, dass 50 Topographen für die Aufnahme der Gouvernements Kurland, Minsk und Grodno im Maßstab 1.000 Saschen das Djujm [1 : 84.000] 6 Jahre benötigen, während sie bei der Aufnahme im Maßstab von 250 Saschen das Djujm [1 : 21.000] mehr als 19 Jahre benötigen würden. [...] der Staat [würde] bei einer solchen Aufnahme der erwähnten Gouvernements 800.000 Rubel gewinnen [...] ich glaube, dass es der einzige Weg ist, einen so großen Staat wie Russland aufzunehmen.[38]

Tenners Konzept wurde Theodor Friedrich Schubert – seit 1825 Direktor des Militär-Topographischen Depots – zur Begutachtung vorgelegt. In seiner Expertise kommt er über die Wahl des Maßstabes zum Schluss:

> Der Verfasser schlägt vor die Landesvermeßung in dem Maaßstabe von 1/84.000 zu machen, und führt mehrere bekannte Karten an, die nach einem ähnlichen Maaßstabe verfertigt sind [u. a. Carte géométrique de la France, 1 : 86.400]. Hierbei ist zu bemerken, daß die gravirten Karten nur die Reduktionen [maßstäbliche Verkleinerungen, Anm. M. J.] der Meßungen sind, und daß diese in einem weit größeren Maaßstabe ausgeführt sind. Es ist wahr, man kann einen Plan um 4 oder 3 mal verkleinern und dennoch das Detail darin anzeigen; aber diese Miniature Arbeit kann nur im Zimmer eines sehr guten Zeichners gemacht werden; zur Arbeit im Felde muß der Maaßstab groß genug angenommen werden, damit man sowohl die Linien, Contouren, als auch das Terrain deutlich und ohne große Mühe mit dem Bleistifte aufzeichnen kann [...] Jetzt kommt aber eine Hauptbetrachtung hinzu: was ist der Grund einer Landesvermessung? Doch wohl der Regierung ein getreues Bild der Erdoberfläche mit allen Details zu verschaffen, welches als ein Document im Archiv niedergelegt wird, und in welchem man sich bei

---

37 RGVIA Moskva, f. 846, op. 16, d. 18006, Memuar", soderžaščij proekt" dlja proizvodstva bol'šich gosudarstvennych voennych s"emok, napisannyj gen.majorom" Tennerom. Gorod Vil'no 1826go goda.

38 RGVIA Moskva, f. 846, op. 16, d. 18006, Memuar", soderžaščij proekt" dlja proizvodstva bol'šich gosudarstvennych voennych s"emok, napisannyj gen.majorom" Tennerom. Gorod Vil'no 1826go goda, l. 1ob.–3.

allen Fällen Rath erholen, und zu allen Zwecken verarbeiten kann. Dieser Zweck kann aber nur durch einen großen Maßstab erreicht werden [...].[39]

Schubert macht deutlich, dass der von Tenner vorgeschlagene Maßstab militärischen, nicht jedoch den Zwecken einer allgemeinstaatlichen Landesaufnahme, d. h. unterschiedlichen zivil-administrativen Zwecken genügen könne. Um diesen Nachteil einer solchen Aufnahme zu kompensieren, sah Tenners Konzept offenbar eine allgemeine sowie eine militär-statistische Beschreibung der Gouvernements vor. Schubert kommt für diesen Vorschlag zum ablehnenden Urteil:

> Der Verfasser verlangt daß der Topograph welcher die topographische Aufnahme anfertigt, auch eine statistische Beschreibung des Landes liefert. Abgesehen davon, daß diese sehr viel Zeit nimmt, [...], so zweifle ich auch ob sie überhaupt möglich seyn wird. In Rußland ist dieser Theil noch sehr zurückgeblieben, und muß er noch eine lange Zeit bleiben. [...] Zulezt glaube ich nicht, daß es eine statistische Bearbeitung von irgend einem Ländchen gibt, ja nicht einmal die kostspieligen Cadastralvermeßungen geben die Notizen welche der Verfasser verlangt. [Ich] bin auch überzeugt daß man bei einer Meßung nur schlechtes Stückwerk über diese Gegenstände sammeln kann, und die ganze Sache vielmehr dem Ministerium der Finanzen und des Inneren gehört, als dem Generalstabe.[40]

Und weiter schreibt Schubert:

> Die militärische Beschreibung der Gouvernements welche nach des Verfassers Absicht gleichfalls den Topographen zufließt, ist meines Erachtens durchaus ein Gegenstand des General

---

39 SPF ARAN Sankt-Peterburg, f. 139, op. 1, ed. chr. 9, Gutachten ueber die Memoire des Gen. Maj. V. Tenner's eine neue Methode betreffen[d], verfasst von dem Gen. Maj. V. Schubert, 1826 l. 3–4ob.
40 SPF ARAN Sankt-Peterburg, f. 139, op. 1, ed. chr. 9, Gutachten ueber die Memoire des Gen. Maj. V. Tenner's eine neue Methode betreffen, verfasst von dem Gen. Maj. V. Schubert, 1826. l. 6ob. Schubert führt diese auf: „die Menge von Pottasche, welche in den Wäldern gemacht wird, zu welcher Kultur der Boden sich am besten schickt, die Anzahl und Beschaffenheit der Bergwerke, wem sie gehören, seit wann sie bearbeitet werden, wieviel sie Ausbeute geben, was die Mineralien in rohem und verarbeiteten Zustande; zu stehen kommen, die Bearbeitung der Fruchtgärten, Beobachtungen über das Zufrieren und Aufgehen der Flüsse während 10 Jahren fortgesetzt, herrschende Winde und ihre Wirkung, Ursachen der Unheilsamkeit der Luft, von welchen Volksstämmen das Land bewohnt wird, ihre Sitten und Gewohnheiten, Menschenzahl von beiden Geschlechtern, Geburts- und Sterbelisten. Nachrichten über hohes Alter der Menschen, Anzahl der Priester von jedem Cultus, ihr Unterhalt, Verfassung und Unterhalt der Schulen, ihr Zweck, ihr Zustand und ihr Nutzen, Anzahl der Schüler, Zustand der Bauern, Zustand des Akerbaus, Zustand der Künste und Handwerke, Anzahl der Fabriken und der bei ihnen gebrauchten Arbeiter, Arbeitslohn derselben, Preis der rohen Anzahl sowohl als in und ausländischen Produkte, Menge und Güte der verfertigten Fabrikate, wieviel sie den Fabrikanten zu stehen kommen, wohin sie verschickt werden, Hindernisse und Vortheile der Fabriken, Ein- und Ausfuhr sowohl der rohen Produkte als der Fabrikate, Handelsverbindungen, Reichthum der Kaufleute usw. Die anzufertigenden Tabellen sollen zeigen, wieviel es in jedem Kreise Desjatinen Akerland, Wald, Wiesen, Wasser, Sumpf, Sand, gibt, Aussaat und Ernte von Rocken, Gerste, Weizen, Hafer, Buchweizen, gleichfalls die Heuerndte während 10 Jahren."

oder Oberquartiermeisters der Truppen, welcher zu diesem Zweck den Teil des Landes von Generalstabsoffizieren bereisen lässt [...][41]

Zusammengefasst drehen sich die Überlegungen von Tenner und Schubert um die Frage, ob es wichtiger wäre, russländische Gouvernements hauptsächlich nach militärischen Bedarfen aufzunehmen, was nach Tenners Konzept wesentlich schneller und kostengünstiger zu Ergebnissen führen würde. Oder aber, ob es wichtiger wäre, so detailliert wie möglich vorzugehen, um die Ergebnisse nicht nur für militärische, sondern darüber hinaus für andere staatliche Zwecke nutzen zu können, wie Schubert argumentiert. Diese unterschiedlichen Sichtweisen müssen als Ausdruck verschiedener Dienstpflichten und Erfahrungen verstanden werden. Während Schubert vom Wert einer detaillierten Landesaufnahme überzeugt war und als Chef des Topographen-Korps laut dem von ihm verfassten Statut die Landesaufnahme in Friedenszeiten zu organisieren hatte, war Tenner Oberquartiermeister des fünften Infanterie-Korps der ersten Armee – somit ein Teil der aktiven Hauptstreitkraft an der Westgrenze des Russländischen Imperiums. Dass sich Tenner eher für militärische Aspekte des Grenzgebietes und seine möglichst schnelle Erfassung für die potentielle Verteidigung interessierte, ist plausibel. Daher scheint es für Tenner auch leichter gewesen zu sein, zivil-administrative Aspekte bei den Aufnahmen zu vernachlässigen. Schubert kommt in seinem Gutachten zum Schluss, dass das von Tenner dargelegte Einsparungspotential nicht überzeugend, dagegen allein die nachgewiesene Zeitersparnis ein Vorteil sei. Schließlich rät Schubert von Tenners Konzept ab und plädiert, die Landesaufnahmen in einem wesentlich größeren Maßstab fortzuführen. Um den zeitlichen Mehraufwand zu minimieren, müssten lediglich vermehrt Topographen eingestellt werden, was angesichts verfügbarer Kantonisten nicht sonderlich schwer wäre.[42] Der kurz nach dem polnischen Novemberaufstand 1830–1831 in Kraft getretene erste ordentliche Personalplan des Topographen-Korps beim Generalstab (1832) belegt zwar, dass eine erhebliche Aufstockung der Stellen stattgefunden hatte. Bei genauer Betrachtung aber zeigt sich, dass von den 456 eingeplanten Topographen nur 144 ausschließlich für Landesaufnahmen vorgesehen waren. Die übrigen 312 Topographen wurden im europäischen Russland (Westgrenze und Polen), im Kaukasus, in Orenburg sowie in Sibirien verteilt, um die Gebiete des Reiches aufzunehmen, wo sich das zarische Militär konzentrierte.[43] Demnach war das Topographen-Korps nur mit einem Drittel seiner Kräfte mit Landesaufnahmen beschäftigt. Schubert reagierte offenbar auf Tenners Konzept mit der Ausarbeitung eigener Instruktionen, während unter seiner Leitung das Gouvernement Sankt Petersburg trianguliert und topographisch aufgenommen wurde (1820–1830). Die mit der Urhe-

---

41 SPF ARAN Sankt-Peterburg, f. 139, op. 1, ed. chr. 9, Gutachten ueber die Memoire des Gen. Maj. V. Tenner's eine neue Methode betreffen, verfasst von dem Gen. Maj. V. Schubert, 1826, l. 7ob–8.
42 SPF ARAN Sankt-Peterburg, f. 139, op. 1, ed. chr. 9, Gutachten ueber die Memoire des Gen. Maj. V. Tenner's eine neue Methode betreffen, verfasst von dem Gen. Maj. V. Schubert, 1826, l. 11.
43 Vgl. PSZ II, 7, Nr. 5.255.

berschaft einer allgemeingültigen Instruktion verbundene Autorität beanspruchte Schubert offensichtlich für sich. Schließlich war er nicht nur Chef des 1822 gegründeten Topographen-Korps, sondern seit 1825 auch Direktor des Militär-Topographischen Depots. Zum einen verfasste und publizierte er eine *Instruktion zur Berechnung trigonometrischer Vermessungen*. Zum anderen schrieb er eine *Instruktion für topographische Aufnahmen*. Schubert vermittelt in der ersten Instruktion die mathematischen Methoden seines Vaters Friedrich Theodor Schubert sowie der deutschen Astronomen Bohnenberger und Zach, die für trigonometrische Vermessungen, Längen- und Breitenbestimmung von Orten sowie Kartenprojektionen grundlegend waren. Beigefügt ist darin eine Tabelle mit den vollständigen geographischen Koordinaten von 1.361 Orten im gesamten Russländischen Imperium.[44] Waren es im Jahr 1800 erst 139 unvollständige geographische Koordinaten[45], so verweist die Verzehnfachung in bedeutend kürzerer Zeit auf die enorm gesteigerten Unternehmungen für astronomische und trigonometrische Ortsbestimmungen, um geographische Koordinaten für die topographisch-kartographische Erschließung Russlands zu gewinnen. Diese zunehmende Vervielfachung der Zahlen setzte sich über das gesamte 19. Jahrhundert fort.

Was die *Instruktion für topographische Aufnahmen* angeht, so war es nach Michail Nikolaevič Murav'ëvs Worten von Bedeutung, dass alle Aufnahmen einer *einheitlichen* Anleitung folgten und nicht vom Willen eines einzelnen Verantwortlichen (wie Tenner) abhängig sein dürften. Schuberts *Instruktion für topographische Aufnahmen* ist lediglich drei Seiten lang, beinhaltet insgesamt 36 Paragraphen und legt die Zuständigkeiten des jeweiligen Verantwortlichen, die Voraussetzungen und die Aufmerksamkeiten einer topographischen Aufnahme fest. Demnach muss der gesamte Raum so genau wie möglich aufgenommen und *keinerlei* Einzelheiten ausgelassen werden (§ 7). Die topographische Aufnahme soll im Maßstab von 200 Sažen im Djujm [1 : 16.800] (§ 8), und besonders wichtige Orte doppelt so groß [1 : 8.400] (§ 10) erfolgen. Besondere Aufmerksamkeit gilt der genauen Übertragung des Reliefs (§ 14). Die Verwendung des Kompasses (*busol'*) ist generell verboten (§ 16), und Messketten sollen so wenig wie möglich gebraucht werden (§ 18).[46] Dass diese Instruktion u. a. darauf abzielte, den Einfluss veralteter Methoden der Generalvermessungen auf die Kartierungsarbeiten des Kriegsministeriums zu beseitigen[47], wird daraus ersichtlich, Kompass und Messkette – klassische Instrumente der Generalvermessung –

---

44 [Schubert, Theodor Friedrich:] Anleitung zu den Berechnungen einer trigonometrischen Aufnahme, und zu den Arbeiten des topographischen Bureaus, nebst den dazu gehörigen Hülfstafeln, Sankt Petersburg 1826; [Šubert, Fëdor Fëdorovič] Rukovodstvo k isčisleniju trigonometričeskoj s"emkii dlja rabot Voenno-topografičeskago depo, s prinadležaščimi onym tablicam, Sankt Peterburg 1826. Tabelle XXXII enthält die 1.361 Koordinaten auf rund 50 Seiten.
45 Vgl. Kap. 2.1.1.
46 RGVIA Moskva, f. 40, op. 1, d. 53, O s"emki Vilenskoj i Grodnenskoj gubernijach, 18. Genvarja 1827, l. 35–40, Instrukcija dlja topografičeskoj s"emke.
47 Vgl. Postnikov: Razvitie krupnomasštabnoj kartografii v Rossii, S. 129.

aus dem gesamten Arbeitsprozess verbannen zu wollen.[48] Wie die Angaben in Tabelle 4 belegen, wurden die topographischen Aufnahmen nach 1826 überwiegend in dem von Schubert angeratenen Maßstab (1 : 16.800) durchgeführt, womit Tenners Konzept zunächst sichtlich verworfen worden war, militärische Aufnahmen um den Preis der Ausführlichkeit und des breiteren Nutzens von topographischen Aufnahmen zu beschleunigen. Schubert hatte sich mit seiner gemäßigten Auffassung, an Landesaufnahmen mit allgemeinstaatlichem Nutzen festzuhalten, vorerst durchgesetzt. Dies führte zu den detailliertesten Landesaufnahmen von mindestens sieben Gouvernements im europäischen Russland, die in der ersten Hälfte des 19. Jahrhunderts durchgeführt wurden (Abb. 12). Zudem dokumentieren die Tabellen 3 und 4 die Auswahl der vermessenen Gouvernements. Die Arbeiten fanden demnach vornehmlich im westlichen Grenzgebiet statt. Kursiv sind hierbei die Gouvernements hervorgehoben, in denen 1812 unmittelbare Kriegshandlungen stattgefunden hatten. Folglich nahm der zarische Generalstab den größten Aufwand in Kauf, um vor allem die Achillesferse – das westliche Grenzgebiet Russlands zwischen Ostsee und Karpaten detailliert aufzunehmen.

Tab. 3: Trigonometrische Vermessungen nach Gouvernements 1816–1842[*]

Zeitraum	Gouvernement	Leitung
1816–1821	*Vil'no*	Tenner
1816–1819	*Livland*	Struve
1819–1820	Estland	Struve
1822–1824	*Kurland*	Tenner
1820–1832	Sankt Petersburg, Teil von Novgorod, Pskov, Vitebsk	Schubert
1825–1829	*Grodno*	Tenner
1830–1834	*Minsk*	Tenner
1833–1839	*Smolensk und Mogilëv*	Schubert
1833–1841	*Moskau*	Schubert
1836–1838	Krim	Schubert et al.
1836–1841	Volhynien und Podolien	Tenner
1840–1847	*Kaluga* und Tula	Oberg
1840–1846	Kiev	Tenner

* Vgl. Novokšanova-Sokolovskaja: Kartografičeskie i geodezičeskie raboty v Rossii, S. 117–130.

---

48 Vgl. Gluškov: Istorija voennoj kartografii v Rossii, S. 96.

Tab. 4: Topographische Aufnahmen nach Gouvernements 1819–1844[*]

Nr.	Zeitraum	Gouvernement	Maßstab
1	1819–1829	*Vil'no*	1 : 21.000
2	1820–1830	Sankt Petersburg	1 : 16.800
3	1828–1838	*Grodno*	1 : 16.800
4	1831–1837	*Minsk*	1 : 42.000
5	1832–1844	Pskov	1 : 16.800
6	1835–1839	Halbinsel Krim (Taurien südl. Teil)	1 : 42.000
7	1838–1840	*Moskau*	1 : 16.800
8	1838–1847	Volhynien	1 : 16.800
9	1841–1847	Podolien	1 : 16.800
10	1844–1846	Belostok (oblast')	1 : 16.800

[*] Vgl. Zapiski Voenno-topografičeskago depo, Teil X, Sankt Peterburg 1847, S. 16–18.

Die in den Tabellen 3 und 4 aufgelisteten Arbeiten bilden einen gewichtigen Teil der zwischen 1816 und 1847 im Zarenreich durch das Topographen-Korps ausgeführten Arbeiten ab. Für die Vermessungen in Tabelle 3 hatten die wichtigsten Akteure der *génération Bonaparte* in Russland einen unvergleichbar größeren Aufwand betrieben, um auf astronomischen und trigonometrischen Grundlagen zuverlässige und genaue topographische Informationen für eine umfassende Erschließung der in Tabelle 4 aufgeführten Gouvernements zu gewinnen. Die Detailliertheit der topographischen Aufnahmen wird am überwiegend großen Maßstab von 1 : 16.800 deutlich. Ein Beispiel zeigt aber auch, dass Schuberts *Instruktion für topographische Aufnahmen* nicht durchweg Anwendung fand. Im Gouvernement Minsk sowie auf der Halbinsel Krim wurden die Aufnahmen aus praktischen Gründen im wesentlich kleineren Maßstab von 1 : 42.000 durchgeführt und nur die Objekte detailliert aufgenommen, die „militärisch wichtig sein könnten". Auf Objekte mit wirtschaftlicher Bedeutung wurde dagegen bewusst verzichtet.[49] Das zeitliche Einsparpotential dieser reduzierten Methode war sehr bedeutend: Die militärische Aufnahme des Gouvernements Minsk benötigte drei Jahre weniger als die topographische Aufnahme des Gouvernements Vil'no, obwohl dieses wesentlich umfangreicher war. Vom Gouvernement Minsk wurden im kleineren Maßstab somit weniger als die Hälfte an Messtischblättern gezeichnet.

Schuberts Instruktion, Aufnahmen in einem derart großen Maßstab durchzuführen, ist insofern bemerkenswert, als die zeitgleich durchgeführten Landesaufnahmen in Frankreich, Österreich und Preußen in ähnlich großen Maßstäben erfolgten, während diese Staaten wesentlich kleinere Räume zu vermessen hatten. Denn selbst mit einer größeren Zahl an Topographen scheint eine flächendeckende einheitliche

---

49 Vgl. Zapiski Voenno-topografičeskago depo, Teil X, Sankt Peterburg 1847, S. 18.

Landesaufnahme des Abermillionen Quadratwerst umfassenden Russländischen Imperiums nach Schuberts Instruktion weder realisierbar noch nutzbringend gewesen zu sein. Nach seinen eigenen Worten war es Schubert 1826 aber ernst, die Ziele einer ausführlichen Landesaufnahme für allgemeine Zwecke zu verfolgen, wofür der von ihm vorgeschlagene Maßstab in seinen Augen eine notwendige Voraussetzung darstellte, um alle Objekte des physischen Raumes auf das Messtischblatt zu übertragen. Wie viele Gouvernements er mit dieser Instruktion konkret aufnehmen lassen wollte, ist den Quellen jedoch nicht zu entnehmen. Bis zum Ende von Schuberts Amtszeit 1843 stellte sich heraus, dass die Möglichkeiten des Topographen-Korps allzu begrenzt waren und Schuberts Vorgehen innerhalb des Kriegsministeriums an Unterstützung verloren hatte. Offenbar hatte der dringende Bedarf nach einem umfassenden topographischen Kartenwerk vom europäischen Russland in einem mittleren Maßstab dazu beigetragen.[50] Vor allem von möglichen Kriegsschauplätzen und wenig erforschten Gebieten wurden Karten in bedeutend kürzerer Zeit benötigt, als es die detaillierten topographischen Aufnahmen zuließen.[51] Dass dieser Widerspruch Schubert zum beruflichen Verhängnis wurde, liegt nahe. Als Direktor des Militär-Topographischen Depots wurde er 1843 von Pavel Alekseevič Tučkov (1803–1864) abgelöst. Eilfertig plädierte Tučkov dafür, fortan die Aufnahmen weiterer Gouvernements nur noch im kleineren Maßstab 1 : 42.000 auszuführen und damit die Instruktionen Schuberts außer Kraft zu setzen. Die bisherigen topographischen Aufnahmen hätten – so Tučkov – immer viel Zeit und ungewöhnlich hohe Ausgaben gefordert, während militärische Aufnahmen (*voennye s"emki*) durchaus genügen würden, da sie viel weniger Geld und nur die Hälfte der Zeit beanspruchten. Genau diese Auffassung bestätigte Zar Nikolaus I. im Jahr 1844 als neue Richtung für die weitere Kartierung des europäischen Russland.[52] Angesichts dieser Kursänderung ist es nachvollziehbar, warum Kriegsminister Fürst Aleksandr Ivanovič Černyšëv (1785–1857) in seinem Rechenschaftsbericht über die Vermessungsarbeiten in den Jahren 1825 bis 1850 mitteilen konnte, dass die Kosten für die Vermessung des Landes durch das Militär im genannten Zeitraum insgesamt zwar 1,4 Millionen Silber-Rubel betrugen, die Ausgaben für die Aufnahme eines Quadratwerst seit dem Übergang zur „militär-topographischen Aufnahme" aber um rund 60 Prozent gesenkt werden konnten. Die durchschnittlichen Kosten von 1,6 Silber-Rubel pro kartiertem Quadratwerst im Jahr 1826, waren so bis 1850 auf 0,7 Silber-Rubel verringert worden.[53] Diese „militär-topographischen Aufnahmen" (hier als „militärische Landesaufnahmen"

---

50 Vgl. Kap. 8.3.
51 Vgl. Postnikov: Razvitie krupnomasštabnoj kartografii v Rossii, S. 130.
52 Vgl. Istoričeskij očerk dejatel'nosti Korpusa voennych topografov (1872), S. 328 f. Tučkov verfasste eine eigene Instruktionen für militärische Aufnahmen: Položenie o proizvodstvevoennoj s"emki Chersonskoj gubernii, vgl. Postnikov: Razvitie krupnomasštabnoj kartografii v Rossii, S. 149.
53 Vgl. Materialy i čerty k biografii Imperatora Nikolaja I i k istorii ego carstvovanija, Schriftenreihe: Sbornik Russkogo istoričeskogo obščestva, Bd. 98, Sankt Peterburg 1896, S. 325.

bezeichnet) wurden 1845 bis 1873 in 20 Gouvernements sowie im gesamten Zartum Polen durchgeführt und umfassten eine Fläche von rund einer Million Quadratwerst (Tab. 5).

Tab. 5: Topographische Aufnahmen nach Gouvernements 1845–1873[*]

Nr.	Zeitraum	Gouvernement	Maßstab
11	1845–1850	Vitebsk	1 : 42.000
12	1847–1849	Kiev	1 : 42.000
13	1848–1850	*Smolensk*	1 : 42.000
14	1848–1850	*Mogilëv*	1 : 42.000
15	1850–1852	Cherson	1 : 42.000
16	1851–1852	Kaluga	1 : 42.000
6a	1852–1853	*Moskau*	1 : 42.000
17	1853–1856	Ekaterinoslav	1 : 42.000
18	1853–1854	Tula	1 : 42.000
19	1854–1856	Černigov	1 : 42.000
8a	1855	Taurien (nördl. Teil)	1 : 42.000
20	1855–1857	*Livland*	1 : 42.000
21	1857–1859	Poltava	1 : 42.000
22	1857–1859	Char'kov	1 : 42.000
23	1858–1859	Estland	1 : 42.000
24	1860–1862	Orël	1 : 42.000
25	1860–1869	*Kongress-Polen*	1 : 42.000
26	1860–1862	Kursk	1 : 42.000
27	1860–1865	Novgorod	1 : 42.000
28	1863–1866	Voronež	1 : 42.000
29	1863–1866	Saratov	1 : 42.000
30	1867–1870	Kazan'	1 : 42.000
31	1868–1873	Kostroma (abgebr.)	1 : 42.000

[*] Vgl. Istoričeskij očerk dejatel'nosti Korpusa voennych topografov (1872), S. 335; Alekseev: Kratkij očerk dejatel'nosti Korpusa voennych topografov, S. 7.

Trotz der erheblichen inhaltlichen Reduzierung wurde die Bezeichnung Landesaufnahmen (*gosudarstvennye s"emki*) in amtlichen Dokumenten weiter verwendet, unterlag aber einem wesentlichen Bedeutungswandel. Zwar handelte es sich bei militärischen Landesaufnahmen noch um flächendeckende Aufnahmen nach Gouvernements, dabei fanden aber nicht mehr *alle* Objekte Eingang in das Messtischblatt. Wie Johann von Blarambergs (1800–1878) Lebenserinnerungen zu entnehmen ist, legte das ihm unterstellte Militär-Topographische Depot 1857 erstmals geheim gehaltene Resultate der nunmehr rund 40-jährigen Landesaufnahmen der gelehrten Welt im In- und Ausland offen.[54] Dem deutschsprachigen Publikum erläuterte Blaramberg mithilfe von Karten (Abb. 11 u. 12), warum im Zarenreich gleichmäßige einheitliche Landesaufnahmen nicht durchgeführt wurden:

> Den ausgedehnten Besitzungen Russlands und den verschiedenen Eigenschaften des Landes zu Folge können die geforderten Resultate der Topographie des Reiches nicht überall eine und dieselbe mathematische Genauigkeit und Ausführlichkeit haben, weil alle Unternehmungen dieser Art die richtigste Ausführung, den geringsten Zeitaufwand und den mindesten Verlust unnützer Ausgaben zum Hauptzweck haben. Aus diesem Grunde werden die topographischen Arbeiten in Russland mit verschiedener Genauigkeit ausgeführt. In den strategisch wichtigen und viel bevölkerten Gouvernements wurden ausführliche topographische Arbeiten unternommen; in den wenig bevölkerten, waldigen oder steppenartigen und keine besondere strategische Wichtigkeit darbietenden Gouvernements wurden nur halbinstrumentale, nach Augenmaß und Recognoscirungen ausgeführt.[55]

Die Karte in Abbildung 12 zeigt, dass die 1819–1844 vorgenommenen „Topographischen Aufnahmen" (gedeckte braune Flächensignatur) vornehmlich das westliche Grenzgebiet und die Hauptstädte Sankt Petersburg und Moskau samt Umland umfassen, während die „Kriegs-topographischen Aufnahmen" (gekreuzt schraffierte Flächensignatur) im Maßstab 1 : 42.000 (auch als „militär-topographische Aufnahmen" bezeichnet) 1844–1858 eine Fläche abdecken, die etwa von Riga bis Ekaterinoslav und von Minsk bis Tula reicht. Dabei wurden auf Grundlage eines trigonometrischen Netzes nur noch Hauptgegenstände wie Flüsse, große Wege, Grenzen und Dörfer instrumental bestimmt, während der übrige Flächeninhalt von den Topographen lediglich nach Augenmaß auf das Messtischblatt übertragen wurde.[56] Der Karte

---

54 Sydow, Emil von (Hrsg.): Erinnerungen aus dem Leben des Kaiserlich Russischen General-Lieutnant Johann von Blaramberg. Nach dessen Tagebüchern 1811–1871, Bd. 3, Berlin 1875, S. 348 f. In diesem Zusammenhang muss auch die Publikation der von Schubert in französischer Sprache verfassten Arbeit gesehen werden: Schubert, Theodor Friedrich: Exposé des travaux astronomiques et géodésiques exécutés en Russie dans un but géographique jusqu'à l'année 1855.

55 Blaramberg, Johann von: Die grossen topographischen Arbeiten des Europäischen Russland, in: Petermann, August Heinrich (Hrsg.): Mittheilungen aus Justus Perthes' Geographischer Anstalt über wichtige neue Erforschungen auf dem Gesammtgebiete der Geographie 4 (1858), S. 251 f.

56 Vgl. Blaramberg: Die grossen topographischen Arbeiten des europäischen Russland, S. 252. Blaramberg erläutert die mit unterschiedlichen Flächensignaturen dargestellten Aufnahme-Typen: Die „Topographischen Aufnahmen" in den Maßstäben 1 : 16.800 bis 1 : 21.000 gründeten auf einem trigonometrischen Netz und wurden von 1820 [1819] bis 1844 durchgeführt. Dabei wurden die natürliche Beschaffenheit der Landesfläche und *alle* darauf befindlichen Objekte so genau wie möglich mit Instrumenten vermessen. Die sogenannten „Kriegs-topographischen Aufnahmen" unterschieden sich durch ihren kleineren Maßstab von 1 : 42.000. Dabei wurden ab 1844 im trigonometrischen Netz nur noch Hauptgegenstände wie Flüsse, große Wege, Grenzen und Dörfer instrumental bestimmt, während der übrige Flächeninhalt nach Augenmaß kartiert wurde (gekreuzt schraffierte Flächensignatur: etwa von Riga bis Azov). „Instrumentale Aufnahmen" waren dem Verfahren nach mit den „Kriegs-topographischen Aufnahmen" identisch, nur dass sie dort erfolgten, wo

(Abb. 12) sind die Folgen zu entnehmen, welche die Abkehr von den allgemeinstaatlichen Landesaufnahmen auf die Beschleunigung der Kartierung hatte: In 14 Jahren konnte etwa die zwei- bis dreifache Fläche „militär-topographisch" aufgenommen werden, als in den 25 Jahren zuvor „topographisch" erfasst wurde. Strategisch bedeutende Grenzgebiete und dicht besiedelte Regionen im Westen und Süden sowie rohstoffreiche Regionen im Ural und West-Sibirien sowie an der unteren Wolga erfuhren demnach besonderes Interesse. Im Gegensatz dazu stehen große Teile des Nordostens als unerforschte „weiße Flecken". Die Karte samt Nebenkarte zeigt ferner, dass abgesehen von den detailliertesten Aufnahmen in großen Maßstäben, auch flüchtigere Aufnahmen und Rekognoszierungen in der „Kleinen Kirgisen-Steppe" und Marschrouten-Aufnahmen (Korridore) in Kleinasien sowie in Persien vorgenommen worden waren. Im Jahr 1858, nunmehr 15 Jahre nach seiner Entlassung als Chef des Militär-Topographischen Depots, zweifelte Theodor Friedrich Schubert die Zweckmäßigkeit der unter Tučkov eingeführten und von Blaramberg ein Jahr zuvor öffentlich gerechtfertigten militär-topographischen Aufnahmen noch immer an. Nach dem verlorenen Krim-Krieg (1854–1856) hatte sich die Situation innerhalb und außerhalb der Militäradministration geändert. Der reformorientierte Zar Alexander II. (1855–1881) hatte das Zepter seines Vaters geerbt, Kriegsminister Fürst Aleksandr Ivanovič Černyšëv und Schuberts Nachfolger Tučkov hatten ihre Ämter geräumt (1852 und 1856). Offensichtlich sah Schubert nun eine günstige Gelegenheit gekommen, das seit 1844 praktizierte Verfahren der militär-topographischen Aufnahmen zu kritisieren und für die Rückkehr zu allgemeinstaatlichen Landesaufnahmen in größeren Maßstäben zu werben. Anonym meldete er sich in einem Artikel öffentlich zu Wort und schrieb:

> Jeder erfahrene und aufrichtige Topograph weiß, dass es unmöglich ist, eine Aufnahme in einem Maßstab weniger als 1:25.000 anzufertigen, um folgende Elemente aufzunehmen, die sich innerhalb eines Quadratwerst befinden: Siedlungen und deren Gebäude, Konturen von Feldern, Wiesen, Büschen, Wäldern, Sümpfen, Gärten, Wegen, Teichen, Flüssen usw. und außerdem muss auch noch das Relief kartiert werden. [...] Eine Landesaufnahme im Maßstab

---

noch keine Triangulation stattgefunden hatte und statt ihrer astronomisch ermittelte Punkte als Grundlage dienten (etwas hellere, gekreuzt schraffierte Flächensignatur: Orenburg, West-Sibirien und Transkaukasien). Die „Halb-instrumentalen" Aufnahmen basierten auch auf astronomischen Punkten und erfolgten zum Teil nach Augenmaß in zwei Maßstäben 1:42.000 (vertikale Schraffur: mittlere und östliche Teile des europäischen Russland) und 1:84.000 (horizontale Schraffur: Gouvernement Novgorod, Finnland, Gebiet der Donkosaken, Kirgisen-Steppe, Kaukasus und Transkaukasien, Krim, Bessarabien, Walachei, europäische und asiatische Türkei). Schließlich fanden auch Aufnahmen gänzlich ohne Instrument nur nach Augenmaß und als Rekognoszierungen in sehr kleinen Maßstäben von 1:210.000 bis 1:420.000 statt. Sie basierten auf astronomischen Punkten (nach links geneigte, lichte Schraffur: Polen, Kurland, Estland, Zentralrussland [hier fanden Rekognoszierungen auf Grundlage von bereits existierenden Karten anderer Verfasser und Institutionen statt], Archangel'sk). Vgl. Blaramberg: Die grossen topographischen Arbeiten des europäischen Russland, S. 252 f.

1 : 42.000 ist nicht möglich. Man kann diese nur in wenig besiedelten Wald- oder Steppen-Gouvernements vornehmen. In allen anderen Gegenden müssen die Landesaufnahmen einheitlich im Maßstab 1 : 16.800 erfolgen. [...] Das Ziel soll den Maßstab bestimmen.[57]

Schubert fügte seinem Text drei Kartenausschnitte bei, die das gleiche Areal (eine Quadratwerst) in drei verschiedenen Maßstäben zeigen (Abb. 9). Für die vorliegende Studie ist diese Visualisierung sehr hilfreich, zeigt sie doch lehrbuchhaft die Grenzen der Möglichkeiten topographischer Aufnahmen durch verschiedene Maßstäbe. Damit wies Schubert auf die Unterschiede der Größen- und Platzverhältnisse von Messtischblättern für die Aufnahme in verschiedenen Maßstäben und auf deren inhaltliches Fassungsvermögen hin. Zur besseren Vorstellung der Aufnahmesituation ist dabei auch das trigonometrische Netz eingezeichnet worden, das in regulären topographischen Karten und Plänen nicht vorkommt. Während nach Schuberts Meinung die Kartenausschnitte in 1 : 16.800 (links) und 1 : 21.000 (mittig) geeignete Maßstäbe für die Aufnahme zeigten, kann der kleinste Kartenausschnitt (rechts) lediglich eine Verkleinerung sein, da sein Maßstab von 1 : 42.000 viel zu wenig Platz auf dem Aufnahmeblatt bot, um die erforderlichen Details mithilfe einer Kippregel im Feld präzise auf das Messtischblatt zu übertragen. Doch von Blaramberg, dem neuen Direktor des Militär-Topographischen Depots in Sankt Petersburg, war kein Umdenken zu erwarten. Im Gegenteil, er kommentierte das von Schubert propagierte Vorgehen mit den Worten:

> Bei Fortsetzung dieses Systems würden viele Jahrzehnte verflossen sein, ohne das Ende einer solchen Aufnahme absehen zu können, und der Mangel an Hülfsmitteln zur Zusammenstellung topographischer Karten der vorzüglichsten Theile Russlands würde unterdessen immer fühlbar geblieben sein.[58]

Doch auch die von Blaramberg beschworenen militärischen Landesaufnahmen hatten keinen endgültigen Wert, da die Topographie potentiell stetigem Wandel ausgesetzt ist und die Aktualität von Karten über militärischen Erfolg entscheiden kann. Um die bereits vorhandenen – aber veralteten – topographischen und militär-topographischen Landesaufnahmen vom westlichen Grenzgebiet zu aktualisieren, wurden 1873 die Arbeiten im Gouvernement Kostroma eingestellt.[59] Damit fand das System der flächendeckenden Landesaufnahmen nach Gouvernements insgesamt sein Ende und der Begriff Landesaufnahmen verschwand infolgedessen aus der niedergelegten Amtssprache. Bis 1917 wurden für unterschiedliche Zwecke nur noch Revisionen von bestehenden Landesaufnahmen durchgeführt, neue Aufnahmen aber nur von einzelnen Gebieten, meistens in den Peripherien des Reiches, angefertigt.

---

57 [Šubert, Fëdor Fëdorovič:] O masštabach, naibolee udobnych dlja s''emok i kart, in: Voennyj žurnal (1858) 4, S. 296, 302; vgl. Postnikov: Razvitie krupnomasštabnoj kartografii v Rossii, S. 222.
58 Blaramberg: Die grossen topographischen Arbeiten des europäischen Russland, S. 252.
59 Vgl. Alekseev: Kratkij očerk dejatel'nosti Korpusa voennych topografov, S. 7.

Der Plan von lückenlosen großmaßstäblichen Messtischaufnahmen des Russländischen Imperiums wurde mit diesem Schritt endgültig aufgegeben.

4.1.5 Integrierte Landesaufnahmen als neue Lösung

Das, was Schubert unter einer Landesaufnahme für allgemeinstaatliche Zwecke verstand, war nicht nur im ausgehenden 18. und beginnenden 19. Jahrhundert in Frankreich ein heiß diskutiertes Thema[60], sondern auch in Preußen um die Mitte des 19. Jahrhunderts. Denn dabei ging es im Kern um die Frage, ob „integrierte Landesaufnahmen", die gleichsam administrativen, staatsökonomischen und militärischen Bedarfen Rechnung trugen, möglich und zweckmäßig waren. Die Bezeichnung „integrierte Landesaufnahmen" ist ein eigener Forschungsbegriff, der hier notwendig ist, um den Bedeutungswandel der Landesaufnahmen zu fassen und zu typisieren. Während die ursprünglichen (allgemeinstaatlichen) Landesaufnahmen und „militärische Landesaufnahmen" konzeptuell auf jeweils einheitlichen neuen Vermessungen nach Gouvernements beruhten, sollen hier als „integrierte Landesaufnahmen" jene verstanden werden, die von bereits bestehendem Kartenmaterial aus Kataster- und Generalvermessungen abgeleitet und vom Militär aktualisiert werden sollten. Angesichts der beim Militär forcierten „militärischen Landesaufnahmen" westlicher Gouvernements kommt die Frage auf, wie das Zentrum und die Randgebiete des Russländischen Imperiums topographisch-kartographisch erfasst werden sollten. Im Zarenreich hatten Konzepte zur Integration von Vermessungen für unterschiedliche zivile und militärische Bedarfe eine große Bedeutung, denn darin lag ein denkbarer Schlüssel, die vielen ausgedehnten Gouvernements im europäischen Russland topographisch-kartographisch zu erfassen, ohne die aufwändigen vermessungstechnischen Arbeiten mehrfach ausführen und bezahlen zu müssen. Im Fokus dieser Konzepte standen die von zivilen Fachministerien parallel ausgeführten General- und Kataster-Vermessungen, die mithilfe des Militärs nutzbar gemacht werden sollten. Im Folgenden wird zuerst auf das Konzept für eine Kataster-Vermessung nach Schuberts Vorstellungen eingegangen und danach gefragt, warum sich diese Arbeiten nur bedingt für eine „integrierte Landesaufnahme" eigneten. Inwiefern mithilfe der Resultate aus den Generalvermessungen ein vielversprechender, letztlich aber gescheiterter Versuch von „integrierten Landesaufnahmen" gewagt worden war, wird anschließend am Projekt der Russischen Geographischen Gesellschaft, den so genannten „Mende-Aufnahmen" in den Blick genommen.

---

60 Vgl. Konvitz: Cartography in France, S. 41–62.

4.1.5.1 Kataster-Vermessungen als Grundlage für Landesaufnahmen

Als 1822 das von Schubert verfasste Statut des Topographen-Korps und das darin formulierte Ziel in Kraft trat, in Friedenszeiten Landesaufnahmen durchzuführen, war von Kataster-Vermessungen in Russland noch nicht die Rede. Stattdessen hatten die Generalvermessungen seit 1766 eine große Ausdehnung in Zentralrussland erreicht und wurden weiterhin Gouvernement für Gouvernement fortgeführt (Abb. 10). Im Jahr 1836 begann Theodor Friedrich Schubert Vorschläge für ein Kataster sowie für die Aufstellung eines Zivil-Topographen-Korps (*Korpus graždanskich topografov*) zu unterbreiten.[61] Offenbar stand dies im Zusammenhang mit den Überlegungen der Zarenregierung, anstatt einer erwogenen Leibeigenenbefreiung[62], zumindest die Lebensbedingungen der Kron-Bauern durch Zuweisung ausreichend fruchtbaren Landes zu verbessern[63], so dass diese ihre Kopfsteuer (*podušnaja podat'*) bezahlen konnten und der Staat an seine dringend benötigten Einnahmen kam, die ihm bisher durch eigene Misswirtschaft in Millionenhöhe verloren gegangen waren. Zum Jahr 1836 waren die Kron-Bauern dem Fiskus Kopfsteuern von rund 70 Millionen Assignaten-Rubeln schuldig geblieben.[64] Diese Summe entsprach knapp einem Drittel der gesamten Staatseinnahmen Russlands für das Jahr 1836[65], was die Dringlichkeit dieses Problems und damit die Handlungsmotivation der Staatsverwaltung erklärt.

Kataster werden im Allgemeinen staatliche Verzeichnisse über Grundstücke zum Zweck der Steuererhebung genannt. Als Resultate von Vermessungen und Bodenschätzungen entstanden großmaßstäbliche kartographische Darstellungen als Teil des Katasters. In der ersten Hälfte des 19. Jahrhunderts wurden in deutschen Ländern Katastralvermessungen auf Grundlage von Triangulationen durchgeführt. Die im 19. Jahrhundert veranstalteten Katastralvermessungen in Österreich dienten auch als Grundlage für die Landesaufnahme.[66] In vielen europäischen Staaten war mehr Land für die Steuererhebung vermessen und kartiert worden, als für jeden anderen Zweck. Karten und Pläne hatten für das Steuer-Kataster eine zentrale Bedeutung, da sie eine präzise Methode für eine gerechte Beurteilung der Steuererhebung für jedes einzelne Grundstück boten.[67] Auf dem ersten statistischen Kongress 1853 in

---

61 Vgl. Amburger, Erik (Hrsg.): Friedrich von Schubert. Unter dem Doppeladler. Erinnerungen eines Deutschen in russischem Offiziersdienst 1789–1814, Stuttgart 1961, S. 9.

62 Vgl. Ružickaja, Irina Vladimirovna: Prosveščennaja bjurokratija, 1800–1860-e gg., Moskva 2009, S. 26–46.

63 1838 wurde festgelegt, dass alle Staats-Bauern in den großräumigen Gebieten (*mnogozemel'nye gubernii*) 15 Desjatinen Land pro Revisions-Seele (*revizskaja duša*) zustehen, während in den kleinräumigen, dichtbesiedelten Gebieten acht Desjatinen zur Verfügung stehen sollten. Vgl. PSZ II, 13, Nr. 11.725.

64 Vgl. Zablockij-Desjatovskij, Andrej Parfënovič: Graf P. D. Kiselëv i ego vremja. Materialy dlja istorii Imperatorov Aleksandra I, Nikolaja I i Aleksandra II, Bd. II, Sankt Peterburg 1882, S. 10–19.

65 Vgl. Ministerstvo finansov, 1802–1902, Teil I, Sankt Peterburg 1902, S. 625.

66 Vgl. Lexikon zur Geschichte der Kartographie, Bd. 1, S. 403–407.

67 Vgl. Kain; Baignet: The Cadastral Map, S. 336 f.

Brüssel, wurde Regierungen ein kartenbasiertes Kataster empfohlen. Nicht nur als fiskalisches Instrument, sondern auch als Inventar für die Grundstücke eines Landes. Kataster waren zudem die Basis für die Erhebung agrarwirtschaftlicher Statistiken und für die Regulierung von Hypotheken und Landkredit-Systemen. Darüber hinaus war ein kartiertes Kataster die Quelle von Informationen über Eigentum.[68] Dies, so Jürgen Osterhammel, galt im 19. Jahrhundert als eine „Grundoperation der Moderne".[69] Trotz der Generalvermessung war das Land, welches sich in direkter Verfügung des russländischen Fiskus (*kazna*) befand, hinsichtlich seiner Größe, Qualität und seines Wertes überwiegend unbekannt. Es fehlte eine vollständige Sammlung von Plänen und Beschreibungen, während die vorhandenen alten nicht mehr als zuverlässig gelten konnten. Zudem wurden erhebliche widerrechtliche Aneignungen von Kron-Land durch private Personen beklagt. Allein bei den ersten Revisionen der Reichsdomänen im Jahr 1836 in den Gouvernements Pskov, Kursk, Moskau sowie in einigen Kreisen des Gouvernements Sankt-Petersburg, wurde Landraub von rund 500.000 Desjatinen [rund 5.000 Quadratwerst] ermittelt.[70] Schuberts Konzept von 1836 sah vor, jedes Gouvernement nach Kreisen zu vermessen und jeweils zwei Atlanten zusammenzustellen. Der sogenannte *Geometrische Atlas* (*geometričeskij atlas*) sollte die Hauptpunkte als Grundlage für die Aufnahmen beinhalten, der *Landvermessungs-Atlas* (*meževoj atlas*) die Pläne von *allen* Gütern (*imenija*) und Ländereien (*dači*) im Maßstab 1 : 8.400 abbilden.[71] Was Schubert damit vorschlug, war *de facto* nichts weniger als eine vollständige Reformierung oder gar Abschaffung der seit 1766 laufenden Generalvermessungen, die der Vermessungs-Kanzlei beim Justizministerium oblagen. Ziel war es demnach, flächendeckend juristische Fragen zu Eigentumsrechten mit fiskalischen Fragen zur Steuererhebung zu verbinden, die sich nach dem Ertrag des Bodens und nicht mehr unterschiedslos nach Anzahl der Kron-Bauern richten sollte. Für diese relative Steuererhebung war jedoch eine immense Datenerhebung erforderlich. Um angesichts der Steuerausfälle die Neuordnung des Kronlandes zu organisieren, wurde 1837 das Ministerium für Reichsdomänen (*Ministerstvo gosudarstvennych imuščestv*), kurz MGI, gebildet. Seine Aufgabe bestand in der Verwaltung der Krongüter samt der Kronbauern (*gosudarstvennye krest'jane*) sowie in der effektiven Organisation der Land- und Forstwirtschaft.[72] Dies beinhaltete neben Kataster-Vermessungen vor allem das Kartieren

---

68 Vgl. Kain; Baignet: The Cadastral Map, S. 342.

69 Osterhammel: Die Verwandlung der Welt, S. 172 f.

70 Vgl. Zablockij-Desjatovskij: Graf Kiselëv, S. 18, 49.

71 Vgl. SPF ARAN Sankt-Peterburg, f. 139, op. 1, ed. chr. 58, O special'nye meževanii Sankt Peterburgskoj gubernii, 1836, l. 201. Dieser Maßstab fand bereits bei der Generalvermessung sowie bei den Aufnahmen der Militärsiedlungen Verwendung.

72 Vgl. PSZ II, 12, 10.834. 1811 bis 1837 existierte ein Departement für Reichsdomänen beim Finanzministerium. Innerhalb des 1837 neu gegründeten Ministeriums für Reichsdomänen erfolgte die Teilung in drei Departements für 1) Verwaltung von Staatsgütern und Staatsbauern, Kataster von Reichsdomänen, Pachtgrund für 33 Gouvernements in Zentralrussland, Kleinrussland, Transkauka-

von Wäldern, welche rund 50 Prozent des Landes einnahmen.[73] Im Gegensatz zu den Aufnahmen von Wäldern sollten nach Schuberts Vorschlag die Kataster-Vermessungen auf Grundlage eines Triangulationsnetzes beruhen und daher nicht von den mit der Generalvermessung befassten Landmessern (*zemlemery*) vorgenommen werden dürfen. Schubert traute ihnen ein einheitliches Aufnahmesystem, einheitliche Zeichnungen und den richtigen Umgang mit präziseren Vermessungs-Instrumenten nicht zu. Stattdessen schlug er vor, grundlegende trigonometrische Vermessungen zunächst vom Generalstab vornehmen zu lassen und Landmesser aus den Ostsee-Provinzen für die Begutachtung des Bodens heranzuziehen, da sie sich in Livland durch die gerechte Zusammenstellung von *Wackenbüchern* ausgezeichnet hatten und Militärs nicht über das notwendige agrarwirtschaftliche Wissen verfügten.[74] Deutlich lässt sich aus Schuberts Worten ablesen, wie stark er als Organisator des Topographen-Korps beim Militär und als Autor von Vermessungsinstruktionen die seit 1766 angewandten Methoden der Generalvermessung ablehnte. Stattdessen schwebte ihm für zentrale Teile Russlands eine Bonitierung und Vermessung nach Art des livländischen Bauernlandes auf Grundlage einer zusätzlichen Triangulation vor.[75] In dem Moment, als Schubert diesen Vorschlag unterbreitete, befasste sich das Militär-Topographische Depot unter anderem mit dem Stich und Druck der *Specialcharte von Livland*, deren sechs Blätter wenig später in Sankt Petersburg erschienen. Aus rund 2.000 Gutskarten abgeleitet und auf über 300 trigonometrischen Punkten beruhend, ergab sie eine topographische Folgekarte, die mithin als Resultat einer lokalen „integrierten Landesaufnahme" beschrieben werden kann.[76] Als 1838 das Zivil-Topographen-Korps im Dienste des neuen Ministeriums für Reichsdomänen gegründet wurde, lehnte sich dieses mit seinem Namen an das Topographen-Korps beim Generalstab erkennbar an, was auf den fachlichen Anspruch bei den Vermes-

---

sien und Sibirien; 2) Verwaltung ebendieser Sachen für Ostsee- und Südwestprovinzen unter Berücksichtigung tradierter Rechtsgrundlagen für die Eintreibung von Steuereinnahmen (*ljustracija*); 3) Verwaltung von Musterfarmen und landwirtschaftlichen Lehranstalten. Vgl. Vyssie i central'nye gosudarstvennye učreždenija Rossii, Bd. 3, S. 70–79.

73 Vgl. Novokšanova: Kartografičeskie i geodezičeskie raboty v Rossii, S. 17 f. Das Spektrum der Interessen des Ministeriums für Reichsdomänen ist besonders den kleinmaßstäblichen thematischen Karten aus hauseigener Herstellung zu entnehmen: Chozjajstvenno-statističeskij atlas Evropejskoj Rossii, Sankt Peterburg 1851 [Neuauflagen 1852, 1857, 1869]. Darin u. a. Karten zu Böden, Klima, durchschnittliche Getreideernten und Preise sowie zur Verteilung und Menge von Wäldern im europäischen Russland.

74 SPF ARAN Sankt-Peterburg, f. 139, op. 1, ed. chr. 58, O special'nye mež* vanii Sankt Peterburgskoj gubernii, 1836, l. 200f. Dieses Konzept wurde 1836 verfasst und vom zukünftigen Minister für Reichsdomänen Kisilëv geprüft und abgesegnet.

75 Inwieweit hier die Erfahrungen von Schuberts Vater, Friedrich Theodor Schubert, eine Rolle spielten, ist noch nicht erforscht. Ab 1783 war dieser als Landmesser in Estland tätig, bevor er als Adjunkt an die Akademie der Wissenschaften nach Sankt Petersburg kam und dort zum leitenden Astronomen aufstieg. Vgl. Amburger: Friedrich von Schubert, S. 39.

76 Vgl. Kap. 7.4.

sungen verweist, wie er Schubert und dem ersten Minister für Reichsdomänen, Pavel Dmitrievič Kisilëv (1788–1872) offenbar vorschwebte. Die Aufgabe des Zivil-Topographen-Korps bestand in der Vermessung (*meževanie*) und Bewertung des im Staatsbesitz befindlichen Bodens (*zemlja*) und dazugehörender Appertinentien (*ugodija*).[77] Als Verantwortliche für die Vermessungen wurden 1837–1838 elf und bis Ende 1852 insgesamt 23 Generalstabs-Offiziere an das MGI abkommandiert.[78]

1838 bis 1841 tagte eine Kommission beim MGI zur Ausarbeitung eines Katasters. Diese kam zum Schluss, dass ausländische Kataster *nicht* als Vorbild für Russland dienen könnten. Die Besonderheit des russischen Volks-Katasters (*narodnyj kadastr*) würde bereits eine gerechte Verteilung von Boden auf jeden Steuerzahler ermöglichen. Eine teure flächendeckende Vermessung des gesamten Kron-Landes sei nicht notwendig, da die Verteilung des gemeinschaftlichen Landbesitzes innerhalb der Bauerngemeinschaften (*obščina*) bereits geregelt wäre und daher Vermessungen nur dort notwendig seien, wo kein gemeinschaftlicher Besitz, bzw. Streubesitz vorherrsche. Bis 1843 wurde die Anwendbarkeit des Katasters in der Praxis geprüft und auf die vorherrschenden Bedingungen angepasst. Im Ergebnis wurde jedes Kataster dezentral in den einzelnen Gouvernements von lokalen Beamten geführt, um die Steuerlasten nach dem Ernteerträgen zu ermitteln[79], wovon die erste Vermessungsinstruktion des MGI Zeugnis ablegt.[80] Schuberts Konzept von einer flächendeckenden Kataster-Vermessung wurde somit nicht realisiert. Auch blieb von seinem Konzept für ein Zivil-Topographen-Korps kaum etwas übrig. 1844 verfügte das Zivil-Topographen-Korps zwar über 524 Topographen, die im Forst- und Vermessungs-Institut (*Lesnoj i meževoj institut*) beim MGI ihre Ausbildung erhielten.[81] Aus Kostengründen entschied das Ministerium jedoch, dass die teure Ausbildung des gesamten Personals zu Zivil-Topographen gar nicht notwendig sei, um das angestrebte Ziel der verhältnismäßigen Steuererhebung zu erreichen. Fortan wurden vor allem Bauernsöhne als Gehilfen herangezogen, die unter Anleitung von Zivil-Topographen die Vermessungen im Dienst des MGI vornahmen. Deutlich spiegelt sich die Reduzierung des Vorhabens im Wandel des Personals. Vielsagend wurde das Zivil-Topographen-Korps in Messgehilfen-Korps (*Korpus meževščikov*) umbenannt.[82] Kataster-Vermessungen für eine verhältnismäßige Besteuerung wurden somit nicht flächendeckend, sondern nur punktuell realisiert. Bis zum Jahr 1856 waren in insgesamt 30

---

77 Vgl. PSZ II, 13, Teil 1, Nr. 11.031.
78 Vgl. Gejsman: Glavnyj štab, Teil 2, S. 202 f.; Glinoeckij: Istorija russkago General'nago štaba, Bd. II, S. 168, 280.
79 Vgl. Istoričeskoe obozrenie pjatidesjatiletnej dejatel'nosti Ministerstva gosudarstvennych imuščestv, 1837–1887, Teil 2, Abt. 2, Sankt-Peterburg 1888, S. 47.
80 Instrukcija dlja s''emki zemel' vedomstva Ministerstva gosudarstvennych imuščestv, [Sankt Peterburg] 1843.
81 Obzor dejstvij Departamenta sel'skago chozjajstva i očerk sostojanija glavnych otraslej sel'skoj promyšlennosti v Rossii, v tečenie 10 let, s 1844 po 1854 god, Sankt Peterburg 1855, S. 31.
82 Vgl. Obzor dejstvij Departamenta sel'skago chozjajstva, S. 32.

Gouvernements Vermessungen und Bonitierungen von ausgesuchtem Kronland auf einer Fläche von 28 Millionen Dessjatinen, bzw. 280.000 Quadratwerst, erfolgt. In 19 Gouvernements wurde die relative Besteuerung nach Bodenqualität bzw. Ernteertrag tatsächlich angewendet, während die Kopfsteuer in den übrigen elf vermessenen Gouvernements wegen Ablehnung der Bauernschaft und dem Adel zunächst weiterhin bestehen blieb.[83] Letzterer befürchtete vielerorts die Ausweitung des Katasters auf seine Güter, wodurch das MGI viel Widerspruch erfuhr.[84] Die 1842 bis 1856 durchgeführten Kataster-Vermessungen in den 19 erwähnten zentralrussischen Gouvernements kosteten zudem rund 1,3 Millionen Rubel.[85] Mit der Einführung der Zemstvo-Selbstverwaltung im Jahr 1864 hat sich für zentral organisierte Kataster-Arbeiten durch das MGI in weiteren Gouvernements kein Anlass mehr geboten. Denn fortan wurde die Erhebung von Steuern von jedem Gouvernement unabhängig organisiert.[86] Eine allgemeine Aussage lässt sich daher über die darauffolgende Kataster-Praxis in Russland nicht treffen. 1887 (in Sibirien 1899) wurde die *gesamte* bäuerliche Bevölkerung, nicht nur ehemalige Kron-Bauern, sondern auch frühere Adelsbauern, von der Kopfsteuer befreit und stattdessen Bodensteuern erhoben.[87] Entscheidend für den vorliegenden Zusammenhang ist, dass die durchgeführten Kataster-Vermessungen kein zusammenhängendes Kartenmaterial auf einer geodätischen Grundlage hervorbrachten, um diese als Landesaufnahmen für die Ableitung von topographischen Karten zu nutzen.

Neben den Kataster-Vermessungen wurde eine Vielzahl Gouvernements von verschiedenen Behörden nach unterschiedlichen Bedarfen mehrfach vermessen. Dabei handelte es sich nach Aleksej Pavlovič Bolotov (1803–1853), Professor für Geodäsie an der Kaiserlichen Militär-Akademie, um die Generalvermessungen in der Verantwortung des Justizministeriums; um astronomisch-trigonometrische Vermessungen und militär-topographische Aufnahmen durch den Generalstab sowie um Aufnahmen der Ländereien im Besitz der kaiserlichen Familie durch das 1826 gegründete

---

83 Die ersten 19 Gouvernements sind: Voronež, Sankt Petersburg, Penza, Tambov, Tula, Rjazan', Kursk, Orël, Pskov, Moskau, Ekaterinoslav, Smolensk, Char'kov, Saratov, Novgorod, Tver', Kaluga, Nižnij Novgorod, Vladimir sowie die übrigen elf Gouvernements: Archangel'sk, Olonec, Vologda, Vjatka, Perm', Orenburg, Astrachan', Poltava, Černigov, Bessarabien, Stavropol'. Vgl. Istoričeskoe obozrenie pjatidesjatiletnej dejatel'nosti ministerstva gosudarstvennych imuščestv, S. 58.

84 Vgl. Obozrenie Upravlenija gosudarstvennych imuščestv za poslednija 25 let s 20 nojabrja 1825 po 20 nojabrja 1850, in: Dubrovin, Igor Aleksandrovič (Hrsg.): Sbornik Russkago istoričeskago obščestva, Bd. 98, Sankt Peterburg 1896, S. 495.

85 Istoričeskoe obozrenie pjatidesjatiletnej dejatel'nosti Ministerstva gosudarstvennych imuščestv, S. 58 f.

86 Polnaja énciklopedija Russkago sel'skago chozjajstva, hrsg. von Devrien, Al'fred Fëdorovič, 6 Bd. III, Sankt Peterburg 1900, S. 1200.

87 Vgl. Torke: Lexikon der Geschichte Rußlands, S. 211.

Ministerium für Zarengüter.[88] Auf einer Sitzung der wenige Monate zuvor gegründeten Russischen Geographischen Gesellschaft (RGO) stellte Bolotov im Mai 1846 fest:

> [...]es wäre sehr wünschenswert, dass bei unseren unterschiedlichen Ministerien letztendlich eine Einheitlichkeit in den Arbeiten einkehrt und dass sie sich dabei gegenseitig unterstützen.[89]

Zuvor hatte er ausgeführt, dass sich die topographischen Arbeiten des MGI zwar durch Genauigkeit auszeichneten und als Material für topographische Karten dienen könnte – die einzelnen Pläne dafür aber untereinander notwendige Verbindungen bräuchten, die nur durch Punkte eines trigonometrischen Netzes zu erreichen wären.[90] Damit hatte Bolotov den Mangel an Fixpunkten benannt, der mit der Verwirklichung Schuberts Konzept nicht eingetreten wäre. Infolge der früheren Auffassung, dass ein flächendeckendes Kataster nicht notwendig sei, weil das russische Volks-Kataster eine gerechte Besteuerung bereits gewährleiste, wurde darauf verzichtet, eine umfassende, methodisch einheitliche Kataster-Vermessung auf geodätischen Grundlagen nach Schuberts Konzept zu realisieren. Stattdessen betrieb das Ministerium für Reichsdomänen mit seinen punktuellen Vermessungen gerade so viel Aufwand wie nötig, um das Ziel zu erreichen, nämlich, höhere Steuereinnahmen zu erzielen. Daher konnten Kataster-Pläne nicht allein als Grundlage für Landesaufnahmen dienen. Weder waren die Kataster-Vermessungen flächendeckend, noch beruhten diese auf einem trigonometrischen Netz.

4.1.5.2 Generalvermessungen als Grundlage für Landesaufnahmen

Nachdem Schuberts Konzept für eine flächendeckende Kataster-Vermessung 1843 verworfen worden war, kam kurz nach der Entscheidung zur Herstellung der *Drei-Werst-Karte* im Jahre 1845 die Idee auf, den Bedarf an Landesaufnahmen von zentralrussischen Gouvernements zu stillen, ohne aufwändige und teure topographische Neuaufnahmen unternehmen zu müssen. Ganz im Gegensatz zu Schuberts Entwurf für eine umfassende Kataster-Vermessung sah diese Idee aber eine gezielte Aktualisierung der bereits existierenden Karten und Pläne der ausgedehnten Generalvermessungen auf Grundlage neuer astronomischer Ortsbestimmungen vor. Das als „Mende-Aufnahmen" (*s"emki Mende*) in der Fachliteratur bekannte Unternehmen war im Zeitraum von 1847 bis 1866 ein Versuch der interministeriellen Kooperation zur topographisch-kartographischen und statistischen Erschließung Zentralrusslands. Initiiert und organisiert wurde das Projekt von Mitgliedern der kurz zuvor ins Leben gerufenen Russischen Geographischen Gesellschaft. Der Gründungszweck

---

88 Bolotov, Aleksej Pavolovič: Vzgljad na sovremennoe sostojanie geodeziceskich i topograficeskich dejstvij, in: Zapiski Russkago geograficeskago obščestva 1 (1846) 1, S. 132.
89 Bolotov: Vzgljad, S. 135.
90 Bolotov: Vzgljad, S. 132.

der RGO und das kurz darauf begonnene Projekt der Mende-Aufnahmen, kann als erster Versuch verstanden werden, die Folgen des Übergangs auf die militärischen Landesaufnahmen zu kompensieren und eine interministerielle Kooperation zur topographischen Erfassung des Landes für *verschiedene* administrative, wissenschaftliche, wirtschaftliche sowie militärische Zwecke zu verwirklichen. Ziel dieses Abschnittes ist es, die Bemühungen um die Vereinigung von *den* zwei zentralen Vermessungsprojekten im Zarenreich zu untersuchen, die ursprünglich unterschiedliche Zwecke verfolgten. Nämlich die Generalvermessungen durch die Vermessungs-Kanzlei beim Justizministerium einerseits und die (militär-) topographischen Aufnahmen durch das Kriegsministerium andererseits. Die Mende-Aufnahmen stellten den Versuch einer Zusammenführung dieser Arbeiten zu *einem* Projekt dar, das offiziell als *„Atlas des Russländischen Imperiums"* bezeichnet wurde. Die in der Karte (Abb. 10) verwendeten Flächensignaturen (rosa, inkl. rot) visualisieren die maximale Ausdehnung der Generalvermessungen im Zarenreich, welche 1766 von Moskau ausgehend, sukzessive die zentralrussischen Gouvernements erfassten und schließlich bis 1861 in Richtung Süden und Osten ausgriffen. Ein Großteil der im 18. und 19. Jahrhundert durch Expansion einverleibten Gebiete blieben von dieser zivilen Vermessung aber unberührt. Diese Gebiete standen im Fokus des zarischen Militärs. Ursächlich hierfür war die 1766 in Kraft getretene Vermessungsinstruktion, die nur für Gegenden geeignet war, die sich innerhalb der Grenzen des Moskauer Reichs des 17. Jahrhunderts befanden. In etlichen Gegenden, wie den östlichen Gouvernements sowie in Neurussland (Ukraine), wo die Bedingungen des Landesbesitzes im Wesentlichen denen in Zentralrussland entsprachen, konnten Generalvermessungen durch Anpassungen der allgemeinen Instruktion durchgeführt werden. In den Gegenden aber, wo die historischen Traditionen des Landesbesitzes nicht mit der Vermessungsinstruktion von 1766 vereinbar waren, unterblieben Generalvermessungen.[91] Diese unberührten Gegenden des Russländischen Imperiums, zu denen fast alle Randgebiete zählten, wurden in juristischer Hinsicht nicht bzw. nur nach lokal etablierten Regeln vermessen. Dazu gehörten Bessarabien, Černigov, Poltava, der südliche Kaukasus sowie die Länder der Donkosaken, Kuban-Kosaken, Orenburg-Kosaken, Astrachan-Kosaken, sibirischen Kosaken, Transbajkal-Kosaken, Amur-Kosaken und Terek-Kosaken. Nicht von der Generalvermessung berücksichtigt blieb auch der westliche und südwestliche Teil des Imperiums, wie Polen, das nordwestliche Gebiet, das Großherzogtum Finnland sowie der größte Teil des Gouvernements Archangel'sk. Zudem blieben ganz Sibirien und Turkestan von dieser Erfassung unberücksichtigt. All diese Gebiete wurden in ihren besonderen politischen Verhältnissen nicht von der russischen Vermessungsgesetzgebung einbezogen. Mit Ausnahme von Finnland unternahm die russländische Regierung jedoch in all diesen Peripherien zivile Vermessungen ihrer eigenen Reichsdomänen.[92] Die Vermessung Livlands ist

---

91 Vgl. German: Istorija russkago meževanija, S. 214.
92 Vgl. German: Istorija russkago meževanija, S. 215.

ein Beispiel für die Vorgänge im nordwestlichen Gebiet des Zarenreiches, wo eine Generalvermessung unterlassen wurde. Die lokalen Verhältnisse in Livland waren von schwedischen Landverwaltungs-Traditionen sowie durch die von den russländischen Regierungen gebilligte Selbstverwaltung der livländischen Ritterschaft geprägt, was die organisatorische Grundlage für das Zustandekommen der *Special-charte von Livland* bildete.[93] Obwohl dieses Beispiel nicht die Vielfältigkeit aller russländischen Grenzgebiete wiedergeben kann, lässt sich daran die übergreifende imperiale Politik ablesen: Während in Zentralrussland das Gewicht vor allem auf der zivil-administrativen Erfassung des dichtbesiedelten russischen Kernlandes durch juristische, wirtschaftliche und fiskalische Vermessungen (Grenzfeststellungen, Agrostatistik, Kataster) lag, wurden die vom russländischen Imperium seit dem 18. und 19. Jahrhundert einverleibten Grenzgebiete aus der Perspektive des imperialen Zentrums insbesondere aus militärischer Hinsicht erfasst.

4.1.5.3 Russische Geographische Gesellschaft als Forum

In der ersten Sitzung der Russischen Geographischen Gesellschaft am 7. Oktober 1845 hielt ihr erster Vize-Präsident Friedrich Benjamin von Lütke (Fёdor Petrovič Graf Litke, 1797–1882) die Eröffnungsrede. Darin nannte er das Sammeln von neuem sowie das Bearbeiten von vorhandenem Material (statistische und topographische Daten) und das Publizieren daraus gewonnener Erkenntnisse als ihre drei wesentlichen Aufgaben. Es ginge darum, so Lütke, die Materialien aus den Archiven der verschiedenen Regierungsstellen und von Privatpersonen zu bearbeiten und dem lesenden Publikum in Russland wie im Ausland mitzuteilen. In dieser Hinsicht sei es wichtig zu erfahren, in welcher Beziehung die RGO zu (folgenden) Institutionen des Reiches stehe.[94] Zuerst kam er auf das Militär-Topographische Depot zu sprechen, das zwar die Aufgabe hatte, die Fläche des Staates zu kartieren.[95] Jedoch gab er zu bedenken:

> Der Raum Russlands ist so unfassbar groß, dass die fortwährenden Arbeiten des Militär-Topographischen Depots kaum jemals im Stande wären, diesen mit gleicher Genauigkeit zu erfassen. Hier beginnt die Mitwirkung der Geographischen Gesellschaft. Viele Einzelheiten, die für die Vollkommenheit der Karten notwendig sind, werden durch die Arbeit ihrer Mitglieder ergänzt.[96]

Angesichts der bedeutenden Leistungen der Sankt Petersburger Akademie der Wissenschaften beantwortete Lütke zugleich seine rhetorische Frage:

---

93 Vgl. Kap. 7.2.2. u. 7.3.2.
94 Vgl. Osnovanie v S. Peterburge Russkago geografičeskago obščestva i zanjatija ego s sentjabrja 1845 po maj 1846g., in: Zapiski Russkago geografičeskago obščestva, 1 (1846) 1, S. 31.
95 Vgl. Osnovanie v S. Peterburge Russkago geografičeskago obščestva (1846), S. 31.
96 Osnovanie v S. Peterburge Russkago geografičeskago obščestva (1846), S. 31.

Wozu brauchen wir eine besondere geographische Gesellschaft, wenn ihre Aufgabe schon von der Akademie gelöst wird? Auf diese Frage werden wir folgende Antwort geben: [...] Begrenzt in den Mitteln und der Zahl ihrer Mitarbeiter, hat die Akademie keine Möglichkeit gehabt, für die Geographie alles zu unternehmen. Es könnte mehr gemacht werden, was die Aufgabe der RGO darstellt. [...] Die RGO ist im Grunde genommen die Ausdehnung der Akademie [...].[97]

Insgesamt 17 Persönlichkeiten aus Militär und Wissenschaft bildeten im Jahr 1845 die Gründungsmitglieder der Russischen Geographischen Gesellschaft. Neben Lütke gehörte zu ihnen auch der Direktor der Hauptsternwarte in Pulkovo, Friedrich Georg Wilhelm Struve, der schließlich die Abteilung „mathematische Geographie" der RGO übernahm, welche die Fächer Geodäsie und Kartographie beinhaltete. Bolotov fungierte als Struves Stellvertreter.[98] Wenige Wochen nach Lütkes Rede meldete sich Struve in einer Sitzung der RGO zu Wort:

In den letzten 30 Jahren wurden topographische Aufnahmen in 21 Gouvernements zwischen der Ostsee und dem Schwarzen Meer unternommen. [Diese] erschließen eine Fläche von zwei Millionen Quadratwerst [...], welche die gesamte Fläche von Deutschland und Frankreich ausmacht. Daran sieht man, dass die russischen geodätischen Arbeiten in einem solch großen Ausmaß durchgeführt werden, wie sie in der Geschichte der Geodäsie bisher nicht vorgekommen sind. Diese 21 Gouvernements machen aber weniger als ein Viertel der gesamten Fläche des europäischen Russland aus. Ungeachtet des großen Fleißes der Generalstabs-Offiziere gibt es keine Hoffnung, dass auch in unserem Jahrhundert die trigonometrischen Aufnahmen allein vom europäischen Russland beendet werden können. Daher besteht die Notwendigkeit von astronomischen Ortsbestimmungen, die allein für die Geographie dieses Teiles des Imperiums unverzichtbar sind.[99]

Nachdem daraufhin Bolotov an die oben erwähnte Notwendigkeit der interministeriellen Kooperation erinnert hatte, führte Struve in einem Bericht weitere Ideen an den Rat der RGO aus. Nämlich auf Grundlage der seit dem 18. Jahrhundert durchgeführten Generalvermessungen aktualisierte topographische Gouvernements-Atlanten zusammenzustellen. Wie Struve berichtete, hatte ihn zuvor der Chef des Vermessungs-Korps in Moskau, Michail Nikolevič Murav'ëv auf die Karten und Pläne aus den seit 1766 laufenden Generalvermessungen aufmerksam gemacht, welche u. a. bereits für die Zusammenstellung der *Hundertblatt-Karte* und der *Schubert-Karte* Verwendung gefunden hatten. Zudem hatte sich Struve zuvor mit Bolotov, Lütke

---

97 Osnovanie v S. Peterburge Russkago geografičeskago obščestva (1846), S. 33.
98 Vgl. Sostav Russkago geografičeskago obščestva, in: Zapiski Russkago geografičeskago obščestva, 1 (1846) 1, S. 3 (1–8); Osnovanie v S. Peterburge Russkago geografičeskago obščestva i zanjatija ego s sentjabrja 1848 po maj 1849, in: Zapiski Russkago geografičeskago obščestva, 4 (1849) 1–2, S. 16.; Novokšanova: Vasilij Jakovlevič Struve, S. 112–114.
99 Struve, Friedrich Georg Wilhelm: Obzor geografičeskich rabot v Rossii, in: Zapiski Russkago geografičeskago obščestva 1 (1846) 1, S. 52 f. (Vorgetragen in der Sitzung der RGO am 12. Dezember 1845).

und seinem ehemaligen Schüler Vrončenko in dieser Sache beratschlagt.[100] Aus dem entsprechenden Archivdokument geht hervor, welche Bedeutung Struve dem Projekt der Gouvernements-Atlanten beimaß und wie er sich das Konzept konkret vorstellte. Demnach konnte das Projekt in seiner Wichtigkeit für die Geographie des europäischen Russland kaum übertroffen werden. Struve resümiert, dass die Generalvermessungen in 31 Gouvernements eine Gesamtfläche von Deutschland, Frankreich, Italien, der iberischen Halbinsel, Großbritannien und den österreichischen Staaten einnehme. Zusammen mit den topographischen Aufnahmen des Generalstabs und den gesonderten Vermessungen in Finnland und den Ostsee-Provinzen würden nur noch detailgebende Vermessungen für die Provinzen Černigov und Poltava, für die Länder der Don- und Schwarzmeer-Kosaken, für Astrachan, Kaukasien und Archangel'sk fehlen, um den europäischen Teil des Russländischen Imperiums vollständig abzudecken.[101] Die willkürlichen und sporadischen Korrekturen durch das Militär würden aber für die Verwendung der Materialien aus den Generalvermessungen nicht ausreichen. Das Problem bestand darin, dass die existierenden Gouvernements-Karten Ableitungen von Kreis-Karten und diese wiederum Ableitungen von Landgüter-Plänen waren, deren gravierende Ungenauigkeiten sich übertragen und dies zur unausweichlichen Häufung von Fehlern geführt hatte. Die trigonometrischen Vermessungen der letzten 30 Jahre (durch den Generalstab) bedeckten ein Fünftel des europäischen Russland und es war ziemlich wahrscheinlich, dass die Herstellung einer vollständigen geographischen Karte des europäischen Russland auf Basis dieser vollkommenen Methode wenigstens noch ein ganzes Jahrhundert in Anspruch nehmen würde. Folglich kommt Struve auf seinen (bereits früher formulierten) Vorschlag zu sprechen, eine ausreichende Zahl astronomischer Ortsbestimmungen durchzuführen, um die existierenden Landgüter-Pläne einzupassen und daraus genauere topographische Karten abzuleiten. Zudem sollte eine Aktualisierung durch Ergänzung der wichtigsten Objekte, wie Straßen und Wege, auf den Karten erfolgen. Aus Struves Sicht kommt den astronomischen Ortsbestimmungen die größte Bedeutung zu, weshalb es einen meisterhaften Beobachter brauchte, um die gewünschte Exaktheit und Schnelligkeit zu erreichen. Er begrüßte, dass die Wahl des Beobachters auf seinen Schüler, Michail Pavlovič Vrončenko gefallen

---

100 Struve teilt mit, zuvor nichts von der Verwendung der Materialien aus den Generalvermessungen für die Herstellung der genannten Karten gewusst zu haben. Vgl. Naučnyj archiv Russkogo geografičeskogo obščestva, Sankt-Peterburg (künftig: NA RGO Sankt-Peterburg), f. 1, op. 1–1846, Nr. 13, č. 1, l. 7–7ob., Ob ispravlenii i cočinenii gubernskich atlasov 1846–1856gg. Č. Ontnošenie V. Ja. Struve ot 22 nojabrja 1846g. o sočinenii gubernskich atlasov.
101 Vgl. NA RGO Sankt-Peterburg, f. 1, op. 1–1846, Nr. 13, č. 1, l. 8–8ob., Ob ispravlenii i cočinenii gubernskich atlasov 1846–1856gg. Č. Ontnošenie V. Ja. Struve ot 22 nojabrja 1846g. o sočinenii gubernskich atlasov.

war.[102] Ferner weist Struve darauf hin, dass in dieser Sache einige Vorbereitungen von der Generalvermessungs-Direktion bereits schon Jahre zuvor getroffen wurden, indem beispielsweise ein kleines Observatorium in Moskau errichtet und Instrumente angeschafft worden waren, was Michail Nikolaevič Murav'ëv zu verdanken war. Um den Erfolg eines solch ausgedehnten Projektes zu garantieren, war es allerdings notwendig, die wissenschaftliche Leitung der RGO zu übertragen und neben der Erlaubnis auch den obersten Schutz (d. h. von Zar Nikolaus I., Anmerkung M. J.) für das Unternehmen zu gewinnen. Struve schlug vor, eine Kommission bei der RGO zu gründen, und die Ausführung der Arbeiten einer „sehr intelligenten und ambitionierten Persönlichkeit" anzuvertrauen, die vom Leiter des Vermessungs-Korps und einem Mitglied der RGO beaufsichtigt werden sollte. Abschließend schlug er vor, die Operation in einigen Gouvernements in Moskaus Umgebung zu beginnen, da sich diese in der Nähe der Vermessungs-Kanzlei befänden und von „mittlerer Größe" seien.[103] Struve erkannte in den vorhandenen Plänen und Karten der seit 1766 durchgeführten Generalvermessungen eine geeignete Lösung für das Problem, die topographisch-kartographische Erfassung des europäischen Russland in absehbarer Zeit zu bewältigen, da eine grundlegende Neuaufnahme mindestens noch ein Jahrhundert in Anspruch nehmen würde. Entscheidend für den Erfolg dieses Projektes war aber der Bezug der vorhandenen Pläne und Karten auf astronomisch zu bestimmende Punkte, damit die lokalen Aufnahmen zu einem großen Ganzen zusammengefügt werden konnten. Dem Prinzip nach handelte es sich hierbei um Struves Vorgehensweise in Livland 30 Jahre zuvor, als er mit seinen astronomisch-trigonometrischen Vermessungen rund 300 Punkte in Livland ermittelte, damit 2.000 verkleinerte Gutskarten zu einer Karte, nämlich der *Specialcharte von Livland*, zusammengefügt werden konnten. Nachdem Struve sein Konzept erläutert hatte, wurde unter seiner Leitung ein Komitee bei der RGO gegründet, das für die Regierung eine detaillierte Vorlage ausarbeitete. Diesem gehörten der Generalquartiermeister des Hauptstabes, Johann Rembert Friedrich von Berg, der Direktor des Militär-Topographischen Depots, Pavel Alekseevič Tučkov sowie der Chef des (beim Justizministerium angesiedelten) Vermessungs-Korps, Michail Nikolaevič Murav'ëv, an.[104] In der Vorlage kam das Komitee zum Schluss:

> Da die auf geodätischen Arbeiten beruhenden militär-topographischen Aufnahmen allein die westlichen Gouvernements umfassen und mindestens ein Jahrhundert vergehen würde, um die übrigen Gouvernements instrumentell aufzunehmen, so ergibt sich die Notwendigkeit, die

102 Vgl. NA RGO Sankt-Peterburg, f. 1, op. 1–1846, Nr. 13, č. 1, l. 8ob.–10, Ob ispravlenii i cočinenii gubernskich atlasov 1846–1856gg. Č. Ontnošenie V. Ja. Struve ot 22 nojabrja 1846g. o sočinenii gubernskich atlasov.
103 Vgl. NA RGO Sankt Peterburg, f. 1, op. 1–1846, Nr. 13, č. 1, l. 9ob.–10ob., Ob ispravlenii i cočinenii gubernskich atlasov 1846–1856gg. Č. Ontnošenie V. Ja. Struve ot 22 nojabrja 1846g. o sočinenii gubernskich atlasov.
104 Vgl. Postnikov: Razvitie krupnomasštabnoj kartografii v Rossii, S. 150.

Landvermessungs-Atlanten [*meževye atlasy*] so gut wie möglich zu berichtigen, welche bislang als einzige Materialien für die Zusammenstellung von Karten des zentralen und östlichen Russland dienten.[105]

Bemerkenswert an dieser Stelle ist, dass mindestens auch Berg die erfolgversprechende Methode dieses Struve-Konzepts aus seiner livländischen Heimat bekannt gewesen sein dürfte. Struve und Berg kannten sich bereits seit 1808 und waren beide in Livland mit Vermessungen in Berührung gekommen. Berg war als Spross ritterlicher Gutsbesitzer auf Schloss Sagnitz aufgewachsen, wo sich, wie überall in Livland, vor dem Hintergrund der Bauernreform Vermessungen abgespielt hatten, die für die Zusammenstellung der *Specialcharte von Livland* herangezogen worden waren (Abb. 45). Struve war Bergs früherer Hauslehrer[106] und zeichnete ab 1816 für die astronomisch-trigonometrische Vermessung Livlands verantwortlich. Demnach waren mindestens zwei Akteure in jenem Komitee bei der RGO vertreten, denen die 1839 erfolgreich abgeschlossene Unternehmung der Ökonomischen Sozietät aus eigener Anschauung bekannt war. Struve geht in seinem Konzept aber nicht auf seine eigenen Erfahrungen in Livland ein. Zusammengefasst sollte mit Struves Konzept ein Prinzip für die topographisch-kartographische Erschließung Zentralrusslands angewendet werden, dass zuvor bereits erfolgreich in der Ostseeprovinz Livland angewendet wurde.

4.1.5.4 Kartographische Resultate der Generalvermessungen

Als Struve seinen Bericht Ende 1846 vorlegte, waren die seit 1766 durchgeführten Generalvermessungen in 35 Gouvernements abgeschlossen.[107] Die kartierten Flächen nahmen mit rund 2,6 Millionen Quadratwerst rund die Hälfte des europäischen

---

105 Zitiert nach: Postnikov: Razvitie krupnomasštabnoj kartografii v Rossii, S. 150 f.

106 Vgl. Dick, Wolfgang R.; Eelsalu, Heino: Die Dorpater Struves und der Generalfeldmarschall Friedrich Wilhelm Rembert Berg, in: Jahrbuch der Akademischen Gesellschaft für deutschbaltische Kultur in Tartu (Dorpat), Bd. 1, 1996, S. 61.

107 In folgenden 35 Gouvernements wurde jeweils eine Generalvermessung durchgeführt: 1. Moskau 1766–1781; 2. Char'kov 1769–1781; 3. Rjazan' 1771–1781; 4. Vladimir 1773–1781; 5. Kostroma 1773–1783; 6. Jaroslavl' 1773–1783; 7. Smolensk 1776–1779; 8. Kaluga 1776–1780; 9. Tula 1776–1780; 10. Tver' 1776–1781; 11. Voronež 1777–1781; 12. Novgorod 1778–1796; 13. Olonec 1778–1796; 14. Orël 1778–1796; 15. Petersburg 1781–1795; 16. Pskov 1781–1796; 17. Penza 1782–1792; 18. Vologda 1782–1796; 19. Kursk 1782–1797; 20. Tambov 1782–1797; 21. Mogilëv 1783–1784; 22. Vitebsk 1784–1797; 23. Nižnij Novgorod 1784–1797; 24. Kazan' 1793–1803; 25. Simbirsk 1798–1821; 26. Ekaterinoslav 1798–1828; 27. Cherson 1798–1828; 28. Orenburg 1798–1835 (Ergänzungen 1877–1888); 29. Saratov 1798–1835; 30. Samara 1798–1842; 31. Astrachan' 1798–1843; 32. Taurien (ohne Halbinsel Krim) 1798–1843; 33. Vjatka 1804–1835; 34. Perm' 1822–1843 (Ergänzungen 1877–1888); 35. Kreis-Šenkursk im Gouvernement Archangel'sk 1855–1861. Vgl. Tsvetkov, M. A.: Cartographic results of the General Survey of Russia 1766–1861, in: Essays on the History of Russian Cartography 16th to 19th Centuries, Supplement No. 1 to Canadian Cartographer, Bd. 12, 1975, S. 93; German: Istorija russkago meževanija, S. 213.

Russland ein.[108] Abbildung 10 zeigt die gewaltige Ausdehnung der Generalvermessungen (rosa), die nach 1861 keine weitere Ausdehnung mehr erfuhr.[109] Es ist behauptet worden, die Generalvermessungen seien deshalb so erfolgreich gewesen, weil sie vom Adel befürwortet worden seien.[110] Diese These lässt sich mit der Aussage untermauern, dass private Landbesitzer mit 2,5 Millionen Rubeln fast die Hälfte der gesamten Vermessungskosten in der katharinäischen Ära getragen haben sollen. Und zwar in Form von Gebühren für amtliche Beglaubigungen, d. h. gezeichnete Pläne von Grundbesitz.[111] Die Landbesitzer hatten demnach ein reges Interesse an eigenen Plänen. Vermutlich wurden diese als maßgebliche Zeugnisse gebraucht, um das Recht auf den eigenen Landbesitz zu belegen. Nicht zuletzt hatten diese wichtigen Hilfsmittel an Qualität gewonnen, um zur Lösung von Besitzstreitigkeiten beizutragen.[112] Folglich dürfte ein breites Interesse an den Generalvermessungen innerhalb der landbesitzenden Klasse bestanden haben, was über den reinen Nutzen einer solchen staatlichen Maßnahme für die Administration weit hinausgeht. Auf diesen Zusammenhang sei hier hingewiesen, um eine plausible Erklärung für den vergleichsweise großen Erfolg der Generalvermessungen zu finden, der anderen Vermessungs- und Kartierungsprojekten im Russländischen Imperium weitgehend versagt blieb. So etwa die Herstellung der Gouvernements-Atlanten.[113] Im 18. Jahrhundert hatte die Vermessungskanzlei lediglich den *Atlas der Statthalterschaft Kaluga*[114] publiziert. Alle weiteren Atlanten anderer Statthalterschaften bzw. Gouvernements blieben unveröffentlicht. Wie die in verschiedenen Archiven der Russländischen Föderation erhaltenen Exemplare in Manuskript-Form belegen, folgte ihre Zusammenstellung keinem Muster, weshalb sie sich in Formaten, Signaturen und Maßstäben teilweise stark unterscheiden.[115] Von der bezweckten Herstellung einheitlicher Atlanten nach dem Vorbild des 1782 publizierten *Atlas der Statthalterschaft Kaluga* kann daher keine Rede sein. Dass dieser eine Atlas aber publiziert wurde, belegt zumindest die Absicht, abgeleitete Resultate der Generalvermessungen der Öffentlichkeit anzubieten und für verschiedene Zwecke zum Wohl des Landes nutzbar zu machen. Um nachzuvollziehen, warum Publikationen weiterer Atlanten unterblieben, wäre es hilfreich

---

108 Vgl. Ėnciklopedičeskij slovar', Bd. VIII, Sankt Petersburg 1892, S. 320.

109 Die in der Sekundärliteratur zu findenden Angaben zum Ende der Generalvermessungen variieren vereinzelt zwischen 1861 und 1888. Vgl. Tsvetkov: Cartographic results of the General Survey, S. 91–105; Fel': Kartografija Rossii XVIII veka, S. 209–214. Bis 1861 wurden die in 35 Gouvernements durchgeführten Generalvermessungen eröffnet und beendet. Zwischen 1877 und 1888 wurden lediglich noch Ergänzungen in den bereits vermessenen Gouvernements Orenburg (1798–1835) und Perm' (1822–1843) vorgenommen. Vgl. German: Istorija russkago meževanija, S. 213.

110 Vgl. Sališčev: Osnovy kartovedenija, S. 158.

111 Vgl. German: Istorija russkago meževanija, S. 213.

112 Vgl. Aust: Adlige Landstreitigkeiten in Rußland, S. 194.

113 Vgl. Kap. 2.1.2.

114 Atlas kalužskago namestničestva (1782).

115 Vgl. Tsvetkov: Cartographic results of the General Survey, S. 96. Der Autor gibt zu erhaltenen Atlanten verschiedene russländische Archive und teilweise auch Bestands-Signaturen an.

zu erfahren, wie viele Exemplare ab 1782 gedruckt und verkauft wurden. Im Rahmen dieser Untersuchung konnten diese Zahlen jedoch nicht ermittelt werden. Sie würden bestenfalls darüber Aufschluss geben, ob sich die Publikation für den Herausgeber gelohnt hatte oder ein unwirtschaftliches Zuschussgeschäft war, was die unterlassenen Veröffentlichungen der übrigen Gouvernements-Atlanten plausibel erklären würde. Wahrscheinlich verebbten gerade wegen den unterlassenen Publikationen weiterer Atlanten durch die Vermessungskanzlei auch die Bemühungen der Akademie der Wissenschaften, ihrem 1785 zusätzlich mit geographischen Koordinaten versehenen *Atlas der Statthalterschaft Kaluga*, auch derartige Atlanten von anderen Statthalterschaften folgen zu lassen.[116] Welchen Wert die Karten und Pläne als amtliche Dokumentation über Landbesitzverhältnisse für die Aufgaben der Vermessungskanzlei, bzw. des Justizministeriums besaßen, bleibt offen. Angesichts der über mehrere Generationen hinweg betriebenen Generalvermessungen kann aber davon ausgegangen werden, dass die in den Archiven liegenden Karten und Pläne ihren Zweck erfüllt hatten. Ihre Publikation durch Druck und Verkauf war für ihren innerbehördlichen Nutzen keine zwingende Voraussetzung. Das Unterlassen der Veröffentlichung bereits vorbereiteter Atlanten von derart vielen Gouvernements erscheint retrospektiv als unfassbare Verschwendung wertvollen topographischen Wissens. Doch der Stich und Druck eines Atlas war teuer, der Absatz offenbar nicht garantiert und die Kosten der Generalvermessungen waren hoch. Bis 1843 hatten sich die Ausgaben für Vermessungen in 28 Gouvernements auf rund acht Millionen Assignaten-Rubel belaufen. Allein die Generalvermessung des Gouvernements Perm' (1822–1843) hatte 1,56 Millionen Assignaten-Rubel verschlungen.[117] Wie stark die Nachfrage von Seiten der Öffentlichkeit nach den Atlanten mit ihren Stadtplänen, Kreis- und Gouvernements-Karten tatsächlich war, ist auf Grundlage der vorliegenden Quellen nicht zu beantworten. Wie aber der Bedarf eines einzelnen Interessenten nach einer topographischen Karte geartet war, gibt folgende Episode wieder.

4.1.5.5 Gutsbesitzer Čichačëv benötigt eine topographische Karte

In der Landwirtschaftszeitung (*Zemledel'českaja gazeta*) vom 15. Februar 1849 erhielt der Gutsbesitzer Čichačëv eine öffentliche Antwort auf seine zuvor mitgeteilte Anfrage, wie er sich am besten ein topographisches Bild vom Kreis Kovrov im Gouvernement Vladimir machen bzw. wie er die Beschreibung des Kreises am besten zusammen mit einer Karte herausgeben könnte. Gutsbesitzer Aleksej Rudolf aus dem Gouvernement Penza antwortete daraufhin, dass die *Schubert-Karte* zwar als zuverlässig gelte, für diesen Zweck aber nicht geeignet wäre, da ihr Maßstab (1 : 420.000) zu klein sei. Brauchbarer wäre hingegen eine Karte in einem mehr als doppelt so großen Maßstab von zwei bis vier Werst im Djujm (1 : 84.000 bis 1 : 168.000), auf der

---

116 Vgl. Kap. 2.1.2.
117 Vgl. Ivanov: Opyt istoričeskago izsledovanija o meževanii, S. 106.

neben Siedlungen auch die Grenzen zwischen den administrativen Einteilungen eines Kreises (*stany*), Grenzen von Ländereien (*dači*) und verschiedene Arten von Situationen, d. h. Ackerland, Wälder, Wiesen, Bäche, Flüsse und Flüsschen, Seen, Wege, Brücken, Fabriken und verschiedene Einrichtungen und des gleichen mehr dargestellt wären. Mit einem Wort alles, was nützlich für einen lokalen Landwirt war.[118] Gutsbesitzer Rudolf empfahl Čichačëv, sich an die Vermessungskanzlei in Moskau zu wenden, um dort Karten, bzw. einen Atlas zu erwerben. Zusammen mit den ökonomischen Beschreibungen (*ėkonomičeskie primečanija*) von diesem Kreis, würden diese mit der Karte das bestmögliche Material ergeben, da die Zusammenstellung einer selbst initiierten Beschreibung samt Karte mindestens 500 Silber-Rubel kosten würde, für diesen Aufwand die Leserschaft aber zu klein sei.[119] Auf diese öffentliche Korrespondenz reagierte das Ministerium für Reichsdomänen und wies in selbiger Zeitung darauf hin, dass es bereits 1846 einen Wettbewerb ausgeschrieben hatte, um wirtschaftliche und statistische Beschreibungen der Gouvernements und Kreise auf Kosten des Ministeriums zusammenzustellen und zu drucken.[120] Angesichts dieser öffentlichen Diskussion über Karten in einem großem, bzw. mittlerem Maßstab wird deutlich, dass das Fehlen von topographischen Karten bei der staatlichen Verwaltung als Problem bekannt war. Wie die Korrespondenz belegt, war bis zu diesem Zeitpunkt noch keine Beschreibung des zentralrussischen Gouvernements Vladimir erschienen. Der Fall veranschaulicht das Bedürfnis eines Gutsbesitzers nach einer verfügbaren gedruckten topographischen Karte in einem mittleren Maßstab und ferner, dass nicht die Verwaltung der zuständigen Kreisstadt, sondern die Vermessungskanzlei in Moskau als Behörde bekannt war, an die er sich mit einer solchen Anfrage wenden konnte. Wie aus einer anderen Quelle deutlich wird, verwaltete diese Behörde u. a. die Aufnahmen der im Gouvernement Vladimir 1773 bis 1783 durchgeführten Generalvermessung.[121] Zudem existierte dort ein in Manuskript-Form zusammengestellter Atlas (*gubernskij meževoj atlas*) vom Gouvernement Vladimir aus dem Jahr 1812.[122] Ob Gutsbesitzer Čichačëv eine per Hand kopierte Karte der Jahrzehnte alten Dokumente genutzt hätte, ist fraglich. Die vorhandenen Karten waren vollkommen veraltet und dürften inhaltlich kaum der zeitgenössischen Topographie entsprochen haben.

4.1.5.6 Mende-Aufnahmen als Mittelweg

Mit der Lösung dieses Problems war die RGO bereits beschäftigt. Im Unterschied zur Generalvermessung zielte das Projekt der Gouvernements-Atlanten darauf ab, Karten samt Text-Beschreibungen für *unterschiedliche* Zwecke zu gewinnen und ge-

---

118 Vgl. Zemledel'českaja gazeta, 15. Februar 1849, Nr. 13, S. 100 f.
119 Vgl. Zemledel'českaja gazeta, 15. Februar 1849, Nr. 13, S. 101.
120 Vgl. Zemledel'českaja gazeta, 8. März 1849, Nr. 19, S. 152.
121 Vgl. Ivanov: Opyt istoričeskago izsledovanija o meževanii, S. 105.
122 Vgl. Fel': Kartografija Rossii XVIII veka, S. 211.

druckt zu publizieren – nicht zuletzt, um dem Zweck der RGO zu entsprechen, ihre „Resultate dem lesenden Publikum in Russland wie im Ausland mitzuteilen." Am 12. August 1847 war der vom Komitee der RGO vorbereitete und „Allerhöchst bestätigte Beschluss über die geodätischen Arbeiten für die Zusammenstellung eines *Atlas des Russländischen Imperiums*" erfolgt.[123] Was unter diesem Atlas genau verstanden wurde, wird im entsprechenden Gesetzestext nicht näher ausgeführt. Vermutlich handelte es sich dabei um den Gesamttitel für alle künftig zu erarbeitenden Gouvernements-Atlanten. Nach dem Beschluss sollten die Arbeiten mit dem Gouvernement Tver' beginnen und auf Grundlage der von der RGO zusammengestellten Instruktionen erfolgen. Dabei war vorgesehen, Punkte mit bekannten geographischen Koordinaten in Verbindung mit Grenzsteinen (*meževye priznaki*) zu bringen und das Gouvernement zu rekognoszieren, um die aktuelle Topographie zu kartieren. Als Grundlage für die Arbeiten sollten kopierte Pläne aus der 1776–1781 im Gouvernement Tver' veranstalteten Generalvermessung dienen. Bestehende Grenzverläufe durften nicht berührt werden, damit bei Landbesitzern keine Sorgen um die Grenzen ihres Landbesitzes entstanden. Die Vermessungspläne vom Ministerium für Reichsdomänen sowie vom Ministerium für Zarengüter sollten dabei ebenfalls Verwendung finden. Hinsichtlich der geodätischen Grundlagen sollte sich der Leiter der Vermessungen an das Militär-Topographische Depot und bezüglich der technischen Ausführung an den Leiter des Vermesser-Korps beim Justizministerium wenden. Im Winter erfolgte die Bearbeitung der Ergebnisse im Kabinett der Vermessungskanzlei in Moskau, welche die Arbeiten unterstützte. Der Offizier Aleksandr Ivanovič Mende (1798–1868) wurde als Leiter der Arbeiten bestimmt und verfügte über 24 Landvermesser (*zemlemery*) aus dem Justizministerium und 60 Soldaten als Gehilfen.[124] In der Fachliteratur über dieses Projekt der RGO hat sich die Bezeichnung „Mende-Aufnahmen" etabliert. Nach dem verabschiedeten Beschluss sollten die Aufnahmen den Anforderungen des Generalstabs in topographischer Hinsicht genügen. Ziel war es, mit der Zeit eine topographische Karte nach den Bedarfen des Generalstabs in den Maßstäben von 1 : 84.000 oder 1 : 126.000 zusammenzustellen und eine Geländedarstellung hinzuzufügen. Zudem sollte das Innenministerium Personal entsenden, das sich mit statistischen Erhebungen beschäftigte. Das Militär würde sodann spezielle Statistiken für seine Bedarfe vom Innenministerium erhalten.[125] Ausdrücklich wurde im Jahr 1847 die interministerielle Zusammenarbeit unter dem Dach der RGO betont:

---

123 PSZ II, 22, Teil 2, dopolnenie k sobraniju, 21.470a.
124 PSZ II, 22, Teil 2, dopolnenie k sobraniju, 21.470a.
125 Vgl. PSZ II, 22, dopolnenie k sobraniju, 21.470a.

> Die [Russische Geographische] Gesellschaft vereint die Vertreter der Haupt-Ministerien, die sich im Imperium mit geodätischen Arbeiten befassen. Die RGO hat bereits den Anfang für allgemein nützliche staatliche Unternehmen gelegt und sämtliche Mittel in wissenschaftlicher Hinsicht bereitgestellt, um die Arbeiten zum erfolgreichen Ziel zu führen.[126]

Zentral an dieser Aussage ist, dass die RGO kurz nach ihrer Gründung im Jahr 1845 etwas beabsichtigte, was der zarischen Regierung selbst nicht gelang. Nämlich die relevanten Fachministerien für ein effizientes Vorgehen im Umgang mit der Erfassung und Verwaltung des eigenen Landes zu koordinieren und sich selbst an die Spitze zur Herstellung eines *Atlas des Russländischen Imperiums* zu stellen. Nachdem erste praktische Erfahrungen die Zweckmäßigkeit der Methode unter Beweis gestellt hatten, folgte 1849 der Erlass unter dem Titel: „Über die Fortsetzung der geodätischen Arbeiten in den vermessenen Gouvernements östlich des Moskauer Meridians". Demnach sollten bis zum Jahr 1859 die Aufnahmen von insgesamt zehn Gouvernements im zentralen und östlichen Teil des europäischen Russland ausgeführt sein. Dabei handelte es sich konkret um die Gouvernements: Rjazan', Vladimir, Jaroslavl', Tambov, Voronež, Penza, Nižnij Novgorod, Simbirsk, Saratov und Kazan.[127] So erfolgte die Integration der bestehenden Karten und Pläne der Generalvermessungen mit astronomischen Punkten sowie ihre inhaltliche Aktualisierung nach der von Mende vorgeschlagenen und 1851 von der RGO bestätigten Vermessungs-Instruktion. Demnach sollten sie instrumentelle Aufnahmen von allen Post- und Handelswegen, großen Landstraßen und Flüssen sowie sämtliche Dörfer, Weiler und Örtchen beinhalten. Sorgfältig waren demnach auch Kreis- und Gouvernements-Grenzen zu prüfen.[128] Deren alte Grenzverläufe sollten in oranger Farbe und neue in roter Farbe hervorgehoben werden. Die Pläne sollten Straßen innerhalb der Siedlungen, Nutzgärten, Friedhöfe, einzelne (Grab-) Hügel, Wind- und Wassermühlen, Manufakturen und Fabriken, Poststationen, Überfahrten und Brücken, kleine Brücken und Stege, Furten, Dämme, Strandpfade, vereinzelt stehende Wirtshäuser, Kapellen, Kirchen sowie eine Angabe über die Anzahl der Häuser beinhalten. Ortsnamen von Gutshäusern sollten unterstrichen werden. Außerdem wurde das Einzeichnen der Hauptumrisse von Wäldern gefordert sowie Gefälle mit Winkeln anzugeben. Große Aufmerksamkeit wurde auf Toponyme gerichtet, die ausdrücklich detaillierter als in militär-topographischen Karten widergegeben werden sollten: Namen von allen Flüssen, Flüsschen und Bächen sowie von Schluchten und natürlichen Grenzscheiden (*uročišče*). Zudem wurde Wert auf die Dokumentation aller offiziellen Siedlungsnamen, aber auch auf die Bezeichnungen nach dem Volksmund gelegt. Gefordert wurde die Angabe der Quellen von Fließgewässern sowie die genaue Darstellung ihrer Verläufe. Außerdem sollte bei den Kartierungsarbeiten auf die richtige Kategori-

---

126 PSZ II, 22, dopolnenie k sobraniju, 21.470a, § 14.
127 PSZ II, 24, 23.206.
128 Vgl. Postnikov: Razvitie krupnomasštabnoj kartografii v Rossii, S. 152 f.

sierung von Wegen geachtet werden.[129] Aus dieser Fülle von vorgesehenen topographischen Informationen lässt sich gleichzeitig ein ziviler wie militärischer Blick auf das Land ableiten. Einerseits spielen wirtschaftliche Objekte, wie Mühlen und Manufakturen eine Rolle. Andererseits wird besonderer Wert auf die Umrisse von Wäldern und Gelände gelegt. Was hier von der RGO geplant wurde, sollte offensichtlich die Bedarfe des Militärs genauso bedienen, wie die der Zivil-Administration. Das daraufhin verwirklichte Kartenbild lässt dies auch an weiteren Inhalten deutlich erkennen, wie unten näher ausgeführt wird.

4.1.5.7 Resultate der Mende-Aufnahmen

Neben dem Gouvernement Tver' (1849–1850) wurden Aufnahmen in den Gouvernements Rjazan' (1850–1854) und Tambov (1851–1854) sowie Vladimir (1853–1856) im Maßstab 1 : 42.000 ausgeführt, im Gouvernement Jaroslavl' (1857–1860) dagegen im kleineren Maßstab 1 : 84.000, in den Gouvernements Simbirsk (1855–1860) und Nižnij Novgorod (1860–1862) in noch kleinerem Maßstab 1 : 126.000.[130] Schließlich erfolgte die Aufnahme des Gouvernements Penza (1863–1866) in einem noch kleineren Maßstab 1 : 252.000. Entgegen der ursprünglichen Planungen, wurde offenbar das Gouvernement Tver' zuvor als Test aufgenommen, während die Gouvernements Saratov und Kazan' gar nicht berücksichtigt wurden. Die in knapp 20 Jahren erfasste Gesamtfläche der Mende-Aufnahmen (Abb. 10) betrug in den acht Gouvernements insgesamt 345.000 Quadratwerst.[131] Das entspricht in etwa den zusammengenommenen Flächen des heutigen Deutschlands und der Schweiz. Doch die Publikation der Gouvernements-Atlanten fand ein ähnlich abruptes Ende wie im 18. Jahrhundert. Das Bemerkenswerteste an diesem Ausgang ist aber, dass der Zweck der Mende-Aufnahmen gerade in der Herstellung von topographischen Kreis- und Gouvernements-Karten bestand, die ein breites Spektrum an topographischen Informationen boten. Im Unterschied zu den Generalvermessungen, deren Hauptzweck in der Abgrenzung des Kronlandes von Privatbesitz und in der Beilegung von Landstreitigkeiten, d. h. nicht in der Herstellung von gedruckten Karten und Atlanten für den allgemeinen Gebrauch bestanden, stellten die Gouvernements-Atlanten für die RGO das Hauptziel dar. Dennoch kam das Projekt über die Publikation weniger Resultate nicht hinaus. 1853 erschien die *Semi-topographische Karte des Gouvernements Tver'*.[132] Und im selben Jahr begann die Publikation der ersten Karte aus dem *Topographischen Landvermessungs-Atlas des Gouvernements Tver'*.[133] Dieser ist nicht gebunden und besteht aus zwölf Einzelkarten von administrativen Kreisen in losen Blättern. Diese im mehr-

129 Vgl. Postnikov: Razvitie krupnomasštabnoj kartografii v Rossii, S. 152 f.
130 Vgl. Istoričeskij očerk dejatel'nosti Korpusa voennych topografov (1872), S. 338.
131 Vgl. Istoričeskij očerk dejatel'nosti Korpusa voennych topografov (1872), S. 338.
132 Semitopografičeskaja karta Tverskoj gubernii, Maßstab 1 : 336.000, 4 Blätter, Moskva 1853.
133 Topografičeskij meževoj atlas Tverskoj gubernii, Maßstab 1 : 84.000 und 1 : 21.000 für Stadtpläne, Moskva 1853–1857.

farbigen chromo-lithographischen Druck herausgegebenen Kreis-Karten beinhalten jeweils separate Titelkartuschen und Signaturen-Schlüssel. Zusätzlich ist den meisten Sammelmappen ein Stadtplan der jeweiligen Kreis-Stadt (1 : 21.000) beigegeben. Begonnen wurde die Publikation dieses Atlas mit der Karte vom Kreis Kaljazin, welcher von einer über 600 Seiten starken Vermessungs-Beschreibung (*meževoe opisanie*) ergänzt wurde.[134] Der in Abbildung 2 dargestellte Ausschnitt zeigt die an der Wolga liegende Kreis-Stadt Kaljazin im Gouvernement Tver'. Während das mehrfarbige Kartenbild sofort ins Auge sticht, verweist das Gitternetz auf eine Kartenprojektion bzw. die mathematische Grundlage der Karte. Besonders relevant sind im vorliegenden Zusammenhang die bei der Generalvermessung dokumentierten Landbesitzgrenzen (dünne braune Linien) samt Katalognummer (schwarze dreistellige Ziffern). Letztere verweisen auf einen Eintrag in der separat publizierten Vermessungs-Beschreibung, welche aus wirtschaftlichen Anmerkungen (*ėkonomičeskie primečanija*), einer allgemeinen Umschau zu den Eigentümern, einem historischen Vermessungsverzeichnis, einem alphabetischen Verzeichnis der Ländereien sowie einem alphabetischem Verzeichnis der Landbesitzer besteht.[135] Hierin wird die juristische Bedeutung der Karte, d. h. ihr Wert für den Nachweis und die Übersicht der Landbesitzverhältnisse deutlich. Demnach konnte sich jeder Interessent einen öffentlich zugänglichen Überblick verschaffen, wer welches Grundstück wo besitzt. Der wirtschaftliche Charakter dieses Kartenbildes (Abb. 2) wird u. a. an der Klassifizierung der Wälder greifbar. Diese werden durch die Farbflächensignaturen in hellgrün als Brennholz (*splošnoj drovjanoj les vsjakago roda*) und in dunkelgrün als Bauholz (*splošnoj stroevoj les vsjakago roda*) unterschieden. Das Kartenbild in Abbildung 2 ist allem Anschein nach von der militärischen Zeichenanweisung für Manuskriptkarten aus dem Jahr 1822 geprägt. Die roten Ziffern neben sämtlichen Ortschaften weisen auf die genaue Zahl der Gebäude (*d.[oma]*) hin, was Bedeutung für die militärische Einquartierung hatte. Zudem haben die Informationen über genaue Konturen von Bodenbedeckungen, die Hindernisse oder Verstecke darstellen könnten, taktischen Wert. So etwa Wiese mit verschiedenem Gebüsch (dunkelgrüne wolkenartige Flecken auf hellgrünem Grund), Wälder und Sümpfe. Auch die Information, ob eine Brücke aus Holz oder Stein gebaut war, besaß militärischen Wert. Eine Holzbrücke ließ sich für taktische Manöver, wie etwa das Abschneiden der Rückzugsmöglichkeit des Gegners, wesentlich einfacher durch Feuer zerstören als eine Steinbrücke. Im Vergleich dieses Kartenbildes mit den Signaturen-Schlüsseln für topographische Karten des zarischen Militärs (1822) und des Ministeriums für

---

134 Vgl. Ukazatel' k izdanijam Imperatorskago russkago geografičeskago obščestva i ego otdelov s 1846 po 1875 god, Sankt Peterburg 1886, S. 117; Meževoe opisanie Tverskoj gubernii Kaljazinskago uezda k atlasu sej gubernii, Sankt Peterburg 1855.
135 Vgl. Meževoe opisanie Tverskoj gubernii.

Reichsdomänen (1838) sticht die Verwandtschaft ins Auge.[136] Dem Inhalt entsprechend haben sich die verantwortlichen Kartographen des Vermessungs-Korps beim Justizministerium in Moskau an den Standards sowohl des Militärs, als auch der Zivil-Administration orientiert. Die in Abbildung 2 verwendeten Signaturen geben den zeitgleich im Jahr 1853 abgesegneten und 1854 im Druck erschienenen gemeinsamen verbindlichen Signaturen-Schlüssel für das Kriegsministerium *und* das Ministerium für Reichsdomänen wieder.[137] Dies war ein wichtiger Schritt für eine interministerielle Kartographie hin zu einer allgemeinen kartographischen *Corporate Identity* des Zarenreiches. Doch erscheint aus der Retrospektive diese Errungenschaft interministerieller Kooperation unter dem Dach der (I)RGO lediglich als eine experimentelle Episode, deren Ende mit dem Scheitern ebendieses Projektes verbunden war.

Inwieweit das Kriegsministerium und das Innenministerium aus den Mende-Aufnahmen praktischen Nutzen zogen, lässt sich kaum nachweisen. Zumindest sicherte sich das Kriegsministerium bis Mitte der 1860er Jahre photographische Kopien der entsprechenden Manuskript-Atlanten.[138] Möglicherweise wurden diese und andere Materialien ab 1918 als Grundlagen für die Erweiterung der *Drei-Werst-Karte* nach Osten und Norden herangezogen.[139] Wie im Vergleich der Abbildungen 48 und 12 leicht zu erkennen ist, liegen die entsprechenden Gouvernements außerhalb des Karten-Ausschnitts der *Drei-Werst-Karte*. Nachgewiesen ist zumindest, dass die Rote Armee 1926 zur Herstellung ihres neuen Kartenwerkes im metrischen Maßstab (1:100.000) die Manuskript-Karten der bereits über ein halbes Jahrhundert alten Mende-Aufnahmen heranzog.[140] Hierin zeigt sich deutlich, dass Zentralrussland ab den 1870er Jahren bis zum Ende des Zarenreiches topographisch und kartographisch stark vernachlässigt worden war. Die vom zentralen statistischen Komitee des Innenministeriums publizierten *Verzeichnisse besiedelter Orte im Russländischen Imperium* beruhen u. a. auf den Ergebnissen der Mende-Aufnahmen. Dieses Projekt zielte darauf ab, die zuverlässigsten statistischen Daten für den Aufbau einer administrativen Statistik Russlands zu sammeln.[141] In der einleitenden Erklärung für die Reihe

---

136 Uslovnye znaki dlja upotreblenija na topografičeskich, geografičeskich i kvartirnych kartach i voennych planach, sostavleny pri kanceljarii general-kvartirmejstera Glavnago štaba Ego Imperatorskago Veličestva, [Sankt Peterburg] 1822; Tartu EAA.298.2.1., Uslovnye znaki meževych znakov, sostavlennye pri Meževoj Kommissii v Otdelenija sobstvennoj Ego Imperatorskago Veličestva kanceljarii, o. O. o. J. [am 4. Juni 1838 vom Zar persönlich in Peterhof gebilligt.].

137 Vgl. Uslovnye znaki, vysočajšie utverždennye v 28-j den' dekabrja 1853 goda dlja upotreblenija po vedomstvam voennomu i gosudarstvennych imuščestv, Sankt Peterburg 1854. Vgl. Postnikov: Razvitie krupnomasštabnoj kartografii v Rossii, S. 153.

138 Vgl. Obzor važnejšich geografičeskich rabot v Rossii za 1867–1868 gody, in: Izvestija Imperatorskago russkago geografičeskago obščestva, 5 (1869) 5, Abt. 2, S. 332f.

139 Trëch-(3-ch) verstnaja karta Evropejskoj Rossii, 208 Blätter (vorläufige Ausgabe), Maßstab 1:126.000, o. O. 1918–1923 [weitere Blätter nach 1923 erschienen].

140 Vgl. Postnikov: Maps for Ordinary Consumers, S. 86.

141 Vgl. Spiski naselennych mest Rossijskoj imperii, sostavlennye i izdavaemye central'nym statističeskim Komitetom Ministerstva vnutrennich del, Bd. 1, o. O. 1861, S. XVI.

(1861) wird u. a. auf den *Topographischen Landvermessungs-Atlas des Gouvernements Tver'* als Quelle verwiesen, da dieser vollständige Angaben über Ortschaften (*selenija*) bot.[142] Im Vergleich der bis 1865 erschienenen Verzeichnisse fällt deutlich auf, dass die Datensammlungen für diejenigen Gouvernements besonders umfangreich ausfielen, in denen Mende-Aufnahmen stattgefunden hatten.[143]

4.1.5.8 Vorzeitiges Ende der Mende-Aufnahmen

Die Herstellungskosten für den *Topographischen Landvermessungs-Atlas des Gouvernements Tver'* betrugen über 12.000 Rubel. Die IRGO hatte dafür aus eigenen Mitteln 4.000 Rubel gegeben, während auf kaiserlichen Befehl zusätzliche 8.000 Rubel aus der Reichsschatulle bewilligt worden waren.[144] Im Verkauf kostete der vollständige *Atlas* 50 Rubel, während einzelne mehrblättrige Kreis-Karten zu je fünfeinhalb Rubel veräußert wurden.[145] Demnach hätte die IRGO 240 Atlanten oder über 2.000 Kreis-Karten einzeln verkaufen müssen, um die Herstellungskosten *eines* Atlas durch den Verkauf gedruckter Exemplare zu decken. Nachdem das Ziel, die Gouvernements-Atlanten bis 1859 fertigzustellen deutlich verfehlt wurde und der *Landvermessungs-Atlas des Gouvernements Rjazan'* sowie die *Karte des Gouvernements Rjazan'*[146] 1860 publiziert worden waren, zog sich die IRGO noch im selben Jahr aus Kostengründen vollständig aus den Mende-Aufnahmen zurück.[147] Sichtbar verweist darauf das 1862 gedruckte Titelblatt des *Topographischen Landvermessungs-Atlas des Gouvernements Tambov*.[148] Im Unterschied zu den Titelkartuschen der Atlanten von Tver' und Rjazan' erscheint darin die IRGO als Herausgeber nicht mehr. Dementsprechend fehlt der Atlas von Tambov auch im Publikationsverzeichnis der IRGO.[149] Von den ersten sieben aufgenommenen Gouvernements sind die *Vermessungs-Beschreibungen*, wie sie oben exemplarisch für den Kreis Kaljazin vorgestellt wurden, vollständig als Ma-

---

142 Vgl. Spiski naselennych mest Rossijskoj imperii, S. VIII.

143 Spiski naselennych mest, in: Katalog Geografičeskago magazina General'nago štaba, 1865, S. 19.

144 Vgl. Semënov, Pëtr Petrovič (Hrsg.): Istorija poluvekovoj dejatel'nosti Imperatorskago Russkago geografičeskago obščestva 1845–1895, Teil I, Sankt Peterburg 1896, S. 96

145 Vgl. Ukazatel' k izdanijam Imperatorskago russkago geografičeskago obščestva, S. 117.

146 Topografičeskij meževoj atlas Rjazanskoj gubernii, Moskva 1859–1860, Maßstab 1:168.000. (Semitopografičeskaja) karta Rjazanskoj gubernii, [Zahl der Blätter unbekannt], Maßstab 1:336.000, Moskva 1860.

147 Vgl. Bazyleva, Elena Anatol'evna: Russkoe geografičeskoe obščestvo i kniga. Očerk istorii izdatel'skoj, bibliotečnoj i bibliografičeskoj raboty v XIX–načale XX v., Novosibirsk 2008, S. 77.

148 Vgl. Topografičeskij meževojatlas Tambovskoj gubernii, Maßstab 1:168.000, Moskva [1862–1864]. Dieser Atlas ist in den einschlägigen Bibliographien nicht zu finden. Abbildung Titelblatt und Kartenausschnitt, in: Postnikov: Karty zemel' rossijskich, S. 102 f.

149 Vgl. Ukazatel' k izdanijam Imperatorskago russkago geografičeskago obščestva, S. 116 f.

nuskripte zusammengestellt worden.[150] Dennoch publizierte die IRGO dieses Material lediglich für den Kreis Kaljazin.[151] Schließlich wurde die Fertigstellung des *Topographischen Landvermessungs-Atlas des Gouvernements Tambov* vom Justizministerium veranlasst, das an der Zusammenstellung von derartigen Atlanten zunächst festhielt.[152] Im Gegensatz zu den von der IRGO herausgegebenen zwei Atlanten, war dieser im Geographischen Geschäft des Generalstabs in Sankt Petersburg jedoch nicht erhältlich.[153] Das nährt den Verdacht, dass dieser Atlas von Tambov der Öffentlichkeit nicht zum Kauf angeboten wurde. Obwohl die leitende IRGO aus dem Projekt ausgestiegen war, bekundete Zar Alexander II. 1862 mit dem Erlass *Über die Fortsetzung der geodätischen Arbeiten für die Herstellung des Atlas des Russländischen Imperiums*[154] seinen kaiserlichen Schutz. Bis 1865 wurden daraufhin vom Justizministerium die Arbeiten am Atlas von Vladimir beendet.[155] Michail Nikolaevič Murav'ëvs Nachfolger als Chef des Vermessungs-Korps, Ivan Michailovič Gedeonov (1816–1907), teilte der IRGO schließlich mit, dass 1867 die Atlanten der Gouvernements Penza und Simbirsk in Manuskript-Form fertiggestellt waren und 1868 noch die Arbeiten am Atlas von Nižnij Novgorod aufgenommen würden. Das Justizministerium verweigerte aber weitere Geldmittel, womit die Arbeiten an diesem Projekt 1868 bzw. 1869 gänzlich eingestellt wurden.[156] Vermutlich stand diese Entscheidung auch im Zusammenhang mit der schwindenden Unterstützung der ursprünglichen Initiatoren des Projektes. Aleksandr Ivanovič Mende, Namensgeber und leitender Verantwortlicher für die praktischen Arbeiten, war 1868 verstorben. Nach Friedrich Georg Wilhelm Struve (1864) und Michail Nikolaevič Murav'ëv (1866) war der dritte zentrale Akteur für dieses Projekt binnen weniger Jahre verschieden. Es ist bemerkenswert, dass die Mehrzahl der Atlanten nicht gedruckt wurde, obwohl der größte Teil der Vorbereitungen offenbar abgeschlossen war. Eine gewichtige Ursache hierfür muss bereits im Rückzug von Murav'ëv als zentralem Akteur und mutmaßlichem Haupt-Initiator des Projektes vermutet werden. Dieser wurde 1857 von seinem seit 1850 bekleideten Amt als Vize-Präsident der IRGO abgewählt und im gleichen Jahr zum Minister für Reichsdomänen ernannt. Obwohl er dafür in Sankt Petersburg residierte, blieb er bis 1862 weiterhin Leiter des Vermessungs-Korps im entfernten Moskau.[157] Dieser doppelte Rückzug aus entscheidenden Positionen für dieses Projekt in

---

150 Izvlečenie iz vsepoddannejšago otčeta po Ministerstvu justicii za 1862 god, in: Žurnal Ministerstva justicii, 19 (1864) 3, Abt. II S. 95.
151 Vgl. Ukazatel' k izdanijam Imperatorskago russkago geografičeskago obščestva, S. 77.
152 Vgl. Otčet Ministerstva justicii za 1864 god, in: Žurnal Ministerstva justicii 28 (1866) 5, Nr. 5, Abt. I, S. 201–216.
153 Vgl. Katalog Geografičeskago magazina General'nago štaba, Sankt Peterburg 1865, S. 18.
154 PSZ II, 37, Teil 2, Nr. 38.875.
155 Vgl. Otčet Ministerstva justicii za 1865 god, in: Žurnal Ministerstva justicii, 31 (1867) 8, S. 55.
156 Vgl. Obzor važnejšich geografičeskich rabot v Rossii za 1867–1868 gody, S. 332 f.
157 Vgl. Dvacatipjatiletie Imperatorskago russkago geografičeskago občestva, 13. janvarja 1871goda, Sankt Peterburg 1872, S. 258; Voennaja ènciklopedija, Bd. XVI (1914), S. 477 f.

der von Sparzwängen geprägten Nachkriegszeit[158] und beginnenden Ära der *Großen Reformen* ist eine denkbare Ursache für die schwindende Kraft, diese Unternehmung im Sinne ihres ursprünglichen Zieles weiter zu verfolgen. Als Murav'ëv den Posten des Vize-Präsidenten der IRGO aufgab, waren der erste von zehn geplanten *Topographischen Landvermessungs-Atlanten* sowie die dazu gehörende *Vermessungs-Beschreibung* nach fast einem Jahrzehnt Arbeit noch nicht vollständig publiziert. Es liegt nahe, dass Murav'ëv in den Augen der Vertreter anderer Behörden, wie etwa dem Innen- oder Verkehrsministerium, die IRGO für die Zwecke des Justizministeriums allzu stark beansprucht hatte. Um die Unterstützung des Rates der IRGO für dieses Projekt offenbar nicht zu verlieren, schlug Murav'ëv noch 1856 zur Verringerung der Kosten vor, den Maßstab künftiger Aufnahmen kleiner zu wählen.[159] Wie die oben aufgeführten Maßstäbe belegen, wurde dies auch angenommen und verwirklicht. Murav'ëv bot schließlich seinen Rückzug als Vize-Präsident der IRGO Ende 1856 an und wurde zu Beginn 1857 abgewählt.[160]

Friedrich Benjamin von Lütke, Vorgänger und Nachfolger von Murav'ëv im Amt des Vize-Präsidenten der IRGO (1845–1850 u. 1857–1873), machte sich im Frühjahr 1857 umgehend für ein anderes, weit weniger aufwändiges Projekt stark, nämlich für eine geographische Karte des europäischen Russland in einem kleinen Maßstab. Diese Karte sei – so Lütke – ein unverzichtbares Hilfsmittel für Studien in allen Zweigen der Wissenschaft, für administrative Überlegungen, für wirtschaftliche Unternehmungen, für die Ausbildung und schließlich für das gesamte praktische Leben.[161] Schließlich wurde die *Karte des europäischen Russland und des Kaukasus*[162] auf Rechnung der IRGO von Kartographen des Militär-Topographischen Depots bis 1862 realisiert. Wie sich beispielsweise an der Darstellung der nordwestlichen russländischen Staatsgrenze in der Karte zeigt, vertrat die kartographische Kommission der IRGO ihre eigenen Überzeugungen und distanzierte sich von der Praxis des Militär-Topographischen Depots (Abb. 34).[163] Die Herstellungskosten der Karte von 17.000 Rubel brachten die IRGO bis Anfang der 1870er Jahre zwar in große finanzielle Schwierigkeiten.[164] Die Nachfrage nach dieser Karte klang aber bis mindestens

---

158 Vgl. Rossija. Ėnciklopedičeskij slovar', hrsg. von von Brokgauz, Fridrich Arnold; Efron, Il'ja Abramovič, Sankt Peterburg 1898, [Reprint, Leningrad 1991], S. 190.

159 Vgl. Otčet Imperatorskago russkago geografičeskago obščestva za 1856 god, in: Vestnik Imperatorskago russkago geografičeskago obščestva 7 (1857) 19, S. 34.

160 Vgl. Zasedanie soveta 19. dekabrja 1856 goda, in: Vestnik Imperatorskago russkago geografičeskago obščestva 7 (1857) 19, Abt. VI, S. 42 f.; Zasedanie soveta 6. fevralja 1857 goda, in: Vestnik Imperatorskago russkago geografičeskago obščestva 7 (1857) 19, Abt. VI, S. 59. Im Protokoll dieser Sitzung wird Lütke erstmals als neuer Vize-Präsident genannt.

161 Vgl. Zasedanie soveta aprelja 16 dnja 1857 goda, in: Vestnik Imperatorskago russkago geografičeskago obščestva 7 (1857) 21, Abt. VI, S. 12 f.

162 Karta Evropejskoj Rossii i Kavkazskago kraja, 12 Blätter, Maßstab 1 : 1.680.000, Sankt Peterburg 1862 [ab 1879 mit Kartierung der Eisenbahnstrecken, 1894 Neuauflage].

163 Vgl. Kap. 6.3.3.

164 Semënov: Istorija poluvekovoj dejatel'nosti Russkago geografičeskago obščestva, Teil I, S. 341.

in die 1890er Jahre nicht ab.[165] Dennoch stellte sich aus der Sicht ihres langjährigen Vize-Präsidenten, Pëtr Petrovič Semënov (Tjan-Šanskij) heraus, dass die IRGO mit den geodätischen und kartographischen Arbeiten des Militärs nicht konkurrieren konnte und daher alle Unternehmungen der Gesellschaft in diese Richtung überflüssig waren. Der IRGO blieb nur übrig, solche Arbeiten durchzuführen, die von keiner staatlichen oder wissenschaftlichen Anstalt vorgenommen wurden.[166] Semënov kam 1896 ferner zum Schluss, dass bereits die Mende-Aufnahmen mit Murav'ëvs Abschied praktisch keine Zukunft mehr gehabt hatten.[167] Vor dem Hintergrund dieses unrühmlichen Ausgangs wird nachvollziehbar, warum Semënov die Mende-Aufnahmen in seinen Darstellungen über die Tätigkeiten der IRGO nicht als ein Projekt erinnerte, das „in seiner Wichtigkeit für die Geographie des europäischen Russland kaum übertroffen werden konnte"– wie es Struve 1846 noch verheißungsvoll formuliert hatte. Stattdessen ging es darin lediglich als „Verbesserung der Landvermessungs-Atlanten in einigen Teilen Russlands" ein.[168] Von der Idee, mit diesem Projekt einen *Atlas des Russländischen Imperium* in interministerieller Zusammenarbeit herzustellen, war überhaupt keine Rede mehr. Zusammengefasst war innerhalb der IRGO der Glaube an die langwierigen Mende-Aufnahmen als Maßnahme zur Beschleunigung der Landesaufnahmen in Zentralrussland geschwunden. Da die entsprechenden acht Gouvernements von Topographen des Militärs zuvor nicht erfasst worden waren, trugen die Mende-Aufnahmen zwar zur wesentlichen Vergrößerung der kartographischen Erfassung von Zentralrussland bei. Unter neuer Führung wurde die Publikation eines Großteils der Ergebnisse aber aufgegeben und stattdessen ein neues Projekt priorisiert, das durch die Lockerung der Geheimhaltung 1857 möglich geworden war. Dass dabei eine bezahlbare Karte für allgemeine Bedarfe in nur wenigen Jahren entstanden war, die das ganze europäische Russland und den Kaukasus umfasste und drei Auflagen erfuhr, verweist auf die große Nachfrage nach einer solchen Karte. Gutsbesitzer Čichačëv fand in dieser Karte jedoch nicht die lokalen Informationen über den Kreis Kovrov, die er gesucht hatte. Dafür war ihr Maßstab etwa zehn Mal zu klein. Um den Preis der räumlichen Erschließung auf lokaler Ebene, hatte die IRGO eine Karte des gesamten europäischen Russland und des Kaukasus bevorzugt. Letztendlich favorisierte sie mit ihrer Entscheidung ein berechenbareres Projekt, während das Justizministerium keine Mittel fand, um die übrigen Atlanten selbständig zu publizieren und im Rahmen der Mende-Aufnahmen mit der Aktualisierung der Generalvermessungen aus eigenem Interesse fortzufah-

---

165 Vgl. Semënov: Istorija poluvekovoj dejatel'nosti Russkago geografičeskago obščestva, Teil III, S. 1298. Für 1889 ist eine Aktualisierung nachgewiesen. Vgl. Katalog knižnago i geografičeskago magazina izdanij Glavnago štaba, Sankt Peterburg 1890, S. 40.

166 Vgl. Semënov: Istorija poluvekovoj dejatel'nosti Russkago geografičeskago obščestva, Teil III, S. 1198 f.

167 Semënov: Istorija poluvekovoj dejatel'nosti Russkago geografičeskago obščestva, Teil I, S. 141.

168 Semënov: Istorija poluvekovoj dejatel'nosti Russkago geografičeskago obščestva, Teil I, S. 96.

ren. Der Versuch „integrierter Landesaufnahmen" hatte damit sein Ende gefunden. Die interministerielle Kooperation zur topographisch-kartographischen Erschließung Zentral-Russlands unter dem Dach der IRGO war fehlgeschlagen.

4.2 Abkehr von Landesaufnahmen und Hinwendung zur Grenzsicherung

Nachdem das Zarenreich den Krim-Krieg verloren hatte, machte der neue Regent Zar Alexander II. (1855–1881) weitreichende Reformen zum Kern seiner Regierungspolitik, um die dringend notwendige Modernisierung des Russländischen Reiches einzuleiten. Diese Ära ging in die Geschichte als *Große Reformen* (*Velikie reformy*) ein. Ausgehend von der Aufhebung der Leibeigenschaft (Bauernreform 1861) wurden in den 1860er und 1870er Jahren u. a. die Neuordnungen der Finanzen, Justiz, Bildung sowie der ländlichen und städtischen Selbstverwaltungen unternommen. In diesem Zuge erfolgte auch eine Militärreform, die vom liberalen Kriegsminister Dmitrij Alekseevič Miljutin (1816–1912) und seinem Blick auf Preußen geprägt war.[169] Mit der Militärreform setzte auch eine Neuausrichtung in der Organisation und Zielstellung der Vermessung Russlands ein, was für die vorliegende Studie zentral ist, um das Scheitern im Ringen um die Landesaufnahmen zu erklären. Während die geodätischen und topographischen Vermessungen des Russländischen Imperiums im Zeitraum zwischen 1815 und 1873 mit dem Stichwort -Landesaufnahmen- zusammengefasst werden können, zeichnete sich die anschließende Periode bis zum Ende des Zarenreiches 1917 durch eine zunehmende Konzentration auf die Sicherung der Grenzgebiete aus. Eine zentrale Veränderung in der Organisation der Vermessung und Kartographie des Zarenreiches wurde unter Miljutin als neuen Kriegsminister (1861–1881) herbeigeführt, wodurch das von Theodor Friedrich Schubert ins Leben gerufene Topographen-Korps umbenannt und fortan als Militär-Topographen-Korps (KVT, *Korpus voennych topografov*) bezeichnet wurde. Diese Entscheidung wurde zum symbolischen Ausdruck der Neuausrichtung. Die Militärführung verzichtete fortan gänzlich auf den 1822 festgeschriebenen Zweck, für Landesaufnahmen in Friedenszeiten zu sorgen. So hieß es in der novellierten Verordnung von 1866 wörtlich:

> Das Militär-Topographen-Korps ist für die Herstellung von militär-topographischen Aufnahmen und Übersichten in Kriegs- wie in Friedenszeiten und generell für notwendige geodätische und kartographische Arbeiten des Kriegsministeriums bestimmt.[170]

---

169 Torke: Lexikon der Geschichte Rußlands, S. 139–142; Hildermeier, Manfred: Geschichte Russlands. Vom Mittelalter bis zur Oktoberrevolution, München 2013, S. 934–940.
170 PSZ II, 41, Teil 2, Nr. 44.043, § 1.

Der Begriff Landesaufnahmen entfiel in dieser Aufgabenbeschreibung vollständig. Stattdessen war nur noch von „militär-topographischen Aufnahmen und Übersichten" die Rede, worunter keine flächendeckenden Aufnahmen nach Gouvernements mehr verstanden wurden. Damit war nach der Abkehr von topographischen Aufnahmen hin zu militär-topographischen Aufnahmen im Jahr 1844 nun die vollständige Ausrichtung der Aufnahmen auf rein militärische Zwecke erfolgt, was nunmehr die gesamte Abkehr von Landesaufnahmen einleitete. Erstmals seit 1797 wurde die Beschränkung der zentralen Anstalt für die Kartographie im Zarenreich offiziell auf rein militärische Zwecke vollzogen: Nachdem die Aufnahmen 1872 bzw. 1873 im Gouvernement Kostroma eingestellt worden waren (Tab. 5), ging es bis 1917 vorrangig um die konzentrierte topographisch-kartographische Erfassung der Peripherien. Das genauere Studium von Abbildung 29 verrät, wohin die Aufnahmen verlagert wurden, nämlich in die Ostseeprovinz Kurland im Westen sowie in den Kaukasus und Transkaukasien im Süden. Überdies ist der Karte zu entnehmen, dass die genauesten Aufnahmen (gelb, 1 : 21.000) ab 1882 im westlichen und nordwestlichen Grenzgebiet des europäischen Russland stattfanden, um 1907–1916 (rot, 1 : 42.000) sowie 1916–1917 (blau, 1 : 84.000) schrittweise in kleineren Aufnahmemaßstäben in östlicher Richtung fortgesetzt zu werden. Die gestiegene Aufmerksamkeit des Militär-Topographen-Korps gegenüber dem asiatischen Teil Russlands und der Mandschurei nach dem verlorenen Russisch-Japanischen Krieg 1904–1905 verursachte einen Personalengpass im europäischen Teil.[171] Ab 1907 wurden die Aufnahmen durch einen kleineren Aufnahmemaßstab (rot, 1 : 42.000) beschleunigt. Ab 1916 – während des Ersten Weltkrieges – war angesichts der nach Osten vorrückenden Front Eile bei den Aufnahmen geboten, um nicht in die zentralen russischen Gebiete gedrängt zu werden, für die nur ungeeignete Aufnahmen und Karten existierten, die inzwischen 50 bis 60 Jahre alte Topographien wiedergaben. Die Ursachen dieser Beschränkung des Militär-Topographen-Korps auf militärische Zwecke ist von Historikern bisher kaum diskutiert worden. Das liegt vermutlich daran, dass Landesaufnahmen als Topos in der Vermessungsgeschichte des Russländischen Imperiums bisher nicht diskutiert wurden. Dabei ergibt sich in der Zusammenschau eine gewichtige Hypothese für die gesamte Studie. Demnach hatte die zunehmend als wichtig erachtete topographisch-kartographische Erschließung der Peripherien die begrenzten personellen und finanziellen Kapazitäten des Generalstabs seit den 1860er Jahren derart beansprucht, dass eine *einheitliche* topographisch-kartographische Erschließung des gesamten europäischen Russland erst erschwert, dann verhindert und schließlich gänzlich aufgegeben wurde.

---

171 Zwischen 1890 und 1910 hat sich der Anteil der Militär-Topographen im asiatischen Teil verdoppelt. Waren es 1890 noch zehn Prozent, machten sie 1910 bereits 20 Prozent vom gesamten Personalbestand aus. Vgl. Smagin: Voenno-topografičeskaja služba v Sibiri, S. 87, 89.

4.2.1 Dezentralisierung und Fokus auf die Grenzgebiete

Der Übergang von den Landesaufnahmen zur völligen Konzentration auf die Grenzgebiete des Russländischen Imperiums bedarf noch einer genaueren Auseinandersetzung, um die Logik dieser Entscheidung und die konkreten Folgen greifbar zu machen. Hierbei handelt es sich um eine Kernfrage der vorliegenden Studie. Die Umwandlung des Topographen-Korps zum Militär-Topographen-Korps 1866 hatte vor dem Hintergrund einer umfassenden Neuordnung der gesamten militär-topographischen Verwaltung stattgefunden, die auch auf die Ermöglichung der topographisch-kartographischen Erfassung von Teilen des asiatischen Russland abzielte.[172] Dies spielte sich im Rahmen der Dezentralisierung der gesamten militärischen Territorialverwaltung ab, die einen wichtigen Teil der Militärreform unter Kriegsminister Miljutin nach dem verlorenen Krim-Krieg (1853–1856) ausmachte.

Die fatale Niederlage im Krim-Krieg stellte für diesen Wandel beim Militär einen Katalysator dar. Vor dem Hintergrund bedeutender innen- und außenpolitischer Ereignisse der Nachkriegszeit entstanden neue Aufmerksamkeiten, Anforderungen und Konjunkturen in der militärischen Topographie und Kartographie Russlands, während der ständige Mangel an finanziellen Mitteln die Möglichkeiten einschränkte oder gar diktierte. Im Nachkriegsjahr 1857 blieben für alle zivilen Erfordernisse des Staates lediglich 16 Prozent des gesamten Jahreshaushalts übrig. 39 Prozent aller Staatseinnahmen mussten für die Rückzahlung von Staatsanleihen aufgewendet werden, während der größte Teil mit 45 Prozent in den Haushalten des Marine- und Kriegsministeriums verschwand.[173] Die drückenden Schulden verdeutlichen, warum das Finanzministerium sogar beim Militär Einsparpotentiale durchzusetzen suchte und mithin, warum auch das Militär-Topographische Depot einen Sinneswandel durchlebte. So lag das Finanzministerium mit dem Kriegsministerium um Mittel für erforderliches Topographen-Personal im Streit, sodass ein Plan zur Aktualisierung bestehender topographischer Aufnahmen zunächst nicht ausgeführt werden konnte.[174] Kriegsminister Miljutin bezeugte, dass vor dem Hintergrund eines bekannt gewordenen Geheimvertrages der westlichen Großmächte Preußen, Österreich und Frankreich, ein neuerlicher Koalitionskrieg gegen Russland Anfang der 1860er Jahre als möglich erachtet wurde.[175] Gedanklich hatte er den Ernstfall durchgespielt, falls ein europäischer Krieg an der Westflanke Russlands aufflammen würde. Er kam zum Schluss, dass die zarische Armee nur mit Mühe an der Westgrenze bis zu 500.000 Mann aufstellen könnte, dies zahlenmäßig aber nicht ausreichen würde, um allein Preußen zu trotzen, geschweige denn einer Koalition aus den genannten

---

172 Vgl. Kap. 2.2.1. u. 9.1.3.

173 Vgl. Rossija. Ėnciklopedičeskij slovar', 1898 [1991], S. 190.

174 Vgl. Istoričeskij očerk dejatel'nosti Korpusa voennych topografov (1872), S. 349–351.

175 Vgl. Zacharova Larisa Georgievna (Hrsg.): Vospominanija general-feldmaršala grafa Dmitrija Alekseeviča Miljutina 1843–1856, Moskva 2000, S. 421.

westlichen Großmächten. Er rechnete vor, dass Preußen, Österreich und Frankreich im Kriegsfall an der Westgrenze Russlands über zwei Millionen Mann in Stellung bringen könnten.[176] Diese Argumentation des Kriegsministers passt zum Vorhaben, topographische Karten des Militärs zu aktualisieren. Doch dies wurde zunächst vom Januaraufstand in Polen (1863–1864) vereitelt. Schon der Krim-Krieg hatte systematische Fehler offenbart. So war die militärische Organisation zu stark zentralisiert, um auf die jeweiligen lokalen Bedingungen angemessen reagieren zu können.[177] Der 1861 als Kriegsminister berufene Miljutin schreibt dazu in einem Bericht vom 15. Januar 1862:

> Unserer heutigen Organisation der Militärverwaltung kann besonders die zu starke Zentralisierung vorgeworfen werden, die jegliche Initiative administrativer Organe zerstört. Diese werden bedrängt durch kleinliche Vormundschaft der höheren Verwaltungen und es wird ihnen unmöglich gemacht, die Aufsicht und faktische Kontrolle der ihnen unterstellten Personen zu gewährleisten. Genau die gleiche Zentralisierung haben wir bei der Infanterie, wo sich – besonders in Kriegszeiten – das Ausbleiben von Initiativen von einzelnen Truppenführern mehrfach gezeigt und zu traurigen Resultaten geführt hat.[178]

Das einzige Mittel sei der Abbau der Zentralisierung – so Miljutin. Um die Kräfte zu dezentralisieren und die militärische Verwaltung lokal zu organisieren, wurden Militärbezirke (*voennye okruga*) nach französischem Vorbild geschaffen.[179] Diese weitreichende Neuorganisation und Dezentralisierung bezog sich auch auf das Militär-Topographische Depot, das ab 1863 bis 1919 unter zahlreichen neuen Bezeichnungen geführt wurde.[180] Außerdem entstanden neue Militär-Topographische Abteilungen (*Voenno-topografičeskie otdelenija*) in den asiatischen Militärbezirksverwaltungen.[181] Im Fokus der europäischen und asiatischen Militärbezirksverwaltungen standen insbesondere die Grenzgebiete des Russländischen Imperiums. Die Übersichtskarten in den Abbildung 49 zeigen zunächst Resultate der topographischen Aufnahmen im westlichen und südlichen Grenzgebiet des europäischen Russland und des Kaukasus in großen Maßstäben. Für die Erfassung der Grenzgebiete wurde mit der Herstellung der *Ein-* und *Zwei-Werst-Karte* der größte Aufwand betrieben. In dieser Hinsicht stand die Dezentralisierung der militärischen Territorialverwaltung einer einheitli-

---

176 Vgl. Zacharova (Hrsg.): Vospominanija general-feldmaršala grafa Dmitrija Alekseeviča Miljutina, 1860–1862, Moskva 1999, S. 250.
177 Vgl. Fuller: Strategy and Power, S. 273.
178 Zitiert nach: Gejsman: Glavnyj štab, Teil 2, S. 346.
179 Vgl. Gejsman: Glavnyj štab, Teil 2, S. 346 f.
180 1863–1865 Voenno-topografičeskaja čast' Glavnago upravlenija General'nago štaba; 1865–1903 Voenno-topografičeski jotdel Glavnago štaba; 1903–1905 Voenno-topografičeskoe upravlenie Glavnago štaba; 1905–1910 Voenno-topografičeskoe upravlenie Glavnago upravlenija General'nago štaba; 1910–1918 Voenno-topografičeskij otdel glavnago upravlenija General'nago štaba; 1918–1919 Voenno-topografičeskoe upravlenie vserossiiskogo Glavnogo štaba. Vgl. Dolgov: Istorija častej topografičeskoj služby, S. 24.
181 Vgl. Kap. 2.2.1.

chen, flächendeckenden topographischen und kartographischen Erfassung des *gesamten* Imperiums diametral entgegen. Andere Ministerien konnten diese Aufgabe nicht übernehmen, da das Militär die Expertise und das Personal für geodätische Vermessungen monopolisiert hatte. Das Ministerium für Reichsdomänen oder das Justizministerium verfügten zwar über eigene Landvermesser, diese waren aber nicht für trigonometrische Vermessungen und topographische Aufnahmen ausgebildet.

Jede Militär-Topographische Abteilung richtete ihren Fokus auf die sensibelsten Gebiete ihres jeweiligen Verantwortungsbereiches. Als Folge dieser Neuordnung muss die Zersplitterung der vormals zentralisierten topographischen Erfassung des Imperiums gesehen werden, welche die Verwirklichung eines übergeordneten Planes für eine gesamte Raumerschließung konterkarierte.[182] Im asiatischen Teil Russlands hatten weder Generalvermessungen noch Landesaufnahmen je stattgefunden. Genauere geodätische Vermessungen und militär-topographische Aufnahmen begannen erst mit der Einrichtung Militär-Topographischer Abteilungen in den neu gegründeten Militärbezirken ab der zweiten Hälfte der 1860er Jahre (Abb. 50). Der für die militär-topographischen Aufnahmen vorwiegend gebrauchte Grundmaßstab war ab 1872 der Zwei-Werst-Maßstab (1 : 84.000).[183] Demnach musste sich das zarische Militär mit Grundkarten des asiatischen Teils begnügen, die wesentlich weniger topographische Details erlaubten, als die Aufnahmen des europäischen Teils. Dem Militär-Topographen-Korps war es vor allem im asiatischen Teil nicht möglich, bei seinen Aufnahmen und in den davon abgeleiteten Karten sämtliche Bedarfe der Zivil-Administration zu berücksichtigen. Die Arbeiten erfolgten zuvorderst in Gebieten mit großer strategischer Bedeutung; entlang der Staatsgrenze und der Transsibirischen Eisenbahn, nahe Goldlagerstätten sowie auf dem ausgedehnten Kriegsschauplatz in der Mandschurei.[184] Wie sich unten im Falle der Transsibirischen Eisenbahn herauskristallisiert, musste das Kriegsministerium durch kaiserlichen Befehl zur interministeriellen Kooperationen gezwungen werden. Nach William Fuller bestand für die Militärführung in den 1860er und 1870er Jahren die große Herausforderung insgesamt darin, dass sie sich nicht sicher sein konnte, von wem oder von wo der nächste Angriff zu erwarten war. Ein Krieg würde aber gewiss um den Besitz des Grenzgebietes geführt werden – höchstwahrscheinlich um Polen. Ein weiteres Dilemma bestand darin, dass es entlang der tausende Kilometer langen Staatsgrenze zu viele potentielle Angriffsziele gab. Der Versuch jedoch, überall gleich schlagkräftig zu sein, würde letztlich dazu führen, dies nirgends sein zu können.[185] Vor diesem Hintergrund wird nachvollziehbar, warum die zarische Militärführung bei ihrer personellen Verteilung von Topographen Unterschiede machte. Der Reihenfolge nach

---

182 Vgl. Artanov: Staryj opyt i novye zadači (1928), S. 13.
183 Vgl. Alekseev: Kratkij očerk dejatel'nosti Korpusa voennych topografov, S. 11.
184 Vgl. Smagin: Voenno-topografičeskaja služba v Sibiri, S. 81.
185 Vgl. Fuller: Strategy and Power, S. 276–281.

ließ sie den größten Aufwand für die Erfassung des westlichen bzw. nordwestlichen Grenzgebietes des europäischen Russland sowie für die Halbinsel Krim (Abb. 29) betreiben, gefolgt von Aufnahmen im Kaukasus und südlich davon sowie von den südlichen Grenzgebieten Mittel- und Ostasiens. Diese Prioritätenabfolge korrespondiert weitgehend mit der personellen Verteilung des Militär-Topographen-Korps.[186] Im Vergleich der Anteile wies das asiatische gegenüber dem europäischen Russland mit rund 40 Prozent des gesamten Personalbestands des Militär-Topographen-Korps eine relativ geringe Ausstattung auf.[187] Angesichts der gewaltigen Größe des asiatischen Teils des Russländischen Imperiums ergibt sich daraus ein klares Urteil. Eindeutig lag das Hauptaugenmerk der eingesetzten Militär-Topographen auf dem europäischen Russland, vor allem auf dem westlichen Grenzgebiet. Dies drückt sich konkret in den resultierenden Ausschnitten der *Zwei-Werst-* und *Ein-Werst-Karte* aus (Abb. 49 u. Vorsatz). Dass nur die strategisch wichtigsten Peripherien ihrer Priorität nach erfasst und aktuell gehalten werden konnten, zeigt, dass das Kernproblem in der unzureichenden personellen Ausstattung des Militär-Topographen-Korps zu suchen ist: Während der Stellenplan von 1866 noch 643 Beamte vorsah, wurde dieser offenbar aus Sparzwängen bis 1887 um ein Drittel auf 454 Personen reduziert, um bis 1914 nicht wieder über 530 Stellen hinauszukommen.[188] Der Beschluss der Staatsduma von 1911, das Militär-Topographen-Korps auf 1.000 Mann zu vergrößern, wurde nicht verwirklicht.[189] Dies zeigt zumindest, dass das Problem erkannt worden war. Erst der 1918 aufgestellte Personalplan des nunmehr unter den Bolschewiki stehenden Militär-Topographen-Korps sah eine Aufstockung um ein Drittel auf 732 Beamte vor.[190] Der exemplarische Vergleich von Geldmitteln für Vermessungen und topographische Aufnahmen im Zeitraum von 1867 bis 1906 zeigt, dass die Ausgaben zwar nominell gestiegen, diese im Verhältnis zu den stetig gewachsenen Militärausgaben aber bedeutend abgefallen waren (von 0,14 % auf 0,08 %).[191] Die Ausgaben für die Kartierung des Imperiums waren nicht proportional mit den steigenden Budgets des Kriegsministeriums gewachsen. Daraus lässt sich vermuten, dass die Kartenfrage mitnichten oberste Priorität beim zarischen Generalstab genoss – von allgemeinstaatlichen Landesaufnahmen ganz zu schweigen. Der Mangel an unzurei-

---

186 Vgl. PSZ II, 7, Nr. 5.255; PSZ II, 41, Teil 2, Nr. 44.043; PSZ II, 52, Teil 1, Nr. 57.004; PSZ III, 7, Nr. 4.615.

187 Vgl. Alekseev: Kratkij očerk dejatel'nosti Korpusa voennych topografov, S. 10.

188 PSZ II, 7, Nr. 5.255; PSZ II, 41, Teil 2, Nr. 44.043; PSZ II, 52, Teil 1, Nr. 57.004; PSZ III, 7, Nr. 4.615; Shibanov: Studies in the History of Russian Cartography, S. 149.

189 Ivaniščev, Gerasim Timoveevič: Mežduvedomstvennye soveščanija i komissii po ob"edineniju geodezičeskich, topografičeskich i kartografičeskich rabot, proizvodimych v Rossii do 1917g., in: Sbornik naučno-techničeskich i proizvodstvennych statej (1945) 8, S. 90.

190 Vgl. Poslednie štaty Korpusa voennych topografov (1920), S. 101 f.

191 Vgl. Otčet Gosudarstvennago kontrolja po ispolneniju gosudarstvennoj rospisi za smetnyj period 1867 goda, Sankt Peterburg 1868, S. 220, 239; Otčet Gosudarstvennago kontrolja po ispolneniju gosudarstvennoj rospisi i finansovych smet za 1906, Sankt Peterburg 1907, S. 246, 267.

chendem Personal und Geldmitteln hatte schließlich dazu geführt, dass das Militär-Topographen-Korps nicht im Stande war, den allgemeinstaatlichen Anforderungen sowohl bei den topographischen Aufnahmen als auch in den Karten zu genügen. Denn diese Arbeiten waren hauptsächlich in den strategisch wichtigen Gebieten erfolgt. Darüber hinaus waren von Jahr zu Jahr die Differenzen zwischen gedruckten Kartenbildern und Original-Aufnahmen gewachsen, da selbst Karten in größeren Maßstäben bei weitem nicht vollständig berichtigt worden waren. Demnach wurde die Armee im Ersten Weltkrieg oftmals mit unzuverlässigen Karten ausgestattet, obwohl aktuelle Original-Aufnahmen existierten.[192]

4.3 Schwieriger Weg zurück zu Landesaufnahmen

Nach dem Abbruch der Mende-Aufnahmen und der vollständigen Abkehr von den Landesaufnahmen in den 1870er Jahren, wurde von verschiedenen offiziellen Akteuren versucht, erneut interministerielle Kooperationen zu organisieren, welche koordinierte topographische Aufnahmen für militärische *und* zivile Bedarfe vorsahen. Dieser schwierige Weg zurück zu Landesaufnahmen war in erster Linie gekennzeichnet von einem ständigen Ringen zwischen dem Militär und zivilen Behörden. Bis zum Ende des Zarenreiches konnte dieses Problem aber nicht gelöst werden. Erst im Kontext der Neugründung der sowjetischen Staatsverwaltung wurde 1919 eine Behörde geschaffen, die eine interministerielle Kooperation künftig organisieren sollte, um eine allgemeinstaatliche Landesaufnahme zu verwirklichen. Dieser Akt markiert in der vorliegenden Studie den Endpunkt des Untersuchungszeitraumes. Aus politischen, wissenschaftlich-technischen sowie aus administrativen Gründen muss die spätere Landesaufnahme in der Sowjetunion als ein vollständiger Neubeginn betrachtet werden. Dennoch standen dabei die Organisatoren vor sehr ähnlichen Herausforderungen wie zuvor im Zarenreich. Nämlich das über mehrere Millionen Quadratkilometer ausgedehnte Territorium mit einer begrenzten Anzahl von Topographen und relativ geringen Geldmitteln für unterschiedliche administrative, wirtschaftliche, wissenschaftliche und militärische Bedarfe des Staates effektiv zu kartieren. Ab 1882 hatte es mindestens sieben Initiativen gegeben, interministerielle Kooperationen zu organisieren.[193] Im Folgenden werden aus Gründen der Erklärungskraft deren erste und letzte analysiert: Die ab 1882 initiierte Kommission zur Gründung eines Geodätischen Rates (*Geodezičeskij sovet*) bei der IRGO sowie die ab 1915 in der Akademie der Wissenschaften gebildete Kommission zur Erforschung der natürlichen Produktionsmittel (KEPS).

---

192 Vgl. Oreškin, Ivan Petrov: Boevaja služba voenno-topografičeskich častej, Leningrad 1929, S. 8.
193 Vgl. Ivaniščev: Mežduvedomstvennye soveščanija, S. 88–91.

4.3.1 Vom Scheitern einer interministeriellen Kooperation

Verkehrsminister Konstantin Nikolaevič Pos'et (1819–1899) richtete am 2. Juni 1882 einen Brief an den Vize-Präsidenten der IRGO, Pëtr Petrovič Semënov. Darin heißt es:

> Die Erforschung des Russländischen Reiches in geographischer, physikalischer und topographischer Beziehung und in seiner besonderen Ausdehnung sowie mit seinem vielfältigen Klima, Böden und anderen Eigenschaften ist ein außerordentlich kompliziertes Fach [...] Damit beschäftigen sich folgende Ministerien: Kriegs-, Marine- und Verkehrsministerium sowie das Ministerium für Reichsdomänen, das Vermessungs- und Bergamt sowie die Russisch Geographische und die Freie Ökonomische Gesellschaft. Eine ähnliche Arbeitsteilung ist notwendig, aber der Mangel an Einheitlichkeit hat zur Folge, dass [...] viel Zeit, Kraft und finanzielle Mittel nicht effektiv verwendet werden. [...] Es ist eine dringende Notwendigkeit, ein zentrales Komitee aus den oben genannten Ministerien, Behörden und Gesellschaften für die Koordinierung der Tätigkeit aller zu bilden, die sich mit der Bodenforschung unserer Heimat mit allgemeinen Staatszielen beschäftigen.[194]

Diese Worte benennen sowohl das Kernproblem, als auch eine mögliche Lösung und deren Nutzen aus der Sicht des seit 1874 amtierenden Verkehrsministers: Ein zentrales Komitee soll die Zersplitterung der Erfassung des Landes durch eine Vereinheitlichung im Vorgehen ersetzen, um den allgemeinen Staatszielen zu dienen. Verkehrsminister Pos'et unternahm diesen Vorstoß vermutlich gerade 1882, um sich – zusätzlich in der Funktion eines beratenden General-Adjutanten – mit diesem Projekt beim neuen Zaren Alexander III. Gehör zu verschaffen, dessen Vater kurz zuvor ermordet worden war. Schließlich waren 1866 unter Zar Alexander II. die Mende-Aufnahmen zum Stillstand gekommen, womit eine frühere interministerielle Kooperation zur schnelleren und günstigeren topographisch-kartographischen Erschließung Zentralrusslands aus militärischen, bzw. finanziellen und personellen Gründen aufgegeben wurde und sich 1873 zur vollkommenen Abkehr von Landesaufnahmen gesteigert hatte. Dass gerade der Verkehrsminister die Initiative für ein solches Projekt ergriffen hatte, lag offenbar daran, dass Pos'et in dieser Beschränkung ein wesentliches Hindernis für die Realisierung eines zentralen staatlichen Eisenbahn-Projektes sah. Pos'et präsentierte 1884 den Vorschlag, eine Transkontinentalbahn von Samara durch Sibirien bis nach Vladivostok zu bauen, nachdem es schon vorher Pläne gegeben hatte, eine Eisenbahnstrecke vom europäischen Russland nach Sibirien zu bauen.[195] Es mag sein, dass hierbei noch andere Absichten eine Rolle gespielt haben. Gewiss aber hatte gerade die Verwirklichung einer Bahn

---

194 NA RGO Sankt-Peterburg, f. 1, op. 1, Nr. 20, Ob učreždenii pri Geografičeskom obščestve komissii iz predstavitelej ot raznych vedomstv dlja vyrabotki programmy otnositel'no dejstvij, proizvodjaščichsja po raznym vedomstvam s"emočnych rabot v Rossii, l. 1, Brief von Verkehrsminister Pos'et an den Vizepräsidenten der IRGO vom 2. Juni 1882.
195 Vgl. Schenk: Russlands Fahrt in die Moderne, S. 98.

auf mehreren Tausend Kilometern im wenig erfassten asiatischen Teil des Russländischen Imperiums eine Masse möglichst aktueller und zuverlässiger topographischer Karten erfordert, um den günstigsten Streckenverlauf zu ermitteln und schließlich ihren Bau zu realisieren. Damit stand das Verkehrsministerium zweifellos vor einer großen Herausforderung, warum die interministerielle Kooperation gerade für das Verkehrsministerium in den 1880er Jahren das Gebot der Stunde gewesen zu sein scheint. Ähnlich gelagerte Interessen anderer Ministerien konnte sich Pos'et dabei günstig zunutze machen. Seit 1882 hatte er versucht, eine Kommission unter dem Dach der IRGO zu formieren, die sich mit Fragen zur Vereinigung und Koordinierung topographischer Aufnahmen und Nivellements durch verschiedene Ministerien auseinandersetzen sollte. Neben der IRGO und der Akademie der Wissenschaften wurde nach dem ersten Statut-Entwurf für einen „Geodätischen Rat" folgenden Behörden „das Recht eingeräumt", ihre Beamten in die Kommission zu entsenden: Ministerium für den Hof und die Zarengüter, Kriegs-, Marine- und Innenministerium sowie die Ministerien für Volksaufklärung und Reichsdomänen sowie das Verkehrs- und Justizministerium.[196] Dieser undatierte Statut-Entwurf, der allem Anschein nach 1884 vorlag, benannte zugleich das Ziel des Geodätischen Rates, nämlich die Aufnahmen und kartographischen Arbeiten im Staat durch Vereinbarungen unter den betreffenden Ministerien zusammenzuführen. Die Bedarfe aller Beteiligten sollten demnach ernst genommen werden und alle vorhandenen Materialien allen zur Verfügung stehen. Dafür sollte ein eigenes Archiv angelegt werden. Dies alles sollte für den größtmöglichen Nutzen der Aufnahmen und für finanzielle Effizienz sorgen. Der Vorsitzende des Rates sollte vom Kriegsminister bestimmt werden.[197] Da sich im März 1883 aber bereits Semёnov, der Vize-Präsident der IRGO, als Vorsitzender zur Verfügung gestellt hatte[198], scheint dies eine Konzession an Kriegsminister Pёtr Semёnovič Vannovskij (1822–1904) gewesen zu sein. Dies ist in bisherigen Forschungen noch gar nicht berücksichtigt worden, weist aber gerade auf die zentrale Herausforderung bei der Realisierung dieser Initiative hin. Denn der Kriegsminister hatte im Juni 1883 eine solche Kommission abgelehnt, obwohl er die Meinung zur Notwendigkeit der Vereinigung und Koordination der Arbeiten prinzipiell teilte. Er schlug stattdessen vor, eine jährliche Beratschlagung aller betreffenden Ministerien unter Leitung des Direktors der Militär-Topographischen Abteilung zu ver-

---

196 Vgl. NA RGO Sankt-Peterburg, f. 1, op. 1–1882, Nr. 20, Ob učreždenii pri Geografičeskom obščestve komissii iz predstavitelej ot raznych vedomstv dlja vyrabotki programmy otnositel'no dejstvij, proizvodjaščichsja po raznym vedomstvam s"emočnych rabot v Rossii, l. 50ob.
197 Vgl. NA RGO Sankt-Peterburg, f. 1, op. 1–1882, Nr. 20, Ob učreždenii pri Geografičeskom obščestve komissii iz predstavitelej ot raznych vedomstv dlja vyrabotki programmy otnositel'no dejstvij, proizvodjaščichsja po raznym vedomstvam s"emočnych rabot v Rossii, l. 50–51ob.
198 Vgl. NA RGO Sankt-Peterburg, f. 1, op. 1–1882, Nr. 20, Ob učreždenii pri Geografičeskom obščestve komissii iz predstavitelej ot raznych vedomstv dlja vyrabotki programmy otnositel'no dejstvij, proizvodjaščichsja po raznym vedomstvam s"emočnych rabot v Rossii, l. 18.

anstalten.[199] Damit verweigerte der Kriegsminister eine offizielle Beteiligung am Geodätischen Rat und ließ sich nicht zu einer Zusammenarbeit, nicht einmal durch seinen verbrieften Sonderstatus verpflichten, den Vorsitzenden des Geodätischen Rates bestimmen zu dürfen. Eine 1885 bei der IRGO verfasste schriftliche Erklärung zum Statut-Entwurf gibt Auskunft über die Reaktionen der eingeladenen Ministerien und führt eindringlich aus, warum eine Einigung unter den genannten Akteuren dringend notwendig und darüber hinaus machbar sei, wie Preußen zeige, wo ein „Centraldirektorium" gegründet worden war.[200] Die oben dargelegte Auffassung des Kriegsministers wird darin zitiert, ohne aber seinen alternativen Vorschlag zu erwähnen.[201] Vor diesem Hintergrund wird der gesamte Problemzusammenhang schonungslos skizziert und ausgeführt, dass für topographische Aufnahmen und kartographische Arbeiten in Russland jährlich mehr als sechs Millionen Rubel ausgegeben wurden. Während die größere Hälfte dieser Ausgaben die tatsächliche Exploration verursachte, wurde aber der ganze übrige Teil für den Unterhalt des Personals von verschiedenen Ministerien verbraucht. Die kartographische Erforschung Russlands verfügte über kein allgemeines System, was mitunter dazu führte, dass an einem Ort zwei Aufnahmen gleichen Typs von unterschiedlichen Behörden ausgeführt, während andere Orte gar nicht aufgenommen wurden. Das Kriegsministerium richtete seine Aufmerksamkeit hauptsächlich auf die Aufnahme der Grenzgebiete des Imperiums, angesichts seiner militärischen Bedeutung vor allem auf das westliche. Das Marineministerium führte Aufnahmen von Meeren und Ufern für die Bedarfe der Schifffahrt durch, gleichzeitig beschäftigte sich das Verkehrsministerium mit Aufnahmen und Nivellements von Wasser- und anderen Verkehrswegen, das Justizministerium nahm Abgrenzungen von Ländereien vor und schließlich nahm das Ministerium für Reichsdomänen unterschiedliche Aufnahmen des staatlichen, so auch des im bäuerlichen Besitz befindlichen Landes vor.[202] Da sich das Militär von Landesaufnahmen abgewendet hatte, war es hinsichtlich der unterschiedli-

---

199 Vgl. NA RGO Sankt-Peterburg, f. 1, op. 1–1882, Nr. 20, Ob učreždenii pri Geografičeskom obščestve komissii iz predstavitelej ot raznych vedomstv dlja vyrabotki programmy otnositel'no dejstvij, proizvodjaščichsja po raznym vedomstvam s"emočnych rabot v Rossii, l. 17.
200 1870 war das „Centraldirektorium für Vermessungen im Preußischen Staate" gegründet worden, um der unwirtschaftlichen Zersplitterung der dortigen Vermessungsarbeiten entgegenzuwirken, die einerseits von zivilen Ministerien, andererseits von dem für die Landesaufnahme verantwortlichen Militär geleistet worden waren. Für die Arbeiten der Landesaufnahme erhielt das Zentraldirektorium eine direkte Leitung, ferner befasste es sich mit der Vereinheitlichung von Signaturen sowie mit der Herstellung der *Karte des Deutschen Reiches* (1878–1909). Vgl. Torge: Geschichte der Geodäsie in Deutschland S. 246 f.
201 Vgl. NA RGO Sankt-Peterburg, f. 1, op. 1–1882, Nr. 20, Ob učreždenii pri Geografičeskom obščestve komissii iz predstavitelej ot raznych vedomstv dlja vyrabotki programmy otnositel'no dejstvij, proizvodjaščichsja po raznym vedomstvam s"emočnych rabot v Rossii, l. 52,
202 Vgl. NA RGO Sankt-Peterburg, f. 1, op. 1–1882, Nr. 20, Ob učreždenii pri Geografičeskom obščestve komissii iz predstavitelej ot raznych vedomstv dlja vyrabotki programmy otnositel'no dejstvij, proizvodjaščichsja po raznym vedomstvam s"emočnych rabot v Rossii, l. 52–52ob.

chen Aufnahmen in Russland offensichtlich, dass mit der Gründung einer speziellen Stelle diese Probleme kontinuierlich verschwinden würden, indem ein gleichmäßiges Interesse an den Erfolgen aller Bereiche der Kartographie und der topographischen Erforschung sämtlicher Teile des Imperiums bestand. Die geodätische Erforschung sollte in Zukunft nach allgemeinstaatlichen Zielen, und nicht nach den begrenzten Interessen der einen oder anderen Behörde erfolgen.[203] In der Fußnote zu diesem Absatz heißt es:

> Für die Bestätigung des Nutzens einer ähnlichen Institution kann man sich auf Preußen berufen, wo seit 1872 ein Geodätischer Rat existiert, welcher ungeachtet seiner kurzen Existenz bereits bedeutende Leistungen bei den Aufnahmen und in der Kartographie im preußischen Staate erreicht hat, zu vollbringen.[204]

Hieraus wird zum einen deutlich, dass es sich bei diesem Problem nicht um ein spezifisch russisches handelte, sondern auch das westliche Ausland mit ähnlichen Herausforderungen zu kämpfen hatte, und dies ferner von zarischen Beamten genau verfolgt worden war. Zum anderen zeigt sich darin der Versuch, einen künftigen Geodätischen Rat in Russland mit einer bereits erfolgreich wirkenden Einrichtung in Preußen zu rechtfertigen. Obwohl die Verantwortlichen mit der geodätischen und kartographischen Vereinigung der Teilstaaten zum Deutschen Kaiserreich eine sehr spezifische Herausforderung zu bewältigen hatten, waren sie im Kern mit einem ineffektiven Behörden-Separatismus konfrontiert, den es im Sinne des Staatsinteresses auch in Preußen bzw. im späteren Deutschen Kaiserreich zu beseitigen galt. In Preußen unterstand das Zentraldirektorium dem Staatsministerium (bzw. Gesamtministerium), während sein Vorsitz der jeweilig amtierende Generalstabschef der Armee innehatte.[205] Das Wesen dieses preußischen Modells bestand darin, dass es qua Konstruktion allgemeinstaatlichen Zielen diente, während es vom Militär geleitet wurde, das Herr über die Landesaufnahme und über ein reiches Archiv war. Auf dieser Grundlage wurde eine effektivere Vermessung und Kartierung des Landes ermöglicht. Aus den rekonstruierten organisatorischen Problemen im Zarenreich wird hinreichend klar, dass die behördliche Konstellation nach dem Vorbild Preußens in Russland so aber nicht verwirklicht werden konnte, weil sich das Kriegsministerium einer Beteiligung verweigerte und auch nicht von oberster Stelle dazu angewiesen wurde. Diese Erkenntnis ist umso interessanter, als dass sich Verkehrsminister Pos'et 1886 in einem Brief erneut an den Vize-Präsidenten der IRGO wandte und darin

---

203 Vgl. NA RGO Sankt-Peterburg, f. 1, op. 1–1882, Nr. 20, Ob učreždenii pri Geografičeskom obščestve komissii iz predstavitelej ot raznych vedomstv dlja vyrabotki programmy otnositel'no dejstvij, proizvodjaščichsja po raznym vedomstvam s"emočnych rabot v Rossii, l. 53.
204 NA RGO Sankt-Peterburg, f. 1, op. 1–1882, Nr. 20, Ob učreždenii pri Geografičeskom obščestve komissii iz predstavitelej ot raznych vedomstv dlja vyrabotki programmy otnositel'no dejstvij, proizvodjaščichsja po raznym vedomstvam s"emočnych rabot v Rossii, l. 53.
205 Vgl. Torge: Geschichte der Geodäsie in Deutschland, S. 246.

Änderungen des Statuts für den Geodätischen Rat vorschlug. Demnach sollte der Kriegsminister nun nicht mehr über den Vorsitzenden des Geodätischen Rates bestimmen können, da das Projekt nicht von einem einzigen Ministerium abhängen sollte. Der Geodätische Rat sollte stattdessen dem Reichsrat unterstehen und der Vorsitzende nur von allerhöchster Stelle bestimmt werden dürfen. Außerdem mussten Änderungen am Statut-Entwurf nur einstimmig erfolgen und nicht mehr allein durch den Kriegsminister.[206] Offensichtlich suchte Pos'et damit nach einem Ausweg, seine Initiative zu retten, indem er sich die erforderliche Unterstützung durch die höchste gesetzesberatende Versammlung und den Zaren zu sichern suchte, ohne das Kriegsministerium selbst davon überzeugen zu müssen – möglicherweise in der Hoffnung, einen Zarenerlass zu erwirken, der das Kriegsministerium zur Beteiligung am Geodätischen Rat zwang. Dies aber gelang Pos'et, der 1888 als Verkehrsminister zurücktrat, nicht: Der Geodätische Rat blieb unverwirklicht, und beim preußischen Militär wurde im Hinblick auf die Vermessungsarbeiten im Zarenreich konstatiert, dass:

> [...] diese verschiedenen Arbeiten nicht miteinander in Zusammenhang gebracht und daher in geographischer Beziehung teils wenig nützlich, teils dem Kostenaufwande nicht entsprechend [sind]. Die Vereinigung zu einer Centralbehörde ähnlich unserem deutschen Centraldirektorium der Vermessungen wäre deshalb sehr wünschenswert.[207]

In der retrospektiven Zusammenschau zeigt sich Pos'ets Vorhaben von Anfang an als wenig erfolgversprechend. Der Geodätische Rat sollte *de facto* die Folgen der Militär-Reform bzw. der Abkehr des Militärs von den Landesaufnahmen kompensieren. Gleichzeitig sah sich Verkehrsminister Pos'et aber durch den Kriegsminister Vannovskij genötigt, dem Militär eine leitende Rolle in der Kommission anzubieten, um dessen essentielle Teilnahme zu sichern. Denn alle anderen mit Vermessungen beschäftigten Ministerien waren vor allem auf die unverzichtbaren Grundlagenarbeiten der Militär-Topographischen Abteilung angewiesen. Daraus ergab sich ein unauflösbarer Widerspruch, indem das Militär die Folgen seiner eigenen Neuausrichtung, nämlich nur noch militärischen Bedarfen zu folgen, selbst ausgleichen sollte. In dieser Hinsicht ist es keine Überraschung, dass sich das Kriegsministerium von der Kommission fernhielt, um nicht in einen Interessenkonflikt zu geraten. Ungeachtet Pos'ets fehlgeschlagener Initiative wurde aber die „Sibirische Eisenbahn" (*Sibirskaja železnaja doroga*) bis nach Vladivostok am Pazifik realisiert. Die Analysen

---

206 Vgl. NA RGO Sankt Peterburg, f. 1, op. 1–1882, Nr. 20, Ob učreždenii pri Geografičeskom obščestve komissii iz predstavitelej ot raznych vedomstv dlja vyrabotki programmy otnositel'no dejstvij, proizvodjaščichsja po raznym vedomstvam s"emočnych rabot v Rossii, l. 68, Brief von Verkehrsminister Pos'et an den Vizepräsidenten der IRGO vom 14. Februar 1886.
207 Stavenhagen, Willibald von: Ueber russisches Kartenwesen, in: Kriegstechnische Zeitschrift für Offiziere aller Waffen, zugleich Organ für kriegstechnische Erfindungen und Entdeckungen auf allen militärischen Gebieten 2 (1899) 5, S. 224.

des vorhandenen kartographischen Materials verschiedener Ministerien sowie die notwendigen topographischen Aufnahmen zur Vorbereitung und dem Bau der Eisenbahn wurden vom Sektionschef für Geodäsie bei der Militär-Topographischen Abteilung des Hauptstabes, Éduard Avreljanovič Koverskij (1837–1916), vorgenommen und später mit einer eindrucksvollen Übersichtskarte publiziert.[208] Damit hatte sich die Vorstellung von Kriegsminister Vannovskij zumindest teilweise verwirklicht, indem sich das Militär nicht formal als interministerieller Mittler verpflichtet hatte und nur fallweise topographische Aufnahmen für die Zwecke anderer Ministerien – auf speziellen Befehl – übernahm. Sehr wahrscheinlich traf dies insbesondere auf unterschiedliche Projekte im asiatischen Teil Russlands zu, zu denen es per kaiserlichem Erlass verpflichtet worden war, wie der Bau der prestigeträchtigen Transsibirischen Eisenbahn zeigt. Die 1893 allerhöchst bestätigte Verordnung zur Verwaltung des Baus der Sibirischen Eisenbahn schrieb eine ministerielle Zusammenarbeit unter der Leitung des Verkehrsministers vor, welche auch das Kriegsministerium ausdrücklich einschloss.[209] Wie Koverskij 1898 rückblickend über die geodätischen Arbeiten der verschiedenen Behörden in Bezug auf den Bau der Transsibirischen Eisenbahn konstatierte, war das Statut des Geodätischen Rates aus einem bestimmten Grund nicht verwirklicht worden. Das Vorhaben sei im Sande verlaufen, weil verschiedene Ministerien befürchtet hatten, ihre Eigenständigkeit an den Geodätischen Rat zu verlieren.[210] Was Koverskij hierbei aber verschwieg, war, dass dies in erster Linie auf das Kriegsministerium selbst zutraf, dessen hochverdienter Beamter er war. Wie der oben angeführte Brief von Verkehrsminister Pos'et an den Vize-Präsidenten der IRGO, Semënov, belegt, war es nämlich Kriegsminister Vannovskij persönlich, der die Teilnahme seines Ministeriums an der Kommission zur Gründung eines Geodätischen Rates ausgeschlagen und damit das Vorhaben letztlich zum Scheitern gebracht hatte. In der Sitzung des Komitees zum Bau der Transsibirischen Eisenbahn vom 28. Juni 1895 wurde in Anwesenheit des neuen Imperators Nikolaus II. (1894–1917) von einem Vertreter des Kriegsministeriums konstatiert, dass das gesamte Imperium mit seinen 22 Millionen Quadratkilometern Fläche *lückenlos* vom Militär-Topographen-Korps topographisch aufgenommen werden müsste, da sich die topographischen Aufnahmen anderer Ministerien nicht als Grundlage für die Zu-

---

208 Vgl. Koverskij, Éduard Avreljanovič: O geodezičeskich rabotach i sooruženii velikago sibirskago puti s kartoju Aziatskoj Rossii i smežnych s nejuvladenij, Sankt Peterburg 1896; Koverskij, Éduard Avreljanovič: Ob organizacii geodezičeskoj časti i raznych vedomstvach v svjazi s postrojkoju velikago Sibirskago puti, Sankt Peterburg 1897; Koverskij, Éduard Avreljanovič: Očerk organizacii geodesičeskoj časti v raznych vedomstvach v svjazi s postrojkoju velikago Sibirskago puti, in: Ežegodnik Imperatorskago russkago geografičeskago obščestva, sbornik obzorov uspechov raznych otraslej zemlevladenija, Bd. VII, (1898), S. 1–34.
209 Vgl. PSZ III, 13, Nr. 9.728.
210 Vgl. Koverskij: Očerk organizacii geodesičeskoj časti, S. 1.

sammenstellung von Karten eigneten, die von allen benötigt wurden.[211] Vor diesem Hintergrund schlug Koverskij vor, im Sinne der gesamtstaatlichen Ziele die Mittel für das Kriegsministerium stark zu vermehren, um geodätische, astronomische und topographische Arbeiten *wieder* auf das gesamte Territorium des Landes auszudehnen. Die verschiedenen Ministerien sollten dann die Möglichkeit erhalten, jede vom Militär-Topographen-Korps durchgeführte geodätische Arbeit für ihre kartographischen Zwecke zu nutzen.[212] Doch diese Idee bedeutete *de facto* die Rückkehr zu Landesaufnahmen. Dies konnte aber allein wegen des Mangels an Personal und Geldmitteln nicht verwirklicht werden. Die Folge war eine planlose Improvisations-Politik in Sachen Vermessung, die sich je nach Bedarf Brennpunkten zuwandte, nicht aber systematische flächendeckende Landesaufnahmen erlaubte. Daher zeigt die Übersichtskarte in Abbildung 50 nicht nur Aufnahmen der strategisch wichtigen Grenzgebiete, sondern auch weitere kartierte Areale, wie den Eisenbahnkorridor sowie nahegelegene rohstoffreiche Gegenden und Zonen für potentielle Umsiedelungen wie die Region Akmolinsk. So hat das Militär-Topographen-Korps zwischen 1901 und 1913 beispielsweise im Interesse des Ministeriums für Landwirtschaft und Reichsdomänen topographische Aufnahmen tatsächlich vorgenommen. Genauso für das geologische Komitee, für die Hauptverwaltung für Flurneuordnung und Landwirtschaft, für die Ingenieur-Hauptverwaltung, für das Komitee zur Besiedelung des Fernen Ostens, für die hydrographische Hauptverwaltung, für das Außenministerium und weitere Behörden.[213] Dies bedeutete aber mitnichten die Rückkehr zu planmäßigen militärischen oder allgemeinstaatlichen Landesaufnahmen, wie sie vor der Militärreform bzw. vor 1844 unter Schubert, Gouvernement für Gouvernement durchgeführt worden waren. Der unverwirklichte Beschluss der Reichsduma von 1911, den Personalbestand des Militär-Topographen-Korps auf 1.000 Stellen anzuheben, ist zwar als Einsicht zu werten, dass sich das Militär vermehrt auch mit Vermessungen für zivile Zwecke auseinandersetzte. Ein offizielles Bekenntnis für eine Art Geodätischen Rat als zentrale Koordinationsstelle fehlte jedoch bis zum Ende des Russländischen Imperiums 1917. Infolgedessen wurden von verschiedenen Akteuren weitere Versuche zur Bildung interministerieller Kommissionen für die Vereinigung von Vermessungsarbeiten unternommen. Diese gingen von der Akademie der Wissenschaften (1898), von General Bobrikov (1903), vom Komitee für die Besiedelung des Fernen Ostens (1907), vom zweiten allrussischen Kongress der Vertreter der praktischen Geologie (1912) sowie vom ersten Kongress der Markscheider (1913) aus. Dennoch kam eine interministerielle Kommission bis zum Ersten Weltkrieg nicht zustande.[214] Erst 1915 erzwangen die Nöte der Kriegswirtschaft die Bildung einer Kommission.

211 Vgl. Koverskij: O geodezičeskich rabotach, S. 45.
212 Vgl. Koverskij: Očerk organizacii geodesičeskoj časti, S. 33 f.
213 Vgl. Gluškov: Istorija voennoj kartografii v Rossii, S. 222.
214 Vgl. Ivaniščev: Mežduvedomstvennye soveščanija, S. 88–91.

4.3.2 Kriegswirtschaft erzwingt letzte Kommission

Während des Ersten Weltkrieges hatte sich eine besondere Dringlichkeit ergeben, auf Grundlage topographischer Karten Bodenschätze für die Kriegswirtschaft zu erschließen. Dies entfachte die Diskussion um die Notwendigkeit einer effektiven interministeriellen Zusammenarbeit neu, was den Höhepunkt in einer Reihe von Anstrengungen darstellte, die seit 1882 in verschiedenen Zusammenhängen unternommen worden waren. Der 1914 ausgebrochene Erste Weltkrieg stellte die Wissenschaft vor neue Probleme. Schon in den ersten Kriegsmonaten hatte sich nämlich herausgestellt, dass Umfang und Komplexität des Krieges falsch eingeschätzt worden waren. Die zarische Regierung hatte die Versorgung der Armee mit strategisch bedeutsamen Rohstoffen versäumt. Vor dem Krieg war ein Teil der Rohstoffe aus dem Ausland importiert worden, was während des Krieges nicht mehr möglich war. Daher rührte das große Bedürfnis, sich vermehrt den heimischen Rohstoffen zuzuwenden und diese zu erschließen, wofür aber die notwendigen Daten fehlten. Für deren wissenschaftliche Erfassung wurde 1915 bei der Akademie der Wissenschaften die Kommission zur Erforschung der natürlichen Produktionsmittel (KEPS, *Komissija po izučeniju estestvennych proizvoditel'nych sil*) gegründet und Vladimir Ivanovič Vernadskij (1863–1945), Mitglied der Kaiserlichen Sankt Petersburger Akademie der Wissenschaften und Gründer der mineralogischen und geochemischen Schule Russlands, zu ihrem Vorsitzenden bestimmt. Diese Kommission bestand aus Vertretern ziviler Ministerien, Behörden und wissenschaftlicher Gesellschaften und befasste sich mit der Lokalisierung und Nutzbarmachung von Gesteinen, Mineralien, Erzen, Gewässern, Gewächsen, Tieren und anderen Rohstoffen.[215] In der ersten Sitzung dieser Kommission am 6. Februar 1916 unterstrich der Vertreter der IRGO, Venjamin Petrovič Semënev-Tjan-Šanskij (1870–1942): „Ohne gute topographische Karten werden wir uns niemals einen Überblick zur räumlichen Verteilung der Bodenschätze Russlands machen können."[216] Er stellte sodann vier grundlegende Bedingungen auf, die für eine wissenschaftliche Erforschung des Landes notwendig wären und mit denen sich die Kommission beschäftigen sollte. An erster Stelle führte er die Herstellung einer zivilen topographischen Karte (*graždanskaja topografičeskaja karta*) an. Die übrigen drei Punkte betrafen die Bedarfe nach einer Volkszählung, eines Ortsregisters sowie einer periodischen staatlichen Statistik.[217] Doch die Ergebnisse der Kommission in Bezug auf die Herstellung einer zivilen topographischen Karte waren offenbar ernüchternd. Der KEPS-Vorsitzende Vernadskij stellte in dieser Sitzung fest:

---

215 Vgl. Perel'man, Aleksandr Il'ič: Vladimir Ivanovič Vernadskij, in: Tvorcy otečestvennoj nauki. Geografy, hrsg. von Esakov, Vasilij A.: Moskva 1996, S. 322.
216 Otčety o dejatel'nosti Komissii po izučeniju estestvennych proizvoditel'nych sil Rossii sostojaščej pri Imperatorskoj akademii nauk, 1 (1915) 1, S. 17.
217 Vgl. Otčety o dejatel'nosti komissii (1915), S. 20.

Obwohl in den letzten 20 Jahren verschiedene Behörden und Ministerien für die Herstellung von topographischen Karten unseres Landes Unsummen von Geld ausgegeben haben, steht diese Angelegenheit, die von höchster Bedeutung für den Staat ist, im Allgemeinen sehr ungenügend da.[218] [...] Über eine wissenschaftlich exakte Karte von Russland verfügen wir in keinem einzigen Maßstab; es gibt ganze Gebiete in Russland, die bis jetzt nicht in geeigneter Weise aufgenommen worden sind.[219]

Bei der Arbeit der KEPS ging es weniger um abstrakte wissenschaftliche Forschungen, als um die Frage, wie das Russländische Imperium im Krieg mit hochindustrialisierten Gegnern die Schlacht um sein Überleben gewinnen konnte. In diesem Zusammenhang wird verständlich, welche konkrete Bedeutung der topographisch-kartographischen Erschließung des Landesinneren neben anderen Bedarfen zukam. Es war aber bereits zu spät, um die benötigten Rohstoffe zu lokalisieren und zu mobilisieren. Die unvergleichlichen Chancen, die sich 1829 in den Augen des Geognostikers Alexander von Humboldt in diesem Reich – „so groß wie der Mond" – nicht nur für die theoretischen Wissenschaften, sondern ganz konkret für den Staat mit seinen Interessen an der Erschließung und Ausbeutung von Ressourcen boten[220], waren nicht hinreichend genutzt worden. Während der Februarrevolution 1917 wurde die Arbeit der KEPS unterbrochen. Durch die Verschärfung der Ereignisse wurden darauf die Militär-Topographische Abteilung sowie noch weitere Vertreter anderer Behörden von der Konferenz der Akademie der Wissenschaften eingeladen, an der interministeriellen Kommission teilzunehmen und gemeinsam nach Lösungen zu suchen.[221] Diese kam Mitte 1917 zum Schluss, dass die vorhandenen topographischen Aufnahmen nicht ausreichen, um die notwendigen Karten herzustellen. Es wird gefordert:

Für die Beschleunigung der genauen topographischen Aufnahmen von ganz Russland ist die Bereitstellung von Mitteln für die Arbeiten der militär-topographischen Abteilung des Generalstabs in solchem Maße notwendig, die es ermöglichen, die Zahl der Militär-Topographen vielfach zu vergrößern und ihnen die Möglichkeit zu geben, die Arbeit mit der notwendigen Geschwindigkeit auszuführen.[222]

Ferner wurde die alte Idee geäußert, ein zentrales Archiv für alle topographischen Aufnahmen Russlands einzurichten. Dieses Mal aber bei der Militär-Topographischen Abteilung.[223] Ein eindrucksvolles Dokument aus der letzten Phase dieser vergrößerten Kommission ist der *Abriss über die Tätigkeiten des Militär-Topographen-*

218 Vernadskij, Vladimir Ivanovič: Ob organizacii topografičeskoj s"emki Rossii, in: Izvestija Akademii nauk 11 (1917) 11, S. 843.
219 Vernadskij: Ob organizacii topografičeskoj s"emki, S. 844.
220 Vgl. Kap. 3.2.
221 Vgl. Ivaniščev: Mežduvedomstvennye soveščanija, S. 90 f.
222 Ivaniščev: Mežduvedomstvennye soveščanija, S. 90.
223 Vgl. Ivaniščev: Mežduvedomstvennye soveščanija, S. 90.

Korps.[224] Es handelt sich dabei um eine präzise Bestandsaufnahme der topographischen und kartographischen Erfassung des Russländischen Imperiums bis zum Anfang des Jahres 1918. Auch enthält dieses Dokument ein Reihe Übersichtskarten, von denen in der vorliegenden Studie drei abgebildet sind (Abb. 29; Vor- und Nachsatz). Die Abbildungen im Vor- und Nachsatz zeigen die Ausschnitte der jeweils detailliertesten vorhandenen topographischen Karten für sämtliche Gebiete des russländischen Territoriums. Ihr Anblick muss die Sorgen der Kommissionsmitglieder auf Anhieb bestätigt haben. Das von Lagerstätten reiche Landesinnere war im Gegensatz zu den Grenzgebieten bei der topographischen Aufnahme und Kartierung stark vernachlässigt worden. Dieses Vakuum zu füllen, bedurfte Jahrzehnte. Schließlich wurde die Kommission 1919 aufgelöst und die Verantwortung für das Projekt vom Rat der Volkskommissare an die neue Oberste Geodätische Verwaltung (VGU, *Vysšee geodezičeskoe upravlenie*) übertragen, deren Gründungsdekret u. a. auf den Ideen von Pos'et und Vernadskij fußte.[225] KEPS, gegründet in der Notsituation des Ersten Weltkrieges, gilt als „die eigentliche Geburtsstunde des GOĖLRO-Plans"[226], der 1920 zur Elektrifizierung Russlands bzw. zur „Wiederherstellung und Entwicklung der Volkswirtschaft des S.[owjet]-Staates"[227] gefasst worden war. Der Notwendigkeit, das im Bürgerkrieg versunkene Russland mithilfe topographischer Karten militärisch zu kontrollieren und wirtschaftlich unabhängig vom Ausland zu machen, hatte die Oberste Geodätische Verwaltung bei der Sowjetregierung ohne Zweifel einen hohen Stellenwert geschenkt. Dass an dieses von Beamten, Akademikern und zuletzt auch von Militärs des zarischen *ancien régime* verfolgte Projekt von den Bolschewiki angeknüpft wurde, lehrt, dass ein Konsens herrschte, zu dem die erbitterten Gegner des Bürgerkrieges von den räumlichen Verhältnissen Russlands gezwungen worden waren: Keine Macht ohne topographische Karten!

4.4 Ringen um die Landesaufnahme in Sowjetrussland

Mit dem Dekret zur Gründung der Obersten Geodätischen Verwaltung, angesiedelt bei der Wissenschaftlich-Technischen Abteilung des Obersten Volkswirtschaftsrates (VSNCh, *Vysšij sovet narodnogo chosjajstva*), veröffentlicht am 23. März 1919, war der offizielle Beschluss mit dem Ziel gefasst worden, die topographische Erforschung des Territoriums der Russländischen Sowjetischen Föderativen Sozialistischen Republik (RSFSR, *Rossijskaja sovetskaja federativnaja socialističeskaja respu-

---

224 Kratkij doklad o rabotach Korpusa voennych topografov (1919).
225 Vgl. Kašin: Topografičeskoe izučenie Rossii, S. 51–54.
226 Vgl. Schlögel, Karl: Das sowjetische Jahrhundert. Archäologie einer untergegangenen Welt, München 2018, S. 111.
227 Vgl. Historisches Lexikon der Sowjetunion 1917/22 bis 1991, hrsg. von Torke, Hans Joachim, München 1993, S. 99.

blika) künftig zentralisiert zu organisieren, um die Wirtschaft zu heben sowie Geld und Zeit einzusparen.[228] Wie Leonid Kašin analysiert hat, waren im tatsächlich in Kraft getretenen Statut der VGU vom 30. November 1921 inzwischen einige Passagen des Gründungsdekrets von 1919 entscheidend verändert worden, womit die beschlossene Zentralisierung konterkariert und damit die Gunst des Neuanfangs für eine effektive Landesaufnahme zum Zweck allgemeinstaatlicher Ziele ungenutzt blieb. Die VGU sollte demnach nur noch ausschließlich für die Bedarfe der zivilen Volkswirtschaft und Industrie arbeiten, während das Militär-Topographen-Korps der Roten Arbeiter- und Bauern- Armee (KVT RKKA, *Korpus voennych topografov Raboče-krest'janskoj krasnaoj armii*) für die Erfordernisse der Landesverteidigung und die hydrographische Haupt-Verwaltung für die der Schifffahrt verantwortlich zeichneten.[229] Wie anzunehmen ist, geschah dies auf Forderung der Militärführung.[230] Schon zweieinhalb Jahre nach der Gründung der VGU brach damit der Graben zwischen militärischer und ziviler Raumerschließung wieder auf. Es zeigten sich die Grenzen der interministeriellen Kooperation in Sowjetrussland an alter Stelle. Die Erfahrungen, die bereits mit der gescheiterten Gründung des Geodätischen Rates bei der IRGO gemacht worden waren, wiederholten sich frappierend ähnlich. Das Militär ließ sich nicht von einer zivilen Verwaltung kommandieren und kontrollieren. Dies wird u. a. an der Vereinnahmung der neuen Karte des europäischen Russland im metrischen Maßstab deutlich, die seit 1913 auf Initiative der IRGO als Beteiligung an der *Internationalen Weltkarte* (*Carte Internationale du Monde au Millionième*) geplant war. 1918 begann sich die Militär-Topographische Abteilung des Kriegs-Kommissariats sowie das Geologische Komitee der Akademie der Wissenschaften daran zu beteiligen.[231] Dies markiert den Beginn der Übernahme dieses wissenschaftlichen Projektes durch das Militär. Bis 1923 hatte das Militär-Topographen-Korps der Roten Arbeiter- und Bauern-Armee unter dem Titel *Karte Russlands im Maßstab 1 : 1.000.000 (Karta Rossii v masštabe 1 : 1.000.000)* 15 Blätter für das europäische Russland, acht für Sibirien und zehn Blätter für Turkestan fertiggestellt.[232] Diese Karte bildete den Rahmen für das innovative Karten-System der Roten Armee, das die gesamte Maßstabsreihe sowjetischer topographischer Karten definierte.[233]

---

228 Vgl. Dekret ob učreždenii Vysšego geodezičeskogo upravlenija, in: Izvestija Vserossijskogo central'nogo ispolnitel'nogo komiteta sovetov rabočich, krest'janskich, kazač'ich, i krasnoarmejskich deputatov i Moskovskogo soveta rabočich i krasnoarmejskich deputatov, 23. marta 1919g., Nr. 63 (615), S. 6. Das Dokument wurde unterzeichnet vom Vorsitzenden des Rats der Volkskommissare Ul'janov (Lenin), vom Vorsitzenden des Volkswirtschaftsrates Rykov sowie vom Geschäftsführer des Rats der Volkskommissare V. D. Bonč-Bruevič.
229 Vgl. Kašin: Topografičeskoe izučenie Rossii, S. 55.
230 Vgl. Baron, Nik: „Ot grecha podalše...": censura i kontrol' nad topografičeskim znaniem v Sovetskoj Rossii (1918–1925), in: Studies in the History of Biology 2 (2010) 4, S. 87.
231 Vgl. Kap. 3.2.2.
232 Vgl. Alekseev: Kratkij očerk dejatel'nosti Korpusa voennych topografov, S. 17.
233 Vgl. Kap. 3.2.2.

Die VGU führte seit ihrem Gründungsjahr 1919 mit 87 eigenen Topographen nur in vereinzelten, wirtschaftlich und industriell bedeutenden Gebieten topographische Aufnahmen im Maßstab 1:25.000, ab 1923 auch im Maßstab 1:50.000 und kleiner durch. Im Zeitraum von 1919 bis 1927 erfassten sie im erstgenannten Maßstab rund 22.000 Quadratkilometer und im zweitgenannten rund 151.000 Quadratkilometer.[234] Eine 1927 publizierte Übersichtskarte zeigt die weit verstreuten topographischen Aufnahmen und daraus abgeleitete Kartenblätter im Maßstab 1:100.000 im Inneren des europäischen Russland, im nördlichen Kaukasus sowie im westlichen Ural-Gebirge.[235] Eine systematische, einheitliche und flächendeckende Landesaufnahme stellten diese fleckenhaften Arbeiten aber noch nicht dar. An den 65 ersten kartographischen Arbeiten der VGU im Zeitraum von 1920 bis zum Frühjahr 1924 lässt sich die starke Konzentration auf administrative und wirtschaftliche Karten in kleinen Maßstäben ablesen. Dazu gehören die *Administrative Karte der UdSSR (für 1921)* im Maßstab 1:28 Millionen sowie vier *Pläne der Konzessionsgebiete in Westsibirien* im Maßstab 1:2,1 Millionen; die *Statistische Karte vom europäischen Teil der UdSSR* im Maßstab 1:20 Millionen (1923) oder die *Karte der Wirtschaftsgebiete der UdSSR* im Maßstab 1:4 Millionen (1924).[236]

Ein Blick auf das ursprüngliche Dekret von 1919 zeigt, wie weit der Einfluss der VGU auf die Militär-Topographische Verwaltung geplant war. Darin wurde nämlich ausdrücklich vorgesehen, dass die VGU die geodätischen Tätigkeiten *aller* Kommissariate und Behörden des Staates vereinigen und koordinieren sollte. Es war ihre Aufgabe, die grundlegenden geodätischen Arbeiten im gesamtstaatlichen Rahmen durchzuführen und darüber hinaus Aufnahmen aller Arten miteinander zu verbinden. Sie war verpflichtet, den behördlichen Parallelismus zu beseitigen, indem sie die Resultate astronomischer, geodätischer und topographischer Arbeiten unterschiedlicher Kommissariate und Behörden zu sammeln und zu systematisieren hatte, um Karten in verschiedenen Maßstäben mit allgemeinstaatlicher Bedeutung für unterschiedliche Ziele der Volkswirtschaft zusammenzustellen und herauszugeben. Sie sollte ferner Instruktionen und Regeln für sämtliche Arbeiten entwickeln, die auch die Herstellung und Herausgabe von Karten und Plänen unterschiedlicher Behörden betrafen. Ihr oblag die Organisation *aller* kartographischen Arbeiten sowie die Herausgabe von Karten für *sämtliche* Kommissariate, Behörden und Personen. Besonderen Wert wurde ferner darauf gelegt, dass sich die Tätigkeiten der VGU auf

---

234 Vgl. Uspenskij, T.: Topografičeskaja dejatel'nost G. K. (VGU) k oktjabrju 1917g., in: Geodezist. Naučno-techničeskij i obščestvenno-političeskij žurnal 2 (1927) 11, S. 85, 90, 92.

235 Vgl. Otčetnaja karta Evropejskoj časti S. S. S. R. s pokazaniem rabot Kartografičeskogo otdela geodez. komiteta VSNCh – SSSR po sostavleniju i izdaniju na 1-e oktjabrja 1927 goda topografičeskoj karty odnoj stotysjačnoj, in: Belavin, A.: Dejatel'nost' Geodezičeskogo komiteta VSNCh SSSR po Kartografičeskomu otdelu s momenta ego organizacii do 1-go oktjabrja 1927 goda, in: Geodezist. Naučno-techničeskij i obščestvenno-političeskij žurnal 2 (1927) 11, 106/107.

236 Vgl. Otčet o pjatiletnej dejatel'nosti Vysšego geodezsičeskogo upravlenija, 1919–1924g., Moskva 1924, S. 56–61.

das *gesamte* Territorium der RSFSR bezogen.[237] Wie sich herausstellte, war dies jedoch nicht mehr als eine Absichtsbekundung. Mit der Gründung der VGU und dem Inkrafttreten ihres überarbeiteten Statuts im Jahr 1921, das die Zuständigkeit für militärische und maritime Angelegenheiten wieder ausgeklammert hatte, war die Rückkehr zu allgemeinstaatlichen Landesaufnahmen ungewiss. Sogar der Zweck der VGU, ihre Bezeichnung und administrative Zugehörigkeit wurden vor dem Hintergrund innenpolitischer Umwälzungen in der frühen Sowjetunion mehrfach geändert. Schließlich existierte sie nur bis 1926 und wurde bis 1938 von sechs nachfolgenden Institutionen unter dem Dach verschiedener staatlicher Behörden beerbt. [238] Diese zahlreichen Veränderungen deuten darauf hin, dass es auch der sowjetischen Regierung nicht leicht fiel, eine übergreifende Behörde für Vermessung und Kartographie effektiv im Staatsapparat zu verankern. Zwar war es den Gegnern der VGU innerhalb der sowjetischen Regierung nicht gelungen, diese Verwaltung schon 1922 aufzulösen. Spätestens ab 1925 wurden ihre Tätigkeiten jedoch von der sowjetischen Militärführung koordiniert.[239] Dies steigerte die Probleme im Umgang mit der Geheimhaltung von topographischen Karten für zivile Zwecke. In der Zeitschrift *Geodezist*, dem Periodikum der VGU und ihrer Nachfolge-Organisationen, wurde das Für und Wider der Geheimhaltung offen diskutiert. Während die Fürsprecher beispielsweise mit den katastrophalen Erfahrungen im Ersten Weltkrieg argumentierten und deren Wiederholung durch strenge Geheimhaltung von Karten und Plänen zu vermeiden suchten, führten die Gegner die dringenden Bedarfe der Volkswirtschaft und Wissenschaft an.[240] Um die Bedarfe des Militärs nachzuvollziehen, darf nicht außer Acht gelassen werden, dass fast 70 Prozent der am ausführlichsten kartierten Westgebiete des Zarenreiches im Ersten Weltkrieg verloren gegangen waren.[241] Damit galt es, das westliche Grenzgebiet Sowjetrusslands neu aufzunehmen und zu kartieren. Dagegen fand der Geologe Aleksandr Pavlovič Gerasimov (1869–1942) schon am 12. Oktober 1922 in einem Vortrag vor der Topographischen Kommission der Akademie

---

237 Vgl. Dekret ob učreždenii Vysšego geodezičeskogo upravlenija (1919), S. 6.
238 1926–1928 Geodätisches Komitee (GK, *Geodezičeskij komitet*); 1928–1930 Geodätisches Haupt-Komitee (GGK, *Glavnyj geodezičeskij komitet*); 1930–1932 Geodätische Hauptverwaltung (GGU, *Glavnoe geodezičeskoe upravlenie*); 1933–1935 Geologisch-Hydrographisch-Geodätische Hauptverwaltung (GGGGU, *Glavnoe geologo-gidro-geodezičeskoe upravlenie*); 1935–1938 Hauptverwaltung für Landesaufnahme und Kartographie (GUGSK, *Glavnoe upravlenie gosudarstvennoj s"emki i kartografii*); 1938–1991 Hauptverwaltung für Geodäsie und Kartographie (GUGK, *Glavnoe upravlenie geodezii i kartografii*). Vgl. Zakatov, Pëtr Sergeevič.: Topografičeskaja služba v SSSR (1919–1939), in: Baranov, A. N. (Hrsg.): XX let sovetskoj geodezii i kartografii 1919–1939, Bd. 1, S. 203–217; Postnikov: Maps for Ordinary Consumers, S. 85.
239 Vgl. Postnikov: Maps for Ordinary Consumers, S. 85.
240 Vgl. Gerasimov, Aleksandr Pavlovič: O sekretnych kartach i planach, in: Po voprosu sekretnosti kart, in: Geodezist. Naučno-techničeskij i obščestvenno-političeskij žurnal 1 (1925) 2, S. 4–6; Stavinskij, V.: Po voprosu sekretnosti kart 1 (1925) 4–5, S. 43–45.
241 Vgl. Oreškin: Boevaja služba, S. 8.

der Wissenschaften klare Worte für zivile Interessen, die 1925 im *Geodezist* wie folgt zu lesen waren:

> Ausführliche und gute topographische Karten und Pläne in verschiedenen Maßstäben bilden eine lebenswichtige Grundlage aller volkswirtschaftlichen Formen, ohne die fast kein einziger Zweig der Industrie auskommt und keine einzige größere Maßnahme planmäßig und effektiv durchgeführt werden kann. [...] Es ist absurd, wenn eine Karte oder ein Plan für das Volk eines Landes ein Geheimnis darstellt. [...] Sobald die Landesaufnahme (*gosudarstvennaja s"emka*) in Zukunft in die Hände irgendeiner Einrichtung gelegt werden wird, dürfen die Arbeiten auf gar keinen Fall und in keinem einzigen Maßstab ein Geheimnis für die gesamte Bevölkerung darstellen.[242]

1927 erschien im *Geodezist* dann eine einzelnstehende Karikatur unter dem Titel „Zur Frage der Geheimhaltung von Karten." (Abb. 64) Darin wird der obere Bildteil mit „Vorsichtsmaßnahme." und der untere mit „Folgen..." beschrieben. Während der obere Bildteil mit übergroßen Schlössern gesicherte Schatzkisten hinter einer übergroßen Kanone samt Munition zeigt, welche die Aufschriften „2-Werst-Karten – Geheim", „10-Werst-Karten – Geheim", „Geheim" etc. zeigen und sich ein Mann in der Nähe spionierend umsieht, wird im unteren Bildteil ein Berg-Ingenieur mit verbundenen Augen dargestellt, der blind umherirrt, inmitten einer rohstoffreichen Umwelt mit Lagerstätten von Gold, Platin, Kupfer, Blei, Quecksilber, Eisen, Kohle, Erdöl und Salz.[243] Demnach hat die Geheimhaltung von Karten als Vorsichtsmaßnahme gegen Spionage zur Folge, dass die unterschiedlichen vorhandenen Rohstoffe von Fachleuten nicht lokalisiert und erschlossen werden können. Aus Sicht der zivilen sowjetischen Geodäsie und Kartographie bringt diese überspitzte Darstellung das Kernproblem auf den Punkt und belegt das schwierige Ringen in der Sowjetunion während der Neuen Ökonomischen Politik (1921–1928), einen Kompromiss zwischen den Interessen für Landesverteidigung auf der einen und den Interessen für Rohstoffgewinnung bzw. für die Volkswirtschaft auf der anderen Seite zu finden. Nach Karl Schlögels Worten gab es einen Aufbruch der sowjetischen Geologen, um den Traum eines reichen Landes zu erfüllen.[244] Wie der geschilderte Widerstreit aber zeigt, hatten diese einen zunehmend schweren Überzeugungskampf gegen die staatlichen Sicherheitsinteressen zu führen. Während für die Zeit der Neuen Ökonomischen Politik noch von einer vergleichsweise liberalen Phase gesprochen werden kann, erfolgte unter Josef Stalin (1878–1953) eine zunehmend restriktive Politik. 1935 wurde die zivile Geodäsie und Kartographie in die Verantwortlichkeit des Volkskommissariats des Innern (NKVD, *Narodnyj komissariat vnutrennych del*) übergeben, dem kurz zuvor auch die Geheimpolizei unterstellt worden war. Nach Aleksej Postni-

---

242 Zitiert nach: Stavinskij: Po voprosu sekretnosti kart, S. 4–6.
243 Vgl. Klimaševskij, A.: K voprosu o sekretnosti kart, in: Geodezist. Naučno-techničeskij i obščestvenno-političeskij žurnal 2 (1927) 8, S. 71.
244 Vgl. Schlögel, Karl: Terror und Traum. Moskau 1937, Schriftenreihe der Bundeszentrale für politische Bildung, Bd. 733, Bonn 2008, S. 338–360.

kovs Einschätzung wurde die staatliche Kartographie angesichts ihrer neuen Vorschriften regelrecht zu einer militärischen Institution umgebildet und fortan eine äußerst strenge Geheimhaltungspolitik in Bezug auf Karten und Pläne verfolgt.[245] Dem Institut für Bodenkunde an der Akademie der Wissenschaften der UdSSR wurde 1935 streng verboten, in ihrer eigenen Kartensammlung Bodenkarten zu lagern. Der Geologe Vladimir Ivanovič Vernadskij notierte am 11. Mai 1941 in seinem Tagebuch, dass mittlerweile sogar Wetter-Karten verbannt werden würden und sich die Zensur in allem Dagewesenen überträfe, indem geographische Karten vollständig verfälscht seien.[246] Postnikov weist ferner darauf hin, dass Ende der 1930er Jahre offensichtlich wurde, dass die topographische Erfassung des Landes nicht den Bedarfen der Wirtschaft entsprach und dass für die Moskauer Umgebung, eine der am stärksten bevölkerten und industriell am weitesten entwickelten Teile der UdSSR, keine flächendeckende neue Karte in einem Maßstab größer als 1 : 500.000 vorgelegen hatte. Der 1938 beschlossene Generalplan der Moskauer Abteilung der GUGK zur topographisch-kartographischen Erschließung des Territoriums bezog sich aber nicht nur auf dichtbesiedelte und industrialisierte Gebiete im europäischen Teil der UdSSR, sondern auch auf die Gegenden, die unter Kontrolle der Hauptverwaltung der Besserungsarbeitslager und Kolonien (GULag, *Glavnoe upravlenie ispravitel'no-trudovych lagerej i kolonij*) standen.[247] Anfang der 1940er Jahre fand in der Sowjetunion dann die Rückkehr zum Konzept der allgemeinstaatlichen, systematischen und flächendeckenden Landesaufnahme (*gosudarstvennaja s"emka*) statt – knapp ein Jahrhundert nachdem die stufenweise Abkehr von diesem Konzept 1844 begonnen hatte und 1873 vollendet worden war. Nachdem 1940 spezielle Richtlinien für geodätische, topographische und kartographische Arbeiten der Hauptverwaltung für Geodäsie und Kartographie (GUGK) sowie für Armee und Marine erlassen worden waren, war die GUGK bevollmächtigt, die UdSSR topographisch-kartographisch vollständig zu erfassen. Dabei durften aber die Umgebungen von Marine-Basen, militärischen Einrichtungen des Küstenschutzes, Staatsgrenzen und militärische Sonderzonen ausschließlich von Armee bzw. Marine aufgenommen werden.[248] Die Landesaufnahme der UdSSR im Maßstab 1 : 25.000 wurde nach über vier Jahrzehnten in der zweiten Hälfte der 1980er Jahre weitgehend abgeschlossen.[249] Inwieweit die abgeleiteten Folgekarten dieser sowjetischen Landesaufnahme aber für das Erreichen allgemein-

---

245 Vgl. Postnikov: Maps for Ordinary Consumers, S. 87 f.

246 Vgl. Postnikov: Maps for Ordinary Consumers, S. 88–90.

247 Vgl. Postnikov: Maps for Ordinary Consumers, S. 85–90; Baron: Ot grecha podal'še, S. 86.

248 Vgl. Postnikov: Maps for Ordinary Consumers, S. 85.

249 Vgl. Kašin: Topografičeskoe izučenie Rossii, S. 74. Vor dem Hintergrund der Erfahrungen im Zweiten Weltkrieg räumte Stalin der topographischen Aufnahme des gesamten Territoriums der UdSSR durch das Militär und den zivilen topographischen Dienst oberste Priorität ein, um eine (geheime) topographische Karte im Maßstab 1 : 100.000 zusammenstellen zu lassen, was u. a. mithilfe von Flugzeugen 1946 bis 1954 realisiert werden konnte. Vgl. Postnikov: Maps For Ordinary Consumers, S. 91–95.

staatlicher Ziele in Administration, Volkswirtschaft und Wissenschaft tatsächlich nutzbringend waren, ist fraglich. Denn aus den Folgekarten wurde ein großes Geheimnis gemacht.[250]

---

250 Vgl. Postnikov: Maps for Ordinary Consumers, S. 92.

Abb. 1: Geometrische Karte der Statthalterschaft Kaluga (1782)

Abb. 2: Ausschnitt aus Blatt XII. 7. der Topographischen Landvermessungs-Karte des Gouvernements Tver', Kreis Kaljazin (1853)

Abb. 3: Aufteilung Russlands nach Inspektionen zum Jahr 1798 (1857)

Abb. 4: Nikolai-Hauptsternwarte in Pulkovo (Aufnahme vor 1897). Auf dem Dach des mittleren Turms ist die drehbare Kuppel einen Spalt weit geöffnet und das große Fernrohr unter freiem Himmel zur Beobachtung bereit. Der russländische Nullmeridian führte zwischen den Säulen des Portikus hindurch.

Abb. 5: Reichenbachs Universalinstrument (1812–1819)

Abb. 6: Der russländische Nullmeridian im Kartenbild (1910)

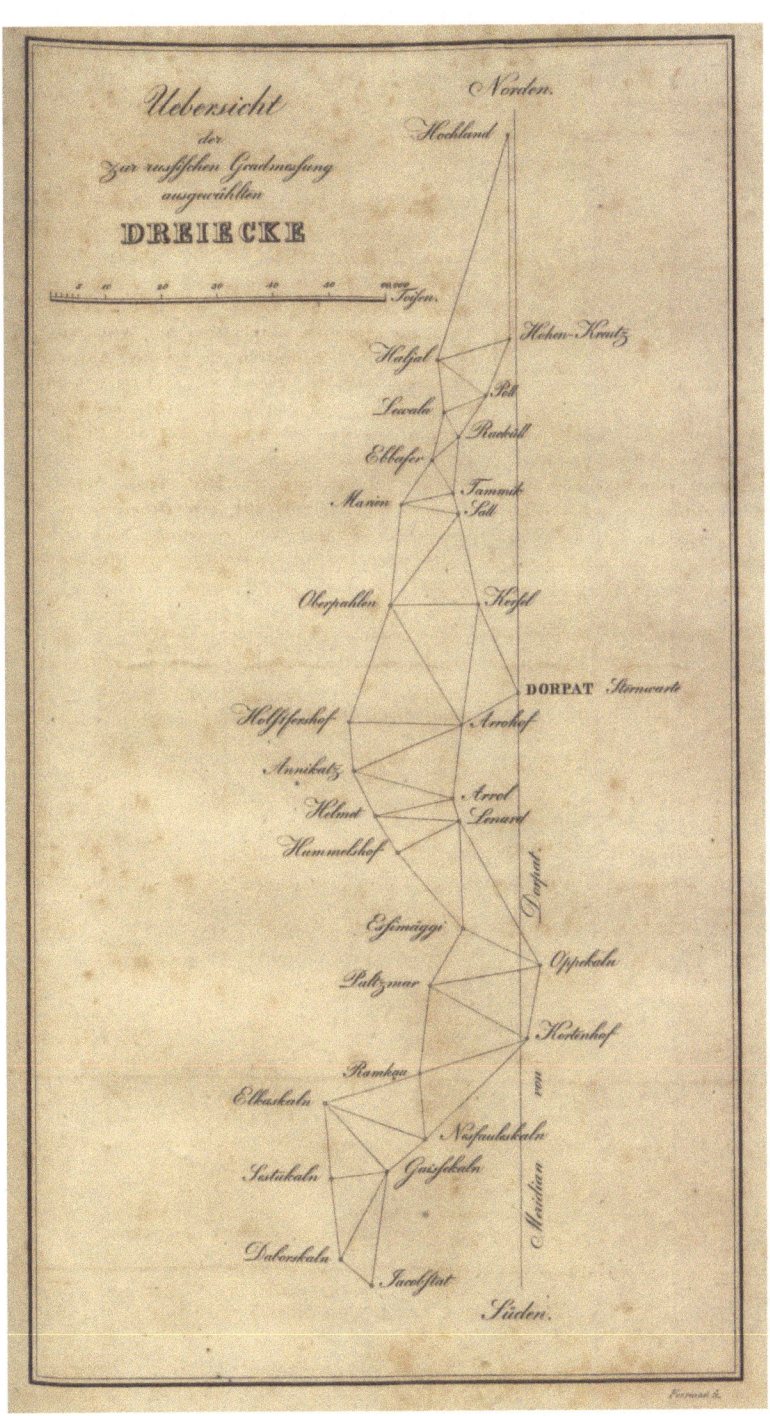

Abb. 7: Uebersicht der zur russischen Gradmessung ausgewählten Dreiecke (1824)

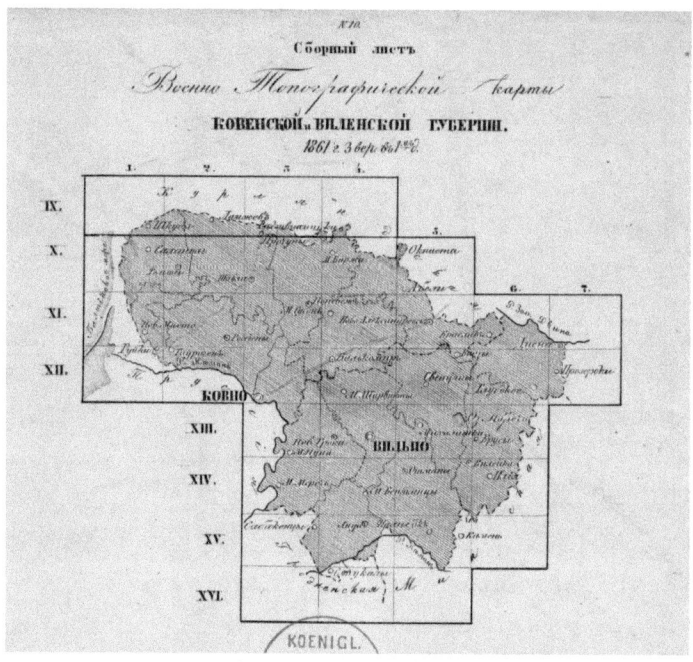

Abb. 8: Blattübersicht der Militär-topographischen Karte des Gouvernements Kovno, vormals Vil'no (1861)

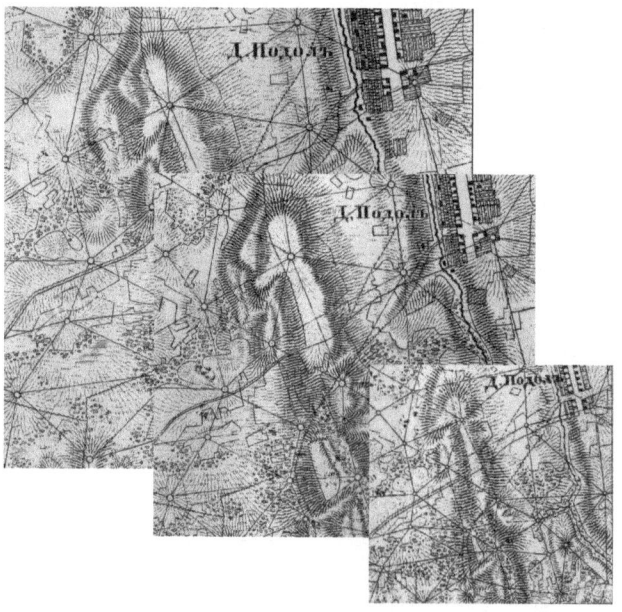

Abb. 9: Aufnahme-Maßstäbe im Bildvergleich (v. l. n. r.) 1: 16.800; 1: 21.000; 1: 42.000 (1858)

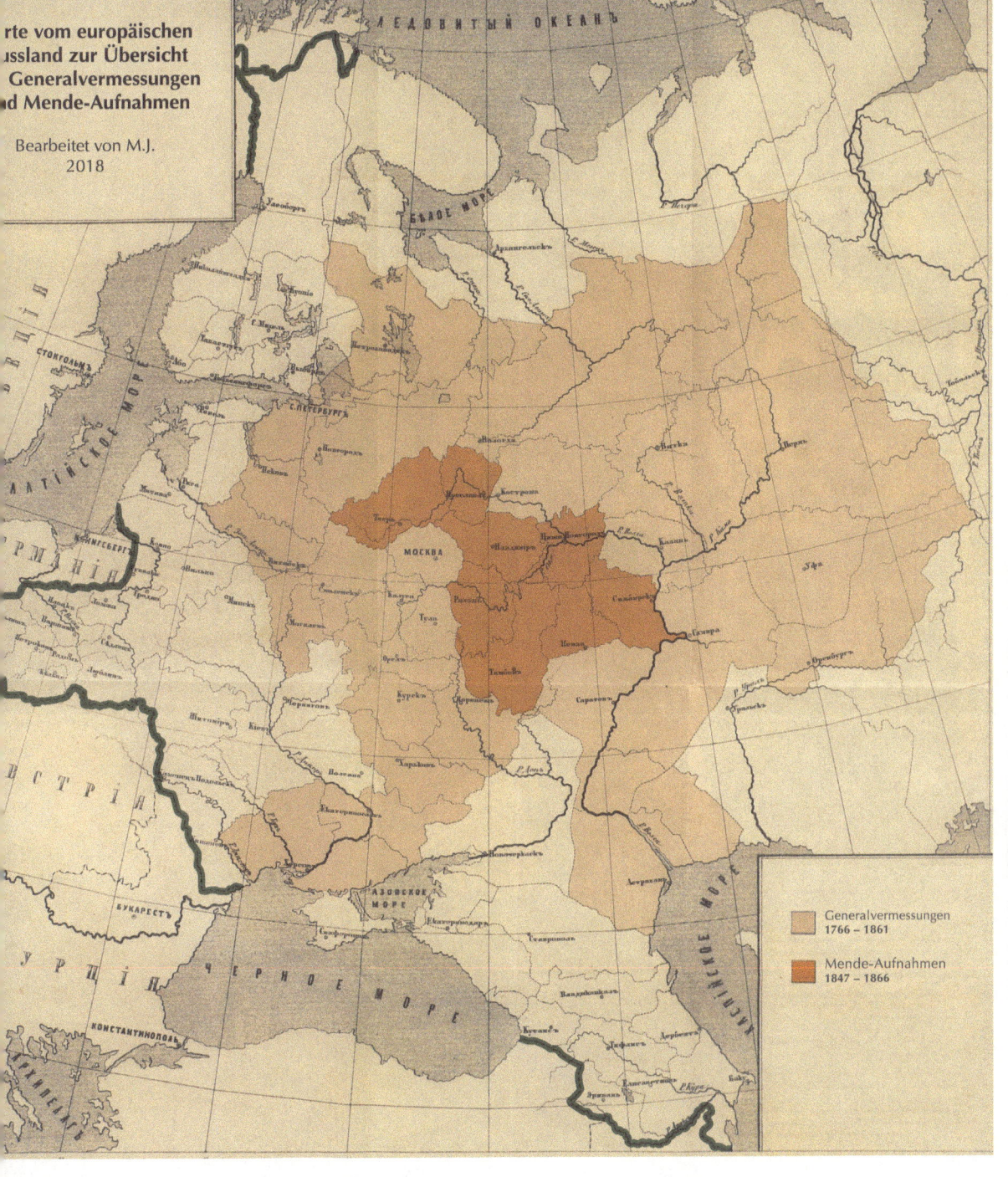

rte vom europäischen
ussland zur Übersicht
Generalvermessungen
d Mende-Aufnahmen

Bearbeitet von M.J.
2018

10: Karte vom europäischen Russland zur Übersicht der Generalvermessungen und Mende Aufnahmen (2018). Diese Abbil-
g steht auch als Zusatzmaterial unter https://www.degruyter.com/document/isbn/9783110731620/html zum Download zur
fügung.

Abb. 11: Ausschnitt aus Karte vom europäischen Russland zur Übersicht der bis zum J. 1858 ausgeführten trigonometrischen & astronomischen Arbeiten (1858). Diese Abbildung steht auch als Zusatzmaterial unter https://www.degruyter.com/document/isbn/9783110731620/html zum Download zur Verfügung.

. 12: Ausschnitt aus Karte vom europäischen Russland zur Übersicht der bis zum J. 1858 ausgeführten topographischen Auf-
men (1858). Diese Abbildung steht auch als Zusatzmaterial unter https://www.degruyter.com/document/isbn/
3110731620/html zum Download zur Verfügung.

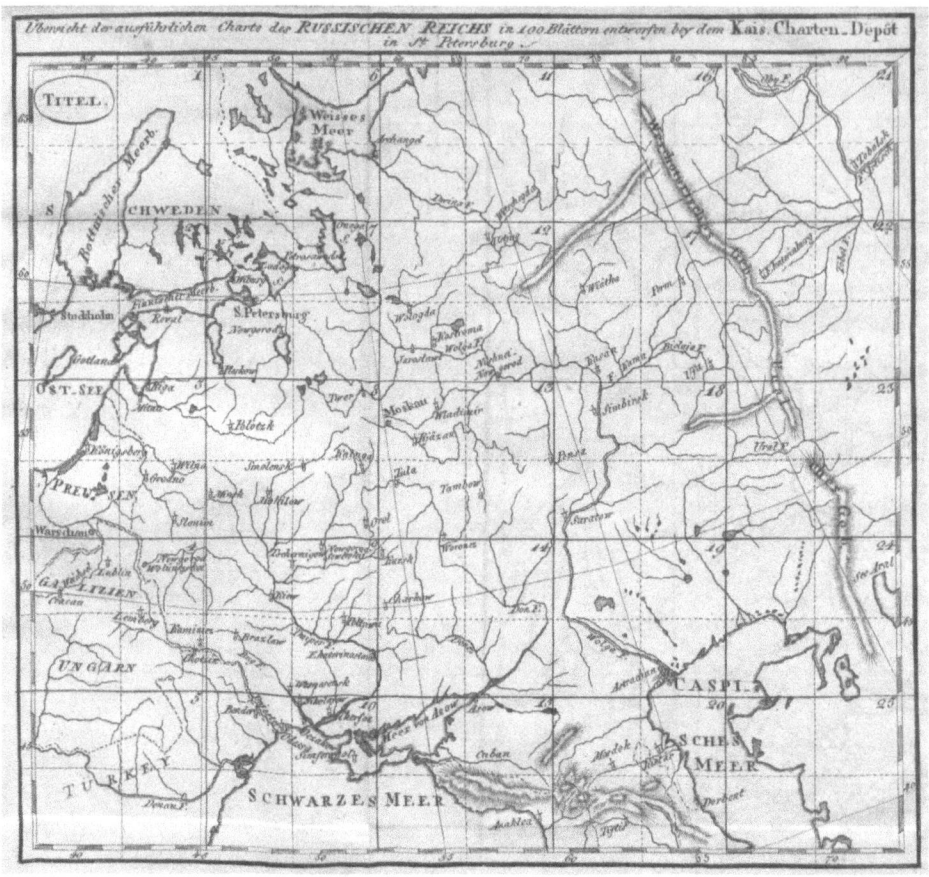

Abb. 13: Übersicht der ausführlichen Charte des Russischen Reichs in 100 Blättern entworfen bey dem Kais. Charten_Depôt in St. Petersburg (1806)

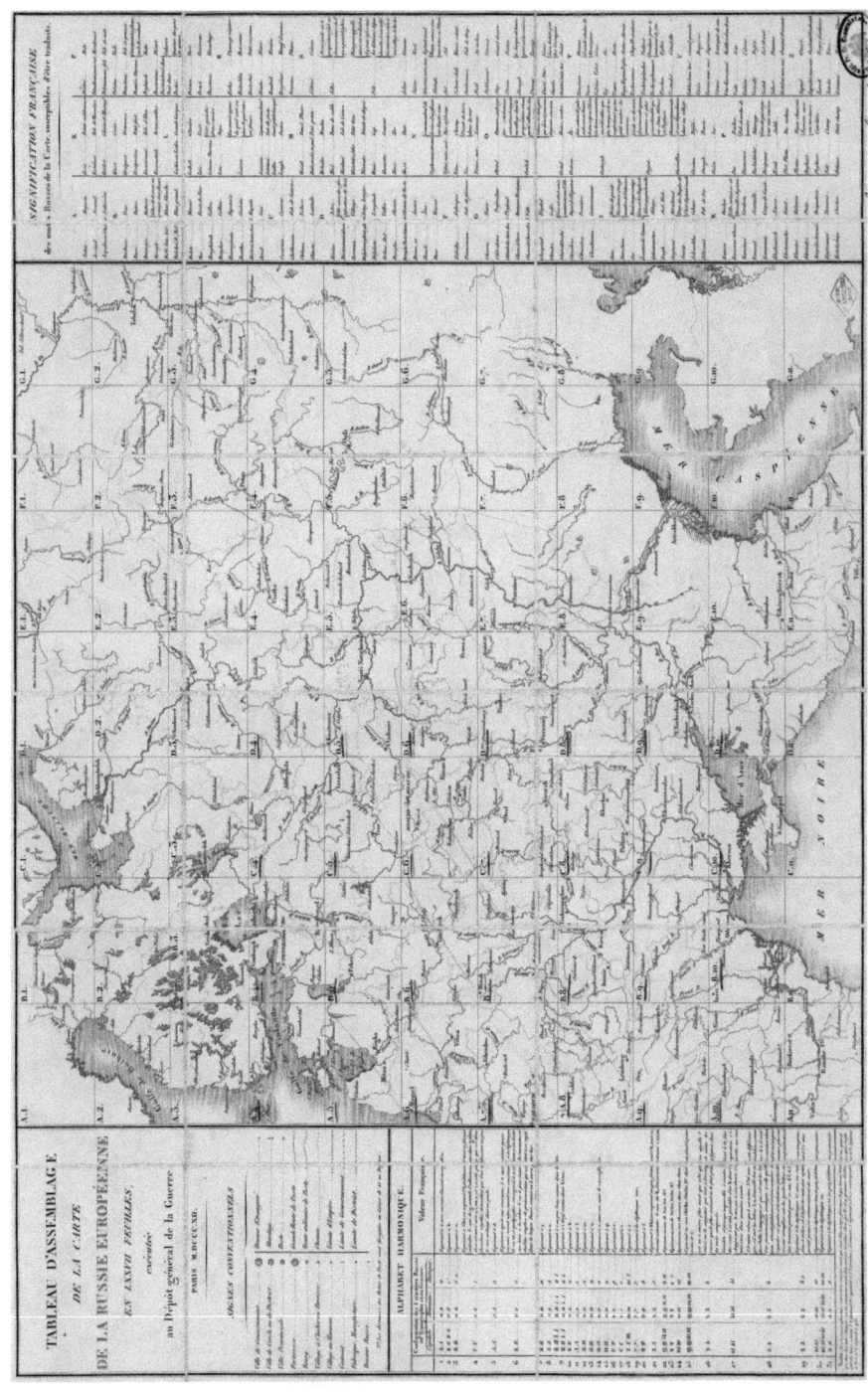

Abb. 14: Blattübersicht der Carte de la Russie Européene (1812)

Abb. 15: Ausschnitt aus Blatt 35 der Hundertblatt-Karte (1805–1814)

Abb. 16: Russländischer Atlas (1800)

Abb. 17: Atlas der Statthalterschaft Kaluga (1782)

Abb. 18: Ausschnitt aus Blatt 26 der Hundertblatt-Karte (1805–1814)

Abb. 19: Ausschnitt aus Blatt B-6 der Carte de la Russie Européene (1812)

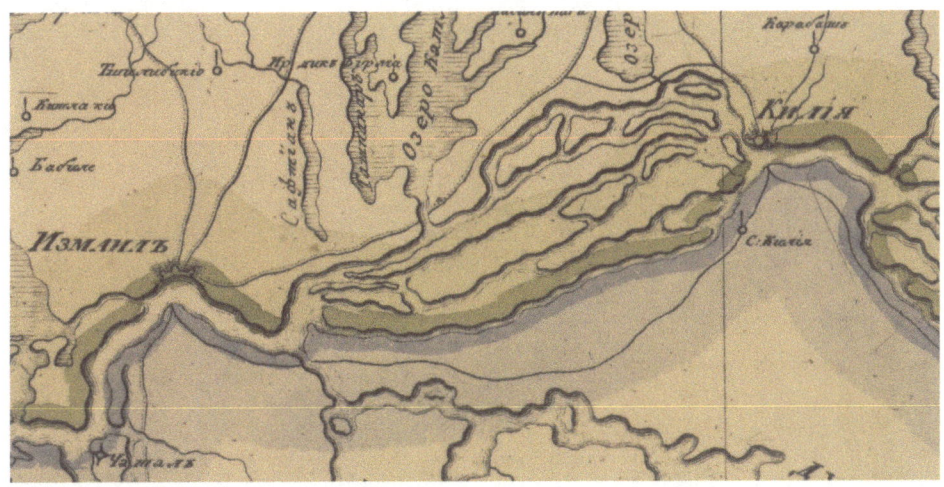

Abb. 20: Ausschnitt aus Blatt 29 der Hundertblatt-Karte (nach 1812)

Билимбаевской
Коновалова
Шайтанской
Шайтанской
Желѣз.

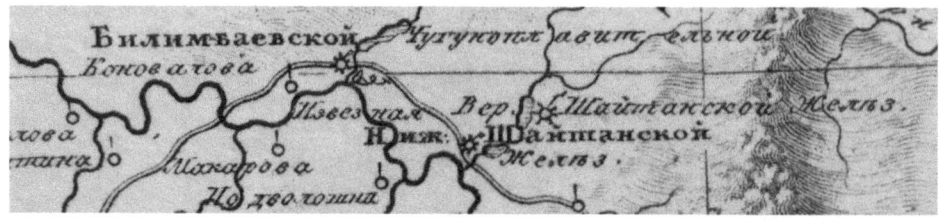

Abb. 21: Ausschnitt aus Blatt 84 der Hundertblatt-Karte (1805–1814)

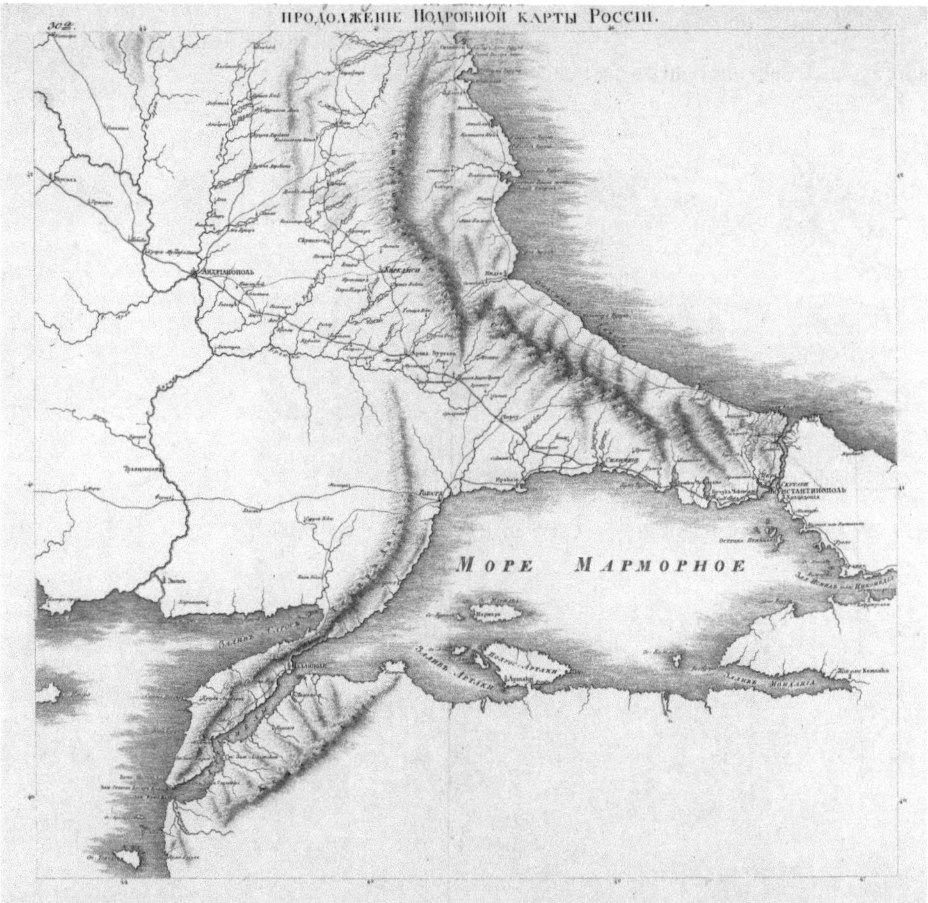
ПРОДОЛЖЕНІЕ ПОДРОБНОЙ КАРТЫ РОССІИ.
МОРЕ МАРМОРНОЕ

Abb. 22: Zusatzblatt 30a der Hundertblatt-Karte (1806–1812)

Abb. 23: Ausschnitt aus Blatt 51 der Hundertblatt-Karte (1805–1814)

Abb. 24: Ausschnitt aus Blatt D-11 der Carte de la Russie Européene (1813–1814)

Abb. 25: Blattübersicht der Schubert-Karte (1832)

Abb. 26: Ausschnitt aus Blatt B I der Semi-topographischen Karte ausländischer Besitzungen an der westlichen Grenze des Russländischen Imperiums (1811–1820)

Abb. 27: Ausschnitt aus Blatt XXII der Schubert-Karte (1826–1840)

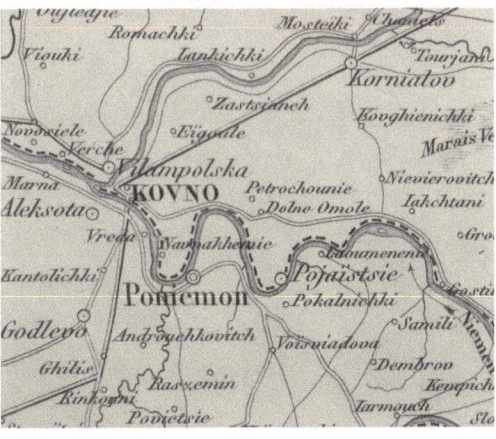

Abb. 28: Ausschnitt aus Blatt XXII der Carte de la Russie (1856)

Abb. 29 (Doppelseite): Karte der letzten Aufnahmen, die vom Militär-Topographen-Korps durchführt wurden (1919). Diese Abbildung steht auch als Zusatzmaterial unter https://www.degruyter.com/document/isbn/9783110731620/html zum Download zur Verfügung.

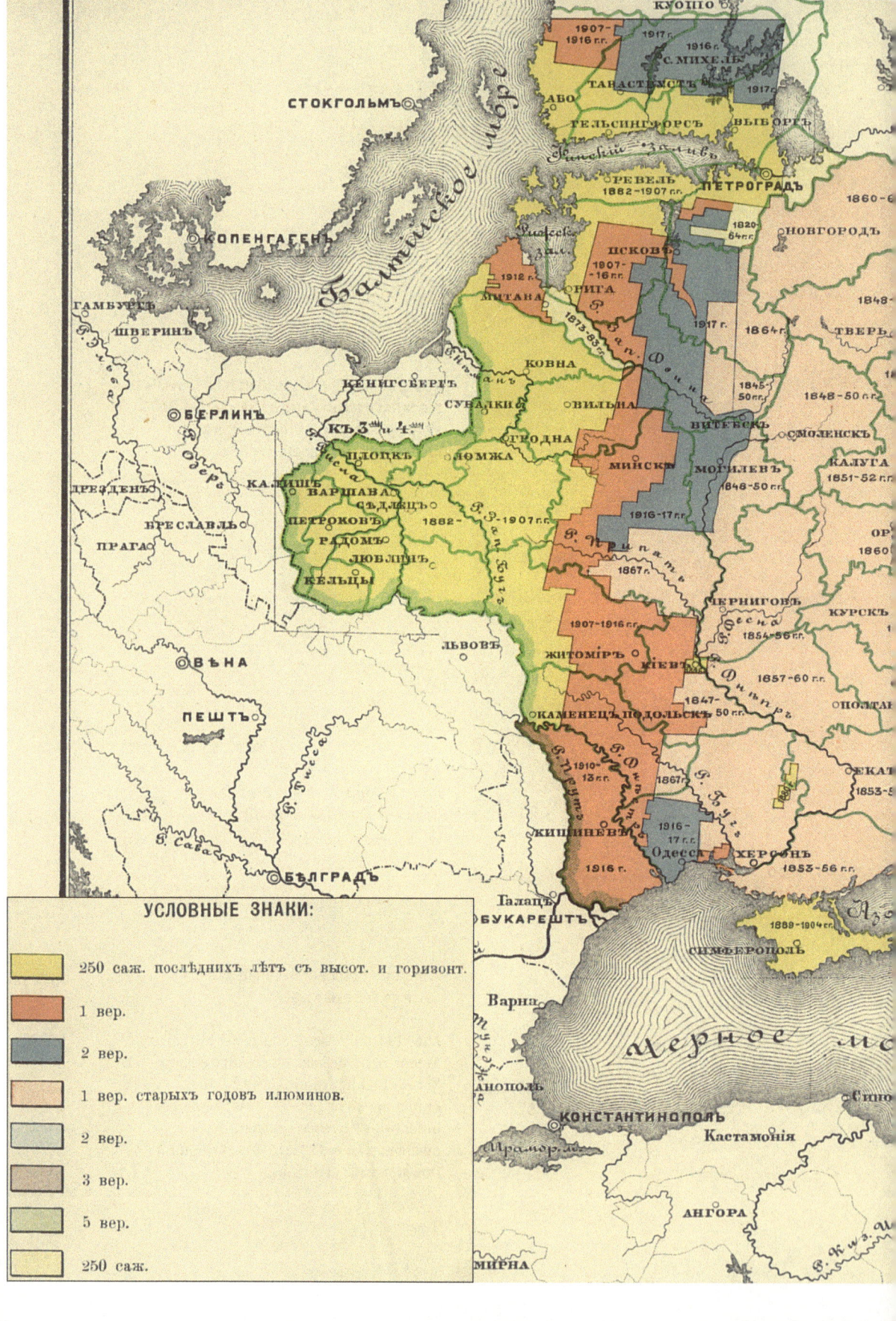

СТОКГОЛЬМЪ

КОПЕНГАГЕНЪ

Балтiйское море

ГАМБУРГЪ
ШВЕРИНЪ
КЕНИГСБЕРГЪ
БЕРЛИНЪ

ДРЕЗДЕНЪ
БРЕСЛАВЛЬ
ПРАГА

КАЛИШЪ
КЪ 3 и ¼
ПЛОЦКЪ
ВАРШАВА
СѢДЛЕЦЪ
ПЕТРОКОВЪ
РАДОМЪ
ЛЮБЛИНЪ
КѢЛЬЦЫ

ВѢНА

ПЕШТЪ

БѢЛГРАДЪ

БУКАРЕШТЪ

Варна

КОНСТАНТИНОПОЛЬ   Кастамонiя

АНГОРА

СМИРНА

КУОПIO
1917 г.
1907-1916 гг.   С. МИХЕЛЬ   1916 г.
ТАВАСТГУСТ   1917 г.
АБО
ГЕЛЬСИНГФОРСЪ   ВЫБОРГЪ

РЕВЕЛЬ   ПЕТРОГРАДЪ   1860-
1882-1907 гг.
1820-64 гг.   НОВГОРОДЪ
ПСКОВЪ   1848-
1907-16 гг.   ТВЕРЬ
1912   РИГА   1864 г.
МИТАВА   1917 г.
1873-83 г.   1845-50 гг.   1848-50 гг.
КОВНА   ВИТЕБСКЪ   СМОЛЕНСКЪ
СУВАЛКИ   ВИЛЬНА   КАЛУГА
ГРОДНА   1851-52 гг.
ЛОМЖА   МИНСКЪ   МОГИЛЕВЪ   1848-50 гг.
1882-   1916-17 гг.   1860
1867   ЧЕРНИГОВЪ   КУРСКЪ
1854-56 гг.
Р.-1907 гг.   ЛЬВОВЪ   1907-1916 гг.   1867   КIЕВЪ   1657-60 гг.
ЖИТОМIРЪ   1847-
50 гг.   ПОЛТ
КАМЕНЕЦЪ-ПОДОЛЬСКЪ   ЕКАТ
1867   1853-
54 гг.
1910-13 гг.   1916-17 гг.   ХЕРСОНЪ
КИШИНЕВЪ   ОДЕССА   1853-56 гг.
1916 г.
ГАЛАЦЪ   СИМФЕРОПОЛЬ   1889-1904 гг.

Черное мо

УСЛОВНЫЕ ЗНАКИ:

250 саж. послѣднихъ лѣтъ съ высот. и горизонт.

1 вер.

2 вер.

1 вер. старыхъ годовъ илюминов.

2 вер.

3 вер.

5 вер.

250 саж.

ПЕТРОЗАВОДСКЪ

ВОЛОГДА

ВЯТКА

ПЕРМЬ
1832-1882 г.

1855-57 г.

1868-72 г.

ЯРОСЛАВЛЬ

КОСТРОМА

1834-53 г.

1863-65 г.

1833-53 г.

1867-72 г.
КАЗАНЬ

УФА

ВЛАДИМІРЪ
1855 г.

НИЖНІЙ-НОВГОРОДЪ
1860-62 г.

МОСКВА

1852-53 г.

СИМБИРСКЪ
1858-59 г.

1832 г.

РЯЗАНЬ

САМАРА

ТУЛА
1853-54 г.

1863-66 г.

ПЕНЗА

ОРЕНБУРГЪ

ТАМБОВЪ
1851-53 г.

1863-68 г.

1854-55 г.

1833-53 г.

ВОРОНЕЖЪ
1863-67 г.

1863-67 г.

САРАТОВЪ

1841 г.

1843-50 г.

ХАРЬКОВЪ

1857-59 г.

1834-38 г.

ЕТЕРИНОСЛАВ
1819-53 г.

56 г.
1893-1900 г.

1859 г.

НОВОЧЕРКАСКЪ

АСТРАХАНЬ

1836 г.

1843 г.

Каспійское море

ЕКАТЕРИНОДАРЪ

СТАВРОПОЛЬ

1902-40 г.

1866 г.

1841 г.

Сухумъ-Кале
1872-1915 г.

ВЛАДИКАВКАЗЪ
ТЕМИРЪ-ХАНЪ-ШУРА

КУТАИСЪ

1832 г.

1884-88 г.

БАТУМЪ

ТИФЛИСЪ

1881 г.

КАРСЪ

ЕЛИЗАВЕТПОЛЬ

БАКУ

ТРАПЕЗОНДЪ

ЭРИВАНЬ

ЭРЗЕРУМЪ

1866 г.

1866 г.

Abb. 30: Ausschnitt aus Blatt XXXIII der Schubert-Karte (1826–1840)

Abb. 31: Ausschnitt aus Blatt XLVI der Schubert-Karte (1826–1840)

Abb. 32: Ausschnitt aus der Blattübersicht der Hundertblatt-Karte (nach 1809)

Abb. 33: Ausschnitt aus der Blattübersicht der Schubert-Karte (1832)

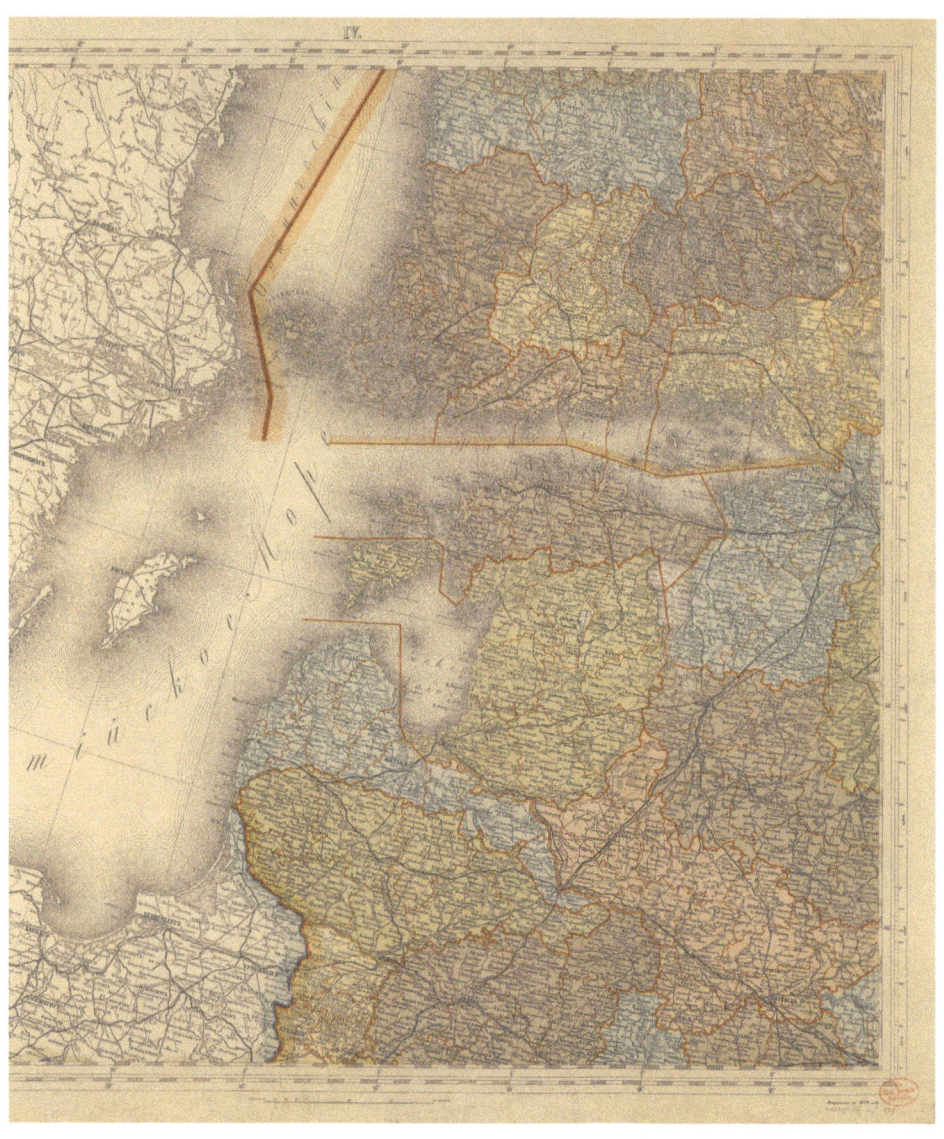

Abb. 34: Ausschnitt aus Blatt IV der Karte des Europäischen Russland und Kaukasus (1879)

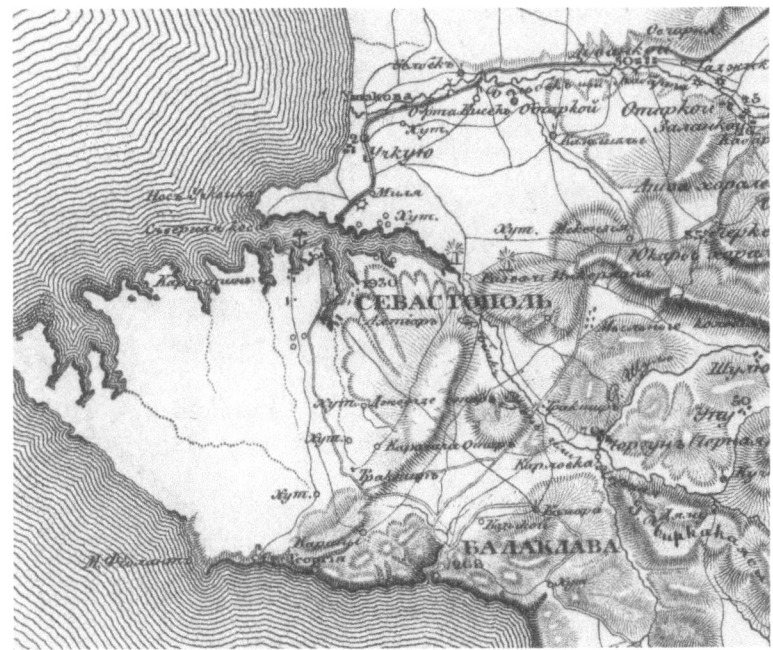

Abb. 35: Ausschnitt aus Blatt LVI der Schubert-Karte (1840)

Abb. 36: Ausschnitt aus Blatt LVI der Carte de la Russie (1854)

Abb. 37: Ausschnitt aus Blatt 4 der Karte des Zartums Polen (1816)

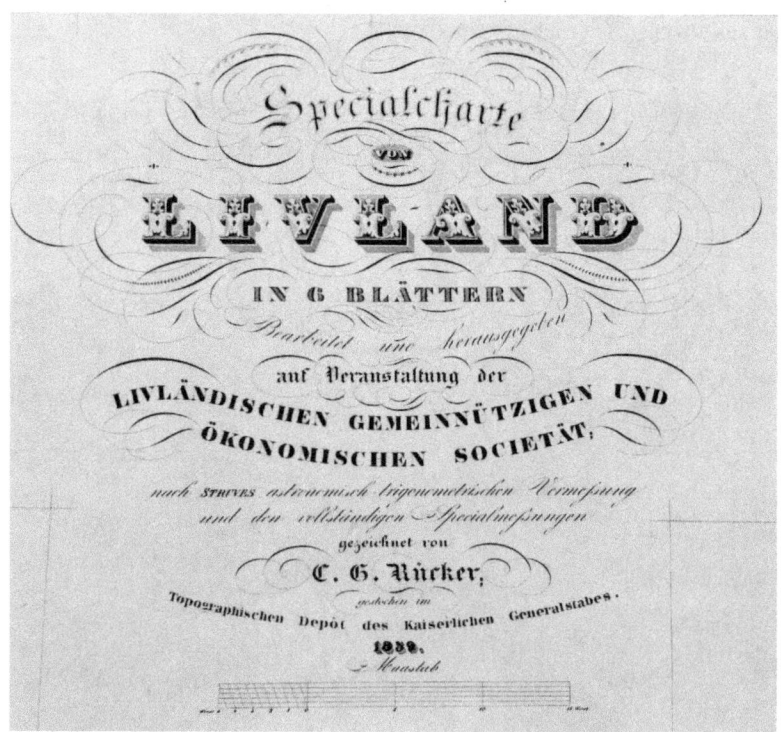

Abb. 38: Ausschnitt aus Blatt VI der Specialcharte von Livland (1839)

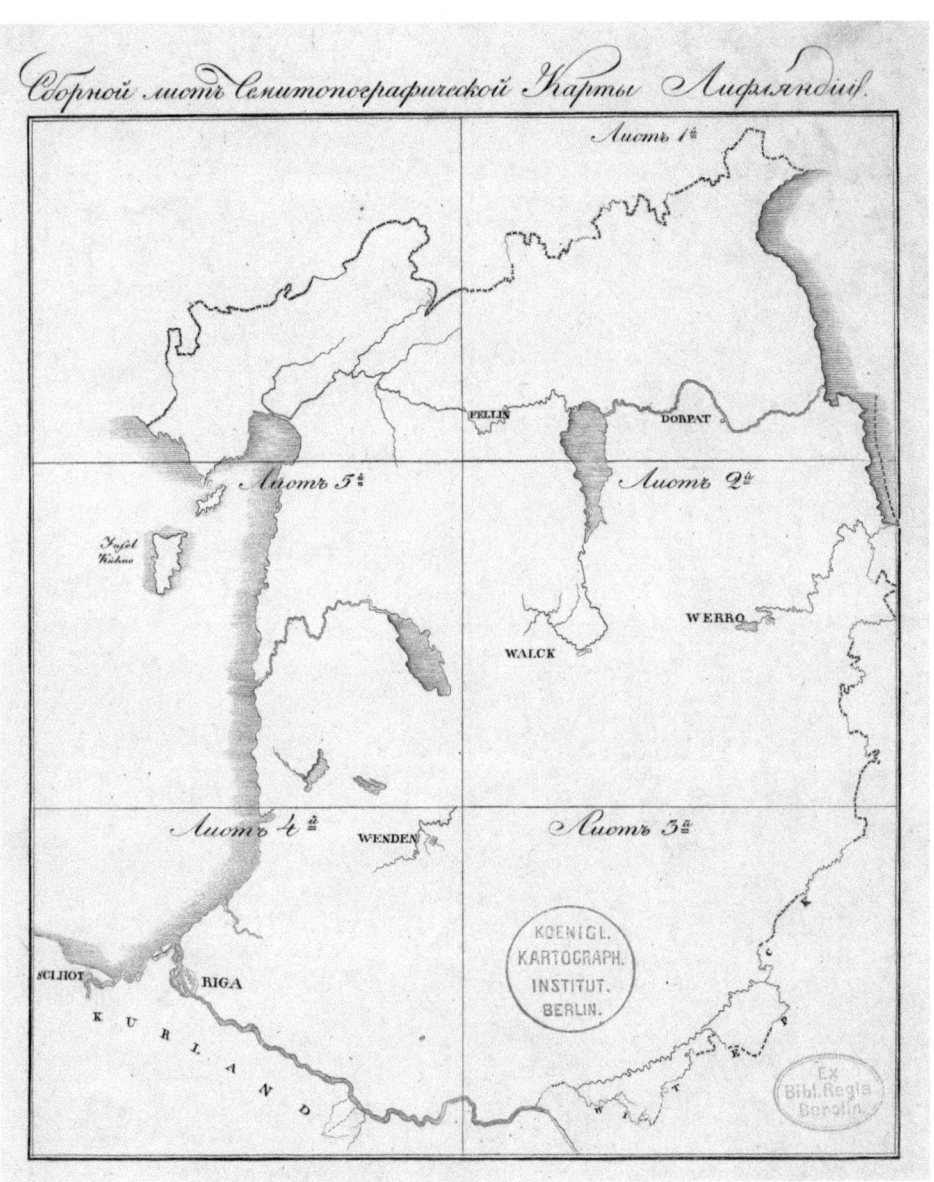

Abb. 39: Übersichtsblatt der halbtopographischen Karte Livlands [1839]

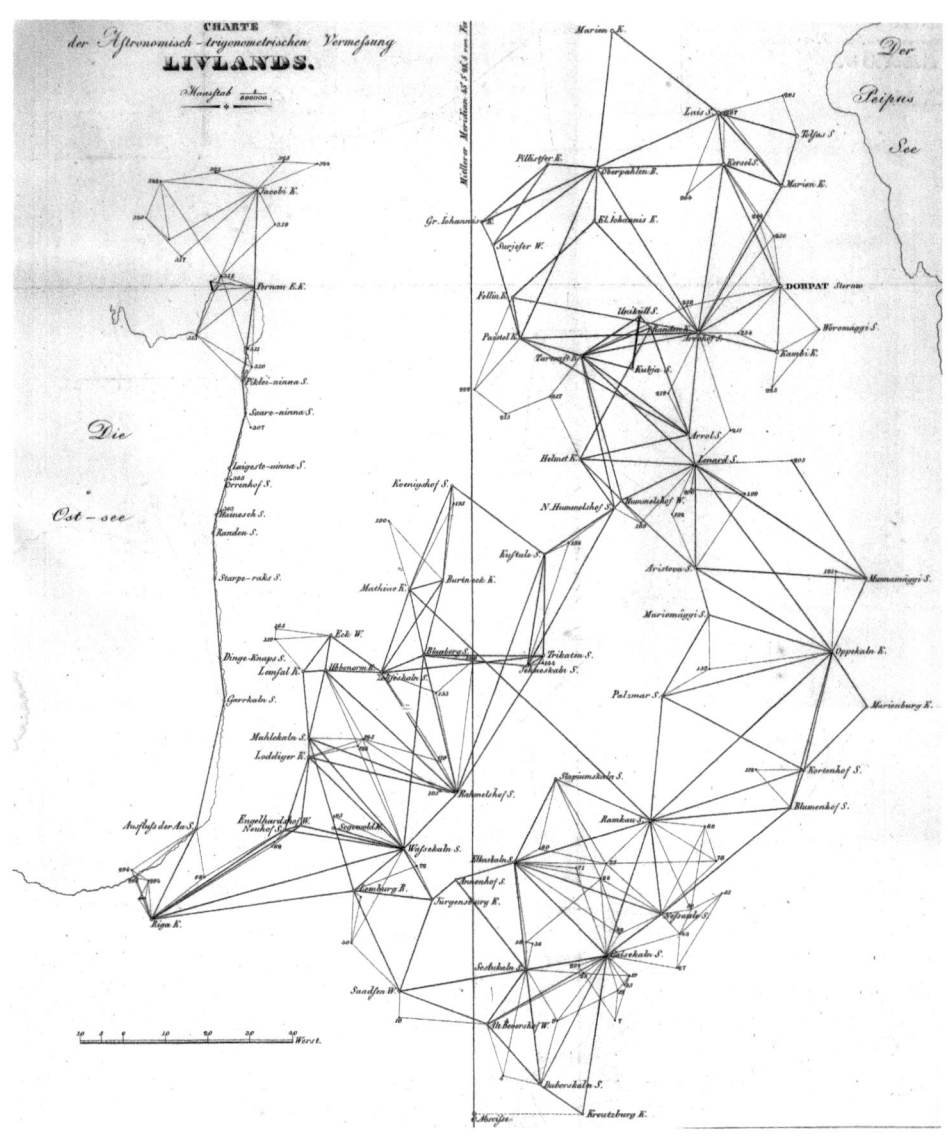

Abb. 40: Charte der Astronomisch-trigonometrischen Vermessung Livlands (1850)

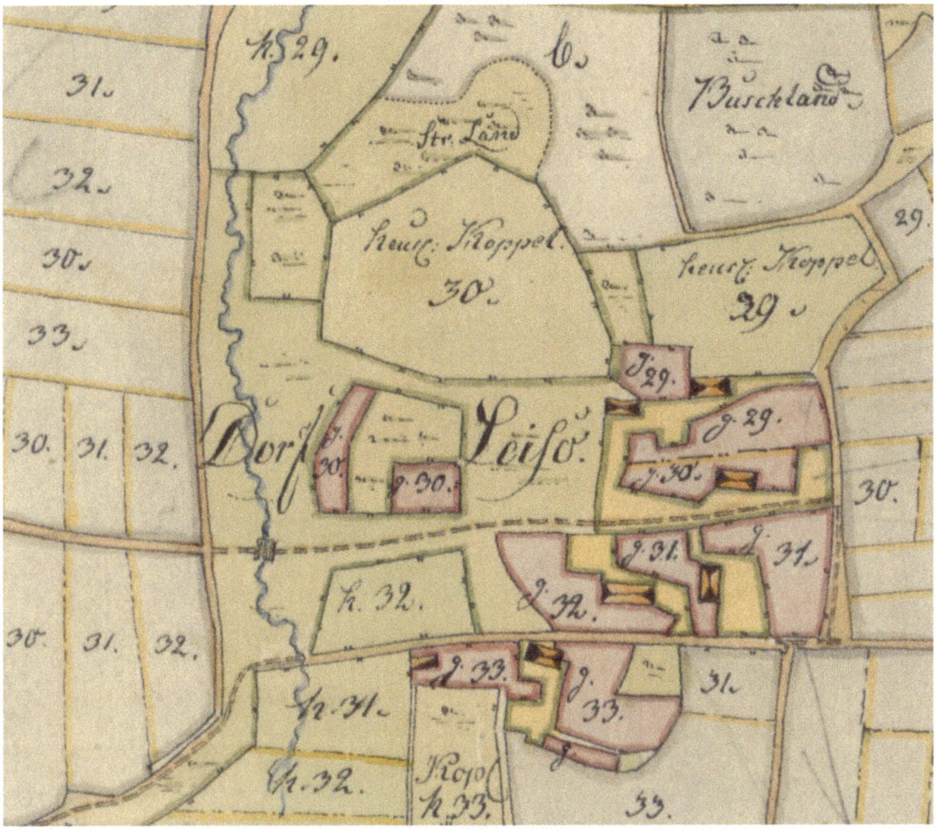

Abb. 41: Ausschnitt aus der Charte von den Hofs und Bauer Ländereyen des privaten Gutes Lustifer... (1822)

Abb. 42: Ausschnitt aus Blatt I der Specialcharte von Livland (1839)

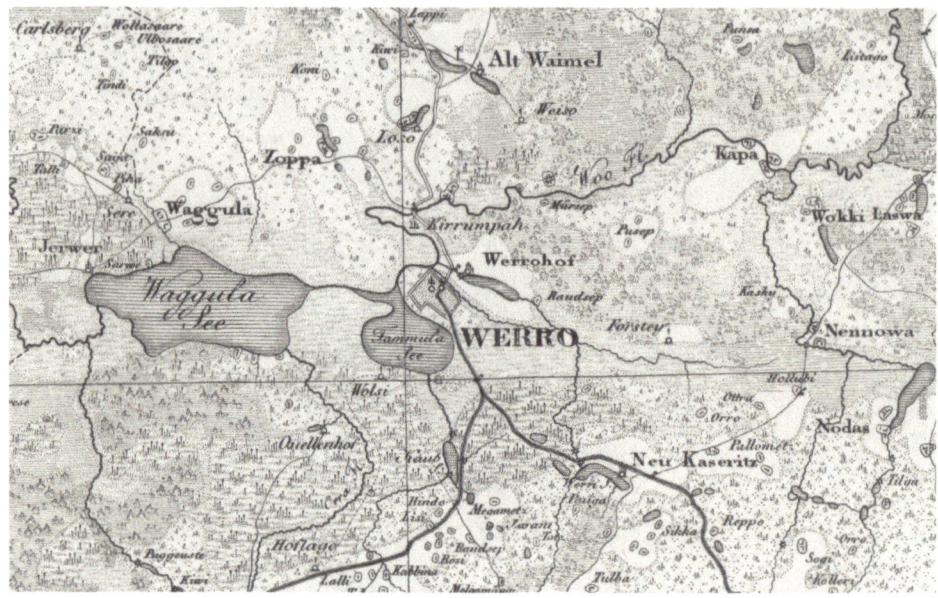

Abb. 43: Ausschnitt aus Blatt II der Specialcharte von Livland (1839)

Abb. 44: Ausschnitt aus der Karte Der Werroshe Kreis im Atlas von Liefland (1791–1798)

Abb. 45: Geom. Charte von dem zum privat Guthe Schlos Sagnitz Dorfe gehörigen Sagnitz (1814)

Abb. 46: Ausschnitt aus Blatt XVII der Schubert-Karte (1826–1840)

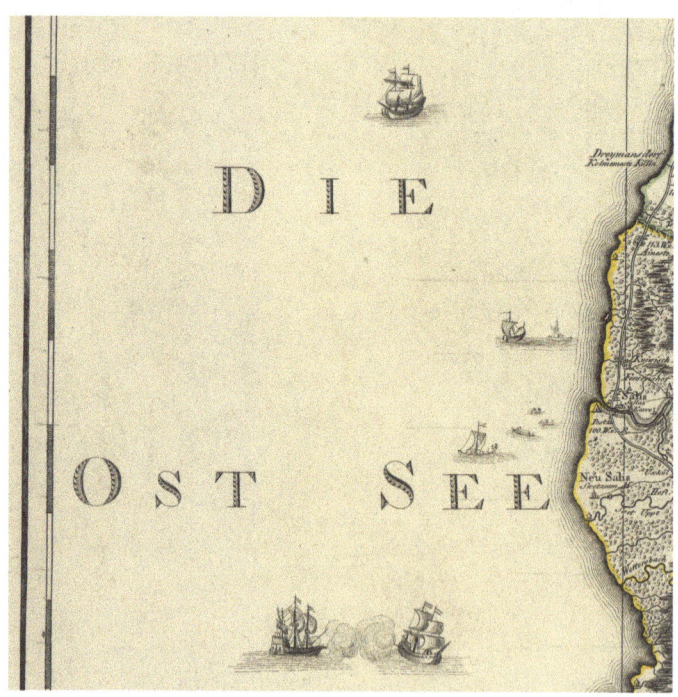

Abb. 47: Ausschnitt aus der Karte Der Wolmarsche Kreis im Atlas von Liefland (1791–1798)

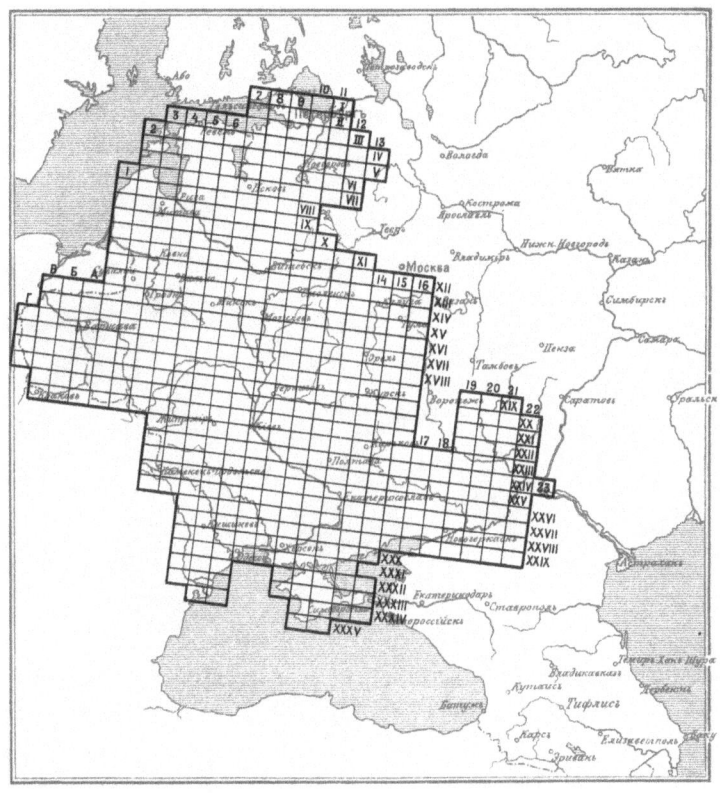

Abb. 48: Blattübersicht zur Drei-Werst-Karte (1912)

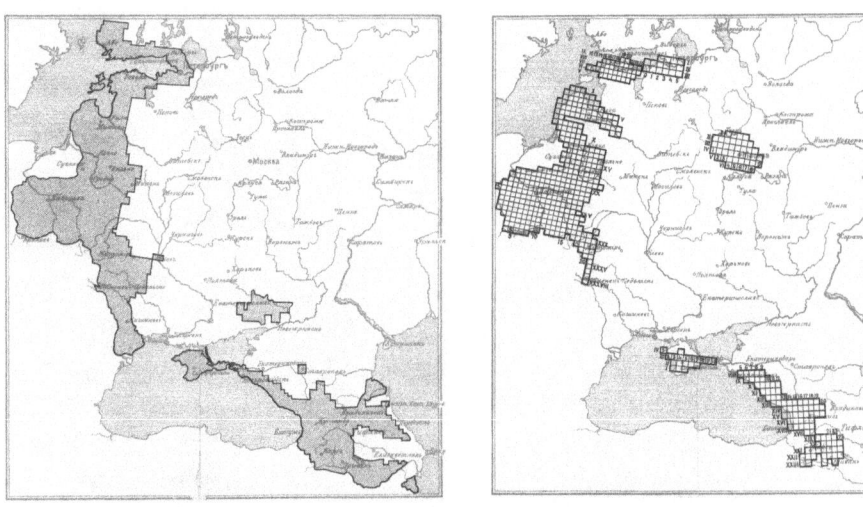

Abb. 49: Übersichten der gedruckten Zwei-Werst-Karten (links) und Ein-Werst-Karten (rechts) (1912)

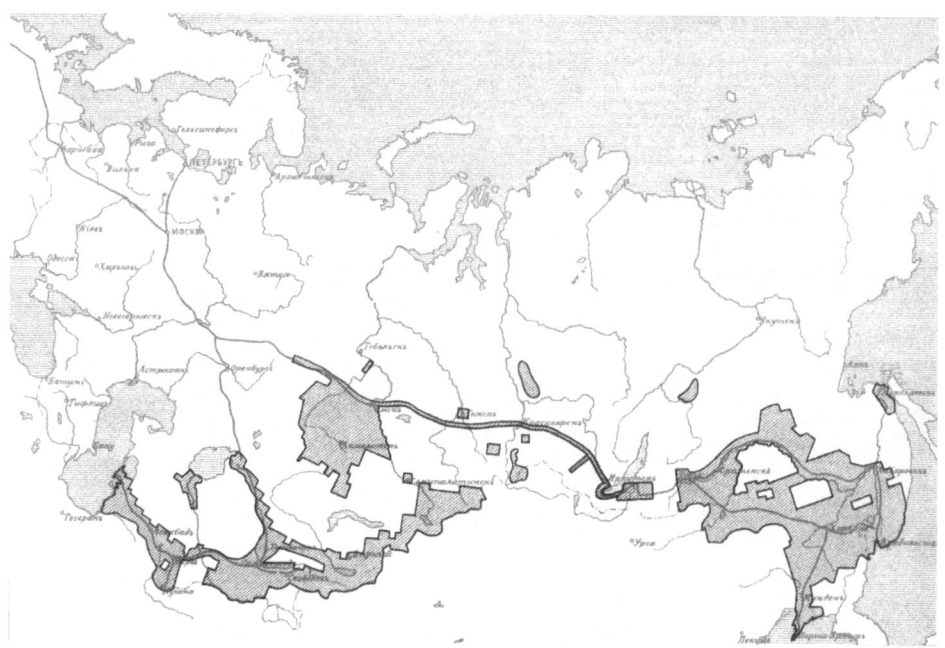

Abb. 50: Übersicht der militär-topographischen Aufnahmen (1: 84.000) des asiatischen Russland und der Mandschurei (1912).

Abb. 51: Militär-Topographen bei der Messtischaufnahme (1904)

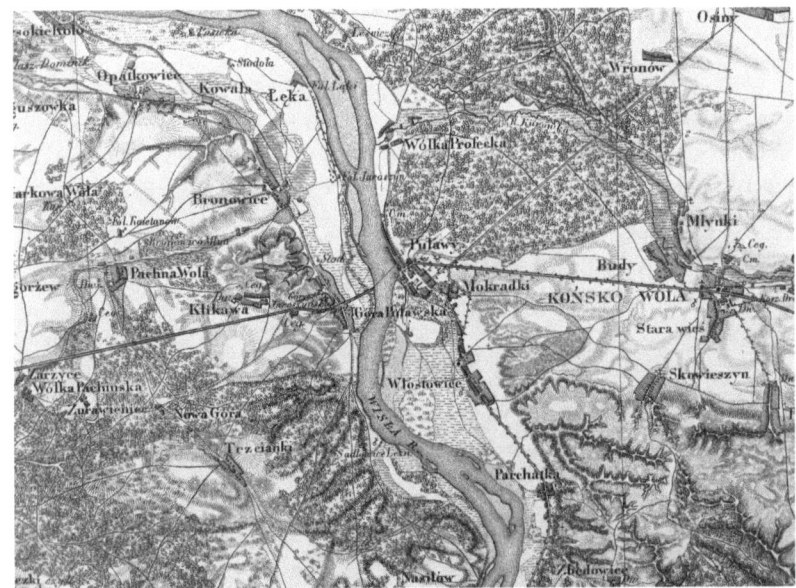

Abb. 52: Ausschnitt aus Blatt Kol. V/ Sek. VI der Topographischen Karte des Zartums Polen (1818–1843)

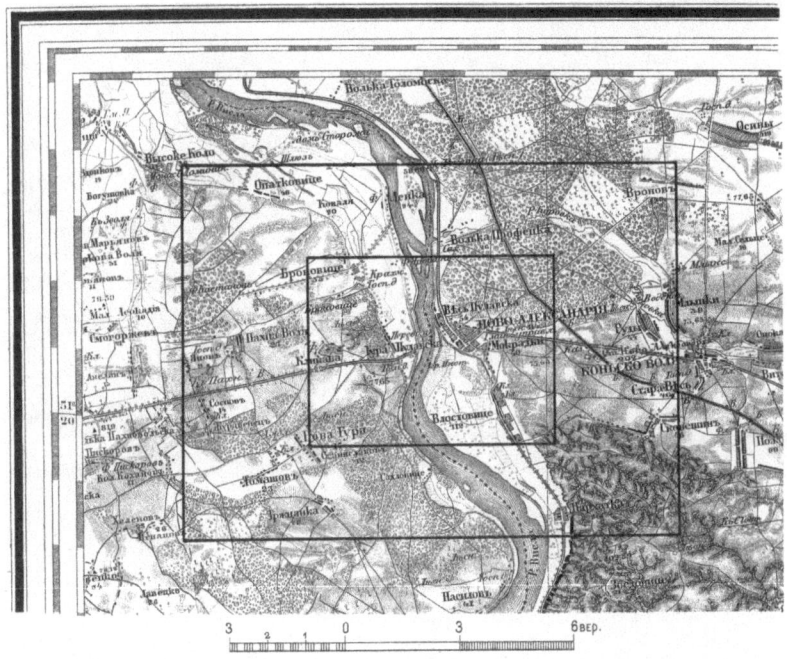

Abb. 53: Ausschnitt der Drei-Werst-Karte als Lehrkarte (1912)

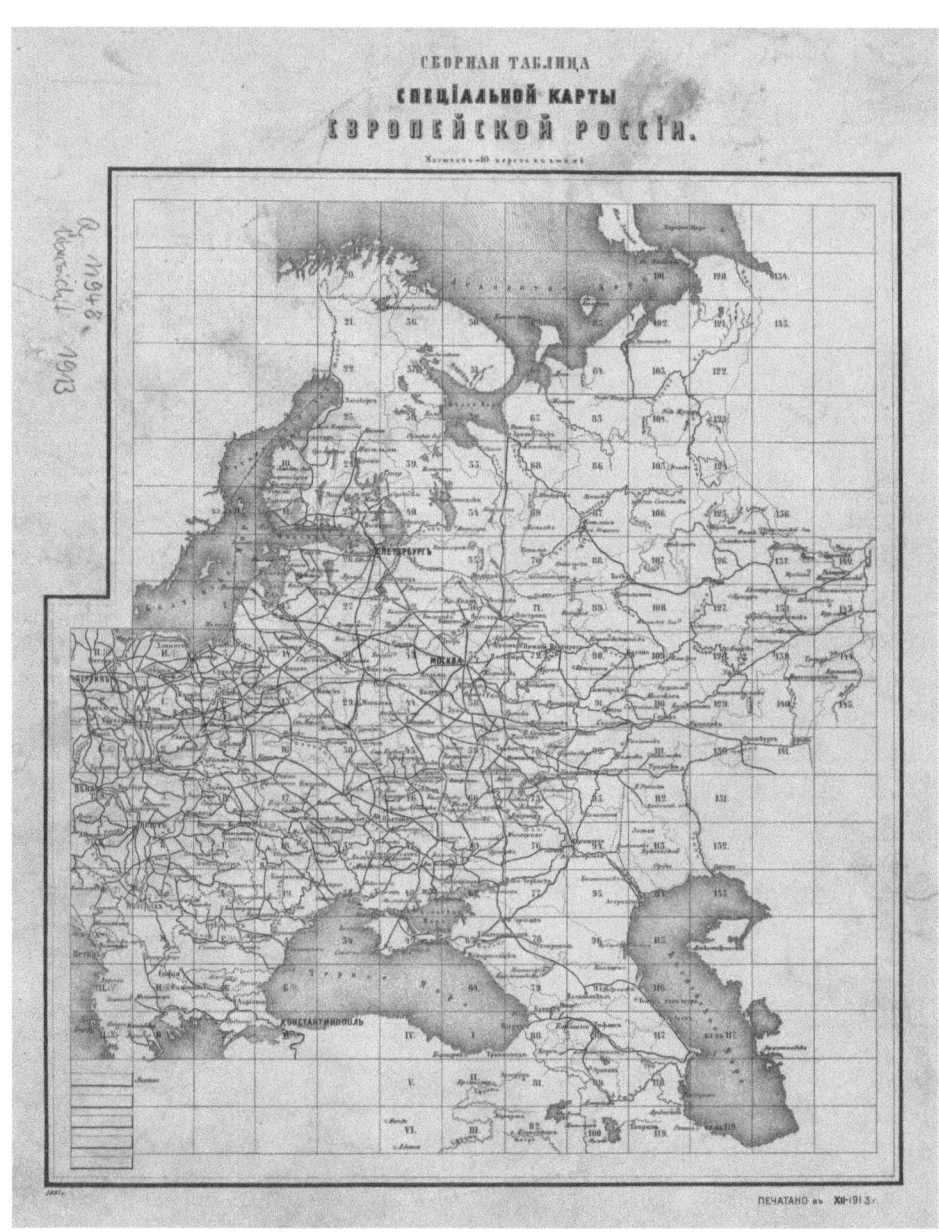

Abb. 54: Blattübersicht der Strel'bickij-Karte (1913)

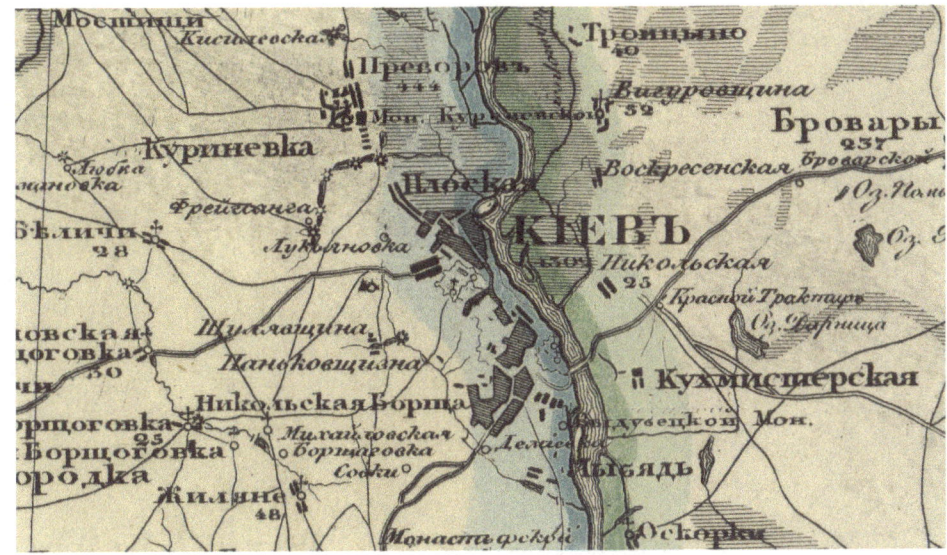

Abb. 55: Ausschnitt aus Blatt XLI der Schubert-Karte (1834–1837)

Abb. 56: Ausschnitt aus Blatt 31 der Strelbickij-Karte (1915)

Abb. 57: Ausschnitt aus Blatt „48° 50° Kijew" der Generalkarte von Mitteleuropa (Wien 1916)

Abb. 58: Ausschnitt aus Blatt 22 der Übersichtskarte von Mitteleuropa (Berlin 1916)

Abb. 59: Ausschnitt aus Blatt 79 der Strel'bickij-Karte (1907)

Abb. 60: Karten für die Front in einem Dienstzimmer der Militär-Topographischen Abteilung während des Ersten Weltkrieges

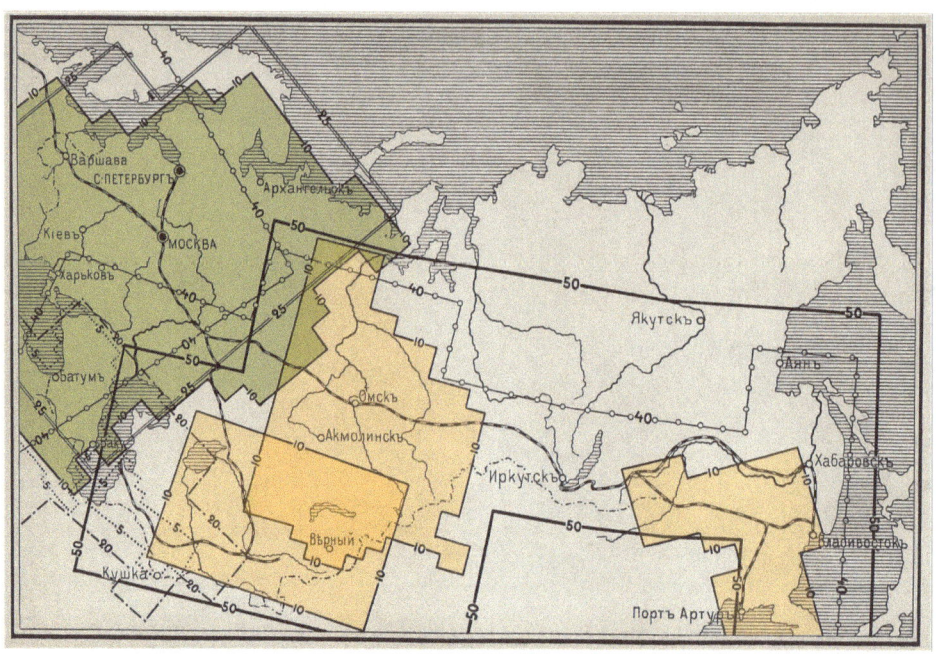

Abb. 61: Ausschnitte der Zehn-Werst-Karten des asiatischen Russland (1913, bearb. 2018)

Abb. 62: Karte der Militärbezirke des asiatischen Russland (1914)

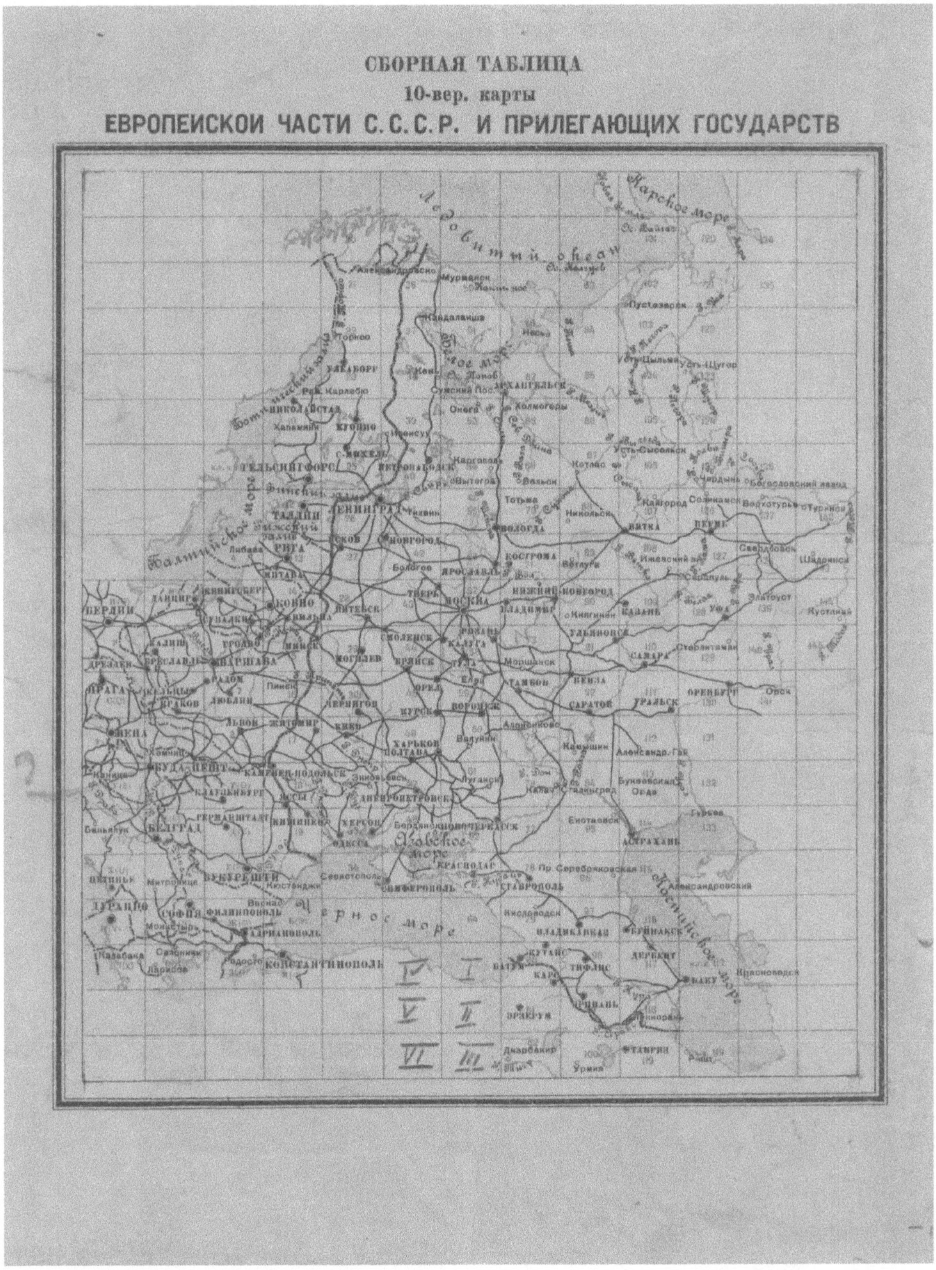

Abb. 63: Blattübersicht der Zehn-Werst-Karte des europäischen Teils der UdSSR und angrenzender Staaten [1926–1930]

Abb. 64: Geheimhaltung von Karten als Vorsichtsmaßnahme und deren Auswirkungen (1927)

—

Zweiter Teil

5 *Hundertblatt-Karte:* Russlands Behauptung als europäische Großmacht

Es ist gut vorstellbar, wie der junge Zar Alexander I. es sich nicht nehmen ließ, auf dem Parkettboden seines Kabinetts im Winterpalais die 100 Blätter der *Ausführlichen Karte des Russländischen Imperiums und angrenzender ausländischer Besitzungen*[1] selbst aus dem ledernen Schuber zu nehmen, auszubreiten und aneinander zu legen. Vor seinen Augen fügte sich Stück um Stück ein Bild seines Reiches zusammen, das so detailliert und zusammenhängend noch kein Zar und keine Zarin vor ihm gesehen hatte. So, wie die 15 Quadratmeter große Karte dalag, vergegenwärtigte sie in erster Linie die Raumverhältnisse des europäischen Russland im Zusammenhang mit benachbarten Staaten und angrenzenden Gewässern und Gebirgen mit Sibirien und Mittelasien. Sie imaginierte einen einheitlich geordneten Herrschaftsraum und bezeugte den Anspruch des jungen Zaren, das jüngst stark nach Westen und Süden expandierte Imperium zu kontrollieren und zu verteidigen. Die Karte hatte ein neues Kapitel in der kartographischen Repräsentation des Russländischen Imperiums eingeläutet, indem sie auf vielen Blättern das kartierte Gebiet als ein zusammenhängendes Territorium in einem identischen Maßstab darstellte. Die neu eingegliederten Gebiete wurden kartographisch zu einem Staatsterritorium verschmolzen, um es möglichst effektiv erfassen und beherrschen zu können. Was sich bei diesem Anblick im Kopf Alexanders I. abgespielt haben mag und ob es sich überhaupt so zugetragen hat, bleibt ein Geheimnis der Geschichte. Unbestritten ist hingegen, dass sich der junge Monarch im Jahr 1804 großen Herausforderungen gegenübergestellt sah, die man auch mithilfe dieser Karte zu bewältigen versuchte. Die außenpolitischen Verhältnisse gestalteten sich für Russland in dieser Zeit sehr kompliziert. Im Westen entstand unter Napoleon ein französisches Imperium, das versuchte, England zu besiegen und große Teile Europas unter seine Vorherrschaft zwang.[2] Für die Innenpolitik des Russländischen Imperiums war dies von großer Bedeutung, da es all seine wirtschaftlichen und militärischen Ressourcen effektiv mobilisieren musste, um seinen territorialen Status als europäische Großmacht aufrecht halten und ausbauen zu können.

Der Entstehungsprozess der Karte mit ihren zahlreichen Erweiterungen (1799–1816) fiel in einen Zeitraum, in dem die im 16. Jahrhundert begonnene Expansion Russlands im Westen abgeschlossen wurde. Diese Ausbreitung war Teil der europäischen Politik – der drei Nordischen Kriege, der Teilungen Polen-Litauens, der Auseinandersetzungen mit dem Osmanischen Reich und mit Napoleon.[3] Die dabei ge-

---

1 Podrobnaja karta Rossijskoj imperii i bliz ležaščich zagraničnych vladenij, 114 Blätter, Maßstab 1 : 840.000, Sankt Peterburg 1801–1816.
2 Vgl. Giterman, Valentin: Geschichte Russlands, S. 313.
3 Vgl. Kappeler: Russland als Vielvölkerreich, S. 93.

wonnenen Gebiete sowohl politisch wie militärisch zu erschließen und zu einem kontrollierten, beherrschten Teil des russländischen Territoriums zu machen, war ein wichtiges Ziel der imperialen Politik. Ihr diente die Karte als Grundlage, um einen integrierten, stabilen Herrschaftsraum zu schaffen, der den außen- wie innenpolitischen Herausforderungen im beginnenden 19. Jahrhundert standzuhalten in der Lage war. Die Karte zeigt uns damit ein Raumbild, das sich die Staatsmacht in dieser angespannten Situation vom westlichen Teil des Zarenreiches machen musste und konnte. Vor allem die große Masse der Soldaten und die neuen Taktiken der französischen Revolutionsarmee mit ihrer erhöhten Beweglichkeit erforderten mehr denn je geographische und statistische Daten sowie topographische Karten und Pläne von potentiellen Operationsgebieten, was Bonapartes Ingenieur-Geographen für die Errichtung eines französischen Imperiums besonders große Bedeutung verlieh. Alle europäischen Staaten setzte dies früher oder später unter Zugzwang, sich der Logik des neuen Krieges anzupassen. Während der ambivalenten französisch-russischen Beziehungen war der militärische Kulturtransfer ungebrochen. Vor allem in Zeiten des angespannten Verhältnisses war die Übernahme französischer Praxis in Russland stark ausgeprägt, da die zarische Regierung überzeugt war, dass man Frankreich nur besiegen konnte, wenn man es kopierte.[4]

Die hier im Mittelpunkt stehende Karte dokumentiert, wie die unter Druck geratene zarische Regierung den westlichen Teil ihres ausgedehnten Staatsgebietes in nur wenigen Jahren mit vielen relevanten Informationen kartographisch in *einem* komplexen Bild zusammenzufassen ließ, das in seinem Umfang und seiner Dichte gänzlich neu war. Die entscheidende Voraussetzung dafür bot die von Zar Paul I. (1796–1801) eingeleitete Zentralisierung der Kartographie im neu gegründeten Karten-Depot, das sich zum kartographischen Nervenzentrum des Zarenreiches unter militärischer Dominanz entwickelte. Seinen Kartenzeichnern standen viel mehr Daten als je zuvor aus der Administration, dem Militär und der Wissenschaft zur Verfügung, um neue Karten zu zeichnen, die den veränderten Bedarfen der Reichsregierung und Militärführung entsprechen sollten. Diese Karte war längst nicht die einzige, die während der Jahrhundertwende gezeichnet und gedruckt wurde. Sie war aber die erste staatliche vielblättrige Karte des Zarenreiches und gilt als genaueste und detaillierteste ihrer Zeit.[5] Sie wurde als das Hauptwerk des Karten-Depots beschrieben, dessen Gründung von einem Zeitgenossen als Ausgangspunkt der modernen Kartographie (*kartografija*) Russlands im 19. Jahrhundert bezeichnet wurde.[6] Wie die zahlreichen Erweiterungen der Karte über ihren ursprünglichen Ausschnitt

---

4 Sdvižkov: L'Empire d'Occident Faces the Russian Empire, S. 160.

5 Vgl. Gluškov: Istorija voennoj kartografii v Rossii, S. 52; Sališčev, Konstantin Alekseevič.: Kartografija, Moskva 1982, S. 350.

6 Vgl. Blaramberg, [Johann]: Primečanie ot redakcii, in: Sidov, Èmil' fon: Očerk sovremennago položenija kartografii i v osobennosti special'no-topografičeskich rabot v Evrope do konca 1856 goda, in: Vestnik Imperatorskago russkago geografičeskago obščestva, Teil 21, Abteilung III, 1857, S. 9.

hinaus zeigen, fanden darin sukzessive auch die territorialen Expansionsbestrebungen des Russländischen Imperiums Ausdruck. Dies legt ihren Charakter als wichtiges handlungsleitendes Instrument der Reichsregierung offen, was der Kartenkenner Napoleon zu nutzen verstand, als er genau diese Karte adaptieren und ins Lateinische übersetzen ließ, um sie in seinem Feldzug 1812 gegen Russland als Waffe einzusetzen.

5.1 Die Karte auf dem Tisch: Annäherung und Bestandsaufnahme

Die *Ausführliche Karte des Russländischen Imperiums und angrenzender ausländischer Besitzungen* erschien zwischen 1804 und 1816 in mindestens sieben Auflagen und wurde um eine nicht endgültig gesicherte Zahl Einzelblätter ergänzt. Streng genommen zählt diese Karte zum Typ der mehrblättrigen Einzelkarten und nicht zu den Kartenwerken, die in Russland erst später erschienen, wie beispielsweise die *Schubert-Karte*.[7] Diese Klassifizierung ist wichtig, da in diesen formalen Unterschieden der Entwicklungsprozess von Karten als Hilfsmittel zur Raumbewältigung deutlich wird. So enthalten die mehrblättrigen Einzelkarten noch ein Titelblatt und einen gemeinsamen äußeren Rahmen. Zudem erschienen die Blätter einer solchen Karte zum gleichen Zeitpunkt.[8] Angesichts praktischer Notwendigkeiten und einem sich wandelnden Blick auf Territorien veränderte sich diese formale Kartengestaltung im Laufe des 19. Jahrhunderts auch in Russland, so dass beispielsweise künstlerisch gestaltete Titelkartuschen auf separaten Blättern schrittweise versachlichten und letztlich ganz aus der Mode kamen. Jedes Kartenblatt erhielt seinen eigenen Rahmen und Kartenwerke konnten um beliebig viele Blätter erweitert werden, ohne über einen gemeinsamen abschließenden Kartenrahmen hinausgehen zu müssen. Die *Ausführliche Karte des Russländischen Imperiums und angrenzender ausländischer Besitzungen* bildet in ihrem ursprünglichen, nahezu quadratischen Umfang das Territorium zwischen dem Meridian Danzig-Belgrad im Westen und dem Meridian Tobolsk-Chiva im Osten grundrisslich wie perspektivisch ab (Abb. 13). Im Norden umfasst es den Bottnischen Meerbusen und das Weiße Meer vollständig (bis etwa zum Nordpolarkreis), bildet die Nordmeerküste aber nicht mehr ab. Im Süden schneidet sie das Schwarze und das Kaspische Meer horizontal ab. Erst die später erschienenen Zusatzblätter und Fortsetzungs-Karten unter separaten Titeln erweiterten den ursprünglichen Umfang um Küsten, Meerengen und Landgebiete über den Rahmen hinaus. Obwohl die 1816 separat erschienene *Karte des Zartums Polen – Fortsetzung*

---

7 Vgl. Kap. 6.1.
8 Vgl. Wesen und Aufgaben der Kartographie, Bd. I, S. 63 f., 394.

der Ausführlichen Karte Russlands[9] über einen eigenen Titel, eine individuelle Blattzählung sowie eigene Blattformate verfügt und weniger Signaturen zählt, belegt ihr Titel-Zusatz und ihre starke bildliche Verwandtschaft in Maßstab, Schriftarten und Signaturengestaltung die Einheit mit der *Hundertblatt-Karte.* Dies gilt auch für die Erweiterung der Karte jenseits des Ural-Gebirges nach Osten durch die *Ausführliche Karte der Bergbau-Region Kolyvano-Voskresensk.*[10]

Die Karte wurde nach einem einheitlichen Verhältnis von einem Djujm Kartenstrecke zu 20 Werst Naturstrecke verkleinert und zählt über 100 gleichmässig geschnittene Blätter ohne Überlappung, deren Kartenfeldränder jeweils 37,2 cm x 33,2 cm messen. Die Kartenblätter bestehen aus bedrucktem, teilweise handkoloriertem Papier und weisen eine gemeinsame äußere Umrandung in Form einer breiten schwarzen Rahmenlinie auf. Die ursprünglich auf 100 Blattnummern[11] angelegte Karte gab ihr den bereits von Zeitgenossen gebrauchten Kurztitel *Hundertblatt-Karte* (*Stolistovaja karta*)[12], der hier zur Vereinfachung des offiziellen Titels verwendet wird. Eine zur Karte gehörende Blattübersicht bildet den Kartenausschnitt samt Blattschnitt und Nummerierung für 25 gleiche Teile zu je vier Blättern ab. Wie viele Auflagennummern der *Hundertblatt-Karte* tatsächlich erfolgten, war anhand der eingesehenen Karten nicht zweifelsfrei zu ermitteln, da sie keine entsprechenden Angaben enthalten. Zumindest nennt der Bestandskatalog der Russischen Nationalbibliothek in Sankt Petersburg die im Jahr 1816 erschienene Auflage als siebente.[13] Belegt ist, dass die Karte mindestens bis 1865 verkauft[14] und ihr von Fachleuten zu Beginn der 1870er Jahre immer noch „praktische Bedeutung" beigemessen wurde.[15] Dieser Untersuchung liegen zwei gedruckte Auflagen der Karte aus der Kartenabteilung der Staatsbibliothek zu Berlin zugrunde, während einige originale Entwurfsblätter im Russischen Staatlichen Militärhistorischen Archiv in Moskau eingesehen werden

---

9 Karta carstva Polskago, služaščaja k prodolženiju Podrobnoj karty Rossii, 6 Blätter, Maßstab 1 : 840.000, o. O. [Sankt Peterburg] 1816. Das Kartenblatt „3b" weicht in seinem Format von den restlichen Blättern ab, da es ca. nur 1/3 so groß und rechteckig geschnitten ist. Es schließt an das Kartenblatt „3a" in Richtung Norden an und wird nicht separat gezählt.

10 Podrobnaja karta Kolyvano-Voskresenskoj gornoj okrugi, sostavlennaja iz novejšich častnych kart Barnaulskago gornago archiva, 12 Blätter, Maßstab 1 : 840.000, [Sankt Peterburg 1816]; Karta dlja soedinenija podrobnoj karty Rossii, s kartoju Kolyvano-Voskresenskoj gornoj okrugi, 1 Blatt, Maßstab 1 : 840.000, o. O., o. J.

11 Das Kartenblatt „91a/92a" weicht in den Auflagen bis 1816 als einziges Blatt in seinem Format von den restlichen Blättern ab, da es ca. nur 1/3 so groß und rechteckig geschnitten ist. Es schließt je zur Hälfte an die Kartenblätter 91 und 92 in Richtung Osten an und wird nicht separat gezählt.

12 Vgl. Zapiski Voenno-topografičeskago depo, Teil I, 1837, S. 13.

13 Vgl. RNB Sankt-Peterburg, Signatur: K 2-Rocc E 6/123.

14 Vgl. Katalog Geografičeskago magazina General'nago štaba, Sankt Peterburg 1865, S. 3.

15 Vgl. Istoričeskij očerk dejatel'nosti Korpusa voennych topografov, S. 186.

konnten.[16] Die Berliner Exemplare gehören nicht zur ersten Auflage und umfassen noch drei Erweiterungsblätter, die in der Fachliteratur bisher kaum erwähnt worden sind. Eines davon umfasst den Bosporus, das Marmara-Meer und die Dardanellen sowie zwei weitere Blätter die Provinzen des südlichen Kaukasus. Die Blattübersicht der gedruckten Erstauflage beinhaltet die Information, dass ihre Zusammenstellung (*sostavlenie*), d. h. Kompilation des Quellenmaterials, Zeichnung, Stich und Druck der Kartenblätter 1801 begonnen und 1804 abgeschlossen wurde. Dieser Zusammenstellung gingen aber Vorarbeiten seit der Regentschaft Zar Pauls I. voraus.[17] Jahresangaben fehlen in späteren Kartenauflagen gänzlich. Nur die Titelkartuschen der *Karte des Zartums Polen* sowie der *Karte der Bergbau-Region Kolyvano-Voskresensk* geben das Jahr 1816 für ihre Fertigstellung an. Die fragliche Gesamtanzahl der erschienenen Kartenblätter ist bisher genauso wenig geklärt worden, wie die Anzahl der Auflagen. Zumindest hat die bisherige Forschung darauf hingewiesen, dass die Karte im Jahr 1805 um sechs weitere Blätter ergänzt wurde.[18] Doch handelt es sich bei den abgebildeten Gebieten nicht, wie irrtümlich behauptet, um die Halbinsel Kola und Karelien[19], sondern um die Nordküste Norwegens sowie um das Grenzgebiet im Norden Schwedens und Finnlands. Diese Blätter sind in zwei horizontal liegenden Reihen aus je drei Blättern angeordnet und schliessen am oberen Rand links an. Sie tragen auf dem Blattrand oben links die alphabetisch geordneten Bezeichnungen A bis F und bilden Teil (*čast'*) XXVI.[20] Blatt A beinhaltet die überarbeitete Titelkartusche für die gesamte Karte, deren Inhalt und Gestaltung von der Titelkartusche ihrer ersten Auflage abweicht. Der Summe aller vorliegenden Informationen nach umfasst die Karte 100 Blätter in ihrem ursprünglichen Umfang der ersten Auflage. In den folgenden Auflagen wurde sie mindestens um sechs Blätter im Norden, drei im Süden und um eines im Osten erweitert. Hinzu kommt die Blattübersicht in vier Blättern. Die *Hundertblatt-Karte* umfasst nach dieser Rechnung 114 Blätter (ohne die separaten Karten von Polen und Kolyvano-Voskresensk).

Nach der Darstellung von Experten im 19. Jahrhundert beruhte die Projektion der *Hundertblatt-Karte* auf einem „mechanischen Verfahren". Damit bleibt die genaue Projektionsmethode unklar. Zumindest soll erst seit 1825 die nach ihrem französischen Erfinder Rigobert Bonne (1727–1795) benannte Karten-Projektion (Bonnesche Projektion) in Russland eingeführt worden sein.[21] Wie ein erhaltenes Blatt der

---

16 Staatsbibliothek zu Berlin (künftig: SBB) Kart. Q 11210; SBB, Kart. Q 11211; RGVIA Moskva, f. 846, op. 16, d. 19903, Brul'ony podrobnoj karty Rossijskoj imperii i bliz'' ležaščich zagraničnych vladenij i proč. Spb 1804g. Ruk. Sost. v Depo kart. M. 20 V.

17 Vgl. Istoričeskij očerk dejatel'nosti korpusa voennych topografov, S. 185.

18 Vgl. Šibanov, Fjodor Anisimovič: Očerki po istorii otečstvennoj kartografii, Leningrad 1971, S. 106.

19 Vgl. Šibanov, Očerki po istorii otečstvennoj kartografii, S.106.

20 Vgl. Strang, Jan: Venjäjän Suomi-kuva. Vennöjö Suomen kartoittajana 1710–1942, Helsinki 2014, S. 100 f.

21 Vgl. Istoričeskij očerk dejatel'nosti Korpusa voennych topografov, S. 185.

Original-Karte im Bestand des RGVIA zeigt, besteht dieses aus einer Vielzahl sauber aneinandergeklebter unregelmäßiger Vielecke, die jeweils Kopien älterer Karten darstellen.[22] Das eingezeichnete Gitternetz, dessen Längen- und Breitengrade nach je einem Grad gezeichnet wurden, vermittelt mathematische Genauigkeit. Die Längengrade orientieren sich am Meridian der Insel Ferro. Die Titelkartusche der ersten Auflage ist künstlerisch gestaltet und enthält verschiedene Angaben.[23] Im Hintergrund ist das vom Kartenfeldrand schräg geschnittene Gradnetz abgebildet, welches oben und links von einer Gradleiste begrenzt ist und das Ablesen von geographischen Längen und Breiten ermöglicht. Nach rechts und nach unten schließen weitere Kartenblätter ohne Überlappung an. Dieses Kartenblatt Nr. 1 zeigt Titel, Signaturen-Schlüssel und Maßstableiste von verschlungenem Blattwerk umrahmt, das am oberen Rand von einem nach oben geöffneten, halbrunden Lorbeer- und Palmenzweig abgeschlossen wird. Darüber ist Schrift und das Reichswappen angeordnet. Ein doppelköpfiger Adler mit ausgestreckten Flügeln schwebt vor einer strahlenden, sonnenähnlichen Lichtquelle. In den Krallen hält er Zepter und Reichsapfel, auf seiner Brust trägt er das Wappenschild mit den Initialen Zar Alexanders I. „A I". Über den bekrönten Adlerköpfen schwebt eine weitere Krone. Unter dem Reichswappen befindet sich der nach oben geöffnete, halbkreisrunde Schriftzug: „Seiner Hoheit und Kaiserlichen Majestät Alexander Pavlovič". In kleinerer Schreibschrift steht darunter: „Alleruntertänigst überreicht von General-Quartiermeister Suchtelen und General-Major Opperman". Innerhalb des verschlungenen Blattwerks folgt der vollständige Titel in kursiver Druckschrift und lautet: „Ausführliche Karte des Russländischen Imperiums und angrenzender ausländischer Besitzungen". Es folgt der Hinweis, dass die Karte im eigenen Karten-Depot seiner kaiserlichen Majestät zusammengestellt, graviert und gedruckt worden ist. Bevor die Angaben von einem graphischen Maßstab abgeschlossen werden, folgt die Legende für 20 abgebildete Signaturen. Der aufgeführten Reihenfolge nach sind dies: Gouvernements–Stadt; Kreisstadt; Stadt (*pripisnoj*, administrativ zur Kreisstadt gehörig); Festung; Flecken (*mestečko*) und große Vorstadt (*sloboda*); Kirchspiel (Ort mit lutherischer Pfarrbezirkskirche in Finnland, Estland, Livland und Kurland); Kirchdorf (*selo*) und Landgut (*myza*); Kloster; Weiler (*derevnja*); Russische Zollstation; ausländische Zollstation; Anlegestelle; Fabrik; Post; Poststraße; Große Straße ohne Postverkehr; mittlere Straße; Staatsgrenze; Gouvernements-Grenze; Kreisgrenze. Nicht aufgeführt werden darin Gewässer und Gelände, obwohl diese als zentrale Bestandteile des Kartenbildes in verschiedenen Signaturen verzeichnet sind. Die Titelkartusche der erweiterten zweiten Auflage unterscheidet sich in Gestaltung, Inhalt und Form von der Erstauflage.[24] Der wichtigste Unterschied besteht im Signaturen-Schlüssel, dessen Inhalt

---

22 Vgl. RGVIA Moskva, f. 846, op. 16, d. 19903, Brul'ony podrobnoj karty Rossijskoj imperii I bliz ležaščich zagranıych vladenij i proč. Spb 1804g. Ruk. sost. V depo kart. M. 20 V. l. 10.
23 Vgl. Strang: Venjäjän Suomi-kuva, S. 99, Abb. 86.
24 Vgl. Strang: Venjäjän Suomi-kuva, S. 101, Abb. 88.

nun umfangreicher und differenzierter ist. Demnach beinhaltet die zweite Auflage der Karte ab 1805 folgende Kartenzeichen zusätzlich: Silber-Bergwerk; Kupfer-Bergwerk; Eisenerz-Bergwerk; Hüttenwerk; Schwefelbrunnen (*sernyj kolodez*); Winterstraße; Aufenthaltsort der Bevölkerung des Nomadenvolkes der Lopari auf der Halbinsel Kola (*loparskija silišča*) sowie Unterkunft für Reisende. Zudem kommen quantitative Differenzierungen für ländliche Siedlungen neu hinzu. Für Flecken und Vorstadt, ebenso für Kirchdorf und Landgut sowie für Weiler und Fabrik gilt: leben dort weniger als 500 Seelen, ist der Ortsname kursiv geschrieben, leben dort mehr als 500 Seelen, ist der Ortsname geradestehend geschrieben. Den gestalterischen Abschluss beider Titelkartuschen bildet ein graphischer Maßstab in Werst. Dieser besteht aus einer auf das Papier gedruckten Maßstableiste – ein horizontal liegender Balken in schwarzen und farblich ausgelassenen Abschnitten zu 10 x 1 Werst sowie zu 7 x 10 Werst geteilt.[25] Das Verkleinerungsverhältnis beträgt einen Zoll Kartenstrecke zu 20 Werst Naturstrecke (nach dem metrischen System 1 : 840.000). Die Karte ist im Kupferstichverfahren gedruckt. Staats- und Gouvernements-Grenzen wurden optional per Hand koloriert. Die Kartenschrift für alle erschienenen Blätter ist in Kyrilliza ausgeführt. Gelände ist perspektivisch in Bergfigurenmanier, größtenteils ohne die Bezeichnungen einzelner Berge und gänzlich ohne Höhenangaben dargestellt.

5.2 Zentralisierung der Kartographie

Die *Hundertblatt-Karte* ist das Ergebnis der Zentralisierung der Kartographie im Zarenreich ab 1797. Diese Zentralisierung fand unter Zar Paul I. statt und schlug sich in der Bildung des Karten-Depots (*Depo Kart*) nieder. Im Hinblick auf die übergreifende Frage nach der Logik und dem Nutzenkalkül der Vermessungen und Produktionen topographischer Karten in Russland zwischen 1797 und 1919, soll hier zunächst der Gründungszweck des Karten-Depots im Blickpunkt stehen.

Wie es in der Titelkartusche der *Hundertblatt-Karte* heißt, wurde die von General-Quartiermeister von Suchtelen und General-Major Oppermann übergebene Karte im Karten-Depot zusammengestellt, gestochen und gedruckt. Erst wenige Jahre war diese herausgebende Anstalt tätig, deren Entstehung mit der Thronbesteigung Zar Pauls I. eng verbunden ist. Bis zum Tode Katharinas II. im Jahr 1796 wurden Pläne, Karten und Atlanten von verschiedenen Institutionen des Reiches gezeichnet, zusammengestellt und teilweise gedruckt herausgegeben. Die zentralen Akteure waren hierbei der Generalstab (*General'nyj štab*), das Geographische Departement der Akademie der Wissenschaften (*Geografičeskij departament*), das Geographische Departe-

---

25 Der graphische Maßstab dient zum genauen Abmessen von Distanzen im Kartenbild und hat den Vorzug, dass er bei Veränderungen des papiernen Kartenträgers – etwa durch hohe Luftfeuchtigkeit – die gleiche Verzerrung aufweist wie das Kartenbild selbst.

ment des Kabinetts Ihrer Kaiserlichen Hoheit (*Geografičeskij departament kabineta Ego Imperatorskago Veličestva*) und die beim Senat angesiedelte und für die General-vermessungen verantwortliche Haupt-Vermessungs-Expedition (*Glavnaja meževaja ėkspedicija*). Nach dem Tod der Kaiserin am 6. November 1796 verlor Paul keine Zeit, die staatliche Verwaltung, wie sie unter seiner verhassten Mutter existierte, umfas-send zu reformieren. So verfügte er bereits am 13. November 1796 die Auflösung des Generalstabes, übernahm selbst die militärische Führung und erlaubte keine eigen-mächtigen Entscheidungen seiner Generäle.[26] Seit 1763 war der Generalstab bzw. dessen Offiziere bei den Divisionen für Vermessungen und die Herausgabe von Kar-ten und Plänen in Friedenszeiten verantwortlich.[27] Im Erlass über die Auflösung heißt es u. a., dass die Karten, Pläne und überhaupt alle Akten des bisherigen Gene-ralstabes dem Generaladjutanten des Zaren, Grigorij Grigor'evič Kušelev (1754–1833), zu übergeben seien.[28] Ebendieser hatte zuvor die besondere Plankammer des Großfürsten und späteren Thronfolgers Paul Petrovič (Zar Paul I.) beaufsichtigt.[29] Es heißt, der herrschende Mangel, die Unordnung und Nachlässigkeit im Umgang mit Karten hatten die Aufmerksamkeit des Zaren erregt.[30] Ganz im Sinne von Pauls in-nenpolitischem Reformwerk, die „politische Zentralisierung und bürokratische Ra-tionalisierung"[31] zu verwirklichen, sollten Karten künftig an einem zentralen Ort hergestellt und aufbewahrt werden. Bereits wenige Wochen nach seiner Thronbe-steigung ließ Paul I. die Höchsteigene Zeichenkammer Seiner Kaiserlichen Majestät (*Sobstvennaja dlja osoby čertjosnaja Ego Imperatorskago Veličestva*) einrichten, für die er Zeichner aus den Reihen des Kadetten-Korps persönlich auswählte und der Quartiermeister-Abteilung (*Kvartirmejsterskaja čast'*) seiner kaiserlichen Suite unter-stellte.[32] Aus dieser Zeichenkammer wurde am 8. August des darauffolgenden Jahres 1797 das Höchsteigene Karten-Depot Seiner Kaiserlichen Majestät gebildet (*Sobstven-noj Ego Imperatorskago Veličestva Depo kart*)[33], verkürzt als Karten-Depot (Depot kart) bezeichnet.

Weder in der Vollständigen Gesetzessammlung (PSZ) bzw. anderen amtlichen Publikationen, noch in den Akten des RGVIA sind Informationen zum genauen

---

26 Vgl. Stein: Geschichte des russischen Heeres, S. 205.

27 Vgl. Zapiski Voenno-topografičeskago depo, Teil I, Sankt Peterburg 1837, S. 5 f.

28 Vgl. PSZ I, 24, Nr. 17.549.

29 Vgl. [Heinrich Christoph von Reimers]: St. Petersburg am Ende seines ersten Jahrhunderts. Mit Rückblicken auf Entstehungen und Wachsthum dieser Residenz unter den verschiedenen Regierun-gen während dieses Zeitraums, Teil 2, St. Petersburg und Penig 1805, S. 66 f.

30 Zapiski Voenno-topografičeskago depo, Teil I, Sankt Peterburg 1837, S. 7.

31 Zitiert nach: Fischer, Alexander: Die Herrschaft Pauls I., in: Handbuch der Geschichte Russ-lands. Vom Randstaat zur Hegemonialmacht, 1613–1856, hrsg. von Zernack, Klaus, Bd. 2/II, Stutt-gart 2001, S. 942.

32 Vgl. Glinoeckij, Nikolaj Pavlovič Istorija Russkago General'nago štaba, 1698–1825, Bd. I, Sankt Peterburg 1883, S. 140. Unter ihnen war Karl Friedrich Toll (1777–1842), später u. a. Quartiermeister Kutusovs und Barclay de Tollys im Krieg 1812.

33 Sanktpeterburgskie vedomosti, 11.08.1797, Nr. 64, S. 1408 f.

Gründungszweck aufzuspüren. Überhaupt taucht das Karten-Depot in zeitgenössischen amtlichen Publikationen erst Jahre später auf. Selbst den Mitarbeitern des RGVIA, dessen Ursprung im Karten-Depot gesehen wird, gelang es nicht, ein Dokument ausfindig zu machen, aus dem klar und eindeutig hervorgehen würde, dass die Zusammenstellung und Herausgabe neuer Karten dessen Aufgabe gewesen war.[34] Denn einer historischen Beschreibung zufolge sollte es nach dem Befehl Zar Pauls I. nicht nur:

> [...] ein militärisches, sondern ein vollständiges staatliches Archiv für Karten und Pläne sein. Die beim Karten-Depot tätigen Beamten wurden verpflichtet, Reinzeichnungen in einheitlichen und geordneten Zusammenhang zu bringen und nicht nur ausführliche Karten und Pläne für den öffentlichen Gebrauch zu verfassen und herauszugeben, sondern auch dazugehörige Beschreibungen anzufertigen, die für das Verständnis notwendig wären.[35]

Diese früheste und immer wieder zitierte Beschreibung wurde in einem einleitenden historischen Abriss im Jahr 1837 als Zitat ohne Quellenangabe abgedruckt. Es drängt sich der Verdacht auf, dass es eine solche klar formulierte Aufgabenstellung von Paul I. bei der Gründung des Karten-Depots 1797 aber gar nicht gegeben hatte, und wenn überhaupt, dann erst einige Jahre später. Tatsache ist zumindest, dass diese Beschreibung in der sowjetischen und russischen Fachliteratur weite Verbreitung fand und die Vorstellung vom Karten-Depot als Institution mit klarer Zielstellung seit seiner Gründung im Jahr 1797 bis heute prägt.[36] Nach den vorliegenden Informationen scheint es aber eher zutreffend zu sein, dass sich das Karten-Depot während seiner ersten Jahre in verschiedenen Phasen entwickelte und nach Bedarf des Zaren Kompetenzen und Aufgaben hinzugewann, während gleichzeitig andere mit der Kartenherstellung befasste Institutionen an Bedeutung verloren. Das Karten-Depot als Teil der kaiserlichen Suite verfügte bis zu seiner Angliederung an das Kriegs-Kollegium im Jahr 1812 weder über ein geregeltes eigenes Personal oder Budget[37], noch über eine klare Tätigkeitsbeschreibung. Sicher ist zumindest, dass drei Tage nach der Gründung des Karten-Depots eine Anordnung in den *Sankt Petersburger Nachrichten* bekannt gegeben wurde, in der es heißt, dass es dem:

> Karten-Depot unter General-Adjutant Kušelev zusteht, verschiedene Karten und Pläne von allen Gouvernements, Kreisen, Städten und Grenzen zu besitzen, und all das, was zu den Marschrouten der Armee und Stationierung der Truppen gehört, genauso wie zu den Festungen, Festungslinien und Wasserwegen sowie dazugehörigen Projekten, Zivilbauten, Palästen

---

34 Vgl. Litvin, Aleksej Alekseevič: Sobstvennoe Ego Imperatorskogo veličestva Depo kart i razvitie otečestvennoj kartografii v 1797–1812gg., in: Dokumental'nye relikvii rossijskoj istorii, 200–letie Voenno–istoričeskogo archiva, Moskva 1998, S. 42.

35 Vgl. Zapiski Voenno-topografičeskago depo, Teil I, Sankt Peterburg 1837, S. 7.

36 Vgl. Gluškov: Istorija voennoj kartografii v Rossii, S. 40.

37 Vgl. Dolgov: Istorija častej topografičeskoj služby, S. 10 f.

und all das, was zu den Staatsgebäuden gehört; daher sind von allen Aufbewahrungsorten unverzüglich Kopien von Plänen in dieses Depot zu schicken.[38]

Ferner wurde darin mitgeteilt, dass neben anderen Personen Ingenieur Oppermann,
der spätere Hauptverantwortliche der *Hundertblatt-Karte,* in der Zeichenkammer des
Karten-Depots eingestellt wurde. Zudem ist darin zu lesen:

> Durch einen anderen namentlichen Befehl wurden die an ausländischen Höfen residierenden
> Minister beauftragt, von den besten neu erschienenen Karten und Plänen zu drei Exemplaren
> für dieses Archiv zu kaufen.[39]

Der vorerst letzte Schritt zur Schaffung einer eigenständigen Kartenanstalt erfolgte
im Oktober 1798, als beim Karten-Depot neben einer Zeichenkammer und Kartensammlung eine Gravur-Abteilung eingerichtet wurde.[40] Diese ermöglichte es dem
Karten-Depot nicht nur Karten zu sammeln, zu kopieren und zeichnerisch zu kompilieren, sondern eigene Karten auch in Kupfer zu stechen und im Druck zu vervielfäl-
tigen. In unmittelbarer Folge entstanden geheime Kriegs-Karten, die das „Höchsteigene Karten-Depot Seiner Kaiserlichen Majestät" in ihrem Titel als Herausgeber
nennen.[41] Diese Karten zeigen die Blickrichtungen und Interessengebiete des Auf-
traggebers, der mit großer Wahrscheinlichkeit kein geringerer war als der Imperator
selbst – denn er verbat sich jede eigenmächtige Entscheidung seiner Generäle. Die
Idee, neben Kartenbeständen auch Fachpersonal sowie Institutionen sukzessive in
einer Stelle zu vereinen, ist ein Vorgehen, das sich reibungslos in Pauls I. auf Zentralisierung ausgerichtete Regierungspolitik einfügt. Die tiefgreifende Veränderung der
gesamten Staatsverwaltung war der Versuch, eine höhere Effektivität in den Abläu-
fen zu erreichen.[42] Dieser Prozess war durch eine Militarisierung des Staates gekennzeichnet, indem das Militär Aufgaben der Zivil-Administration übernahm und auf
professionelle Fachleute setzte, anstatt die aristokratische Elite *per se* zu privilegie-

---

38 Sanktpeterburgskie vedomosti, 11.08.1797, Nr. 64, S. 1408 f.
39 Reimers, Heinrich Christoph von: St. Petersburg am Ende seines ersten Jahrhunderts. Mit Rückblicken auf Entstehungen und Wachsthum dieser Residenz unter den verschiedenen Regierungen
während dieses Zeitraums, Teil 2, St. Petersburg und Penig 1805, S. 67.
40 Vgl. Istoričeskij očerk dejatel'nosti Korpusa voennych topografov, S. 29 f.
41 Podrobnaja militernaja karta po granice Rossii s Prussieju, sočinena i gravirovana v 1799 god.
Pri sobstvennom Ego Imperatorskago Veličestva Depo kart, [Maßstab 1 : 525.000?, Sankt Peterburg]
1799; General'naja karta časti Rossii, razdelennaja na gubernii i uezdy s izobraženiem počtovych i
drugich glavnych dorog, sočinena i gravirovana v 1799 godu pri sobstvennom Ego Imperatorskom
Veličestva Depo kart, 9 Blätter, Maßstab [1 : 2.300.000] Sankt Peterburg 1799; Podrobnaja militernaja karta po granice Rossii s Turcieju, Maßstab unbekannt, Sankt Peterburg 1800, vgl. Litvin:
Sobstvennoe Ego Imperatorskogo Veličestva Depo kart, S. 43 f.
42 Vgl. Fischer, Alexander: Paul I. 1796–1801, in: Torke, Hans Joachim (Hrsg.): Die russischen Zaren, 1547–1917, München 2012, S. 265.

ren.[43] Zweifellos hatte Paul I. durch seine umfassende Bildung und nicht zuletzt durch seine eigene großfürstliche Plankammer einige Kenntnis von der Bedeutung genauer Karten als politisch-administrativen wie militär-strategischen Instrumenten. Die im 18. Jahrhundert veranstaltete Vermessung Frankreichs war ein berühmtes Lehrstück der Aufklärung. Eine derartige Quantifizierung des Raumes auf Grundlage naturwissenschaftlicher Methoden ermöglichte eine bis dahin nicht gesehene topographische Erschließung eines Staatsgebietes.[44] Als Großfürst Paul Petrovič im Jahr 1782 von seiner 14-monatigen Grand Tour, die ihn nach Österreich, Italien, Frankreich, in die Niederlande, die Schweiz und an den württembergischen Hof geführt hatte[45], über Riga nach Petersburg zurückkreiste, trug er dem livländischen Divisions-Quartiermeister Ludwig August Graf von Mellin (1754–1835) auf, eine Karte anzufertigen. Dieser gab dem Zaren jedoch zu bedenken, dass für die Geographie seines Landes noch nicht viel getan sei, woraufhin Paul entgegnete:

> Man hat von so vielen anderen Ländern so vortreffliche Charten und es ist eine Schande, daß man andere Länder besser kennen soll, als sein eigenes, warum sollte man von diesen Provinzen, nicht auch dergleichen erhalten können?[46]

Eindrücklich vermittelt diese Episode, dass der junge Thronerbe wohl sehr gut im Bilde war, wie fortgeschritten die Kartenherstellung anderer Staaten – zuvorderst Frankreich – gediehen war und dass er die Verbesserung der russländischen Verhältnisse für notwendig hielt.

Dass die Gründung des Karten-Depots zunächst nur militärischen Zwecken diente, darauf verweisen nicht nur seine ersten Kartenpublikationen.[47] Für zivil-administrative Kartenfragen existierte zum einen das im Zuge der Generalvermessungen mit Landbesitzfragen befasste Vermessungs-Departement beim Senat, unter dessen Regie auch Gouvernements-Atlanten gezeichnet worden waren.[48] Zum anderen hatte Paul I. bereits einige Monate vor der Gründung des Karten-Depots die Order erlassen, das Geographische Departement vom Kabinett zu trennen und mit allen in ihm befindlichen Plänen mit der beim Senat neu gegründeten Expedition für staatliche Wirtschaft, Ausländerfürsorge und Dörfliche Hauswirtschaft (*Ėkspedicija gosudarstvennago chozjajstva opekunstva inostrannych i sel'skago domovodstva*), kurz: Expedition, zusammenzulegen.[49] Das Geographische Departement beim Kabinett ist seiner

---

43 Vgl. Keep, John L. H.: Paul I and the Militarization of Government, in: Canadian-American Slavic Studies VII (1973), S. 3.

44 Vgl. Konvitz: Cartography in France, S. 1–31.

45 Vgl. Fischer, Alexander: Paul I., S. 265.

46 N. N.: Höchstinteressante Anekdote, die Geographie von Lief- und Esthland betreffend, in: Allgemeine Geographische Ephemeriden 5 (1803), 12, S. 624.

47 Vgl. Litvin: Sobstvennoe Ego Imperatorskogo Veličestva Depo kart, S. 43f.

48 Vgl. Fel': Kartografija Rossii XVIII veka, S. 209–211.

49 Vgl. PSZ I, 24, Nr. 17.886; zur Geschichte des Geographischen Departements des Kabinetts: vgl. Fel': Kartografija Rossii XVIII veka, S. 206–209.

Bezeichnung nach leicht mit dem Geographischen Departement der Akademie der Wissenschaften zu verwechseln. Während das Geographische Departement der Akademie der Wissenschaften bereits 1739 unter eben dieser Bezeichnung gegründet worden war[50], hatte das Geographische Departement beim Kabinett seine Wurzeln als Kartensammlung beim Kabinett in der Bergbau-Schule (*Gornoe učilišče*), welche nach der Auflösung des Bergbau-Kollegiums 1784 dem Kabinett unterstellt wurde. In dieser Schule, die über eine eigene Druckerei verfügte, übernahm 1785 ein Schüler des Akademikers Leonhard Euler (1707–1783), Aleksandr Michailovič Vil'brecht (1757–1823), den Lehrstuhl für höhere Mathematik. Er war zuvor beim Geographischen Departement der Akademie der Wissenschaften tätig gewesen, das bis 1786 seine letzte aktive Phase erlebte und nach dem Tod seiner drei bedeutendsten Karten-Verfasser stark an Bedeutung verlor.[51] Obwohl 1786 Friedrich Theodor Schubert, ein aus Helmstedt stammender Mathematiker und Astronom, als neuer Leiter an das Geographische Departement der Akademie der Wissenschaften berufen wurde, um weiterhin Karten bei der Akademie herauszugeben, befahl Katharina II. 1786 die Einrichtung einer vollständigen Karten-Sammlung des Russländischen Imperiums beim Kabinett[52], die fortan der Bergbau-Schule unterstand und als dessen leitender Geograph und Mathematiker Vil'brecht bestimmt wurde. Warum diese Entscheidung zum Nachteil der Akademie getroffen wurde, ist bisher ungeklärt. Vermutlich vermochte Schubert die entstandene Lücke nicht zu füllen, da er den merkantilistischen Anforderungen der Regierung nicht gerecht werden konnte. Epochales Zeugnis ihrer Aktivitäten war der 1792 fertiggestellte *Russländische Atlas*, dessen 44 Karten die 42 Statthalterschaften samt Kreisen sowie das gesamte Reich in einer Generalkarte abbilden.[53] Bis zu seiner zweiten erweiterten Neuauflage aus dem Jahr 1796[54] erschienen bei diesem Herausgeber weitere Kartenpublikationen[55]. Beim *Russländischen Atlas* handelte es sich um ein Werk, das den territorialen *Status quo* des Imperiums abbildete, nachdem die Gouvernements-Reform von 1775 und Gebietsgewinne im Westen und Süden des europäischen Russland Veränderungen nach sich gezogen hatten – sowohl in der administrativen Gliederung als auch im

---

50 Vgl. Komkov (u. a.): Geschichte der Akademie der Wissenschaften der UdSSR, S. 79; Gnučeva: Geografičeskij departament Akademii nauk, S. 48.

51 Vgl. Fel': Kartografija Rossii XVIII veka, S. 198.

52 PSZ I, 22, Nr. 16.455.

53 Rossijskoj atlas iz soroka četrjoch kart sostojaščij i na sorok na dva namestničestva imperiju razdeljajuščij, [pri Gornogo učilišča, Sankt Peterburg] 1792.

54 Atlas Rossijskoj imperii iz 52 kart, izdannyj vo grade sv. Petra v leto 1796, a carstvovanija Ekateriny II XXXV-e, Sankt Peterburg 1796.

55 u. a.: Novy atlas ili sobranie kart vsech častej zemhago šara: Počerpnutyj iz raznych sočinitelej i napečatannyj v Sanktpeterburge dlja upotreblenija junošestva v 1793 godu pri gornom učilišče, [Sankt Petersburg 1793]; Atlas Rossijskoj imperii, Izdannoj dlja upotreblenija junošestva, 1794. Eine nahezu vollständige Liste aller Publikationen bietet Fel': Kartografija Rossii XVIII veka, S. 207–209.

Umfang des Territoriums. Die berühmten russischen Atlanten aus der ersten Hälfte des 18. Jahrhunderts (*Kirilovscher Atlas* und *Atlas Russicus*) waren schlicht nicht mehr auf dem aktuellen Stand und daher für die Zwecke der Regierung und Administration wenig zu gebrauchen. Dieser Logik folgend, schlugen sich die erneuten territorial-administrativen Veränderungen unter Paul I. in einer weiteren und letzten aktualisierten Auflage des *Russländischen Atlas* nieder[56], bevor die *Hundertblatt-Karte* ein neues Kapitel in der kartographischen Repräsentation Russlands einleitete. Der Zweck der Expedition, bei der das Geographische Departement nun angesiedelt war, bestand nach kaiserlichem Befehl darin, „[...] die allgemeine Beobachtung aller zum Nutzen unseres Staates dienender Teile"[57] zu gewährleisten, und:

> Ihr Beschäftigungsbereich muss all das beinhalten, was zur Staatswirtschaft überhaupt gehört, wie: Kommerz, Manufakturen, Angelegenheiten über Bergbau, Salzgewinnung und Weinherstellung, für die Ausarbeitung zukünftiger Verfügungen nach dem Willen ihrer kaiserlichen Majestät.[58]

Für derart umfassende wirtschaftliche Aufgaben war geographisches Wissen über die räumlichen Gegebenheiten des Reiches entscheidend. Eine zielgerechte und effiziente Nutzung von Lagerstätten, Transportwegen, Siedlungen, Fabriken, Manufakturen etc. hätte ohne Beschreibungen, Karten und Pläne kaum funktionieren können. Dieses geographische Wissen zur Verfügung zu stellen, war folglich die Aufgabe des Geographischen Departements der Expedition, wofür es ab 1797 über ein stattliches Jahresbudget von 7.000 Rubel verfügte.[59] Dass die Zeichen- und Gravur-Abteilung des Karten-Depots zusammengerechnet 3.260 Rubel jährlich erhalten haben[60], gibt einen ungefähren Eindruck vom Umfang beider Anstalten und verweist darauf, dass das Geographische Departement der Expedition im Vergleich zum Karten-Depot ein Schwergewicht war. Das Geographische Departement der Expedition hatte die Kompetenzen des Geographischen Departements der Akademie der Wissenschaften fast vollständig an sich gezogen. Es hatte ab Dezember 1798 neben dem Karten-Depot als Zensurstelle über Karten-Publikationen im Reich zu entscheiden. Im Gesetz unter dem Titel: „Über Nichtdruck und Nichtzulassung von Karten und Plänen des Russländischen Reiches ohne Erlaubnis des Geographischen Departements und des Kaiserlichen Karten-Depots sowie über das Ausfuhrverbot ins Ausland", heißt es:

> Zur Unterbindung von Missbrauch, der durch den Druck von Karten und Plänen des Russländischen Reiches entstehen könnte, haben wir es für notwendig erachtet und befohlen: 1) Alle

---

56 Rossijskoj atlas iz soroka trech kart sostojaščij i na sorok odnu guberniju imperiju razdeljajuščij, izdan pri geografičeskom departamente, [Sankt Peterburg] 1800.
57 PSZ I, 24, Nr. 17.865.
58 PSZ I, 24, Nr. 17.865.
59 Vgl. PSZ I, 44, Nr. 18.100.
60 Vgl. Istoričeskij očerk dejatel'nosti Korpusa voennych topografov, S. 29.

üblichen Karten und Pläne, die zum Druck und zur Veröffentlichung vorbereitet sein sollten, sind vorzüglich dem Geographischen Departement vorzulegen, das beim Senat zuständig ist; 2) Topographische Karten, Festungspläne und alle Arten Karten, die für militärische Operationen wichtig sind, wie: Straßen, Distanzen und andere ausführliche Informationen, sind zur Begutachtung dem Karten-Depot vorzulegen und nicht früher zum Druck und zur Ausgabe zu geben, bevor sie nicht von dieser Behörde die Erlaubnis erhalten haben. Allen und jedem ist es verboten, diese Karten ins Ausland zu befördern, sie auszuschneiden, zu drucken und außerhalb unseres Reiches herauszugeben. 3) Alle bisher existierenden gedruckten und verkauften Karten, die unter dem Titel Geographische Karten des Rigaer Gouvernements bekannt sind, sind zu konfiszieren und deren Druckplatten in unser Depot abzuliefern.[61]

Dieses Gesetz muss als eine direkte Reaktion auf Mellins bereits erwähnten *Atlas von Liefland*[62] gelesen werden. Gleichzeitig bot folgende Episode einen günstigen Anlass, Kontrolle über die gesamte Kartenherstellung im Reich zu gewinnen, um die Zentralisierung der Kartographie voranzutreiben. Obwohl Mellin von Katharina II. für den Atlas mit einem wertvollen Dankesgeschenk ausgezeichnet worden war und Großfürst Paul seine Begeisterung über das Ergebnis seines Auftrages aus dem Jahr 1782 ausgedrückt hatte, kippte seine hohe Meinung im Oktober 1797, als er erfuhr, wie der Druck zustande gekommen war. Mellin hatte seine Kartenentwürfe der Verlagsbuchhandlung Hartknoch in Riga übergeben, die diese ihrerseits an Kupferstecher in Berlin weitergegeben hatte. Daraufhin wurden im Oktober 1797 alle Unterlagen und Druckplatten konfisziert und Hartknoch – u. a. erster Verleger von Immanuel Kants *Kritik der reinen Vernunft* (1781)[63] – sah sich durch die Folgen der Zensur gezwungen, sein Geschäft in Riga aufzugeben und ins Ausland (nach Leipzig) zu fliehen.[64] Diese Reaktion zeigt anschaulich, welchen militärischen Wert Karten des Grenzgebietes von Seiten der russischen Regierung beigemessen wurde und dass dieses Wissen weder in die Hände des unmittelbaren Nachbarn Preußen, noch in die Hände anderer ausländischer Mächte geraten durfte. Zudem legt es offen, wie sich das Karten-Depot und das Geographische Departement der Expedition zu den entscheidenden Kartenanstalten des Russländischen Reiches entwickelten, indem sie Kontrollfunktionen ausübten und auf diese Weise Schlüsselpositionen einnahmen. Ohne ihre Erlaubnis durfte keine ziviladministrative und keine militärische Karte mehr gedruckt und publiziert werden. Eine Konsequenz wird im Hinblick auf das Geographische Departement der Akademie der Wissenschaften deutlich, als in der Sitzung der Akademie-Konferenz vom 3. Oktober 1799 konstatiert wurde, dass:

---

61 PSZ I, 25, Nr. 18.778.

62 Atlas von Liefland oder von den beyden Gouvernementern u. Herzogtümern Lief- u. Esthland u. der Provinz Oesel, hg. von Ludwig August Graf von Mellin, Ludwig August Graf von, Riga 1791–1798 und Leipzig 1808.

63 Vgl. Pistohlkors, Gert von: Die Ostseeprovinzen unter russischer Herrschaft (1710/95–1914), in: ders. (Hrsg.): Deutsche Geschichte im Osten Europas. Baltische Länder, Berlin 1994, S. 296.

64 Vgl. Höchstinteressante Anekdote, S. 624–627.

[...] es nicht erlaubt ist, Karten über Russland zu publizieren, ohne diese vorher der Genehmigung und der Zensur des herrschaftlichen Depots und des Geographischen Departements unterzogen zu haben.[65]

Der Vorschlag seines amtierenden Leiters Schubert, sich daraufhin mehr auf ausländische Karten zu konzentrieren und diese „als ausgewählte Kollektion mit russischen Lettern für diejenigen herauszugeben, die die Teile der Erde außerhalb Russlands besser kennen lernen wollen"[66], wurde von den Konferenz-Teilnehmern mit dem Hinweis abgelehnt, dass bereits andere Institutionen ausländische Karten in russischer Sprache ausgezeichnet herausgäben und die Akademie der Wissenschaften nur unnötig Zeit und Geld verlieren würde.[67] Die weitere Existenz des Geographischen Departements der Akademie der Wissenschaften wurde ferner als „absolut unnütz"[68] bezeichnet, woraufhin seine Schließung besiegelt war und es fortan nicht mehr in Erscheinung trat. Friedrich Theodor Schubert wurde daraufhin als Astronom und Leiter der Akademie-Sternwarte tätig, wo er ab 1802 Offiziere in astronomischen Ortsbestimmungen auszubilden begann.

Obwohl das Geographische Departement der Expedition stark an Bedeutung gewann und es noch im Jahr 1800 den aktualisierten *Russländischen Atlas* unter Vil'brechts Leitung herausgegeben hatte, wurde es vom Karten-Depot übernommen und verschwand ebenfalls als eigenständige Institution, wobei sein Personal und Budget erhalten blieben. Im Befehl vom 18. Oktober 1800 heißt es:

Das Geographische Departement, das der Expedition untersteht, soll künftig mit allen ihm zum Erhalt zugestandenen Summen bei unserem eigenen Karten-Depot unter der Führung des Admirals Kušelev sein[69].

Mit diesem Akt wurde das Karten-Depot zum kartographischen und geographischen Zentrum des Zarenreiches, dessen Zeichner und Graveure die gesammelten Karten und Pläne, Beschreibungen und Daten für die Zusammenstellung der *Hundertblatt-Karte* nutzten. Bis zur Beendigung von systematischen, einheitlichen und flächendeckenden Landesaufnahmen und der Ableitung von gezeichneten Original-Karten zu gestochenen und gedruckten Folgekarten in unterschiedlichen Maßstäben, war das Abkupfern und Kompilieren existierender Karten in allen europäischen Staaten ein typisches Vorgehen. Die Integration des Geographischen Departements der Expedition hatte das rein militärische Personal des Karten-Depots erweitert, indem es nun auch zivile Beamte – Vil'brecht an vorderster Stelle – integrierte. Vor diesem Hinter-

---

65 Sitzungsprotokoll vom 3. 10. 1799, in: Protokoly zasedanij konferencii Imperatorskoj akademii nauk s 1725 po 1803 goda, Bd. IV, Sankt Peterburg 1911, S. 773 f.

66 Sitzungsprotokoll vom 3. 10. 1799, S. 773 f.

67 Vgl. Sitzungsprotokoll vom 3. 10. 1799, S. 780.

68 Sitzungsprotokoll vom 3. 10. 1799, S. 780.

69 PSZ I, 26, Nr. 19.607. Darin wird das Karten-Depot erstmals in der Gesetzessammlung namentlich erwähnt. Ein Jahreshaushalt wird dagegen nicht deklariert.

grund erscheint die überlieferte Aussage Pauls I. nun plausibel, dass das Karten-Depot nicht nur ein militärisches, sondern ein vollständiges staatliches Archiv für Karten und Pläne sei und diese auch für den öffentlichen Gebrauch zu verfassen und herauszugeben habe. Dass seine Leitung in den Händen von Ingenieur-Offizieren lag, passt in das Bild von der Militarisierung der Staatsverwaltung unter Zar Paul I.

Ob die Gründung des Karten-Depots etwas mit der Gründung des *Dépôt des cartes et plans*, des zentralen französischen Karten-Archivs im Jahr 1794 zu tun hatte, ist bisher nicht diskutiert worden. Ein überzeugendes Argument für die Zentralisierung der Kartographie in Frankreich war die Anwendung einheitlicher Methoden von einer Stelle aus, um einheitliche kartographische Resultate zu erhalten. Um dieses Ziel zu erreichen, wurden alle Behörden und Departements angewiesen, ihre Karten einzusenden. Ferner war jede Publikation geographischer und kartographischer Erzeugnisse anderer ohne ausdrückliche Erlaubnis verboten. Dieser Schritt hätte der Regierung theoretisch erlaubt, die Kartographie zu zentralisieren und zu monopolisieren. Doch im revolutionären Frankreich sträubten sich Behörden und Departements zu kooperieren und die Kartensammlungen gingen in die einzelnen Behörden und Departements zurück.[70] Obgleich die Zentralisierung in Frankreich verhindert wurde und ein direkter Zusammenhang zwischen dem französischen Modell und der Gründung des Karten-Depots unter Paul I. hier nicht belegt werden kann, ist festzuhalten, dass auffällig ähnliche Maßnahmen in Russland ergriffen wurden – hier allerdings mit Erfolg. Dass auch in dieser Beziehung vom „Gegner gelernt" wurde, scheint plausibel und muss nicht als Paradox interpretiert werden, wie die neuere Forschung an verschiedenen Beispielen aufgezeigt hat.[71] Das Anrecht des Karten-Depots auf alle existierenden Karten und Pläne des Reiches sowie seine Privilegierung als Zensurbehörde halfen, den Anspruch auf die alleinige kartographische Herrschaft durchzusetzen. Damit verbunden war die angestrebte Vereinheitlichung und zentrale Steuerung von Kartenbildern, was sich in den Druckwerken des Karten-Depots, vor allem in der *Hundertblatt-Karte* widerspiegelt.

Im Zusammenhang mit den Revolutionskriegen, den Expansionsbestrebungen der europäischen Grossmächte, den territorialen Neuordnungen und Grenzverschiebungen in Europa im ausgehenden 18. Jahrhundert, spielten Karten nicht nur für militär-strategische Planungen, sondern für die gesamte imperiale Politik der Mächte eine entscheidende Rolle. Der hochgerüstete geographisch-kartographische Apparat Napoleons hatte bei der Einverleibung, Beherrschung und Ausbeutung ausländischer Gebiete eine zentrale Funktion, wie Anne Godlewska veranschaulicht.[72] Auch das Russländische Imperium war mit der Aufgabe konfrontiert, die unter der Herr-

---

70 Vgl. Konvitz: Cartography in France, S. 53–55.

71 Vgl. Aust, Martin; Schönpflug, Daniel (Hrsg.): Vom Gegner lernen. Feindschaft im Europa des 19. und 20. Jahrhunderts, Frankfurt/M. 2007.

72 Vgl. Godlewska, Anne: Napoleon's Geographers (1797–1815). Imperialists and Soldiers of Modernity, in: dies.; Smith, Neil (Hrsg.): Geography and Empire, Oxford 1994, S. 31–54.

schaft Katharinas II. im Westen und Süden gewonnenen Gebiete zu sichern und in eigenes Territorium zu verwandeln. Neben den unterschiedlichen Aspekten beim *Vorrücken des Staates in die Fläche*[73] leistete die Kartographie einen wichtigen Beitrag. Zar Paul I. und seine Staatsverwaltung konnten sich offenbar der Logik nicht entziehen, für die Bewältigung dieser Aufgabe geographisch-kartographisches Wissen heranzuziehen und die Zentralisierung des Kartenwissens im Russländischen Reich durchzusetzen.

Zusammenfassend betrachtet, schuf sich Paul I. gleich zu Beginn seiner Regentschaft 1796 eine eigene Zeichenkammer, stattete diese sukzessive mit den besten Zeichnern aus und erweiterte sie 1797 um eine Kartensammlung, die Kopien aller im In- und Ausland verfügbaren Karten und Pläne des Russländischen Imperiums vereinigte und zentral verfügbar machte. Die Nutzung dieses Kartenwissens ermöglichte 1798 die Gründung einer eigenen Gravur-Abteilung und folglich die Herausgabe von gedruckten Karten, deren erste Exemplare geheim waren und ausschließlich militärischen Charakter besaßen. Die Einführung der Zensur von Karten und Plänen des Reiches durch das Karten-Depot und das Geographische Departement der Expedition gab diesen Anstalten eine Schlüsselposition, was u. a. das Verschwinden des ohnehin geschwächten Geographischen Departements der Akademie der Wissenschaften 1799 beförderte. Die Integration des Geographischen Departements der Expedition vergrößerte das Karten-Depot um zivile Beamte, wodurch die vollständige Zentralisierung der Kartographie im Jahr 1800 unter militärischer Ägide erfolgte. Das 19. Jahrhundert hatte begonnen und das Karten-Depot bestimmte fortan das kartographische Bild vom Russländischen Imperium.

5.3 Quellen zur Herstellung der *Hundertblatt-Karte*

Seit der Thronbesteigung Zar Pauls I. fand eine militär-strategische Anpassung auf die neuen territorialen Verhältnisse statt, die ihm durch die Expansionen unter der Regentschaft Katharinas II. vererbt worden waren. Vor diesem Hintergrund wurden unter der Regierung Zar Pauls I. umgehend neue Karten hergestellt – so auch die *Hundertblatt-Karte*, das mit Abstand aufwendigste Werk des neu gegründeten Karten-Depots. Die beeindruckende Vielfalt der dafür herangezogenen Quellen zeigt konkret die Bedeutung der per kaiserlichem Erlass befohlenen Zentralisierung der Kartographie auf. Diese bildete die maßgebliche Voraussetzung zur Herstellung der *Hundertblatt-Karte*. Wie ein handschriftlicher Bericht aus dem Bestand des RGVIA belegt, waren die verwendeten Quellen sehr unterschiedlicher Herkunft und Quali-

---

73 Vgl. Ganzenmüller, Jörg; Tönsmeyer, Tatjana (Hrsg.): Vom Vorrücken des Staates in die Fläche. Ein europäisches Phänomen des langen 19. Jahrhunderts, Köln/Weimar/Wien 2016.

tät.[74] Verfasser und Entstehungsdatum des Schriftstückes lassen sich nur vermuten. Die beschriebenen Papierbögen enthalten das Wasserzeichen „Buttanshaw 1803", was darauf hindeutet, dass der Bericht nicht vor 1803 geschrieben worden ist, da die englische Papiermühle sehr wahrscheinlich das aktuelle Herstellungsjahr für ihre Wasserzeichen verwendete. Aus dem französischsprachigen Bericht geht aber eindeutig hervor, dass die Herstellung der Karte noch im Gange war, als dieser verfasst wurde. So kann von einem Entstehungszeitraum des Manuskripts von 1803 bis 1805 ausgegangen werden. Seinem sehr detaillierten Inhalt zufolge muss es sich bei dem Verfasser um eine Person gehandelt haben, die mit der Herstellung dieser Karte eng vertraut war und Überblick besaß. Da es sich um eine Art internen, eher technischen Rechenschaftsbericht handelt, ist Geograph Vil'brecht als Verfasser des Berichtes denkbar, der neben Karl Oppermann für seine Arbeit an der *Hundertblatt-Karte* ausgezeichnet wurde.[75] Dem Bericht zufolge war die *Hundertblatt-Karte* mithilfe von Koordinaten astronomisch bestimmter Orte gezeichnet worden, welche die Akademie der Wissenschaften dem Karten-Depot zuvor übermittelt hatte und vornehmlich aus den Expeditionen von Forschungsreisenden stammten. Ergänzungen waren stellenweise von Armee- und Marine-Offizieren erfolgt.[76] Ferner wird berichtet, dass der Teil der Karte von den nördlichen Gouvernements Archangel'sk und Olonec nur sehr schwer zu zeichnen war, da für jenes Gebiet noch keine zuverlässigen Karten existierten. Die Akademie der Wissenschaften habe für dieses Gebiet lediglich die Längen und Breiten von drei Orten, nämlich Archangel'sk, Ponoj und Kola mitgeteilt. Zudem wurden astronomische Beobachtungen von mehreren Küstenorten am Weißen Meer durch Militärs vorgenommen. Diese wurden aber von der Akademie nicht bestätigt, weshalb man es nicht gewagt habe, sie für die Karte zu verwenden. Denn die Beobachtungen der Militärs hatten ergeben, dass Archangel'sk zwischen 66 und 77 Werst östlicher lag als bisher bekannt. Es wäre daher wünschenswert zu wissen, ob diese Beobachtungen überhaupt genau seien. Denn wenn sie es wären, würde sich der Verlauf des Ufers sehr stark verändern.[77] Theodor Friedrich Schubert, Sohn des Astronomen und Akademiemitgliedes Friedrich Theodor von Schubert und später eine zentrale Figur der Vermessung Russlands, hatte im Jahr 1804 an astronomi-

---

74 Vgl. RGVIA Moskva, f. 846, op. 16, d. 19878, č. 1, Podrobnaja karta Rossijskoj Imperii i bliz ležaščich zagraničnych vladenij, l. 1–5 ob., Memoire. Sur les Matériaux employés à la composition de la nouvelle Carte de L'Empire de Russie.

75 Vil'brecht erhielt den Orden des Heiligen Vladimir vierter Klasse. Vgl. Šibanov: Očerki po istorii otečstvennoj kartografii, S. 110.

76 Vgl. RGVIA Moskva, f. 846, op. 16, d. 19878, č. 1, Podrobnaja karta Rossijskoj Imperii i bliz ležaščich zagraničnych vladenij, l. 1, Memoire. Sur les Matériaux employés à la composition de la nouvelle Carte de L'Empire de Russie.

77 Vgl. RGVIA Moskva, f. 846, op. 16, d. 19878, č. 1, Podrobnaja karta Rossijskoj Imperii i bliz ležaščich zagraničnych vladenij, l. 1, 4 ob., Memoire. Sur les Matériaux employés à la composition de la nouvelle Carte de L'Empire de Russie.

schen Ortsbestimmungen im Nordosten des europäischen Russland teilgenommen und erinnerte sich:

> Das Weiße Meer war damals noch eine wahre (wenn man den Ausdruck gebrauchen darf) Terra incognita, an dessen Küsten noch kein einziger Punkt astronomisch bestimmt worden war, wenigstens mit keiner, selbst annähernder Gewißheit.[78]

Auch wenn der Astronom Zach wortmächtig daran erinnert hatte, dass „die Sternkunde die wahre Mutter der Geographie"[79] war, und dass genaue Karten ohne astronomische Ortsbestimmungen nicht zu machen waren, lagen der *Hundertblatt-Karte* insgesamt nicht mehr als 62 Punkte zugrunde, die ausgewählte Orte innerhalb des Karten-Ausschnittes genau auf der Erdoberfläche lokalisierten.[80] Für einen mehrere Millionen Quadratkilometer großen Flächenraum war diese Zahl aber zu klein. Dieser Umstand mag erklären, warum sich Theodor Friedrich Schubert mit der Karte später unzufrieden zeigte und im Rückblick schrieb:

> Sobald Suchtelen seinen Posten antrat, hatte er eingesehen, daß das erste Bedürfnis Rußlands in militärischer sowohl als administrativer Hinsicht war, eine, wenn auch nicht vollkommene, doch den Forderungen genügende Karte des Landes zu besitzen, an der es gänzlich mangelte. Er hatte deshalb sogleich angefangen, mit dem Obristen Oppermann, dem Direktor des Karten-Depots, die Materialien dazu zu sammeln, die zwar ziemlich ärmlich waren, da damals noch gar keine anderen Aufnahmen existierten als die erbärmlichen, partiellen der Landmesser, aus denen man aber doch eine leidlich erträgliche Karte bilden konnte, wenn man ein astronomisches Netz gehabt hätte, wo sie hätten eingetragen werden können. Dieses Netz, welches nichts anderes ist als die genaue astronomische Bestimmung der Länge und Breite einer Anzahl Orte, die alsdann die festen Punkte ausmachen, die auf einer Karte aufgetragen und zwischen welchen die verschiedenen Messungen und Aufnahmen eingepaßt werden, fehlte aber in Rußland gänzlich, und ohne dasselbe war die Anfertigung einer Karte unmöglich.[81]

Im Gegensatz zu den in Frankreich systematisch und flächendeckend durchgeführten Vermessungen, welche die Grundlagen für die berühmte *Carte géométrique de la France* (auch *Cassini-Karte*) in 192 Blättern boten[82], fußte die *Hundertblatt-Karte* des mindestens zehnfach größeren europäischen Russland eben nicht auf einem dichten astronomisch-trigonometrischen Netz, das allen lokalen topographischen Aufnahmen einen berechenbaren Ort auf der Erdoberfläche gegeben hätte. So gilt das, was 1798 in den *Allgemeinen Geographischen Ephemeriden* über den 1792 erstmals erschienenen *Russländischen Atlas* geschrieben wurde, gleichermaßen für die *Hundertblatt-Karte*:

---

78 Vgl. Amburger (Hrsg.): Friedrich von Schubert, S. 51.
79 Zach: Einleitung, S. 56.
80 Vgl. Gluškov: Istorija voennoj kartografii v Rossii, S. 52.
81 Zitiert nach Amburger (Hrsg.): Friedrich von Schubert, S. 48.
82 Brotton, Jerry: Die Geschichte der Welt in zwölf Karten, München 2014, S. 445–504.

So schätzbar nun auch diese geographischen Bemühungen dem Auslande seyn müssen, so würde dennoch der Werth desselben außerordentlich erhöhet werden, wenn man all jenen Karten, oder wenigstens den weitläufigen Vermessungen für den neueren Atlas, durch die vorzüglichen Männer, welche die Academie der Wissenschaften besitzt, einen eben so sichern Grund gegeben hätte, als die königliche pariser Academie dieses bey dem grossen cassinischen Atlas von Frankreich gethan hat. Was für ein unglaublicher Gewinn für die gesammte Erdkunde wäre es, wenn Rußland, fast das Doppelte von ganz Europa, von den Küsten Lapplands am Eismeere bis zum schwarzen Meere in seinem eigenen Gebiete ein astronomisch-trigonometrisches Triangel-System gründete, welches das ungeheure Reich, so weit es nach und nach thunlich ist, überspannte, und auf die Weise jedem Orte seine neubestimmte geographische Lage anwiese![83]

Dass die *Hundertblatt-Karte* keineswegs auf einheitlichen, genauen und zuverlässigen Vermessungen beruhte, wie das französische Beispiel, belegen auch die für Kopierzwecke herangezogenen Karten und Pläne. Die Herkunft dieser Dokumente unterschiedlicher Qualität bestätigt einerseits die Separation der Kartierung Russlands insbesondere seit der Regentschaft Katharinas II. Andererseits wird deutlich, dass für die Herstellung der *Hundertblatt-Karte* ein breites Spektrum verfügbarer Daten herangezogen worden war, die gleichwohl vielerorts aber kaum ausreichen konnten und die Kartenzeichner in Bedrängnis brachten. Aus dem Manuskript zur Herstellung dieser Karte geht hervor, dass zum einen die vereinzelt von Militärs angefertigten Karten der Grenzgebiete des europäischen Russland im Norden (Weißes Meer und angrenzende Gouvernements) Verwendung fanden. Genauso wie für den Nordwesten (russischer Teil von Finnland, Ostseeprovinzen), Westen (Gouvernement Vil'no), Südwesten (europäischer Teil des Osmanischen Reiches), Süden (Länder der Don-Kosaken und Kaukasus), Osten (Ural-Gebirge) und Südosten (Gouvernements Orenburg, Astrachan', Kaspisches Meer). Lokal ergänzt wurden die Materialien durch topographische Aufnahmen im Norden, Nordwesten, Westen und Süden. In diesem Zusammenhang kam auch Mellins *Atlas von Liefland* für die entsprechenden Blätter des nordwestlichen Grenzgebiets zur Verwendung. Auch kopierten die Zeichner des Karten-Depots vorliegende schwedische, preußische und österreichische Karten für das angrenzende schwedische Finnland, für Ostpreußen und Galizien, wofür sie sich u. a. der Kartensammlung des ehemaligen polnischen Königs bedienten. Zum anderen wurden die im Rahmen der Generalvermessungen hergestellten Atlanten, Karten und Pläne der zivilen Feldmesser von zentralrussischen Gouvernements herangezogen. Informationen über Binnengewässer teilte das Departement für Wasserwege mit, während der Innenminister Materialien über die Unterteilung der Gouvernements in Kreise bereitstellte und Angaben über das Verkehrswegenetz neuen Routen-Karten entnommen wurden, die sich das Karten-Depot aus jedem Gouvernement kommen ließ. Für die südöstlichen Gouvernements und Grenzgebiete

---

[83] Kurze Uebersicht der Fortschritte Rußlands in der Geographie seines eigenen Reiches, nebst einer Anzeige des seit den letzten Jahren bey dem dortigen Berg-cadetten-Corps ausgegebenen russischen Atlasses, 2. Teil, in: Allgemeine Geographische Ephemeriden 1 (1798) 2, S. 170 f.

des europäischen Russland benutzten die Kartenverfasser neben den Resultaten von 17 verschiedenen Expeditionen auch Reiseberichte und Beschreibungen u. a. von Forschern wie Traugott Gerber (1710–1743), Pëtr Ivanivič Ryčkov (1712–1777), Johann Peter Falk (1730–1774) und Peter Simon Pallas (1741–1808).[84] Wörtlich heißt es im Bericht:

> Da die Generalvermessung noch nicht in allen Gouvernements durchgeführt worden war, und da es darunter weniger frequentierte gibt, sind diese weniger bekannt. [...] Daher musste man hinsichtlich dieser Gouvernements viel Recherche betreiben, um die Kenntnisse zusammenzu-tragen, die in unterschiedlichen Werken verstreut waren [...] zuvorderst für die Gouvernements Olonec, Archangel'sk, Vologda und Tobolsk, in denen man nur ungefähr die Raumverhältnisse bestimmen konnte, da die Bevölkerung nur an den Ufern der großen Flüsse, der großen Seen und an den großen Wegen siedelte, und da der Rest des weiten Terrains weniger passierbar war; dann muss man die Gouvernements Vjatka, Perm, Orenburg, Saratov, Astrachan' und den Kaukasus dazu zählen, die durch die Beschreibungen von Ritchkoff, von Pallas und anderen Personen vervollständigt wurden.[85]

Demnach waren die Quellen für die nordöstlichen und südöstlichen Gouvernements besonders spärlich und vage. Demgegenüber lagen für das nordwestliche Gebiet des europäischen Russland zwar mehrere Karten vor, was die Zeichner beim Kartieren des russisch-schwedischen Grenzverlaufes aber dennoch vor Herausforderungen stellte, wie der Bericht offenbart:

> Es ist auch notwendig festzuhalten, dass die Grenze des Reiches mit Schweden auf unseren Karten anders markiert ist als auf den schwedischen. Aber man muss in Betracht ziehen, dass der Verlauf dieser Grenze von der einen und der anderen Seite unerschlossen und fast ohne Siedlungen ist und dass die Marken dieser Grenze wahrscheinlich seit ihrer ersten Aufzeich-nung nie erneuert worden sind, was eine genaue Bestimmung sehr schwierig, wenn nicht un-möglich macht, solange man nicht vor Ort eine neue Aufnahme machen will [...] Jedenfalls sind die Karten des Gouvernements von Olonec den bekannten schwedischen Karten vorzuzie-hen, um als Basis für eine Erneuerung dieser Demarkation zu dienen, da darin nicht nur alles angezeigt ist, was Russland dort aktuell besitzt, sondern man auch entlang der Grenze sogar viele kleine Seen und Bäche mit ihren Namen findet [...].[86]

Der zitierte Bericht erlaubt einen bislang unbekannten Einblick in den Herstellungs-prozess der *Hundertblatt-Karte*. Einerseits lässt sich auf Grundlage dieses Dokumen-

---

84 Vgl. RGVIA Moskva, f. 846, op. 16, d. 19878, č. 1, Podrobnaja karta Rossijskoj Imperii i bliz ležaščich zagraničnych vladenij, l. 1–4ob., Memoire. Sur les Matériaux employés à la composition de la nouvelle Carte de L'Empire de Russie.
85 RGVIA Moskva, f. 846, op. 16, d. 19878, č. 1, Podrobnaja karta Rossijskoj Imperii i bliz ležaščich zagraničnych vladenij, l. 1ob., Memoire. Sur les Matériaux employés à la composition de la nouvelle Carte de L'Empire de Russie.
86 RGVIA Moskva, f. 846, op. 16, d. 19878, č. 1, Podrobnaja karta Rossijskoj Imperii i bliz ležaščich zagraničnych vladenij, l. 5ob., Memoire. Sur les Matériaux employés à la composition de la nouvelle Carte de L'Empire de Russie.

tes aufzeigen, wie für die Zeichnung dieses einheitlichen Erscheinungsbildes von Russland und seinen Grenzgebieten Quellen unterschiedlicher Qualität herangezogen und kritisch genutzt worden waren. Andererseits offenbart es den lokal stark unterschiedlichen Stand der topographisch-kartographischen Erfassung des Landes, was schließlich eine plausible Antwort auf die Frage gibt, warum die *Hundertblatt-Karte* nicht in einem größeren Maßstab eine detailliertere Topographie zeigt, wie etwa die *Cassini-Karte* von Frankreich: Zugunsten der Einheitlichkeit des gesamten Kartenausschnittes sind die vorhandenen Quellen so weit ausgeschöpft worden, bis die maximal mögliche Vergrößerung erreicht war.

5.4 Vom äusseren Einfluss auf die militärische Vermessung und Kartographie

Nach Dominic Lievens Einschätzung gab es vermutlich in der russischen Armee mehr Ausländer als in Österreich und Preußen. Viele Soldaten und Beamte sind im 18. Jahrhundert aus europäischen Ländern nach Russland gekommen, um höher aufzusteigen oder besser bezahlt zu werden. Diese Einwanderer füllten die Lücken, die aufgrund unzureichender beruflicher Bildung bzw. einer zu kleinen gebildeten Mittelschicht in Russland klafften. Neben Ärzten mangelte es beim Militär an Ingenieur-Offizieren, die man im Ausland gewinnen konnte. Vor diesem Hintergrund waren im Kriegsjahr 1812 die beiden höchsten Offiziere der russischen Ingenieur-Truppen der Holländer Jan Pieter van Suchtelen (1751–1836) und der Deutsche Karl Ludwig Wilhelm Oppermann.[87] In der Schlacht von Borodino 1812 waren fast ein Fünftel der Stabsoffiziere auf russischer Seite nicht Untertanen des Zaren. Sogar die Mehrheit dieser Offiziere hatte nichtrussische Namen. Vermehrt war der Generalstab zuvor mit Nichtrussen und Ausländern besetzt worden, die über ein hohes Maß an mathematischen Kenntnissen verfügten, um eine neue Generation russischer Militärs auszubilden.[88] In Bezug auf die mit Vermessung und Kartenzeichnen befassten Ingenieur-Offiziere der Quartiermeister-Abteilung spiegelt sich genau das wieder. Kurz vor dem Krieg von 1812 trugen etwa die Hälfte aller Beamten des Karten-Depots sowie der Ingenieur-Kommission (*Inženernaja komissija*) ausländische Familiennamen.[89] Dazu gehörten auch Suchtelen und Oppermann, die beide ihre Ausbildung im Ausland erhalten hatten und dort als Ingenieur-Offiziere tätig waren, bevor sie beide 1783 in russische Dienste traten. Bereits in dieser Zeit führte die Hälfte aller

---

87 Vgl. Lieven, Dominic: Russland gegen Napoleon. Die Schlacht um Europa, München 2011, S. 35 f.
88 Vgl. Lieven: Russland gegen Napoleon, S. 36.
89 Vgl. Mesjacoslov s rospis'ju činovnych osob, ili obščij štat Rossijskoj imperii, na leto ot roždestva christova 1811, Teil 1, Sanktpeterburg [1810], S. 175 f., 191 f.

Beamten des Ingenieur-Korps (*Inženernyj korpus*) nichtrussische Familiennamen.[90] Jan Pieter van Suchtelen hatte die mathematische Fakultät der Universität Groningen besucht und diente in Holland als Offizier der Ingenieur-Abteilung, bis er 1783 nach Russland ging, um dort im Ingenieur-Korps tätig zu werden. Er beschäftigte sich u. a. mit dem Festungsbau im Grenzgebiet und leitete die Ingenieur-Abteilung in Kiev von 1797 bis 1800. 1801 bis 1809 war er General-Quartiermeister und Chef des Karten-Depots. Danach wurde er als russischer Botschafter nach Schweden berufen (1809–1836).[91] Karl Oppermann stammte aus der Landgrafschaft Hessen-Darmstadt, wo er ab 1779 in der Ingenieur-Abteilung der Armee diente. 1783 kam er ebenfalls nach Russland und beschäftigte sich beim Ingenieur-Korps der russischen Armee u. a. mit Festungsbau. Ab 1794 war er in Sankt Petersburg tätig, wo er ab 1796 die Zeichenkammer seiner Majestät Pauls I., sodann das Karten-Depot bis 1801 (mit Unterbrechung) und von 1809 bis 1812 leitete. 1805 erhielt Oppermann für die Zusammenstellung der *Ausführlichen Karte des russländischen Imperiums* den Orden der Heiligen Anna 1. Klasse, was eine besondere Auszeichnung war. Ab 1812 wirkte er als Direktor des neu gegründeten Militär-Topographischen Depots bis 1816 sowie als Direktor des Ingenieur-Departements bis zu seinem Tod 1831. Im Jahr 1829 wurde er für seine Festungspläne in den Grafenstand erhoben.[92] Seine Arbeiten belegen nicht nur sein Können. Vor allem zeigen sie die Perspektivbildung des zarischen Militärs auf die Grenzgebiete Ende des 18. Jahrhunderts.

Die *Neue Grenzkarte vom Russländischen Imperium. Vom Baltischen bis zum Kaspischen Meer, eingeteilt in Gouvernements, Regionen und Kreise*, war Oppermanns Erstlingswerk.[93] Diese Übersichtskarte ist eine politische Lehrkarte, die neben dem Kartenbild eine Vielzahl von Zusatzinformationen in Tabellenform beinhaltet und das gesammelte topographisch-statistische Wissen von der westlichen und südlichen Grenze des europäischen Russland samt den neu gewonnenen Gebieten auf einen Blick zusammenbringt. So ist daraus zu erfahren, dass die Summe aller Gebietserwerbungen an der West- und Südflanke des Reiches über eine halbe Million Quadratwerst – was knapp der Fläche des heutigen Frankreichs entspricht – und fast sieben Millionen neue Untertanen betrug. Des Weiteren führt sie auf, welche Wegstrecken die Städte vom jeweiligen Gouvernements-Zentrum und von Sankt Petersburg trennte. Hierbei wurden diejenigen Städte besonders kenntlich gemacht, die mit den einverleibten Gebieten hinzugekommen oder neu gegründet worden waren. Zudem bildet sie die Grenzverläufe in unterschiedlichen Expansions-Etappen

---

90 Vgl. Mesjacoslov s rospis'ju činovnych osob v gosudarstve, na leto ot roždestva christova 1783, Sanktpeterburg [1782], S. 67 f.

91 Vgl. Istoričeskij očerk dejatel'nosti Korpusa voennych topografov, S. 31.

92 Vgl. Istoričeskij očerk dejatel'nosti Korpusa voennych topografov, S. 28 f.

93 Novaja pograničnaja karta Rossijskoj imperii. Ot Baltijskago Morja do Kaspijskago, razdelennaja na gubernii, oblasti i okrugi, sočinena 1795 godu, vier Blättern, Maßstab 1 : 1.260.000, Sankt Peterburg 1795; Postnikov: Karty zemel' Rossijskich, S. 86, Abb. 58 (Ausschnitt).

ab. Diese Karte stand in engem Zusammenhang mit Oppermanns militär-strategischen Konzeptionen für die Verteidigung und Befestigung der Westgrenze, wie sie oben bereits dargestellt wurden.[94] Ende des 18. Jahrhunderts bot diese Karte den Zeitgenossen einen Überblick wie keine zweite. Ohne Übertreibung lässt sich behaupten, dass Qualität und Quantität ihres Inhaltes ein Novum in der russischen Kartographie darstellten und die Wirkkraft des Mediums Karte als imperiales Machtinstrument in neuer Weise aufzeigte. Die Karte gab dem Expansions-Raum und seinen Grenzen ein Bild, dessen Inhalt zur Einverleibung der neuen Gebiete in das staatlich beherrschte Territorium des Russländischen Imperiums entscheidend beitrug. Denn „Souveränität und Machtvollkommenheit erweisen sich an der Hoheit über Grenzen"[95]. Im Hinblick auf diese bemerkenswerte Übersichtskarte scheint es kaum verwunderlich, dass Oppermann 1797 zum Chef des neu gegründeten Karten-Depots berufen wurde und er für weitere bedeutende Karten verantwortlich war, u. a. für die als geheim klassifizierte[96] *Ausführliche Militärische Karte von Russlands Grenze mit Preußen*[97], vor allem aber die *Hundertblatt-Karte.*

Oppermann und Suchtelen waren als Ingenieur-Offiziere u. a. mit dem Festungsbau sowie mit der Vermessung und Kartographie beschäftigt. Sie zeichneten beide mit ihren Namen auf der Titelkartusche der *Hundertblatt-Karte* verantwortlich, indem sie die Karte an den Imperator „untertänigst herantragen"[98]. Nachdem Suchtelen im Jahr 1801 zum General-Quartiermeister ernannt worden war, konzentrierte er junge Offiziere mit guten mathematischen Kenntnissen in der Quartiermeister-Abteilung, um sie zu Topographen und Kartenzeichnern auszubilden. Wichtig soll ihre Eignung, weniger ihr Rang oder irgendeine Protektion gewesen sein, weshalb Ausländer nicht selten den Vorzug erhielten. So gelangten neben anderen die späteren Protagonisten der Landesaufnahmen[99] Theodor Friedrich Schubert und Karl Friedrich Tenner in die Quartiermeister-Abteilung, wo sie ausgebildet wurden.[100] Suchtelen waren die erheblichen Mängel der Kartengrundlagen bekannt, was ihn aber nicht davon abhielt, die Arbeiten an der *Hundertblatt-Karte* voranzutreiben. Für ihre Zusammenstellung standen zu wenige in ihrer Lage bekannte Orte und nicht ausreichend geeignete Karten zur Verfügung, was die Ambitionen in der Quartiermeister-Abteilung des Generalstabs steigerte, eine systematische Ausbildung von Topogra-

---

94 Vgl. Kap. 2.1.3.
95 Schlögel: Im Raume lesen wir die Zeit, S. 84.
96 Vgl. Litvin: Sobstvennoe Ego Imperatorskogo Veličestva Depo kart, S. 43.
97 Podrobnaja militernaja karta po granice Rossii s Prussieju (1799).
98 Vgl. Bl. A, Podrobnaja karta Rossijskoj imperii i bliz lešaščich zagraničnych vladenij (1805).
99 Vgl. Kap. 4.1.4.
100 Vgl. Gejsman, Platon Aleksandrovič (Hrsg.): Glavnyj štab, istoričeskij očerk vozniknovenija i razvitija v Rossii General'nago štaba do konca carstvovanija Imperatora Aleksandra I vključitel'no, Schrifitenreihe: Stoletie Voennago ministerstva 1802–1902, Bd. IV, Teil 1, Buch 2, Abt. 1, Sankt Peterburg 1902, S. 202–204.

phen durchzuführen.[101] Suchtelen suchte Möglichkeiten, die Offiziere des Generalstabes und des Karten-Depots mit der astronomischen Wissenschaft vertraut zu machen.[102] Für diesen Zweck wurden ausgewählte Offiziere von den Deutschen Johann
Ludwig Vitzthum von Eckstädt (1758–1834) und Friedrich Theodor von Schubert in
der Aufnahme von Karten sowie in der astronomischen Bestimmung von Orten unterrichtet.[103] Der Ingenieur-Offizier der General-Quartiermeisterabteilung und der
Astronom der Kaiserlichen Akademie der Wissenschaften verfassten in diesem Zusammenhang Lehrbücher, die 1801 und 1803 erschienen.[104] Diese Titel dokumentieren eindrücklich, welche Rollen Ausländer im Zarenreich spielten, um Personal für
die Vermessung und Kartierung des Landes zu gewinnen. Daneben zeigt sich aber
auch, dass das Militär ohne die Expertise der Kaiserlichen Akademie der Wissenschaften nicht auskam. Die Akademie hatte ihre führende Kompetenz in Bezug auf
die praktische Astronomie nicht aufgegeben, was ihr große Bedeutung als Ausbildungsstätte für Militärs im 19. Jahrhundert garantierte, vor allem mit dem Lehrbetrieb an der Hauptsternwarte Pulkovo ab den 1840er Jahren. Dass die Ausbildung
der Offiziere mit Blick auf die in Westeuropa gängigen Vermessungs- und Kartie-
rungsmethoden unter Suchtelen erfolgte, belegt schließlich das 1806 bis 1809 in russischer Übersetzung erschienene Handbuch der französischen Militär-Topographen.[105] Es machte die russischen Offiziere u. a. mit der historischen Entwicklung
der Kartographie vom Mittelalter bis zum Ausgang des 18. Jahrhunderts sowie mit
kartographischen Analysen topographischer Materialien einiger europäischer Staaten vertraut.[106] Obwohl für junge Offiziere wenig Anreiz bestand, im Quartiermeister-
dienst Karriere zu machen, gelang es Suchtelen, einige geeignete Leute zu finden.[107]
Er ließ sie von nichtrussischen Spezialisten ausbilden und gab ihnen u. a. die erwähnte französische Fachliteratur zum Studium. Auf diese Weise fand ein systematischer Wissenstransfer von Methoden zur Vermessung und Kartenherstellung statt,

---

101 Vgl.: Gejsman: Glavnyj štab, Teil 1, S. 205 f.

102 Vgl. Zapiski Voenno-topografičeskago depo, Teil I, 1837, S. 14.

103 Friedrich Theodor von Schubert bildete in diesem Zusammenhang neun Offiziere aus. Vgl. PSZ
I, 37, Nr. 28.693.

104 Fictum, Ivan Ivanovič: Rassuždenie o sočinenii voennych planov v pol'zu molodych oficerov
Svity e. i. v. po Kvartirmejskoj časti majorom Ivanom fon Fictumom, Sankt Peterburg 1801; Schubert, Friedrich Theodor: Anleitung zu der astronomischen Bestimmung der Länge und Breite, zum
Gebrauche der Herren Offiziere vom General-Stabe, auf Befehl Sr. Kaiserl. Majestät, Sankt Petersburg 1803; Übersetzung ins Russische durch Vitzthum von Eckstädt: Šubert, [F. I.]: Rukovodstvo k
astronomičeskomu opredeleniju geografičeskoj dolgoty i široty, sočinennoe dlja pol'sy i upotreblenija g. oficerov General'nago štaba, Sankt Peterburg 1803.

105 Mémorial topographique et militaire rédigé au dépôt général de la guerre, imprimé par ordre
du ministre, 6 Bde., Paris 1802–1805; Russische Übersetzung: Memorial topografičeskij i voennyj,
perevodimyj kolležskim assesorom Petrjavym, ėkspeditorom pri Departmente vodjanych kommunikacij, 4 Bde., Sankt Peterburg 1806–1809.

106 Vgl. Postnikov: Razvitie krupnomasštabnoj kartografii v Rossii, S. 86.

107 Vgl. Gejsman: Glavnyj štab, Teil 1, S. 202–204.

der sich auf zukünftige Kartenbilder des Landes auswirkte. Die überzeugendsten Belege dafür sind die späteren Arbeiten von Theodor Friedrich Schubert und Karl Tenner. Während Suchtelen zwischen 1801 und 1809 nicht nur General-Quartiermeister war, sondern auch dem Karten-Depot vorstand, leitete vermutlich Oppermann die gesamte technische Herstellung der Karte. Denn dieser hatte sich im Unterschied zu Suchtelen vor allem als Kartenverfasser einen Namen gemacht. Neben den bereits angeführten militär-strategischen Konzepten zur Befestigung und Verteidigung der Westgrenze und seinen Vorschlägen zur Neubildung des Militär-Topographischen Depots nach französischem Vorbild, war Oppermann von 1809 bis 1815 für die militärisch taktische Ausbildung des Großfürsten und späteren Thronfolgers Nikolaj Pavlovič (Zar Nikolaus I. 1825–1855) verantwortlich. Nach Oppermanns Meinung verfügte der Großfürst schließlich nicht nur über gründliche Kenntnisse in Arithmetik, Geometrie, Trigonometrie, Algebra, Mechanik und Festungsbau, sondern war auch über die Landschaft und Topographie der Westgrenze im Bilde und konnte ihre Verteidigung „nach wissenschaftlichen Regeln" selbstständig taktisch planen.[108] Möglicherweise hatte Oppermann auf diese Weise Einfluss auf die strategische, militär-topographische und kartographische Ausrichtung des Zarenreiches. So müssen seine Herkunft, seine Ausbildung als Ingenieur-Offizier in Hessen-Darmstadt sowie das in seinen Augen vorbildhafte französische Kriegs-Depot (*Dépôt de la Guerre*) als Hinweise dafür verstanden werden, dass Oppermann für das Zarenreich eine wertvolle Mittlerfunktion einnahm, sodass sich das russische Militär zunehmend einer Kartographie zu bedienen verstand, die sich der französischen annäherte. Die Entscheidungen Pauls I. sowie Alexanders I., Oppermann und Suchtelen an die entscheidenden Stellen der Kartographie des Reiches zu setzen, gingen auf. Der Deutsche und der Holländer ergänzten sich in ihren Bemühungen, die in westeuropäischen Kontexten angewandten Methoden in der Vermessung und Kartenherstellung in Russland zu etablieren. Auch wenn die *Hundertblatt-Karte* ihren Ansprüchen nicht vollkommen gerecht werden konnte, so stellt sie einen deutlichen Fortschritt in der Herstellung eines einheitlichen und relativ detaillierten Kartenbildes des europäischen Russland dar.

5.5 Bildanalyse

In der *Hundertblatt-Karte* spiegelt sich das Raumbild, das sich die Staatsmacht im beginnenden 19. Jahrhundert von einem Teil des Russländischen Imperiums machte. Sie ist gleichsam Abbild des politischen Ziels, das einverleibte sowie abgelegene Gebiete mit dem russischen Kernland zu einem einheitlichen imaginierten Herr-

---

108 Vgl. Šilder, Nikolaj Karlovič: Imperator Nikolaj pervyj. Ego žisn' i carstvovanie, Bd. 1, Sankt Peterburg 1903, S. 34; Materialy i čerty k biografii Imperatora Nikolaja I., Schriftenreihe: Sbornik Imperatorskago russkago istoričeskago obščestva, Bd. 98, Sankt Peterburg 1896, S. 62, 82 f.

schaftsraum von weit über fünf Millionen Quadratkilometern verschmolz und damit
als Ordnungs-Instrument beim Territorialisierungs-Prozesses im Zarenreich zu verstehen ist. Umfang, Maßstab und Inhalte der Karte offenbaren, was dieses Raumbild
beinhaltet und ausschließt, was diese Karteneigenschaften ermöglichen und verhindern, und schließlich geben sie Hinweise auf die Absichten, welche die Verfasser
und ihre Auftraggeber mit der Herstellung dieser Karte verfolgten.

5.5.1 Umfang der Karte

Inwieweit die bedrohliche außenpolitische Lage um die Wende vom 18. zum 19. Jahrhundert zur Herstellung der *Hundertblatt-Karte* geführt hatte, ist bisher nicht untersucht worden. Der im Kartenbild ungewöhnlich weit in ausländische Gebiete rei-
chende Grenzstreifen im Westen bzw. Süden sowie der entsprechende Hinweis im
Titel sprechen zumindest für einen militärischen Zweck der Karte. Kartenverfasser
Oppermann gibt in seinem militär-strategischen Konzept dafür eine Erklärung, indem er einen unvergleichlichen Vorteil darin sah, auf den Feind außerhalb der eigenen Grenzen zu stoßen und eigene Festungsanlagen in Rückzugsbewegungen einzu-
binden. Außerdem bildete die Karte (Abb. 13) den vollständigen europäischen Teil
Russlands und damit die Gebiete der Inspektionen (Abb. 3) ab, weshalb sie sich
auch als Quartierkarte eignete. Die Bedeutung ausländischer Grenzgebiete korrespondiert mit dem Befund Jürgen Osterhammels, dass Imperien dazu neigen, einen
Pufferstreifen zwischen sich und benachbarten Imperien aufzubauen, während ein
direktes Aneinandergrenzen von Imperien militärisch oft sehr stark abgesichert wurde.[109]

Dass sich der geographische Fokus der *Hundertblatt-Karte* nicht in ihrem offiziellen Titel widerspiegelt, wirft Fragen auf. Wäre angesichts ihres Ausschnitts der Titel *Ausführliche Karte vom westlichen Teil des Russländischen Imperiums* nicht zutref-
fender gewesen? Warum berücksichtigte sie nicht Sibirien und Russisch-Amerika,
wie der letztmalig im Jahr 1800 gedruckte *Russländische Atlas*[110]? Wie die im letzten
Viertel des 18. Jahrhunderts unternommenen Vermessungen und Kartenproduktio-
nen verschiedener Institutionen zeigen, lag der Fokus klar auf dem europäischen
Teil Russlands. Für die Herstellung einer einheitlichen Karte in dem vergleichsweise
großen Maßstab der *Hundertblatt-Karte* waren offensichtlich noch nicht genügend
detaillierte topographische Informationen vom asiatischen Teil Russlands verfügbar.
Mit der 1816 gedruckten *Ausführlichen Karte der Bergbau-Region Kolyvano-Voskresensk* wurde dann dieser Schritt in einer Region West-Sibiriens vollzogen, die durch
den forcierten Bergbau seit dem 18. Jahrhundert erschlossen worden war und durch
ihre reichen Bodenschätze für die Staatsfinanzen im postnapoleonischen Russland

---

109 Vgl. Osterhammel: Die Verwandlung der Welt, S. 607.
110 Vgl. Rossijskoj atlas iz soroka trech kart (1800).

größte Bedeutung gehabt haben dürfte. Damit wurde einer Praxis gefolgt, wie sie aus unterschiedlichen Motiven für andere Gebiete außerhalb des ursprünglichen Kartenausschnittes auch im Norden (Finnland, Schweden, Norwegen), Westen (Polen) und Süden (südlicher Kaukasus, Bosporus/ Dardanellen) angewendet worden war: Die Karte wurde über den gerahmten ursprünglichen Ausschnitt hinaus sukzessive in die Richtungen erweitert, die für die zarische Regierung aus innen- wie außenpolitischen Gründen relevant waren. Sofern ausreichende Quellen vorlagen, war es problemlos machbar, das Kartenbild nahtlos zu erweitern – ganz im Gegensatz zum *Russländischen Atlas* mit seinen einzelnen Kartenblättern in verschiedenen Maßstäben. Es ist denkbar, dass diese Möglichkeit bei der Wahl des offiziellen Titels bereits berücksichtigt wurde.

5.5.2 Maßstab

Im Vergleich zu der *Cassini-Karte* von Frankreich in einem Maßstab von 1 : 86.400, ist der Maßstab der *Hundertblatt-Karte* von 1 : 840.000 um rund das zehnfache kleiner. Das heißt, dass ein Zentimeter in der französischen Karte 864 Meter in der Natur entsprechen, während ein Zentimeter in der russischen Karte 8.400 Meter in der Natur abbilden. Infolge des größeren Maßstabes der französischen Karte kann diese wesentlich mehr topographische Informationen beinhalten. Ausgehend von der Gleichung, dass detaillierteres topographisches Wissen eine stärkere räumliche Kontrolle erlaubt, stellt sich die Frage, warum der Maßstab der russischen Karte nicht größer gewählt wurde. Abgesehen von der gewichtigen Tatsache, dass der europäische Teil Russlands die Fläche Frankreichs um ein Vielfaches übersteigt, hat die vorliegende Untersuchung der Vermessungen und Kartierungen gezeigt, dass in Abhängigkeit von den tatsächlichen Flächenausdehnungen der Gouvernements, die Maßstäbe der Gouvernements-Karten sehr unterschiedlich ausfielen. So lag die Karte vom dünn besiedelten und somit großflächigen Gouvernement Archangel'sk aus dem Jahr 1797 in einem Maßstab von 1 : 1.250.000 vor, während die Karte vom dicht besiedelten und relativ kleinen Gouvernement Orel' aus dem gleichen Jahr in einem größeren Maßstab von 1 : 336.000 gezeichnet wurde. So variieren auch die Maßstäbe der Gouvernements-Karten im *Russländischen Atlas* (1800) zwischen 1 : 420.000 und 1 : 2.520.000 mitunter erheblich. Um die Gouvernements in ihren teilweise stark heterogenen Flächenausdehnungen auf dem einheitlichen Blattformat des Atlas abbilden zu können, mussten unterschiedliche Verkleinerungsverhältnisse gewählt werden. In einem Atlas ist die Verwendung unterschiedlicher Karten-Maßstäbe üblich. Jedoch nicht in einer vielblättrigen Karte, die ein einheitliches, zusammenhängendes Bild ergibt. Angesichts des herangezogenen Quellenmaterials wird klar, dass die Wahl des Maßstabs für die *Hundertblatt-Karte* von teilweise sehr kleinen Maßstäben des Ausgangsmaterials abhing und ihr Maßstab von 1 : 840.000 die maximal erreichbare Vergrößerung darstellte. Es handelte sich demnach um den größten Maßstab, der für eine einheitliche, flächendeckende Karte vom europäischen Teil Russlands zu Beginn des 19. Jahrhunderts möglich war. Dass die Karte in ihrem Titel als „ausführlich" (*podrobnaja*) bezeichnet wurde, verweist zudem darauf, dass sie in einem größeren Maßstab mehr Details als die bis zum beginnenden 19. Jahrhundert erschienenen Generalkarten Russlands beinhaltet.

5.5.3 Territorium im Kartenbild

Somit besteht der wesentliche Unterschied zwischen dem *Russländischen Atlas* und der *Hundertblatt-Karte* in der Darstellung des Territoriums. Während der Atlas neben der Generalkarte jedes Gouvernement – quasi als Insel – auf einer separaten Karte in einem unterschiedlichen Maßstab abbildet, ist die *Hundertblatt-Karte* in 25 gleiche Teile zu je vier Blättern geschnitten und nimmt auf die administrative Einteilung Russlands keine Rücksicht. Diese Blätter sind bis ganz zum Kartenrand ausgefüllt, können durch ihren einheitlichen Maßstab aneinandergelegt werden und ergeben ein zusammenhängendes Bild des kartierten Territoriums. Mit dieser für Russland neuen Methode verschwanden auch die allegorischen Darstellungen, wie sie typisch für die Gestaltung von Atlaskarten des 18. Jahrhunderts sind. Sie symbolisierten die bestimmenden Themen aus dem wirtschaftlichen Leben der Gouvernements, so zum Beispiel den Handel, die Landwirtschaft, den Bergbau, die Bienenzucht oder den Waffenbau. Während die Atlaskarten die Gouvernements mit ihrem Maßstab und allegorischen Beschreibungen in ihrer Unterschiedlichkeit präsentieren, geschieht im Bild der vielblättrigen Karte eine Homogenisierung. Ungeachtet der unterschiedlichen Flächenausdehnungen und wirtschaftlichen Prägungen der Gouvernements bestimmt lediglich der Kartenschnitt über das dargestellte Gebiet. Der visuelle Effekt besteht darin, dass das abgebildete Territorium vom Kartenleser als Teil eines homogenen Ganzen wahrgenommen wird und eben nicht in separate Gouvernements zerfällt. Zudem vermittelt dieses zusammenhängende und einheitliche Bild die Suggestion eines lückenlos erfassten Raumes, wie es die allseits bewunderte *Cassini-Karte* zeigte. In dieser Form drückte sie genaueres Wissen und damit größere Macht aus, da sie den Eindruck einer Karte erweckte, deren Herstellung auf wissenschaftlichen Prinzipien beruhte und das Diffuse durch das Berechenbare ersetzt worden war. Es kann als Machtfrage interpretiert werden, ob Russland in der Lage war, seine Rückständigkeit zu überwinden und sein Territorium ebenso methodisch zu kartieren und in einer vergleichbaren Karte zu repräsentieren. Wie selbst 1782 der Großfürst Pavel Petrovič angesichts „vortrefflicher" Karten des Auslandes bemängelt hatte, empfand er die von Russland vorhandenen Karten als eine „Schande".[111] Die spätere Außenwirkung der *Hundertblatt-Karte* darf hierbei nicht unterschätzt werden, da sie die Erfassung und Durchdringung des Raumes durch möglichst umfassendes, zuver-

---

111 Vgl. Kap. 5.2.

lässiges und genaues Wissen bezeugte. Sie imaginierte, dass jeder Teil des abgebildeten Reichsgebietes gleichmäßig vom Staat durchdrungen war und zum festen Bestandteil des russländischen Territoriums zählte. Im Ausland hieß es rückblickend anerkennend:

> Es war ein Riesenunternehmen, ein Ländergebiet von 75,000 deutschen Geviertmeilen in einem so großen Maßstabe, als der der Podrobnaja Karta ist, geographisch darzustellen und so ausführlich und vollständig, so daß es erstaunenswürdig ist, wie bei dem, man möchte sagen, völligen Mangel an Materialien, wenigstens guten, durchweg gleichförmigen Materialien, Derartiges zusammengesetzt und geleistet werden konnte.[112]

Ferner eignete sich die zusammenhängende Darstellung eines Territoriums für militärische Planungen besser als eine Sammlung unterschiedlicher Atlas-Karten, da es für Truppenverlegungen vor allem darauf ankommt, vom Land einen zusammenhängenden topographischen Überblick zu gewinnen. Hierin zeigen sich die unterschiedlichen Perspektiven auf das Territorium besonders eindrücklich. Vor dem Hintergrund der Gouvernements-Reform (1775–1785) und der dringenden Notwendigkeit, dem Senat und der Verwaltung ein aktuelles Bild von der administrativen Ordnung des Staates zu geben, richten die Karten des *Russländischen Atlas* im Unterschied zur *Hundertblatt-Karte* ihren Blick aus den jeweiligen Gouvernements heraus auf Verwaltungseinheiten, Gouvernements- und Kreisgrenzen – für das *gesamte* Territorium: umso dichter besiedelt ein Gouvernement, desto detaillierter das Kartenbild. Unweigerlich entsteht der Eindruck, dass sich in diesen Atlas-Karten Raumbilder der katharinäischen Regierung auf russländische Gouvernements widerspiegeln, die mehr von Fragen der inneren Staatsverwaltung geprägt waren, als von militärisch-strategischem Kalkül. Dies ist insofern bemerkenswert, da während Katharinas II. Regentschaft über Jahrzehnte hinweg erfolgreich Krieg an verschiedenen Fronten geführt und das „Sammeln der Länder" günstig betrieben worden war und der einzige neuere Reichs-Atlas (*Russländischer Atlas* 1792–1800) Raumbilder enthält, die vom Blick nach innen, von administrativer Verwaltung und Wirtschaft dominiert sind. Wie das Scheitern des zarischen Generalstabs bei der Herstellung einer Reichs-Karte in den 1760er Jahren offenbarte, spielte das Militär in dieser Zeit nur eine untergeordnete Rolle bei der Herstellung von Generalkarten. Stattdessen lag die zentrale Kompetenz erst beim Geographischen Departement der Kaiserlichen Akademie der Wissenschaften und ab 1786 bei der Bergbau-Schule, die dem Kabinett unterstellt war. Daher rühren die Raumbilder, wie sie sich in den Atlaskarten widerspiegeln.

Nach dem Tod der Kaiserin 1796 entstanden dagegen auf Basis der Zentralisierung der Kartographie beim Karten-Depot in dichter Folge gedruckte Karten von Russland, die vor allem den westlichen Teil des Territoriums und seine Grenzen wie-

---

112 Schuberts Karten von Russland, in: Hertha. Zeitschrift für Erd-, Völker- und Staatenkunde 5 (1829) 13, S. 77.

dergeben und von einem militärisch-strategischen Blick geprägt sind. Dies geschah in einer Zeit, als sich Russland unter Zar Paul I. an die Zweite Koalition gegen das revolutionäre Frankreich annäherte und aktive Bündnispolitik zum Erhalt der alten Ordnung in Europa betrieb, was 1799 in der russischen Beteiligung am Zweiten Koalitionskrieg mündete (oberitalienischer Feldzug unter Suvorov), bevor Russland in Frankreich einen neuen Verbündeten suchte.[113] Wie die im Archiv erhalten gebliebene Original-Karte zeigt, fiel die Entscheidung zur Herstellung der *Hundertblatt-Karte* während eben diesen brisanten außenpolitischen Entwicklungen – nicht erst unter Alexander I., wie die Angabe auf dem Rand der Blattübersicht (erste Auflage) glauben macht. Dieses große Kartenprojekt war nämlich bereits unter der rechten Hand Zar Pauls I., Grigorij Grigor'evič Kušelev begonnen worden, dessen Name als Verantwortlicher noch in der Titelkartusche genannt wird.[114] Kušelev büßte mit dem Ableben Pauls I. 1801 aber seine hohe Stellung im Karten-Depot ein, und infolgedessen der Name des neuen General-Quartiermeisters Suchtelen auf den gedruckten Titelkartuschen (über dem Namen Oppermanns) erschien und den Eindruck erweckt, diese Karte sei eine Idee aus der Zeit Alexanders I. früher Regentschaft. Dass die Karte aus Pauls I. Regierungszeit stammt, wird ebenso durch die Aussage eines späteren Direktors des Militär-Topographischen Depots bestätigt, der den Beginn der Arbeiten an der *Hundertblatt-Karte* auf das Jahr 1799 datierte.[115]

Wie die Publikation der Karte, ihre sukzessive Erweiterung, die Neuauflagen und nicht zuletzt das Kartenbild selbst belegen, wusste Alexander I. dieses Kartenprojekt effektiv zu nutzen, um nicht nur für militärische und außenpolitische Fragen, sondern auch für administrative und wirtschaftliche Überlegungen ein genauso ausführliches wie repräsentatives Bild zu gewinnen. Als Großprojekt des Karten-Depots zeigt die Karte eine bedeutende inhaltliche Verdichtung des katharinäischen Raumbildes für den westlichen Teil des Reiches. Die immense Zunahme und Verdichtung an topographischen Informationen in diesem einheitlichen Kartenbild war das Resultat der Zentralisierung der Kartographie im direkten Umfeld des Zaren und gab dem Anspruch absolutistischer Machtentfaltung ein neues Bild. Mit der *Hundertblatt-Karte* wurde ein inhaltlich komplexeres und einheitlicheres Raumbild geschaffen, das der Regierung, dem Militär und der Administration gleichermaßen als Entscheidungs-Grundlage zur Verfügung gestellt worden war.

113 Vgl. Fischer, Alexander: Die Herrschaft Pauls I., S. 947.
114 Vgl. RGVIA Moskva, f. 846, op. 16, d. 19903, Brul'ony podrobnoj karty Rossijskoj imperii I bliz ležaščich zagraninych vladenij i proč. Spb 1804g. Ruk. sost. V depo kart. M. 20 V. l. 1.
115 Vgl. Blaramberg: Primečanie ot redakcii, S. 9.

5.5.4 Vom Schweigen der Karte

Die *Hundertblatt-Karte* gibt, genauso wie jede andere Karte auch, nur eine unvollständige Auswahl der Realität wieder. Ausschnitt, Maßstab und Zeichensatz der Karte sind von den Absichten und Möglichkeiten des Kartenverfassers geprägt. Kurz, die Karte zeigt nur das, was dargestellt werden sollte und konnte. Der Kartenausschnitt imaginiert den westlichen Teil des russländischen Imperiums ungeachtet der kulturellen und politisch-hierarchischen Unterschiede der Regionen als einen gleichmäßigen Herrschaftsraum. Die Erscheinungsform als ein aus vielen Blättern zusammenfügbares Bild im einheitlichen Maßstab verstärkt diese Wahrnehmung besonders. Dabei kam es dem Auftraggeber angesichts seines Herrschaftsanspruchs offenbar auch nicht darauf an, die Unterschiede Russlands als Vielvölkerreich zu betonen. Im Gegenteil, die Karte beschwört die Verschmelzung zu einem einheitlichen Territorium kraft *eines* Zeichen- und Beschriftungssystems, wodurch der physische Raum gleichförmig durchdrungen erscheint. Dies gibt aber lediglich *eine* Perspektive auf das Reich, nämlich die der Sankt Petersburger Machtzentrale wieder, wie die Erweiterung um die *Karte des Zartums Polen*[116] allein durch die Sprache des Titels belegt. Für die *Cassini-Karte* wurde ganz ähnlich festgestellt, dass mit der geographischen Standardisierung der Beschriftung eine „linguistische Vereinheitlichung" der unterschiedlichen Regionen Frankreichs einherging. Die Karte kannte demnach nur die Sprache der Herrscher in Paris, jedoch keine regionalen Dialekte.[117] Das Nichtdarstellen von regionalen Qualitäten ist eine Sache, das vollkommene Auslassen, eine andere. Neben der Frage der inhaltlichen Auswahl der Karte, die im Signaturen-Schlüssel ablesbar ist, hat die Frage des Kartenausschnitts keine geringere Bedeutung. Der Ausschnitt der *Hundertblatt-Karte* beinhaltet fast ausschließlich den westlichen Teil des Zarenreiches, während darin Sibirien nur teilweise und Russisch-Amerika gar nicht vorkommen. Wie oben dargelegt, mangelte es an Quellen, um die Karte in ihrem gewählten Maßstab und Inhalt auf das asiatische und amerikanische Land auszudehnen. Demnach waren nicht genügend Daten für die Kartierung dieser ausgedehnten, dünn besiedelten und nicht durchdrungenen Gebiete vorhanden, um in der *Hundertblatt-Karte* berücksichtigt zu werden. Damit blieb der Großteil des asiatischen und amerikanischen Russland außerhalb des Kartenausschnitts, was sich auf die Wahrnehmung der Kartenleser vom Russländischen Imperium auswirkte. Der Maßstab hat hingegen großen Einfluss auf den zur Verfügung stehenden Platz innerhalb des Kartenbildes. Umso kleiner dieser gewählt ist, desto weniger Platz steht auf dem Papier für Inhalte zur Verfügung. Angesichts des gewählten Maßstabes der *Hundertblatt-Karte* war es zum Beispiel nicht möglich, Bebauungsstrukturen von Städten anzudeuten, Brücken von Furten oder bewaldete Gebiete von landwirtschaftlichen Flächen zu unterscheiden.

---

116 Karta carstva Polskago (1816).
117 Vgl. Brotton: Die Geschichte der Welt in zwölf Karten, S. 488.

5.5.5 Kartenlesen

Die Karte gibt ein Raumbild der Zeitgenossen wieder, das einerseits naturräumliche Gegebenheiten, wie Gebirgslandschaften, stärker denn je berücksichtigt. Andererseits zeigt es den Blick auf die Mobilisierung wirtschaftlicher und militärischer Ressourcen. Dies wird am wesentlich verbreiterten inhaltlichen Spektrum deutlich, wodurch ein stark differenziertes Transportwegenetz mit ebenso stark differenzierten Siedlungen, militärisch relevanten Befestigungen, Verarbeitungsbetrieben, Bergwerken und Zollämtern zu *einem* Raumbild des westlichen Russland verschmolzen wurde. Beim Kartenlesen geraten unweigerlich die Darstellungsgrenzen der Karte in den Blick, die hier ebenso benannt werden sollen, um einen möglichst vollständigen Eindruck vom Potential der *Hundertblatt-Karte* zu erhalten.

5.5.5.1 Geländedarstellung

Die Wiedergabe der Erdoberflächenformen gehört zu den schwierigsten Problemen der Kartographie.[118] Bei dem in Abbildung 23 gezeigten Kartenausschnitt der *Hundertblatt-Karte* handelt es sich um einen Teil des Kaukasus entlang des östlichen Schwarzmeer-Ufers. Dargestellt ist eine Gebirgslandschaft aus vielen namenlosen Bergketten, Tälern, Flüssen sowie Siedlungen, Wegen und einer Festung. In einer zeitgenössischen deutschsprachigen Rezension heißt es:

> Die Situation der Berge ist in halbperspektivischer Manier, und sehr gut ausgefallen. Nur scheinen die überhängenden Zackengebirge des Caucasus etwas übertrieben zu seyn. Eine völlig topographische Darstellung der Berge war hier übrigens nicht zu erwarten.[119]

Die perspektivische Geländedarstellung vermittelt ein eindrückliches Bild von der Wahrnehmung der Zeitgenossen und weist darauf hin, wie diffus und ungefähr und wie wenig in diesem Gelände konkret wissenschaftlich erfasst und exakt vermessen worden war. Die Geländedarstellung entspricht einer schablonenhaften Andeutung von Berggebieten, welche die individuellen Formen und exakten Lagen nicht berücksichtigt.[120] Die dabei verwendete Seitenansicht verursacht so genannte „tote Räume"[121], wie sie sich hier hinter den diagonal über den Kartenausschnitt verlaufenden Bergketten ergeben. Was sich in diesen „toten Räumen" befindet, erfährt der Betrachter nicht. Der einheitliche Kartenschnitt, die gleichförmigen Kartenschriften und Kartenzeichen für Siedlungen und Straßen lassen diese Phantasielandschaft ebenso zuverlässig erscheinen, wie andere Teile der Karte. Obwohl der Grad der

---

118 Vgl. Wesen und Aufgaben der Kartographie, S. 259.
119 N. N.: Podrobnaja karta Rossiyskoy Imperii i bliz lezschaschtschich zagranischnychwladjeniy ssotschinjaetssja, grawiruetssja i petschataetssja pri sobstwennom Ego Imperatorskago Welitschestwa Depo Kart, in: Allgemeine Geographische Ephemeriden 19 (1806) 2, S. 221.
120 Vgl. Wesen und Aufgaben der Kartographie, S. 260.
121 Vgl. Wesen und Aufgaben der Kartographie, S. 260.

Raumerschließung in diesem Gebiet – das erst 1810 vom Russländischen Reich einverleibt wurde – viel geringer war, suggeriert es als Teil des Ganzen Anspruch auf Wahrhaftigkeit. Nirgendwo sonst im Kartenbild ist die Divergenz zwischen Anspruch und Wirklichkeit deutlicher zu sehen, als an diesem Beispiel. Mit der Karte wurde der Herrschaftsraum des Russländischen Imperiums einheitlich repräsentiert, auch wenn diesem Bild eine unbekannte Vielzahl unterschiedlichster Quellen zugrunde lag. In der Retrospektive bezeugt das Bild aber, wie fern in dieser Gebirgslandschaft räumliche Kontrolle, Macht und Souveränität Russlands gewesen sein muss. Kurzum zeigt es eher die Ohnmacht gegenüber diesem Naturraum, einer Gegend, die nicht nur aufwändig und teuer zu vermessen, sondern auch politisch und militärisch schwierig zu kontrollieren war.

5.5.5.2 Transportwege

Während für das Transportwesen die schiffbaren Wasserwege im europäischen Teil Russlands die Hauptrolle spielten, beeinträchtigten für lange Zeit Unzuverlässigkeit, Unregelmäßigkeit und Langsamkeit den Warentransport auf dem Landweg, weshalb dieser nur für den lokalen Markt Bedeutung hatte. Mit dem Ausbau einiger bedeutender Straßen in der ersten Hälfte des 19. Jahrhunderts konnte ihre Passierbarkeit partiell verbessert werden, obwohl die zumeist schlechten Straßenverhältnisse als ein Wesensmerkmal der russischen Infrastrukturgeschichte gelten.[122] Dass die Landwege für Passagiere, Waren, Postsendungen und das Militär im beginnenden 19. Jahrhundert an Bedeutung gewannen, scheint die *Hundertblatt-Karte* deutlich zu belegen. Denn ihr wohl bedeutendster neuartiger Inhalt bestand im kartierten Straßennetz, das über den gesamten westlichen Teil Russlands reichte, Wege in entlegene Gebiete wies und dabei sogar zwischen verschiedenen Straßenklassen unterscheidet. Diese Darstellung ermöglichte es, für den Transport die Wasserwege mithilfe der Landwege zu ergänzen, das Verkehrswegenetz zu verdichten, um die Integration möglichst vieler Gebiete zu begünstigen und die Verschmelzung zu einem wirtschaftlich und militärisch funktionierenden Herrschaftsraum voranzutreiben. Am Beispiel des Gouvernements-Zentrums Kaluga lassen sich diverse Verkehrsverbindungen zeigen und mit älteren Kartenbildern eindrücklich vergleichen. Abbildung 15 zeigt eine durchgezogene Doppellinie, die horizontal am nördlichen Ufer des Flusses (Oka) entlangführt. Es handelt sich um eine Poststraße, auf deren Route Kaluga mit einer Poststation (Posthorn) und einem Hafen (Anker) liegt. Neben einer großen Straße (durchgezogene Linie mit paralleler Punktlinie) und einer mittleren Straße (einfache Linie) führt auch eine Poststraße von Süden her in die Stadt, während von Norden eine Poststraße und eine große Straße auf das Zentrum zulaufen. Die einfache gepunktete Linie im Süden der Stadt kann leicht mit einem weiteren

---

122 Vgl. Cvetkovski, Roland: Modernisierung durch Beschleunigung. Raum und Mobilität im Zarenreich, Frankfurt/M. 2006, S. 75–77.

Verbindungsweg verwechselt werden. Es handelt sich dabei um eine Kreisgrenze, die am linken Bildrand in einen Flusslauf übergeht. Mit der Kartierung von Poststraßen kamen auch Poststationen in die Karte, deren Ausbau durch Katharinas II. Politik systematisch befördert worden war.[123] Wie aus dem Vergleich hervorgeht, verzeichnete der *Russländische Atlas* (1792–1800) weder Straßen noch Poststationen, so dass die ländlichen wie städtischen Siedlungen im Kartenbild nur einen ungefähren Platz innerhalb eines Gewässernetzes fanden und lediglich als Gouvernements-Zentrum, Kreisstadt oder kleinere Ortstypen unterschieden wurden (Abb. 16). Die 1782 gedruckte Karte aus dem *Atlas der Statthalterschaft Kaluga* (Abb. 17) zeigt hingegen, dass Straßen (durchgezogene Linie mit parallel verlaufender gestrichelter Linie) auf regionaler Ebene bereits früher in Karten eingezeichnet wurden, auch wenn dabei offensichtlich keine Differenzierung vorgenommen worden war.

Im Jahr 1788 wurde die Stadt Kaluga im *Geographisch-statistischen Lexikon* als ein regionales Handelszentrum mit vier Marktplätzen und vier Anlegestellen beschrieben, über das nicht nur in ferner gelegene Städte wie Moskau, sondern auch ins Ausland Hanffasern, Bürsten, Wachs, Honig, Hasenfelle, Pelze, Segeltuch, Vieh und Äpfel verschifft wurden. Über die Landwege wurde hingegen Handel mit näher gelegenen Regionen getrieben, um Brot, Hanf, Hanföl, Honig und Wachs anzubieten.[124] Warum Vil'brecht aber im *Russländischen Atlas* gänzlich auf die Darstellung von Landverbindungen verzichtete, ist nicht klar. Es kann nur vermutet werden, dass ihm im Gegensatz zum Karten-Depot nicht genügend Daten vorlagen, um das gesamte kartierte Gebiet, einschließlich Sibiriens, mitsamt der Straßen und Wege einheitlich abzubilden, sofern diese wegen der miserablen Zustände überhaupt als solche bezeichnet werden konnten. Straßen als Landverbindungen hatten neben dem Warentransport für die Mobilisierung und Dislokation der Armee entscheidende militärische Bedeutung. Obwohl großmaßstäbliche Marschrouten-Karten und Itinerare existierten, konnten diese aber nicht den gleichen Überblick über weit ausgedehnte Operationsgebiete und Inspektionen geben, wie es die *Hundertblatt-Karte* vermochte. So spielten die kartierten Straßen und Wege vor allem an strategisch wichtigen Orten, wie Städten und Festungsanlagen eine besonders große Rolle. Am Beispiel der Stadt Smolensk ist gut erkennbar (Abb. 18), dass neben den Signaturen für Poststraße (Doppellinie), große Straße (Linie mit parallel verlaufender Punkt-Linie), Anlegestelle (Anker) und Post (Posthorn) auch ein Zeichen für ihren Status als Gouvernements-Verwaltungszentrum (dreigliedriges Gebäude) Verwendung fand. Demnach zeigt der Kartenausschnitt, dass Smolensk wichtige administrative Bedeutung hat und an das Wasser-, Land- und Postwegenetz angebunden ist. Dagegen finden sich keine detaillierten Informationen über die nähere Umgebung der Stadt, etwa wo sich Wald oder eine Erhebung befindet.

---

123 Vgl. Cvetkovski: Modernisierung durch Beschleunigung, S. 114–116.
124 Vgl. Novy i polnyj geografičeskij slovar' Rossijskago gosudarstva, hrsg. von Maksimovič, Lev Maksimovič, Moskva 1788, S. 135 f.

5.5.5.3 Befestigungen

Zu den eindeutig militärischen Inhalten der *Hundertblatt-Karte* zählen unterschiedliche Signaturen für Befestigungstypen. Abbildung 18 zeigt eine mittelalterliche Verteidigungsanlage, die im Kartenbild nur durch eine quadratische Signatur mit vier Eckpunkten angedeutet, nicht aber als Grundriss wiedergegeben wird. Obwohl dieses Zeichen im Signaturen-Schlüssel der Karte nicht erklärt wird, geht aus der Zeichenanweisung von 1794 hervor, dass es eine Burganlage (*zamok*) darstellt.[125] Klar definiert die Legende dagegen das Zeichen für Festung (*krepost*), welches für die Verteidigungsanlagen der Grenzgebiete Verwendung fand. Abbildung 20 deutet die Grundrisse der Festungen Izmail und Kilija sowie ihre Verbindungswege am nördlichsten Ufer des Donaudeltas in Bessarabien an, das zum Territorium des Osmanischen Reiches gehörte, bis es 1812 vom Russländischen Imperium erobert wurde. Die handkolorierten Ufer bilden die Donau als Grenzfluss zwischen osmanischem (violett) und russländischem Territorium (grün) ab. Abgesehen von den Uferlagen und Landverbindungen, geht aus der Karte die Beschaffenheit der näheren Umgebungen der Festungen nicht hervor.

5.5.5.4 Kartenschrift

Die Buchstabenschrift in der Karte hat nicht allein die Funktion, Eigennamen von Siedlungen, Gewässern, Bergen, Grundstücken und Gebieten zu vermitteln. Sie kann auch durch eine bestimmte Gestaltung qualitative Eigenschaften und quantitative Merkmale ausdrücken.[126] Abbildung 21 zeigt den Einsatz unterschiedlicher Gestaltungen. Während die Fabriken mit fett gedruckter und geradestehender Schrift bezeichnet werden, sind die mit Kreissignatur und senkrechtem Strich symbolisierten *Dörfer ohne Kirche* (*derevnja*) mit kursiver Schrift benannt. Mit der überarbeiteten Auflage der *Hundertblatt-Karte* (1805) wird im Signaturen-Schlüssel dem Schriftgrad ein quantitatives Merkmal von Siedlungen eindeutig zugeschrieben. Für die Darstellung aller dörflichen Siedlungstypen (*mestečko, sloboda, selo, myza, derevnja*) sowie Fabriken galt fortan, dass ihre Eigennamen kursiv geschrieben wurden, sofern dort weniger als 500 Bewohner lebten. Lag ihre Zahl über 500, wurde der Eigenname geradestehend geschrieben.

Lediglich sieben Prozent der russländischen Bevölkerung lebte 1795 in Städten.[127] Der größte Teil lebte auf dem Land, weshalb ihre Erfassung eine großräumige Angelegenheit war. Vermutlich ist darin der Versuch zu erkennen, die Zahl der steuerpflichtigen Köpfe effektiver zu erheben, bzw. einen statistischen Überblick für weitere Verwaltungszwecke zu gewinnen. Denkbar ist beispielsweise auch, dass diese

---

125 Vgl. Lukin, Semen: (Hrsg.): Načal'noe osnovanie situacii zaključajuščee v sebe vse čto izobražaetsja na topografičeskich, častnych kartach i voennych planach v pol'zu upražnjajuščichsja v sej nauki, [Sankt Peterburg 1794], S. VII.
126 Vgl. Wesen und Aufgaben der Kartographie, S. 214 f.
127 Vgl. Goehrke: Russland Strukturgeschichte, S. 385.

Differenzierung mit der im Jahr 1802 neu geregelten Rekrutierungspraxis (Konskription) und der örtlichen Versorgung der Armee in Zusammenhang stand. Die Konskription sah nämlich vor, dass ausnahmslos jedes Gouvernement zwei Rekruten pro 500 Einwohner zu stellen hatte.[128] Dies bedeutete eine wesentliche Steigerung der Einberufungszahlen im Vergleich mit den Vorjahren und muss vor dem Hintergrund der neuen französischen Kriegsführung unter Aufbietung aller verfügbaren Kräfte (*leveé en masse*) gesehen werden. Während im Jahr 1800 die russische Armee über rund 200.000 Mann verfügte, wurde ihre Zahl bis 1815 auf 700.000 Mann mehr als verdreifacht. Unter der Regierung Alexanders I. wurde zudem die Forderung aufgestellt, dass sich die Truppe alle fünf bis sechs Jahre erneuere. Insgesamt sind zwischen 1796 und 1815 rund 1,6 Millionen Rekruten eingezogen worden.[129] Zudem muss die notwendige Versorgung der Armee beachtet werden, die vor allem in Dörfern untergebracht, versorgt und für deren Finanzierung teilweise Bauern herangezogen wurden.[130] Mit einer Klassifizierung von größeren und kleineren Orten mit mehr oder weniger als 500 Bewohnern ließ sich zumindest eine erste grobe Einschätzung über das Versorgungspotential einer Gegend treffen.

5.5.5.5 Verarbeitungswerke, Bergwerke und Zollämter

Wie bereits der *Russländische Atlas* (1800) verortet die *Hundertblatt-Karte* Verarbeitungswerke (*zavod*) mit Angabe ihrer Produkte (Branntwein, Leinen, Papier, Eisenwaren etc.). Die entsprechende Karten-Signatur in der *Hundertblatt-Karte* (Wasserrad mit Fähnchen) wird durch den Namen des Werkes bzw. des Ortes schriftlich ergänzt. Wie oben erwähnt, wurde ab 1805 unterschieden, ob in einem Werk mehr oder weniger als 500 Arbeits-Bauern beschäftigt waren. Dafür wurde der entsprechende Werks- bzw. Ortsname entweder in geradestehender (über 500 Arbeits-Bauern) oder in kursiver Schrift (unter 500 Arbeits-Bauern) ausgeführt. Abbildung 21 zeigt drei typische Verarbeitungswerke im Ural-Gebirge, die vermutlich wasserbetrieben und an das Landwegenetz (Poststraße) angebunden waren. Den geradestehenden Beschriftungen der Ortsnamen Bilimbaevskoj, Niž. Šajtanskoj ist beispielsweise zu entnehmen, dass die Fabriken jeweils mehr als 500 Arbeits-Bauern zählen, während die Attribute *Čugunoplaviteľnoj*, bzw. *Želez.* angeben, dass es sich um eine Eisengießerei bzw. um ein Eisenwarenwerk handelt.

Die 1805 erschienene erweiterte Titelkartusche der *Hundertblatt-Karte* führt in ihrer Legende zudem neue Signaturen für Schwefelbrunnen (*sernyj kolodez*) sowie für Silber-Bergwerke (*serebrenyj rudnik*), Kupfer-Bergwerke (*mednyj rudnik*), Eisen-Bergwerke (*železnyj Rudnik*) und Hammerwerke (*molotovaja*) auf. Mit den Bergwerken kamen nun auch die Orte metallischer Rohstoffgewinnung in die Karte, die ne-

---

128 Vgl. PSZ I, 27, Nr. 20.502.
129 Vgl. Hartley, Janet M.: The Russian Army, in: Schneid, Frederick C. (Hrsg.): European Armies of the French Revolution 1789–1802, Norman/Oklahoma 2015, S. 87–90.
130 Vgl. Lieven: Russland gegen Napoleon, S. 46.

ben den verarbeitenden Werken sowie in- und ausländischen Zollämtern (Signatur Reichsadler bzw. Waage) große Bedeutung für die russische Wirtschaftspolitik im frühen 19. Jahrhundert hatten. Dass mit der zweiten Karten-Auflage im Jahr 1805 nicht nur der Karten-Ausschnitt nach Norden erweitert, sondern auch inhaltlich verdichtet wurde, korrespondiert mit der außen- und innenpolitisch angespannten Lage Russlands im frühen 19. Jahrhundert. Der Historiker Dominic Lieven unterstreicht in seiner Studie über Russlands Kampf gegen Napoleon, dass das Zarenreich in der napoleonischen Zeit genauso wie alle anderen Großmächte vor der Herausforderung gestanden hatte, die notwendigen Ressourcen für einen Krieg zu mobilisieren.[131] Wie der Inhalt der *Hundertblatt-Karte* nahelegt, ist sie als Ausdruck entsprechender Bemühungen der zarischen Regierungen unter Paul I. und Alexander I. zu verstehen, sich für einen Krieg (Zweiter und Dritter Koalitionskrieg) gegen Frankreich zu rüsten. Die „Grundpfeiler der Militärmacht Russlands" bestanden nach Lieven aus Menschen und Pferden sowie aus der Waffenherstellung und den Finanzen.[132] Abgesehen von den Pferden als einem bedeutenden „militärischen Faktor", lässt sich angesichts dieser Grundpfeiler ein Teil des Inhalts der *Hundertblatt-Karte* plausibel interpretieren. Im Zusammenhang mit der Waffenherstellung kann die Kartierung von Bergwerken und verarbeitenden Betrieben verstanden werden, um ein russisches Massen-Heer so effektiv wie möglich schlagkräftig auszurüsten und gegebenenfalls im mobilisierten Zustand versorgen zu können. Die Waffenproduktion, die Herstellung von gusseisernen Kanonen und Musketen, basierte im Zarenreich im Wesentlichen auf einheimischen Rohstoffen, vor allem auf Eisen, Kupfer und Holz. Auf Wasserwegen mussten die Naturprodukte von ihren Lagerstätten aus dem weit entfernten Ural-Gebiet vor allem in die größten Waffenschmieden nach Sankt Petersburg und Tula transportiert werden.[133] Dass im Ural hergestellte Waffen und Munition erst nach über einem Jahr bei den Armeen an der Westgrenze eintrafen[134], lässt erahnen, wie kompliziert der Transport selbst innerhalb des Landes gewesen sein muss. Die Karte bietet mit ihren kartierten Wasserstraßen und Landwegen für diese logistische Herausforderung einen geeigneten Überblick. Hinsichtlich der Finanzen als „Grundpfeiler der Militärmacht Russlands", geraten die kartierten Silber- und Kupfer-Bergwerke sowie die in- und ausländischen Zollämter in den Blick. Dominic Lieven weist darauf hin, dass es bereits im Europa des 18. Jahrhunderts sehr teuer war, als Großmacht zu gelten und die mit jedem Krieg steigenden Kosten zu bewältigen. In den Militärausgaben habe das Risiko bestanden, den Staat nicht nur in eine finanzielle, sondern auch politische Krise zu stürzen, wie der Zusammenbruch der Bourbonen-Dynastie in Frankreich 1789 gezeigt hatte.[135] Unter der

---

131 Vgl. Lieven: Russland gegen Napoleon, S. 36.
132 Vgl. Russland gegen Napoleon, S. 36.
133 Vgl. Russland gegen Napoleon, S. 36, 41 f.
134 Vgl. Russland gegen Napoleon, S. 41.
135 Vgl. Russland gegen Napoleon, S. 44 f.

Regierung Katharinas II. konnten die Kosten der inneren Verwaltung des Russländischen Imperiums zwar größtenteils durch die Steuereinnahmen bewältigt werden. Die Expansion des Imperiums, die Vergrößerung der Armee und ihr Einsatz in fernen Gebieten mussten jedoch mit dem Druck von Assignaten-Rubeln bezahlt werden, was sogleich ihren Wertverlust einleitete.[136] Im Zeitraum von 1787 bis 1805 schwankte der Wertverlust der Assignaten-Rubel zwischen fünf und 40 Prozent. 1801 wurde innerhalb des Reichsrates versucht, Maßnahmen zur „Wiedergewinnung einer zumindest relativen Geldwertstabilität" zu ergreifen, wobei einer ausreichenden Menge an zirkulierenden Silber- und Kupfer-Münzen eine entscheidende Bedeutung zugerechnet worden war.[137] Somit kann der Regierung ein besonderes Interesse an der Ausbeutung von Silber- und Kupfer-Vorkommen unterstellt werden, um der steigenden Inflation entgegenzuwirken. Dazu passt der zeitgenössische Bericht von Oberberghauptmann B. F. J. Hermann aus dem Jahr 1810, welcher der Regierung Alexanders I. attestiert, mehr Metalle in diesem Zeitraum geliefert zu haben als je zuvor.[138] Ausgehend von der Prämisse, dass die Karte das Raumbild der zarischen Regierung dokumentiert, belegt die Kartierung der entsprechenden Lagerstätten die große Bedeutung von Silber und Kupfer gerade im Jahr 1805, als sich die zarische Regierung für den Dritten Koalitionskrieg (1805) gegen Frankreich rüstete und steigende Militärausgaben zu bewältigen hatte. Die Kartierung von in- und ausländischen Zollämtern deutet zudem auf die Bedeutsamkeit dieser staatlichen Stellen für eine effektive Wirtschaftspolitik hin, um die Aus- und Einfuhren an entsprechende Kontrollpunkte zu lenken und damit grenzüberschreitenden Handel von verarbeiteten Waren und Rohstoffen im Sinne einer möglichst ausgeglichenen Staatswirtschaft zu regulieren und zusätzliche Steuereinnahmen zu erzielen. In der Kontrolle über den Außenhandel lag aber nicht nur eine bedeutende Macht für die Regulierung der Staatswirtschaft. Mit ihr ließ sich auch gewichtige Außenpolitik betreiben, wie die von Frankreich ausgehende Wirtschaftsblockade gegen Großbritannien (Kontinentalsperre bzw. Kontinentalsystem) zeigt. Dies musste umso größere Bedeutung in einer Zeit gehabt haben, als sich die französische Regierung unter Napoleon intensiv darum bemühte, den Handel mit Russland auszubauen und zu ihren Gunsten die traditionell starke Verflechtung der englischen und russländischen Wirtschaft aufzubrechen. Der englische Markt war aber für den Absatz russischer Naturprodukte, u. a. für Eisen, Holz, Flachs und Getreide von zentraler Bedeutung, während umgekehrt englische Fabrikate, u. a. Oblaten, Papier, Tinte und Federn auf dem russi-

---

136 Vgl. LeDonne: The Grand Strategy of the Russian Empire, S. 134.

137 Vgl. Heller, Klaus: Die Geld- und Kreditpolitik des Russischen Reiches in der Zeit der Assignaten (1768–1839/43), Schriftenreihe: Quellen und Studien zur Geschichte des östlichen Europa, Bd. XIX, Wiesbaden 1983, S. 74–76.

138 Vgl. Hermann, Benedict Franz Johann: Die Wichtigkeit des russischen Bergbaues, Sankt Petersburg 1810, S. IV.

schen Markt verkauft wurden.[139] Der oben zitierte Bericht über die Quellen der *Hundertblatt-Karte* wurde auf Papier englischer Herkunft geschrieben.[140] Im 18. Jahrhundert war Russland als führender Eisenexporteur aufgestiegen[141] und England dafür ein wichtiger Absatzmarkt. Die Einnahmen aus diesem Export waren schließlich für die Kostenbewältigung der Expansion des Russländischen Imperiums von Bedeutung. Dass die russländische Wirtschaft trotz der Kontinentalsperre nicht auf diese traditionellen Beziehungen mit Großbritannien verzichtete, die kontinentale Blockade gegen den Absatz englischer Waren in Europa umging und darüber hinaus sogar Zölle auf französische Luxusgüter erhob, bewegte Napoleon 1812 zum Krieg gegen Russland.[142]

5.6 Imperiale Expansion im Kartenbild

Die *Hundertblatt-Karte* ist in den sieben bekannten Auflagen fortwährend aktualisiert und um mehrere Blätter sowie zwei eigenständige Karten erweitert worden. Sie zeigt nicht nur die bildliche Verschmelzung des Zarenreiches mit seinen im 18. Jahrhundert eroberten Gebieten im Westen des Zarenreiches, sondern auch, welchen „Appetit auf Karten"[143] die zarische Regierung verspürte. Die sukzessive Erweiterung der Karte über ihren ursprünglichen Ausschnitt hinaus fand gleichzeitig mit der russischen Expansionspolitik statt. Mit den zwischen 1805 und 1816 vorgenommenen Aktualisierungen und Erweiterungen wurden sowohl Verschiebungen der Reichsgrenze dokumentiert, als auch Interessengebiete in vier Himmelsrichtungen in den Blick genommen. Dabei ging es um den südlichen Kaukasus, um das Khanat Chiva, um den Bosporus, Finnland und das Zartum Polen. Diese zusätzlichen Kartenblätter bilden die Perspektivbildung der Reichsregierung während des imperialen Ausdehungsprozesses ab.

Die Einverleibung des südlichen Kaukasus hatte hauptsächlich strategische Gründe. Vor dem Hintergrund der traditionellen Feindschaft mit den Osmanen und der wachsenden Rivalität mit dem napoleonischen Frankreich und den Briten in Persien sowie im Osmanischen Reich, bot der südliche Kaukasus eine strategisch wertvolle Basis.[144] Nachdem 1801 der Osten von Russland annektiert worden war, folgte die Einverleibung der unter osmanischer Herrschaft stehenden westlichen Fürstentümer zwischen 1803 und 1811. Außerdem führte der russisch-persische Krieg von

---

139 Vgl. Giterman: Geschichte Russlands, S. 324–340.
140 Vgl. Kap. 5.3.
141 Vgl. Lieven, Dominic: Empire, S. 205; LeDonne: The Grand Stretegy of the Russian Empire, S. 198.
142 Vgl. Giterman: Geschichte Russlands, S. 341–347; Zamoyski, Adam: Napoleon. Ein Leben, München 2018, S. 595–617; Lieven: Russland gegen Napoleon, S. 47.
143 Harley: The New Nature of Maps, S. 55.
144 Vgl. Lieven: Empire, S. 212.

1804 bis 1813 zur Inkorporation der Gebiete um Gandscha (1804) und Baku (1806) sowie der Khanate Karabagh (1805), Schirwan (1805) und Kuba (1806) in das Russländische Reich.[145] Enthielt der ursprüngliche Umfang der ab 1804 erschienenen *Hundertblatt-Karte* nur den nördlichen Kaukasus, so wurden während der Gebietserweiterungen und weiterer Interessengebiete zwei neue Kartenblätter (70[a] und 71[a]) hinzugefügt, die bis zum Jahr 1807 erschienen.[146] Sie umfassen den südlichen Kaukasus, das Khanat Karabagh und die 1828 einverleibten Khanate Erivan und Nachičevan.

Das Khanat Chiva wurde von einem hohen russischen Offizier als unzugänglicher und gefährlicher „kleiner Raubstaat" beschrieben, der neben einigen Handelsbeziehungen mit Russland, den Handel zwischen Orenburg und Buchara durch Plünderung, Gefangennahmen und das Erheben von Wegzöllen empfindlich störte.[147] Nachdem 1839 eine militärische Expedition gescheitert war, führten erst nach dem Krimkrieg ab 1864 wirtschaftliche, strategische und politische Motive zur Eroberung Mittelasiens durch Russland, wobei mit der Sicherung der Grenzen und der Handelsbeziehungen argumentiert wurde.[148] Das Zusatzblatt mit dem Khanat (91/92[a]) erschien vermutlich bereits 1804, nicht aber später als 1807.[149]

Seit Russland 1806 mit dem Osmanischen Reich erneut Krieg geführt hatte, wurden die von den Osmanen kontrollierten Meerengen blockiert. Die im 18. Jahrhundert eroberten Korngebiete im Süden, der Zugang zum Schwarzen Meer und der damit verbundene lukrative Exporthandel hatten große Bedeutung für den Aufstieg Russlands. Doch die wachsende Abhängigkeit der gewinnbringenden Exporte von der sicheren Passage durch die Meerengen machte Russland für feindliche Seemächte verletzlicher als je zuvor.[150] Auch wenn Napoleon für den Beitritt Russlands zum Kontinentalsystem bereit gewesen war, die Expansionspolitik Russlands im Osten Europas zu dulden und ihm die Herrschaft über Finnland und Bessarabien zuzugestehen, hatte dies seine Grenzen.[151] Zar Alexander I. soll 1807 gegenüber dem *Empereur* seinen Anspruch auf Konstantinopel mit den Worten erhoben haben: „Die Geographie will, dass ich es habe. Besitzt es ein anderer, dann wäre ich nicht mehr Herr

145 Vgl. Kappeler: Russland als Vielvölkerreich, S. 143 (Karte 5), S. 145.
146 Vgl. Podrobnaja karta Rossiyskoy Imperii (1807), S. 99.
147 Vgl. Helmersen, Gregor von (Hrsg.): Nachrichten über Chiwa, Buchara, Chokand und den nordwestlichen Theil des chinesischen Staates, gesammelt von dem Präsidenten der asiatischen Grenz-Commission in Orenburg General-Major Gens, bearbeitet und mit Anmerkungen versehen von Chr. V. Helmersen, Schriftenreihe: Beiträge zur Kenntniss des Russischen Reiches und der angrenzenden Länder Asiens, Bd. 2, Sankt Petersburg 1839, S. II, 1–5, 13 f.
148 Vgl. Kappeler: Russland als Vielvölkerreich, S. 162 f.
149 Vgl. Podrobnaja karta Rossiyskoy Imperii (1807), S. 99.
150 Vgl. Lieven: Empire, S. 204.
151 Vgl. Giterman: Geschichte Russlands, S. 337 f.

im eigenen Hause." – und Napoleon darauf: „Nein. Konstantinopel niemals, das wäre ja die Weltherrschaft!"[152]

Das Zusatzblatt zeigt das südwestliche Ufer des Schwarzen Meeres, die Kapitale des Osmanischen Reiches am Bosporus sowie das Marmarameer und die Dardanellen (Abb. 22). Der Blattausschnitt, die kartierten Bergketten, Straßen, Flüsse und Siedlungen weisen den Landweg aus dem im Norden gelegenen Russland an die strategisch entscheidenden Meerengen, während der Westen und Südosten des Kartenbildes vollkommen unberücksichtigt bleibt. Das entsprechende Zusatzblatt erschien vermutlich in den Kriegsjahren 1806 bis 1812. Es zeigt den Blick auf dieses strategisch hoch bedeutende Nadelöhr, wie es bereits unter Katharina II. anvisiert worden war und als zentraler Bestandteil der „Orientalischen Frage" die Großmachtdiplomatie des 19. Jahrhunderts beschäftigte.[153]

Schwedische Truppen hatten im 18. Jahrhundert zahlreiche Gelegenheiten genutzt, die Hauptstadt des russländischen Imperiums zu bedrohen, sobald das Zarenreich in Kriegen mit anderen Mächten verwickelt war. Aus der Perspektive des Zarenreiches machte es Sinn, Finnland zu einem Teil Russlands zu machen, um die Reichsgrenze zwischen Schweden und dem Russländischen Reich in sichere Entfernung zu verschieben.[154] Mit dem Erscheinen der überarbeiteten Karte im Jahr 1805 hatte das Karten-Depot nicht nur den mittleren und südlichen Teil Finnlands, sondern auch den nördlichen auf sechs zusätzlichen Blättern (A–F) kartiert, um sich ein Bild vom Grenzgebiet westlich der Halbinsel Kola mitsamt schwedischen und norwegischen Gebieten zu machen. Mit Billigung Napoleons wurde Finnland 1809 von Russland annektiert, um die französisch-russische Allianz zu stärken und Schweden der Kontinentalsperre gegen Großbritannien anzuschließen.[155] Im aktualisierten Kartenbild umfassten die Reichsgrenzen Russlands nun das Ostufer des Bottnischen Meerbusens und weiter bis zum Nordmeer, während andere Karteninhalte unberührt blieben, die zuvor den 1798 und 1799 veröffentlichten Karten des Finnen Carl Petter Hällström (1774–1836) entnommen worden waren.[156]

Dass Kriege nicht nur mit Karten beginnen, sondern auch zu Ende gehen[157], bestätigt sich im Falle des neu gegründeten Zartums Polen (Kongress-Polen) mit dem Ende der napoleonischen Kriege. Das neu definierte Territorium wurde umgehend in

---

152 Zitiert nach: Goehrke: Russland Strukturgeschichte, S. 61.

153 Vgl. Torke: Die russischen Zaren, S. 275.

154 Vgl. Lieven: Empire, S. 214.

155 Vgl. Kappeler: Russland als Vielvölkerreich, S. 87; Giterman: Geschichte Russlands, S. 342; Zamoyski, Adam: 1812. Napoleons Feldzug in Russland, München 2012, S. 58.

156 Vgl. RGVIA Moskva, f. 846, op. 16, d. 19878, č. 1, Podrobnaja karta Rossijskoj Imperii i bliz ležaščich zagraničnych vladenij, l. 3ob., Memoire. Sur les Matériaux employés à la composition de la nouvelle Carte de L'Empire de Russie. Diese Karten waren sehr wahrscheinlich: Charta öfver Nylands och Tavastehus samt Kymmenegårds Höfdingedömen, ein Blatt, Maßstab [?], o. O. 1798; Charta öfver Storfurstendömet Finland, ein Blatt, Maßstab [?], o. O. 1799.

157 Vgl. Schlögel: Im Raume lesen wir die Zeit, S. 84.

einer topographischen Karte visualisiert, die als Zusatzkarte der *Hundertblatt-Karte* erschien. Der Politologe Jordan Branch sieht in den Verhandlungen und Verträgen auf dem Wiener Kongress (1814–1815) den Abschluss eines Transformations-Prozesses, mit dem europäische Herrscher ihre territoriale Autorität präzisierten und standardisierten. In scharfem Kontrast zum 18. Jahrhundert seien fortan Territorium und territoriale Autorität nur noch durch verhandelte Grenzlinien definiert worden. Alle Orte innerhalb einer territorialen Grenze seien davon implizit einbezogen gewesen, anstatt alle Städte, Rechte und Jurisdiktionen explizit aufzulisten. Territoriale Autorität – so Branch zusammenfassend – war seit dem Wiener Kongress ausschließlich durch eine abgegrenzte geometrische Fläche bestimmt worden, die in Karten ihren visuellen Ausdruck fand.[158] Auch die 1816 gedruckte *Karte des Zartums Polen, Fortsetzung der Ausführlichen Karte Russlands*[159], dokumentiert die territoriale Autorität Kongress-Polens unter zarischer Herrschaft. Hierbei wurde im Gegensatz zum 1809 annektierten Großherzogtum Finnland den Polen eine separate Karte mit eigenem Titel gewährt, welche den Sonderstatus des Zartums Polen innerhalb des Russländischen Imperiums widerspiegelt, den es kraft seiner vergleichsweise liberalen Verfassung 1815 erhalten hatte (Abb. 37). Ihm wurde weitgehende Autonomie, eine eigene Armee und eine Selbstverwaltung zugestanden. Polnisch wurde zur offiziellen Sprache erklärt und die katholische Religion garantiert. Damit verfügte es über diverse Eigenschaften eines souveränen Staates, während die Außenpolitik ein Vorrecht des Zaren blieb.[160] Die *Karte des Zartums Polen* dokumentiert den politischen Spagat zwischen der zugestandenen Autonomie für Polen einerseits und dem russischen Anspruch auf Oberherrschaft andererseits. Die Perspektive, aus der die Karte gezeichnet wurde, war eine russische. Vermutlich beinhaltet sie daher mit nur zehn Signaturen einen Bruchteil des inhaltlichen Spektrums der *Hundertblatt-Karte*. Während städtische und ländliche Siedlungen, Festungen, Poststationen, Straßen und Wege verschiedener Klassen sowie die Staatsgrenze kartiert wurden, blieben Inhalte wirtschaftlicher Bedeutung (Bergwerke, Werke, Zollämter) und administrative Gliederungen (Grenzen der Woiwodschaften) außen vor. Dennoch wurde die Zugehörigkeit des Zartums Polen zum Russländischem Imperium durch verschiedene Merkmale ausgedrückt. Die Karte erschien in russischer Sprache mit einem entsprechenden Hinweis im Titelzusatz, dass es sich um eine Fortführung der *Hundertblatt-Karte* handelt. Sie verfügt darüber hinaus über eine Auswahl identischer Signaturen und ist im gleichen Maßstab (1 : 840.000) beim Karten-Depot in Sankt Petersburg gezeichnet und gedruckt worden. Dass dem Kartentitel nicht das Attribut „ausführlich" vorangestellt worden war, wie im offiziellen Titel der *Hundertblatt-Karte*, mag auf die zugrundeliegenden Quellen der Karte verweisen. Im Verlauf der Forschungsarbeit hat sich die Hypothese herauskristallisiert, dass in der zarischen Kartographie

---

158 Vgl. Branch: The Cartographic State, S. 135–138.
159 Karta carstva Polskago (1816).
160 Vgl. Kappeler: Russland als Vielvölkerreich, S. 79 f.

das Attribut „ausführlich" für Karten von Gebieten verwendet wurde, für deren gesamten Umfang keine detailliertere Karte in einem größeren Maßstab vorlag. Trug ein Kartentitel dieses Attribut, wusste demnach der Kartenleser sofort, dass für den *gesamten* Kartenausschnitt keine ausführlichere Karte existierte. Da das Attribut „ausführlich" in der *Karte des Zartums Polen* aber nicht verwendet wurde, mussten für das kartierte Gebiet ausführlichere Karten vorhanden gewesen sein. Wie aus dem oben erwähnten Rechenschaftsbericht über die Quellen der *Hundertblatt-Karte* hervorgeht[161], arbeitete das Karten-Depot in Sankt Petersburg u. a. mit der erbeuteten Karten-Sammlung des polnischen Königs sowie mit österreichischen und preußischen Karten von Neu-Galizien und Ostpreußen.[162] Zudem war die zarische Armee 1812 in den Besitz eines Großteils der Karten gelangt, die das kaiserliche Topographische Bureau Napoleons mit sich geführt hatte und u. a. das einzige Original der *Carte de l'Emperuer (Kaiser-Karte)* beinhaltete. Dieses kostbare Unikat bestand aus mehreren hundert Blättern und umfasste einen Großteil Mitteleuropas mitsamt dem französischen Satelliten Großherzogtum Warschau.[163] Dort war 1809 unter französischer Leitung ein Topographisches Bureau gegründet worden, um militärisches Kartenmaterial zu sammeln und zu reproduzieren. Gemeinsam nahmen französische und polnische Offiziere das Grenzgebiet zu den westlichen Provinzen des Russländischen Imperiums auf, um Straßenverläufe, Brücken, Durchgänge und Geländehindernisse präzise zu kartieren. Schließlich fanden auch diese Karten im Feldzug von 1812 Verwendung. Durch die Vereinbarungen des Wiener Kongresses wurde das Topographische Bureau des Großherzogtums Warschau aber aufgelöst und politische wie militärische Karten von Polen-Litauen vom zarischen Militär konfisziert.[164] Angesichts dieser Quellenlage dürfte die *Karte des Zartums Polen* mit größter Wahrscheinlichkeit auf den zahlreich erbeuteten Karten beruhen, die in ihren wesentlich größeren Maßstäben detaillierteste Inhalte boten.

5.7 Karten-Leserschaft

Die *Hundertblatt-Karte* wurde nicht geheim gehalten, sondern war im Besitz ziviler Behörden und Privatpersonen im In- und Ausland. Mit ihrem öffentlichen Verkauf, der bis 1865 nachweisbar ist, wurden jährlich rund 3.000 Assignaten-Rubel einge-

---

161 Vgl. Kap. 5.3.
162 Vgl. RGVIA Moskva, f. 846, op. 16, d. 19878, č. 1, Podrobnaja karta Rossijskoj Imperii i bliz ležaščich zagraničnych vladenij, l. 3ob., Memoire. Sur les Matériaux employés à la composition de la nouvelle Carte de L'Empire de Russie.
163 Vgl. Fischer, Hanspeter: Die Carte de l'Empereur (1808–1812) und die Carte militaire de l'Allemagne (1822–1830) 1:100.000, in: Cartographica Helvetica. Fachzeitschrift für Kartengeschichte 31 (2005), S. 15–20.
164 Vgl. Seegel: Mapping Europe's Borderlands, S. 92.

nommen.[165] In Relation zum Verkaufspreis, wie er bis mindestens 1839 unverändert blieb[166], wurden rund bis zu 26 vollständige Exemplare, bzw. 2.400 einzelne Blätter jährlich abgesetzt. Eine Liste des Karten-Depots aus dem Jahr 1817 schlüsselt die Verkäufe etwas genauer auf. Daraus ergibt sich, dass nicht nur vollständige Karten-Exemplare mit handkolorierten Grenzverläufen für 100 Rubel, sondern auch einzelne Blätter zu je 1,25 Rubel verkauft wurden. Besonders interessant sind die handschriftlich ergänzten Zahlen verkaufter Exemplare, die vermutlich für ein Jahr gelten. Während 15 vollständige Karten zu 114 Blättern verkauft worden waren, wurden im selben Zeitraum 1.301 einzelne Blätter veräußert.[167] Die Karte wurde demnach nicht nur von der Regierung benutzt, sondern auch über Jahrzehnte hinweg von einem öffentlichen Leserkreis gekauft, dessen Raumbild West-Russlands von diesem epochalen Werk erheblich beeinflusst worden sein dürfte. So verfügten nachgewiesenermaßen nicht nur unterschiedliche zarische Landesbehörden über die *Hundertblatt-Karte*[168], sondern beispielsweise auch das gräfliche Haus Stroganov, wie das Exemplar mit entsprechendem Exlibris im Bestand der Russländischen Nationalbibliothek in Sankt Petersburg belegt.[169] Wie zwei in der Staatsbibliothek zu Berlin erhaltene, ebenfalls mit Exlibris-Stempeln versehene Exemplare zeigen, verfügte man auch im westlichen Ausland über diese Karte. Das eine Exemplar gehörte zur Königlich Preußischen Plankammer, das andere Prinz Friedrich Wilhelm Ludwig von Preußen (1794–1863), einem Neffen des preußischen Königs Friedrich Wilhelm III.[170] Mit einem für die russische Kartographie schmeichelhaften Urteil hatte bereits 1806 eine deutschsprachige Rezension zum Kauf der *Hundertblatt-Karte* geraten:

> So wie Russland sich überhaupt als ein Phänomen zeigt, welches in Rücksicht seines schnellen Emporsteigens alle uns bekannten Staaten hinter sich zurücklässt, so übertrifft es gleichfalls alle cultivierten Reiche in den Anstrengungen, sich selbst genauer kennen zu lernen, und die Geographie seines ungeheuren Gebietes in ein helleres Licht zu setzen. [...] dreist [kann man] das Urtheil fällen, dass diese Charte nicht nur alle bisherigen Charten von Russland, sondern auch die Charten mancher, sonst auf größere Cultur Anspruch machender, Staaten hinter sich lasse, und daher in keiner Chartensammlung fehlen sollte.[171]

---

165 Vgl. Katalog Geografičeskago magazina General'nago štaba, S. 3; Istoričeskij očerk dejatel'nosti Korpusa voennych topografov, S. 186.

166 Vgl. Katalog atlasam, kartam, planam, knigam, ėstampam i geodezičeskim instrumentam, prodajuščimsja pri Voenno-topografičeskom depo, Sankt Peterburg 1839, S. 4.

167 Vgl. RGVIA Moskva, f. 846, op. 16, d. 306, Bumagi, otnosjaščijasja do učreždenija sobstvennago Ego Imperatorskago Veličestva Depo kart 1797g. l. 28.

168 Vgl. Sankt Petersburg am Ende seines ersten Jahrhunderts, S. 69.

169 Vgl. RNB Sankt-Peterburg, Signatur: K 2-Rocc E 6/123.

170 Vgl. SBB, Kart. Q 11210 sowie Kart. Q 11211ª.

171 Podrobnaja karta Rossijskoy Imperii (1806), S. 237 f.

Ferner wurde darin aufgefordert, eine deutschsprachige Übersetzung anfertigen zu lassen, da zu wenig Leser der kyrillischen Schrift mächtig seien.[172] Vermutlich war aber erst mit Napoleons Russlandfeldzug das öffentliche Interesse des westlichen Publikums an Russland ausreichend gewachsen, um diese umfangreiche Karte für den gewinnbringenden Verkauf zu transliterieren und zu verkleinern. Der private Verlagshändler Artaria in Wien nutzte die Gunst der Stunde und verkaufte die verkleinerte, in lateinischer Schrift abgefasste Adaption[173] der *Hundertblatt-Karte* an das interessierte Publikum, das damit den räumlichen Verlauf des Krieges im Kartenbild verfolgen konnte. Allerdings bedurfte die Transliteration der Toponyme größte Aufmerksamkeit. In einer Rezension über eine weitere Adaption der *Hundertblatt-Karte* war kritisch zu lesen:

> Da nun viele Chartenzeichner die russische Schrift nicht lesen können, werden die Copien oder Reductionen durch zahlreiche Fehler gegen die Rechtschreibung jämmerlich verhunzt. [...] genug von diesem Sudel-Producte, vor dem wir das Publicum warnen müssen.[174]

5.8 Die Karte als Waffe im Russlandfeldzug 1812

Als Napoleon mit seiner *Grande Armée* den Feldzug gegen Russland in Gang setzte, waren topographische Karten für die Planung und Ausführung eines Krieges entscheidend. Die Historiker David Gugerli und Daniel Speich bringen prägnant auf den Punkt, dass „der immer flächendeckendere Krieg vermehrt zu einer Frage der Berechnung und Planung"[175] wurde und die Karte damit an Bedeutung gewann. Die Organisation der Armee war im revolutionären Frankreich durch selbstständig manövrierende Truppenteile flexibilisiert worden, deren erhöhte Beweglichkeit die Karte als „einheitlichen Referenzrahmen" bedingte. Die Kriegswissenschaften wurden durch die Revolutionskriege erweitert, indem nun auch Marschgeschwindigkeiten und zeitliche Bedarfe für Truppenverlegungen an einen bestimmten Ort berechnet wurden.[176] Umso mehr eine Karte für diese Art der Berechnungen geeignet war, desto genauer ließen sich Gefechte planen und verwirklichen. Damit war die Karte zu einer Waffe geworden, die mehr denn je als Mittel zum Angriff auf den Gegner diente. Entscheidend für taktische und strategische Überlegungen war der Maßstab einer

---

172 Vgl. Podrobnaja karta Rossijskoy Imperii (1806), S. 238.

173 Allgemeine Charte von dem Russischen Reiche in Europa nebst den angränzenden Theilen von Schweden, Preußen, Pohlen, Österreich und der Türkey. Nach der großen russischen Charte von Suchtelen und Oppermann, 9 Blätter, o. Maßstab, Wien 1812.

174 Bouge, Jean Baptiste de: Nouvelle Carte de l'Empire de Russie, partie Occidentale, jusqu'au delà des Monts Ourals en Asie, Berlin chez Simon Schropp et Comp. 1812, in: Allgemeine Geographische Ephemeriden 40 (1813) 2, S. 230 f.

175 Gugerli; Speich: Topografien der Nation, S. 48.

176 Vgl. Gugerli; Speich: Topografien der Nation, S. 48.

Karte. Wenn es nach dem berühmten preußischen Militär-Strategen Carl von Clause-witz heißt, dass: „[...] die Taktik die Lehre vom Gebrauch der Streitkräfte im Gefecht [ist], die Strategie die Lehre vom Gebrauch der Gefechte zum Zweck des Krieges [ist]."[177], dann bedürfen taktische Handlungen Karten in großen Maßstäben. Strate-gen hingegen, die mit zahlreichen Truppenteilen operieren, die in einem weiten Raum verteilt sind, brauchen Karten in kleinen Maßstäben. Nur in einer kompakten Karte kleinen Maßstabs wird der Zusammenhang zwischen unterschiedlichen Fakto-ren militärischer Operationen in ihrem Ganzen begreifbar. Da sich der Kriegserfolg aus dem Gelingen von taktischen und strategischen Handlungen ergibt, werden für den Krieg Karten in großen und kleinen Maßstäben benötigt.[178] An diesem Prinzip hat sich im gesamten Untersuchungszeitraum der vorliegenden Studie nichts geän-dert. Nur verfügte weder das zarische Militär, noch die *Grande Armée* im Jahr 1812 über großmaßstäbliche flächendeckende Karten des westlichen Russland. Die aus-führlichste einheitliche Karte für den gesamten potentiellen Operationsraum des Krieges im Jahr 1812 war die *Hundertblatt-Karte*, die sich mit ihrem kleinen Maßstab zwar für strategische Planungen eignete, für taktische Manöver aber nicht mehr als eine stumpfe Waffe war. Dies war eine der entscheidenden Lehren, die die zarische Militärführung aus den Erfahrungen des Vaterländischen Krieges zog, als sie im Jahr 1815 systematische Landesaufnahmen zur Herstellung großmaßstäblicher Karten des westlichen Russland veranlasste.[179]

5.8.1 Ingenieur-Geographen erfassen das französische Imperium

Angesichts Napoleons Russlandfeldzug 1812 soll hier näher auf die französische Ad-aption der *Hundertblatt-Karte* als Waffe, zuerst aber auf die französische Geographie als imperiales Instrument im Allgemeinen eingegangen werden. Damit soll veran-schaulicht werden, welche Rolle die Geographie bzw. Karten beim Aufbau des fran-zösischen Imperiums einnahmen und in welchem immensen Zugzwang sich die za-rische Militärführung befunden haben muss, um den territorialen *Status quo* im Westen des Russländischen Imperiums mit möglichst adäquaten Mitteln zu sichern. Die *Hundertblatt-Karte* muss als frühe Reaktion der russischen Führung auf die äu-ßere Bedrohung durch die französische Revolutionsarmee verstanden werden, wel-che die Geographie für ihre Zwecke effektiv zu nutzen wusste. Die enge Beziehung der Geographie zum Staat Frankreich, schreibt die Historikerin Anne Godlewska in ihrem Aufsatz über die Bedeutung der Geographen Napoleons, ist viel älter als die revolutionäre oder napoleonische Ära. Unter Napoleon haben aber der Wandel der Kriegskunst und die stärkere Einflussnahme des Staates auf die Handlungen seiner

---

177 Clausewitz: Vom Kriege, S. 107.
178 Žukovič: Kakie karty nužny Krasnoj armii, S. 10 f.
179 Vgl. Kap. 4.1.1.

Bürger begonnen, womit die Geographie als Wissenschaft zu einem wirkungsvollen Instrument für imperiale Bestrebungen wurde. Im napoleonischen Imperialismus nahmen Geographen, Ingenieur-Offiziere und Publizisten eine Schlüsselrolle ein, indem sie mit ihren Beiträgen gleichermaßen Wissenschaft und imperiale Expansion weiterentwickelten.[180] Für die Eroberung fremder Territorien hatte die Geographie unschätzbaren Wert. Angesichts einer veränderten Kriegsführung gewann die Kartographie neben dem Straßenbau immer größere Bedeutung. Truppen wurden in kleinere beweglichere Einheiten zerlegt und für große Schlachten wieder konzentriert. Dies erforderte aber eine sorgfältige Truppenführung durch ungleichmäßiges Gelände.[181] Daher waren überall dort Ingenieur-Geographen zu finden, wo Napoleons Truppen kämpften, um mit Vermessungen und Kartierungen die französische Kontrolle über die eingenommenen Gebiete zu festigen. Dabei wurden Flüsse, Berge, Kanäle, Städte, Straßen und Wege sowie Bewegungen der Armeen durch ganz Europa kartiert.[182] Im Jahr 1802 wurde dokumentiert, dass allein im letzten Krieg 7.278 gestochene (gedruckte) Karten, 207 gezeichnete Manuskript-Karten, 51 Atlanten und 600 Beschreibungen angefertigt worden waren. Umso mehr die geographischen und kartographischen Informationen für die imperiale Politik an Bedeutung gewannen, desto aggressiver wurde das französische Kriegsdepot bzw. die kriegswissenschaftliche Karten- und Schriftensammlung (*Dépôt de la Guerre*), das mit seinen 87 Ingenieur-Geographen dazu beitrug, das eroberte französische Herrschaftsgebiet zu konsolidieren. Es beurteilte einzelne Regionen in ihrem Einberufungspotential, stellte deren Bodenerträge fest, erfasste menschliche, tierische, pflanzliche und mineralische Ressourcen sowie die wichtigsten Aspekte der Infrastruktur, des Handels und der Industrie.[183] Die Ergebnisse der geographischen Forschungen bestätigten, dass das innere Potential einer Region, eines Gebiets oder Volkes mit den französischen wissenschaftlichen Methoden genau vermessen werden konnte. Einige dieser Beobachtungen wurden publiziert und trugen in manchen Fällen dazu bei, über militärische Kreise hinaus die öffentliche Wahrnehmung über vereinnahmte Gebiete und Kulturen zu formen.[184] Die 22-bändige Beschreibung Ägyptens war eine Quelle des Orientalismus des Westens und ist das beste Beispiel für das, was Edward Said „intellektuellen Imperialismus" nannte.[185] So wurde übergreifende Einheitlichkeit zum Ausdruck des Imperialen. Diversität war mit Rückständigkeit, Uniformität hingegen mit Zivilisiertheit verbunden, so Godlewska.[186]

---

180 Vgl. Godlewska: Napoleon's Geographers, S. 52 f.
181 Vgl. Godlewska: Napoleon's Geographers, S. 35.
182 Vgl. Godlewska: Napoleon's Geographers, S. 40 f.
183 Vgl. Godlewska: Napoleon's Geographers, S. 41.
184 Vgl. Godlewska: Napoleon's Geographers, S. 42.
185 Vgl. Godlewska: Napoleon's Geographers, S. 49. Die Autorin verweist auf: Said, Edward E.: Orientalism, New York 1979.
186 Vgl. Godlewska: Napoleon's Geographers, S. 50.

Wie Bonaparte die Wissenschaften und ihre praktischen Anwendungen als Schlüssel für den technologischen und militärischen Erfolg eingesetzt hatte, analysiert auch der Geodät und Historiker Martin Rickenbacher in seiner Studie über Napoleons Karten der Schweiz.[187] Karten gehörten demnach „wie Gewehre und Kriegsschiffe – zu den Waffen des Imperialismus."[188] Der Autor kommt zum Schluss, dass Karten hauptsächlich der Kriegsführung zur Expansion des napoleonischen Herrschaftsraumes gedient haben und sich dies auf die Anforderungen an Karten auswirkte. Denn sie bildeten die Entscheidungsgrundlage für Truppenverschiebungen und Schlachten in unbekanntem Gelände, weshalb diese Karten Angaben zum Wegenetz, zu den Distanzen und falls möglich auch zum Gelände darzustellen hatten. Bonaparte hatte gefordert, die Karten im einheitlichen Maßstab der *Cassini-Karte* von Frankreich zu zeichnen, um eine einheitliche Karte über die gesamte französische Einflusssphäre auszudehnen.[189] Dies war für Napoleons Methode der Kriegs- und Schlachtenplanung offenbar besonders wichtig.

Eine Vorstellung von diesen Vorbereitungen geben die Erinnerungen von Zeitzeugen, beispielsweise über die Planungen des Feldzugs gegen Preußen 1806 aus der Feder eines französischen Generalstabsoffiziers:

> Mit verblüffender Sicherheit setzte er [Napoleon, M. J.] seine Heeresteile in Bewegung. Auf eine Karte gestützt, hin und wieder sogar auf ihr liegend, bezeichnete er die Stellung seiner Truppen und die des Feindes durch Nadeln mit farbigen Köpfen. Mit Lebhaftigkeit bewegte er den Zirkel auf der Karte und beurteilte in einem Augenblick die Zahl der Märsche, die zurückzulegen waren, um an einem bestimmten Tage zu dem Punkt zu gelangen, wo er seine Armee brauchte.[190]

Und ein Ordonnanzoffizier Napoleons berichtete über seine Beobachtungen beim Feldzug in Sachsen 1813:

> In der Mitte des Zimmers stand eine große Tafel, auf der die beste Karte des Kriegsschauplatzes ausgebreitet ward. […] Lag diese Karte nicht bereit, so musste sie doch unmittelbar nach seiner [Napoleons, M. J.] Ankunft herbeigeschafft werden, denn sie war seine tragbare Heimat, schien ihm mehr am Herzen zu liegen, als andere Bedürfnisse des Lebens und wurde des Nachts mit vielleicht 20 bis 30 Lichtern besetzt, in deren Mitte der Zirkel lag. […] Napoleon war immer mit geographischen Berechnungen beschäftigt. Er erwog mit geübtem Blick die Entfernungen des Raumes und der Zeit; auf ihnen beruhte das Übereinstimmen der Märsche seiner Heere zu einem Zweck, sowohl in strategischen als taktischen Bewegungen.[191]

---

187 Vgl. Rickenbacher: Napoleons Karten der Schweiz, S. 296.
188 Zitiert nach: Rickenbacher: Napoleons Karten der Schweiz, S. 296.
189 Vgl. Rickenbacher: Napoleons Karten der Schweiz, S. 295.
190 Zitiert nach: Rickenbacher: Napoleons Karten der Schweiz, S. 293.
191 Zitiert nach: Rickenbacher: Napoleons Karten der Schweiz, S. 293.

5.8.2 Vorbereitungen und Erfahrungen auf französischer Seite

Dass dieses Vorgehen System hatte, wird von Dokumenten und Berichten in Bezug auf den Umgang mit dem Großherzogtum Warschau und Russland bestätigt. Wie zu erwarten war, nahmen die Franzosen zunächst alle verfügbaren Karten Polens und seiner Ostgrenze zum Zarenreich, um das 1807 in das französische Einflussgebiet einverleibte Herzogtum Warschau zu erfassen und zu kontrollieren. Seit sich Napoleon auf den Krieg mit Russland vorbereitete, begann die Maschinerie des fiebrigen Sammelns, Kopierens und Druckens von Karten erneut auf Hochtouren zu laufen.

Der französische Offizier Henri Marie Auguste Berthaut, ein Zeitgenosse des späten 19. Jahrhunderts und Chronist der französischen Ingenieur-Geographen, hat Zeugnisse der kartographischen Vorbereitungen von französischer Seite für den Russlandfeldzug zusammengetragen. Er gibt einen detaillierten Einblick in die „Kartenfabrik" des napoleonischen Imperiums. Demnach wurden im Pariser *Dépôt de la Guerre* Atlanten und Karten kopiert, die man zum Teil auf diplomatischem Weg erstanden hatte. Sie enthielten wertvolle Informationen über Polen, über die Grenze des Russischen Reiches sowie über mögliche Kriegsschauplätze und Verteidigungslinien. Oberstes Ziel war die Zusammenstellung einer einheitlichen Karte unter Verwendung vieler unterschiedlicher Vorlagen.[192] In Warschau hatte Napoleon eine Kartensammlung zugespielt bekommen, die von einer Plünderung der russischen Botschaft 1793 stammte. Diese beinhaltete 86 Manuskripte über unterschiedliche Gebiete Russlands, Polens, Moldaviens, der Walachei und Bessarabiens. Berthaut vermutete, dass man auf diese Weise an mehr Informationen gelangte, als es der Fall gewesen wäre, wenn man in den Ländern selbst nach Informationen gesucht hätte. Zudem wurde ein nicht näher genannter russischer Atlas in Wien sowie eine Karte Russlands in Berlin angeschafft, deren Ortsbezeichnungen bereits in lateinische Schrift übersetzt waren. Diese waren nützlich, um die verwendeten Toponyme als Übersetzungsgrundlage der russischen Original-Karten zu verwenden. Zudem verfügte das *Dépôt de la Guerre* über einen Russisch-Übersetzer, der die Beschriftung der *Hundertblatt-Karte* transliterierte. Napoleon gab persönlich Order, diese Übersetzung zielstrebig voranzutreiben.[193] Denn offenbar erst am 5. Januar 1811 hatte General Pelletier ein Exemplar der *Hundertblatt-Karte* auf 107 Blättern an Nicolas Antoine Sanson gesendet.[194] Dies scheint der späte Auftakt gewesen zu sein, die russische Karte zu kopieren und auf eigene Bedarfe anzupassen. Ein gutes Jahr später, am 10. Februar 1812 (n. S.) wurde General Nicolas Antoine Sanson (1756–1824), seit dem 5. Februar 1812 (n. S.) Chef des kaiserlichen Topographischen Bureaus im Feld, von Marschall Joachim Murats General-Adjutanten Augustin Daniel Belliard brieflich

---

192 Vgl. Berthaut, Henri Marie Auguste: Les ingénieurs géographes militaires 1624–1831. Étude historique, Bd. 2, Paris 1902, S. 44–46.
193 Vgl. Berthaut: Les ingénieurs géographes militaires, S. 171 f.
194 Vgl. Berthaut: Les ingénieurs géographes militaires, S. 171.

aufgefordert, ihm so bald als möglich die neue Karte von Russland zuzusenden.[195] Sehr wahrscheinlich war hierbei die Rede von der *Carte de la Russie Européene*[196] (*Karte des europäischen Russland*), deren erste Blätter in Paris ab 1812 sukzessive im Druck erschienen. Warum die französische Version der *Hundertblatt-Karte* aber erst kurz vor dem Feldzug begonnen wurde, ist noch nicht untersucht worden. Vermutlich ist der späte Auftakt ein Ausdruck von Napoleons Hoffnung auf eine einvernehmliche Lösung mit Russland hinsichtlich der Kontinentalsperre. Napoleon hegte schließlich lange eine Abneigung, Krieg gegen Russland zu führen.[197] Wie die russischen Spione in Paris an den Zaren vermeldeten, deuteten aber seit März 1810 die Zeichen auf Überlegungen Napoleons, Krieg gegen Russland zu führen. Hauptgrund dafür war die erwartete Wiederannäherung zwischen Russland und England, dem Hauptfeind Napoleons.[198] Das Zarenreich konnte der von Napoleon diktierten Kontinentalsperre nicht zustimmen, wenn es die wirtschaftliche und finanzielle Grundlage nicht gefährden wollte, auf der seine Stellung als unabhängige Macht beruhte.[199] Bereits im 18. Jahrhundert war England der größte Absatzmarkt für russische Produkte.[200]

Waren die kartographischen Arbeiten seit der Schaffung des Herzogtums Warschau hauptsächlich auf Polen und das russische Grenzgebiet fokussiert, um die imperiale Herrschaft Frankreichs in diesem Gebiet zu verankern, so änderte sich dies mit dem Entschluss von 1810, den Krieg gegen Russland vorzubereiten. Somit gewann die Vervielfältigung einer französischsprachigen Version der *Hundertblatt-Karte* an Bedeutung. Um Russland zu erobern, musste Napoleon eine militärische und logistische Macht mobilisieren, die es seiner Armee ermöglichte, bis zum Ural vorzustoßen und sich dabei selbst zu versorgen.[201] Ebendieser Überlegung scheint die *Carte de la Russie Européene* Rechnung zu tragen. Das Budget des *Dépôt de la Guerre* für das Kriegsjahr 1812 wurde mit sagenhaften 510.118 Francs festgesetzt. Mit 30.340 Francs wurde die größte Teilsumme für die Gravur der *Carte de la Russie Européene* veranschlagt, gefolgt vom Posten für die Zeichnung der Kriegsschauplätze im Feld (30.200 Fr.), die Zeichnung Italiens (25.440 Fr.) usw.[202] Die Suche, Überset-

---

195 Vgl. Brief von General Nicolas Antoine Sansons an Generaladjutant Augustin Daniel Belliard vom 10. Februar 1812 in: Petrov, Fedor Aleksandrovič (Hrsg.): Napoléon, sa famille et son entourage: documents du Musée historique d'État, Moscou, compilé par et A. D. Ianovskii, New York 1996 [Mikrofilm].

196 Carte de la Russie Européenne, Traduite et gravée par ordre du Gouvernement, au dépôt général de la guerre en 1812, 1813, 1814 d'après La Carte Russe en 104 Feuilles, [77 Blätter, Maßstab 1:500.000] Paris 1812–1814.

197 Zamoyski: 1812, S. 76–98.

198 Vgl. Lieven: Russland gegen Napoleon, S. 104.

199 Vgl. Lieven: Russland gegen Napoleon, S. 125; Zamoyski: 1812, S. 52.

200 Vgl. Lieven: Russland gegen Napoleon, S. 47.

201 Vgl. Lieven: Russland gegen Napoleon S. 123.

202 Vgl. Berthaut: Les ingénieurs géographes militaires, S. 231 f.

zung und Auswertung geographisch-statistischer Lexika über Russland sowie nach geographischen Wörterbüchern in russischer Sprache wurde forciert. In den Fokus geriet dabei die gesamte Westgrenze Russlands: angefangen mit den Ostseeprovinzen, gefolgt von Vilna, Grodno und Minsk, Witebsk und Mogilev, Volhynien, Podolien und Kiev. In zweiter Dringlichkeitsstufe waren für die französischen Kriegsplanungen Smolensk, Moskau, Tver und Novgorod, schließlich Poltava, Černigov, Orel, Kaluga und Tula interessant.[203] Vor dem Feldzug von 1812 beeilte sich das kaiserliche Topographische Bureau, das Napoleon ins Feld begleitete, auf Grundlage vorhandener Informationen topographische, statistische und militärische Dossiers über jedes Gouvernement in Russland zusammenzustellen. Man interessierte sich für topographische Beschreibungen, den Zustand der Flüsse und Wege, für Lebensmittelressourcen und Transportmittel. Die Beschaffung der Karten für das kaiserliche Topographische Bureau waren in Voraussicht des Feldzugs gegen Russland kontinuierlich betrieben worden. Blätter der Russlandkarte wurden extra in kleinem Format geklebt und gefaltet, um vom Kaiser selbst in der Tasche getragen werden zu können.[204] Im Sommer 1812 waren bereits 21 von insgesamt 77 Kartenblättern der *Carte de la Russie Européene* gestochen. Diese 21 Blätter hätten im Juni 1812 öffentlich angeboten werden können, zumal deren Verkauf bereits zum Preis von 110 Francs angekündigt worden war und jedes weitere Blatt fünf Francs kosten sollte. Die Bedeutung der Aktualität der Publikation führte zu einer sehr großen öffentlichen Nachfrage, der aber das Kriegsdepot nicht gerecht werden konnte, da es zunächst den Bedarf der Armee decken musste. Daraufhin verbot Napoleon den Verkauf der Karte durch das Depot.[205]

Er befahl:

> In Anbetracht dessen, dass es weder zu unserer Würde noch zu unserem Wohl für unsere Ämter ist, dass unsere Karten-Depots Handel treiben und keinerlei Karten verkaufen, dass es im Gegenteil sehr nachteilig ist, eine solche Gepflogenheit zu tolerieren, sei es weil unsere Feinde so an nützliche Dokumente gelangen könnten, sei es, weil dieser Händlergeist die ausreichende Versorgung der Offiziere unserer Armeen mit Karten und Dokumenten verhindert, wird folgendes verfügt: Es wird verboten, Karten unseres Kriegs- und Marinedepots zu verkaufen; die Dokumente und Karten, die unseren Offizieren auf dem Land und auf See für ihre Missionen notwendig sind, sind kostenlos durch die Depots zur Verfügung zu stellen. Unser Kriegsminister stellt unverzüglich 500 Exemplare der neuen Russlandkarte für die Grande Armée zur Verfügung. Sie soll an alle Generäle, Leutnante, Einheitschefs, Kavalleriekapitäne gehen.[206]

Um die Karten für die *Grande Armée* zu transportieren, ließ General Sanson vom *Dépôt de la Guerre* eine Postkutsche anschaffen. Außerdem wurde das kaiserliche Topographische Bureau mit einem Leichtwagen ausgestattet, der „überall besser hin-

---

203 Vgl. Berthaut: Les ingénieurs géographes militaires, S. 231 f.
204 Vgl. Berthaut: Les ingénieurs géographes militaires, S. 237–239.
205 Vgl. Berthaut: Les ingénieurs géographes militaires, S. 234.
206 Zitiert nach: Berthaut: Les ingénieurs géographes militaires, S. 234.

durch kam" und die Karten von äußerster Dringlichkeit befördern sollte. Erfahrungen aus den letzten Kriegen hatten nämlich gezeigt, dass andere Wagen verspätet eintrafen.[207] Um das Volumen zu begrenzen, wurde versucht, zunächst Karten auf Seidenpapier und anderen Papiersorten zu fertigen. Napoleon aber wollte davon keinen Gebrauch machen, weil er darauf keine farbigen Einzeichnungen machen konnte.[208] Seit Beginn des Feldzugs verschickte das *Dépôt de la Guerre* fortwährend die neu fertiggestellten Blätter. Sanson schrieb, dass die Karten nicht mehr ausreichten und dass mehr Exemplare gebraucht würden. Doch die Kommunikation mit Paris begann sich zu verlangsamen und schwieriger zu werden, nachdem die Armee den Njemen hinter sich gelassen hatte.[209] Ein Offizier des kaiserlichen Topographischen Bureaus schrieb nach Paris: „[...] Werden Sie nicht müde, uns weitere Karten von Russland zu schicken. [...] Von allen Seiten fällt man über uns her, um Karten von diesem Reich zu bekommen."[210] Zudem wurde die Verwendung der Karte auf die Kompaniechefs und die Kavallerie-Kapitäne ausgedehnt, was für das *Dépôt de la Guerre* bedeutete, seine Produktion nochmals zu steigern und die Verschickung weiterer Karten zu vervielfachen.[211] Es vereinte alle Mittel, um den Druck der *Carte de la Russie Européene* voranzutreiben. Zwei Graveure arbeiteten an jeder Druckplatte und wechselten sich alle sechs Stunden ab. Im August 1812 (n. S.) wurden bis zu 22 Druckpressen in unterschiedlichen Pariser Druckereien konfisziert, allein um die angeforderten Auflagen der Kartenblätter zu fertigen. Tag und Nacht wurde gedruckt. Um Gewicht und Volumen zu sparen, wurde dünnes holländisches Papier benutzt. Ende August hatte die Menge verschiedener Karten, die an den Generalstab der Armee geschickt wurden, 1.000 Exemplare überschritten. Insgesamt zählten diese etwa 50.000 Blätter. Niemals zuvor waren Karten in solch einer Menge für einen Feldzug ausgeliefert worden, hebt Berthaut hervor.[212] Neben den in Paris gezeichneten, gestochenen und gedruckten Karten, waren die detaillierten topographischen Aufnahmen in großen Maßstäben vor Ort unersetzlich. Sie gaben Aufschluss über die topographischen Situationen vor Ort, die in kleinmaßstäblichen Übersichtskarten keinen Platz fanden. Als russische Soldaten bei einem Überfall auf eine französische Vorhut in den Besitz von sehr detaillierten französischen Karten der Gegend gerieten, wunderten sie sich darüber, dass alle Pfade, kleine Brücken, Bächlein und anderes mehr darin eingetragen war.[213] Offenbar handelte es sich bei diesen Karten um Rekognoszierungen (Aufnahmen nach Augenschein), die unmittelbar im Feld angefertigt worden waren. Wie die Szene bezeugt, hatte das Können der feindlichen

---

207 Vgl. Berthaut: Les ingénieurs géographes militaires, S. 241.
208 Vgl. Berthaut: Les ingénieurs géographes militaires, S. 242.
209 Vgl. Berthaut: Les ingénieurs géographes militaires, S. 244 f.
210 Zitiert nach: Berthaut: Les ingénieurs géographes militaires, S. 245.
211 Vgl. Berthaut: Les ingénieurs géographes militaires, S. 244.
212 Vgl. Berthaut: Les ingénieurs géographes militaires, S. 247.
213 Kopien der Briefe von Oberst-Leutnant K. A. Biskupskij aus dem Jahre 1849, in: Bumagi otnosjaščiesja do otečestvennoj vojny 1812 goda, Teil 7, Moskva 1903, S. 333.

Topographen einen tiefen Eindruck bei den russischen Soldaten hinterlassen. Wie erhalten gebliebene Fragmente sächsischer Militärtopographen im Dienste der *Grande Armée* zeigen, lag bei diesen Rekognoszierungen der Fokus auf den Möglichkeiten für die Dislokation von Truppen und Ausrüstung. Schlüsselfaktoren waren dafür Brücken, Straßen, Sümpfe und Gewässer, die das Fortkommen am meisten erleichtern oder auch behindern konnten.[214] Die Entfernung zwischen Paris und dem nach Osten vorrückenden französischen Hauptquartier wurde immer größer und die Transportwagen kamen auf den Sandwegen nur schwer vorwärts. Wenn auch die gedruckten Karten von großem Interesse waren, so gab es auch andere Herausforderungen, denen sich das Hauptquartier gegenübersah. Von Smolensk musste die napoleonische Armee trotz der miserablen Straßenverhältnisse und der Langsamkeit nicht nur Kohle und Kerzen kommen lassen, sondern auch Lebensmittel. Später wurden die Karten ganz beiseitegelassen, um Verpflegung, Alkohol, Fleisch etc. zu befördern.[215] General Nicolas Antoine Sanson schrieb auf dem Rückzug am 1. November 1812 (n. S.) aus Vjazma bei Borodino:

> Die Kosaken, die von Zeit zu Zeit einige Raubzüge auf die Ausrüstungskolonnen verüben, sind leider auf die Fahrzeuge mit dem größten Teil meines Materials vom topographischen Bureau der Armee eingefallen. Da keine Hilfe da war, wurde alles entwendet [...].[216]

Offizier Théviotte meldete am 25. Dezember 1812 (n. S.) aus Königsberg, dass Sanson am 5. Dezember 1812 (n. S.) in russische Gefangenschaft geraten war und berichtete an das *Dépôt de la Guerre* in Paris:

> Sie haben sich viel Mühe gegeben, uns Karten von Russland zu bringen. Momentan existieren nicht mehr als 20 Exemplare [der *Carte de la Russie Européene*, M. J.] in der Armee, da alle Generäle ihre Ausrüstung verloren haben und von den 500 Exemplaren, die mit den zwei letzten Fuhren verschickt wurden, nur 100 Exemplare verteilt werden konnten. Der Rest musste unter diesen Umständen verbrannt werden. Die Ladung des letzten Kuriers des Ministers ereilte dasselbe Schicksal in Kovno, während der erste Kurier schon bei Minsk in Gefangenschaft genommen worden war.[217]

---

214 Vgl. Engberg-Pedersen, Anders: Sketching War. August von Larisch's Collection of Field Maps from the Russian Campaign of 1812, in: Imago Mundi. The International Journal for the History of Cartography 66 (2014), S. 71.

215 Vgl. Berthaut: Les ingénieurs géographes militaires, S. 248 f.

216 Zitiert nach: Berthaut: Les ingénieurs géographes militaires, S. 248.

217 Zitiert nach: Berthaut: Les ingénieurs géographes militaires, S. 249. Im RGVIA sind diverse Dokumente dieser Ereignisse erhalten und in einem Aufsatz beschrieben worden. Vgl. Vasil'ev, A. A.: Obzor francuskich dokumentov-trofeev otečestvennoj vojny 1812g., chranjaščichsja v fonde i kollekcijach Voenno-učenogo archiva, in: Garuška, I. O. (Hrsg.): Dokumental'nye relikvii rossijskoj istorii, 200-letie Voenno-istoriceskogo archiva, Teil 2, Moskva 1998, S. 123–134.

Fast alles, was das *Dépôt de la Guerre* aus Paris gesandt hatte, war verloren gegangen oder zerstört.[218] Die zarische Armee hatte zwei der drei Packwagen des kaiserlichen Topographischen Bureaus erbeutet.[219] Trotz der verheerenden Niederlage wurden die Arbeiten an der *Carte de la Russie Européene* in Paris nicht eingestellt. Im Budget des Kriegsdepots für das Jahr 1813 mit insgesamt 468.937 Francs wurden weitere 45.340 Francs für die entsprechenden Arbeiten an der Russlandkarte bereitgestellt.[220] Wie das Titelblatt eines vollständigen als Kartenbuch gebundenen Exemplars im Bestand der Staatsbibliothek zu Berlin belegt, wurden die insgesamt 77 Blätter erst im Jahr 1814 fertiggestellt.[221] Das unverminderte, kostspielige Beharren auf Vervollständigung der Karte erweckt den Eindruck, dass ein zweiter Feldzug der *Grande Armée* gegen Russland bis zuletzt nicht vom Tisch war. Auf seiner Flucht aus Russland gerade in Warschau angekommen, hatte Napoleon im Dezember 1812 angekündigt, mit 300.000 Mann an den Njemen zurückzukehren – umso mehr, als dass er seinen schweren militärischen Rückschlag nicht einer starken zarischen Armee zurechnete, sondern den „Auswirkungen des Wetters"[222]. Wie die fortgesetzten Arbeiten an der Karte andeuten, ließ er tatsächlich Vorbereitungen laufen, um seiner Ankündigung Taten folgen zu lassen. Doch zu einem zweiten Feldzug nach Russland kam es nicht mehr und die *Carte de la Russie Européene* wurde zu einem unrühmlichen Symbol für das katastrophale Scheitern des französischen Imperiums und den Niedergang Frankreichs als Großmacht.

5.8.2.1 Der Blick des Angreifers

Die *Carte de la Russie Européene* ist eine Adaption der *Hundertblatt-Karte* und stellte eine Grundlage für den napoleonischen Russlandfeldzug dar. Diese Karte unterscheidet sich vom Original in zahlreichen Punkten, was Aufschluss darüber gibt, welchen Blick die französische Generalität auf das russische Reich richtete, was ihr dabei besonders wichtig war oder auch verzichtbar erschien. Die vorgenommenen Anpassungen waren zahlreich und betreffen Kartenausschnitt, Maßstab, Blattformat, Blattzählung, Weglassungen und Hinzufügungen, Kartenschrift und Geländedarstellung. Abbildung 14 zeigt die 1812 in Paris gedruckte Blattübersicht.[223] Während in der Mitte der Kartenausschnitt mit Blattzählung und Schnitt (11 x 7 Blätter) dargestellt ist, befindet sich unter dem Titel links der Signaturen-Schlüssel und darunter eine kyrillisch-lateinische Transliterationstabelle. Der rechte Rand wird vollständig durch ein Vokabularium ausgefüllt. Die 77 Blätter der Karte umfassen den

---

218 Vgl. Berthaut: Les ingénieurs géographes militaires S. 250.
219 Vgl. Fischer: Die Carte de l'Empereur, S. 17.
220 Vgl. Berthaut: Les ingénieurs géographes militaires, S. 251.
221 Vgl. SBB, Kart. Q 11838/1.
222 Vgl. Zamoyski: 1812, S. 583–585; ders.: Napoleon, S. 651 f.
223 Tableau d'assemblage de la Carte de la Russie Européenne en LXXVII Feuilles, exécutée au Dépôt général de la Guerre, Paris 1812.

ursprünglichen Ausschnitt des russischen Originals nach dem Stand von 1804, d. h. ohne die später ergänzten Erweiterungsblätter. Dieser Umfang zeigt die Blickrichtung der französischen Armeeführung auf das europäische Russland, wobei die russischen Interessengebiete an den äußersten Peripherien (Nord-Skandinavien, Bosporus und Dardanellen, südlicher Kaukasus und Chiva) offenbar kein großes Interesse hervorriefen. Der Kartenmaßstab wurde auf 1 : 500.000 erheblich vergrößert. Wahrscheinlich handelte es sich hierbei um die Absicht, das Verkleinerungsverhältnis an den metrischen Maßstab der Generalkarte von Frankreich, Spanien und Portugal anzupassen, die 1812 zeitgleich im *Dépôt de la Guerre* in Arbeit war.[224] Demnach war man in Paris damit beschäftigt, ein einheitliches Kartenbild vom Atlantik bis an den Ural zu zeichnen, was als Ausdruck imperialer Herrschaftspraxis verstanden werden muss. Des Weiteren entsprechen das rechteckige Blattformat sowie die Blattzählung der französischen Norm. Dies erlaubte zum einen, mehr Fläche auf einem Blatt abzubilden und trotz des wesentlich größeren Maßstabs, den gesamten Kartenausschnitt auf nur 77 Blättern kartiert zu bekommen. Zum anderen erlaubte die veränderte Blattzählung eine wesentlich einfachere Orientierung der Anschlussblätter, als es die mäandrierende Zählung der russischen Vorlage gestattete. Den vertikalen Reihen der Karte wurden Buchstaben, den horizontalen Reihen Ziffern zugeordnet. So liegt rechts neben Blatt A-1 das Blatt B-1 und nicht wie in der russischen Vorlage rechts neben Blatt 1 das Blatt 20. Bei einer vielblättrigen Karte hat das eine nicht zu unterschätzende Bedeutung bei der praktischen Anwendung. Im Hinblick auf den Signaturen-Schlüssel fällt die inhaltliche Reduzierung der Kartenzeichen auf. Der Auswahl zufolge diente dem *Dépôt de la Guerre* die ab 1805 gedruckte *Hundertblatt-Karte* mit 28 Kartenzeichen als Vorlage. In der französischen Legende finden sich dagegen nur 19 Signaturen. Während Siedlungsformen und Festungen, verschiedene Straßen und Grenzen sowie Anlegestellen, Verarbeitungswerke, ausländische und russische Zollstationen sowie Poststationen verzeichnet sind, wurde auf Signaturen für Bergwerke, Kirchspiele, Aufenthaltsorte der Nomaden, auf Unterkünfte für Reisende und vor allem auf Winterwege verzichtet. Anscheinend wurden diesen Inhalten in Paris nur eine untergeordnete Bedeutung beigemessen. Gerade aber die Winterwege dürften für den verlustreichen Rückzug der *Grande Armée* durch Eis und Schnee Bedeutung gehabt haben, da sie die günstigsten Passagen schneebedeckter Landschaften ermöglichten. Außerdem fällt eine weitere bedeutende Reduzierung auf. Der Karte wurden kein Gitternetz und keine Gradleisten beigefügt, die die Lokalisierung von Orten anhand geographischer Koordinaten, etwa aus einem geographisch-statistischen Lexikon hätten ermöglichen können. Es ist denkbar, dass die immense Vergrößerung des Kartenmaßstabs sowie die ohnehin nicht mit dem französischen Genauigkeitsansprüchen vergleichbaren russischen Originale hier als Hauptursachen auszumachen sind. Hinzugefügt worden sind in der französischen Adaption hingegen Distanzangaben in Form von kleinen Ziffern

---

224 Vgl. Berthaut: Les ingénieurs géographes militaires, S. 233.

parallel zum Wegrand. Da der geometrischen Genauigkeit der Karte offensichtlich nicht vertraut worden war, beabsichtigten die Kartenzeichner damit vermutlich, einer fehlerhaften Streckenbestimmung mittels Zirkel vorzubeugen. Die dafür notwendigen Informationen stammen sehr wahrscheinlich aus dem 1808 beim Sankt Petersburger Karten-Depot erschienenen *Taschen-Post-Atlas*.[225] In Abbildung 19 ist eine Distanzangabe an der Großen Poststraße nordöstlich des Flusses gut zu erkennen. Die Ziffer „$5^{1/2}$" gibt die Wegstrecke zur nächsten Poststation in *Lieue* (französische Meile, Postleuge) und nicht in Werst an. Nach der Angabe im russischen *Taschen-Post-Atlas* trennen nämlich 23 Werst die Poststationen auf dieser Strecke.[226] Besonders auffällig ist der größere Maßstab, der mehr Platz für Signaturen und Schrift im Kartenbild bietet, wodurch der gesamte Inhalt übersichtlicher erscheint. Neben den Signaturen für Gouvernements-Zentrum (fette Umrandung), Poststation (Posthorn) und Hafen (Anker), ist in Abbildung 19 das Zeichen für eine Redoute (unter dem Anker) abgebildet, das, wie in der russischen Vorlage, nicht im Signaturen-Schlüssel erklärt wird. Einer der bedeutendsten Unterschiede besteht in der latinisierten Kartenschrift. Sie bildete eine der wichtigsten Grundlagen, um die Karte überhaupt erst für Personen aus der lateinischen Schriftwelt lesbar zu machen. Dabei hatte es höchste Priorität, dass die Toponyme richtig transliteriert wurden, um beim Feldzug die einzelnen Teile der Armee präzise von einem zum anderen Ort befehlen zu können, ohne dass dabei die Orientierung im Feld verloren ging. Die Übersetzungen von zehntausenden kyrillischen Ortsbezeichnungen in kürzester Zeit darf in ihrer Bedeutung nicht unterschätzt werden. Wie die oben erwähnte Rezension der bei einem Berliner Privatverlag erschienenen Adaption der *Hundertblatt-Karte* bemängelte, war diese Arbeit besonders fehleranfällig. Um den Offizieren der *Grande Armée* die Orientierung in der zumeist fremden kyrillischen Schriftwelt zu ermöglichen, beinhaltet die Blattübersicht (Abb. 14) eine Transliterationstabelle (*alphabet harmonique*) zum Übersetzen von kyrillischer in lateinische Schrift sowie ein Vokabularium (*signification française de mots Russes de la Carte, susceptibles d'être traduits*). Letzteres enthält rund 200 Übersetzungen für strategisch und versorgungstechnisch bedeutende Begriffe, wie Arsenal (*Arsénal*), Festung (*Kriépost*), Kanal (*Protok*) und Westen (*Zapad*), genauso aber auch Badeanstalt (*Banii*) und Krankenhaus (*Ghospital*). Bemerkenswerte Veränderungen weist auch die Geländedarstellung in der *Carte de la Russie Européene* auf, die von der russischen Vorlage stark abweicht und ferner das hohe Niveau französischer Kartenzeichner zum Beginn des 19. Jahrhunderts veranschaulicht. Durch das flache Tiefland des europäischen Russland und den relativ kleinen Kartenmaßstab tritt lediglich das Gelände der Karpaten, des Ural-Gebirges,

---

225 Karmannyj počtovyj atlas vsej Rossijskoj imperii razdelennoj na gubernij s pokasaniem glavnych počtovych dorog, Sankt Peterburg 1808.
226 Vgl. Karmannyj počtovyj atlas, Kartenblatt Smolensk, S. 16. 1 Postleuge entspricht 4,158 Werst. Nach französischer Rechenweise müssen 23 Werst durch 4,158 Werst geteilt werden, um $5^{1/2}$ Lieue zu ergeben.

vor allem aber des Kaukasus eindrucksvoll in Erscheinung. Die französischen Kartenzeichner lehnten aber die perspektivische Geländedarstellung der russischen Vorlage ab. Denn nach den 1802 festgelegten Regeln des *Dépôt de la Guerre* sollte u. a. die Grundrissdarstellung verwendet werden.[227] Abbildung 24 zeigt einen Teil des Kaukasus am Schwarzmeer-Ufer. Die grundrissliche Geländedarstellung der Franzosen vermeidet die nicht einsehbaren „toten Räume". Zudem bewirkt die geschickte Seitenbeleuchtung eine hohe Plastizität. Die französische Adaption besitzt daher eine wesentlich größere Anschaulichkeit und vermittelt den Eindruck, als beruhe die Karte auf genaueren topographischen Vermessungen und sei Zeugnis einer tatsächlichen Durchdringung dieser zerklüfteten Gebirgslandschaft, obwohl sie vermutlich *nur* das Wissen um die in den Bergfalten abströmenden Flüsse dafür einzusetzen verstanden. Es ist davon auszugehen, dass die französischen Kartenzeichner auch an dieser Stelle die *Hundertblatt-Karte* abkupferten. Dies wird an der identischen Küstenkontur, den identischen Flussläufen und Ortslagen sehr deutlich. Ebenso fehlen Höhenangaben gänzlich (Abb. 23 u. 24).

An den hier herausgearbeiteten Unterschieden zwischen der russischen Kartenvorlage und der französischen Adaption lässt sich nachvollziehen, welche Spezifika das Bild der Franzosen besaß, das sie sich vom europäischen Teil Russlands auf Grundlage der *Hundertblatt-Karte* gemacht hatten. Es wird dabei deutlich, dass fremde geographische und topographische Informationen in eine eigene vereinheitlichte Bildsprache übersetzt wurden und eine symbolische Aneignung des Territoriums stattfand. Es war die französische Generalität, die ihr strategisches Auge auf das gegnerische Russland richtete, auf Grundlage des verfügbaren russischen Materials die *Carte de la Russie Européene* schuf und in ein eigenes kartographisches Zeichensystem integrieren ließ. Auch wenn der Maßstab relativ klein war und einen Großteil dieser Karten ihre Adressaten nie erreichte, war diese Karte eine bedeutende Kriegswaffe, die der Armee ein allgemeines Bild von Russland gab und es ihr prinzipiell ermöglichte zu agieren, räumliche und zeitliche Orientierung in einem fremden, weit ausgedehnten Operationsgebiet zu finden. Die Karte war so nicht nur zur „Heimat Napoleons", sondern auch der *Grande Armée* geworden, indem sie mit ihrer gewohnten einheitlichen Kartensprache einen berechenbaren, nahezu vertrauten Raum imaginierte. Die grenzüberschreitende Einheitlichkeit der Karten wurde zum Ausdruck eines französischen imperialen Anspruchs – bis sich das Blatt wendete.

5.8.3 Vorbereitungen und Erfahrungen auf russischer Seite

Obwohl die zarische Militärführung nach der dritten Teilung Polen-Litauens (1795) entschieden hatte, acht Orte an der Westgrenze des Russländischen Imperiums mit Festungsbauten zu sichern und genügend Geldmittel und Zeit dafür zur Verfügung

---

227 Vgl. Lexikon zur Geschichte der Kartographie, S. 236.

gestanden hatte, wurden diese Pläne nicht realisiert.[228] Da die Festungen fehlten, als diese dringender denn je benötigt wurden, waren zarische Generäle davon überzeugt, dass eine russische Attacke gegen die *Grande Armée* aussichtslos wäre und die Westgrenze im Falle eines französischen Angriffs nicht gehalten werden könnte. Als dies die russische Regierung 1810 realisierte, wurden verschiedene Maßnahmen ergriffen, die Gegenden der zu erwartenden Kriegsschauplätze so gut es ging für die Verteidigung vorzubereiten.[229] Zwar umfasst die *Hundertblatt-Karte* die gesamte Westgrenze Russlands, ihr Maßstab war aber viel zu klein (1 cm Kartenstrecke für 8,4 Kilometer Naturstrecke), um etwa taktische Planungen für Schlachten in Rücksicht auf die genauen topographischen Bedingungen möglicher Stellungen vornehmen zu können. Seit der dritten Teilung Polen-Litauens wurden Karten von den Umgebungen der zu errichtenden Festungen angefertigt.[230] Eine systematische topographische Aufnahme der über mehrere hundert Kilometer reichenden Westgrenze war aber noch nicht erfolgt. So wurden im März 1810 insgesamt 30 Offiziere der Quartiermeister-Abteilung zur Erkundung der Westgrenze abkommandiert, um Aufnahmen von potentiellen Kriegsschauplätzen anzufertigen.[231] Karl Oppermann, seit 1809 Direktor des Karten-Depots in Sankt Petersburg, wandte sich im Juli 1810 an Kriegsminister Graf Michael Andreas Barclay de Tolly (1810–1812) und warb dafür, die topographischen Aufnahmen in Zukunft mit gleicher Genauigkeit und Ausführlichkeit anzufertigen, wie dies die neuesten ausländischen topographischen Karten zeigten, insbesondere die sogenannte *Schroetter-Karte*.[232] Der 1810 abgeschlossenen und seit 1802 aus Kostengründen sukzessive im Berliner Handel verkauften *Schroetter-Karte*, war die sogenannte Schroettersche Landesaufnahme von Ost- und Westpreußen in den Jahren 1796–1802 vorausgegangen und ergänzte die Gillysche Landesaufnahme von Südpreußen (1795–1802) sowie die Stein-Textorsche Landesaufnahme von Neu-Ostpreußen (1795–1800), deren militärische Brauchbarkeit ein preußischer Generalstabs-Offizier bereits im Jahr 1803 hervorgehoben hatte.[233] Diese kostspieligen Vermessungen – wie sie auch von österreichischer Seite für Neu- bzw. West-Galizien erfolgte – waren reflexartig nach den Teilungen Polen-Litauens unter-

---

228 Dabei handelte es sich um Libau, Pajuren (bei Tauroggen), Kovno, Vilna, Mereč, Grodno, Brest-Litovsk und Slonim (östlich von Białystok).

229 Vgl. Friman, L.: Značenie krepostej dlja oborony Rossii. Po opytu otečestvennoj vojny v 1812 g., Sankt-Peterburg 1912, S. 5.

230 Vgl. Friman: Značenie Krepostej, S. 13.

231 Vgl. Gejsman: Glavnyj štab, Teil 1, S. 300. Im Jahr 1811 umfasste die Quartiermeister-Abteilung 172 Offiziere.

232 Vgl. RGVIA Moskva, f. 26, op. 1, d. 477, l. 530ob., Rapport von Ingenieur General-Major Oppermann an Kriegsminister Barclay de Tolly vom 20.07.1810. Ein gebräuchlicher Titel der Schroetter-Karte heißt: Karte von Ost-Preussen nebst Preussisch Litthauen und West-Preussen nebst dem Netzdistrict, Aufgenommen von 1796 bis 1802, 25 Sektionen, Maßstab 1 : 150.000, Berlin 1802–1810.

233 Vgl. Jäger, Eckhard: Die Schröttersche Landesaufnahme von Ost- und Westpreußen (1796–1802). Entstehungsgeschichte, Herstellung und Vertrieb der Karte, in: Zeitschrift für Ostforschung 30 (1981), S. 368.

nommen worden und bildeten die Grundlage für die Inbesitznahme von Territorium mithilfe topographischer Karten.[234] In seinem Brief an den Kriegsminister hatte Oppermann mit der *Schroetter-Karte* die neueste topographische Karte im Sinn, die den nördlichen Teil der preußisch-russischen Grenze in einem Maßstab von 1:150.000 abbildet, ein Maßstab der viel mehr Details darzustellen erlaubte, als der kleine Maßstab der *Hundertblatt-Karte*. Oppermann stellt klar, dass die Herstellung einer solchen Karte für Russland aber nicht zu erreichen wäre, solange nicht besonders ausgebildete Ingenieur-Geographen zur Verfügung stünden. Um größere Ausgaben zu vermeiden, die mit der Ausbildung solcher Ingenieure verbunden wären, so Oppermann, müsste man aber wenigstens die Zahl der Beamten im Karten-Depot nach und nach vergrößern. Überdies wollte er, dass man diese Anstalt nach dem Vorbild des französischen *Dépôt de la Guerre* gestaltete, sodass die Ausführung einer astronomisch-trigonometrischen Aufnahme möglich wäre und die Qualität der Karten den ausländischen entspräche.[235] Diese Aussage korrespondiert mit dem Befund des Historikers Denis Sdviškov, dass die Phase von 1799 bis 1814 von Lernprozessen Russlands am französischen Beispiel geprägt war und „[…] eine Zeit der russischen Aneignung im Modus imperialer Konkurrenz […]"darstellte.[236] Besonders ab 1805 habe die Vorbildfunktion der französische Armee die der preußischen abgelöst.[237] Während dieser russisch-französischen Annäherung war Fürst Petr Michailovič Volkonskij in Frankreich, bevor er zum General-Quartiermeister der russischen Armee (1810–1823) berufen wurde. Dort studierte er zwischen 1807 und 1810 den französischen Generalstab aus nächster Nähe, gewann ein Bild von der Organisation der topographischen Arbeiten und machte sich die brauchbaren Erfahrungen des französischen militär-topographischen Dienstes zu eigen.[238] Volkonskij setzte um, was Alexander I. in einem Gespräch mit dem französischen Botschafter im Jahr 1808 meinte, als er sagte: „Wir werden von Eurem System alles übernehmen, was sich an

---

234 Vgl. Special Karte von Südpreussen [David Gilly], 13 Sektionen, [Maßstab 1:150.000], Berlin 1802–1803; Karte von Neu Ostpreussen [Johann Christoph Textor u. a.], 17 Sektionen, [Maßstab 1:150.000], [Berlin] 1805–1806; Carte von West-Gallizien welche auf allerhöchsten Befehl Seiner Kaiserlich oesterreichischen und Königlich apostolischen Majestät in den Jahren 1801 bis 1804 […] militärisch aufgenommen worden, 12 Blätter, [Maßstab 1:150.000], [Wien 1808–1811], Karte vom Königreich Galizien und Lodomerien, Herausgegeben im Jahre 1790 von Liesganig, vermehrt und verbessert im Jahre 1824, 132 Blätter, [Maßstab 1:115.000] [Wien].

235 Vgl. RGVIA Moskva, f. 26, op. 1, d. 477, l. 530ob., Rapport von Ingenieur General-Major Oppermann an Kriegsminister Barclay de Tolly vom 20.07.1810.

236 Sdvižkov, Denis: Nos amis les ennemis. Über die russisch-französischen Beziehungen von der Revolution 1789 bis zum Krimkrieg 1853–1856, in: Aust, Martin; Schönpflug, Daniel (Hrsg.): Vom Gegner lernen. Feindschaften und Kulturtransfers im Europa des 19. Und 20. Jahrhunderts, Frankfurt/M. 2007, S. 41.

237 Vgl. Sdvižkov: Nos amis, S. 49.

238 Vgl. Postnikov: Razvitie krupnomasštabnoj kartografii v Rossii, S. 106; vgl. Gluškov: Istorija voennoj kartografii v Rossii, S. 427.

unseres anpassen lässt."[239] Auf Seiten der zarischen Militärführung sahen die praktischen Vorbereitungen aber keine derart gründlichen Landesaufnahmen vor, wie es im westlichen Ausland vereinzelt geschehen war. Wie stattdessen die Vorbereitungen auf russischer Seite ab 1810 abliefen, geht aus dem Bericht eines unbekannten Beteiligten hervor.[240] Für die Erkundung des westrussischen Grenzgebietes wurde dieser nach „Kleinrussland" abkommandiert, um dort zwischen Oktober 1810 und Januar 1811 topographische Aufnahmen durchzuführen. In Volhynien nahm er mögliche Kriegsschauplätze auf und konfiszierte Karten und Pläne polnischer Adelsbesitzungen, die er nach Sankt Petersburg brachte. Dort kam er mit anderen zusammen, die mit gleichen Aufgaben im westlichen Grenzgebiet Russlands unterwegs waren und das Material lieferten, aus dem neue Karten zusammengestellt wurden.[241] Als Ergebnis wurde im September 1811 eine militärische Karte des westliches Grenzgebietes in 55 Blättern sowie 37 einzelne Pläne von Stellungen und Beschreibungen der rekognoszierten Gegenden fertiggestellt, deren Titel nicht überliefert sind.[242] Außerdem wurde 1811 die *Semitopographische Karte ausländischer Besitzungen entlang der westlichen Grenze des Russländischen Imperiums*[243] begonnen (Abb. 26). Eine Karte, für deren Herstellung mit großer Wahrscheinlichkeit auch die *Schroetter-Karte* herangezogen worden war. Anfang September 1811 schreibt der russische Kriegsminister Barclay de Tolly an General-Quartiermeister Volkonskij, dass man für die Herstellung von detaillierten Karten der Westgrenze keine Zeit mehr habe. Denn man bräuchte nicht nur Karten, sondern müsse auch Stellungen erforschen sowie statistische, physische und militärische Beschreibungen anfertigen. Die Herstellung von detaillierten Karten sei daher einzustellen.[244]

5.8.3.1 Gründung des Militär-Topographischen Depots
Oppermanns Forderung von 1810, als Voraussetzung besserer Karten mehr Personal für das Karten-Depot bereitzustellen und eine Organisation nach dem französischen Vorbild anzustreben, fand in der Militärführung Gehör. Im selben Jahr wurde das Karten-Depot dem Kriegs-Kollegium unterstellt[245] und Zar Alexander I. gewährte zu-

---

239 Zitiert nach Sdvižkov: L'Empire d'Occident Faces the Russian Empire, S. 159.

240 Vgl. Murav'ëv, Aleksandr Nikolaevič: Avtobiografičeskie zapisi, in: Dekabristy. Novye materialy, Moskva 1955, S. 158–160.

241 Vgl. Murav'ev: Avtobiografičeskie zapisi, S. 158–160.

242 Vgl. Gejsman: Glavnyj štab, Teil 1, S. 300. Ob es sich dabei um die als Manuskriptkarte beschriebene Podrobnaja karta granic Rossijskoj imperii meždu morjami Baltijskim i Černym aus dem Jahr 1811 handelt, kann nur vermutet werden.

243 Semitopografičeskaja Karta Inostrannym vladenijam po zapadnoj granice Rossijskoj imperii, [90 Blätter], Maßstab 1 : 252.000, Sankt Peterburg 1811–1820.

244 Vgl. Gejsman: Glavnyj štab, Teil 1, S. 300.

245 Vgl. Istoričeskii očerk dejatel'nosti Korpusa voennych topografov, S. 33.

sätzlich 5.000 Rubel für das Karten-Depot[246], dem jährlich nicht mehr als 10.000 Rubel zur Verfügung gestanden hatten.[247] Als das zarische Kriegs-Kollegium zu Beginn des Jahres 1812 als Ministerium neu organisiert und in sieben Departements und vier Sonderabteilungen gegliedert wurde, ging das Karten-Depot in einer dieser Sonderabteilungen auf und hieß fortan Militär-Topographisches Depot (*Voenno-topografičeskoe depo*).[248] Als Teil des Kriegs-Ministeriums verfügte es offiziell über eigenes Personal, einen Etat sowie eine schriftlich definierte Tätigkeitsbeschreibung, was dem früheren Karten-Depot als Teil der kaiserlichen Suite fehlte. Demnach bestanden die Aufgaben des Militär-Topographischen Depots in der Sammlung, Zusammenstellung und Aufbewahrung von Karten, Plänen und Zeichnungen, statistischen Beschreibungen und Berichten über Kriegshandlungen, Planungen und Stationierungen für den Angriffs- und Verteidigungskrieg und insbesondere für die Zusammenstellung aller gesammelten Berichte und Tabellen aus historischen Kriegszeugnissen.[249] Um einen Eindruck zu gewinnen, welche Bedeutung dieser Anstalt und ihren Tätigkeiten für die militär-topographische Aufklärung des Russländischen Imperiums mit seiner großen Flächenausdehnung von Seiten der Militärführung geschenkt worden war, ist ein Blick auf Struktur, Personalausstattung und Mittelzuweisung aufschlussreich. Das Militär-Topographische Depot wurde in sechs Abteilungen eingeteilt, wobei die erste für besondere Aufträge (*zanjatija po osobym poručenijam*) vorgesehen war und aus einem Ingenieur-Topgraphen und vier Helfern bestand. Die zweite sollte die für Karten notwendigen astronomischen Beobachtungen und trigonometrischen Aufnahmen besorgen und zählte einen Astronomen und einen Helfer sowie vier Ingenieur-Topographen, während in der dritten Abteilung die Zusammenstellung und Zeichnung von Karten durch acht Ingenieur-Topographen und acht Helfer übernommen wurde. Die vierte Abteilung bestand aus einem Chef, 16 Graveuren, zwei Druckern und vier Helfern und war für die Gravur und den Druck von Karten und Plänen zuständig. Das Kartenarchiv und die Bibliothek wurde als fünfte Abteilung von einem Bibliothekar und zwei Helfern besorgt, während die sechste Abteilung für Schriftverkehr, Verwaltung und Finanzen vier Verwaltungsbeamte umfasste.[250] Insgesamt zählte der Stellenplan des neu gegründeten Militär-Topographischen Depots 51 Beamte mit einem Jahresbudget von insgesamt 44.000 Ru-

---

246 Vgl. RGVIA Moskva, f. 26, op. 1, d. 477, l. 528ob., Brief von Kriegsminsiter Barclay de Tolly an Ingenieur General-Major Oppermann vom 27.08.1810.
247 Das Jahresbudget ist nicht eindeutig ermittelbar. Nach den vorliegenden Informationen belief es sich auf 4.000 bis ca. 10.000 Rubel. Vgl. Istoričeskij očerk dejatel'nosti korpusa voennych topografov, S. 33.
248 Vgl. PSZ I, 32, Nr. 24.971. Das Militärtopographische Depot bestand von 1812–1863 und wurde 1865–1903 von der Militärtopographischen Abteilung des Generalstabs (*Voenno-topografičeskij otdel General'nago štaba*) und diese 1903–1917 von der Militärtopographischen Verwaltung (*Voenno-topografičeskoe upravlenie*) abgelöst.
249 Vgl. PSZ I, 32, Nr. 24.971.
250 Vgl. PSZ I, 32, Nr. 24.971; PSZ I, 43, Nr. 24.974, S. 411, Tabelle VIII.

bel.[251] Obwohl damit das Jahresbudget des früheren Karten-Depots mindestens vervierfacht wurde, so hatte unter Berücksichtigung des historischen Wechselkurses[252] das Militär-Topographische Depot im Vergleich zum *Dépôt de la Guerre* nur rund ein Zwölftel an Geldmitteln zur Verfügung[253], was kaum durch die immensen Preisunterschiede und Personalkosten zu erklären ist. Allein die für 1813 veranschlagten Mittel für die Fortführung der Arbeiten an der *Carte de la Russie Européene* entsprachen ungefähr dem Etat des Militär-Topographischen Depots in Sankt Petersburg. Trotz der Anhebung des Jahresbudgets für die Herstellung von Karten, fiel es im Vergleich mit den zugewiesenen Geldern für das russische Kriegsministerium zum Kriegsjahr 1812 eher gering aus. Von insgesamt 154 Millionen Rubel – was die Hälfte der Summe für alle Ministerialhaushalte Russlands ausmachte[254] – wurden für „militärische Ingenieur-Aufgaben" 5,2 Millionen Rubel bereit gestellt.[255] Angesichts dieser enormen Summen stellt sich die Frage, warum die Militärführung *nur* 44.000 Rubel für die Kartierung strategisch wichtiger Gebiete des Imperiums auszugeben bereit war. Anscheinend hatte sie unterschätzt, welche Macht geographisch-statistisches und kartographisches Wissen dem französischen Imperium bzw. Napoleon auf seinen Feldzügen verlieh. Diesem Wissen als strategischem und imperialem Instrument wurde im napoleonischen Imperium wesentlich mehr Bedeutung geschenkt. In Anbetracht des erwiesenen Nutzens war es bereit, große Summen dafür aufzuwenden. In Russland bedurfte die Militärführung offenbar erst der katastrophalen Erfahrungen des Vaterländischen Krieges 1812, um der systematischen Vermessung und Kartierung des Landes größere Aufmerksamkeit zu schenken und das dafür notwendige Personal verstärkt auszubilden. Denn wie sich im Krieg erwies, fehlte es der russischen Armee vielerorts an topographischem Wissen.

---

251 Vgl. PSZ I, 43, Nr. 24.974, S. 411, Tabelle VIII. Es wird hier davon ausgegangen, dass es sich bei der Angabe um Assignaten-Rubel handelt, da in dieser Zeit der Silber-Rubel als Rechnungseinheit nicht mehr verwendet wurde. Dies war eine Folge des Versuchs, Russlands Binnenmarkt auf Papiergeld umzustellen. Vgl. Jakob, Ludwig Heinrich: Über Russlands Papiergeld und die Mittel dasselbe bey einem unveränderlichen Werthe zu erhalten nebst einem Anhange über die neuesten Maaßregeln in Oesterreich das Papiergeld daselbst wegzuschaffen, Halle 1817, S. 33, 96 f.

252 Vgl. Königlich-privilegirte Baierische National-Zeitung, 8. 5. 1812, Nr. 110, S. 441. Demnach handelte man einen Rubel im Mittel für 115 Centimes, d. h. 1,15 Francs. Dass es sich hierbei höchstwahrscheinlich nicht um Silber-Rubel, sondern Assignaten-Rubel handelte, darauf verweist die Angabe, dass ein Silber-Rubel zu Beginn des 19. Jahrhunderts 4,53 Francs wert war. Vgl. Erbe, Michael: Revolutionäre Erschütterung und erneuertes Gleichgewicht. Internationale Beziehungen 1785–1830, Paderborn [u. a.] 2004, S. 93.

253 Ein Assignaten-Rubel war im Herbst 1811 ca. 26,5 Silber-Kopeken wert, d. h. ein Silber-Rubel kosteten 3,77 Assignaten-Rubel. Vgl. Katychova: Ot rublja bumažnogo, S. 24.

254 Vgl. Kulomzin, Anatolij Nikolaevič (Hrsg.): Finansovye dokumenty carstvovanija Imperatora Aleksandra I., Schriftenreihe: Sbornik Imperatorskago russkago istoričeskago obščestva, Bd. XLV, Sankt Peterburg 1885, S. 213 f. Die Angabe beinhaltet nur die Mittel für die Landstreitkräfte, nicht für die Marine.

255 Vgl. Kulomzin: Finansovye dokumenty carstvovanija Imperatora Aleksandra I., S. 215.

5.8.3.2 Karten-Mangel und räumliche Ohnmacht im Krieg

Als Ende April 1812 der französische Gesandte Louis Marie de Narbonne-Lara (1755–1813) das russische Hauptquartier in Vil'no mit einer Nachricht Napoleons erreicht hatte, zeigte sich Oberbefehlshaber Zar Alexander I. in seiner Beharrlichkeit unerschüttert, der „Gewalt mit Gewalt zu entgegnen". Er soll auf die vor ihm ausgebreitete Karte von Russland gezeigt und Napoleons Postillion folgendes mit auf den Weg gegeben haben:

> Ich blende mich nicht mit Träumen, ich weiß in welchem Maße Kaiser Napoleon über die Eigenschaften eines großen Feldherrn verfügt. Aber auf meiner Seite sind Raum und Zeit.[256]

Zweifellos lässt sich behaupten, dass der russische Sieg gegen die *Grande Armée* nicht den russischen Karten zu verdanken war. Russischen Einheiten mangelte es an brauchbaren Landkarten für ihre Operationsgebiete[257], weshalb die Situation als außerordentlich ungenügend beschrieben wurde. Dies hielt die Militärführung aber lange nicht davon ab, erst 1869 zur systematischen Verteilung von Karten an die Truppe überzugehen.[258] Die *Hundertblatt-Karte* verfügte wegen ihres kleinen Maßstabes nicht über die notwenigen Details für taktische Überlegungen. Für die Quartiermeister, die mit ingenieur-technischen Aufgaben wie Brückenbau, Straßenbau und der Auswahl von Positionen befasst waren, war es kaum möglich, detaillierte topographische Aufnahmen unmittelbar im Kriegsverlauf auszuführen. Und das vorhandene kartographische Material war unzureichend.[259] Als die *Grande Armée* bereits seit zwei Tagen den Njemen überquerte, notierte N. D. Durnovo, ein 20-jähriger Kolonnenführer einer der russischen Quartiermeisterabteilungen am 26. Juni 1812 in seinem Tagebuch:

> Den Rest des Tages haben wir damit verbracht, wie Zwangsarbeiter [*katoržnye*] die Karte Russlands zu studieren. In allen Korps mangelte es an Karten von den Gegenden, die wir durchquerten. Statt in Petersburg Karten von Asien und Afrika herzustellen, müsste man einfach mal über eine Karte vom russischen Polen nachdenken. Der gute Gedanke kommt immer mit Verspätung.[260]

Fünf Tage vor der Schlacht von Borodino ließ der Oberbefehlshaber der russischen Armee, Fürst Michael Illarionovič Kutuzov (1745–1813), beim Korps der Verkehrswege in Tver eine Reihe Karten und Pläne holen. Kutuzov erhielt u. a. eine Gouvernements-Karte von Tver sowie zwei Exemplare der *Hundertblatt-Karte*, während seine Quartiermeister-Abteilung nichts liefern konnte, obwohl eine ihrer Aufgabe darin

---

256 Zitiert nach: Bogdanovič, Modest Ivanovič: Istorija carstvovanija Imperatora Aleksandra I. i Rossii v" ego vremja, Bd. III, Sankt Peterburg 1869, S. 206 f.
257 Vgl. Zamoyski: 1812, S. 151.
258 Vgl. Gluškov: Istorija voennoj kartografii v Rossii, S. 55, 80.
259 Vgl. Postnikov: Razvitie krupnomasštabnoj kartografii v Rossii, S. 91.
260 Durnovo, Nikolaj Dmitrievič: Dnevnik 1812 in: 1812 god. Voennye dnevniki, Moskva 1990, S. 81.

bestand, die Truppe mit Karten zu versorgen.[261] Aus Durnovos Tagebucheinträgen vom Juli und August 1812 geht zudem hervor, dass seine Abteilung mit der Herstellung der Smolensker Gouvernements-Karte beschäftigt war[262], bevor er im Auftrag von Zar Alexanders I. Stabschef, Fürst Petr Michailovič Volkonskij, eine Karte des Moskauer Gouvernements an Kutuzovs General-Quartiermeister Michail Stepanovič Vistickij zu überbringen hatte.[263] Einen Tag zuvor hatte jedoch die *Grande Armée* Moskau erreicht. Demnach bekam der General-Quartiermeister Kutuzovs erst eine Karte vom Gouvernement Moskau in die Hand, als die russischen Truppen Moskau verlassen hatten und sich in Richtung Süden, nach Kaluga zurückzogen. Dabei entsteht das Bild einer zarischen Militärführung, die getrieben von der *Grande Armée* lediglich reagieren konnte und immer wieder zu spät mit Kartenmaterial versorgt wurde. Aus Kaluga berichtete Kriegsminister und Befehlshaber der Ersten Armee, Graf Michael Andreas Barclay de Tolly am 24. September 1812 an Zar Alexander I.:

> Die Quartiermeister-Abteilung ist vollständig desorganisiert, weil es keinen General-Quartiermeister mehr gibt. […] keiner wusste, welcher Weg gewählt werden und wo die Truppen Quartier nehmen sollten. […] Selbst ich hatte kurz davor keinen aus der Quartiermeister-Abteilung, der mir Auskunft hätte erteilen können, um Dislokation und Positionierung vorzunehmen.[264]

Diese Zeugenberichte führen die unzureichende Versorgung der russischen Armee mit topographischen Karten deutlich vor Augen. Die *Hundertblatt-Karte* konnte allenfalls Überblick über größere Gebiete bieten und wurde – falls überhaupt zur Hand – für Truppenverlegungen eingesetzt.[265] Ganz zu schweigen von der Kartenversorgung kleinerer Einheiten mit detaillierten Karten und Plänen, war nicht einmal die russische Armeeführung ausreichend mit Karten versorgt.

Dominic Lieven betont, dass die Grenzgebiete als Pufferzone potentiellen Schutz für Russland boten und die Integration der einverleibten Westgebiete nicht nur aus wirtschaftlichen Gründen eine Rolle spielten. Eine eindringende feindliche Armee hatte diese Gebiete erst zu überwinden, um das russische Kernland zu erreichen.[266] Daher ist es bemerkenswert, dass auf russischer Seite die strategische Bedeutung der Westgebiete zwar klar benannt, diese dann aber nicht ausreichend befestigt werden konnten und der Feind in der Stunde des Angriffs keine große Mühe hatte, schnell vorzurücken. Im Krieg von 1812 offenbarten sich die Folgen der geringen Ausstattung mit Topographen auf russischer Seite, weshalb in den westlichen Grenzgebieten topographische Aufnahmen nur punktuell realisiert werden konnten.

---

261 Vgl. Postnikov: Razvitie krupnomasštabnoj kartografii v Rossii, S. 91.

262 Vgl. Durnovo: Dnevnik 1812, S. 82, 86.

263 Vgl. Durnovo: Dnevnik 1812, S. 91.

264 Charkevič, Vladimir Ivanovič: Barklaj de Tolli v otečestvennuju vojnu posle soedinenija armij pod Smolenskom, Sankt Peterburg 1904, (Supplement), S. 40.

265 Vgl. Gluškov: Istorija voennoj kartografii v Rossii, S. 55.

266 Vgl. Lieven: Russland gegen Napoleon, S. 215.

Als die *Grande Armée* nach Kernrussland in Richtung Moskau vordrang, muss die zarische Militärführung schockiert festgestellt haben, dass für die zentralen Gebiete noch weniger geeignete Karten vorlagen, als für die westlichen Gouvernements. Hektisch wurde daher nach Übersichts-Karten der im Kernland liegenden Gouvernements Smolensk, Moskau und Tver gesucht und sogar noch gezeichnet, als die Gegner längst im Lande waren und das Herz Russlands erreichten. So ist es als eine unmittelbare Reaktion auf diese Kriegserfahrungen zu verstehen, dass im Jahr 1814 ein weiteres französisches Handbuch über die Kunst der Aufnahme von zumeist militärisch bedeutenden Orten in russischer Übersetzung erschien.[267] Das zarische Militär übernahm auch nach der Niederlage des französischen Imperiums dessen Methoden, physische Räume topographisch zu erschließen, um diese mithilfe von Karten militärisch kontrollieren zu können. Dieses Beispiel belegt deutlich, dass es nicht widersprüchlich war, „vom Gegner zu lernen", wie es in anderen Zusammenhängen bereits dargelegt worden ist.[268] Der Krieg von 1812 unterbrach den militärischen Kulturtransfer von Frankreich nach Russland nicht – im Gegenteil, es führte sogar zur Intensivierung, indem die Aufmerksamkeit gegenüber Vermessung und Kartographie als notwendigen Instrumenten territorialer Herrschaft geschärft wurde. Dem französischen Handbuch über die Kunst der Aufnahme wird in dieser Beziehung große Bedeutung beigemessen, da es jene wissenschaftlich-methodischen Prinzipien darlegt, auf deren Grundlage zukünftige Tätigkeiten des Topographen-Korps (*Korpus topografov*) beruhten.[269] Im Vorwort der russischen Übersetzung wird den Topographen die besondere politische Bedeutung ihrer Tätigkeiten eingeschärft – zweifellos nicht ohne den dramatischen Karten-Mangel und die räumliche Ohnmacht des russischen Militärs im Krieg 1812 vor dem inneren Auge zu haben:

> Es ist nicht immer möglich, mit einem Blick alle Details zu erfassen. Genauso ist es aber auch nicht immer möglich, alles abzureiten. Daher ist es ohne einen zuverlässigen Plan leicht, große Fehler zu begehen, die den Untergang bedeuten können. Weil aber bei einer Entscheidungsschlacht sehr oft nicht nur das Schicksal von Armeen, sondern von ganzen Staaten entschieden wird, folgt daraus, wie wichtig die Militärbeamten sind, die sich mit topographischen Aufnahmen befassen.[270]

Wenn detaillierte genaue Karten als zentrale Voraussetzung für Raumerschließung und damit für die Erlangung räumlicher Macht gelten, drängt sich vor dem Hintergrund der hier dargestellten Kriegserfahrungen die Frage auf, inwieweit ein derarti-

---

267 Dupain de Montesson, [Louis Charles]: L'art de lever les plans, appliqué à tout qui a rapport à la guerre, à la navigation et à l'architecture civile et rurale, Paris 1804. Russische Übersetzung: Djupen de Monteson: Iskusstvo snimanija mest, i v osobennosti o voennoj s"emke. Sočinenie izvestnogo Francuzkogo Inžener-Geografa Djupen-de Montesona. perevedennoe na Rossijskij jazyk Petrom Burnaševym, Sankt-Peterburg 1814.
268 Vgl. Aust; Schönpflug: Vom Gegner lernen.
269 Vgl. Gluškov: Istorija voennoj kartografii v Rossii, S. 55.
270 Djupen de Monteson: Iskusstvo snimanija mest, S. III.

ges Fehlen von geeigneten Karten und Plänen bzw. eine derartige räumliche Ohnmacht den Kriegsverlauf konkret beeinflusst haben mag. Auch wenn diese Frage
hier nicht hinreichend beantwortet werden kann, muss davon ausgegangen werden,
dass diese Erfahrungen den politischen Willen im Zarenreich begründeten, nach
dem Wiener Kongress im Jahr 1815 systematische Landesaufnahmen unter der Ägide
des Militärs zu verwirklichen – angefangen vom Gouvernement Vil'no, dem Einfalls-
tor der *Grande Armée* nach Russland. Die westliche Flanke blieb bis zum Ende des
Zarenreiches und darüber hinaus die Achillesverse Russlands, für deren Vermessung und Kartierung der größte Aufwand betrieben wurde. Doch bevor diese Arbeiten vollständige Grundlagen für genauere Kartenwerke boten, waren weiterhin Kompromisse, wie die *Schubert-Karte*, notwendig.

6 *Schubert-Karte:* Territorialisierung der Macht

Wie der Laibacher Kongress von 1821 zeigte, sah sich die „Heilige Allianz" bereits nach wenigen Jahren gezwungen, die auf dem Wiener Kongress beschlossene Ordnung in Europa gegen Aufstände in Neapel und Piemont durch militärische Interventionen zu sichern. In diesem Zusammenhang wurde von der zarischen Regierung beschlossen, zügig eine neue Karte vom westlichen Teil Russlands herzustellen, noch bevor die 1815 befohlenen und angelaufenden Landesaufnahmen detaillierte Folgekarten ermöglichten. Dies war die Geburtsstunde der *Spezialkarte vom westlichen Teil des Russländischen Imperiums*[1], die bereits von Zeitgenossen als *Schubert-Karte* bezeichnet wurde. Durch die große Flächenausdehnung des europäischen Russland war der Generalstab in Sankt Petersburg gezwungen, einen Kompromiss einzugehen, um eine Ohnmacht wie im Krieg mit Napoleon 1812 im eigenen Land zu verhindern.[2] Nämlich, möglichst schnell ein wesentlich detaillierteres Kartenbild vom westlichen Teil Russlands zu entwerfen, als es die *Hundertblatt-Karte* bot. Dafür galt es aber unterschiedliche Quellen zu verwenden, deren Genauigkeit und Zuverlässigkeit sehr heterogen waren. Dieser Kompromiss bildete für die Kartographie im Zarenreich eine gängige Praxis, um überhaupt topographische Karten des ausgedehnten Reiches und seiner Randgebiete herstellen zu können.

Dieses Kapitel handelt von der *Schubert-Karte*, deren Herstellung 1821 beschlossen, 1826 begonnen und 1840 fertiggestellt wurde. Es wird analysiert, wie die *Schubert-Karte* hergestellt und für welche Zwecke sie gebraucht wurde, was sie zeigt bzw. nicht zeigt und welche Bedeutung dieses Kartenwerk für die Entwicklung der Kartographie im Zarenreich hatte. Im Vergleich zur *Hundertblatt-Karte*[3] bot ihr Maßstab die vierfache Fläche, was die Darstellung von wesentlich mehr Informationen erlaubte. Dieses Verkleinerungsverhältnis bildete den günstigsten Kompromiss, der unter den gegebenen Bedingungen möglich war, um zügig ausgedehnte Gebiete des Reiches in *einem* Kartenwerk homogen darzustellen. Dafür mussten die Kartographen unter Verzicht von Genauigkeit und Zuverlässigkeit auf eine Vielzahl unterschiedlicher Quellen zurückgreifen, weshalb es sich bei diesem Kartenwerk nicht um das genaue und zuverlässige Resultat systematischer Vermessungen handelte, wie die ab 1846 hergestellte *Drei-Werst-Karte*, die auf langwierigen Landesaufnahmen westrussischer Gouvernements beruhte.[4] Die *Schubert-Karte* ist allein eine Kompilation unterschiedlicher Quellen – so, wie die *Hundertblatt-Karte* auch. Jedoch kann sie als Kartenwerk bezeichnet werden, da ihre Blätter nicht alle zum selben

---

1 Special'naja karta zapadnoj časti Rossijskoj imperii, 62 Blätter, Maßstab 1 : 420.000, Sankt Petersburg 1826–1840.
2 Vgl. Kap. 5.8.3.2.
3 Vgl. Kap. 5.
4 Vgl. Kap. 8.

https://doi.org/10.1515/9783110731620-006

Zeitpunkt herausgegeben worden sind und nicht über einen äußeren Gesamtrahmen verfügen.[5]

Als Instrument der Innenpolitik diente die *Schubert-Karte* vornehmlich, um den heterogenen Herrschaftsraum des europäischen Russland kartographisch zu *einem* einheitlichen Wahrnehmungsraum zu verschmelzen und diesen für die Verteidigung beherrschbarer und für die Verwaltung berechenbarer zu machen. Als Instrument der Außenpolitik diente sie vor allem dazu, den eigenen Herrschaftsraum in Europa zu konsolidieren und abzugrenzen. Besonders auffällig ist hierbei, dass die Demarkation des russländischen Territoriums gegenüber den westlichen Nachbarstaaten visuell viel stärker betont wurde, als in Richtung Süden und Osten. Das führt zur Annahme, dass sich der zarische Generalstab gezwungen sah, den territorialen *Status quo* im Westen Russlands gegenüber den Großmächten Europas kartographisch deutlicher hervorzuheben, als im Süden oder Osten.

6.1 Die Karte auf dem Tisch: Annäherung und Bestandsaufnahme

Das Kartenwerk im Verkleinerungsverhältnis von 1 : 420.000 zählt 59 ganze und drei halbe Blätter ohne Überlappung, deren Kartenfeldrand jeweils 53,4 cm x 70 cm, bzw. 53,4 cm x 40,5 cm misst. Jedes Kartenblatt umfasst 60.000 Quadratwerst, der gesamte Karten-Ausschnitt beinhaltet vier Millionen Quadratkilometer.[6] Damit bildet dieser über 20 Prozent weniger Raum als die *Hundertblatt-Karte* ab. Die dazugehörige Blattübersicht bildet Kartenausschnitt, Blattschnitt sowie römische Blattnummerierung schematisch ab (Abb. 25). Die administrative Gliederung des westlichen Teils des Russländischen Imperiums wurde nach Gouvernements farblich hervorgehoben, was die Darstellung der Staatsgrenzen im Westen und Süden einschließt. Der Karten-Ausschnitt bildet einen Raum ab, der bis an die westlichen Grenzen des Großfürstentums Finnlands, Russlands und des Zartums Polen reicht. Im Osten wird er von den Flüssen Wolga, Vaga und der nördlichen Dvina begrenzt. Südlich erstreckt sich dieser Raum bis zu den Flüssen Kuban und Terek, und schneidet das Schwarze Meer horizontal ab, während er sich im Norden bis Archangel'sk, bzw. Umeå in Schweden ausdehnt. Das Kartenwerk wurde 1826 bis 1840 gezeichnet und im Kupferstichverfahren gedruckt. Staats- und Gouvernements-Grenzen wurden in der (teureren) farbigen Version per Hand koloriert. Die gesamte Kartenschrift ist russischsprachig in Kyrilliza ausgeführt. Nur bedeutendes Gelände ist in Bergstrichen ohne Höhenangaben und größtenteils ohne die Bezeichnungen einzelner Berge dargestellt. Das Kartennetz (Längen- und Breitengrade) ist nach der flächentreuen Bon-

---

5 Vgl. Wesen und Aufgaben der Karthographie, S. 63.

6 Vgl. Kolokolov, Pëtr Fëdorovič: Opisanie sostavlenija special'noj karty zapadnoj časti Rossii General-Lejtenanta Šuberta, in: Žurnal Ministerstva narodnago prosveščenija, Teil XXVII, Abteilung II, 1840, S. 152 f.

neschen Projektion konstruiert.[7] Die Längen- und Breitengrade sind je nach einem Grad ausgezogen. Die Längenzählung orientiert sich am Nullmeridian der Insel Ferro. Der Rand jedes Kartenblattes enthält oben in der Mitte die Blattnummer in römischen Ziffern. Oben rechts steht jeweils der abgekürzte Titel: „Spec. Karta Zap. Časti Rossii G.[eneral] L.[ejtenanta] Šuberta". Der untere Kartenrand enthält die Namen der jeweiligen Graveure für die Situation, bzw. Objekte (links) und für die Kartenschrift (rechts), während eine Jahresangabe zum Stand des Kartenblattes durchweg fehlt. Zudem ist unten in der Mitte ein graphischer Maßstab zum Abgreifen von Distanzen abgebildet. Dieser besteht aus einer auf das Papier gedruckten Maßstabsleiste. Rechts und links davon werden die in dem jeweils vorliegenden Kartenblatt verwendeten Signaturen erklärt, während Blatt I den Schlüssel aller im Kartenwerk verwendeten 46 Signaturen enthält. Diese Kartenzeichen korrespondieren mit der allgemeinen Zeichenanweisung, die 1822 von der zarischen Militärführung herausgegeben wurde.[8] Das Kartenwerk beinhaltet ein künstlerisch gestaltetes Blatt mit einer ausfüllenden Titelkartusche (Blatt V).[9] Im Signaturen-Schlüssel werden – erstens – folgende Kartenzeichen, deren Namen und Bezeichnungen groß, geradestehend und fett gedruckt sind, erklärt: Hauptstadt (*stoličnyj gorod*), Gouvernements- und Bezirksstadt (*gubernskij i oblastnyj gorod*), Kreisstadt (*uezdnyj i okružnyj gorod*), Nicht-Kreisstadt und Kleinstadt (*bezuezdnyj i malyj gorod*), Flecken (*mestečko*), große Vorstadt (*prigorod i sloboda*), Dorf und Friedhof (*selo i pogost*), Bischofssitz (Archimandrit) (*lavra*), Kirche (*cerkov' i kirka*), Kirchspiel bzw. Ort mit Pfarrbezirkskirche (*kirchšpil'*), Moschee (*mečet'*), Frauenkloster und Einöde (*monastyr' i pustynja*), kleine bzw. unbedeutende Festung (*krepostca*), Herrenhaus (*gospodskij dom*), Leuchtturm (*majak*). Städte werden im Verhältnis zu ihrer administrativen Bedeutung in unterschiedlichen Schriftgrößen benannt, so dass eine Hauptstadt in der größten verwendeten Schrift dargestellt ist, während Gouvernements, Kreis- und Kleinstädte jeweils kleiner wiedergegeben werden. Zweitens enthält der Schlüssel Signaturen, deren Namen und Bezeichnungen kursiv und kleiner als die geradestehenden gedruckt sind: Weiler mit 20 und mehr Häusern (*derevnja ot 20 i bol'e dvorov*), Weiler mit 5 bis 20 Häusern (*derevnja ot 5 do 20 dvorov*), Weiler mit weniger als 5 Häusern (*derevnja men'e 5 dvorov*), Vorwerk bzw. Einzelgehöft (*dvor fol'varok i chutor*), maroder Weiler (*razorennaja derevnja*), Dorfkrug (*korčma*), Poststation (*počtovaja stancija*), Wassermühle (*vodjanaja mel'nica*), Windmühle (*vetrenaja mel'nica*), Sägemühle (*pil'naja Mel'nica*), Eisenhütte (*železnyj zavod*), Werke und Fabriken unterschiedlicher Art (*zavody i fabriki raznago roda*), Silbermine (*serebrenyj rudnik*), Kupfermine (*mednyj rudnik*), Eisenerzmine (*železnyj rudnik*), Redoute und Vorposten

---

7 Vgl. Kolokolov: Opisanie sostavlenija special'noj karty zapadnoj časti Rossii, S. 151.
8 Uslovnye znaki dlja upotreblenija na topografičeskich, geografičeskich i kvartirnych kartach i voennych planach, sostavleny pri Kanceljarii general-kvartirmejstera Glavnago štaba Ego Imperatorskago Veličestva, [Sankt Peterburg] 1822.
9 Vgl. Strang: Venäjän Suomi-kuva, S. 105, Abb. 100.

(*redut i forpost*), Große Wasserstraße (*bol'šoj farvater*), kleine Wasserstraße (*maloj farvater*). Zahlenangaben (z. B. 13, 25) neben Städten und Dörfern geben die Anzahl der Häuser an (*13, 25 cifry pri gorodach i selenijach označajut čislo dvorov*). Drittens werden Signaturen angegeben, die meistens ohne Namen und Bezeichnungen im Kartenbild Verwendung finden: Ankerplatz (jakornoe mesto), Felsenklippe über Wasser (*nadvodnoj kamen'*), Felsenklippe unter Wasser (*podvodnoj kamen'*), Poststraße und Chaussee (*počtovaja doroga i Šosse*), Große Straße (*bol'šaja doroga*), Feldweg (*malaja i proseločnaja doroga*), Winterweg (zimnaja doroga), Brücken (*mosty*), Damm (*greblja*), Staatsgrenze (*granica gosudarstvennaja*), Gouvernements- und Bezirksgrenze (*granica gubernskaja i oblastnaja*), Kreisgrenze (*granica uezdnaja i okružnaja*), Kirchspielgrenze, bzw. Pfarrbezirksgrenze (*granica Kirchšpil'naja*). Schließlich beinhaltet das Kartenbild einige Kartenzeichen, die der Signaturen-Schlüssel nicht aufführt. Und zwar für Militärsiedlung (*voennoe poselenie*), Festung, Gewässer, Sumpf und Gelände. Wie im 18. und 19. Jahrhunderts in Europa oft üblich, wurde auch die *Spezialkarte vom westlichen Teil des Russländischen Imperiums* nach ihrem Verfasser bezeichnet und *Schubert-Karte (Karta Šuberta)* genannt.[10] Dieser Kurztitel wird hier wegen der besseren Lesbarkeit verwendet.

6.2 Zum Kompromiss gezwungen

Dass ein flächendeckendes großmaßstäbliches topographisches Kartenwerk des europäischen Russland im Jahr 1821 noch lange auf sich warten lassen würde, muss den Verantwortlichen im zarischen Generalstab allein im Hinblick auf die berühmte Vermessung Frankreichs im 18. Jahrhundert klar gewesen sein, deren Fertigstellung über 100 Jahre gekostet hatte und im Vergleich doch nur einen kleinen Bruchteil der Fläche des europäischen Russland umfasste. Die Idee für die *Schubert-Karte* am Beginn der 1820er Jahre spiegelt den Bedarf an detaillierteren topographischen Informationen wider, welche die *Hundertblatt-Karte* nicht zu bieten im Stande war. Ihr Maßstab war doppelt so groß angelegt, wie der Maßstab der *Hundertblatt-Karte*. Damit bot sie vierfach so viel Platz auf dem Kartenfeld, um topographische Informationen wiederzugeben. Diese Karte stellt jedoch einen erzwungenen Kompromiss zwischen Bedarf und Machbarkeit dar, da sie dem zeitgenössischen Anspruch von Genauigkeit und Zuverlässigkeit genügen sollte, gleichzeitig aber auf vielen unterschiedlich genauen Karten beruhen musste, um in einer möglichst kurzen Zeit fertiggestellt und gedruckt werden zu können. An dieser Karte zeichnet sich ein bei europäischen Staaten weit verbreiteter Trend ab, der im Laufe des 19. Jahrhunderts auch für die kartographische Politik des Zarenreiches bestimmend war: der Bedarf nach

---

10 Die Karte ist neben dem verbreiteten Kurztitel *Karta Šuberta, auch unter: Šubertovskaja karta, desjativerstnaja karta oder special'naja karta* bekannt. Vgl. Sališčev: Osnovy kartovedenija, S. 166; Gluškov: Istorija voennoj kartografii v Rossii, S. 92.

flächendeckenden topographischen Kartenwerken in möglichst großen Maßstäben, die mehr und mehr topographische Details enthielten. Wie sich herausstellte, korrespondierte der verwendete Maßstab so gut mit den geographischen Bedingungen und kartographischen Möglichkeiten im Zarenreich, dass er sich später als Standard durchsetzte und bis ins 20. Jahrhundert Verwendung fand.

6.2.1 Kartenkonzept

Im Sankt Petersburger Archiv der Russländischen Akademie der Wissenschaften ist eine Brief-Kopie des späteren Kartenverfassers Theodor Friedrich Schubert erhalten.[11] Mit dem Brief wandte er sich zu Beginn des Jahres 1822 offensichtlich an seinen Vorgesetzten, den General-Quartiermeister und Chef des Militär-Topographischen Depots, Fürst Pjotr Michajlovič Volkonskij, um sein Konzept für eine neue Karte vorzustellen.[12] Als Leiter der dritten Abteilung des Militär-Topographischen Depots verantwortete Schubert die Herstellung neuer Karten. Schubert war der Sohn des Astronomen, Mathematikers und letzten Leiters des Geographischen Departements der Sankt Petersburger Akademie der Wissenschaften, Friedrich Theodor von Schubert.[13] Als Vertreter der *génération Bonaparte* entwickelte sich Schubert zu einem zentralen Akteur bei der Organisation der Vermessung und Kartographie im Zarenreich.[14] So hatte er als Gründungs-Direktor und Chef des ab 1822 geschaffenen Topographen-Korps entscheidende Bedeutung für die Ausbildung und Führung der Topographen, welche die ausgedehnten Landesaufnahmen zu bewältigen hatten. Vor allem aber an der Spitze des Militär-Topographischen Depots, welches die topographische Kartographie des Russländischen Reiches zentral organisierte, gewann er ab 1832 großen Einfluss als gemäßigter Generalstabs-Offizier, dem es im Sinne einer allgemeinstaatlichen Vermessung, Topographie und Kartographie nicht nur um die Bedarfe des Militärs ging.[15] Schubert war mit Fürst Pjotr Michajlovič Volkonskij am Rande des Kongresses von Laibach im Jahr 1821 mit Zar Alexander I. an einem Tisch

---

11 SPF ARAN Sankt-Peterburg, f. 139, op. 1, ed. chr. 22, Černovik [otpusk] ego k neizvestnomu o neobchodimosti sostavlenija novoj karty časti Rossijskoj imperii.

12 Dafür spricht zum einen, dass Volkonskij 1821 in Laibach war und Schubert in seiner Funktion als Leiter der Abteilung 3 des Militär-topographischen Depots (Zusammenstellung und Zeichnung von Karten) mit seinem Anliegen den Dienstweg bzw. die Subordination einzuhalten verpflichtet war. Damit musste er sich an seinen Vorgesetzten, nämlich Volkonskij, wenden, der in seinen Ämtern die Befehlsgewalt inne hatte. Zum anderen gebrauchte er in seinem Brief die Anrede Durchlaucht (Svetlost'), die dem Fürstenstand vorbehalten war und damit Volkonskij einschließt.

13 Vgl. Postnikov, Aleksej Vladimirovič: Fedor Fedorovič Šubert, in: Esakov, Valerij Anatol'evič (Hrsg.): Tvorcy otečestvennoj nauki. Geografy, Moskva 1996, S. 115–135; Kap. 5.2.

14 Vgl. Novokšanova: Fëdor Fëdorovič Šubert; Postnikov: Fëdor Fëdorovič Šubert, S. 115.

15 Vgl. Kap. 4.1.1.

zusammengekommen.[16] Dort ging es den Vertretern der „Heiligen Allianz" darum, die auf dem Wiener Kongress von 1815 beschlossene Ordnung in Europa gegen Aufstände in Neapel und Piemont durch militärische Interventionen zu sichern. Bei dieser Gelegenheit kam die Notwendigkeit einer neuen Karte vom westlichen Teil Russlands zur Sprache, wobei Schubert als Verantwortlicher für die Zeichnung neuer Karten seine Ideen präsentierte. Schubert schreibt:

> Während der Anwesenheit Ihrer Durchlaucht [*Svetlost'*] in Laibach hatte ich die Ehre gehabt, Ihnen [Volkonskij, Anm. M.J.] meine Meinung über die Notwendigkeit und den Nutzen von der Zusammenstellung einer neuen Karte eines Teils vom Russländischen Imperium mündlich vorzustellen."[17]

Weiter erörtert Schubert Ausschnitt, Maßstab, Inhalt sowie vorhandene und benötigte Quellen der neuen Karte.[18] Demnach würde der Ausschnitt des Kartenwerks begrenzt sein müssen, da der Mangel an Quellen und die geringe Bevölkerungsdichte die Ausdehnung der Karte jenseits der Wolga in Richtung Osten sowie jenseits der Flüsse Terek und Kuban in Richtung Süden verhinderte. Sobald aber die Materialien vorhanden seien und sich die Notwendigkeit einer ausführlichen Karte ergäbe, würde es möglich sein, die Karte in jene Richtungen zu erweitern.[19] In Bezug auf den Maßstab erklärt Schubert, warum ein Verkleinerungsverhältnis von einem Djujm zu zehn Werst (1 : 420.000) geeignet wäre. Die Erfahrung hatte gezeigt, dass der Maßstab der *Hundertblatt-Karte* (1 : 840.000) zu klein war, da sie an großer Unübersichtlichkeit litt. Über die Herstellung der *Hundertblatt-Karte* schreibt er:

> Obwohl wir viele Dörfer weggelassen haben, war die Karte trotzdem mit Kartenschrift so gefüllt und die Dörfer lagen so dicht aneinander, dass man die Gegenstände nur mit Mühe unterscheiden kann."[20]

Aus diesem Grunde sollte der Maßstab der neuen Karte doppelt so groß gewählt werden, obwohl sich Pjotr Michajlovič Volkonskij einen viel größeren, nämlich einen Djujm zu sechs Werst (1 : 252.000) gewünscht hatte.[21] Dass Volkonskij eine Karte in diesem Maßstab vor Augen hatte, ist sehr wahrscheinlich von einer anderen russi-

---

16 Vgl. Amburger, Erik (Hrsg.): Friedrich von Schubert, S. 342 f., Postnikov: Razvitie krupnomasšt-abnoj kartografii v Rossii, S. 183.

17 SPF ARAN Sankt-Peterburg, f. 139, op. 1, ed. chr. 22, Černovik (otpusk) ego k neizvestnomy o neobchodimosti sostavlenija novoj karty časti Rossijskoj imperii, l. 1.

18 Vgl. SPF ARAN Sankt-Peterburg, f. 139, op. 1, ed. chr. 22, Černovik (otpusk) ego k neizvestnomy o neobchodimosti sostavlenija novoj karty časti Rossijskoj imperii, l. 1–5ob.

19 Vgl. SPF ARAN Sankt-Peterburg, f. 139, op. 1, ed. chr. 22, Černovik (otpusk) ego k neizvestnomy o neobchodimosti sostavlenija novoj karty časti Rossijskoj imperii, l. 1f.

20 SPF ARAN Sankt-Peterburg, f. 139, op. 1, ed. chr. 22, Černovik (otpusk) ego k neizvestnomy o neobchodimosti sostavlenija novoj karty časti Rossijskoj imperii, l. 2.

21 Vgl. SPF ARAN Sankt-Peterburg, f. 139, op. 1, ed. chr. 22, Černovik (otpusk) ego k neizvestnomy o neobchodimosti sostavlenija novoj karty časti Rossijskoj imperii, l. 2.

schen Karte beeinflusst worden, die kurz vor dem Laibacher Kongress, im Jahr 1820 beim Militär-Topographischen Depot fertiggestellt worden war. Die *Semitopographische Karte ausländischer Besitzungen an der westlichen Grenze des Russländischen Imperiums*[22] war 1811 vom Chef des vormaligen Karten-Depots und dem Verfasser der *Hundertblatt-Karte*, Karl Oppermann, begonnen und unter Fürst Volkonskijs Leitung beendet worden. Diese Karte beruhte sehr wahrscheinlich auf preußischen Karten und bildet die Territorien der drei Nachbarn der russländischen Westgrenze ab, nämlich, Preußen, das österreichische Galizien sowie das Herzogtum Warschau, bzw. ab 1815 das einverleibte Kongress-Polen.[23] Der Karten-Ausschnitt in Abbildung 26 zeigt die Stadt Kovno am Fluss Njemen (Memel) an der Grenze zwischen dem Russländischem Imperium (grün) und dem Herzogtum Warschau (rosa). Auffällig sind die Signaturen für den militärisch bedeutsamen Wald, die einen großen Teil der kartierten Fläche einnehmen. Bei Kovno überquerte ab dem 24. Juni 1812 (n. S.) die *Grande Armée* den Njemen über drei behelfsmäßige Brücken.[24] Den Sechs-Werst-Maßstab dieser Karte hielt Schubert jedoch nicht nur deshalb für ungünstig, weil sich die Kosten für eine solche Karte vom westlichen Teil Russlands verdreifachen würden. Vor allem waren die vorhandenen Quellen, aus denen die neue Karte zusammengestellt werden sollte, zu ungenau, um in diesem Maßstab zuverlässig genug zu sein. Nach Schuberts Prämisse sollte die Karte nichts beinhalten, woran auch nur der geringste Zweifel bestand. Unvermeidbare Ungenauigkeiten der zu verwendenden Quellen würden aber bei dem von Schubert vorgeschlagenen kleineren Maßstab verschwinden und unbemerkbar sein.[25] Demnach war eine neue Karte vom westlichen Teil Russlands nach Volkonskijs Vorstellungen (Abb. 26) nicht zu machen, da es die vorhandenen Grundlagen nicht zuließen. Damit war der Maßstab von 1 : 420.000 ein Kompromiss, der durch einen Mangel an Quellen vorgegeben wurde. Inhaltlich sollte es damit möglich sein, in der Karte Städte und Städtchen, Dörfer sowie Herrenhäuser darzustellen und dabei die Zahl der Höfe aller Orte anzuzeigen. Ebenso sollten sämtliche Wege Eingang in das Kartenbild finden, die von Fuhrwerken befahren werden können, Brücken und Furten von bedeutenden Flüssen, bedeutende Wälder und Sümpfe, bedeutende Gebirgsketten sowie einzelne Ber-

---

22 Semitopografičeskaja karta inostrannym vladenijam po zapadnoj granice Rossijskoj imperii, 95 Blätter, 1 : 252.000, [o. O.] 1811–1820.
23 Vgl. Dieses Kartenwerk wurde vermutlich aus verschiedenen Karten abgeleitet: Topographisch-Militärische Karte vom vormaligen Neu-Ostpreussen oder dem jetzigen Nördlichen Teil Herzogtums Warschau nebst dem Russischen Distrikt, 15 Blätter, Maßstab ca. 1 : 150.000, Berlin/Paris 1807; Karte von Ost-Preussen nebst Preussisch Litthauen und West-Preussen nebst dem Netzdistrict, 25 Blätter, Maßstab ca. 1 : 150.000, Berlin 1802–1808; Karte des Königl. Preuß. Herzogthums Vor- und Hinterpommern, 6 Blätter, Maßstab ca. 1 : 180.000, [Berlin 1789]; unbekannte Karten von Galizien.
24 Vgl. Zamoyski: 1812, S. 175 f.
25 Vgl. SPF ARAN f. 139, op. 1, ed. 22, Černovik (otpusk) ego k neizvestnomy o neobchodimosti sostavlenija novoj karty časti Rossijskoj imperii, l. 33ob.

ge, Gouvernements- und Kreisgrenzen sowie Poststationen.[26] Schubert erklärt in seinem Konzept aber nicht nur die Parameter der Karte nach seinen Vorstellungen, sondern auch die erforderlichen Maßnahmen, um an die notwendigen Quellen für die Herstellung der Karte zu kommen. Zunächst behandelt er die Arbeiten des Akademiemitgliedes und Professors für Astronomie in Sankt Petersburg, Vikentij Karlovič Višnevskij (1781–1855). Er bittet seinen Adressaten Volkonskij, Višnevskij zu veranlassen, möglichst viele Ergebnisse seiner zahlreich unternommenen astronomischen Ortsbestimmungen für die Herstellung der Karte bereitzustellen.[27] Ferner teilt Schubert mit, dass für das Zartum Polen bereits ausreichend Kartenmaterialen vorhanden seien, genauso wie topographische Aufnahmen vom Großherzogtum Finnland, vom Gouvernement Estland, von einem Teil des Gouvernements Novgorod, von Wolhynien und Podolien, von der Halbinsel Krim, von einem Teil Bessarabiens und von anderen einzelnen Aufnahmen. Zudem hätte er Kenntnis von separaten Kartierungsarbeiten durch die 1. [russische] Armee, bei der bereits Übersichtskarten von 20 Gouvernements zusammengestellt worden waren und bei der die Vermessung des Gouvernements Vil'no im Gange war. Diesbezüglich erbittet Schubert, die Herausgabe der fertiggestellten Karten an das Militär-Topographische Depot zu befehlen, um diese für die Herstellung der neuen Karte verwenden zu können.[28]

6.2.2 Grundlagen der Karte

Als im Jahr 1840 die letzten Blätter des *Schubert-Karte* erschienen, wurde von einem beteiligten Kartographen über ihre vermessungstechnischen und kartographischen Grundlagen Rechenschaft abgelegt.[29] Nach Postnikov gilt diese publizierte Erläuterung als eine der ersten in der russischen Fachliteratur überhaupt.[30] Dieser Text hebt hervor, dass bei der Zusammenstellung des Kartenwerkes unter Schubert ein wissenschaftlicher Anspruch verfolgt wurde. Darin heißt es:

> In der heutigen Zeit, in der die Geographie mehr und mehr durch wertvolle Kenntnisse über die Erdoberfläche bereichert wird, welche nicht eines oberflächlichen Blickes oder den Beschreibungen eines Reisenden entstammen, sondern der speziellen Wissenschaft der Geodäsie, geben uns Karten eine richtige, genaue und klare Anschauung. – Die Herausgabe einer Karte, die einen bedeutenden Teil der Erdoberfläche sehr ausführlich wiedergibt, erfordert unbedingt

---

26 Vgl. SPF ARAN f. 139, op. 1, ed. 22, Černovik (otpusk) ego k neizvestnomu o neobchodimosti sostavlenija novoj karty časti Rossijskoj imperii, l. 33ob.
27 Vgl. SPF ARAN Sankt-Peterburg, f. 139, op. 1, ed. 22, Černovik (otpusk) ego k neizvestnomu o neobchodimosti sostavlenija novoj karty časti Rossijskoj imperii, l. 4.
28 Vgl. SPF ARAN Sankt-Peterburg, f. 139, op. 1, ed. 22, Černovik (otpusk) ego k neizvestnomu o neobchodimosti sostavlenija novoj karty časti Rossijskoj imperii, l. 5–5ob.
29 Vgl. Kolokolov: Opisanie sostavlenija special'noj karty zapadnoj časti Rossii.
30 Vgl. Postnikov: Razvitie krupnomasštabnoj kartografii v Rossii, S. 143.

auch eine genaue Auskunft darüber, auf welchen Grundlagen diese Karte beruht. Daher ist eine Beschreibung der Zusammenstellung der Karte für den Forschergeist ebenso notwendig, wie Uhr und Kompass für den beobachtenden Reisenden.[31]

Der Autor dieses Textes war Petr Fedorovič Kolokolov (1801–1841). Er hatte selbst einen Teil der Karte gezeichnet und war daher sehr genau im Bilde, welche Quellen für die Herstellung der Karte verwendet worden waren.[32] Zunächst ordnete er Manuskript-Karten für die Zusammenstellung der *Schubert-Karte* vier Genauigkeitsklassen zu. Außerdem listete er gedruckte Karten sowie alle astronomisch bestimmten Orte auf, die für die Zusammenstellung verwendet worden waren. Er erklärt dem Leser:

> Durch die Lage der Punkte auf der Karte ist noch keine Vorstellung von der wirklichen Ansicht der Erdoberfläche gegeben. Auf ihr befinden sich nämlich zwischen diesen Punkten die Gegenstände, wie Seen, Flüsse, Städte, Wege etc., so dass für ihren Gebrauch spezielle Materialien oder Aufnahmen nötig waren [...] durch welche man ihre Qualität erfährt.[33]

Die Analyse seiner Zuordnungen macht deutlich, für welche Gegenden des europäischen Russland die aktuellsten und genauesten bzw. ältere und weniger genaue Vermessungsergebnisse vorlagen. Der Archivkatalog des Militär-Topographischen Depots aus dem Jahr 1837 belegt, dass vom europäischen Teil Russlands ein bedeutender Teil von mehreren zehntausend ungedruckten Karten und Plänen vorlag.[34] Um nach Schuberts Konzept das Ziel zu erreichen, Zweifel über die Inhalte der neuen Karte zu vermeiden, wurden nur die besten verfügbaren Karten herangezogen. Der große Wert von Kolokolovs Karten-Kommentar besteht darin, dass er nicht nur die konkreten topographischen Aufnahmen, gedruckten Karten und astronomischen Punkte nennt, die für die Zusammenstellung von Schuberts Karte Verwendung fanden, sondern darüber hinaus auch eine Vorstellung von dem sehr unterschiedlichen kartographischen Erschließungsgrad der Gebiete innerhalb des gewählten Kartenausschnitts liefert. Diese Unterschiede lassen Rückschlüsse auf die Vermessungs-Politik des Zarenreiches nach dem Vaterländischen Krieg und dem Wiener Kongress zu und deuten auf die räumlichen Prioritäten des Militärs und der zivilen Verwaltung hin. Kolokolov unterscheidet in seiner Genauigkeitsanalyse zwischen verschiedenen Aufnahmen. Alle Tätigkeiten in Bezug auf die Zusammenstellung von Karten oder Plänen von gegebenen Orten wurden dabei als Aufnahme (*s"emka*) bezeichnet.[35] Bei diesem Vorgang wurden Inhalte topographischer Manuskript-Karten gewonnen.

---

31 Kolokolov: Opisanie sostavlenija special'noj karty zapadnoj časti Rossii, S. 149.
32 Vgl. Istroičeskij očerk dejatel'nosti Korpusa voennych topografov, S. 188; Anhang, S. 8, Nr. 32.
33 Kolokolov: Opisanie sostavlenija special'noj karty zapadnoj časti Rossii, S. 154.
34 1837 verfügte das Archiv (Karten-Depot) beim Militär-topographischen Depot über einen systematischen Katalog (*častnye katalogi*) in 37 Bänden mit Karten und Plänen hauptsächlich von Russland, den europäischen Staaten, Asien, Amerika etc. Vgl. Zapiski Voenno-topografičeskago depo, Teil I, S. 75–98.
35 Voennyj ėnciklopedičeskij leksikon, Bd. XII, Sanktpeterburg 1857, S. 601.

Schuberts Karte lagen der Genauigkeit nach topographische Aufnahmen mit Grundlagenmessungen, topographische Aufnahmen ohne Grundlagenmessungen, militärische Aufnahmen und Rekognoszierungen zugrunde.[36] Die genauesten und aufwändigsten topographischen Aufnahmen wurden demnach an der Westgrenze, in den Gouvernements Sankt Petersburg, Vil'no und Grodno sowie vom Umkreis der Festung Dünaburg und Teilen des Gouvernements Moskau zwischen 1819 und 1838 auf Grundlage von trigonometrischen Vermessungen durchgeführt.[37] Allein die topographische Aufnahme des knapp 40.000 Quadratwerst großen Gouvernements Sankt Petersburg nahm elf Jahre in Anspruch (1820–1831) und brachte 526 topographische Aufnahmeblätter im Maßstab 1:16.800 hervor, die für die Zusammenstellung von Schuberts neuer Karte um das 25-fache verkleinert wurden.[38] Während die genauesten topographischen Aufnahmen auf zuvor durchgeführten trigonometrischen Vermessungen beruhten, wurden auch Aufnahmen der Gebiete im Norden, Westen und Süden des europäischen Russland herangezogen, die zum Teil schon Jahrzehnte alt waren und denen keine Triangulation vorausgegangen war. Dies betrifft die Aufnahmen vom Großherzogtum Finnland (1809–1833), von den Gouvernements Vyborg (1789–1804), Livland (1803–1804), Wolhynien (1802, 1804–1805), Podolien (1802–1804 und 1819–1822), von Teilen Bessarabiens (1817–1819 und 1822–1828), von Teilen des Gouvernements Kiev (1826–1828), von Militärsiedlungen (1816–1819), vom Gebiet der Donkosaken (*Zemlja Voiska Donskago*) (1819–1821) und vom Fluss Beresina (1820–1822). Die Aufnahmemaßstäbe waren dabei sehr unterschiedlich und reichten von 1:8.400 bis 1:126.000, so dass diese bis zu 50-fach verkleinert werden mussten.[39]

Die Klasse der militärischen Aufnahmen unterscheidet sich von den topographischen Aufnahmen stark, da letztere lediglich auf wenigen astronomischen Ortsbestimmungen beruhten, in einem wesentlich kleineren Aufnahmemaßstab von 1:42.000 bis 1:84.000 angefertigt und nur die wichtigsten Elemente, wie Städte und besondere Orte, Straßen und Flüsse mit Instrumenten vermessen wurden. Alle anderen Gegenstände kamen nach Augenschein in die Manuskript-Karte, was jedoch sehr stark vom Können des Topographen abhängig war. Solche Aufnahmen wurden in einem Teil des Gouvernements Minsk (1831–1835), im Gouvernement Novgorod (1831–1837), im Gebiet zwischen den Flüssen Dnepr und Desna (1825–1826) sowie in Moldawien und der Walachei (1828–1833) durchgeführt und für die Karte fünf- bis zehnfach verkleinert.[40] Die Aufnahmen mit der geringsten Genauigkeit waren Rekognoszierungen, welche in den Maßstäben von 1:42.000 bis 1:210.000 angefertigt wurden und als Grundlagen für Übersichtskarten dienten. Nicht selten be-

---

36 Vgl. Kap. 1.4.2.1.
37 Vgl. Kap. 4.1.4., Tab. 3 u. 4.
38 Vgl. Kolokolov: Opisanie sostavlenija special'noj karty zapadnoj časti Rossii, S. 161–167.
39 Vgl. Kolokolov: Opisanie sostavlenija special'noj karty zapadnoj časti Rossii, S. 167–173.
40 Vgl. Kolokolov: Opisanie sostavlenija special'noj karty zapadnoj časti Rossii, S. 173–176.

ruhten diese Rekognoszierungen auf älteren Gouvernements- und Kreiskarten, die im Rahmen der Generalvermessungen entstanden waren. Aus diesen wurden die Lage der Flüsse, Straßen und wichtige Objekte übernommen, während der Rest durch Aufnahmen nach Augenschein ausgefüllt wurde, wobei Straßen teilweise mithilfe von Marschroutenkarten korrigiert wurden. Auf diesen Grundlagen wurde innerhalb von fünf Jahren (1816–1821) eine Fläche von 800.000 Quadratwerst in den zentralrussischen Gouvernements aufgenommen. Weitere Rekognoszierungen wurden von Wolhynien und einem Teil von Minsk sowie von den Ostsee-Provinzen Kurland und Livland durchgeführt und um das Zwei- bis Zehnfache verkleinert.[41] Eine Manuskript-Karte im Bestand des RGVIA zeigt die Stadt Werro mit Umgebung.[42] Der aus rechtlichen Gründen hier nicht abgebildete Kartenausschnitt vermittelt einen exemplarischen Eindruck von der militärischen Wahrnehmung dieses Gebietes, welches in der vorliegenden Untersuchung auch aus agrarwirtschaftlicher Perspektive behandelt wird.[43] Im Vergleich zum Ausschnitt in Abbildung 43 beinhaltet dieses Kartenbild Beschriftungen der Siedlungen in Kyrilliza, was Auskunft über den Adressaten, nämlich den zarischen Generalstab gibt. Zudem sticht die Kolorierung per Hand ins Auge, die darauf hindeutet, dass es sich um eine Manuskript-Karte handelt. Die Generalisierung der Karteninhalte folgte rein militärischen Aufmerksamkeiten und ist offensichtlich auf taktische Bedarfe ausgerichtet. Die Straßen sind nach ihrem Untergrund, d. h. nach Tragfähigkeit (Farbe und Breite) samt Gewässerüberquerungen dargestellt. Unter anderem bilden verschiedenfarbige Flächensignaturen blickdichten Wald, trockenen Untergrund und Buschland ab. Zum Beispiel zeigen blaue bzw. blau schraffierte Flächen Gewässer bzw. feuchten oder sumpfigen Untergrund an, der je nach Blaufärbung in passierbar bzw. nicht passierbar unterschieden wurde. Die dabei verwendeten Signaturen folgen der 1822 herausgegebenen Zeichenanweisung des zarischen Generalstabes.[44] Zusammengefasst zeigt der Ausschnitt ein Kartenbild von der Umgebung der Stadt Werro im Jahr 1823, das sich auf taktische Möglichkeiten der Passierbarkeit von Straßen und Wegen für den Durchmarsch und Manöver konzentriert, die Suche nach Lagerplätzen im Feld sowie nach Einquartierungsmöglichkeiten erleichtert und „Terrain-Hindernisse" gut lesbar abbildet. Unter letzteren verstand die zeitgenössische Militär-Geographie:

> [...] alles das, was beim Vordringen Hindernis ist und aufhält, beim Rückzuge aber ein Deckungsmittel wird, z. B. Sümpfe, Moräste, Flüsse, Wälder, Gebirge, Berg- und Weg-Engen, Vertiefungen, Ueberschwemmungen, Verhaue u. s. w.[45]

---

41 Vgl. Kolokolov: Opisanie sostavlenija special'noj karty zapadnoj časti Rossii, S. 176–181.
42 Vgl. RGVIA Moskva, f. 846, op. 16, d. 19632, S"emka Lifljandskoj gubernii, po uezdam, 1823–1825gg. M. $2^{1/2}$ v., l. 4.
43 Vgl. Kap. 7.5.
44 Vgl. Uslovnye znaki (1822).
45 Hahnzog, August Gotthilf: Lehrbuch der Militär-Geographie von Europa, eine Grundlage bei dem Unterricht in deutschen Kriegsschulen, Teil 1, Magdeburg 1820, S. 1.

Im Unterschied zur agrarwirtschaftlich ausgerichteten *Specialcharte von Livland* war
es für dieses Kartenbild aber unwichtig, wo Heuwiesen oder Äcker lagen. Im Kriegsfall konnte dieses militär-topographische Wissen als taktischer Vorteil genutzt werden. Angesichts jüngerer militärischer Karten fällt auf, dass in dieser Karte die militärisch bedeutende Geländedarstellung noch weitgehend fehlt, wie sie bei der
Landesaufnahme erfolgte (Abb. 9). Zum Vergleich zeigt Abbildung 46 den entsprechenden Ausschnitt der *Schubert-Karte*. Der kleine Karten-Maßstab lässt wesentlich
weniger Informationen über die Bodenbedeckung und einzelne Objekte zu. Das einfarbige Kartenbild ist von Kartenschrift, Siedlungen, Wegen, Gewässern und Sümpfen (Wasserschraffur) geprägt und bietet damit insbesondere Informationen für militär-strategische Planungen, um Truppenverlegungen und Transporte, Versorgung
und Unterbringungen für die Armee zu organisieren.

Ferner führt Kolokolov in seinem Bericht gedruckte Karten auf, die für die Zusammenstellung der *Schubert-Karte* herangezogen wurden. Dabei handelt es sich
um die oben erwähnte *Semitopographische Karte ausländischer Besitzungen an der
westlichen Grenze des Russländischen Imperiums* (Abb. 26), welche das Zartum Polen
vollständig abbildet. Diese Karte wurde durch zusätzliche Aufnahmen des polnischen Generalstabs und der russischen Armee ergänzt.[46] Des Weiteren wurden drei
gedruckte Karten von der südlichen Grenze mit dem Osmanischen Reich und Persien
herangezogen.[47] Kolokolovs Bericht führt deutlich vor Augen, welchen großen Zeit-
und Arbeitsaufwand die genauesten topographischen Aufnahmen von den Gouvernements Sankt Petersburg und Vil'no kosteten und welchen Einfluss die großen Aufnahmemaßstäbe auf den Fortgang der Arbeiten ausübten. Allein vor dem Hintergrund der über fünf Millionen Quadratwerst großen Fläche des europäischen
Russland spielte nicht nur die Frage eine große Rolle, welche Gouvernements und
Gebiete zuerst, sondern auch in welchem Maßstab, d. h. wie detailliert diese aufgenommen wurden. Denn desto größer der Aufnahmemaßstab, umso zeit- und arbeits-
intensiver fielen die Vermessungen aus. Der Notwendigkeit möglichst großer Maßstäbe für eine möglichst detaillierte Erfassung des beanspruchten Territoriums stand
die Notwendigkeit der Aufnahmen möglichst vieler oder gar aller Gouvernements
diametral gegenüber. Die genauesten Aufnahmen, mit Ausnahme Moskaus, sind
von der zarischen Armee an der Westgrenze des Zarenreiches durchgeführt worden.
Die strategische Bedeutung der Gouvernements Vil'no und Grodno im Einmarschge-
biet der *Grande Armée* 1812 sowie Sankt Petersburg und Moskau als Machtzentren

---

46 Vgl. Kolokolov: Opisanie sostavlenija special'noj karty zapadnoj časti Rossii, S. 181.
47 Vgl. Kolokolov: Opisanie sostavlenija special'noj karty zapadnoj časti Rossii, S. 182–184, Karta
raspoloženija vojsk 2 armii, sostavlennaja v 1827 godu, 1818–1827, 13 Blätter, 1 : 420.000, [Sankt
Peterburg] 1827; Voenno-topografičeskaja karta Kavkazkoj Gubernii s sopredel'nymi oblastjami Gorskich narodov, 17 Blätter, Maßstab 1 : 21.000, [Sankt Peterburg] 1811; Karta Kavkazskago kraja s
pograničnymi zemljami, sostavlennaja pri General'nom štabe Otdel'nago Kavkazskago korpusa v
1834 godu, 20 Blätter, 1 : 840.000 [sic], [Sankt Peterburg] 1834.

des Reiches, hatten sich im Vaterländischen Krieg klar gezeigt. Die Festung Dünaburg wurde 1817 in ihrer Bedeutung für die Verteidigung der Westgrenze hervorgehoben und auf Wunsch des Großfürsten und späteren Thronerben Nikolaus I. ausgebaut.[48] So ist es begreiflich, warum ausgerechnet in den genannten Gebieten die aufwändigsten Aufnahmen erfolgten. In der Reihenfolge der genauesten Aufnahmen bestimmter Gebiete folgte der zarische Generalstab militärischen Prioritäten. Er konzentrierte sich mit seinen topographischen wie militär-topographischen Aufnahmen größtenteils auf die durch Expansion des Russländischen Imperiums einverleibten Gebiete im Westen und Süden.[49] Vorhandene zivil-administrative Karten und Pläne der zentralrussischen Gouvernements bis hin zur Wolga wurden von zarischen Offizieren lediglich durch Rekognoszierungen ergänzt. Diese Gebiete, in denen vornehmlich Generalvermessungen im Stil des 18. Jahrhunderts stattgefunden hatten, machten einen Großteil des europäischen Russland (Abb. 10) aus. Die dabei hergestellten Karten und Pläne bildeten das vorläufige Ergebnis der Arbeiten der Vermessungs-Kanzlei, die dem Justizministerium unterstellt war. Ohne astronomische Ortsbestimmungen, wie sie von Višnevskij und Struves Schülern[50] durchgeführt worden waren, wäre die Verortung der zahlreichen gedruckten und gezeichneten Karten in ihrer richtigen Lage und Orientierung im Kartennetz nicht möglich gewesen. Umso mehr Punkte in ihrer geographischen Breite und Länge im Feld astronomisch ermittelt wurden, desto sicherer konnten die Kartographen Verzerrungen der Ortslagen, Distanzen und Flächen in der Karte vermeiden.

6.2.3 Herstellung der Karte

Die Herstellung der *Schubert-Karte* war über die lange und ereignisreiche Zeitspanne von 1826 bis 1840 die Hauptaufgabe des Militär-Topographischen Depots in Sankt Petersburg. Doch immer wieder wurden die Arbeiten durch die Herstellung anderer, dringend benötigter Karten verzögert, die angesichts des russisch-osmanischen Krieges (1828–1829), des polnischen November-Aufstandes (1830–1831) und anderer kartographischer Bedarfe für die Armee benötigt wurden. Zudem kostete die Cholera-Epidemie von 1831 einige aus dem Militär-Topographischen Depot das Leben, was die Arbeiten zusätzlich bremste. Elf Zeichner bearbeiteten die Entwürfe der 60 Kartenblätter, welche von mindestens 16 Kupferstechern auf die Druckplatten geritzt wurden. Aus Zeitmangel wurde auf eine mehrfache Korrektur verzichtet. Schubert ging irrtümlich davon aus, dass es ausreichen würde, wenn die Kupferstecher den ersten Abzug selbst kontrollieren würden. Da sie mit ihrem Namen am jeweiligen

---

48 Vgl. Fabricius, Ivan Gavrilovič (Hrsg.): Glavnoe inženernoe upravlenie. Istoričeskij očerk, Schriftenreihe: Stoletie Voennago ministerstva 1802–1902, Bd. VII, Teil 1, Sankt Peterburg 1902, S. 110.
49 Vgl. Kap. 4.1.4., Tab. 4 u. 5.
50 Vgl. Kap. 3.1.2.1., Tab. 1.

unteren Kartenrand für die Richtigkeit der Karte bürgten, wurde ihnen diese schwere Verantwortung überlassen.[51]

6.3 Bildanalyse

6.3.1 Kartenausschnitt

Die Herstellung der *Schubert-Karte* war eine Reaktion auf die Bedarfe nach genaueren und zuverlässigeren topographischen Informationen, welche die *Hundertblatt-Karte* nur unzureichend befriedigen konnte. Ihr Ausschnitt war jedoch nur auf einen Teil der *Hundertblatt-Karte* beschränkt, da die notwendigen Quellen für die Abbildung dieses ausgedehnten Gebietes in einem doppelt so großen Maßstab fehlten. Wie im Vergleich zur *Hundertblatt-Karte* (Abb. 13 u. 25) deutlich wird, waren die Topographien der nördlichen, südlichen und östlichen Gebiete des europäischen Russland sowie der Kaukasus noch nicht ausreichend detailliert erfasst. Dabei handelt es sich größtenteils um gering besiedelte Gegenden im nördlichen Teil Finnlands, Kareliens und der Halbinsel Kola, um die Küsten des Eis- und Weißen Meeres, um das Ural-Gebirge sowie um das Kaspische Meer und die angrenzende Steppe, um den südlichen Teil des Kaukasus-Gebirges und Transkaukasien. Im Westen und Südwesten sind dagegen die Grenzgebiete mit dem europäischen Teil des Osmanischen Reiches sowie mit Österreich und Preußen abgebildet. Wie oben dargelegt, lagen dafür genügend Aufnahmen des zarischen Militärs sowie ausländische Karten vor. Die Blattübersicht in Abbildung 25 zeigt schließlich den Bereich, für den im Entstehungszeitraum von 1826 bis 1840 die genauesten Karten des Russländischen Imperiums vorlagen, während für die außerhalb des Karten-Ausschnitts liegenden Gebiete geeignete Quellen weitgehend fehlten.

6.3.2 Maßstab und Inhalt

Die 1822 beim zarischen Generalstab herausgegebene Zeichenanweisung für Karten und Pläne enthält erstmals präzise Definitionen der Karten-Typen nach ihrem Maßstab und Inhalt. Der Zweck dieser Instruktion bestand in der systematischen Anwendung einheitlicher Regeln, um die Lesbarkeit von Karten zu verbessern, bzw. die Leistungsfähigkeit dieses Mediums so effektiv wie möglich auszunutzen. Nach den darin aufgeführten Karten-Typen zählte die *Schubert-Karte* zu den „Generalkarten", für die der Maßstabsbereich von 1 : 420.000 bis 1 : 840.000 vorgesehen war und nicht zu den „Spezialkarten" in größeren Maßstäben. Generalkarten sollten einen ganzen oder einzelnen Teil eines Staates beinhalten und nur Städte, Festungen,

---

51 Vgl. Istoričeskij očerk dejatel'nosti Korpusa voennych topografov, S. 187.

Haupt- oder erwähnenswerte Siedlungen zeigen sowie ausschließlich große und mittlere Wege sowie die politische Gliederung in Gouvernements, Gebiete und Kreise darstellen.[52] Streng genommen handelte es sich bei der Verwendung des Karten-Typs „Spezialkarte" im Titel der *Schubert-Karte* um einen Etikettenschwindel. Die Zahl an Signaturen verweist auf eine erhebliche Abweichung zu den Festlegungen für Generalkarten. Mit 46 Signaturen beinhaltet die Karte wesentlich mehr Informationen, als für eine Generalkarte nach der Zeichenanweisung vorgesehen war, bzw. ihr Maßstab im Sinne der Lesbarkeit erlaubt. So duldete Schubert beispielsweise auch die Kartierung kleiner und kleinster Siedlungen, wahrscheinlich, um auf vorhandene topographische Informationen nicht verzichten zu müssen. Vermutlich sah er sich dazu gezwungen, da zu diesem Zeitpunkt noch kein Kartenwerk vom westlichen Russland in einem größeren Maßstab vorlag, das für derartige Details den nötigen Platz auf dem Kartenfeld bot. Der Risiken einer Überladung des Kartenbildes waren sich aber die Verfasser der Zeichenanweisung eindeutig bewusst. Darin heißt es:

> Es ist bekannt, dass die am besten gefertigten Karten oder Pläne sehr oft durch schlechte Schrift verstümmelt oder sogar unbrauchbar gemacht werden. Das passiert dann, wenn zu wenig Rücksicht auf diesen sehr wichtigen Teil bei der Fertigung von Karten und Plänen genommen wird. Wenn man nicht auf das Verhältnis von Kartenmaßstab und Schriftgröße oder nicht auf die Wichtigkeit der Gegenstände achtet [...] Sobald das nicht berücksichtigt wird, wird die Situation verdorben oder es leidet die Lesbarkeit der Karte, so dass der Kartenbenutzer nicht verstehen kann, zu welchem Ort die Beschriftung gehört.[53]

Ein Ausschnitt der *Schubert-Karte* zeigt exemplarisch (Abb. 30), wie sich dieses Problem auf die Lesbarkeit des Kartenbildes extrem ungünstig auswirken kann. Das Kartenbild der Gegend östlich von Brest-Litovsk an der Westgrenze des Zarenreiches wird von einer unleserlichen Vielzahl Beschriftungen gestört. Vermeidbar wäre dies gewesen, wenn der verantwortliche Kartograph die Inhaltsdichte systematisch dem Kartenmaßstab angepasst hätte (Generalisierung), ohne der Verführung zu erliegen, alle verfügbaren Informationen abbilden zu wollen. Ein weiterer Ausschnitt der *Schubert-Karte* (Abb. 27) zeigt die Stadt Kovno am Fluss Njemen, der hier als Grenze zwischen dem Gouvernement Vil'no (blau) und der einverleibten polnischen Woiwodschaft (ab 1837 Gouvernement) Augustów (grün) fungiert. In diesem Kartenbild wird deutlich, dass der verwendete Maßstab nicht ausreichte, um Signaturen für Wald einzuzeichnen, wie sie etwa in einem größeren Maßstab verwirklicht werden konnten (Abb. 26). Wie in Kapitel 9 noch dargelegt wird, konnte dieses Problem erst mit der Anwendung des chromo-lithographischen Druckverfahrens gelöst werden. Dagegen erfolgte die Darstellung von Sümpfen als schraffierte Flächen sowie die stellenweise Andeutung des Geländes mittels Böschungsstrichen (Abb. 30 unten rechts). Eine annähernd vollständige Geländedarstellung erfolgte in der Karte aber

---

52 Vgl. Uslovnye znaki (1822), S. 3.
53 Uslovnye znaki (1822), S. 3.

lediglich für das Krim-Gebirge (Abb. 35). Während Volkonskij ein bestimmtes Kartenbild vor Augen hatte, als er die Herstellung einer neuen Karte vom westlichen Teil Russlands anregte (Abb. 26), waren die Kartographen des Militär-Topographischen Depots mit den vorhandenen Quellen jedoch lediglich in der Lage, ein Kartenbild wie in Abbildung 27 für den gewählten Kartenausschnitt zu realisieren. Da die Karte auf einer Kompilation vieler unterschiedlicher Karten beruhte, gilt für sie das Gleiche, wie für die *Hundertblatt-Karte*. Sie bildete den gewählten Ausschnitt im größten möglichen Maßstab ihrer Zeit ab. Dass die *Schubert-Karte* ihrem offiziellen Titel nach als „Spezialkarte" bezeichnet wurde, obwohl sie nach ihrem kleinen Maßstab eine Generalkarte mit weniger Fassungsvermögen darstellte, mag dem Wunsch Volkonskijs nach einer Spezialkarte in einem mittleren Maßstab Rechnung getragen haben. Der Vergleich der Abbildungen 26 und 27 verdeutlicht, dass der Versuch, die Inhalte einer Spezialkarte in einer Generalkarte unterzubringen, aus Platzmangel misslang, da für die Realisierung eines flächendeckenden Kartenwerkes in einem größeren Maßstab nicht genügend topographische Aufnahmen in großen Maßstäben vorhanden waren.

6.3.3 Territoriale Abgrenzung nach außen

In der vorliegenden Untersuchung geht es um die übergreifende Frage, welche Bilder sich verschiedene Akteure mithilfe von topographischen Karten vom Russländischen Imperium in einer Zeit gemacht haben, in der die Territorialisierung von Raum für Russland und seine Nachbarn eine grundlegende Bedeutung besaß. Für die Ausübung territorialer Kontrolle spielten Grenzziehungen eine zentrale Rolle.[54] In diesem Zusammenhang wirft die Darstellung der westlichen russländischen Außengrenze in der *Schubert-Karte* Fragen auf. Die Blattübersicht (Abb. 25) zeigt in der Mitte des Bottnischen Meerbusens und weiter durch die Ostsee bis zum Ufer des Gouvernements Kurland einen durchgehenden Grenzverlauf. Im Gegensatz zu anderen Darstellungen von Grenzen im selben Kartenwerk, ist ein derart gerader Grenzverlauf durch ein Meer im gesamten Kartenbild einmalig. Fraglich ist die Intention dieser auffälligen Signatur. Die Blattübersicht der *Hundertblatt-Karte* (Abb. 32) zeigt an vergleichbarer Stelle die Staatsgrenze zwischen Schweden und Russland lediglich mittels Kolorierung der Küstenlinien (gelb für Schweden, grün für Russland). Der naturgegebene Verlauf der finnischen Ostseeküste wurde darin als russländische Staatsgrenze abgebildet, während die Blattübersicht der *Schubert-Karte* diese Grenze wesentlich weiter im Westen, und zwar mitten in der Ostsee verortet (Abb. 33) Diese Darstellung korrespondiert aber nur teilweise mit dem Friedensvertrag von Friedrichshamm (1809), der die territoriale Souveränität Russlands über den östlichen Teil des Bottnischen Meerbusens einschließlich der Insel Åland regel-

---

54 Vgl. Kap. 1.4.1.

te.[55] Über den weiteren Verlauf der Grenze nach Süden, nämlich bis an die preussisch-russländische (ostpreussisch-kurländische) Festlandgrenze waren weder im Friedensvertrag von Friedrichshamm noch in einem anderen Traktat Festlegungen erfolgt. Dennoch enthält die Karte an dieser Stelle eine deutliche See-Grenze in linearer Manier. Offenbar war es dem Kartenverfasser bzw. seinen Auftraggebern wichtig, die russländische Staatsgrenze so weit wie möglich vom imperialen Zentrum Sankt Petersburg entfernt verlaufen zu lassen, obwohl darüber keine bilaterale Einigung erfolgt war. Die Karte deutet auf diese Weise territoriale Ansprüche und Hoheitsrechte an, die sich nicht nur auf das Festland beziehen, sondern auch auf große Teile der Ostsee samt Bottnischen, Rigaischen und Finnischen Meerbusen – mit den Worten Friedrich Ratzels, auf ein „Territorialmeer"[56]. Wie der heftige Widerspruch der kartographischen Kommission der IRGO belegt, wurde von den Kartographen des Militär-Topographischen Depots die 1809 getroffene Grenz-Regelung zwischen Schweden und Russland in der *Schubert-Karte* unilateral auf den übrigen Teil der Ostsee übertragen. Schiffe überquerten dem Kartenbild zufolge bereits weit vor der strategisch bedeutenden Moonsund-Inselgruppe und weit vor Sankt Petersburg die Grenze des russländischen Staatsgebiets auf hoher See. Dieser Grenzverlauf war abstrakt und nur in der Karte sichtbar. Hierbei wurde die kartographische Darstellung der Grenze von natürlichen Gegebenheiten, wie Küsten- und Uferlinien, Flussläufen oder Gebirgszügen, getrennt. Die Frage, ob diese maritime Pufferzone vom zarischen Generalstab aus militär-strategischem Kalkül für das Russländische Imperium reklamiert worden war, ist unklar. Möglicherweise spiegelt sich in dieser Grenzdarstellung die Bedeutungszunahme der Kartographie als politisches Instrument zur Durchsetzung staatlichen Souveränitätsanspruchs über Territorium, was als Folge der Neuordnung Europas durch die Beschlüsse des Wiener Kongresses 1815 gedeutet werden könnte. Diese Hypothese korrespondiert mit dem Forschungsergebnis von Jordan Branch. Er kommt in seiner Studie zum Schluss, dass sich mit der post-napoleonischen Rekonstruktion der europäischen Staaten das Konzept des Territorialstaats gänzlich durchzusetzen begann, so dass die Demarkation mittels eigenständiger Grenzen die absolute Autorität innerhalb dieser Linien bedeutete.[57] Lineare Grenzverläufe, die auf Karten dokumentiert wurden, bestimmten fortan die Scheide territorialer Souveränität.[58] Jürgen Osterhammel unterstreicht, dass sich die eindeutig markierte und geschützte Staatsgrenze im 19. Jahrhundert nach Friedrich Ratzel als „peripheres Organ" des souveränen Staates herausbildete.[59] Und ferner:

---

55 Vgl. PSZ I, 33, Nr. 24.413.
56 Ratzel, Friedrich: Politische Geographie oder die Geographie der Staaten, des Verkehrs und des Krieges, München und Berlin 1903, S. 177.
57 Vgl. Branch: The Cartographic State, S. 29 f.
58 Vgl. Branch: The Cartographic State, S. 135 f.
59 Vgl. Osterhammel: Die Verwandlung der Welt, S. 180.

Sie war Nebenprodukt und zugleich Indiz eines Prozesses der Territorialisierung von Macht: Kontrolle über Land wurde wichtiger als Kontrolle über Menschen. Souverän war nicht länger der persönliche Herrscher, sondern der ‚Staat‘.[60]

Bei eben diesem Prozess ist offenbar der Grenzverlauf des Russländischen Imperiums von den Kartenzeichnern kartographisch behauptet worden, um in der Karte den Beweis territorialer Souveränität abzubilden. Dass diese Grenzdarstellung gerade im Westen des Zarenreiches Verwendung fand, könnte Jeremy Blacks Theorie erklären. Demzufolge wurde Macht lediglich gegenüber Europäern territorial legitimiert. Während Grenzen nur innerhalb Europas genau definiert werden mussten, wurden sie außerhalb Europas bewusst vage gehalten.[61] Im Hinblick auf die später hergestellten Kartenwerke des europäischen wie asiatischen Russland und der angrenzenden Gebiete scheint sich dies zu bestätigen.[62] Fest steht zumindest, dass sich Vertreter der Kaiserlichen Russischen Geographischen Gesellschaft gegen die fragliche Darstellung der West-Grenze in der *Schubert-Karte* aussprachen, als sie 1862 die Herausgabe der *Karte des europäischen Russland und Kaukasus*[63] planten. Im Sitzungsprotokoll der kartographischen Kommission der IRGO heisst es dazu:

> Die im Baltischen Meer verlaufende Grenze zwischen Schweden und Russland, und zwar das Teilstück von der Insel Åland bis Preußen stützt sich nicht auf ein einziges Traktat. Daher beschließt die kartographische Kommission, die vollständig willkürliche Linie [*soveršenno proizvol'no načertannaja linija*] zu beseitigen.[64]

Der entsprechende Ausschnitt der *Karte des europäischen Russland und Kaukasus* zeigt, wie aus ihrer wissenschaftlichen Perspektive nur das kartiert werden konnte, was belegbar war (Abb. 34). Geradezu radikal verweigerten sie die Darstellung des infrage stehenden Grenzabschnittes. Im Umkehrschluss führt dieser Sachverhalt exemplarisch vor Augen, wie eigenmächtig die Kartographen, allen voran Schubert, handelten, indem sie in der *Schubert-Karte* einen willkürlichen Grenzverlauf behaupteten, der über viele Jahrzehnte so gedruckt wurde. Während eben diese Grenzdarstellung in der ab 1865 erschienenen *Strel'bickij-Karte* und sogar noch 1919 von den Bolschewiki mit der *Spezialkarte des europäischen Russland und angrenzender Teile West-Europas und Klein-Asiens* verbreitet wurde, war eine vergleichbare Demarkationslinie im Süden nicht kartiert worden. Dies entsprach ganz und gar Russlands Außenpolitik. An seiner südlichen Flanke wurden die Interessen des Russländischen Imperiums offensiv verfolgt, wie der russisch-osmanische Krieg (1828–1829)

---

60 Osterhammel: Die Verwandlung der Welt, S. 180.

61 Vgl. Black: Maps and Politics, S. 134 f.

62 Vgl. Kap. 9.

63 Karta Evropejskoj Rossii i kavkazkago Kraja, 12 Blätter, Maßstab 1 : 1.680.000, Sankt Peterburg 1862 [ab 1879 mit Kartierung der Eisenbahnstrecken, 1894 Neuauflage].

64 Žurnal Zasedanija kartografičeskoj kommissii, 3 fevralja 1860g., in: Zapiski Imperatorkago russkago geografičeskago obščestva 2 (1862) 2, S. 114.

belegt. Der darauf folgende Friedensvertrag von Adrianopel (1829) berührt das Thema einer Meeresgrenze nicht, wie es mit dem Friedensvertrag von Friedrichshamm (1809) für den Bottnischen Meerbusen zum Schutze eigener territorialer Interessen bestimmt worden war.[65] Russlands Interessenlage war an der südlichen Flanke diametral entgegengesetzt. Die siegreiche europäische Großmacht Russland beanspruchte nämlich das gesamte Schwarze Meer und den Zugang zum Mittelmeer für sich und gestand dem schwachen Osmanischen Reich keine Ansprüche auf ein „Territorialmeer" zu. Der Friedensvertrag von Adrianopel sah den freien Zugang zum Mittelmeer vor, wortwörtlich „für immer" (*na vsegda*)[66]. Dies könnte auch erklären, warum eine russisch-osmanische Meeresgrenze später nicht kartiert wurde (Abb. 54). Indessen verfolgte Russland gegenüber den europäischen Staaten eine defensive Außenpolitik, bei der es um die Erhaltung des territorialen *Status quo* seiner westlichen Grenzgebiete ging, was bis 1914 stabil blieb. In diesem Zusammenhang verlagerten sich die politischen Interessen Russlands zunehmend auf den Balkan als Teil des schwächelnden Osmanischen Reiches.[67] Die *Strel'bickij-Karte* in Abbildung 54 zeigt deutlich, wie man diese Politik im Militär-Topographischen Depot bis ins 20. Jahrhundert kartographisch interpretierte: nach Westen klare territoriale Abgrenzung, im Süden bewusstes Offenhalten territorialer Expansion.[68] Diese Logik wird durch die kartographische Darstellung Kongress-Polens als nicht mehr unterscheidbarer Teil des Russländischen Territoriums bestätigt. Dass es sich hierbei nach wie vor um ein Königreich handelte, ist in der *Schubert-Karte* nicht mehr erkennbar (Abb. 25). Nach dem polnischen November-Aufstand von 1830–1831 wurde Polen im Manifest über die neue Verwaltungsordnung (1832) als „untrennbarer Teil" des Russländischen Reiches bezeichnet.[69] Kurz zuvor, 1831, war ein Komitee für die Westgebiete gegründet worden, das diese „in jeder Hinsicht den inneren Gouvernements Großrußlands gleichzumachen"[70] hatte. Die Russländische Regierung verfolgte mit restriktiven Maßnahmen das Ziel, u. a. die Sonderstellung Polens zu beseitigen.[71] So ist in diesem Zusammenhang auch die 1837 erfolgte Umbenennung der polnischen „Woiwodschaften" in „Gouvernements" zu verstehen.[72] Während die zarische Regierung dem Zartum Polen 1816 noch eine separate Karte zur Erweiterung der *Hundertblatt-Karte* als Zeichen einer gewissen Autonomie zugestanden hatte[73], drückte sich die veränderte politische Lage nun in der vollständigen kartographi-

---

65 Vgl. PSZ II, 1, Nr. 3.128.
66 Vgl. PSZ II, 1, Nr. 3.128.
67 Vgl. Goehrke: Russland Strukturgeschichte, S. 90.
68 Auch die entsprechenden Blätter bilden keine Meeresgrenze ab.
69 Vgl. PSZ II, 7, Nr. 5.165.
70 Zitiert nach: Zernack, Klaus: Polen und Rußland. Zwei Wege in der europäischen Geschichte, Schriftenreihe: Propypläen Geschichte Europas, Ergänzungsband, Berlin 1994, S. 331.
71 Vgl. Zernack: Polen und Rußland, S. 331.
72 Vgl. PSZ II, 12, Teil 2, Nr. 10.203.
73 Vgl. Kap. 5.6.

schen Verschmelzung mit dem europäischen Teil Russlands zu *einem* kartographisch imaginierten Territorium aus.[74]

6.3.4 Territoriale Abgrenzung im Inneren

Demgegenüber steht eine besondere Form der kartographischen Abgrenzung von Territorien im Inneren Russlands. Dabei handelt es sich um Militär-Kolonien (*voennye poselenija*), die ab 1810 gegründet wurden und teilweise bis 1857 existierten.[75] Die in der *Schubert-Karte* verwendeten Flächensignaturen (rosa) sind durch Signaturen für Gouvernements-Grenzen eingefasst (Abb. 31). Damit wurden sie als eigenständige Territorien innerhalb des Russländischen Territoriums hervorgehoben und indirekt ihre besondere Militärgerichtsbarkeit sichtbar gemacht. Der Zweck dieser Siedlungen bestand in der effektiven Stationierung eines Teils der Armee, um in Friedenszeiten nicht nur eine kostensparende Selbstversorgung zu etablieren, sondern eine mustergültige Agrarwirtschaft unter militärischem Drill rational zu organisieren und eine neue soziale Klasse von Ansiedlern zu schaffen. Im Kriegsfall sollten sich diese kämpfenden Truppen schnell verstärken können.[76] Dass diese Absicht ihren Zweck tatsächlich erfüllte, bestätigte der preußische Generalstabschef und Zeitzeuge Karl Freiherr von Müffling (1775–1851) in seinen Erinnerungen zum Feldzug der zarischen Armee gegen das Osmanische Reich 1829. Er schreibt:

> Ohne die Militär-Colonien im südlichen Rußland wäre die Reorganisation der Armee namentlich der Ersatz aller gefallenen Pferde durch eine bessere acclimatisierte Race (Steppenpferde) auch in der Tat ganz unmöglich gewesen.[77]

Die *Schubert-Karte* bildet diese abgegrenzten Territorien von Militär-Siedlungen mit speziellen Signaturen ab, wie der Ausschnitt vom südlichen Gouvernement Cherson zeigt (Abb. 31). Die exakte Wiedergabe des winkeligen Grenzverlaufes deutet darauf hin, dass für dieses Gebiet detaillierte großmaßstäbliche Karten vorlagen. Ein eigenes Gesetzbuch regelte die Rechte und Pflichten der dort lebenden Bauern-Soldaten, während sie von der Außenwelt isoliert und ausschließlich der Militärführung unterstellt waren. 1825 lebten und arbeiteten insgesamt 750.000 Bauern-Soldaten inklusive ihrer Familien in vier Hauptregionen des Russländischen Imperiums, nämlich in

---

74 Vgl. Kap. 8.2.
75 Vgl. Pipes, Richard E.: The Russian Military Colonies, 1810–1831, in: The Journal of Modern History, XXII (1950) 3, S. 205–219; Jačmenichin, K. M.: Voennye poselenija v Rossii, Istorija social'no-ėkononmičeskogo ėksperimenta, Ufa 1994; Ėnciklopedičeskij slovar', Bd. XXIVᵃ, Sankt Peterburg 1898, S. 663–672.
76 Vgl. Ėnciklopedičeskij slovar', Bd. XXIVᵃ, S. 663–672.
77 Zitiert nach: Behr, Hans-Joachim (Hrsg.): Karl Freiherr von Müffling. Offizier – Kartograph – Politiker (1775–1851). Lebenserinnerungen und kleinere Schriften, Schriftenreihe: Veröffentlichungen aus den Archiven Preussischer Kulturbesitz, Bd. 56, Köln 2003, S. 294.

den Gouvernements Novgorod, Charkov, Cherson und Ekaterinoslav. Nach den Vorstellungen Zar Alexanders I. hätte ein Drittel der gesamten männlichen Bevölkerung in diesen Militär-Siedlungen als Bauern und Soldaten arbeiten und leben sollen. Dies stellte sich jedoch als Utopie heraus, die von hohen Militärs und Landbesitzern gleichermaßen abgelehnt und 1857 schließlich ganz aufgegeben wurde.[78]

6.4 Kartenzweck

Im Jahr 1833 erschien eine Annonce im *Russischen Invaliden (Russkij Invalid)* – der offiziellen Tageszeitung des Kriegsministeriums – wonach die ersten zwölf Blätter der *Schubert-Karte* ab 1. Januar 1834 im Geschäft des Militär-Topographischen Depots für jedermann erhältlich waren. Der Preis für das gesamte Kartenwerk betrug 300, für einzelne Blätter je sechs Assignaten-Rubel. Subskribenten hatten lediglich 200 Assignaten-Rubel für ein vollständiges Exemplar zu zahlen.[79] Im Vergleich mit den 1839 zum Verkauf angebotenen Atlanten, Karten und Plänen, war sie das mit Abstand teuerste Kartenwerk, während die *Hundertblatt-Karte* zwar noch immer angeboten wurde, mit 100 Assignaten-Rubel aber nur ein Drittel kostete.[80] Dass es sich bei diesem Kartenwerk nicht um militärisches Geheimwissen handelte, war sehr wahrscheinlich dem kleinen Maßstab sowie dem begrenzten Ausschnitt der Karte geschuldet. Zudem waren die Zivil-Administration und die Wissenschaft auf möglichst genaue topographische Karten von Russland angewiesen, um etwa statistische Berechnungen und geologische Untersuchungen durchführen zu können. Die Publikation von Karten stand prinzipiell im Einklang mit der Aufgabenstellung des Militär-Topographischen Depots, wie sie 1812 formuliert worden war. Darin heißt es, dass vom Zar verordnete „besondere Aufträge" die Herstellung von geographischen und topographischen Karten einschließt und darüber hinaus mit dem Verkauf von Karten Geld verdient werden soll.[81] Die Idee für die *Schubert-Karte* hatte ihren Ursprung in der Sorge um den territorialen *Status quo* Russlands. Daraus kann jedoch nicht abgeleitet werden, dass dieses Kartenwerk ausschließlich für militärische Zwecke vorgesehen war. Denn dieses eignete sich auch für wissenschaftliche und zivil-administrative Aufgaben. So machte der Statistiker Peter von Köppen (Pëtr Ivanovič Këppen, 1793–1864) die Mitglieder der Sankt Petersburger Akademie der Wissenschaften darauf aufmerksam, dass sich die *Schubert-Karte* für Flächenberechnungen der 37 westlichen Gouvernements Russlands eignen würde, da die Karte „auf Mate-

---

78 Vgl. Pipes: The Russian Military Colonies; Jačmenichin: Voennye poselenija v Rossii, S. 115; Ènciklopedičeskij slovar', Bd. XXIVa, S. 663–672.
79 Vgl. N. N.: Ob"javlenie, in: Russkij invalid, Nr. 321, 18.12.1833, S. 1284.
80 Vgl. Katalog atlasam, kartam (1839), S. 4, 9.
81 PSZ I, 32, Nr. 24.971.

rialien von vorzüglichem und authentischem Werte" beruhe.[82] Astronom Struve nahm sich diesen Flächenberechnungen an und schrieb in der Einleitung seiner publizierten Resultate:

> Die Kenntniss des Flächeninhalts eines Landes, sowohl in seiner ganzen Ausdehnung, als in den einzelnen Theilen, ist eine der wichtigsten Grundlagen für die Statistik derselben. In Bezug auf Russland setzt die Unsicherheit der Charten, namentlich des weiten Sibiriens, was die Begrenzung nach Norden durch das Eismeer, und nach Süden durch China und die mittel-asiatischen Länder betrifft, der Berechnung des Flächeninhalts des ganzen Reichs für jetzt noch unübersteigliche Hindernisse entgegen. [...] Auf der anderen Seite ist aber doch über den grösseren Theil des europäischen Russland ein so bedeutendes Charten-Material vorhanden, dass hier die Ermittlung des Flächeninhalts theilweise mit Erfolg unternommen werden kann.[83]

Seinen Ergebnissen zufolge beinhalteten die 37 Gouvernements 1,86 Millionen Quadratwerst Landfläche, wovon durchschnittlich drei Prozent von Wasser bedeckt waren.[84] Diese Berechnungen demonstrieren, dass die Kartographie für die Statistik nicht nur eine thematische Visualisierung bot, wie sie in der zweiten Hälfte des 19. Jahrhunderts immer stärkere Verbreitung fand. Mittels kartometrischen Verfahren konnten unterschiedliche Flächen aus jedem einzelnen Kartenblatt abgenommen und zusammengerechnet werden. Voraussetzung dafür war eine geeignete Kartenprojektion wie eine möglichst hohe Präzision der astronomisch ermittelten Punkte. Mit der Karte ließen sich aber nicht nur die Land- und Gewässerflächen von Gouvernements und Kreisen, sondern auch die Besiedlungsdichte ermitteln, indem die ungefähre Zahl der Siedlungen mit ihren unterschiedlichen Bevölkerungszahlen und dem jeweiligen administrativen Status zu entnehmen waren. Auch über Quantität und Qualität der Land- und Wasserwege ließen sich aus der Karte wichtige Informationen entnehmen, welche für die Erschließung und Entwicklung des Landes genauso wichtig waren, wie Angaben über die Verteilung von Bergwerken, Hütten und Manufakturen, Wind- und Wassermühlen nach Kreisen und Gouvernements. Aus diesen und weiteren Karteninhalten ließen sich zahlreiche Schlüsse ziehen, die eben nicht nur für militär-strategische Erwägungen relevant waren, sondern die ganze Administration des Landes betraf. Daher fand die *Schubert-Karte* bis Ende der 1860er Jahre praktisch in allen Behörden Verwendung.[85] Mit ihrem umfassenden In-

---

82 Struve, Friedrich Georg Wilhelm: Ueber den Flächeninhalt der 37 westlichen Gouvernements, S. 339.
83 Struve, Friedrich Georg Wilhelm: Ueber den Flächeninhalt der 37 westlichen Gouvernements, S. 338. Die gesamte Fläche der folgenden Gouvernements wurde mit insgesamt 1,86 Millionen Quadratwerst berechnet: Olonec, Sankt Petersburg, Novgorod, Estland, Jaroslavl', Livland, Tver', Pskov, Kurland, Vladimir, Vitebsk, Moskau, Kovno, Smolensk, Vil'no, Rjazan', Kaluga, Tula, Pensa, Mogilev, Tambov, Minsk, Orel, Grodno, Černigov, Kursk, Voronež, Wolhynien, Kiev, Char'kov, Poltava, Land der Donkosaken, Podolien, Ekaterinoslav, Cherson, Bessarabien, Taurien. Vgl. ebd. S. 348.
84 Vgl. Struve, Friedrich Georg Wilhelm: Ueber den Flächeninhalt der 37 westlichen Gouvernements, S. 350.
85 Vgl. Gluškov: Istorija voennoj kartografii v Rossii, S. 92.

halt bildete sie zudem eine wichtige Grundlage für die Zusammenstellung anderer Kartenwerke.[86] Sie bot den aktuellsten, zuverlässigsten, genauesten, einheitlichsten und detailliertesten topographischen Überblick für ihren großen Ausschnitt (Abb. 25). Diese Eigenschaften erklären, warum die Wahl des französischen Kriegs-Depots gerade auf diese Karte fiel, als sich ein Krieg gegen Russland abzeichnete.

6.5 Die Karte als Waffe im Krim-Krieg

Im Krieg sind Karten Waffen. Die Kartierung von außerhalb ist der erste Schritt der gegnerischen Inbesitznahme.[87] Dies galt genauso für das Russländische Imperium, wie für andere europäische Großmächte. Unter Napoleon III. (1808–1873) erschienen in den Kriegsjahren 1854 bis 1856 mindestens 35 Blätter der *Schubert-Karte* als französische Kopie unter dem Titel *Carte de la Russie*[88]. Blattformat, Blattschnitt, Blattzählung und Gitternetz sind mit dem russischen Original nahezu identisch. Auch der für die französische Kartographie unübliche Werst-Maßstab wurde ins metrische System umgerechnet und in etwa beibehalten (1 : 424.000), so dass die französische Kopie dem russischen Original formal nahezu gleicht. Inhaltlich haben die französischen Kartographen als wichtigste Maßnahme die Beschriftung ins Lateinische transliteriert und die Karte stärker generalisiert, d. h. die stellenweise Überfrachtung der russischen Vorlage ausgedünnt, dem Maßstab und den Bedarfen der französischen Militärführung angepasst. Dabei verzichteten die Kartographen auf kleinere Ortschaften und Wege, Gebäudezahlen, Militärsiedlungen und auf sämtliche Geländedarstellungen sowie auf Kolorierung per Hand. Angesichts des adaptierten Kartenbildes (Abb. 28) wird deutlich, wie sehr die Lesbarkeit der Karte gewann, bzw. welche Unübersichtlichkeit die russischen Kartographen bei der Herstellung des Originals in Kauf nahmen, um auf die vorhandenen topographischen Informationen nicht zu verzichten. Im Vergleich mit Abbildung 27 wird die Auswirkung einer stärkeren Generalisierung auf die Lesbarkeit der einfarbigen Karte besonders deutlich. Die inhaltliche Auswahl zeigt das strategische Interesse der französischen Generalität am gegnerischen Territorium – reduziert auf das Wichtigste, nämlich Ortslagen, deren Größen bzw. Bedeutungen, ihre ins Lateinische transkribierten Ortsnamen, Grenzen, Verbindungswege, Flüsse und deren Fließrichtung sowie Sümpfe. Wie auch bei der französischen Adaption der *Hundertblatt-Karte* 1812, begannen die französischen Kartographen mit der Herstellung der Kartenblätter von der Angriffsfront.

---

86 Vgl. Stavenhagen, Willibald von: Ueber russisches Kartenwesen, in: Kriegstechnische Zeitschrift für Offiziere aller Waffen, zugleich Organ für kriegstechnische Erfindungen und Entdeckungen auf allen militärischen Gebieten 2 (1899) 6, S. 272.
87 Vgl. Schlögel: Terror und Traum, S. 685.
88 Carte de la Russie (d'après la Carte de l' Etat-Major Russe), 35 Blätter, Maßstab 1 : 424.000, Paris 1854–1856.

Die ersten zehn Blätter (L–LIX) wurden 1854 in Paris von der Südflanke des europäischen Russland gezeichnet, gestochen und gedruckt. Dabei dürfte es sich für den zarischen Generalstab zunächst als vorteilhaft erwiesen haben, dass er die *Karte vom europäischen Teil des Osmanischen Reiches* geheim gehalten hatte.[89] Bis 1856 verwirklichten die französischen Kartographen die Herstellung weiterer Teile der *Carte de la Russie;* fünf südliche, acht zentrale, zwei westliche und zehn nordwestliche Blätter des europäischen Russland.

Das entscheidende Kapitel des Krim-Krieges spielte sich im Südwesten der Halbinsel Krim ab. Sevastopol als wichtigster Hafen der Schwarzmeerflotte geriet zum zentralen Angriffsziel der Alliierten und wurde 349 Tage – vom 5. Oktober 1854 bis 28. August 1855 – belagert. Von Sevastopol hatte das Russländische Imperium einen Großteil seiner militärischen Macht über das Schwarze Meer und gegen das Osmanische Reich entfaltet, was einzudämmen das Kriegsziel der Alliierten war.[90] Nach der Einschätzung des zarischen Generalstabs war im Fall einer Einnahme Sevastopols mit dem Verlust der gesamten Halbinsel zu rechnen, was noch enorme strategische Probleme mit sich brachte. Denn die Krim war für die Verteidigung der Südgrenze Russlands entscheidend.[91] Aus diesem Grund hatte der zarische Generalstab bereits 1816 für ein neues Kartenwerk von der Krim[92] gesorgt und ab 1835 trigonometrische Vermessungen und anschließend topographische Aufnahmen unternehmen lassen, die sehr wahrscheinlich als Quellen für die markante Geländedarstellung des Krimgebirges dienten, wie sie in der gesamten *Schubert-Karte* einzigartig ist. Abbildung 35 zeigt die rund 15 Kilometer voneinander entfernten Hafenstädte Sevastopol und Balaklava am westlichen Fuß des Krimgebirges samt Wegenetz zum Jahr 1840. Welche konkreten russischen Karten den französischen Kartographen in Paris noch vorlagen, ist nicht bekannt. Fest steht zumindest, dass sich französische und britische Offiziere vor Ort beklagten, dass kaum Informationen über die russischen Truppen und Befestigungen Sevastopols vorlagen. Vor der Landung der Alliierten mussten französische Offiziere Rekognoszierungen am südwestlichen Ufer der Krim von See aus unternehmen, um den geeignetsten Landungspunkt zu bestimmen, von dem aus ein günstiger Weg nach Sevastopol führen sollte.[93] Ein beteiligter französischer General notierte:

---

89 Vgl. Gluškov: Istorija voennoj kartografii v Rossii, S. 97.

90 Vgl. Figes, Orlando: Krim-Krieg. Der letzte Kreuzzug, Berlin 2012, S. 292.

91 Voenno-statističeskoe obozrenie Rossijskoj imperii, Bd. 11, Teil 2, Tavričeskaja gubernija, Sankt Peterburg 1849, S. 2, 81.

92 Voenno-topografičeskaja karta poluostrova Kryma, 10 Blätter, Maßstab 1 : 168.000, Sankt Peterburg 1816.

93 Vgl. Krymskaja ėkspedicija, razkaz očevidca francuskago generala, Sankt Peterburg 1855, S. 40–42; Figes: Krim-Krieg, S. 300.

Karten, über die wir verfügten, waren ungenügend, so war auch nichts bekannt über den Zustand der Wege, der Flussquerungen und überhaupt über die Eigenschaften des Kriegsschauplatzes.[94]

Als erster moderner Stellungskrieg der europäischen Geschichte mit Artillerie-Duellen und Dauerbombardements[95] zeigte sich bereits, was im Ersten Weltkrieg noch viel mehr als unabdingbare Voraussetzung für militärischen Erfolg galt: großmaßstäbliche Karten und Pläne für die möglichst genaue Abbildung kleinräumlicher Schlachtfeld-Verhältnisse.[96] Doch nicht nur den Alliierten fehlte es an großmaßstäblichen topographischen Karten, wie die Schlacht bei Inkerman am 5. November 1854 offenbarte. Obwohl die Halbinsel Krim vom zarischen Generalstab in den Jahren 1835–1839 bereits vermessen worden war, befand sich das notwendige Kartenwissen in Sankt Petersburg, da die Manuskript-Karten noch nicht gestochen und gedruckt waren. Der Kriegsminister verweigerte die Herausgabe der unikalen Originale an die Fronttruppen, wodurch der Schlachtplan unter einem Mangel an topographischen Informationen erheblich zu leiden hatte. Die zarische Armee konnte das in Sankt Petersburg vorhandene Geländewissen vom eigenen Territorium nicht zu ihrem Vorteil nutzen.[97] Vom Beginn bis zur Fertigstellung der dringend benötigten Abzüge der *Topographischen Karte der Halbinsel Krim* wurde ein Jahr lang in Tag- und Nachtschichten gearbeitet und doch wurde sie 1855 zu spät fertiggestellt.[98] Die entscheidende Schlacht der zarischen Armee gegen die Alliierten war bereits verloren.[99] Abbildung 36 zeigt den entsprechenden Kartenausschnitt der französischen Adaption. Im Vergleich zur Vorlage (Abb. 35) ist deutlich erkennbar, wie die französischen Kartographen das Kartenbild stark generalisierten. Um eine bessere Lesbarkeit der Karte zu erreichen, verzichteten sie auf die Darstellung des Geländes. Vermutlich wurde dieses erst vor Ort erkundet und eingezeichnet. Möglicherweise bezweifelten die Kartographen die Richtigkeit und darüber hinaus den Nutzen dieser Informationen in diesem kleinen Maßstab. Die Aufmerksamkeit liegt dagegen klar auf Siedlungen und deren Namen, auf Straßen und Wegen sowie auf Flüssen. Auffällig sind neben der lateinischen Kartenschrift die ausführlicheren Bebauungsstrukturen der Hafenstädte Sevastopol und Balaklava bis hin zur Kartierung von einzelnen Gebäuden, die Hinzufügung von Forts und die Darstellung der wichtigsten Straßen und Wege in verschiedenen Klassen. Auch ist die Bucht von Balaklava deutlich erkennbar und zusätzlich als Ankerplatz ausgewiesen. Hinzu kommt die Aktualisierung

---

94 Figes: Krim-Krieg, S. 42.

95 Vgl. Hildermeier, Manfred: Geschichte Russlands. Vom Mittelalter bis zur Oktoberrevolution, München 2013, S. 790.

96 Vgl. Eckert: Kartenwissenschaft, Bd. 1, S. 299.

97 Vgl. Žukovič: Kakie karty nužny Krasnoj armii, S. 10.

98 Topografičeskaja karta poluostrova Kryma, 89 Blätter, Maßstab 1 : 42.000, Sankt Peterburg 1855, vgl. Istoričeskij očerk dejatel'nosti Korpusa voennych topografov (1872), S. 470.

99 Vgl. Figes: Krim-Krieg, S. 375–394.

des Kartenbildes, indem beispielsweise eine neue Poststraße von Sevastopol – vorbei am Schlachtfeld von Inkerman – zur nördlich gelegenen Poststation Belbek sowie die unweit gelegene Telegraphen-Station (Télégraphe) ergänzt worden sind.[100] Insgesamt betont das Kartenbild Siedlungen und Verbindungswege, deren Darstellung sichtbar deutlicher ausfällt. Erreicht wurde eine wesentlich größere Übersichtlichkeit. Es bleibt unklar, ob zur Zeit der Herstellung der französischen Kopie die Landung der Alliierten auf der Krim bereits erwogen oder gar beschlossene Sache war. Maßstab und Ausschnitt der 1854 adaptierten Kartenblätter weisen darauf hin, dass zunächst die gesamte Südflanke von der Donau bis zum Kaukasus im Fokus des französischen Generalstabs stand und nicht allein die Halbinsel Krim. Später folgten mittlere, westliche und nordwestliche Kartenblätter des europäischen Russland, was das weitere militärische Interesse des französischen Generalstabs an anderen Gebieten andeutet. Umso mehr, als die kartographischen Arbeiten mit dem Ende des Krieges 1856 offenbar eingestellt wurden und die *Carte de la Russie* somit unvollendet blieb.[101] Zusammengefasst bot die vom zarischen Generalstab praktizierte Verfügbarkeit und Geheimhaltung von Karten den französischen Kartographen zwar die Möglichkeit, die *Schubert-Karte* für die Angriffsplanung zu nutzen, doch blieben einerseits die topographischen Informationen über den europäischen Teil des Osmanischen Reiches genauso unter Verschluss, wie relevante Karten in großen Maßstäben. Bezeichnenderweise konnte dies die zarische Armee nicht als Vorteil für sich nutzen, da die Alliierten einerseits ihren Angriff auf die Halbinsel Krim verlagerten und die von der zarischen Armee dringend benötigte großmaßstäbliche Karte vom Kriegsschauplatz nicht rechtzeitig verfügbar war.

6.5.1 Verfügbarkeit und Geheimhaltung von Karten

Das französische Kriegs-Depot dürfte keine Mühe gehabt haben, sich die *Schubert-Karte* für strategische Kriegsplanungen zu beschaffen. Auch in Preußen war sie im Handel erhältlich. Einem in der Staatsbibliothek zu Berlin befindlichen Exemplar liegt eine Übersicht bei, welche die Lieferungen der insgesamt 62 Kartenblätter zwischen August 1837 und Oktober 1840 an den Käufer dokumentiert. Nach dem verwendeten Prägestempel wurde das Kartenwerk bei Schropp – einer privaten Verlagsbuchhandlung in Berlin – gekauft.[102] Angesichts des berechenbaren Vorgehens des

---

100 Vgl. Topografičeskaja karta poluostrova Kryma, Bl. VII, Maßstab 1 : 210.000, Sankt Peterburg 1842.
101 Dieselben 25 Blattnummern – einschließlich Titelblatt und Signaturen-Schlüssel – sind weder in der Staatsbibliothek zu Berlin noch in der *Bibliothèque nationale de France* vorhanden. Zumindest muss von einem fragmentarischen Charakter ausgegangen werden, da kein vollständiges Exemplar zum Gegenbeweis vorliegt.
102 Vgl. SBB, Kart. Q 11861 (Index I).

französischen Generalstabs mag es überraschen, dass dieses Kartenwerk seit seiner Fertigstellung im Handel offiziell angeboten wurde. Konnte es doch allzu leicht gegen Russlands Interessen gewendet werden, wie bereits 1812 mit der französischen Adaption der *Hundertblatt-Karte* geschehen, als diese Napoleons Armee den Weg auf ihrem Russlandfeldzug wies.[103] Die Erfahrungen im Vaterländischen Krieg 1812 hatten *nicht* zu einer generellen Geheimhaltung von topographischen Karten geführt, wie eine Verkaufsliste des Militär-Topographischen Depots aus dem Jahr 1817 belegt.[104] Dass zahlreiche Karten und Pläne, darunter auch dezidiert militärische, im Handel angeboten wurden, gibt eine Vorstellung vom zeitgenössischen Umgang mit topographischen Karten, der so nicht nur in Russland, sondern auch im europäischen Ausland üblich war. Der spätere preußische Generalstabschef Gerhard Johann David Scharnhorst (1755–1813) hatte angesichts ökonomischer Erwägungen in einer 1806 verfassten Denkschrift zur Reorganisation des preußischen Generalstabes auf eine Geheimhaltung von Karten verzichtet.[105] Der österreichische Generalstabschef Josef Wenzel Graf Radetzky (1766–1855) argumentierte 1810 für selbiges Ziel: „[...] indem wir dem Feinde eine Bequemlichkeit entziehen wollen, berauben wir uns auch unseres eigenen Vorteiles."[106] 1833 beschrieb der einflussreiche deutsche Kartograph Heinrich Karl Wilhelm Berghaus (1797–1884) die Entwicklungen der Kartographie im post-napoleonischen Europa so:

> Seit zwanzig Jahren hat eine neüe Aera für die Kartographie begonnen. Jene engherzige Politik, welche die Resultate der Ländervermessungen der Öffentlichkeit und dem gemeinen Nutzen entzog und sie hütete wie eine Drache verborgene Schätze – sie ist fast überall einer edlen, nicht genug zu rühmenden Freisinnigkeit gewichen, welche das Dunkel, das über die räumlichen Verhältnisse der Staaten seit Jahrhunderten waltete und geflissentlich gepflegt wurde, zu entfernen sich zum Ziel gesetzt hat. Ein langer Friede hat dieß rühmliche Streben begünstigt. Von den resp. Regierungen mit der Entwerfung neüer Karten auf die Base der Landesvermessung beauftragt, ist unter den Officiers-Corps der Generalstäbe der meisten eüropäischen Staaten fast gleichzeitig ein, so zu sagen, geographischer Wettlauf entstanden, ein ehrenvolles Ringen um den Preis wissenschaftlicher Glorie und literärischen Ruhms, das nicht laut genug gepriesen, nicht dankbar genug anerkannt werden kann. Aus ihren Büreaus sehen wir seit einer Reihe von Jahren topographische Arbeiten hervorgehen, zeügend von einer Trefflichkeit und Vollendung, von der man früher keinen Begriff hatte [...].[107]

---

103 Vgl. Kap. 5.8.2.1.

104 Vgl. RGVIA Moskva, f. 846, op. 16, d. 306, Bumagi, otnosjaščijasja do učreždenija sobstvennago Ego Imperatorskago Veličestva Depo kart 1797g., l. 27–28ob., Reêstr, Pečatnym knigam i kartam prodajuščimsja pri Veonno-Topografičeskom Depo s pokazaniem cen.

105 Vgl. Pápay, Gyala: Politik und Kartographie, in: Unverhau, Dagmar (Hrsg.): Kartenverfälschung als Folge übergroßer Geheimhaltung? Eine Annäherung an das Thema Einflußnahme der Staatssicherheit auf das Kartenwesen der DDR: Referate der Tagung des BStU vom 8.–9.03.2001 in Berlin, Münster 2006, S. 17.

106 Zit. nach Pápay: Politik und Kartographie, S. 17.

107 Ein Vorschlag des Krit. Wegw. und die Industrie der (sogenannten) geographischen Anstalt des bibliographischen Instituts in Hildburghausen und New-York, in: Kritischer Wegweiser im Gebiete

Diese Beschreibung erhellt den Zeitgeist in Bezug auf den Umgang mit topographi-schen Karten und mag erklären, warum mitunter sogar die 1829 in Sankt Petersburg erschienene *Militär-Wege-Karte* im In- und Ausland erhältlich war.[108] Diese war für die Planung von Marschrouten, d. h. zur Festlegung der Wege, der Übernachtungen und der Rasten für russische Truppen vorgesehen und verrät die für Marschkolon-nen geeigneten Wege, bzw. Bewegungsmöglichkeiten der zarischen Armee inner-halb des eigenen Territoriums.[109] Noch vor der offiziellen Herausgabe wurde die Kar-te in einer deutschsprachigen Fachzeitschrift ausführlich besprochen und durfte nach dem Urteil des Rezensenten in keiner Kartensammlung fehlen.[110] Offenbar führte jedoch nicht nur „edle Freisinnigkeit" zu diesem Schritt, denn einerseits dür-fen die dringenden Bedarfe der Zivil-Administration, Wirtschaft und Wissenschaft nach topographischen Karten nicht unterschlagen werden, andererseits der beab-sichtigte finanzielle Gewinn, den der Kartenverkauf versprach. Gerade der letzte Punkt war für das Militär entscheidend. So bot das Militär-Topographische Depot eine Vielzahl Karten auch ausländischen Buchhändlern zum Verkauf an, um wich-tige Zusatzeinnahmen zu erzielen. Zwischen 1826 und 1831 wurden beispielsweise Karten für 160.000 Assignaten-Rubel und zwischen 1832 und 1834 für rund 50.000 Assignaten-Rubel im In- und Ausland verkauft. Dieser Absatz reichte aber immer noch nicht aus, um die Herstellungskosten der Karten vollständig zu decken. Die Kartenproduktion war ein finanziell unrentables Geschäft, das auf Zuschüsse aus der Reichsschatulle angewiesen war. Vor diesem Hintergrund richtete das Militär-Topographischen Depot 1830 ein eigenen Verkauf ein, der sich zur zentralen Dreh-scheibe für Karten und geographische Literatur im Russländischen Imperium entwi-ckelte.[111] Von einer vollständigen Aufhebung der Geheimhaltung kann aber keine Rede sein. So wurden vor allem neue topographische Karten und Pläne in mittleren und großen, teilweise aber auch in kleinen Maßstäben von militärisch bedeutenden Gebieten unter Verschluss gehalten. Wie erwähnt, hatte der zarische Generalstab die *Karte vom europäischen Teil des Osmanischen Reiches*[112], die er vom Militär-Topogra-phischen Depot anlässlich des letzten Krieges mit der osmanischen Armee 1828–1829 hatte herstellen lassen, geheim gehalten.[113] Bei dieser Karte handelte es sich

---

der Landkarten-Kunde nebst andern Nachrichten zur Beförderung der mathematisch-physikali-schen Geographie und Hydrographie IV (1833), 9/10, S. 274.

108 Voenno-dorožnaja karta časti Rossii i pograničnych zemel', Maßstab 1 : 1.680.000, 8 Blätter, Sankt Peterburg 1829.

109 Vgl. Voennyj ėnciklopedičeskij leksikon, Bd. VIII, Sankt Peterburg 1855, S. 525.

110 Vgl. [Kartenrezension], in: Hertha, Zeitschrift für Erd-, Völker- und Staatenkunde, 13 (1829) 1, S. 79–81.

111 Vgl. Zapiski Voenno-topografičeskago depo, Teil I (1837), S. 45; Vgl. Istoričeskij očerk dejatel'-nosti Korpusa voennych topografov, S. 444.

112 [Karte vom europäischen Teil des Osmanischen Reiches], 7 Blätter, Maßstab 1 : 420.000, Sankt Peterburg 1828–1829].

113 Vgl. Gluškov: Istorija voennoj kartografii v Rossii, S. 97.

nämlich um das Bild des traditionellen Kriegsschauplatzes im Südwesten des europäischen Russland, wo 1854 der Krim-Krieg seinen Ausgang nahm. Doch auch die Erfahrungen des Krim-Krieges führten nicht zu einer Verschärfung der Geheimhaltung topographischer Karten. Im Gegenteil – es folgte eine beispiellose Lockerung. Zur Begründung wurde im *Russischen Invaliden* erklärt, dass der Verkauf von Karten neue Hilfsmittel zum Studium des Vaterlandes böte und die langjährigen Arbeiten des Generalstabs der heimischen Bodenkunde Nutzen brächten.[114] Doch diese Entscheidung hatte mindestens noch eine weitere gewichtige Ursache. Bereits vor dem Krim-Krieg war neben dem Personalmangel die Geldnot ein alt bekanntes Problem für das Militär-Topographische Depot. Dringend musste die geringe Zahl der Graveure erhöht und ihre Bezahlung verbessert werden, um neuartige Karten herzustellen. Um die bedeutenden Mehrkosten zu decken, schlug der bis 1855 amtierende Generalquartiermeister, Friedrich Wilhelm Rembert von Berg, kurz nach der Niederlage im Krim-Krieg vor, den Verkauf aller topographischen Karten in mittleren und großen Maßstäben zu erlauben. Er argumentierte, dass das Einzige, was für eine Geheimhaltung von genauen und ausführlichen topographischen Karten sprach, die unterbundene Anwendung dieser Karten von Seiten des Gegners im Kriegsfall war. Berg wandte ein, dass es für die Aufstellung eines Schlachtplans nicht notwendig wäre, mit allen topographischen Details einer Gegend vertraut zu sein. Es würde reichen, den allgemeinen topographischen Charakter zu kennen. Bei der Verlegung der Truppen auf den Kriegsschauplatz wäre es vor allem wichtig, die Gegend von allen Positionen mit eigenen Augen, und nicht mit der Karte zu studieren, ganz gleich wie genau diese auch sein mag. Daher wäre das Ziel, alle Karten in großem und mittlerem Maßstab geheim zu halten nutzlos und „für uns selbst schädlich" (*vreden nam samim*).[115] Angesichts der großen Anstrengungen, die das Militär-Topographische Depot unternommen hatte, um während des Krim-Krieges die *Topographische Karte der Halbinsel Krim* fertigzustellen, wirkt diese Argumentation fadenscheinig. Zum Zeitpunkt von Bergs Aussage hatte Russland den Krieg unwiderruflich verloren und drohte von Staatsschulden erdrückt zu werden. Ihm ging es offensichtlich allein um unverzichtbare Einnahmen aus dem Verkauf von Karten, um die künftige Arbeit des Militär-Topographischen Depots zu garantieren. Dass die Geheimhaltung topographischer Karten viel Geld verschlang und deshalb gelockert wurde, galt genauso auch für andere Staaten. In Frankreich hatte es beispielsweise 1832 eine lebhafte Diskussion um die Veröffentlichung der neuen *Generalstabskarte*[116] gegeben, für die seit 1817 eine neue Landesaufnahme erfolgt war. Dort bestand die Absicht, die hohen Herstellungskosten über den Verkauf der Karte auszugleichen, da die Geheimhaltung zu teuer schien. Gegner dieses Vorgehens machten u. a. geltend, dass im

---

114 Vgl. Aus dem „Russischen Invaliden" Nr. 200, in: Sankt Petersburger Zeitung, 5. (17.) Oktober 1857, 131 (1857) 215, S. 857.
115 Vgl. Istoričeskij očerk dejatel'nosti Korpusa voennych topografov, S. 443.
116 Carte de l'Etat-Major, 273 Blätter, Maßstab 1 : 80.000, Paris [1818]–1873.

Falle eines Krieges eine solche Karte zum Untergang des Staates beitrage. Befürworter hielten dagegen, dass der allgemeine Nutzen der neuen Landkarte einstimmig anerkannt sei und der potentielle Nachteil im Kriegsfall keine europäische Macht davon abgehalten habe, solche Karten zu publizieren.[117] Letztendlich setzten sich die Befürworter durch. Ab 1833 wurde die *Generalstabskarte* sukzessive veröffentlicht.[118] Im Zarenreich wurde 1857 die Geheimhaltung von topographischen Karten stark gelockert, die Preispolitik verändert und ein höherer Absatz angestrebt, um mit Mehreinnahmen aus dem Verkauf den Personalbestand der Graveure zu vergrößern und eine bessere Bezahlung zu erreichen. Der Aspekt des Nutzens für die Bodenkunde spielte für das Militär vermutlich nur eine untergeordnete Rolle, während die IRGO umgehend beginnen konnte, mithilfe des nun zugänglichen Archivs vom Militär-Topographischen Depot die eigene *Karte des europäischen Russland und Kaukasus* herauszugeben.[119] Auch wenn damit eine beispiellose Lockerung der Geheimhaltung und Zensur von Karten eintrat, handelte es sich aber nicht um deren vollständige Aufgabe. In der Zensur-Verordnung des verantwortlichen Ministeriums für Volksaufklärung hieß es 1857:

> Geographische Karten von unterschiedlichen Teilen des Russländischen Imperiums werden nur nach ihrer vorläufigen Betrachtung durch das Militär-Topographische Depot zum Druck erlaubt.[120]

Die weitere Geheimhaltung nach dem Krim-Krieg konzentrierte sich insbesondere auf die russischen Karten des angrenzenden Auslands sowie auf Gebiete anhaltender militärischer Auseinandersetzungen. Zu letzteren zählten 1857 Karten vom Kaukasus, vom Gouvernement Orenburg, von Sibirien und der Kirgisen-Steppe.[121] In der weiteren Praxis wurde die Geheimhaltung von topographischen Karten fallweise den politischen und militärischen Bedingungen angepasst, wie beispielsweise nach dem Januaraufstand in Polen 1863–1864. Seit dem Russisch-Japanischen Krieg 1904–1905 und der Revolution von 1905 wurde sukzessive die prinzipielle Geheimhaltung für großmaßstäbliche topographische Karten sowohl für europäische, als auch für asiatische Grenzgebiete des Russländischen Imperiums eingeführt.[122] Daraus lässt sich ein Prinzip der Geheimhaltung topographischer Karten im Zarenreich ableiten. Die zarische Militärführung gab demnach nicht preis, welche topographischen Karten sie von umkämpften Gebieten besaß, während sie ihr topographisches

---

117 Vgl. Landkarta Francii, in: Žurnal maunfaktur i torgovli 8 (1832) 7, S. 60–62.

118 Vgl. Lexikon zur Geschichte der Kartographie, Bd. 1, S. 236.

119 Karta Evropejskoj Rossii i Kavkazskago Kraja.

120 Svod ustava o cenzure, in: Sbornik postanovlenij i rasporjaženij po cenzure s 1720 po 1862, Sankt Peterburg 1862, S. 324, § 44, S. 324. Es finden sich keine Belege, dass dieses Recht auf Zensur vom Militär-Topographischen Depot vor dem Niedergang der Monarchie 1917 abgetreten wurde.

121 Vgl. Istoričeskij očerk dejatel'nosti Korpusa voennych topografov, S. 443 f.

122 Vgl. Položenie o sekretnych kartach, in: Cirkuljary Glavnago štaba, Sankt Peterburg 1905, S. 19, Nr. 21; Voennaja ènciklopedija, T. XII, Sankt Peterburg 1913, S. 428.

Wissen vom übrigen russländischen Territorium mit der Öffentlichkeit weitgehend teilte. Diese neue Praxis nach dem Krim-Krieg kann als Zugeständnis des zarischen Militärs gegenüber zivilen Bedarfen in Russland verstanden werden, obwohl die konkreten Karten-Inhalte insbesondere militär-taktische und -strategische Zwecke berücksichtigten. Beispielsweise beruht die ab 1883 von der Geologischen Kommission des Bergdepartements beim Ministerium für Reichsdomänen hergestellte *Allgemeine geologische Karte des europäischen Russland* auf der *Strel'bickij-Karte* im Maßstab 1 : 420.000.[123]

---

123 [Allgemeine geologische Karte des europäischen Russland], 154 Blätter, Maßstab 1 : 420.000, mit Text, o. O. o. J. Vgl. Stavenhagen: Skizze der Entwicklung und des Standes des Kartenwesens des außerdeutschen Europa, S. 215.

7 *Specialcharte von Livland:* Agrarreform und Kulturtransfer

Napoleons Russlandfeldzug 1812 war eine weithin rezipierte militärische Konfrontation zweier Imperien, die bei einer breiten Öffentlichkeit bis heute große Aufmerksamkeit findet. Im Krieg kreuzen sich die Wege von Imperien zwar am sichtbarsten, so Jane Burbank und Frederic Cooper. „Für die Aufrechterhaltung der imperialen Herrschaft oder für den Versuch ihrer Ausweitung", sei jedoch „wirtschaftliche Macht" entscheidend.[1] Diese war im vorliegenden Zusammenhang stark von der Landwirtschaft geprägt, deren Bedeutung nach Jürgen Osterhammel überall auf der Welt im gesamten 19. Jahrhundert nicht zu überschätzen ist.[2] Obzwar Russland der Schwelle zum Industriestaat kurz vor dem Ersten Weltkrieg näher gekommen war, handelte es sich immer noch um einen Agrarstaat, dessen Nationaleinkommen zur Hälfte von der Landwirtschaft abhängig war, während Industrie, Bauwesen, Transport und Kommunikation ein Drittel ausmachten.[3] Seit der zweiten Hälfte des 19. Jahrhunderts hatte auch in Russland die Landwirtschaft einen besonderen Aufschwung verzeichnet – besonders der Handel mit landwirtschaftlichen Gütern hatte zugelegt. Trotz der folgenschweren *Extensivierung der Landwirtschaft* konnte im internationalen Vergleich ein beachtlicher Produktionszuwachs erreicht werden.[4] Demzufolge musste die Landwirtschaft für den Erfolg des imperialen Projektes im Zarenreich besonders große Bedeutung haben – umso mehr, wenn man davon ausgeht, dass die Industrialisierung von der Entwicklung der Landwirtschaft stark profitierte, wie im Falle Englands.[5] Doch trotz der starken agrarischen Prägung der russländischen Volkswirtschaft und ihrem Gewicht für die Finanzierung des Imperiums musste konstatiert werden, dass topographische Karten im Zarenreich größtenteils militärischen Ursprungs waren.[6] Eine bemerkenswerte Ausnahme bildet die *Specialcharte von Livland*. In ihr wird deutlich, wie eine topographische Karte aus dem russländischen Herrschaftsraum des 19. Jahrhunderts überhaupt aussieht, die speziell für agrarische Zwecke hergestellt worden war und als wissenschaftlich Grundlage für die *Intensivierung der Landwirtschaft* in der westlichen Peripherie des Vielvölkerreiches diente.

Dominic Lieven hebt die außerordentliche Herausforderung für die zarische Staatsmacht hervor, das Russländische Imperium in seiner großen Bandbreite an Völkern mit sehr verschiedenen Kulturen und unterschiedlichen Niveaus sozio-öko-

---

1 Burbank; Cooper: Imperien der Weltgeschichte, S. 415.
2 Vgl. Osterhammel: Die Verwandlung der Welt, S. 314.
3 Vgl. Goehrke: Russland Strukturgeschichte, S. 132.
4 Vgl. Osterhammel: Die Verwandlung der Welt, S. 314 f.
5 Vgl. Walter, Rolf: Wirtschaftsgeschichte. Vom Merkantilismus bis zur Gegenwart, Köln/Stuttgart 2011, S. 65 f.
6 Vgl. Alekseev: Kratkij oček dejatel'nosti Korpusa voennych topografov, S. 3.

nomischer Entwicklung zu regieren. Eine einfache Lösung für die damit verbundenen „Dilemmas des Imperiums in der modernen Ära" habe es nicht gegeben, da sich *eine* zentral gesteuerte einheitliche Strategie in allen Teilen des Reiches kaum gleichermaßen erfolgreich anwenden ließ.[7] In Bezug auf die speziellen Voraussetzungen im Gouvernement Livland und die gewichtige Frage, was sich von den zweckmäßigen Methoden durch inner-imperiale Kulturtransfers für die Entwicklung anderer Teile des Reiches übertragen ließ, wird die Aufmerksamkeit auf die grundsätzliche Beziehung zwischen Zentrum und Peripherie gelenkt – konkret, zwischen Sankt Petersburg als administrativem Macht-Zentrum des Russländischen Imperiums und dem Gouvernement Livland als Teil seiner westlichen Peripherie. Jürgen Osterhammel charakterisiert die Beziehung zwischen Zentrum und Peripherie im 19. Jahrhundert im Allgemeinen folgendermaßen:

> Zentren sind jene Orte innerhalb eines größeren Zusammenhangs, wo sich Menschen und Macht, Kreativität und symbolisches Kapital zusammenballen. Zentren strahlen aus und ziehen an. Peripherien hingegen sind die schwächeren Pole in asymmetrischen Beziehungen zu Zentren. Sie sind eher Empfänger als Sender von Impulsen. Andererseits entsteht immer an einzelnen Peripherien Neues. [...] Solche dynamischen Peripherien können unter günstigen Umständen selbst zu Zentren werden. Ständig verschieben sich die Gewichte zwischen Zentren und Peripherien im Kleinen, manchmal dramatisch im Großen.[8]

Nach Andreas Kappeler besaßen die Ostseeprovinzen durch ihre mitteleuropäisch strukturierten Gesellschaften spätestens seit dem 18. Jahrhundert eine „Brücken- und Modellfunktion" für die angestrebte Verwestlichung Russlands.[9] Ein hochrangiger Zeitgenosse, der amtierende Chef des Statistischen Komitees beim zarischen Innenministerium, Konstantin Ivanovic Arsen'ev (1789–1865), drückte die historische Bedeutung der westlichen Peripherie für das Russländische Imperium in den 1848 erschienenen *Statistischen Skizzen Russlands*[10] so aus:

> Allein der Besitz dieses Grenzlandes könnte das unbekannte Moskovien auf den Rang eines europäischen Staates erheben, und den russischen Zar – den Gebieter von Völkern, welche bislang kaum mehr als asiatische Horden betrachtet wurden – zum Monarchen eines großen und geachteten Imperiums in Europa machen. Obwohl mit seiner Sprache, seinen Sitten und mitteleuropäisch strukturierten Gesellschaften [*ustrojstvom graždanskim*] für das eigentliche Russland fremd, bildet der ganze russische Besitz an den Ufern des Baltischen Meeres einen unschätzbaren Wert für das Imperium und die notwendige Voraussetzung für seine politische Bedeutung und Stärke unter den Staaten Europas.[11]

---

7 Vgl. Lieven: Empire, S. 275.
8 Osterhammel: Die Verwandlung der Welt, S. 131.
9 Kappeler: Russland als Vielvölkerreich, S. 67.
10 Arsen'ev, Konstantin Ivanovič: Statističeskie očerki Rossii, Sankt Peterburg 1848.
11 Zitiert nach Brüggemann, Karsten; Woodworth, Bradley D.: Entangled Pasts. Russia and the Baltic Region, in: dies. (Hrsg.): Russland an der Ostsee. Imperiale Strategien der Macht und kultu-

Die Feststellungen, dass insbesondere die westliche Peripherie für Russlands Stärke gegenüber den europäischen Staaten von Bedeutung war, ihr eine „Brücken- und Modellfunktion zukam" und dass sich dynamische Peripherien zu Zentren verwandeln können, sind angesichts der hier präsentierten Forschungsergebnisse zweifellos zutreffend. Nicht weniger zutreffend ist aber auch, dass sich kaum *alle* nützlichen Innovationen aus der Peripherie auf sämtliche Teile des Imperiums wirksam übertragen ließen. Während sich die im Rahmen der Herstellung der *Specialcharte von Livland* erfolgreich angewendeten geodätischen Methoden problemlos bei der Vermessung großer Teile des Russländischen Imperiums nutzen ließen, sich die Dorpater Universitätssternwarte zum vorläufigen Zentrum der Astronomie und Geodäsie des Zarenreiches entwickelte und dieses sich schließlich mit der Gründung der Hauptsternwarte nach Sankt Petersburg verlagerte und das Ansehen Russlands in der westlichen Gelehrtenwelt beträchtlich förderte, fehlten die speziellen Voraussetzungen für die Herstellung entsprechender topographischer Karten in anderen Gouvernements. Von der Zentral-Administration organisierte und finanzierte Vermessungsprojekte boten nicht die geeigneten Voraussetzungen, um ähnliche Ergebnisse wie in Livland hervorzubringen. Wie zu den Mende-Aufnahmen oben dargelegt, wurde dieser Versuch in zentralrussischen Gouvernements vorzeitig abgebrochen.[12] Die ursächlichen Unterschiede müssen in der lokalen Initiative und dem Eigeninteresse zur Herstellung der *Specialcharte von Livland* innerhalb der selbstverwalteten Ostseeprovinz und nicht zuletzt auch in ihrer privaten Finanzierung gesucht werden. Zudem ist sie eine Folgekarte, die auf so genannten Gutskarten beruht. Letztere bildeten zu einem großen Teil die Resultate der gesetzlich festgelegten Trennung von Bauern- und Gutswirtschaften sowie der Begutachtung des Bodens, was einen entscheidenden Schritt bei der Agrarreform in Livland darstellte. Die am Ende des 18. Jahrhunderts gestiftete Livländische Gemeinnützige und Ökonomische Sozietät wirkte als innovative und liberale Interessenvereinigung für die Lösung der Agrarfrage in der russländischen Ostseeprovinz. Eben diese Sozietät war Herausgeberin der *Specialcharte von Livland* und finanzierte deren Herstellung vollständig aus eigenen Mitteln. Dafür wusste sie ihre Nähe zur Universität Dorpat zu nutzen, einem Zentrum für den Kulturtransfer insbesondere aus dem deutschsprachigen Ausland.

---

relle Wahrnehmungsmuster (16. bis 20. Jahrhundert), Schriftenreihe: Quellen und Studien zur baltischen Geschichte, Bd. 22, Wien [u. a.] 2012, S. 10.
12 Vgl. Kap. 4.1.5.8.

7.1 Die Karte auf dem Tisch: Annäherung und Bestandsaufnahme

Die *Specialcharte von Livland*[13] erschien 1839 in Sankt Petersburg. Nach 23 Jahren der umfangreichen Vorarbeiten wurde sie in 200 Exemplaren an Beamte und Würdenträger Livlands verteilt. Eine zweite aktualisierte Auflage wurde um die Jahrhundertwende herausgegeben und bis mindestens 1915 im Handel zum Kauf angeboten. Dieser Untersuchung liegen zwei entsprechende Exemplare aus dem Bestand der Staatsbibliothek zu Berlin zugrunde.[14] Gegliedert ist die Karte in sechs lose, gleichmäßig geschnittene Blätter im rechteckigen Format, deren äußere Rahmenlinien jeweils 56 cm x 71,5 cm messen. Die Karte ist in zwei Reihen aus je drei untereinander angeordneten Blättern ohne Überlappungen geschnitten (Abb. 39). Die Blätter bestehen aus bedrucktem Papier und sind jeweils auf ihrem oberen Rand mit einer römischen Ziffer nummeriert. Die obere rechte Karte ist als „Blatt I" gekennzeichnet, die übrigen Blattnummern folgen im Uhrzeigersinn. Jeder Blattrand enthält neben der Blattnummer folgende Angaben in deutscher Sprache: „Herausgegeben von der Livländischen gemeinnützigen und ökonomischen Societät" und „Charte von Livland". Außerdem folgen die Namen der jeweils verantwortlichen Kupferstecher sowie „Gezeichnet von C. G. Rücker". Auf dem unteren Blattrand befindet sich zudem jeweils eine Maßstableiste in Werst. Die Karte ist genordet, wurde in einer nicht näher definierten Kegelprojektion ausgeführt und nach einem einheitlichen Verkleinerungsverhältnis von 1 : 184.275 gezeichnet.[15] Die Kartenfelder bilden ein Gradnetz ab, dessen Längengrade nach je 20 Minuten, Breitengrade nach je 10 Minuten ausgezeichnet sind. Der Nullmeridian orientiert sich nach dem der Insel Ferro. Die von einem Zierrahmen und einer Gradleiste umrandeten Kartenfelder bilden das gesamte Festland Livlands grundrisslich ab. Die zu Livland gehörende, aber selbständig verwaltete Ostsee-Insel Oesel liegt außerhalb des Kartenausschnittes. Die angrenzenden Gouvernements Estland, Kurland, Vitebsk und Pskov sind zeichnerisch ausgelassen und lediglich durch ihre Namen an entsprechender Stelle angedeutet. Die Titelkartusche befindet sich auf Blatt VI am Kartenfeldrand oben links (Abb. 38). Darunter ist ein Transversalmaßstab in Werst aufgedruckt, der zum exakten Abgreifen von Entfernungen im Kartenfeld dient. In der Titelkartusche steht in unterschiedlicher Schriftgröße und Gestaltung:

---

13 Specialcharte von Livland in 6 Blättern. Bearbeitet und herausgegeben auf Veranstaltung der Livländischen gemeinnützigen und ökonomischen Societät, nach Struves astronomisch-trigonometrischen Vermessung und den vollständigen Specialmessungen, gezeichnet von C. G. Rücker, gestochen im Topographischen Depôt des Kaiserlichen Generalstabes, 6 Blätter, [Maßstab 1 : 184.275], [Sankt Petersburg] 1839.

14 SBB, Kart. Q 16236; Kart. Q 16236a (Der Titel der späteren Auflage blieb unverändert, genauso die Angabe des Erscheinungsjahres 1839).

15 Struve, Friedrich Georg Wilhelm: Resultate der in den Jahren 1816 bis 1819 ausgeführten astronomisch-trigonometrischen Vermessung Livlands, in: Mémoires de l'académie impériale des sciences de Saint-Pétersbourg, sciences mathématiques et physiques, Bd. 4, St.-Pétersbourg 1850, S. 17.

Specialcharte von Livland in 6 Blättern, Bearbeitet und herausgegeben auf Veranstaltung der Livländischen gemeinnützigen und ökonomischen Societät, nach Struves astronomisch-trigonometrischen Vermessung und den vollständigen Specialmessungen, gezeichnet von C. G. Rücker, gestochen im Topographischen Depôt des Kaiserlichen Generalstabes. 1839.

Die Bezeichnung „Specialcharte" war zum Zeitpunkt ihrer Fertigstellung im Jahr 1839 in Europa fest etabliert. Diese setzte sich seit dem Beginn der staatlichen Landesaufnahmen im 18. Jahrhundert für amtliche topographische Kartenwerke durch, die von großmaßstäblichen Aufnahmeblättern abgeleitet wurden und sich im 19. Jahrhundert in Mittel- und Westeuropa durch Maßstäbe zwischen 1 : 25.000 und 1 : 200.000 und kleiner sowie durch eine relativ geringe Generalisierung auszeichneten, d. h. ein breites Spektrum an Informationen boten.[16] Die Karte wird in den Quellen und der Literatur oft auch als *Rückersche Karte* bezeichnet, was auf ihren Kartenverfasser und Redakteur Carl Gottlieb Rücker (1778–1856) verweist. Der Signaturen-Schlüssel mit dem Titel „Erklärung der Zeichen auf dem Atlasse von Livland" befindet sich auf Blatt V am linken Kartenfeldrand. Er beinhaltet insgesamt 46 Signaturen. An erster Stelle werden allein zwölf verschiedene Kartenzeichen für unterschiedliche Bodenbedeckungen erklärt, nämlich „Feld", „Buschland", „Heuschlag", „Laubholz auf morastigem Grunde", „Nadelholz", „Laubholz auf trockenem Grunde", „Heide mit Nadelholz", „Gemischter Wald auf trockenem Grunde", „Klein Gebüsch als Viehweide", „Morast mit Gebüsch", „Morast" sowie „Sandwüste". Danach folgen die Signaturen für Wasser- und Landwege, nämlich „See" und „Flüsse" sowie „Poststraße", „Große Communications Straße", „Kirchenwege", „Neben und Winterwege". Des Weiteren werden Signaturen für Siedlungen, wie „Festung", „Offene Stadt", „Zerstreute Wohnungen", „Bewohntes altes Schloss", „Zerstörtes Schloss", „Hauptgut", „Hoflage und Höfchen" definiert. Ergänzt werden diese Siedlungen durch Signaturen für verschiedene kirchliche Objekte, wie „Pfarrkirche", „Filialkirche", „Pastorat", „Russische Kirche" und „Zerstörte Kirche". Hinzu kommen wirtschaftliche Objekte, wie „Wassermühle", „Sägemühle", „Papiermühle", „Kupferhammer", „Windmühle", „Fabrik", „Glashütte", „Ziegelei". Dazu kommen die Signaturen für „Höle", „Krug" (Gasthof), „Bauernwohnung" und „Strandreuter" (Strandwache). Schließlich werden noch die Signaturen für „Gouvernements Grentze", „Kreis und Kirchspiels Grentze" sowie für „Brücke", „Fähre und Furth" abgebildet. Die erste Auflage der Karte ist einfarbig und im Kupferstichverfahren gedruckt, während die jüngere Auflage auch kolorierte Kreis- und Kirchspielgrenzen sowie Eisenbahnverbindungen samt Bahnhöfen und Haltepunkten abbildet. Eine flächendeckende Geländedarstellung fehlt, während einzelne Erhebungen angedeutet und beschriftet sind. Wie die gesamte Karten-Beschriftung, sind sämtliche Ortsnamen in deutscher Sprache bzw. Schreibweise ausgeführt. Der Karte liegt eine Blattübersicht in russischer Sprache bei, der Kartenausschnitt, Blattschnitt und Nummerierung der

---

16 Vgl. Lexikon zur Geschichte der Kartographie, Bd. 2, S. 762.

Kartenblätter entnommen werden kann (Abb. 39). Sie trägt den Titel *Übersichtsblatt der semitopographischen Karte von Livland*[17].

7.2 Verbesserung der Agrarwirtschaft in der russländischen Peripherie

Kein Ministerium und keine Gesellschaft aus dem Machtzentrum Sankt Petersburg, sondern die Livländische Gemeinnützige und Ökonomische Societät in Dorpat hatte die Herstellung der Karte initiiert und finanziert. Dieser privat organisierte Verband war eng mit der livländischen Ritterschaft verbunden, der für die Entwicklung der Ostseeprovinz entscheidende Bedeutung zukam. Bereits unter schwedischer Herrschaft (1561–1710), so Andreas Kappeler, verfügten Livland sowie Estland – die reichsten Provinzen Schwedens – über eine autonome Sonderstellung, wo die „deutsch geprägten ständisch korporativen Institutionen der Ritterschaften (Landtag, Landratskollegium) und der Städte (Rat und Gilden) [...] ihre Selbstverwaltungsrechte und Privilegien – unter der Kontrolle schwedischer Gouverneure – bewahren konnten."[18] Im Frieden von Nystad (1721) wurde diese „weitgehende Sonderstellung" Livlands und Estlands auch unter der Herrschaft des Zaren gebilligt, womit die „Grundprinzipien russischer Eingliederungspolitik – Wahrung des Status quo und Kooperation mit der fremden Elite – [...] modellhaft angewandt [wurden.]"[19] Zar Peter I. hatte beabsichtigt, Estland und Livland zu erobern, um Russland zu einer europäischen Großmacht zu erheben und die Modernisierung des Reiches zu verstärken.[20] Gert von Pistohlkors schreibt: „Mit Livland und Estland gewann das Russische Reich einen sicheren Landweg nach Westeuropa, einen Vorhof, der die neue Hauptstadt enger an Zentraleuropa band. Riga wurde zur Metropole dieses Raumes, doch sind auch Dorpat und Reval bereits im 18. Jahrhundert für den Ausbau der Region wichtig geworden."[21] Für Kriege und die Modernisierung Russlands sollten die „wirtschaftlichen, administrativen, militärischen und geistigen Fähigkeiten der deutschen Oberschicht Estlands und Livlands" nutzbar gemacht werden, fährt Kappeler fort. Während über das 18. Jahrhundert die Konsolidierung der Ostseeprovinzen (einschl. Kurlands ab 1795) innerhalb des Russländischen Imperiums gelang, gewann der adlige Grundbesitz an Boden und estnische wie lettische Bauern gerieten zunehmend in die Leibeigenschaft nach russischem Muster.[22] Im Jahr 1795 waren in den Ostseeprovinzen 70 Prozent der unfreien erbuntertänigen Bauern von Gutsbesit-

---

17 Sbornoj list" semitopografičeskoj karty Lifljandii, 1 Blatt, o. Maßstab, [Sankt Peterburg] o. J.
18 Kappeler: Russland als Vielvölkerreich, S. 67.
19 Kappeler: Russland als Vielvölkerreich, S. 69.
20 Vgl. Kappeler: Russland als Vielvölkerreich, S. 68.
21 Pistohlkors: Die Ostseeprovinzen unter russischer Herrschaft, S. 278.
22 Vgl. Kappeler: Russland als Vielvölkerreich, S. 69 f.

zern abhängig.[23] Das Interesse an landwirtschaftlicher Modernisierung in den Ostseeprovinzen wuchs durch die Konkurrenz auf dem russländischen Agrarmarkt. Die
Schwarzerde-Gebiete im Süden des Zarenreiches konnten viel größere Mengen an
landwirtschaftlichen Erzeugnissen bei geringeren Kosten herstellen. Infolgedessen
sanken die Preise von Agrarprodukten und Grundbesitz, was die erste Hälfte des 19.
Jahrhunderts in wirtschaftlicher Hinsicht zu einer schwierigen Zeit für die Gutsherren machte und ihre Suche nach neuen Möglichkeiten für die Steigerung der Profita-
bilität ihrer Güter anregte. In diesem Zusammenhang wuchs das Interesse für eine
rationellere Agrarwirtschaft nach westeuropäischem Muster.[24]

7.2.1 Ökonomische Sozietät wirbt um ihre Ideen

Die Ökonomische Sozietät beabsichtigte für die Verbesserung der Agrarwirtschaft
eine topographische Karte von Livland herauszugeben und konnte dies auch realisieren. Im Gegensatz zu anderen landwirtschaftlichen Gesellschaften und der staatlichen Administration in Russland gelang ihr dies nach den vorliegenden Quellen
als einzige Akteurin. Ihr Zweck und ihre Beschaffenheit geben auf die Frage nach
den Ursachen für diese Ausnahme mögliche Antworten. Als im Jahr 1792 die Livländische Gemeinnützige und Ökonomische Societät in Riga gegründet und von einem
Kaufmann postum mit umgerechnet 70.000 Rubel Kapital ausgestattet wurde[25], verpflichtete sie sich mit ihrem Namen sichtbar dem Wohl Livlands. In der programma-
tischen Schrift ihres zukünftigen ersten Sekretärs, *Über eine mögliche ökonomische
Gesellschaft in und für Liefland* aus dem Jahr 1795, heißt es über ihre Bestimmung:

> Allgemein genommen ist der Zweck einer ökonomischen Gesellschaft die Besserung der Land-
> und Stadt-Wirthschaft, besonders aber, zu Anfang, Besserung der Landwirthschaft, weil diese
> die Quelle ist, aus welcher jene schöpfen muß. Die Landwirthschaft ist nun bey uns der Ver-
> vollkommnung fähig, in Rücksicht auf die Wahl der zu bauenden Produkte, auf die Art, sie zu
> bauen, auf die Besserung des Zustandes unserer Bauern, und endlich in Rücksicht auf die erste
> Zubereitung der gewonnenen Produkte.[26]

---

23 Vgl. Kappeler: Russland als Vielvölkerreich, S. 103.

24 Vgl. Tarkiainen, Ülle: Estland and Livland as Test Areas for Agricultural Innovation, in: Brüg-
gemann, Karsten; Woodworth, Bradley D. (Hrsg.): Russland an der Ostsee. Imperiale Strategien der
Macht und kulturelle Wahrnehmungsmuster (16. bis 20. Jahrhundert), Schriftenreihe: Quellen und
Studien zur baltischen Geschichte, Bd. 22, Wien [u. a.] 2012, S. 347.

25 Vgl. Engelhardt, Hans Dieter; Neuschäffer, Hubertus: Die Livländische Gemeinnützige und Ökonomische Sozietät (1792–1939), Schriftenreihe: Quellen und Studien zur baltischen Geschichte, Bd.
5, Köln [u. a.] 1983, S. 19.

26 [Parrot, Georg Friedrich]: Über eine mögliche ökonomische Gesellschaft in und für Liefland,
Riga 1795, S. 31.

Nach dem Vorbild der 1753 in London gegründeten *Royal Society of Agriculture* hatten sich im 18. Jahrhundert in Europa und Nordamerika landwirtschaftliche Gesellschaften gegründet, die sich zum Ziel setzten, den Zustand der Landwirtschaft nach wissenschaftlichen, technischen und wirtschaftstheoretischen Möglichkeiten zu verbessern und das Land in Wohlstand zu versetzen, so auch die 1765 in Sankt Petersburg gegründete Freie Ökonomische Gesellschaft zur Beförderung des Ackerbaus und des Hausstandes in Russland (*Vol'noe ėkonomičeskoe obščestvo*).[27] Doch wie an anderer Stelle in der Schrift aus dem Jahr 1795 anklingt, konnte diese der naturräumlichen Vielfalt des Russischen Reiches kaum gerecht werden und deshalb auch den speziellen Bedarfen Livlands nicht mit ausreichend geeigneten Vorschlägen zur Verbesserung der Agrikultur dienen.[28] Darüber hinaus hatte die Freie Ökonomische Gesellschaft unter finanziellen Schwierigkeiten zu leiden. Bei ihrer Gründung folgten die Verantwortlichen nicht dem Beispiel der Londoner *Royal Society of Agriculture*, in der ein neu aufgenommenes Mitglied einen Geldbeitrag entrichtete, was sowohl die finanzielle Grundlage sicherte, als auch nur geeignete Fachleute anzog. Das Reglement der Ökonomischen Sozietät orientierte sich am Londoner Modell, wobei die Zahl ihrer ordentlichen Mitglieder auf zwölf plus einen Präsidenten beschränkt wurde, die ausnahmslos der livländischen Ritterschaft mit Landbesitz entstammten und einen selbst zu bestimmenden jährlichen Beitrag entrichten sollten.[29] Neben dem üppigen Stiftungskapital erklärt die Erhebung von Jahresbeiträgen, wie die Ökonomische Sozietät unabhängig von Zuwendungen des Reichszentrums überleben und derart teure Projekte wie die *Specialcharte von Livland* für über 80.000 Assignaten-Rubel[30] realisieren konnte.

Mit ihren zwölf ordentlichen Mitgliedern und ihrem Präsidenten machte die Ökonomische Sozietät aber nur einen sehr kleinen Teil der livländischen Ritterschaft aus, die im Jahr 1795 insgesamt 224 Geschlechter zählte.[31] Einen noch viel kleineren Teil bildete dieser exklusive Zirkel im Vergleich zu allen adligen Gutsbesitzern (einschließlich derer, die nicht zur livländischen Ritterschaft gehörten), die im Jahr 1789

---

27 Vgl. Engelhardt; Neuschäffer: Die Livländische Gemeinnützige und Ökonomische Sozietät, S. 12.

28 Vgl. [Parrot:] Über eine mögliche ökonomische Gesellschaft, S. 10–12.

29 Vgl. Engelhardt; Neuschäffer: Die Livländische Gemeinnützige und Ökonomische Sozietät, S. 22–25.

30 Vgl. Tartu ERA, 1185.1.595, Protokolle der Kommission in Sachen der Karte von Livland und Briefwechsel mit dem Topographischen Depot beim Generalstabe, dem Ingenieur P. Rosenstand-Wöldike u. a. über Herausgabe der neuen Karte von Livland nebst Beilagen, über Entstehung der C. G. Rückerschen Karte Livlands 1839 (Befinden sich Dokumente aus den Jahren 1820 und 1839), Bl. 86, Recapitulation über die Entstehung der C. G. Rücker'schen Karte Livlands, zusammengestellt für die Kaiserlich livländische gemeinnützige und ökonomische Societät durch G. von Numers, Dorpat 1910 [Manuskript].

31 Vgl. Klingspor, Carl Arvid von (Hrsg.): Baltisches Wappenbuch. Wappen sämmtlicher, den Ritterschaften von Livland, Estland, Kurland und Oesel zugehöriger Adelsgeschlechter, Stockholm 1882, S. 38.

in Livland insgesamt 1.129 Höfe bewirtschafteten.[32] So mussten zahlreiche Gutsbesitzer erst von den Vorschlägen der Ökonomischen Sozietät überzeugt werden, um die Methoden ihrer Agrarwirtschaft zu verändern. Auch andere landwirtschaftliche Gesellschaften hatten mit dem geringen Verständnis zu kämpfen, das ihnen die praktischen Landwirte entgegenbrachten. Umso mehr es die Sozietäten aber lernten, sich ihrem Publikum mitzuteilen und die fortschrittlichen Landwirte praktische Erfolge zeigten, nahm die Zurückhaltung gegenüber den Methoden der landwirtschaftliche Gesellschaften ab.[33] Im Zusammenhang mit den Diskussionen um eine Agrarreform zu Beginn des 19. Jahrhunderts wurden Ansätze der Abhandlungen und Versuche der Ökonomischen Sozietät mit philanthropisch, idealistisch und „mehr theoretischer als praktischer Natur"[34] beschrieben. Erst allmählich wurde sich vermehrt praktischen Maßnahmen genähert, um Ende der 1830er Jahre „weit verzweigte agrartechnische Diskussionen" öffentlich zu führen und in den 1840er Jahren besonders für die Rationalisierung der Landwirtschaft einzutreten.[35] Was praktische Landwirte zu Beginn des 19. Jahrhunderts zu lesen bekamen, wenn sie überhaupt derartige Texte zur Hand nahmen, zeigt Christian Wilhelm Friebes (1761–1811) Schrift *Grundsätze einer theoretischen und praktischen Verbesserung der Landwirtschaft in Liefland*. Ihr Autor war beständiger Sekretär der Ökonomischen Sozietät (1800–1810) und konstatierte über die Landwirtschaft in Livland, dass diese seit Mitte des 18. Jahrhunderts zwar verbessert und vor allem die Felder seit den 1780er Jahren vergrößert worden waren. Im Vergleich zu Landwirtschaften anderer Länder aber, stehe die livländische noch nach, da zu wenig ausländische Erfahrungen nachgeahmt worden seien.[36] Er schreibt:

> Soll der Landbau bei uns zu einer höheren Stuffe von Vollkommenheit, deren er unwidersprechlich fähig ist, gebracht werden, so müssen wir uns bestreben die gemachten Erfahrungen und Verbesserungen anderer Nationen, auch bei uns einzuführen und anzuwenden.[37]

Eine Verbesserung des Ackerbaus dürfe man erwarten, so Friebe weiter, da die Gutsbesitzer aufgeklärter als ihre Vorfahren wären.[38] Auf Grundlage Albrecht Daniel Thaers (1752–1828) Schrift über die Anwendung englischer Methoden in der deutschen

---

32 Vgl. Hehn, Carl von: Die Intensität der livländischen Landwirthschaft. Abt. I. Der Grund und Boden, und die Arbeit, Dorpat 1858, S. 9.

33 Vgl. Engelhardt; Neuschäffer: Die Livländische Gemeinnützige und Ökonomische Sozietät, S. 18.

34 Engelhardt; Neuschäffer: Die Livländische Gemeinnützige und Ökonomische Sozietät, S. 39.

35 Vgl. Engelhardt; Neuschäffer: Die Livländische Gemeinnützige und Ökonomische Sozietät, S. 39–41.

36 Vgl. Friebe, Christian Wilhelm: Grundsätze einer theoretischen und praktischen Verbesserung der Landwirtschaft in Liefland, Bd.1, Riga 1802, S. 3.

37 Friebe: Verbesserung der Landwirtschaft in Liefland, S. 5.

38 Vgl. Friebe: Verbesserung der Landwirtschaft in Liefland, S. 3.

Landwirtschaft[39], machte es sich Friebe zur Aufgabe, diese Erfahrungen den lokalen Verhältnissen Livlands anzupassen und in Vorschlag zu bringen, um die Landwirtschaft als zentralen Wirtschaftszweig zu stärken. Ferner gibt er eine Vorstellung vom Nutzen einer Vermessung, wenn er über die Notwendigkeit besserer Methoden zur Ermittlung von Bodenqualitäten und deren Kartierung schreibt:

> Da bei Vermessungen der Güter zugleich mit auf die Beschaffenheit und Güte des Erdreichs gesehen werden muß, auch die Vertheilung der Bauernländerein danach bestimmt wird; so ist eine andere und sichere Bestimmung, als die bisher gewöhnliche war, unumgänglich nöthig. Der Erbherr, oder der Bauer kommt sonst dabei zu Schaden. Den gewöhnlichen Ertrag eines schon in Kultur gesetzten Erdreichs muthmaslich zu bestimmen und danach die Felder zu vertheilen, ist sehr leicht; allein zugleich auch die Mittel anzuzeigen, wie dieses oder jenes Erdreich früher oder später in eine bessere Kultur versetzt werden kann, dazu gehören aber schon mehr physische und ökonomische Kenntnisse. Sie sind auch unumgänglich nöthig, wenn man nicht, entweder bei dem Ankaufe eines Gutes, oder bei einer revisorischen Vermessung, sich oder seinen Erbleuten auf mehrere Jahre den größten Nachtheil zuziehen will.[40]

Friebe spricht sich anschließend dafür aus, unterschiedliche Angaben zu Bodenqualitäten in der Karte festzuhalten[41], und schreibt:

> Diese und mehrere Bestimmungen würden dem Erbherrn, auch entfernt von seinen Gütern, von unendlichem Nutzen seyn und ihn in den Stand setzen, solche Verbesserungen auf denselben vorzunehmen, die sich immer auf jedes Lokale beziehen, ohne selbst an Ort und Stelle gegenwärtig zu seyn. Eine jährliche Uebersicht wäre hinreichend, sich von der Ausführung seiner Befehle zu überzeugen. Mittelst solcher Karten, die das richtigste Bild eines Gutes nach seiner äußeren Lage ganz geodätisch darstellen müssen, kann auf jedem einzelnen Punkt, auch von der Ferne aus, wieder zurückgewirkt werden. Und wie wichtig wären solche Karten beim Ankauf und Verkauf eines Gutes? Sie sind nebst einem genauen Anschlage, dem Käufer von größerm Nutzen, als eine kurze persönliche Uebersicht.[42]

Zusammenfassend ergibt sich das Bild von der Ökonomischen Sozietät als einer kleinen Gruppe Vordenker, die mit ihren eigenen, aber auch übernommenen Konzepten versuchten, livländische Gutsbesitzer vom Nutzen ihrer Absichten zur Verbesserung der Agrarwirtschaft zu überzeugen. Dazu dienten vor allem die von der Sozietät herausgegeben Zeitschriften.[43] Als Bestandteil dieser Überzeugungsarbeit muss auch die *Specialcharte von Livland* verstanden werden. Schließlich versandte die Ökonomische Sozietät 200 Exemplare an verschiedene Würdenträger und hohe Staatsbe-

---

39 Thaer, Albrecht Daniel: Einleitung zur Kenntniß der englischen Landwirthschaft und ihrer neueren practischen und theoretischen Fortschritte in Rücksicht auf Vervollkommnung deutscher Landwirthschaft, für denkende Landwirthe und Cameralisten, Hannover 1801.
40 Friebe: Verbesserung der Landwirtschaft in Liefland, S. 25 f.
41 Vgl. Friebe: Verbesserung der Landwirtschaft in Liefland, S. 25 f.
42 Friebe: Verbesserung der Landwirtschaft in Liefland, S. 25 f.
43 Vgl. Engelhardt; Neuschäffer: Die Livländische Gemeinnützige und Ökonomische Sozietät, S. 193.

amte.[44] Offenbar war der Ökonomischen Sozietät die Überzeugungsarbeit der livländischen Gutsherrn langfristig gelungen. Bis zum ausgehenden 19. Jahrhundert hatte sich die Ökonomische Sozietät von einer privaten Gesellschaft in eine „wirtschaftliche Zentralstelle" entwickelt, welche zunehmend die Funktion als eine Landwirtschaftskammer in Livland einnahm. Seit den 1840er Jahren hatte sie ihr Wirken mit zahlreichen Tochtergesellschaften und Filialvereinen stark ausgedehnt und enge Beziehungen zu ihren 1836, bzw. 1839 gegründeten Schwesterorganisationen in Kurland und Estland gepflegt, um gezielt die Landwirtschaft aller drei Ostseeprovinzen mit fortschrittlichen Konzepten zu fördern.[45] Doch in mehrfacher Hinsicht behielt Livland eine Sonderstellung, denn es war das größte und bevölkerungsreichste der drei Gouvernements und profitierte ganz besonders von der Dorpater Universität. Um 1900 lagen die absoluten Zahlen der Ernten in Livland weit vor denen Estlands und Kurlands, während seine industrielle Produktion einen der vorderen Plätze unter den Gouvernements Russlands einnahm.[46] Kartenprojekte wie die *Specialcharte von Livland* sind weder in Estland, noch Kurland realisiert worden.

7.2.2 Gutskarten als Instrumente zur Lösung der Agrarfrage

Die Absicht der Ökonomischen Sozietät, neue landwirtschaftliche Verfahren zu etablieren, die Qualität des Bodens bestimmen sowie Gutskarten anfertigen zu lassen, um für das Wohl des Landes zu sorgen und das Lebensniveau zu steigern, muss vor dem Hintergrund der Agrarfrage gesehen werden, die im 18. Jahrhundert in Livland zwar diskutiert, nicht aber gelöst worden war. Dies wurde erst in einem mehrstufigen Prozess 1804, 1819 und 1846 angegangen. Die Agrarfrage betraf die besondere Rechtslage der Landbevölkerung und wurde nach dem Urteil Erich Donnerts zum Hauptproblem der baltischen Geschichte im 18. Jahrhundert. Infolge des Nordischen Krieges hatte sich die wirtschaftliche und rechtliche Situation der estnischen und lettischen Bauern verschlechtert. Die seit 1795 laufenden Verhandlungen für eine Agrarreform führten 1804 zum Erlass eines Agrargesetzes, welches leibeigenen Bauern den schützenden Status einer Rechtsperson verlieh.[47] Im einleitenden Vorbericht

---

44 Vgl. Tartu ERA, 1185.1.595. Protokolle der Kommission in Sachen der Karten von Livland ..., Bl. 86, Recapitulation über die Entstehung der C. G. Rücker'schen Karte Livlands ...

45 Vgl. Engelhardt; Neuschäffer: Die Livländische Gemeinnützige und Ökonomische Sozietät, S. 50–57, 75–84, 91.

46 Vgl. Meyers Großes Konversationslexikon, Bd. 6 (1907), S. 130 f.; Bd. 11 (1908), S. 861; Bd. 12, (1905), 631 f.; Moritsch, Andreas: Landwirtschaft und Agrarpolitik in Rußland vor der Revolution 1861–1917. Schriftenreihe Wiener Archiv für die Geschichte des Slawentums und Osteuropas. Veröffentlichungen des Instituts für Ost- und Südosteuropaforschung der Universität Wien, Bd. XII, Wien 1986, S. 136.

47 Vgl. Donnert, Erich: Agrarfrage und Aufklärung in Lettland und Estland. Livland, Estland und Kurland im 18. und beginnenden 19. Jahrhundert, Frankfurt/M. [u. a.] 2008, S. 25–28; Tobien, Alex-

dieses Gesetzes heißt es, dass bereits im Jahr 1688 von Seiten der schwedischen Regierung Revisionskommissionen in alle Landgüter geschickt wurden, um Überprüfungen anzustellen und ausführliche Register bzw. so genannte *Wackenbücher* zusammenzustellen, in denen genau festgelegt wurde, welche Abgaben dem Gutsbesitzer für das von den Bauern genutzte Land zustünden. Diese *Wackenbücher* waren auch noch im Jahr 1804 gültig.[48] Hierbei handelte es sich um eine übernommene Tradition der schwedischen Verwaltung, wie sie in Kernrussland unüblich war. Das neue Gesetz wurde auf Reichsebene (russischsprachig) verabschiedet und sah eine vollständige Revision dieses mittlerweile mehrere Generationen alten Katasters vor, um dessen Richtigkeit zu überprüfen und gegebenenfalls anzupassen.[49] In der Praxis stellte sich jedoch heraus, dass auf diesem Wege gerechte Festlegungen der Abgaben nicht möglich waren[50], weshalb eine Novellierung des Gesetzes 1809 erfolgte. Diese sah u. a. vor, zumindest mustergültige Stichprobenmessungen in sämtlichen Gütern vorzunehmen, um Einvernehmen zwischen Bauern und Gutsbesitzern herzustellen.[51] Ausgenommen waren allerdings jene Landgüter, die bereits vermessen waren und für die neuere Karten existierten, in denen die Qualität des Bodens (*s označeniem" gradusov" zemli*) dokumentiert war.[52] Als Voraussetzung für die Herstellung der *Specialcharte von Livland* war es sehr wahrscheinlich entscheidend, den Gutsbesitzern die hohen Kosten für die Vermessung sowie Bonitierung ihrer Güter samt Zeichnung der Pläne aufzuerlegen.[53] Vermutlich war die Reichsregierung nicht willens und die Ökonomische Sozietät mit Sicherheit nicht fähig, die außerordentlich hohe finanzielle Last dieser Maßnahme zu tragen. Schließlich sollen von 1809 bis 1823 Kosten von rund drei Millionen Silber-Rubel zustande gekommen sein.[54] Denkbar ist, dass die Gutsbesitzer sogar einen Vorteil darin sahen, die Vermessung und Bonitierung des Gutslandes sowie die Herstellung von Gutskarten selbst zu veranlassen – so wie Friebe es vorgeschlagen hatte – anstatt auf staatlich bestellte Landvermesser zu warten, die möglicherweise nicht in ihrem Sinne entschieden. Zu solchen Fällen soll es schon bei den schwedischen Revisionsmessun-

---

ander von: Die Agrargesetzgebung in Livland im 19. Jahrhundert, Bd. 1, Bauernverordnungen von 1804 und 1819, Berlin 1899, S. 149–153, 206. Diese Reform fand ihr vorläufiges Ende mit der Aufhebung der Leibeigenschaft in Estland (1816), Kurland (1817) sowie in Livland (1819). Diesen Maßnahmen war es jedoch gemein, dass die Bauern nicht die Eigentümer des von ihnen bewirtschafteten Landes werden konnten, sondern die Bodennutzung auf Grundlage von Pachtverträgen geregelt wurde. Diese Pacht war in Form von Frondiensten an die Gutsbesitzer zu entrichten und war frei verhandelbar. Eine wesentliche Verbesserung der sozialen Verhältnisse der Bauern konnte mit dieser Maßnahme nicht erreicht werden.

48 Vgl. PSZ I, 28, Nr. 21.162.
49 Vgl. PSZ I, 28, Nr. 21.162, § 15.
50 Vgl. Tobien: Die Agrargesetzgebung in Livland, S. 251 f.
51 Vgl. PSZ I, 30, Nr. 23.505, §§ 2–3.
52 Vgl. PSZ I, 30, Nr. 23.505, §§ 2–3, § 10.
53 Vgl. PSZ I, 30, Nr. 23.505, §§ 2–3, § 45.
54 Vgl. Pistohlkors: Die Ostseeprovinzen unter russischer Herrschaft, S. 333.

gen gekommen sein.[55] Eine Gutskarte, wie der Gutsbesitz selbst, so Roger Kain und Elizabeth Baignet, wurde mit symbolischen Werten ausgestattet. Ein Landgut mit seinen Feldern, Wäldern, Herrenhäusern, Bauernhöfen und Landhäusern war eine Art Königreich als eigenständige Einheit. Die Karte bildete diese Ordnung ab, belegte Rechte und Privilegien, was den Landbesitz verfestigte. Die Karte war Symbol lokaler Autorität für Gutsbesitzer.[56] Mit dem 1819 in Kraft getretenen Gesetz zur Aufhebung der landlosen Leibeigenschaft in Livland[57] gewannen Karten für Gutsbesitzer weiter an Bedeutung. Da das Gesetz den Bauern kein Eigentumsrecht an Grund und Boden zugestand, wurde am System der Fronpacht für die Landnutzung festgehalten. Doch mit einem wesentlichen Unterschied: die bäuerlichen Abgaben konnten fortan frei verhandelt werden, unterlagen keiner gesetzlichen Definition mehr, wie es das Gesetz von 1804 zu regeln beabsichtigte, da die Bindung der Bauern an eine bestimmte Scholle etappenweise aufgehoben wurde. So begannen Bauern und Gutsherrn in wirtschaftliche Konkurrenz zu treten. Vor diesem Hintergrund hatten großmaßstäbliche Gutskarten zusätzlichen Wert für Gutsbesitzer. Sie boten ihnen notwendige Informationen über das weiterhin in ihrem Eigentum befindliche Bauernland. Die Vermessung sorgte für eine berechenbare Grundlage im Verhältnis zwischen bäuerlichem Pächter und Landbesitzer, indem die Karte die festgelegten Grenzen zwischen Bauern- und dem so genannten Hofsland [sic] sowie die Qualität des Bodens dokumentierte. Zudem besaßen Gutskarten nicht nur zur Festlegung und Übersicht der bäuerlichen Fronpacht ökonomischen Wert. Die Entwicklung der Landwirtschaft mit der Einführung neuer Anbaukulturen und Fruchtfolgen sowie der Entwässerung (Melioration) erforderte die Neuordnung der bäuerlichen wie gutshöflichen Fluren. Eine wichtige Aufgabe dieser Regulierung bestand in der Beseitigung von Gemengelagen (unregelmäßige Verteilung der Äcker und Wiesen in Blöcke und Streifen unterschiedlicher Größe und Form) und der Bildung möglichst geschlossener Flächen in einheitlichen Grenzen.[58] Voraussetzung für ein derartiges Vorhaben war eine aktuelle großmaßstäbliche Gutskarte.

Mit dem Erlass des Agrargesetzes von 1804 (Bauernverordnung) und seiner Novellierung im Jahr 1809 erfolgten Neuvermessungen der den Bauern zugeteilten Ländereien durch die Livländische Messungs- und Revisions-Kommission[59], während Reichsdomänen im staatlichen Besitz (Krongüter) einer solchen Maßnahme erst ab

---

55 Vgl. Tarkiainen, Ülle: Die Vermessung Livlands, in: Laur, Mati; Brüggemann, Karsten (Hrsg.): Forschungen zur baltischen Geschichte, Bd. 5, Tartu 2010, S. 64.

56 Vgl. Kain; Baignet: The Cadastral Map, S. 7.

57 Vgl. PSZ I, 36, Nr. 27.735.

58 Vgl. Troska, Gea: Eesti Küland XIX Sajandil (Die Dörfer Estlands im 19. Jahrhundert), Ajaloolis-Etnograafiline Uurimus, Tallin 1987, S. 123.

59 Vgl. Blum, Karl Ludwig: Ein Bild aus den Ostseeprovinzen: oder Andreas Löwis of Menar, Berlin 1846, S. 102. Im Jahr 1809 als allgemeine Institution mit Sitz in der Stadt Walk gebildet, um die bäuerlichen Abgaben an die Grundbesitzer auf Grundlage von Vermessung und Bodengutachten zu bestimmen.

den 1830er Jahren unterzogen wurden.[60] Letztere machten lediglich rund 14 Prozent Livlands aus[61], was auf das große Gewicht privater Gutsbesitzer für die sozialökonomische Entwicklung Livlands und seiner Bauern verweist. Erhaltene Gutskarten im Bestand des Estnischen Nationalarchivs in Tartu dokumentieren, welche Bilder von Gutsbesitz auf diesem Wege entstanden waren. Abbildung 41 zeigt einen Kartenausschnitt exemplarisch. Abgebildet ist das zum Gut Lustifer gehörende Dorf Leiso (estnisch: Leisu[62]) samt näherer Umgebung.[63] Kartiert wurden „Bauernwohnungen" mit den dazugehörigen Gärten, Feldern, Wiesen, Buschland und Koppeln. Zudem sind Wege und ein Bach mit Brücke eingezeichnet. Die ineffiziente Gemengelage wird durch zahlreiche Grenzen zwischen Feldern und Wiesen in ihrer gekennzeichneten Bauernhofzugehörigkeit (Zahlen) deutlich. Schmale Felder sind hellgrau gefärbt, was auf die Bodenqualität der vierten Klasse – Lehmboden – verweist. Die Herstellung solcher Gutskarten erfolgte u. a. in den Maßstäben 1 : 5.200 und 1 : 10.400[64], wie es bereits im 17. und 18. Jahrhundert üblich war.[65] Überhaupt wurde bestimmt, die Vermessungen nach der alten schwedischen Methode des 17. Jahrhunderts vorzunehmen.[66] Diese etablierten Traditionen der lokalen Landverwaltung per Reichsgesetz zu bestätigen, ist als Ausdruck der imperialen Politik der zarischen Regierung zu verstehen, wie sie auch in anderen Imperien der Weltgeschichte als „Politik der Differenz" beschrieben wird, welche die Vielfalt der imperialen Kulturen einbezieht.[67] Eben diese Politik verzichtete auf die durchgreifende Vereinheitlichung der westlichen Peripherie mit Kernrussland, was eine plausible Erklärung bietet, warum in den einverleibten Grenzländern keine Generalvermessungen vorgenommen worden waren, wie sie seit 1766 erfolgten.[68] Genauso wenig bestimmte Petersburg eine gänzlich neuartige Triangulationsvermessung zur Herstellung eines geodätischen Grundgerüstes für eine flächendeckende katastrale Aufnahme, wie sie etwa bei der so genannten Detailvermessung Württembergs erfolgte.[69] Wie noch näher dargelegt wird, spielte die mustergültige Landesaufnahme dieses vergleichsweise kleinen deutschen Königreiches für den Astronomen Struve von der Universität Dorpat eine

---

60 Vgl. Tobien: Die Agrargesetzgebung in Livland, S. 266 f.

61 Vgl. Ivanov: Opyt istoričeskago issledovanija o meževanii, Anhang zur Seite 111.

62 Vgl. Baltisches Historisches Ortslexikon, hrsg. von: Zur Mühlen, Heinz von, Teil I, Estland (einschließlich Nordlivland), Schriftenreihe: Quellen und Studien zur baltischen Geschichte, Bd. 8/I, Köln u. Wien 1985, S. 300.

63 Charte von den Hofs und Bauer Ländereyen des privaten Gutes Lustifer, gelegen im Rigischen Gouvernement, Pernauschen Kreise, und Oberpahlens Kirchspiele, Bl. 2, Maßstab 1 : 5.200, o. O. 1822. (Von Vermesser und Kartograph C. C. Anders).

64 Vgl. Struve, Friedrich Georg Wilhelm: Resultate 1816 bis 1819, S. 3.

65 Vgl. Tarkiainen: Die Vermessung Livlands, S. 72.

66 Vgl. PSZ I, 30, Nr. 23.505, § 41.

67 Vgl. Burbank; Cooper: Imperien der Weltgeschichte, S. 22–25, 236, 258, 319.

68 Vgl. Kap. 2.1.2. und 4.1.5.2.

69 Vgl. Kohler, Conrad: Die Landesvermessung des Königreichs Württemberg. In wissenschaftlicher technischer und geschichtlicher Beziehung, Stuttgart 1858, S. 371–375.

Rolle, da er sich in seinem Vorgehen bei der astronomischen und trigonometrischen Vermessung Livlands an den Erfahrungen seines Tübinger Kollegen Johann Gottlieb Friedrich Bohnenberger orientierte. Wichtig ist es, an dieser Stelle festzuhalten, dass sich die Motivation zur Weiterentwicklung der Vermessungstraditionen im Rahmen der lokalen Verhältnisse Livlands bildete und nicht vom imperialen Zentrum bestimmt worden war. Im Vergleich zur königlich angeordneten Vermessung Württembergs war die Revision des livländischen Bauernlandes damit auch keine von der Reichsregierung angeordnete und bezahlte Maßnahme, um einen einheitlichen lückenlosen Kataster-Plan des Staates zu erstellen und eine topographische Karte aus den gewonnenen Materialien abzuleiten. Die privat finanzierte Revision livländischer Güter hatte lediglich die Feststellung und Dokumentation des Bauernlandes wie der bäuerlichen Abgaben zum Ziel. Hierbei ging es zunächst nicht um eine topographische Karte, wie sie dann erst später von einem Bruchteil der livländischen Ritterschaft als *Specialcharte von Livland* realisiert worden war. Vergleiche entsprechender Gutskarten aus Livland belegen dieses Vorgehen deutlich, indem bei der Kartierung kein streng einheitlicher Signaturen-Schlüssel angewendet worden war, weshalb die Erscheinungsbilder der handgezeichneten und kolorierten Gutskarten stark von den Fertigkeiten der Vermesser abhingen. Im Vergleich zu den im Kupferstichverfahren hergestellten Blättern der württembergischen Landesaufnahme fällt besonders auf, dass es sich bei den livländischen Gutskarten eben um individuelle Kartenbilder handelt, während die württembergischen Kataster-Pläne im einheitlichen Maßstab 1 : 2.500 nicht nur drucktechnisch reproduzierbar waren, sondern durchweg die gleichen Signaturen aufweisen. Dabei wird die Systematik und Vollständigkeit der Detailaufnahme in Württemberg sichtbar, die eben nicht wie in Livland jeweils an den Grenzen der kartierten Güter endete. Daraus lässt sich ersehen, wie gründlich und umfassend der kartographische Blick etwa zur gleichen Zeit auf ein anderes Territorium außerhalb Russlands ausfiel, während die Entwicklung in Livland nicht einem komplexen Plan, sondern etappenweise erfolgte.

7.3 Universität Dorpat als „Geistige Drehscheibe"

Nach Napoleons gescheitertem Russlandfeldzug verließ die Ökonomische Sozietät 1813 ihren in Mitleidenschaft gezogenen Gründungsort Riga und verlegte ihren Sitz nach Dorpat, wo sich seit 1802 die auf ritterschaftliche Initiative hin wiedereröffnete Universität als wissenschaftlicher Mittelpunkt der drei Ostseeprovinzen Estland, Livland und Kurland etablierte.[70] Für die Tätigkeiten der Ökonomischen Sozietät bot sie

---

70 Als „Academia Gustaviana" wurde die Universität Dorpat im Jahr 1632 von König Gustav II. Adolf von Schweden gegründet und mit der Einverleibung Livlands in das Zarenreich 1710 geschlossen. Ihre Wiedereröffnung wurde unter Zar Paul I. beschlossen und 1802 unter Zar Alexander I. als Reichsanstalt realisiert.

wertvolle wissenschaftliche Impulse und grundlegendes Know-how.[71] So auch für die Herstellung der *Specialcharte von Livland.* Wie in der Titel-Kartusche erwähnt (Abb. 38), ist die Karte nach Struves astronomisch-trigonometrischer Vermessung hergestellt worden. Es handelte sich um die Arbeit Struves als junger Nachwuchswissenschaftler.

Als der 15-jährige Struve im Jahr 1808 aus Altona zum Studium in Dorpat eintraf[72], war die Universität schon ein gutes Jahrfünft als Reichsanstalt in Betrieb, nachdem Zar Alexander I. ihre Gründungsakte 1802 bestätigt hatte.[73] Bereits im Kronprinzen Alexander reifte die Überzeugung, dass der materielle und moralische Fortschritt eines jeden Volkes direkt mit seiner Aufklärung verbunden sei.[74] Seine spätere Reformpolitik etablierte ein hierarchisches Bildungssystem. Sämtliche Bildungsanstalten wurden sechs Lehrbezirken im europäischen Russland zugeordnet und die neben Moskau noch in Betrieb zu nehmenden Universitäten in Dorpat (1802), Vil'no (1803), Char'kov (1805), Kazan' (1814) und Sankt Petersburg (1819) als ihre Zentren bestimmt. Sechs Kuratoren wachten über die Lehrbezirke und sorgten für den Kontakt zum neu geschaffenen Ministerium für Volksaufklärung.[75] Für den Dorpater Lehrbezirk wurde der deutsche Schriftsteller Friedrich Maximilian Klinger (1752–1831) berufen und 1817 durch Fürst Carl Christoph von Lieven (1767–1845) abgelöst, dessen Einfluss sich besonders positiv für die Universität und ihre Sternwarte auswirkte.

Die deutsche Prägung der Universität Dorpat war nicht zufällig, da die russländischen Ostseeprovinzen ihren nichtrussischen Charakter vorerst behalten durften.[76] Als kaiserlich russländische Reichsanstalt nahezu unabhängig von der ritterschaftlichen Selbstverwaltung, verfügte sie im Gegensatz zu den anderen Universitäten im Zarenreich über ein besonderes Statut, das Kulturtransfers begünstigte. Darin lautet der Titel des ersten Kapitels: „Über die Außenbeziehungen und allgemeinen Sonderrechte der Universität"[77], während an vergleichbarer Stelle in den Statuten der anderen russischen Universitäten „Über die Universität im Allgemeinen"[78] oder „Über den allgemeinen Aufbau"[79] zu lesen ist. Das Dörptsche Universitätsstatut regelte

---

71 Vgl. Engelhardt; Neuschäffer: Die Livländische Gemeinnützige und Ökonomische Sozietät, S. 42.

72 Vgl. Struve, Otto: Wilhelm Struve, S. 11.

73 Vgl. PSZ I, 27, Nr. 20.551.

74 Vgl. Bogdanovič, Modest Ivanovič: Istorija carstvovanija Imperatora Aleksandra I, Bd. 1, S. 137.

75 Vgl. Bogdanovič: Istorija carstvovanija Imperatora Aleksandra I, Bd. 1, S.142; Roždestvenskij, Sergej Vasil'evič: Istoričeskij obzor dejatel'nosti Ministerstva narodnago prosveščenija 1802–1902, Sankt-Peterburg 1902, S. 44.

76 Vgl. Donnert, Erich: Die Universität Dorpat-Jur'ev 1802–1918. Ein Beitrag zur Geschichte des Hochschulwesens in den Ostseeprovinzen des Russischen Reiches, Frankfurt a. M. 2007, S. 13 f.

77 Ustav" učebnych zavedenij, podvedomych imperatorskomu Derptskomu universitetu, in: Sbornik" postanovlenij po ministerstvu narodnago prosveščenija, Bd. 1, Abt. 1, 1802–1825, Sankt-Peterburg 1864, S. 124.

78 Ustav" učebnych zavedenij, S. 264.

79 Ustav" učebnych zavedenij, S. 45.

nicht nur explizit die Immatrikulation von Ausländern (§ 1), gestand ausländischen Professoren Sonderrechte, wie Ein- und Ausreisefreiheit sowie Zollbefreiung (§ 11) zu, sondern bestimmte auch den Lehrbetrieb nach ausländischem Vorbild (§ 65) und sah die Magister- und Doktordisputation auf Latein oder Deutsch, und nur in Ausnahmefällen auf Russisch vor (§ 80).[80] Bevor der Lehrbetrieb aufgenommen werden konnte, musste die Universität Dorpat Professuren und eine Vielzahl anderer Stellen besetzen. Die Anwerbung von Hochschullehrern gestaltete sich jedoch schwierig, da der Beruf im Zarenreich keine Tradition hatte und für Russen kaum attraktiv war. Adligen erschien die Wissenschaft schlichtweg nicht standesgemäß.[81] So spielte die Berufung und Anwerbung von Ausländern eine maßgebliche Rolle. Damit nahm die Universität Dorpat eine zunehmende Vermittlerrolle in der Hochschulbildung und Wissenschaft zwischen dem westlichen Ausland und dem Zarenreich ein.[82] Als deutschsprachige Universität wurde sie von Michael Garleff als „Kommunikationszentrum westeuropäischer Kenntnisse und Erfahrungen mit dem russischen Geistesleben"[83] beschrieben und bildete nach Klaus Zernack eine „geistige Drehscheibe".[84] Diese Eigenschaften wurden sowohl für die Ausbildung von fähigen Staatsbeamten, als auch für die Förderung der Wissenschaften in Russland genutzt.[85] Neben zahlreichen anderen Persönlichkeiten wurde Friedrich Georg Wilhelm Struve für das Zarenreich zu einem äußerst wertvollen Wissenschaftler, Lehrer und Staatsbeamten.

7.3.1 Suche nach einem Astronomen

In den ersten Jahren der wiedereröffneten Dorpater Universität lagen Forschung und Lehre auch in der mathematischen Wissenschaft noch weit unter dem Niveau der deutschen Universitäten.[86] Lediglich ein Ordentlicher Professor für Reine und Angewandte Mathematik besorgte die Lehre und Forschung, als 1810 der Bau der Univer-

---

80 Vgl. Ustav" učebnych zavedenij, S. 124–131.

81 Vgl. Maurer, Trude: Hochschullehrer im Zarenreich. Ein Beitrag zur russischen Sozial- und Bildungsgeschichte, Köln [u. a.] 1998, S. 91.

82 Siilivask, Karl: Die Rolle der Universität Dorpat in den wissenschaftlichen Beziehungen zwischen Deutschland und Rußland während der ersten Hälfte des 19. Jahrhunderts, in: Reinhalter, Helmut (Hrsg.): Gesellschaft und Kultur Mittel-, Ost- und Südosteuropas im 18. und beginnenden 19. Jahrhundert, Festschrift für Erich Donnert zum 65. Geburtstag, Schriftenreihe: Demokratische Bewegungen in Mitteleuropa 1770–1850, Bd. 11, Frankfurt/M. [u. a.] 1994, S. 258.

83 Garleff, Michael: Dorpat als Universität der baltischen Provinzen im 19. Jahrhundert, in: Pistohlkors, Gert von (Hrsg.): Die Universitäten Dorpat/Tartu, Riga und Wilna/Vilnius 1579–1979, Köln [u. a.] 1987, S. 145.

84 Zernack, Klaus: Dorpat-Helsinki-St.Petersburg. Brennpunkte des europäischen Geistes, in: Ziessow, Karl-Heinz [u. a.] (Hrsg.): Frühe Neuzeit. Festschrift für Ernst Hinrichs, Schriftenreihe: Studien zur Regionalgeschichte, Bd. 17, Bielefeld 2004, S. 342.

85 Vgl. Donnert: Die Universität Dorpat-Jufev, S. 33.

86 Vgl. Donnert: Die Universität Dorpat-Jur'ev, S. 140.

sitäts-Sternwarte nach dem Gothaer Vorbild fertiggestellt und mit englischen Beobachtungs-Instrumenten ausgerüstet worden war.[87] Doch weder ein amtierender Observator war berufen, noch ein separater Professor für Astronomie.[88] Unter diesen Bedingungen hatte der Göttinger Astronom Carl Friedrich Gauß abgesagt.[89] In einem Brief an den Rektor der Universität Dorpat drückte er seine Sorge aus, seinen wissenschaftlichen Tätigkeiten nicht ausreichend nachkommen zu können, wenn er gleichermaßen zur Lehre von Mathematik *und* Astronomie verpflichtet wäre und schrieb:

> In der That wundert es mich, daß man nicht auch in Dorpat, wie auf den übrigen russischen Universitäten, wenigstens zwei Professoren für diese weitläufigen Fächer anstellt, umso mehr, da Dorpat mit bereits so vortrefflichen Instrumenten versehen ist und die Sternwarte, wenn alles zweckmäßig angewandt würde und in die Hände eines tüchtigen Mannes käme, nicht nur durch die Bildung zu nautischen Kenntnissen für das westliche Russland von großer Wichtigkeit werden, sondern zugleich zu den berühmtesten in Europa einst gehören könnte.[90]

Zunächst besetzte Professor Johann Sigismund Gottfried Huth (1763–1818) den Lehrstuhl für Reine und Angewandte Mathematik im Jahr 1811. In Halle promoviert, war er in Frankfurt (Oder) an der Alma Mater Viadrinensis Professor für Astronomie, bevor er dem Ruf an die 1805 eröffnete Kaiserliche Universität Char'kov folgte, kurz darauf aber nach Dorpat wechselte.[91] Er hatte über die Zustände in Char'kov geklagt und berichtet, dass „wahre Wissenschaftsfreunde sich am Verstande und wie an Thätigkeit gelähmt befinden" und „für Astronomie in Char'kov nichts zu machen [war]."[92] Struve hatte zunächst die Philologisch-Historische Klasse abgeschlossen und begann mit einem zweiten Studium in der Philosophisch-Mathematischen Klasse 1811, wo er bei Professor Huth Interesse für die Astronomie und die Universitäts-Sternwarte entwickelte. Er studierte die wissenschaftliche Literatur aus dem westlichen Ausland, indem er Bücher des deutschen Mathematikers Abraham Gotthelf Kästner (1719–1800), des schweizerischen Mathematikers Leonhard Euler, des französischen Mathematikers und Astronomen Joseph Jérôme Lalande (1732–1807) sowie

87 Vgl. Struve, Otto: Wilhelm Struve, S. 20.

88 Vgl. Novokšanova: Vasilij Jakovlevič Struve, S. 24 f.

89 Vgl. Tering, Arvo (Hrsg.): Die Beziehungen der Universität Göttingen zu Est-, Liv-, und Kurland im 18. und frühen 19. Jahrhundert. Gemeinsame Ausstellung der Universitätsbibliothek Tartu und der Niedersächsischen Staats- und Landesbibliothek Göttingen vom 19. Mai bis 16. Juni 1989, Tartu 1989, S. 57.

90 Zitiert nach: Reich; Roussanova: Carl Friedrich Gauss und Russland, S. 552.

91 Vgl. Struve, Otto: Wilhelm Struve, S. 20; Levickij, Grigorij Vasil'evič: Astronomy Jur'evskago universiteta s" 1802 po 1894 god", in: Učenyja zapiski Imperatorskago Jur'evskago universiteta, 8 (1900) 2, S. 69–72.

92 Huth, Gottfried: Brief an den Herausgeber, vom 9. Februar 1812, in: Bode, Johann Elert (Hrsg.): Astronomisches Jahrbuch für das Jahr 1815 nebst einer Sammlung der neuesten in die astronomischen Wissenschaften einschlagenden Abhandlungen Beobachtungen und Nachrichten, Berlin 1812, S. 109.

Schriften des deutschen Astronomen in russischen Diensten, Friedrich Theodor von Schubert, und Johann Gottlieb Friedrich Bohnenberger aus Württemberg studierte. Mit den Ergebnissen seiner astronomischen Beobachtungen zur Ortsbestimmung des Observatoriums legte er im Jahr 1813 seine Promotionsschrift *De geographica speculae Dorpatensis positione*[93] vor und wurde auf Huths Vorschlag zum Außerordentlichen Professor und Observator der Dorpater Universitäts-Sternwarte ernannt. 1817 wurde er zum Direktor der Sternwarte, 1820 zum Ordentlichen Professor für Astronomie berufen, womit das Fach an der Dorpater Universität endlich seinen eigenen Lehrstuhl erhielt.[94]

7.3.2 Idee und Zweck einer neuen Karte

Der Mineraloge Otto Moritz Ludwig von Engelhardt (1779–1842), 1820 als Professor an die Kaiserliche Universität Dorpat berufen und selbst ordentliches Mitglied der Ökonomischen Sozietät, stellte 1816 den Antrag, auf Kosten der Ökonomischen Sozietät einen Atlas von Livland herstellen zu lassen.[95] Engelhardt hatte 1805 bis 1808 an der sächsischen Bergakademie Freiberg bei Alexander von Humboldts berühmten Lehrer Abraham Gottlob Werner (1749–1817) studiert. Werner war Begründer der Geognosie und befasste sich u. a. mit der geologischen Kartierung Sachsens.[96] Nachdem Engelhardt von verschiedenen Forschungsreisen im In- und Ausland wieder zurück in Dorpat war, unternahm er 1815 bis 1817 mineralogische Untersuchungen in Livland.[97] Während eben dieser Beschäftigung richtete er seinen Antrag für einen Atlas von Livland an die Ökonomische Sozietät. Obwohl kein stichfester Beleg erbracht werden kann, ist es zumindest sehr wahrscheinlich, dass der Vorschlag für einen Atlas von Livland im Zusammenhang mit seinen mineralogischen Forschungen stand. Karl Ernst von Baer (1792–1876), bedeutender Naturforscher, Expeditionsreisender und Universal-Gelehrter, ordentliches Mitglied der Kaiserlichen Akademie der Wissenschaften Sankt Petersburgs und Gründungsmitglied der Russischen Geo-

---

93 Struve, Friedrich Georg Wilhelm: De geographica positione speculae astronomicae Dorpatensis, Mitaviae 1813.

94 Vgl. Struve, Otto: Wilhelm Struve, S. 20 f.

95 Vgl. Tartu ERA.1185.1.595., Protokolle der Kommission in Sachen der Karte von Livland ..., Bl. 72–72 verso. Der wörtliche Inhalt dieses Antrages ist in den eingesehenen Archiv-Beständen nicht zu finden.

96 Vgl. Gümbel, Wilhelm von: Werner, Abraham Gottlob, in: Allgemeine Deutsche Biographie 42 (1897), S. 33–39.

97 Vgl. Allgemeines Schriftsteller- und Gelehrtenlexikon der Provinzen Livland, Esthland und Kurland, bearb. von Recke, Johann Friedrich; Napiersky, Karl Eduard, Bd. 1, Mitau 1827 [Nachdruck 1966], S. 506–509; Biografičeskij slovar' professorov i prepodavatelej Imperatorskago Jur'evskago, byvšago Derptskago, universiteta za sto let ego suščestvovanija (1802–1902), hrsg. von Levickij, Grigorij Vasil'evič, Jur'ev 1902, S. 201–205.

graphischen Gesellschaft, konstatierte 1845, sechs Jahre nach der Fertigstellung der *Specialcharte von Livland*:

> Die Geschichte dieser Karte, welche wohl verdient, der Vergessenheit entrissen zu werden, weil sie ein Muster von höchst erfreulichem Provinzial-Interesse darbietet, ist folgende. Es gehörte zu den Lieblings-Wünschen des nun leider verstorbenen Prof. der Mineralogie in Dorpat, Moritz v. Engelhardt, dass die Provinz Livland in naturhistorischer und jeder andern Hinsicht so vollständig als möglich untersucht und beschrieben würde, um ein Musterbild für das übrige Russische Reich abzugeben. Er selbst übernahm die geognostische Untersuchung, für die Flora und Fauna suchte er jüngere Männer zu gewinnen. Zu einer genauen geognostischen Darstellung gehörte aber zuvörderst eine genaue Karte.[98]

Baer war als Medizinstudent an der Universität Dorpat (1810–1814) einer dieser „jungen Männer" und wusste so aus eigener Erfahrung an anderer Stelle zu berichten, dass Engelhardt eine naturhistorische Beschreibung Livlands bereits 1812 im Auge hatte.[99] Wie Engelhardts konkrete Vorstellungen einer Karte aber *de facto* aussahen und mit welchen Argumenten er schließlich die Ökonomische Sozietät von der Herstellung eines teuren topographischen Atlas überzeugte, ist fraglich. Klar ist zumindest, dass sich die Rahmenbedingungen für dieses Vorhaben bis zum Jahr 1816 entscheidend verbesserten. Seit 1813 war die Ökonomische Sozietät in Dorpat ansässig, während die Universitäts-Sternwarte Struve als Astronomen gefunden hatte, der bereits auf zwei Auslandsreisen Kontakte mit Fachkollegen geknüpft, Vermessungs-Methoden und Beobachtungs-Instrumente studiert hatte, was für die spätere astronomische und trigonometrische Vermessung Livlands grundlegend wichtig war. Schenkt man Baers Ausführungen vor diesem Hintergrund Glauben, scheint Engelhardt zur Überzeugung gelangt zu sein, dass mit der Ökonomischen Sozietät, der Universität Dorpat und ihrem Astronomen Struve die notwendigen Voraussetzungen in Livland gegeben waren, um die anstehende Aufgabe größter Bedeutung anzunehmen. Nämlich eine wissenschaftlich begründete Beschreibung Livlands herzustellen, die ferner als Muster für das gesamte Russische Reich dienen könnte. Welche Argumente aber die Ökonomische Sozietät tatsächlich überzeugten, Engelhardts Vorschlag auf eigene Kosten zu realisieren, geht aus den eingesehenen Quellen nicht hervor. Schließlich hatte sie sich zum Ziel gesetzt, das Wohl des Landes zu fördern und nicht die Wissenschaft zum reinen Zweck ihres Wirkens zu machen. Es scheint plausibel, dass die notwendigen Reformen bei den Mitgliedern der Ökonomi-

---

98 Baer, Karl Ernst von: Kurzer Bericht über wissenschaftliche Arbeiten und Reisen, welche zur nähern Kentniss des Russischen Reichs in Bezug auf seine Topographie, physische Beschaffenheit, seine Naturproducte, den Zustand seiner Bewohner u. s. w. in der letzten Zeit ausgeführt, fortgesetzt oder eingeleitet sind, Schriftenreihe: Baer, Karl Ernst von; Helmersen, Gregor von (Hrsg.): Beiträge zur Kenntniss des Russischen Reiches und der angränzenden Länder Asiens, Bd. 9, Teil 1, Sankt Petersburg 1845 [Nachdruck Osnabrück 1968], S. 20 f.
99 Vgl. Tammiksaar, Erki: Geografičeskie aspekty tvorčestva Karla Běra v 1830 – 1840gg., Schriftenreihe: Dissertationes geographicae Universitatis Tartuensis, Bd. 11, Tartu 2000, S. 17.

schen Sozietät zur Überzeugung führten, sich einen möglichst genauen Überblick über die gesamträumlichen Verhältnisse Livlands verschaffen zu müssen, um Herausforderungen umfassender Umgestaltungen auf Landesebene effektiv bewältigen zu können. Die 1839 fertiggestellte *Specialcharte von Livland* wurde durch ein Beiblatt ergänzt, das im Estnischen Nationalarchiv in Tartu erhalten ist. Darin heißt es an den Kartenleser gerichtet:

> Wir besitzen nun also in der Charte ein möglichst treues Bild von Livland wie es jetzt ist, worin alle Bodenverschiedenheiten und zwar: ob angebaut oder nicht, genau angegeben sind. Demnach werden auf dieser Charte, bei einer Vergleichung derselben mit der Natur, sich die allmäligen Fortschritte in Erweiterung der Bodenkultur erkennen lassen, und der Statistiker wird im Stande sein, den mit der Zeit veränderten Zustand des Landes in Hinsicht des Anbaues der urbaren Fläche, zu beurtheilen; wo z. B. jetzt noch weitausgedehnte Moräste angezeigt sind, wird in Zukunft durch Entwässerung versumpfter Flächen, hoffentlich angebautes Land erscheinen, denn die Erhöhung Livlands über dem Meeresspiegel macht Entwässerungen im Großen möglich, und es bedarf nur günstiger Umstände, um einst diese glückliche Veränderung hervorzurufen.[100]

Aus der fertiggestellten Karte konnte abgeleitet werden, dass eine umfassende Regulierung der Vorflut, nämlich das ungehinderte Abfließen des regelmäßig zufließenden Wassers nach dem natürlichen Gefälle, möglich sei.[101] Da die Regelung des Wasserhaushaltes vor dem Hintergrund der Klima- und Bodenverhältnisse ausschlaggebende Bedeutung für die Verbesserung der livländischen Landwirtschaft besaß, setzte sich die Ökonomische Sozietät mit Unterstützung der livländischen Ritterschaft seit 1842 für ein Gesetz zur Wasserführungsregelung ein, das jedoch erst 1910 beschlossen wurde.[102] Es ist durchaus denkbar, dass sie mit den Reichsbehörden um die Finanzierung dieses vermutlich sehr teuren Projektes ringen mussten. Dieses Vorhaben könnte schließlich ein wirtschaftlicher Grund gewesen sein, warum die Karte nach 1889 durch Signaturen für neue Streckenverläufe und Bahnstationen der Baltischen Eisenbahn ergänzt, eine (undatierte) Neuauflage erfuhr und bis mindestens 1915 vom zarischen Generalstab öffentlich zum Kauf angeboten worden war.[103] Das 1891 in einer Kommission der Ökonomischen Sozietät verhandelte Vorhaben, zum 100-järigen Jubiläum der Ökonomischen Sozietät eine gänzlich neue Karte von Livland, zumindest eine Neuauflage der *Specialcharte von Livland* herauszugeben, kam aber bis zum Jubiläum 1895 nicht zustande, sondern vermutlich erst ab

---

100 Tartu ERA.1185.1.595., Protokolle der Kommission in Sachen der Karte von Livland ..., Bl. 5. Ueber die Art der Bearbeitung der auf Kosten der Livländischen ökonomischen Societät ausgeführten Specialcharte von Livland, in sechs Blättern.
101 Vgl. Engelhardt; Neuschäffer: Die Livländische Gemeinnützige und Ökonomische Sozietät, S. 94.
102 Vgl. Engelhardt; Neuschäffer: Die Livländische Gemeinnützige und Ökonomische Sozietät, S. 42, 94.
103 Vgl. Katalog geografičeskich kart knižnago i geografičeskago magazina izdanij Glavnago štaba i Glavnago upravlenija General'nago štaba, Teil II, Petrograd 1915, S. 9.

1911.[104] Ob und inwieweit dieses Scheitern mit der Russifizierungspolitik in den Ostsee-Provinzen zusammenhing, lässt sich auf Grundlage der Quelle nicht klären, vorerst nur vermuten.[105] In der betreffenden Archivakte klafft für den Zeitraum zwischen 1891 und 1910 eine Lücke.[106] Dass die verwirklichte Neuauflage der *Specialcharte von Livland* dann im Zusammenhang mit dem 1910 erlassenen Gesetz zur Wasserführungsregelung steht, ist durchaus plausibel. Gerade das Thema Wasserhaushalt spielte seit der Gründungszeit der Ökonomischen Sozietät eine wichtige Rolle. Bereits der zum ersten Sekretär der Ökonomischen Sozietät berufene und aus Württemberg stammende Georg Friedrich Parrot (1767–1852) bewarb sich 1795 mit den Worten:

> Wollt ihr ernstlich das Gute, meine Landsleute? So soll auch diese Schwierigkeit gehoben werden. Ich will euch lehren Gräben zu ziehen mit zwey Menschen und vier Pferden, mehr, als ihr bis jetzt mit zwanzig Russen thatet. Der Vortheil der Austrocknung der Heuschläge ist unschätzbar. In Deutschland giebts alle Jahre zwey Heuernden. Bey uns oft nicht eine ganze. Die Schuld liegt viel weniger in dem Klima als in der Nässe des Bodens. Einerseits reifen die Pflanzen im sumpfigen Boden nicht sobald, andererseits trocknen sie bey der heuernde viel langsamer, oft gar nicht.[107]

Die verbreiteten kameralwissenschaftlichen Schriften des 18. Jahrhunderts boten genaue Auskunft über eine solche Unternehmung. Im Hinblick auf Friebes Appell liegt es nahe, dass auch deutsche Schriften zur Anregung und Anleitung verschiedener Projekte der Landesentwicklung gedient haben. Denn nicht nur Friebe, sondern auch die Gelehrten an der deutschsprachigen Universität Dorpat verfolgten die Fortschritte in den Naturwissenschaften vor allem im deutschen Sprachraum.[108] Günstige Bedingungen boten dafür vor allem die deutschen Wurzeln der meisten Dorpater Professoren oder zumindest Studienaufenthalte an deutschen Universitäten, wie es

---

104 Vgl. Tartu ERA.1185.1.595., Protokolle der Kommission in Sachen der Karte von Livland .... Dokumente aus den Jahren 1820 und 1839, Bl. 40–68. Die Kommission in Sachen der Karte von Livland, Sitzungsprotokolle, Dorpat, 4. März bis 30. Mai 1891; Konzept für die Herstellung einer topographischen Karte von Livland durch den dänischen Generalstab, mitgeteilt von P. Rosenstand Wöldike; Die Revision der Karte von Livland betreffend, Resultate der Kommissionsarbeit, I. Sep. 1891. Die Ökonomische Sozietät führte 1891 mit der topographischen Abteilung des dänischen Generalstabs Verhandlungen zur Herstellung eines neuen topographischen Kartenwerkes von Livland in 35 Blättern im Maßstab 1 : 42.000. Das Projekt ist aus unbekannten Gründen nicht verwirklicht worden.
105 Vgl. Kap. 7.5.4. u. 8.4.
106 Vgl. Tartu ERA.1185.1.595., Protokolle der Kommission in Sachen der Karte von Livland ..., Bl. 67–68.
107 [Parrot]: Über eine mögliche ökonomische Gesellschaft, S. 51.
108 Vgl. Klein, Wolf Peter: Deutsch als Sprache der Naturwissenschaften im Ostseeraum. Ausgewählte Beispiele aus dem 18. und 19. Jahrhundert, in: Prinz, Michael; Korhonen, Jarmo (Hrsg.): Deutsch als Wissenschaftssprache im Ostseeraum. Geschichte und Gegenwart, Akten zum Humboldt-Kolleg an der Universität Helsinki, 27. Bis 29. Mai 2010, Schriftenreihe: Finnische Beiträge zur Germanistik, Bd. 27, S. 104 f.

nicht nur bei Engelhardt der Fall war. Johann Heinrich Gottlob von Justi (1717–1771) war Autor mehrfach aufgelegter und weit verbreiteter kameralwissenschaftlicher Abhandlungen in deutscher Sprache, zu dessen Leserschaft auch Zarin Katharina II. gezählt haben soll.[109] In einer Schrift Justis aus dem Jahr 1782 steht zu lesen:

> Überhaupt muss in dem ganzen Lande keine einzige Gegend, oder Fläche der Erden, seyn, die nicht nach Beschaffenheit ihrer Lage und Bodens auf die best mögliche Art genutzt würde. Zu dem Ende muss ein weiser Regent von seinen Ländern Charten, Vorstellungen und Verzeichnisse in Händen haben, worinnen nicht bloss die Namen der Städte und Dörfer, sondern alle Gegenden nach ihren Nutzungen und Gebrauch bemerket sind, ob sie nämlich zur Waldung, zu Ackerfeldern, zu Wiesen, zur Viehweide, zu Weingärten und dergleichen gebrauchet werden, oder unkultiviert sind; und seine Benutzung muss dahin gehen, solche Gegenden zu kultivieren oder zu verbessern, die wenig oder gar kein Nutzen haben."[110] „Wenn die in der Wildheit auf der Oberfläche entstandenen Hindernisse der Belohnung aus dem Wege geräumet werden sollen; so kommt solches hauptsächlich auf viererlei Geschäfte an, nämlich a) die überflüssigen Wälder auszuroden, b) Seen und Moräste auszutrocknen, c) das Land vor der Überschwemmung der Meere und Flüsse zu verwahren, und d) die Haiden und unfruchtbaren Gegenden urbar zu machen.[111]

Im Hinblick auf die Melioration schreibt er:

> Zuforderst würde man von dem Lande, oder einem gewissen Bezirke, wo es noch an Leitung der Gewässer ermangelte, eine genaue Charte aufnehmen müssen, worinnen alle kleine Seen, Teiche, stehende Wasser und Moräste nach ihrer Entfernung von einander, und nach ihrer Lage und Grösse, ordentlich und genau verzeichnet wären.[112]

Für dieses Vorhaben eignen sich Gutskarten jedoch nicht, da sie nur kleine Teile der Erdoberfläche abbilden, und keine Übersicht topographischer Zusammenhänge des Landes geben. Um eine topographische Übersichtskarte herzustellen, gab es verschiedene Möglichkeiten. Die zu Beginn des 19. Jahrhunderts in Frankreich bereits etablierte und in deutschen Ländern zunehmend angewandte Methode setzte eine trigonometrische Vermessung voraus, die es erlaubte, Orte in ihrer Lage und Position auf der Erdoberfläche genau und zuverlässig zu bestimmen. Die Triangulation bot eine weit größere Dichte von Lagefestpunkten, als es die äußerst aufwändige astronomische Beobachtung von Länge und Breite eines Ortes jemals zu erreichen im Stande gewesen wäre. Somit konnten sogar großmaßstäbliche Aufnahmen von ei-

---

109 Vgl. Sellin, Volker: Gewalt und Legitimität. Die europäische Monarchie im Zeitalter der Revolutionen, Oldenburg 2011, S. 147.
110 Justi, Johann Heinrich Gottlob von: Grundsätze der Policey-Wissenschaft in einem vernünftigen, auf den Endzweck der Policey gegründeten, Zusammenhange und zum Gebrauch Academischer Vorlesungen abgefasset, Göttingen 1782, § 36, S. 34.
111 Justi: Grundsätze der Policey-Wissenschaft, § 26, S. 24 f.
112 Justi, Johann Heinrich Gottlob von: Die Grundfeste zu der Macht und Glückseeligkeit der Staaten oder Ausführliche Vorstellung der gesamten Policey-Wissenschaft, Bd. 1, Königsberg 1760, § 54, S. 54.

nem Gut auf einer Triangulation basieren *und* über ein gesamtes Land fortgesetzt werden. Sie erlaubt gleichzeitig Karten in den kleinsten und größten Maßstäben herzustellen.[113] Schließlich hatte die Ökonomische Sozietät Engelhardts Antrag aus dem Jahr 1816 angenommen, die Herstellung eines topographischen Atlas auf ihre Kosten durchzuführen und wandte sich an den Außerordentlichen Professor für Reine und Angewandte Mathematik an der Universität Dorpat, mit der Bitte, die notwendigen astronomisch-trigonometrischen Vermessungen vorzunehmen.[114] Für Friedrich Georg Wilhelm Struve bot dieser Auftrag eine große Chance sich mit neuen wissenschaftlichen und technologischen Errungenschaften aus dem westlichen Ausland zu profilieren, welche konkret für Livland und später für das Russländische Imperium tatsächlich von großem Nutzen waren. Engelhardts Wunschtraum, die „Provinz Livland in naturhistorischer und jeder andern Hinsicht so vollständig als möglich" zu untersuchen und zu beschreiben, „um ein Musterbild für das übrige Russische Reich abzugeben"[115], hat sich nur teilweise erfüllt.

7.4 Herstellung der *Specialcharte von Livland*

Nachdem die Ökonomische Sozietät Professor Engelhardts Antrag angenommen hatte, einen „Atlas von Livland" auf ihre Kosten herstellen zu lassen, wandte sie sich an Struve, um die dafür notwendigen astronomisch-trigonometrischen Vermessungen ab 1816 durchzuführen.[116] Diese dienten als Grundlage für die Zeichnung der Karte unter Verwendung einer Vielzahl privater Gutskarten und ergänzender Spezialvermessungen, um schließlich gestochen und gedruckt zu werden. Die inhaltlichen Überlegungen für die *Specialcharte von Livland* wurden erst nach Beendigung von Struves Arbeiten angestellt. Vermutlich, um die weitere Vorgehensweise auf die Resultate der astronomisch-trigonometrischen Vermessung abzustimmen. Struve war für den ersten Arbeitsabschnitt verantwortlich, während der zweite Teil in den Händen des Landmessers und Kartenzeichners Carl Gottlieb Rücker lag, dessen Arbeit auf einem detaillierten Konzept beruhte. Den dritten und abschließenden Teil besorgten Kupferstecher und Drucker des Militär-Topographischen Depots in Sankt Petersburg.

---

113 Vgl. Edney, Matthew H.: Reconsidering Enlightenment Geography and Map Making: Reconnaissance, Mapping, Archive, in: Livingstone, David N.; Withers, Charles W. J. (Hrsg.): Geography and Enlightenment, Chicago/London 1999, S. 191.
114 Vgl. Tartu ERA.1185.1.595., Protokolle der Kommission in Sachen der Karte von Livland ..., Bl. 72 verso–73, Recapitulation über die Entstehung der C. G. Rücker'schen Karte Livlands ...
115 Baer: Kurzer Bericht über wissenschaftliche Arbeiten, S. 20 f.
116 Vgl. Bericht über die im Jahre 1816 angefangene trigonometrische Vermessung Livlands, in: Neueres ökonomisches Repertorium für Livland, Bd. 4, H. 3, Dorpat 1816, S. 457 f.; Über den in Arbeit befindlichen neuen Atlas von Livland, in: Ostsee-Provinzen-Blatt für das Jahr 1826, Riga, S. 205.

7.4.1 Astronomisch-trigonometrische Vermessung

Struve ermittelte für die Zeichnung der Karte geographische Koordinaten von insgesamt 325 Punkten, die als Grundlage für die anschließende Zeichnung der Topographie in sechs Blättern eingetragen wurden (Abb. 39). Die Dorpater Universitätssternwarte, deren geographische Koordinaten Struve in seiner Dissertation 1813 ermittelt und dokumentiert hatte, bildete den Anschlusspunkt für die trigonometrischen Vermessungen, die er in den Sommermonaten 1816 bis 1818 durchführte. Als zu bestimmende Dreieckspunkte dienten Kirchen, eigens erbaute Signale, Windmühlen und einzeln stehende Bäume, Belvederes, Ruinentürme, Guts- und Pastoratswohnungen, Krüge, Begräbniskapellen, ferner eine Fabrik, eine Poststation und ein Quartierhaus sowie die Dorpater Universitäts-Sternwarte (Abb. 40 rechts oben).[117] Diese Dreieckspunkte lagen zum Teil über 40 Werst weit auseinander, was eine große Herausforderung bedeutete, um die angepeilten Punkte genau anzuvisieren und den gesuchten Winkel exakt und zuverlässig bestimmen zu können. Messfehler konnten sich später stark auf die Genauigkeit aller geographischen Koordinaten und damit kontraproduktiv auf die gesamte Karte auswirken. Angesichts dieser Vorstellung ist der Bedarf nach gesicherten wissenschaftlichen Methoden, praktischen Fertigkeiten und nach der höchstmöglichen Qualität von optischen und mechanischen Vermessungs-Instrumenten nachvollziehbar. Nach Beendigung der ersten Operation im Jahr 1817, folgte die astronomisch-trigonometrische Aufnahme der Küste des Rigaischen Meerbusens von Riga bis Pernau im Sommer 1818. Hoher Wald hatte die Sichtverbindung zwischen dem Binnenland und der Küste versperrt, was die Einbindung in die bereits bestehende Dreieckskette verhinderte und zwei getrennte Operationen erforderte (Abb. 40)[118] Ein weiterer Schritt galt den trigonometrischen Höhenmessungen von 222 Punkten, die sich in der *Specialcharte von Livland* letztlich nicht niederschlugen und zu einer separaten kleinmaßstäblichen Übersichts-Karte über die Haupthöhenverhältnisse Livlands führten.[119] Diese dürfte zusammen mit der *Specialcharte von Livland* für die Planungen zur landesweiten Regulierung des Wasserhaushaltes von großer Bedeutung gewesen sein. Die Messungen wurden ebenfalls im Sommer 1818 vom Rigaischen Meerbusen ausgehend unternommen, führten in das Binnenland und wieder zurück. Größtenteils wurden die Punkte in ihrer Höhe gemessen, deren geographische Koordinaten aus den vorangegangenen Operationen bereits bekannt waren. Die Messung der Basis erfolgte im Februar 1819 auf der natürlich gegebenen waagerechten Eisoberfläche des zugefrorenen Wirzsees zwischen den Orten Uniküll und Kubja (Abb. 40, fett gedruckte Linie westlich von Dorpat). Die hoch präzise Be-

---

117 Vgl. Struve, Friedrich Georg Wilhelm: Resultate der Vermessung Livlands 1816 bis 1819, S. 6–8.
118 Vgl. Struve, Friedrich Georg Wilhelm: Resultate der Vermessung Livlands 1816 bis 1819, S. 37–40.
119 Vgl. Struve, Friedrich Georg Wilhelm: Resultate der Vermessung Livlands 1816 bis 1819, Anhang, Bl. 2 (Charte von Livland die Haupthöhenverhältnisse darstellend).

stimmung ihrer exakten Länge diente zur Berechnung aller Seitenlängen der abgebildeten Dreiecke, deren Innenwinkel zuvor genau gemessen und dokumentiert worden waren. Schließlich berechnete Struve die Lage aller Dreieckspunkte mithilfe des
mittleren Meridians in einem lokalen Koordinatensystem (Abb. 40, senkrechte Linie)
und setzte die Ergebnisse danach in Beziehung zu den geographischen Koordinaten
der Sternwarte.[120] Anschließend konnten die 325 ermittelten Punkte nach ihren geographischen Koordinaten in die sechs leeren Blätter der Karte eingetragen werden,
deren Format, Ausschnitt, Projektion und Maßstab von Struve ebenfalls festgelegt
worden waren.[121]

Elf Jahre nach der Publikation der *Specialcharte von Livland* und fünf Jahre nach
der Gründung der Russischen Geographischen Gesellschaft (RGO) legte Struve, mittlerweile ordentliches Mitglied der Akademie der Wissenschaften in Sankt Petersburg
und Hauptastronom des Russländischen Imperiums sowie Leiter der Abteilung für
Mathematische Geographie bei der IRGO, den Ablauf seiner astronomisch-trigonometrischen Vermessung Livlands akribisch dar.[122] In der Einleitung gibt er zu verstehen, dass er diese Beschreibung als mögliche Anleitung verstanden wissen möchte,
um andere von dieser zweckmäßigen Methode zu überzeugen. Er schrieb:

> Ausserdem ist diese ganze Vermessung vielleicht ein beachtungswerthes Beispiel eines Unter-
> nehmens der Art, welches in kurzer Zeit mit schwachen Hülfsmitteln und geringem Kostenauf-
> wande in bedeutender Ausdehnung ausgeführt wurde. Livland hat einen Flächenraum von un-
> gefähr 800 geographischen Quadratmeilen auf welchem über 300 Punkte geodätisch mit Dor-
> pats Sternwarte verbunden und grösstentheils auch in Bezug auf die Höhe über der Meeresflä-
> che bestimmt sind. Ein einziger Beobachter führte dies in drei Sommern aus, so dass er jedes
> Jahr nur drei bis vier Monate auf die Arbeit verwandte. [...] die ganze trigonometrische Vermes-
> sung [wurde] mit einem Kostenaufwande von ungefähr 3.000 Silberrubeln völlig bestritten.[123]

Struve hatte offensichtlich im Sinn, sein erfolgreiches Verfahren als Muster auf diejenigen Gouvernements des Russländischen Imperiums zu übertragen, in denen es
bisher an geodätischen Grundlagen für topographische Karten noch fehlte. Dies
mag Ausdruck dafür sein, wie Struve um eine Lösung rang, das ausgedehnte Zarenreich mithilfe lokaler Initiativen zu erfassen, obschon mit den Mende-Aufnahmen
bereits vielversprechende Maßnahmen der RGO getroffen und eingeleitet worden
waren.[124] Die methodische Verwandtschaft zur Herstellung der *Specialcharte von Livland* ist unübersehbar. Neben der Kooperation von Reichsbehörden war es jedoch
nicht gelungen, lokale Kräfte innerhalb der Gouvernements, etwa landwirtschaftli-

---

120 Vgl. Struve, Friedrich Georg Wilhelm: Resultate der Vermessung Livlands 1816 bis 1819, S. 6 f.,
15–18.
121 SPF ARAN Sankt-Peterburg, f. 721, op. 1, ed. chr. 68, Materialy po s"emke v lifljandskoj gub.:
kontrakty, vyčislenie, l. 619, [Briefentwurf von Struve samt Zeichnung zum Blattschnitt der Karte].
122 Struve, Friedrich Georg Wilhelm: Resultate der Vermessung Livlands 1816 bis 1819.
123 Struve, Friedrich Georg Wilhelm: Resultate der Vermessung Livlands 1816 bis 1819, S. 3 f.
124 Vgl. Kap. 4.1.5.6.

che Gesellschaften, zu motivieren, für die Herstellung einer topographischen Karte eine derartige astronomisch-trigonometrische Vermessung zu wagen. Dafür bedurfte es offenbar noch weit anderer Voraussetzungen, wie zum Beispiel der Existenz einer solventen Ökonomischen Sozietät, des grundsätzlichen Vertrauens in die Wissenschaft und nicht zuletzt einer starken Überzeugung vom Nutzen einer solchen topographischen Karte für die Verbesserung der Landwirtschaft.

7.4.2 Zeichnung der Karte

Diese Überzeugung darf nicht unterschätzt werden. Offenbar gewann sie ihre Kraft gerade aus der Kenntnis konkreter älterer Karten, worauf der vorliegende Fall hindeutet. Unter dem Titel *Einige Gedanken die Anfertigung eines Atlasses von Livlands betreffend*, gingen der Zeichnung der *Specialcharte von Livland*[125] eine Reihe Überlegungen voraus. Das Manuskript dokumentiert Ideen für ein neues Kartenbild, dessen Eigenschaften durch Abgrenzungen und Entlehnungen formuliert sind, die sich auf ältere Karten beziehen. Hierbei scheinen sich gerade die von Jordan Branch veranschaulichten wechselseitigen Beeinflussungen zwischen Karten, deren Herstellung, Raumbild und politischer Autorität zu zeigen.[126] Um wessen Ideen es sich hierbei handelte, ist von Bedeutung, um den kulturellen Kontext nachzuvollziehen, der diese Überzeugung begünstigte. Nach heutigem Forschungsstand muss Endel Vareps Annahme, der Mineraloge Moritz von Engelhardt habe den Text verfasst[127], korrigiert werden. Wie die eingehende Untersuchung des historischen Dokumentes zeigt, handelt es sich nämlich nicht um die Überlegungen des hochgeborenen Initiators für die spätere *Specialcharte von Livland*, sondern um einen Hauslehrer aus Kurland. Das Archiv-Dokument wurde von unterschiedlichen Handschriften mehrfach durch Angaben und Kommentare ergänzt. Der ursprüngliche Textkorpus ist an der Handschrift und der Tuschefarbe gut erkennbar und beinhaltet ursprünglich keine Angaben zum Autor oder zum Entstehungsjahr. Hinzufügungen, wie: „Vom H. Hofrath von Engelhardt Professor der Mineralogie" sowie: „1819" auf dem Titelblatt gaben bereits früher Anlass zu Zweifeln über die Authentizität und waren Gegenstand einer Überprüfung ihrer Provenienz durch den Sohn des vermeintlichen Verfassers Engelhardt sowie durch den Präsidenten der Ökonomischen Sozietät Karl Eduard von Liphart im Jahr 1848. Ihre (schwer lesbaren) handschriftlichen Kommentare hin-

---

125 Tartu ERA.1185.1.48., Statut der Gesellschaft für Mineralogie in St. Petersburg, Zirkuläre und Briefwechsel mit dem Livländischen Landrats-Kollegium, den Predigern, den Gutsbesitzern u.a. über Anfertigung von Landkarten, Einführung der Pflolckeggen, Prämiierung der Bauern, Anwendung von neukonstruierten wirtschaftlichen und technischen Geräten u.a. Befindet sich Eintragung vom Jahre 1848, Bl. 3–10, Einige Gedanken die Anfertigung eines Atlasses von Livlands betreffend.
126 Vgl. Kap. 1.4.1.
127 Vgl. Varep, Endel: C.G. Rückeri Liivimaa spetsiaalkaardist 1839, Tallin 1957, S. 11.

terließen sie auf demselben Dokument und bezeugen darin: dass „[...] dieser Aufsatz über die Anfertigung eines Atlasses Lieflands nicht von der Hand meines Vaters geschrieben [...]"[128], ferner, „[...] der eigentliche Verfasser aber der 1841 verstorbene H. Friedrich David Jaquet [...]"[129] war und er diesen im Januar 1819 bei einer Sitzung der Ökonomischen Sozietät vorgetragen habe.[130] Aus dem Kommentar Lipharts geht zwar weiter hervor, dass es sich bei Jaquet um seinen persönlichen Erzieher in den Jahren 1817–1821 im Hause seines Großvaters, dem damaligen Präsidenten der Ökonomischen Sozietät, Landgraf Reinhold von Liphart, gehandelt habe. Was Jaquet aber konkret befähigte, ein Kartenkonzept zu erarbeiten und ob er vom Präsidenten der Ökonomischen Sozietät beauftragt worden war, geht aus dem Kommentar nicht hervor. Aus anderen Quellen ist bekannt, dass Friedrich David Jaquet (1791–1841) der Sohn eines fürstlich-kurländischen Landmessers und Karten-Zeichners in Mitau war. Bevor er als Privat- und Gymnasiallehrer tätig wurde, hatte er in den Jahren 1811 bis 1815 an der Universität Dorpat Theologie und Mathematik studiert.[131] Im Jahr 1813 trat er als Autor der Novelle *Reise in meinem Zimmer in den Jahren 1812 und 1813* in Erscheinung[132] und gibt darin eine Vorstellung von der Gedankenwelt und Faszination derjenigen Person, die wenig später ihre Ideen über Herstellung und Inhalt eines *Atlas von Livland* an die Ökonomische Sozietät richtet. Jaquet ist in der Forschung zum Genre der Zimmerreiseliteratur ein Name.[133] Nils Kasper stellt in seiner Untersuchung von Jaquets Reisebeschreibung einen Zusammenhang zwischen Literatur und Kartographie her, indem sich das Verfassen von Text an den Praktiken der Kartographie angelehnt habe. Die Zimmerreiseliteratur sei voller Anspielungen auf Karten und kartographische Methoden der Positionsbestimmung. Demnach war die Erdoberfläche um 1800 geometrisch soweit in Punkte, Linien und Flächen verwandelt, dass Karten zunehmend als eigene papierne Realität von Welt wahrgenommen wurden, und sich Karten als Raummedium ohnehin für imaginäre Reisen eigneten.[134] Jaquet schreibt:

---

128 Tartu ERA.1185.1.48., Statut der Gesellschaft für Mineralogie in St. Petersburg ..., Bl. 3, Einige Gedanken die Anfertigung eines Atlasses von Livlands betreffend.
129 Tartu ERA.1185.1.48., Statut der Gesellschaft für Mineralogie in St. Petersburg ..., Bl. 3, Einige Gedanken die Anfertigung eines Atlasses von Livlands betreffend.
130 Vgl. Tartu ERA.1185.1.48., Statut der Gesellschaft für Mineralogie in St. Petersburg ..., Bl. 3, Einige Gedanken die Anfertigung eines Atlasses von Livlands betreffend.
131 Vgl. Lexikon der deutschsprachigen Literatur des Baltikums und Sankt Petersburgs. Vom Mittelalter bis zur Gegenwart, hg. von Gottzmann, Carola L.; Hörner, Petra, Bd. 1, Berlin und New York 2007, S. 631; Schlau, Karl-Otto: Mitau im 19. Jahrhundert, Schriftenreihe: Beiträge zur baltischen Geschichte, Bd. 15, Wedemark-Elze 1995, Abb. 4.
132 Jaquet, Friedrich David: Reise in meinem Zimmer in den Jahren 1812 und 1813. Mit einem Berichte ans Publikum von Professor Burdach, Riga 1813.
133 Vgl. Kasper, Nils: Die Dinge (in) der Literatur. Kartographie und Zimmerreise, in: Pfaffenthaler, Manfred; Lerch, Stefanie; Schwabl, Katharina; Probst, Dagmar (Hrsg.): Räume und Dinge. Kulturwissenschaftliche Perspektiven, Bielefeld 2014, S. 193–210.
134 Vgl. Kasper: Die Dinge, S. 194–196.

[...] allein jetzt muß ich schon, da es Ihnen nicht gleich viel seyn kann, ob mein Zimmer unter dem Pole oder unter dem Aequator, oder sonst in einem andern Winkel der Erde liegt, Ihnen eine genaue Beschreibung seiner Lage im unendlichen Himmelsraume geben, und nun nehmen Sie, wie beym Lesen jeder Reisebeschreibung sich gebührt, die Charte zur Hand.[135]

Der Entstehungszeitraum der Zimmerreisetexte, so Kasper, falle mit der steigenden Formalisierung der Kartographie zusammen.[136] In diesem Zusammenhang zeichnet sich ab, welchen zunehmenden Einfluss die sich von Kunst zur Wissenschaft wandelnde Kartographie auf die Wahrnehmung und Verarbeitung von räumlichen Erfahrungen ausübte. Jaquets Novelle verweist darauf, dass der Sohn eines Landmessers und Karten-Zeichners kartographische Strategien zur räumlichen Wahrnehmung und deren Darstellung publizistisch thematisierte. Eben diese Person erhielt offenbar in ihrer späteren Funktion als Hauslehrer im Hause des Präsidenten der Ökonomischen Sozietät die Gelegenheit, Gedanken für einen *Atlas von Livland* einzubringen. Auffällig ist dabei die Orientierung an Mellins *Atlas von Liefland* sowie an nicht näher genannten „ausländischen Karten". Vier Abschnitte strukturieren Jaquets Text. Erstens, über die wesentlichen Methoden seiner Herstellung und den Inhalt. Zweitens, über den Nutzen und die Art der Geländedarstellung. Drittens, über den notwendigen Verzicht auf das Verwenden alter Karten sowie viertens, über die Ästhetik des Atlas.[137] Über die wesentlichen Methoden zur Herstellung des Atlas und den Inhalt wird vorgeschlagen, was im Jahr 1819 bereits durch Struves Arbeiten vorlag. Nämlich ein geometrisches Netz aus trigonometrisch und astronomisch bestimmten Punkten herzustellen und ebendiese Punkte in den Gutskarten zu identifizieren. Anschließend müsse ein geographisches Netz nach Längen- und Breitengraden gebildet werden, in das die gegebenenfalls korrigierten Gutskarten übertragen werden. Die exakte Einzeichnung der Punkte auf das Papier soll mithilfe von Ordinaten und Abszissen von einem Meridian aus erfolgen.[138] Dies sei auch, so der Verfasser: „bei allen guten ausländischen Karten beobachtet worden."[139] Damit der Atlas gleichzeitig Details sowie einen Gesamtüberblick bietet, müsse er aus einer Generalkarte und Spezialkarten bestehen. Während die Spezialkarte Angaben wie: Landesgrenze, Kreisgrenze, Stadt, Flecken, Hof, Kirche, Dorf, Postierung, Heer- Land- Guts- und Kirchenstraßen, Strom, Fluss, Flüsschen, Bach, Acker, Wald, See, Morast, Schlachtfelder sowie Relief beinhalten solle, müsse die Generalkarte das „Allgemeine und Wichtigere" von diesen enthalten, nämlich Landesgrenze, Kreisgrenze,

---

135 Jaquet: Reise in meinem Zimmer, S. 29 f.
136 Vgl. Kasper: Die Dinge, S. 205.
137 Vgl. Tartu ERA.1185.1.48., Statut der Gesellschaft für Mineralogie in St. Petersburg ..., Bl. 4. Einige Gedanken die Anfertigung eines Atlasses von Livlands betreffend.
138 Vgl. Tartu ERA.1185.1.48., Statut der Gesellschaft für Mineralogie ..., Bl. 5. Einige Gedanken die Anfertigung eines Atlasses von Livlands betreffend.
139 Vgl. Tartu ERA.1185.1.48., Statut der Gesellschaft für Mineralogie ..., Bl. 6. Einige Gedanken die Anfertigung eines Atlasses von Livlands betreffend.

Strom, Fluss, Stadt, Flecken, Hof, Kirche, Postierung, Heer- und Landesstraßen, größerer Wald und Morast, bedeutenderer See und Schlachtfeld.[140] Zur Frage des Kartenmaßstabs erörtert der Autor unterschiedliche Verkleinerungsverhältnisse „ausländischer Karten" und kommentiert einen nicht näher beschriebenen Vorschlag, wobei es sich vermutlich um die bereits an die Ökonomische Sozietät mitgeteilten Berechnungen und Entwürfe zur Kartenprojektion handelte, die aus Struves Feder stammen. Der Autor kommt zum Schluss, dass der von Struve vorgeschlagene Maßstab von 1 : 180.000 im Vergleich zu ausländischen Karten der kleinste wäre, den man für die Spezialkarte annehmen dürfe. In Bezug auf den Blattschnitt moniert er das Missverhältnis in Mellins *Atlas von Liefland*[141], dessen lose Karten unterschiedliche Formate und Maßstäbe aufweisen. Struves Empfehlung, den neuen „Atlas von Livland" in sechs gleichmäßige Blätter zu teilen, hält der Autor „der Sache angemessen", gibt aber zu bedenken, dass damit die Ostseeinsel Oesel außerhalb des Kartenfeldes bliebe, man diese im Sinne der Vollständigkeit aber nicht auslassen dürfe und daher eine siebte Spezialkarte notwendig wäre.[142] Über den Nutzen und die Art der Geländedarstellung – zweitens – schreibt der Autor:

> Es ist wahr, daß alle Methoden der Situationszeichnung die Unebenheiten des Erdbodens, seiner Erhöhungen und Vertiefungen, sein Steigen und Fallen anzugeben, im Allgemeinen keine richtige Ansicht vom Darzustellenden geben. […] Der Grund davon ist der, daß alle diese Methoden das Ganze immer mehr oder weniger als Landschaft nehmen, und es als solches dem Auge darstellen wollen.[143]

Schließlich gelangt er zur Feststellung, dass sich die Geländedarstellung schlecht mit den übrigen Karteninhalten vereinbaren lässt und deshalb ein besonderes Blatt für die Oberfläche Livlands gewidmet werden könnte.[144] In Bezug auf das Verwenden alter Karten – drittens – wird der in den 1790er Jahren hergestellte *Atlas von Liefland* erneut erwähnt und darauf verwiesen, dass diese Arbeit genauer wäre, wenn Mellin auf ältere Karten verzichtet hätte. Daher sei es ratsam, Mellins Karten bei der Herstellung des neuen Atlas nicht zu verwenden.[145] Schließlich – viertens – kommt

---

140 Vgl. Tartu ERA.1185.1.48., Statut der Gesellschaft für Mineralogie …, Bl. 5–7. Einige Gedanken die Anfertigung eines Atlasses von Livlands betreffend.
141 Atlas von Liefland.
142 Vgl. Tartu ERA.1185.1.48., Statut der Gesellschaft für Mineralogie …, Bl. 6–6 verso. Einige Gedanken die Anfertigung eines Atlasses von Livlands betreffend.
143 Tartu ERA.1185.1.48., Statut der Gesellschaft für Mineralogie …, Bl. 10 u. 8. Einige Gedanken die Anfertigung eines Atlasses von Livlands betreffend.
144 Vgl. Tartu ERA.1185.1.48., Statut der Gesellschaft für Mineralogie …, Bl. 10. Einige Gedanken die Anfertigung eines Atlasses von Livlands betreffend.
145 Vgl. Tartu ERA.1185.1.48., Statut der Gesellschaft für Mineralogie …, Bl. 10. Einige Gedanken die Anfertigung eines Atlasses von Livlands betreffend.

der Autor auf die „äußere Schönheit" des Atlas zu sprechen und bemerkt, dass letztendlich die geeignete Darstellung des Kartenbildes vom Zeichner abhänge.[146]

Diese Überlegungen geben Einblick, wie detailliert über Herstellungsweise, Form und Inhalt der Karte nachgedacht und wie stark dabei andere Karten zum Vergleich herangezogen wurden. Namentlich wird Mellins Atlas mehrfach erwähnt, was die intensive Auseinandersetzung mit diesem für Livland bedeutenden Werk belegt und andeutet, dass die Wahrnehmung von Livland durch diesen Atlas stark geprägt war. Auch wenn der Verfasser dieses Manuskripts sich mehrfach gegen Mellins Vorgehen ausspricht, scheint er doch eben dieses Kartenbild mit seinen spezifischen Inhalten stets vor Augen gehabt zu haben. Dafür spricht z. B. der Vorschlag, (historische) Schlachtfelder einzuzeichnen. Eine Information, an der die Ökonomische Sozietät weniger interessiert war, wie das Ergebnis schließlich belegt.

Zusammenfassend kann festgehalten werden, dass die Ökonomische Sozietät diesen Überlegungen in einigen Punkten folgte (geodätische Grundlagen, Maßstab, Format, keine Geländedarstellung, separate Höhenkarte), während sie in zahlreichen anderen Hinsichten letztendlich abweichende Entscheidungen traf (Verzicht auf eine siebte Karte von der Insel Oesel). Vor allem aber wurde die für die *Specialcharte von Livland* so charakteristische Differenzierung der Bodenbedeckung im Text gar nicht erwähnt. Dies deutet darauf hin, dass sich dieser Karten-Inhalt erst später aus einer anderen Perspektive ergab. Damit scheint das Kartenbild weniger Ausdruck eines zuvor gefassten Plans, als vielmehr eines Prozesses zu sein, der von zahlreichen Faktoren bestimmt worden war. Entscheidend war zweifellos die Wahl des Karten-Zeichners. Von ihm hing die geeignete Darstellung des Kartenbildes ab. Bereits Struve hatte darauf hingewiesen, dass ein tüchtiger Revisor und Zeichner nötig sei, um auf Grundlage des trigonometrischen Netzes Spezialmessungen und genaue Ortsbestimmungen von Flüssen, Seen, Städten usw. durchführen zu können.[147] Diesen Mann fand die Ökonomische Sozietät schließlich in Carl Gottlieb Rücker. Obwohl Rückers Biographie weitgehend im Dunkeln liegt, ist über seine Eignung zumindest bekannt, dass er im Jahr 1815 als Landvermesser bei der Livländischen Messungs- und Revisionskommission tätig war.[148] Mit ihm schloss die Ökonomische Sozietät 1819 einen Vertrag, der die Anfertigung eines *Atlas von Livland*, bestehend aus sechs Spezialkarten und einer Generalkarte vorsah. Zur Aufsicht seiner Arbeit wurde eine dreiköpfige Kommission gewählt, die aus Engelhardt, Struve und dem Landrichter Friedrich August Sivers (1766–1823) bestand. In dieser Funktion verfassten Engelhardt und Struve Berichte über den Fortgang der Arbeiten an die Ökonomi-

---

146 Vgl. Tartu ERA.1185.1.48., Statut der Gesellschaft für Mineralogie ..., Bl. 10. Einige Gedanken die Anfertigung eines Atlasses von Livlands betreffend.
147 Vgl. Tartu ERA.1185.1.595., Protokolle der Kommission in Sachen der Karte von Livland ..., Bl. 74. Einige Gedanken die Anfertigung eines Atlasses von Livlands betreffend.
148 Vgl. Varep: Rückeri Liivimaa spetsiaalkaardist, S. 38.

sche Sozietät.[149] Während über den technischen Ablauf der Kartenzeichner Rücker in einem 1840 erschienenen Aufsatz persönlich Auskunft erteilte[150], gibt die handschriftliche *Recapitulation über die Entstehung der C. G. Rücker'schen Karte Livlands*[151] detaillierte Auskunft über den organisatorischen Verlauf der Herstellung der *Specialcharte von Livland*. Der Autor G. von Numers verfasste dieses Manuskript für die Ökonomische Sozietät in Dorpat im Jahr 1910. Vermutlich wurde dieser historische Abriss im Zusammenhang mit der aktualisierten Neuauflage der *Specialcharte von Livland* niedergelegt. Wie darin bemerkt ist, bezieht sich die Darstellung auf Sitzungsprotokolle und andere Dokumente aus dem Archiv der Ökonomischen Sozietät. Die folgenden Darstellungen dienen dem Zweck, die Komplexität dieser Kartenherstellung mit all ihren Widerständen und anderen Problemen zu schildern, um die Karte als Ergebnis eines komplizierten Entstehungsprozesses nachvollziehbar zu machen. Dabei wird das Zusammenspiel verschiedener Akteure, nämlich der Ökonomischen Sozietät, der Universität Dorpat, der livländischen Ritterschaft, der Gutsbesitzer, der Gouvernements-Regierung, der Livländischen Mess- und Revisionskommission, der Kirche, des Ministeriums für Volksaufklärung, des zarischen Generalstabs sowie des Militär-Topographischen Depots sichtbar. Angesichts dieses vielfältigen Zusammenwirkens kristallisiert sich deutlich heraus, dass die Karte nicht von der Ökonomischen Sozietät allein verwirklicht werden konnte, sondern dies eine ganze Reihe an Akteuren auf Gouvernements- sowie auf Reichsebene bedurfte und ein Bedingungsgeflecht bildete.

Bereits für den ersten Teil der Arbeiten hatte die Ökonomische Sozietät von der Gouvernements-Regierung eine Erlaubnis einholen und beim Ministerium für Volksaufklärung die Beurlaubung von Professor Struve während der Sommermonate erwirken müssen, während sie die Universität Dorpat um das Verleihen der notwendigen Vermessungs-Instrumente bat.[152] Der zweite Teil begann im Jahr 1819 mit Rückers Arbeiten am ersten Kartenblatt und setzte sich nach der Reihenfolge der Blattnummern fort. Die Entwurfzeichnung des sechsten und letzten Blattes beendete er 1833. Das Verfahren sah vor, sehr viele Gutskarten in einen kleineren Maßstab zu kopieren und in die sechs Kartenblätter zu zeichnen, auf denen Struve die trigonometrisch ermittelten Punkte zuvor eingetragen hatte. Als große Herausforderung erwies sich, die in Privatbesitz befindlichen Gutskarten für Kopierzwecke ausleihen zu bekommen. Die Ökonomische Sozietät hatte sich 1820 in einem Serienbrief

---

149 Vgl. Tartu ERA.1185.1.595., Protokolle der Kommission in Sachen der Karte von Livland ..., Bl. 74–74 verso. Einige Gedanken die Anfertigung eines Atlasses von Livlands betreffend.
150 Vgl. Rücker, C. G.: Zur Geschichte der Bearbeitung der Specialcharte von Livland, in: Das Inland. Eine Wochenschrift für Liv-, Esth- und Curland's Geschichte, Geographie, Statistik und Literatur 5 (1840) 12, S. 177–183.
151 Tartu ERA.1185.1.595., Protokolle der Kommission in Sachen der Karte von Livland ..., Bl. 71–86 verso, Recapitulation über die Entstehung der C. G. Rücker'schen Karte Livlands.
152 Vgl. Tartu ERA.1185.1.595., Protokolle der Kommission in Sachen der Karte von Livland ..., Bl. 73, Recapitulation über die Entstehung der C. G. Rücker'schen Karte Livlands.

unter dem Titel „An die Herrn Gutsbesitzer" gewendet und sie folgendermaßen von ihrem Vorhaben zu überzeugen versucht:

> So oft auch schon das Bedürfniß genauer Charten dieser Provinz gefühlt worden ist, so kann doch erst jetzt, da die mehresten Güter im Lande vermessen sind, vermittelst der vorhergegangenen trigonometrischen Aufnahme, diesem Mangel vollkommen abgeholfen werden [...] Zur ungehinderten Fortsetzung dieser Arbeit bedarf sie aber der Unterstützung von Seiten des Landes, denn das trigonometrische Netz, welches die Lage der einzelnen Hauptpunkte gegen einander genau bestimmt, muss ausgefüllt werden, um daraus Charten zu bilden, und dies kann nur geschehen, indem die einzelnen Gutscharten kopirt und hineingetragen [werden können] [...] Die Gesellschaft sieht sich daher genöthigt, die Herrn Gutsbesitzer, in der Hoffnung, daß sie zur Beförderung eines so nützlichen Vorhabens mitwirken werden, um die Mittheilung ihrer Gutscharten auf kurze Zeit zu bitten, damit sie kopiert werden.[153]

Exemplarisch zeigt Abbildung 45 eine typische handgezeichnete Gutskarte als ungleichmäßig geschnittenes Vieleck. Die inselhafte Kontur orientiert sich an den Grenzen des Bauernlandes neben dem gutsherrlichen Besitz (hellblau), in diesem Falle vom Rittergeschlecht von Berg. Die Verkleinerung und Zusammensetzung der Karten zu einem Blatt konnte aber erst beginnen, sobald möglichst viele Karten vorhanden waren. Ein Problem bestand darin, dass nicht der gesamte Landbesitz von allen privaten Gütern kartiert war, da vor allem die Bauernländereien für die Festlegung der Fronpacht von Interesse waren. Vor allem aber ließen sich viele Gutsbesitzer nur schwer davon überzeugen, ihre wertvollen Gutskarten für Kopierzwecke auszuleihen.[154] Sie befürchteten offenbar, dass ihre Karten dazu dienen sollten, ein Steuer-Kataster aufzubauen und höhere Abgaben gefordert werden könnten. Diese Schwierigkeiten verzögerten neben anderen Problemen die Fertigstellung der einzelnen Entwurfsblätter. Um diese Herausforderungen teilweise zu umgehen, erwirkte die Ökonomische Sozietät die Erlaubnis, die im Archiv der Livländischen Messungs- und Revisions-Kommission liegenden Gutskarten zu kopieren.[155] Ein weiteres Problem war die Beschaffung von Karten der Kron-Güter, da die meisten von ihnen noch nicht vermessen waren und nur wenige Karten existierten. Diese Reichsdomänen machten mit vier- bis fünftausend Quadratwerst rund 14 Prozent der Gesamtfläche Livlands aus.[156] 1821 beantragte die Ökonomische Sozietät bei der livländischen Gouvernements-Regierung, die Verwaltungen der Kron-Güter anzuweisen, Revisor Rücker bei seinen Arbeiten nicht zu stören und ihm behilflich zu sein. Ein Jahr dar-

---

153 Tartu ERA.1185.1.595., Protokolle der Kommission in Sachen der Karte von Livland ..., Bl. 3, An die Herren Gutsbesitzer.
154 Vgl. Tartu ERA.1185.1.595., Protokolle der Kommission in Sachen der Karte von Livland ..., Bl. 75–76, Recapitulation über die Entstehung der C. G. Rücker'schen Karte Livlands; Rücker: Geschichte der Bearbeitung der Specialcharte von Livland, S. 179–181.
155 Vgl. Tartu ERA.1185.1.595., Protokolle der Kommission in Sachen der Karte von Livland ..., Bl. 75, Recapitulation über die Entstehung der C. G. Rücker'schen Karte Livlands.
156 Vgl. Voenno-statističeskoe obozrenie Rossijskoj imperii, Bd. 7, Ostzejskie gubernii, Teil 2, Lifljandskaja gubernija, Sankt Petersburg 1853, S. 15.

auf erhielt Rücker per Befehl der Regierung die Erlaubnis, die nicht kartierten Reichsdomänen, wie z. B. das Krongut „Werrohof" in Abbildung 43, weniger detailliert und in kleinerem Maßstab aufzunehmen. Die Ökonomische Sozietät stellte dafür einen zusätzlichen Feldmesser ein und versuchte zu erwirken, dass die Gouvernements-Regierung die Verwaltungen der Krongüter verpflichtet, Hilfsarbeiter kostenlos zur Verfügung zu stellen. 1823 beteiligten sich mittlerweile zwei Offiziere des zarischen Generalstabs an der Aufnahme der Krongüter.[157] Währenddessen ersuchte der zarische Generalstab wiederholt um die Einsendung des bisher entstandenen Kartematerials und der geodätischen Arbeiten Struves, die er mittlerweile für seine Breitengradmessung fortgesetzt hatte. Struve schlug daraufhin vor, Kartenmaterial nur auszuhändigen, wenn sich im Gegenzug weitere Offiziere des Generalstabs an der Vermessung der Reichsdomänen beteiligen würden. Daraufhin setzte sich die Ökonomische Sozietät erfolgreich mit dem Generalstab in Verbindung, um auf ihre Kosten die Abkommandierung weiterer Offiziere zu bewirken.[158] Die Spezialmessungen gestalteten sich deshalb so aufwändig, weil die entsprechenden Orte oft in weit voneinander entfernten Gebieten verteilt waren. Sobald die „weißen Flecken" in einem Kartenblatt getilgt waren, konnte die Anfertigung verkleinerter Kopien erfolgen. Hierfür diente ein so genannter Pantograph, der vom Dorpater Universitäts-Mechanikus angefertigt und zur Verkleinerung der Gutskarten verwendet wurde.[159] Von rund 2.000 Gutskarten fertigte Rücker verkleinerte Kopien an, die auf den Kartenblättern mithilfe von Struves ermittelten Punkten in Zusammenhang gebracht werden konnten. Aus verfahrenstechnischen Gründen wurde der Maßstab auf 1 : 184.275 festgelegt.[160] Gleichzeitig kämpfte die Ökonomische Sozietät fortwährend mit den Gutsbesitzern um die Einsendung möglichst aller vorhandenen Gutskarten, um das Material für das nächste der sechs Kartenblätter bereitzustellen und teure Spezialvermessungen zu vermeiden.[161] Doch beim Zeichnen des ersten Entwurfs traten erneut Probleme auf. Unterschiede in den eingesendeten Gutskarten führten zu Widersprüchen und Zweifeln, wie sich die Topographie in Wahrheit verhalte. Wege waren in ihrer Art, Lage und Richtung zum Teil unlogisch gezeichnet. Die Ursachen hierfür wurden im unterschiedlichen Alter der Gutskarten sowie in nicht einheitlichen Zeichenregeln ausgemacht, nach denen die Karten angefertigt worden waren. Dort, wo derartige Unklarheiten auftraten, musste sich Rücker an Ort und Stelle

---

157 Vgl. Tartu ERA.1185.1.595., Protokolle der Kommission in Sachen der Karte von Livland ..., Bl. 76–76verso, Recapitulation über die Entstehung der C. G. Rücker'schen Karte Livlands.
158 Vgl. Tartu ERA.1185.1.595., Protokolle der Kommission in Sachen der Karte von Livland ..., Bl. 77–80 verso, Recapitulation über die Entstehung der C. G. Rücker'schen Karte Livlands.
159 Parrot, Georg Friedrich: Description d'un nouveau pantographe. Mémoires de l'Académie impériale des sciences de St.-Pétersbourg, Sc. Math., Bd. I, Sankt-Pétersbourg 1831, S. 25–38.
160 Vgl. Parrot: Description d'un nouveau pantographe, S. 3.
161 Vgl. Tartu ERA.1185.1.595., Protokolle der Kommission in Sachen der Karte von Livland ..., Bl. 82–83 verso, Recapitulation über die Entstehung der C. G. Rücker'schen Karte Livlands; Rücker: Geschichte der Bearbeitung der Specialcharte von Livland, S. 179.

selbst überzeugen oder es wurden die verantwortlichen Landmesser und Karten-Zeichner zur Berichtigung ins Feld geschickt, um die in Zweifel stehenden Karteninhalte zu prüfen und auszubessern.[162] Für die Korrektur von zwei Karten-Blättern wurden im Jahr 1828 rund 100 kleinere und größere Wege in ihrer Lage und Richtung berichtigt sowie Krüge, Höfe, Mühlen usw. ergänzt. Rücker reiste für derartige Korrekturzwecke den Karten-Blättern entsprechend durch das ganze Gouvernement Livland. Seine Reisen im Jahr 1829 ergaben, dass 50 Orte falsch verzeichnet waren oder gänzlich fehlten, 23 Wege, zum Teil wichtige Poststraßen, in ihrer Lage und Eigenschaft korrigiert werden mussten.[163] Beim Zeichnen der Karten kam es zu einer weiteren Herausforderung: die unklare Rechtschreibung der Toponyme. Mithilfe von topographischen Textbeschreibungen[164] Livlands wurden ihre unterschiedlichen Schreib- und Sprechweisen verglichen und jene verzeichnet, die mehrheitlich Erwähnung fanden. Die Schreibweisen der darin nicht vorkommenden Dörfer und Beihöfe erfolgte nach den Gutskarten. Pastor Hupel, Autor der *Topographischen Nachrichten von Lief- und Ehstland* hatte bereits im 18. Jahrhundert dazu bemerkt:

> In keinem Lande sind die Namen der Höfe, Dörfer, Distrikte und Kirchspiele so verstümmelt, abweichend und unbestimmt als in Liefland. Deutsche, Dänen, Polen, Schweden und Russen haben über diese Herzogthümer geherrscht und sie bewohnt: jede Nation sprach und schrieb die Namen nach ihrer eigenen Mundart (...).[165]

Auch die genaue Feststellung der Kreis- und Kirchspielgrenzen erwies sich als komplizierte Angelegenheit. Brauchbare Kreisgrenzkarten fehlten. Verläufe von Kirchspielgrenzen konnten nur mithilfe von Pastoren und vorhandenen Gutskarten zum Teil aufwändig rekonstruiert werden, weshalb sich Rücker für deren Kartierung bevorzugt entschied und die Kreisgrenze nur dort anzeigte, wo sie nicht mit der Kirchspielgrenze zusammenfiel.[166] Rücker war hinsichtlich dieser Vielfalt an Widrigkeiten zweifellos des Öfteren gezwungen, Kompromisse einzugehen, um das Projekt zum Abschluss zu bringen. Im Frühjahr 1833 beendete er die Zeichenarbeiten am Kartenentwurf, um das letzte Blatt für den Stich zu versenden.[167] Schließlich zeigen die Kar-

---

162 Vgl. Tartu ERA.1185.1.595., Protokolle der Kommission in Sachen der Karte von Livland ..., Bl. 85–85 verso, Recapitulation über die Entstehung der C. G. Rücker'schen Karte Livlands.

163 Vgl. Tartu ERA.1185.1.595., Protokolle der Kommission in Sachen der Karte von Livland ..., Bl. 83–83 verso, Recapitulation über die Entstehung der C. G. Rücker'schen Karte Livlands.; Rücker, Geschichte der Bearbeitung der Specialcharte von Livland, S. 180.

164 Vgl. Rücker: Geschichte der Bearbeitung der Specialcharte von Livland. Darin nennt er u. a.: Hupel, August Wilhelm (Hrsg.): Topographische Nachrichten von Lief- und Ehstland, 3 Bde., Riga 1774–1789; Bienemann von Bienenstamm, Herbord Karl Friedrich: Geographischer Abriß der drei deutschen Ostsee-Provinzen Russlands oder der Gouvernements Ehst-, Liv- und Kurland, Riga 1826.

165 Hupel: Topographische Nachrichten von Lief- und Ehstland, Bd. 1, S. 37.

166 Vgl. Rücker: Geschichte der Bearbeitung der Specialcharte von Livland, S. 180 f.

167 Vgl. Tartu ERA.1185.1.595., Protokolle der Kommission in Sachen der Karte von Livland ..., Bl. 85, Recapitulation über die Entstehung der C. G. Rücker'schen Karte Livlands.

tenblätter ein Bild von Livland, das dem Stand von 1827 bis 1832 entspricht.[168] Als die sechs Blätter fertig gezeichnet waren, sollte nach dem Vertrag zwischen der Ökonomischen Sozietät und Rücker zusätzlich eine Generalkarte angefertigt werden.[169] Rücker wurde dagegen gestattet, auf eigene Kosten eine Generalkarte zur Übersicht herzustellen[170], welche er schließlich um die russischen Ostseeprovinzen Est- und Kurland erweiterte.[171] Varep vermutete, dass die hohen Kosten die Ökonomische Sozietät zum Aufgeben der Pläne für eine Generalkarte bewog und ihre Karte aus diesem Grunde den Titel *Specialcharte von Livland*, anstatt *Atlas von Livland* erhielt.[172]

7.4.3 Stich und Druck der Karte

Nachdem Livlands Gouverneur im Jahr 1824 der Ökonomischen Sozietät die kaiserliche Erlaubnis für den Kartendruck mitgeteilt hatte, wurden Moritz von Engelhardt sowie der Sekretär der Ökonomischen Sozietät beauftragt, Angebote von Kartenstechern im In- und Ausland einzuholen. 1827 schließlich beauftragte die Ökonomische Sozietät das Militär-Topographische Depot in Sankt Petersburg. Unter welchen konkreten Umständen dies geschah, ist unklar. Numers gab für diese Entscheidung Kostengründe an und das Depot hatte das günstigste aller Angebote unterbreitet.[173] Inwieweit nach der Thronbesteigung Zar Nikolaus I. und dem Dekabristen-Aufstand 1825 Druck auf die Ökonomische Sozietät ausgeübt worden war, ihre neue topographische Karte vom westlichen Grenzgebiet des Reiches unter der Kontrolle des zarischen Generalstabs fertigstellen zu lassen, geht aus den Quellen nicht hervor. Wie

---

168 Vgl. Rücker: Geschichte der Bearbeitung der Specialcharte von Livland, S. 180.

169 Vgl. Tartu ERA.1185.1.595., Protokolle der Kommission in Sachen der Karte von Livland ..., Bl. 77, Recapitulation über die Entstehung der C. G. Rücker'schen Karte Livlands.

170 General-Charte von Livland, nach den vollständigen astronomisch-trigonometrischen Ortsbestimmungen und speciellen Landesvermessungen. Mit Bewilligung der Livl. gem. ökon. Sozietät, aus der von ihr herausgegebenen topographischen Charte bearbeitet und herausgegeben von C. G. Rücker, 1 Blatt, [Maßstab ca. 1 : 600.000], Dorpat 1836 [2. Auflage Dorpat 1857].

171 General-Karte der Russischen Ost-See-Provinzen Liv-, Ehst- und Kurland. Nach den vollständigen astronomisch-trigonometrischen Ortsbestimmungen u. den speciellen Landesvermessungen auf Grundlage der Specialcharten v. C. Neumann, C. G. Rücker und J. H. Schmidt, herausgegeben von C. G. Rücker, 1 Blatt, [Maßstab 1 : 605.000], Reval 1846. Mit zahlreichen Auflagen prägte diese verbreitete Karte bis ins 20. Jahrhundert [7. Auflage 1914] die Wahrnehmung vieler Reisender von den russischen Ostseeprovinzen. Die Karte hebt Straßenverbindungen, Orte und Grenzen in Est-, Liv- und Kurland hervor und beinhaltet Angaben für Reisende von Berlin nach Sankt Petersburg per Kutsche sowie Informationen zu Dampfschiffverbindungen auf der Ostsee. Aus einer Tabelle können verschiedene Post- und Dampfschiffrouten samt Stationen und Distanzen entnommen und entsprechende Fahrpreise berechnet werden.

172 Vgl. Varep: Rückeri Liivimaa spetsiaalkaardist, S. 34.

173 Vgl. Tartu ERA.1185.1.595., Protokolle der Kommission in Sachen der Karte von Livland ..., Bl. 82, Recapitulation über die Entstehung der C. G. Rücker'schen Karte Livlands.

der im Archiv der Sankt Petersburger Filiale der Russländischen Akademie der Wissenschaften aufbewahrte Vertrag dokumentiert, verpflichtete sich das Militär-Topographische Depot, sechs Kartenblätter plus Übersichtsblatt (Abb. 39) zu stechen; wobei der Stich eines jeden Kartenblattes 1.200 Rubel kosten sollte. Das Depot war verpflichtet, 200 gedruckte Exemplare der Karte zu je 6 Blättern an die Ökonomische Sozietät zu liefern. Danach war es dem Depot gestattet, die Karte öffentlich zu verkaufen.[174] Rückers Entwurfszeichnung für das erste Kartenblatt war 1827 zum Probestich bereit. Das Resultat war für Rücker aber ernüchternd, da er eine Vielzahl Fehler bemerkte. Im Rückblick schrieb er darüber:

> Obgleich dem Stich der Charte nichts an äußerer Eleganz fehlt, ist der Kupferstecher aus mir unerklärbaren Gründen von meiner Originalzeichnung [...] abgewichen. So sind die Namen der Güter mit sehr kleinen, die der Gesinde und Dörfer aber mit grossen Buchstaben gestochen; oder die große Poststraße ist mit 3 anstatt mit 2 Parallelstrichen angegeben, so dass man die Straße leicht für einen Fluss halten kann.[175]

Die zweimalige Durchsicht von vier der sechs gestochenen Kartenblätter habe nicht weniger als 3.574 Fehler ergeben. Die vielen Details in Rückers Entwurfszeichnungen hatten die Graveure des Militär-Topographischen Depots an ihre Grenzen gebracht. Obwohl die Ökonomische Sozietät beabsichtigt hatte, die Karte im Jahr 1829 fertigzustellen, verzögerte sich der Abschluss der Arbeiten Jahr um Jahr. Bevor der Karten-Druck als letzter Schritt erfolgen konnte, mussten immer noch Korrekturen durchgeführt werden. Nach 23 Jahren Arbeit und Gesamtkosten von 83.073 Assignaten-Rubel lag die *Specialcharte von Livland* im Jahr 1839 gedruckt vor.[176]

7.5 Bildanalyse

Um zu analysieren, wie sich diese Raumwahrnehmung der Ökonomischen Sozietät kartographisch ausdrückte, soll im Folgenden das konkrete Bild der *Specialcharte von Livland* untersucht werden. Die exemplarische Beschreibung der folgenden Kartenausschnitte veranschaulicht, wie viele unterschiedliche Informationen in dieser Karte stecken und welches Bild vom Gouvernement Livland gezeichnet wurde. Einerseits wird es exemplarisch „gelesen", um es in seiner visuellen Qualität zu erfassen und seine Perspektive zu interpretieren. Andererseits wird erst im darauffolgen-

---

174 Vgl. SPF ARAN Sankt-Peterburg, f. 721, op. 1, ed. chr. 68, Materialy po s"emke v lifljandskoj gub.: kontrakty, vyčislenie, l. 627, [Übereinkunft zwischen der Ökonomischen Sozietät und dem Militär-Topografischen Depot, o. J., vor 1829].
175 Rücker: Geschichte der Bearbeitung der Specialcharte von Livland, S. 181 f.
176 Vgl. Tartu ERA.1185.1.595., Protokolle der Kommission in Sachen der Karte von Livland ..., Bl. 81–82 verso, Recapitulation über die Entstehung der C. G. Rücker'schen Karte Livlands.

den Vergleich mit einer älteren Karte erkennbar, worin die neue Qualität der *Specialcharte von Livland* bestand.

7.5.1 Vom Prinzip der kartographischen Generalisierung

Im Vergleich der *Specialcharte von Livland* mit den ihr zugrunde liegenden Gutskarten wird sichtbar, welche inhaltliche Auswahl und welche Veränderungen der von der Ökonomischen Sozietät beauftragte Kartenverfasser Carl Gottlieb Rücker vorgenommen hat. Es wird dabei deutlich, dass ein Großteil der Informationen aus den verkleinerten und kopierten Grundkarten ausgelassen und verändert worden ist, um in der Folgekarte nur ausgewählte Inhalte in bestimmter Weise zu zeigen. Die inhaltliche Dichte dieser Karte ist wesentlich höher als bei älteren Karten von Livland, wie zum Beispiel beim *Atlas von Liefland* des Grafen von Mellin.[177] Insgesamt 46 Signaturen repräsentieren in der gesamten Karte Bodenbedeckungen, Siedlungen, Wohnstätten und andere wirtschaftlich relevante Bauten, fließende und stehende Gewässer, Übergänge, Verkehrswege und politisch-administrative Grenzen.[178] Während die *Charte von den Hofs und Bauer Ländereyen des privaten Gutes Lustifer* (Abb. 41) das Dorf Leiso beim Namen nennt und den Verlauf von Grundstücksgrenzen, Straßen und Wegen, die Art der Bodenbedeckungen sowie die Qualität der Ackerböden innerhalb des Gutslandes dokumentiert, zeigt die *Specialcharte von Livland* ein stark vereinfachtes Bild dieses Ortes (Abb. 42). Vor allem der gewählte Maßstab zwang zu einer Auswahl, da die verkleinerte Karte prinzipiell über weniger Platz zur Darstellung aller Einzelheiten aus der Grundkarte verfügt. In Abbildung 42 sind u. a. das „Hauptgut" „Lustifer" symbolisch und fünf „Bauernwohnungen" (Dörfer) grundrisslich eingezeichnet. Die quer über das Bild verlaufende Linie stellt einen von mehreren kartierten Breitengraden dar, der gemeinsam mit Längengraden und der am Kartenrand befindlichen Gradleiste dazu dient, die geographischen Koordinaten eines beliebigen Ortes auf der Karte ermitteln zu können. Oder umgekehrt, einen Ort mithilfe seiner geographischen Länge und Breite im Kartenbild zu finden. Nur der größ-

---

177 Vgl. Kap. 7.5.5.
178 Der Signaturen-Schlüssel beinhaltet in angegebener Reihenfolge: Feld, Buschland, Heuschlag [Wiese, Laubholz auf morastigem Grunde, Nadelholz, Laubholz auf trockenem Grunde, Heide mit Nadelholz, Gemischter Wald auf trockenem Grunde, Klein Gebüsch als Viehweide, Morast mit Gebüsch, Morast, Sandwüste, See, Flüsse, Poststraße, Große Communicationsstraße, Kirchenwege, Neben und Winterwege, Festung, Offene Stadt, Zerstreute Wohnungen [mehrere verteilte Bauernwohnungen unter einem Ortsnamen], Bewohntes altes Schloss, Zerstörtes Schloss, Hauptgut, Hoflage [wirtschaftliches Nebenzentrum eines Gutes, Vorwerk] und Höfchen, Pfarrkirche, Filialkirche, Pastorat, Russische Kirche, zerstörte Kirche, Wassermühle, Sägemühle, Papiermühle, Kupferhammer, Windmühle, Fabrik, Glashütte, Ziegelei, Höle [sic!], Krug [Gasthof], Bauerwohnung [eine oder wenige Bauernhütten], Strandreuter [Strandwache], Gouvernements Grenze, Kreis und Kirchspiels Grenze, Brücke, Fähre und Furth.

te als „Zerstreute Wohnungen" (mehrere verteilte Bauernwohnungen unter einem Ortsnamen) symbolisierte Ort Puddifer (estnisch: Pudivere[179]) ist seinem verdeutschten Ortsnamen nach angegeben, während die kleineren Siedlungen unbenannt bleiben. Zu ihnen zählt das Dorf Leiso aus Abbildung 41 Es liegt in Abbildung 42 südlich von Puddifer und wird beispielsweise nur mit zwei grundrisslich zusammengefassten Gebäuden dargestellt, obwohl die Gutskarte sechs Gebäude beinhaltet. Verbindungswege fehlen. Eine Differenzierung der Bodenbedeckungen in der näheren Umgebung des Ortes wurde ebenso nicht vorgenommen. Östlich erstreckt sich lediglich „Feld" (weiß ausgelassen), westlich ein Streifen „Sandwüste". Dieses Vorgehen folgte dem Prinzip der kartographischen Generalisierung, was bei der Herstellung der gesamten Karte, so auch im folgenden größeren Kartenausschnitt der *Specialcharte von Livland*, angewendet worden war (Abb. 43). Dabei ging es einerseits um die Gewährleistung der Übersichtlichkeit und Lesbarkeit, indem nicht alle Informationen der Grundkarten in die verkleinerte Folgekarte übernommen werden konnten. Andererseits lag den Entscheidungen des Kartographen ein Konzept zugrunde, um ein bestimmtes Objekt zu übernehmen oder wegzulassen. Dabei besteht die Gefahr, bestimmte Werte und Normen unbewusst in das Kartenbild zu übernehmen. Genauso verhält es sich bei der Art und Weise, ein ausgewähltes Objekt darzustellen, was für die Interpretation des Kartenbildes sehr wichtig ist.

7.5.2 Eine Fahrt übers Land: Bildbeschreibung

Im Folgenden soll eine imaginäre Fahrt im Kartenbild (Abb. 43) helfen, um die Karte zum Sprechen zu bringen und so einen detaillierten Eindruck von ihrem Inhalt zu bekommen. Nehmen wir an, die Route führt entlang des letzten Teilstücks der „Großen Communications Straße", welche die ca. 65 Werst entfernte Kreis- und Universitätsstadt Dorpat direkt mit Werro verband. Eine Kreisstadt, die ab 1784 neben dem Krongut Werrohof planmäßig erbaut worden war und im Jahr 1819 insgesamt 717 Einwohner zählte.[180] In Abbildung 43 befindet sich am oberen Rand ein „Krug" (Gasthaus) bei „Lappi", einer Siedlung aus Bauernwohnungen (kleines Dorf), an die sich nach Westen und Norden „Heuschläge" (Wiesen) anschließen, knapp über ein „Flüsschen" hinausreichen und in „Buschland" übergehen. Östlich liegt „Feld" und am südlichen Ende des Ortes zweigt ein „Kirchenweg" ab, der ostwärts vorbei an einem „See" und einer „Windmühle" bis zu einem „Hauptgut" führt, das als „Alt Waimel" bezeichnet und am Ufer eines weiteren „Sees" gelegen ist. Die Wegstrecke vom „Krug" in „Lappi" bis zur „Windmühle" beträgt etwas mehr als ein Werst. Dies kann der relativ genauen Karte mithilfe eines Stechzirkels entnommen und im Vergleich mit der am unteren Kartenrand aufgedruckten Maßstabsleiste abgelesen werden.

---

179 Vgl. Baltisches Historisches Ortslexikon, S. 468.
180 Vgl. Baltisches Historisches Ortslexikon, S. 666.

Südöstlich von „Alt Waimel" befindet sich „Weiso", eine „Hoflage" (wirtschaftliche Nebeneinrichtung eines Gutes), die mit dem „Hauptgut" durch einen „Neben- und Winterweg" verbunden ist und an einer Quelle liegt. „Heuschlag", „Buschland" und „Morast" umgeben diesen Ort. Westlich zwischen „Lappi" und dem „Fluss" „Woo" erscheint die „Hoflage" „Loso" an einem „See". Am gegenüberliegenden Ufer liegt eine „Bauernwohnung". Dort erstreckt sich von „Buschland" umgebenes „Feld" nördlich, östlich und in einem schmalen Streifen nach Süden hin. Kurz vor dem „Fluss" liegt an der „Großen Communications Straße" ein weiterer „Krug", dort, wo ein „Kirchenweg" nach Westen zur „Hoflage" „Jerwer" abzweigt, durch „Buschland" und „Feld" über die „Zerstreuten Wohnungen" namens „Zoppa" und „Waggula" führt. Um auf der Route nach „Werro" den „Fluss" „Woo" zu queren, muss der Strom mittels „Fähre oder Furth" passiert werden. Gleich danach kommt ein „zerstörtes Schloss" bei „Kirrumpäh" in Sicht. „Buschland", „Heuschlag" sowie „Heide mit Nadelholz" umgeben diesen Ort. Weiter südlich liegt ein dritter „Krug" an einer weiteren „Fähre oder Furth" neben dem „Hauptgut" „Werrohof". Hier fließt ein Nebenarm des nördlich bereits passierten „Flusses" und treibt an einer engen Stelle eine „Wassermühle" an. Nach einer dritten „Fähre oder Furth" ist die „Offene Stadt" „Werro" nach rund acht Werst Strecke erreicht. Dort stehen sowohl eine „Russische Kirche" als auch eine „Pfarrkirche". „Werro" ist von Süden kommend an das Postwegenetz angeschlossen, die „Große Communications Straße" verwandelt sich hier in eine „Poststraße".

7.5.3 Lückenlose Topographie der agrarwirtschaftlichen Flächen

Diese Beschreibung entlang dieser exemplarischen Route macht deutlich, dass das gesamte Kartenfeld lückenlos mit unterschiedlichen Signaturen ausgefüllt ist und jedem Punkt eine oder mehrere Eigenschaften zugeschrieben sind. Auch wenn die traditionelle Bezeichnung *Specialcharte* auf einen allgemeinen Charakter hinweist, sind die Bodenbedeckungen in ihrer Vielfalt das dominante Thema. Die entsprechenden Flächen-Signaturen sind in zwölf Variationen verwendet worden und geben dem Bild seine überaus hohe Informationsdichte. Auf Grundlage der geometrischen Kartengenauigkeit ließ sich etwa genau berechnen, wie stark ein Kreis, Kirchspiel oder das gesamte Gouvernement von Feldern, Heuschlag, Morast oder Gewässern etc. bedeckt ist, um daraus Schlüsse für praktische Maßnahmen zur Veränderung zu ziehen. Im Zusammenhang mit den anderen kartierten Objekten wie Siedlungen, Wassermühlen und Windmühlen, Fabriken, den stehenden und fließenden Gewässern, Straßen und Wegen etc. wurde die grundlegende Struktur des vorherrschenden agrarischen Wirtschaftssystems in seiner räumlichen Lage sowie in den Beziehungen seiner einzelnen Bestandteile zueinander kartographisch sichtbar und messbar gemacht. Distanzen und Flächen können diesem Kartenbild genauso entnommen werden, wie die geographischen Koordinaten jedes einzelnen Punktes auf der Karte, dessen Position auf der Erdoberfläche in exakte Relation zu den geographischen Längen und Breiten aller anderen bestimmbaren Orte des Kreises, Gouvernements, Russlands und darüber hinaus gesetzt werden kann. Nach einheitlichen Kriterien wurde mit der Karte zudem eine topographische Ordnung hergestellt, um als Grundlage für die agrar-statistische Erfassung und Berechnung zu dienen. Dieses Bild ist der Beleg einer umfassenden Inventarisierung und Territorialisierung nach agrarwirtschaftlichen Gesichtspunkten, um als allgemeine Handlungsgrundlage für eine Verbesserung der Agrarwirtschaft zu dienen. Dabei erscheint der abgebildete Raum als komplexes Gebilde aus natürlichen Gegebenheiten (Flüsse, Seen, Morast und unkultiviertes Land) und menschlicher Kultivierung (Siedlungen, Wege, kultiviertes Land). So zeichnet die Karte zugleich ein Bild der vorherrschenden sozialen Topographie.

7.5.4 Soziale Topographie

Mit ihrer Karte richtete sich die Ökonomische Sozietät offenbar gezielt an adlige Landwirte. Das übermittelte Raumbild konstruiert eine klare soziale Hierarchie, an deren Spitze die Gutsbesitzer stehen. Dies wird in mindestens vier Hinsichten deutlich: Deutsch als Kartensprache, Gestaltung der Signaturen für Siedlungen, Gestaltung der Kartenschrift für Toponyme, Unterschlagungen und Hervorhebungen der Signaturen für Straßen und Wege. So, wie der Titel samt Untertitel (Abb. 38) und Signaturen-Schlüssel, wurde die gesamte Kartenschrift in deutscher Sprache ausgeführt. Dies kann als Ausdruck der Privilegien des deutsch-baltischen Adels als Selbstverwalter ihres Erblandes innerhalb des Russländischen Imperiums verstanden werden. Dass die estnischen und lettischen Ortsbezeichnungen verdeutscht wiedergegeben wurden, korrespondiert mit der offiziellen Amtssprache Livlands, die nach der Kultur des führenden deutsch-baltischen Adels ausgerichtet war. Sobald dieser aber seine Privilegien im Rahmen der Russifizierungspolitik des späten 19. Jahrhunderts einzubüßen begann, verlor er auch die Gewalt über die vorherrschende Sprache sowie über die Benennung von Toponymen. Die Verwandlung des deutschen Ortsnamen Dorpat in das russische Jur'ev 1893 ist der symbolträchtige Beleg dieses Machtverlustes.[181] In dieser Hinsicht wäre es keine Überraschung, wenn sich die Vermutung erhärten würde, dass die Neuauflage der *Specialcharte von Livland* zum 100-jährigen Jubiläum der Ökonomischen Sozietät 1895 aus politischen Gründen nicht zustande kam. Die Form der Signaturen für adlige und bäuerliche Siedlungen unterscheidet sich wesentlich. Obwohl beispielsweise die Signaturen für herrschaftliche Wohnsitze in „Bewohntes altes Schloss" und „Hauptgut" unterschieden werden, wurden sie als Bild-Signaturen dargestellt, die in ihrer auffälligen Größe ein qualitatives Merkmal anzeigen, nämlich die hohe soziale Stellung der Bewohner ei-

---

181 Vgl. Kap. 8.4.

nes Objektes (z. B. „Hauptgut" „Alt Waimel" in Abb. 43). Diese prächtigen Signaturen repräsentieren die landbesitzende Oberschicht in einer besonderen symbolischen Form. Im Unterschied dazu wurden die quantitativen Merkmale der bäuerlichen Siedlungen mit den Signaturen für „Zerstreute Wohnungen" („Zoppa" in Abb. 43) und „Bauernwohnung" („Lappi") grundrisslich hervorgehoben. Damit wird indirekt auf die soziale Stellung ihrer Bewohner geblickt, indem die ungefähre Zahl ihrer Bauten in den Vordergrund gestellt wird, was als Reduktion auf die jeweils vorhandene Arbeitskraft gelesen werden kann. Eine quantitative Aussage über einzelne Hauptgüter und Appertinentien („Mühlen", „Krüge", „Hoflagen und Höfchen") erlaubte sich der Kartograph dagegen nirgends. Stattdessen bewahrte er Diskretion. Die Form der Kartenschrift korrespondiert mit der Form der Signaturen. Während der fett hervorgehobene gerade stehende und in großen Lettern geschriebene Name eines „Hauptgutes" („Alt Waimel") im Unterschied zu einer kursiv und in kleiner Schrift bezeichneten „Hoflage" („Weiso") als Teil des „Hauptgutes" auf rein qualitative Merkmale des Objektes verweist, betont der fett hervorgehobene gerade stehende und in großen Lettern geschriebene Name von „Zerstreuten Wohnungen" („Zoppa") im Unterschied zur „Bauernwohnung" („Lappi") quantitative Merkmale. Auch Unterschlagungen und Hervorhebungen von Signaturen beim Transportnetzwerk über Land betonen die soziale Differenzierung. Alle kartierten Straßen und Wege verbinden ausschließlich „Hauptgüter" und deren Appertinentien mit Städten. Keine Straße und kein Weg beginnt oder endet in einem oder mehreren Bauerndörfern („Bauernwohnung" oder „Zerstreute Wohnungen"). Wenn eine bäuerliche Siedlung nicht gerade neben einem bestehenden Verbindungsweg liegt, erfährt der Kartenleser nicht, wie er dort hingelangen könnte. Gewiss mögen die im Kartenbild unterschlagenen Wege kaum ausgebaut gewesen sein. Da die Karte aber auch die Signatur für „Neben- und Winterwege" beinhaltet, die beispielsweise das „Hauptgut" „Alt Waimel" mit der „Hoflage" „Weiso" verbindet, handelt es sich erkennbar um eine beabsichtigte Unterschlagung eines Teils der bäuerlichen Arbeits- und Lebenswelt. Inwieweit es sich hierbei um eine unbewusste Übernahme bestimmter Werte und Normen aus bereits existierenden Kartenvorlagen (Abb. 44) handelte, ist schwer zu belegen. Fest steht zumindest, dass der Kartograph ähnliche Signaturen wählte und damit kein besonderes Augenmerk auf die Darstellung der mittlerweile befreiten Bauern im Kartenbild legte, deren Bedeutung für die Verbesserung der Landwirtschaft von der Ökonomischen Sozietät anerkannt worden war.

7.5.5 *Atlas von Liefland* und Specialcharte von Livland im Vergleich

Der Vergleich mit dem entsprechenden Ausschnitt der für den *Atlas von Liefland*[182] hergestellten Karte Nr. 5, *Der Werroshe Kreis*, verdeutlicht, worin sich die spätere

---

182 Atlas von Liefland.

Specialcharte von Livland kartographisch unterscheidet. Dieser trägt dazu bei, das fragliche Raumbild der Ökonomischen Sozietät abzugrenzen und genauer zu fassen. Wie bereits ausführlicher beschrieben wurde, nahm die Geschichte des Atlas 1782 durch den reisenden Großfürsten und späteren Zaren Paul I. seinen Anfang, als sich dieser nach einer aktuellen Karte von der Dislokation und den Quartieren der Livländischen Division erkundigte.[183] Für die Richtigkeit der daraufhin hergestellten Karte wollte Ludwig August Graf Mellin, angesehener Militär-Kartograph und Quartiermeister der Livländischen Division[184], aber nicht garantieren, da die Gegend noch nicht ausreichend erfasst war. Nachdem sich der Großfürst darüber echauffiert hatte, dass von vielen anderen Ländern gute Karten existierten und warum es nicht möglich sein sollte, auch von den Ostseeprovinzen dergleichen zu bekommen, soll er sich an Mellin mit den Worten gewendet haben:

> Sie sollten sich durch Abhelfung dieses Mangels ein Verdienst um ihr Vaterland erwerben. Man hat von anderen Ländern so vortreffliche Karten, und es ist eine Schande, dass wir von einer kultivierten Provinz, wie Livland, noch keine besitzen.[185]

Mellin, ein Graf der livländischen Ritterschaft, war ab 1783 zivil in verschiedenen hohen Ämtern der lokalen Verwaltung aktiv und nahm die Arbeit am Atlas als Nebentätigkeit auf. Angesichts der Gouvernementsreform, die auch eine räumlich-administrative Reorganisation der russländischen Ostseeprovinzen mit sich brachte, war eine aktuelle Kartierung der neuen Gliederung notwendig geworden.[186] Gert von Pistohlkors hebt hervor, dass mit dieser Maßnahme Livlands Stadt und Land als „administrative und fiskalische Einheiten" enger an den zarischen Staat gebunden werden sollten.[187] Ausgehend vom Reichszentrum führten demnach militärische und administrative Interessen zur Herstellung des *Atlas von Liefland*. Der Atlas sollte offenbar als Instrument der Reichsregierung dienen, um nicht nur militärische Kontrolle über das Grenzgebiet in unmittelbarer Nachbarschaft zum Reichszentrum Sankt Petersburg auszuüben, sondern gleichzeitig die administrative Integration der Ostseeprovinzen in das Russländischen Imperium voranzutreiben.[188] Dass Zar Paul I. die Publikation dieses geschätzten Atlas schließlich untersagte, mag die militärische

---

183 Vgl. Kap. 5.2.

184 Vgl. Allgemeines Schriftsteller- und Gelehrtenlexikon der Provinzen Livland, Esthland und Kurland, Bd. 3, 1831 [Neudruck Berlin 1966], S. 190–199. Dass dieser Atlas in den Augen Zar Paul I. militärische Bedeutung genoss, wird an seiner ungehaltenen Reaktion deutlich, als er von dessen Stich im Ausland erfuhr. Der Imperator erließ ein Gesetz, welches die Zensur von Druckerzeugnissen vorsah und ließ Druckplatten und alle verfügbaren Karten Mellins einziehen. Kap. 5.2.

185 Zitiert nach: Höchstinteressante Anekdote, S. 624.

186 Vgl. Jäger, Eckhardt (Hrsg.): Der Atlas von Livland des Ludwig August Graf Mellin. Mit einer Einführung in Leben und Werk in Zusammenarbeit mit Otto Bong, Lüneburg 1972, S. VII.

187 Vgl. Pistohlkors: Die Ostseeprovinzen unter russischer Herrschaft, S. 288.

188 Kurland wurde erst 1795 nach der weitgehenden Fertigstellung des Atlas einverleibt und blieb in dieser Arbeit vermutlich daher unberücksichtigt.

Bedeutung von Mellins Karten zusätzlich belegen.[189] Mit großer Wahrscheinlichkeit lag der *Atlas von Liefland* den Mitgliedern der Ökonomischen Sozietät vor, nachdem die Zensur unter Zar Alexander I. im Jahr 1802 wieder aufgehoben worden war.[190] Ihnen kam es wahrscheinlich auf eben diejenigen Merkmale der später realisierten *Specialcharte von Livland* an, die ihnen der *Atlas von Liefland* nicht hatte bieten können. Bei der vergleichenden Betrachtung von Abbildung 43 und 44 fällt u. a. ins Auge, dass das letztere Kartenbild über eine farbliche Hervorhebung der Kirchspielgrenzen (gelb) verfügt, die Differenzierung der Bodenbedeckungen deutlich geringer ausfällt und zahlreiche ausgelassene (weiße) Stellen das Bild prägen. Zudem wurden Geländeformen perspektivisch angedeutet. Positionen und Grundrisse einiger Objekte unterscheiden sich im Vergleich erheblich. Die Siedlungen zeigen eine ähnliche soziale Differenzierung wie in der *Specialcharte von Livland*, obwohl ein Großteil der kleineren Bauerndörfer („Bauernwohnung") fehlt. Insgesamt verfügt der *Atlas von Liefland* über 26 verschiedene Signaturen, während die *Specialcharte von Livland* mit 46 Signaturen wesentlich reicher ist und vor allem hinsichtlich der Bodenbedeckungen zwölf Differenzierungen beinhaltet. Dagegen verfügt die Karte in Abbildung 44 nur über jeweils eine Signatur für Wald und Morast, zusätzlich aber eine Signatur für Gelände. Das Kartenbild ist deutlich von militärischem Interesse geprägt. Besondere Bedeutung besaßen Wald und Morast. Wald ist unübersichtlich, kann den eigenen Truppen aber auch Schutz vor dem Feind bieten und als Rückzugsraum dienen. Ob es sich dabei um Laub- oder Nadelwald handelt, war in dieser Hinsicht offenbar nebensächlich. Morast ist unberechenbar und kaum passierbar, muss daher gemieden oder kann taktisch genutzt werden. Auch die Geländedarstellung ist für taktische Maßnahmen in der Bedeutung nicht zu unterschätzen, so zum Beispiel für die effektive Verlegung von Truppen oder für die Auswahl eines Schlachtfeldes. Ferner beinhaltet der *Atlas von Liefland* die Territorien der Gouvernements Livland und Estland sowie der Provinz Oesel, erwähnt dies aber nur im Untertitel. Dies verweist auf die militärische Perspektive des Atlas, da sich sein Haupt-Titel offenbar auf die „Livländische Inspektion" bezog, die 1763 als „Livländische Division" (*Lifljandskaja divizija*) gegründet worden war und sich 1798 auf eben diese Territorien sowie das drei Jahre zuvor einverleibte Kurland bezog und einen von zwölf militärischen Bezirken im europäischen Russland bildete (Abb. 3).[191]

Das zugrundeliegende administrative Interesse an den Ostseeprovinzen zeigt sich nicht nur an der Hervorhebung der Kreis- und Kirchspielgrenzen, sondern auch am Schnitt der 14 losen Atlas-Karten, die den Kreisen zugeordnet, jeweils ihre Na-

---

189 Vgl. Kap. 5.2.
190 Vgl. Jäger: Der Atlas von Livland, S. XI. Mellin war Mitglied der Ökonomischen Sozietät. Vgl. Engelhardt; Neuschäffer: Die Livländische Gemeinnützige und Ökonomische Sozietät, S. 33. Eine direkte Beteiligung Mellins an der *Specialcharte von Livland* kann nicht nachgewiesen werden.
191 Vgl. Danilov, Nikolaj Aleksandrovič (Hrsg.): Istoričeskij očerk razvitija voennago upravlenija v Rossii, in: Stoletie Voennago Ministerstva 1802–1902, Bd. I, Sankt Peterburg 1902, S. 61.

men als Titel tragen (Karte Nr. 5 „Der Werroshe Kreis" gleichzeitig „Le Cercle de Werro"). Diese Bezeichnungen, und andere ausführlichere Textkommentare innerhalb und außerhalb des Kartenfeldes, vor allem aber der Signaturen-Schlüssel, sind in deutscher sowie französischer Sprache verfasst, was einen Hinweis auf die Adressaten des Atlas gibt. Als *Lingua franca* unter zarischen Militärs, dem Generalstab und der Reichsregierung diente vielfach das Französische. Dies bot eine günstige Möglichkeit, die regional vorherrschende lateinische Schrift der Toponyme zu behalten und sich eine fehleranfällige Transliteration ins Russische zu sparen. Eben dieser Methode folgte auch das Warschauer Topographische Bureau und das Militär-Topographische Depot in Sankt Petersburg in den Jahren 1818 bis 1843 bei der Herstellung der *Topographischen Karte des Zartums Polen*.[192] Was die Voraussetzungen für die Herstellung des Atlas betrifft, so war weder flächendeckendes Ausgangsmaterial vorhanden, noch eine verlässliche geodätische Grundlage gegeben. Dies wirkte sich sichtbar auf das Kartenbild aus.[193] Im exemplarischen Vergleich der Darstellungen des „Waggula-Sees" sowie des Flusses „Woo" in den Abbildungen 43 und 44 springen sofort die Unterschiede im Grundriss des Sees sowie im Verlauf des Flusses ins Auge. Diese Differenzen dürfen nicht als Ergebnis der kartographischen Generalisierung verstanden werden, sondern als das Resultat der unterschiedlichen Vermessungsmethoden. Diese geben eine eindrückliche Vorstellung von der potentiellen Verzerrung im übrigen Kartenbild Mellins. Dass seine Karten unzweifelhaft an Fehlern litten, bemerkte der Astronom Struve später, als er feststellte, dass besonders die Küstenorte zu weit nach Osten rückten.[194] Bis weit in das 18. Jahrhundert stellte die exakte Bestimmung von Längengraden eine große messtechnische Herausforderung dar.[195] In der Kartographie hingegen zählte die Darstellung des Geländes zu den größten Herausforderungen. Das Problem lag dabei in einer anschaulichen Projektion der dreidimensionalen Geländeform auf dem ebenen Kartenblatt. Typisch für früher gebräuchliche Geländedarstellungen sind perspektivisch gezeichnete „Maulwurfshügel"[196], wie sie sich in Abbildung 44 südlich von „Werro" erheben. Ihre Signatur zeigt aber lediglich an, wo ungefähr Gelände zu erwarten ist, gibt aber keinerlei verlässliche Auskunft über Bergformen oder gar über genaue Höhen. Im Gegensatz zur *Specialcharte von Livland* erfährt der Betrachter in Mellins Karte zumindest, dass „Werro" von irgendwelchen Erhebungen umgeben sein muss und der Fluss „Woo" nördlich der Stadt zwischen beidseitigen Böschungsufern fließt. Das konnten wertvolle Informationen für militär-taktische Überlegungen sein. Dass hingegen in der *Specialcharte von Livland* Geländeformen nicht vorkommen, die für die

---

192 Vgl. Kap. 8.2.
193 Vgl. Jäger: Der Atlas von Livland, S. VIII.
194 Vgl. Blum: Karl Ludwig: Entwurf eines Schema's zur Statistik Livlands, in: Livländische Jahrbücher der Landwirthschaft, I (1838) 2, S. 93.
195 Vgl. Kap. 1.4.2.1.
196 Vgl. Wesen und Aufgaben der Kartographie, S. 259 f.

Landwirtschaft (Entwässerung) auch eine Bedeutung haben, hat einen simplen Grund. Die kopierten, verkleinerten und zusammengesetzten Gutskarten verfügten nur sehr selten über Reliefdarstellungen. Eine separate topographische Vermessung des gesamten Geländes hatte nicht stattgefunden. Für die flächendeckende Darstellung des Geländes waren schlicht nicht ausreichend Daten erhoben worden. In Abgrenzung zu Mellins *Atlas von Liefland* ließ das zugrundeliegende Herstellungsprinzip der *Specialcharte von Livland* nicht zu, Objekte zu kartieren, die nicht hinreichend nachgewiesen waren. An dieser Stelle wird die Verwissenschaftlichung der Kartographie greifbar, die sich durch den Unterschied der beiden Karten deutlich ablesen lässt – ein Unterschied, der die zunehmend wissenschaftlich begründete Kartographie des 19. Jahrhunderts von der künstlerisch dekorativen Kartographie des 18. Jahrhunderts, wie in Abbildung 47 zu sehen, abhebt. Die *Specialcharte* gewann gegenüber Mellins Atlas nicht nur an Genauigkeit, sondern auch an Zuverlässigkeit. Denn kartiert wurden nur noch Objekte, die auf einem vorliegenden Plan nachgewiesen waren. Das setzte zum einen voraus, dass großmaßstäbliche Aufnahmen flächendeckend stattgefunden hatten. Zum anderen mussten diese Aufnahmen durch ein präzises astronomisch-trigonometrisches Netz in den richtigen Zusammenhang gebracht werden, um größere Verzerrungen vermeiden zu können. Es handelt sich dabei um zwei Voraussetzungen, die Mellins Karten nicht zugrunde lagen und neben der militärischen Perspektive die wichtigsten Unterschiede zur *Specialcharte von Livland* bilden.

7.5.6 Das produzierte Raumbild

Die landwirtschaftliche und soziale Topographie verweist darauf, welches Raumbild die Ökonomische Sozietät mit der *Specialcharte von Livland* gezielt produzierte, um dieses in der livländischen Funktionselite zu verbreiten. Es ist ein Bild von Livlands Boden und seinen Bewohnern als Grundlage für die Verwirklichung ökonomischer Interessen. Es ist ein Bild des Machtanspruchs über Natur und Mensch aus der Perspektive einer besitzenden Klasse. 20 Jahre nach der (landlosen) Bauernbefreiung und zehn Jahre vor der Billigung bäuerlichen Anrechts auf Grundeigentum wurde die Karte fertiggestellt. Während Bodenbedeckungen darin stark differenziert und akribisch dargestellt wurden, kommen die Bauern in ihrer essentiellen Bedeutung für die Agrarwirtschaft kaum vor. In diesem Bild spielen sie als potentiell selbständige Akteure mit dem Recht auf eigene landwirtschaftliche Interessen überhaupt keine Rolle. Genauso wenig spiegelt dieses Kartenbild irgendeine imperiale und militärische Perspektive auf das westliche Grenzland des russländischen Vielvölkerreiches. Dieses Raumbild beruht auf genaueren und zuverlässigeren kartographischen Informationen als der *Atlas von Liefland*, was u. a. statistische Berechnungen als Grundlage für die Verwissenschaftlichung der Landwirtschaft ermöglichte. Die Karte eignete sich als Handlungsgrundlage für zahlreiche Maßnahmen zur Rationalisierung der Agrarwirtschaft, dagegen aber kaum für die militärische Kontrolle des Territoriums oder für eine Umgestaltung der bestehenden sozialen Ordnung. Eben dies sagt das Raumbild der Ökonomischen Sozietät aus – ein Bild, das die Perspektive der livländischen Selbstverwaltung an der Peripherie zweifellos geprägt hat, aufgrund seiner Einzigartigkeit aber mit dem vornehmlich von militär-topographischen Karten geprägten Selbstbild des Russländischen Imperiums kaum mehr verbindet als die geodätischen Grundlagen.

7.6 Nutzen der Karte

Obwohl Professor Engelhardt, Initiator *Specialcharte von Livland*, kurz nach deren Fertigstellung verstarb und eigene Forschungen auf Grundlage der Karte nicht bekannt sind, führten andere seine Ideen weiter, wie der *Entwurf eines Schema's zur Statistik Livlands*[197] aus der Feder des Dorpater Professors für Geographie und Statistik, Karl Ludwig Blum (1796–1869), zeigt. Im ersten Jahrgang der *Livländischen Jahrbücher der Landwirthschaft* forderte er damit „Freunde der Wissenschaft und des Landes" auf, Beiträge in jener Zeitschrift der Ökonomischen Sozietät zu publizieren. Angesichts der „nächstens zu beendigenden Charte" – der *Specialcharte von Livland* – fragt er eingangs, was sie über „Grund und Boden" aussagt:

> Sie stellt die ganze Oberfläche dar, nach Längen- und Breitengrade astronomisch bestimmt; den Zug der Gewässer, die Seen, Sümpfe, Moräste, Waldungen, Felder, nach ihrem verschiedenen Gebrauch.[198]

Anschließend macht Blum klar, was über diesen Inhalt hinaus noch wissenschaftlich zu ermitteln und zu ergänzen sei. Damit gibt er auch dem nachgeborenen Leser eine detaillierte Vorstellung, was unter einem möglichst vollständigen naturwissenschaftlichen Bild von Livland verstanden worden war, als die Fertigstellung der Karte kurz bevorstand. Im Zusammenhang mit der übergreifenden Frage nach dem Selbstbild des Imperiums zeichnet sich auf diese Weise einerseits ab, dass es nicht nur *ein* Bild, sondern mehrere unterschiedliche gegeben haben muss. Andererseits zeigt es, welche Bedeutung der *Specialcharte von Livland* sowohl für die Statistik und Geographie, wie für die wissenschaftliche Landwirtschaft beigemessen worden war. Blum bemerkt, was ferner zum bestehenden Karteninhalt noch ergänzt werden müsse:

> Die Angaben von absoluter und relativer Höhe der Landschaften und Berge; die Bestimmung der Wasserscheiden; Breite, Tiefe, Steigen, Fallen und Fall der Flüsse, ihr Hin- und Herwandern, ihre Überschwemmungen, die Mineralwasser, ihre Beschaffenheit, die Quellwärme, Erd-

---

197 Blum: Entwurf eines Schema's zur Statistik Livlands, S. 88–100.
198 Blum: Entwurf eines Schema's zur Statistik Livlands, S. 89.

magnetismus, die Erdschichten, ihre Mischung und Lagerung; das Gestein, als: Mineralien, Metalle, Salz. Die Flora und Fauna; die Luft in ihren verschiedenen Beziehungen; wo sind Beobachtungen meteorologischer Art angestellt? Schwere und Leichtigkeit der Luft, ihre Trockenheit und Feuchtigkeit, ihre Wärme und Kälte, Winde, Gewitter, Nebel und sonstige Himmelserscheinungen.[199]

In Bezug auf „Grund und Boden nach seiner Benutzung, Veränderung und Einwirkung durch die Bewohner", skizziert Blum die relevanten Fragen, denen sich in Zukunft andere widmen müssten:

> Wie weit ist der Boden bereits angebaut? Welche Art von Feldwirtschaft gilt? Welche Erzeugnisse werden durch sie gewonnen? Aussaat und Erndte, wann und wie finden sie statt? Ihr Verhältnis zu einander. Wie steht es mit dem Wiesenbau? Mit der Obstcultur? wie mit dem Gartenbau? Productionskosten und Durchschnittspreis der verschiedenen landwirtschaftlichen Erzeugnisse, am Orte der Erzeugung, und am nächsten größeren Markte, mit Rücksicht auf die Transportkosten. – Wie werden die Waldungen bereits gepflegt? Auf welchem Boden gedeihen am besten diese oder jene Bäume! [...] wie steht es mit der Fischerei und den Bächen, Flüssen, Seen und dem Meere? Benutzung der Mineralien. – Auf welche Weise besteht die Verbindung zwischen den verschiedenen Theilen des Landes? Küstenfahrt, See- und Flußschifffahrt. Wie steht es mit den Landwegen? Giebt es Kanäle, oder sind welche beabsichtigt und vielleicht schon angefangen? Giebt es Brücken und Fährten? und wo?[200]

Angesichts dieses entworfenen Programms wird greifbar, dass die *Specialcharte von Livland* eine wichtige Funktion für die landwirtschaftliche Statistik übernahm, indem sie der komplexen räumlichen Situation aus Bodenbedeckungen, Gewässern, Siedlungen, Verbindungswegen, Fabriken etc. ein übersichtliches Bild gab. Diese sich entfaltende Statistik bildete die Grundlage für die aufkommende Landwirtschaftswissenschaft, welche für die Lösung der Agrarfrage und der gesamten Agrarreform in Livland einen entscheidenden Beitrag leistete. Angesichts der geschichtsmächtigen Bedeutung der vielerorts in Russland ungelösten Agrarfrage, wird der Wert dieses Fortschrittes in Livland greifbar. Zweifellos kommt der *Specialcharte von Livland* eine große Bedeutung als handlungsleitende Grundlage für die Agrarreform in Livland zu.

Karl Ernst von Baers Hinweis auf diese Karte und die mit ihr verbundenen Wunschträume Engelhardts wurden 1845, im Gründungsjahr der Russischen Geographischen Gesellschaft, veröffentlicht. Vermutlich war es ein Fingerzeig des beachteten Gelehrten, nach Livland zu blicken, um ein geeignetes „Musterbild für das übrige Russische Reich" zu finden. Wie bereits im Abschnitt über die Mende-Aufnahmen dargelegt, wurde im Rahmen eines der ersten Projekte der nach ihrem anfänglichen Selbstverständnis stark mit der Kartographie verbundenen Russischen Geographischen Gesellschaft versucht, das in Livland angewendete kartographische Prinzip auch bei der Herstellung von so genannten Gouvernements-Atlanten für zen-

---

199 Blum: Entwurf eines Schema's zur Statistik Livlands, S. 89 f.
200 Blum: Entwurf eines Schema's zur Statistik Livlands, S. 90–92.

tralrussische Gebiete anzuwenden. Obwohl im Rahmen dieses Projektes drei von zehn Atlanten realisiert werden konnten, scheiterte dieses Vorhaben weitgehend.[201] Die Absicht, die *Specialcharte von Livland* als Bestandteil einer umfassenderen naturwissenschaftlichen Beschreibung zum Vorbild für das *gesamte* Russländische Imperium zu machen, blieb ein Wunschtraum.

Um eine Vorstellung von der aufkommenden Landwirtschaftswissenschaft und ihrer epochemachenden Ziele zu bekommen, bietet sich ein Blick in Carl von Hehns akademische Qualifikations-Schrift *Die Intensität der livländischen Landwirthschaft*[202] aus dem Jahr 1858 an. Der künftige Professor für Landwirtschaft und Sekretär der Ökonomischen Sozietät (1861–1868) hebt darin hervor, dass sich erst seit 20 Jahren eine selbstständige Landwirtschaftswissenschaft etabliert habe.[203] Zeitlich fällt dies auffällig mit Blums *Entwurf eines Schema's zur Statistik Livlands* 1838 und der Fertigstellung der *Specialcharte von Livland* 1839 zusammen. Hehn nimmt in seiner Studie auch direkt Bezug auf die Karte, wenn er beispielsweise auf die Lage von Hochmooren zu sprechen kommt.[204] Ziel der Landwirtschaft sei es, so Hehn, den höchstmöglichen Reinertrag aus einer gegebenen Fläche zu gewinnen und dabei die waltenden Naturkräfte für eigene Zwecke zu nutzen.[205] Dabei sei:

> diejenige Wirtschaft die intensivere, bei der mehr Capital und Arbeit auf den selben Grund und Boden verwandt wird; den Gegensatz zur intensiven Wirtschaft bildet die extensive Wirtschaft, bei der also verhältnissmässig wenig Capital und Arbeit auf viel Grund und Boden einwirkt.[206]

Hehn vergleicht die landwirtschaftlichen und räumlichen Verhältnisse Livlands auf Grundlage einer Vielzahl statistischer Daten mit England, Preußen, Brandenburg sowie Mecklenburg und legt dabei klare Handlungspotentiale für die landwirtschaftliche Intensivierung in Livland offen.[207] Beispielsweise geht er auf die Verteilung von kultiviertem und unkultiviertem Land ein, das einen „Maßstab für den Fortschritt auf der Bahn der intensiven Wirthschaft abgiebt.“[208] Kultiviertes und unkultiviertes Land unterscheidet er durch verschiedene Bodenbedeckungen[209], wofür die *Specialcharte von Livland* die wichtigste Orientierung als Raumbild bot, da sie Livlands Bodenbedeckungen *erstmals* vollständig sowie stark differenziert abbildete. Das Kartenbild spiegelt die zeitgenössische Wahrnehmung der Ökonomischen Sozietät vom livländischen Territorium, die den Prozess der Agrarreform mithilfe der Karte als handlungsleitende Grundlage erfolgreich forcierte. Jürgen Osterhammel verweist

---

201 Vgl. Kap. 4.1.5.4.
202 Hehn: Die Intensität der livländischen Landwirthschaft.
203 Vgl. Hehn: Die Intensität der livländischen Landwirthschaft, S. 3.
204 Vgl. Hehn: Die Intensität der livländischen Landwirthschaft, S. 43.
205 Vgl. Hehn: Die Intensität der livländischen Landwirthschaft, S. 4.
206 Hehn: Die Intensität der livländischen Landwirthschaft, S. 5.
207 Vgl. Hehn: Die Intensität der livländischen Landwirthschaft, S. 20, 24, 35.
208 Hehn: Die Intensität der livländischen Landwirthschaft, S. 30.
209 Vgl. Hehn: Die Intensität der livländischen Landwirthschaft, S. 33 f.

auf die Annahme, dass die Intensivierung der Landwirtschaft zentral sei, indem die Steigerung der Leistung vornehmlich durch effizientere Arbeitsproduktivität, und nur zweitrangig durch die Expansion der Nutzfläche erreicht wird.[210] Entsprechend kommt Andreas Moritsch in seiner Studie zur *Landwirtschaft und Agrarpolitik in Rußland vor der Revolution* zum klaren Ergebnis, dass durch die Intensivierung der Landwirtschaft die Flächenerträge in den Ostseeprovinzen sogar das Niveau des Schwarzerdegebietes erreichten. Dort existierte die „agrarwirtschaftlich beste Struktur aller 13 Regionen" des europäischen Russland.[211] Einen entscheidenden Beitrag für diese Entwicklung leistete die Agrar- und Bauernverordnung von 1849, die livländischen Bauern den Erwerb von Grundeigentum gestattete und die Fronpacht abschaffte.[212] Auf dieser Grundlage entwickelte sich aus Pächtern schließlich ein Stand von Großbauern. Im Zusammenhang mit einer intensiven Landwirtschaft konnte die Agrarfrage gelöst werden, was mit der Stolypinschen Agrar-Reform ab 1906 möglichst auf das gesamte Reich ausgedehnt werden sollte.[213] Dass die Landvermessung hierbei eine entscheidende Rolle spielte, lässt sich allein an der massiven Zunahme der bei der Kommission für Flurneuordnung (*Zemleustrojtel'naja kommissija*) angestellten Beamten für Landvermessung (*zemlemernye činy*) entnehmen. Während im Jahr 1907 noch 650 Landvermessungs-Beamte ihren Dienst taten, waren es im Jahr 1914 schon knapp 7.000.[214] Moritsch fasst zusammen, dass die Stolypinsche Agrarreform bei einigen beachtlichen Erfolgen zu stark nach den Bedarfen des Staates ausgerichtet, zu „zentralistisch und bürokratisch-unflexibel" organisiert war. Sie nahm insgesamt zu wenig Rücksicht auf die regional unterschiedlichen agrarischen Produktionsverhältnisse, indem sie mittel- und westeuropäischen Vorbildern folgte, die nur teilweise auf die vorherrschenden Verhältnisse in den russischen Gouvernements übertragbar waren.[215] Genauso wenig ließ sich offenbar die *Specialcharte von Livland* für andere Gouvernements in ihren unterschiedlichen Verhältnissen kopieren. Der einzige nachweisbare Versuch, ein ähnliches kartographisches Konzept in zentralrussischen Gouvernements anzuwenden, waren die unter dem Dach der Russischen Geographischen Gesellschaft organisierten, jedoch weitgehend gescheiterten Mende-Aufnahmen.[216] Weder die Freie Ökonomische Gesellschaft oder das Landwirtschaftsministerium auf der Reichsebene, noch eine der zahlreichen landwirtschaftlichen Gesellschaften (*Sel'skochozjajstvennye obščestva*) oder eine der Selbstverwaltungen auf Gouvernements-Ebene, hatten die Herstellung einer ähnlichen gedruckten topographischen Karte bewirkt. Damit kristallisiert sich heraus,

---

210 Vgl. Osterhammel: Die Verwandlung der Welt, S. 320.
211 Moritsch: Landwirtschaft und Agrarpolitik in Rußland, S. 136.
212 Vgl. Pistohlkors: Die Ostseeprovinzen unter russischer Herrschaft, S. 358.
213 Vgl. Moritsch: Landwirtschaft und Agrarpolitik in Rußland, S. 136 f.
214 Razvitie zemleustrojstva na krest'janskich nadel'nych zemljach za 1907–1915gg., in: Komitet po zemleustrojtel'nym delam. Kratkij očerk za desjatiletie 1906–1916, Petrograd 1916, Anhang.
215 Vgl. Moritsch: Landwirtschaft und Agrarpolitik in Rußland, S. 193–195.
216 Vgl. Kap. 4.1.5.6.

dass nirgendwo sonst in Russland die Voraussetzungen für die Herstellung einer solchen Karte gegeben waren. Diese war schließlich ein Novum im Russländischen Imperium und setzte offenbar eine lokale Initiative und private Finanzierung voraus, nicht zuletzt den Zugang zu wissenschaftlichen Methoden und Technologien. Trotz der allgemein anerkannten „Brücken- und Modellfunktion" der Ostseeprovinzen für die Verwestlichung Russlands, kann für die *Specialcharte von Livland* nicht von einem vollzogenen inner-imperialen Kulturtransfer gesprochen werden. Als Muster-Karte für das gesamte Russländische Imperium setzte sie sich nicht durch, womit ihr Nutzen für die Agrarreform im Russländischen Imperium lokal begrenzt blieb. Damit ist sie lediglich Ausdruck der Raumwahrnehmung aus dem Blickwinkel der Ökonomischen Sozietät geworden und mit dem restlosen Verschwinden Livlands seit 1918 weitgehend in Vergessenheit geraten.

8 *Drei-Werst-Karte:* Fragmente der Macht

Trotz der Fortschritte in der Kartierung des Russländischen Imperiums blieb eine Grundaufgabe ungeklärt, die in anderen europäischen Staaten bereits gelöst worden war – eine allgemeine, einheitliche Landesaufnahme zu erstellen, die einen großen Maßstab erforderte, in dem das ungleich größere Zarenreich erfasst werden konnte. Alle Kartierungen, die unternommen wurden, konnten dies nicht leisten: Die *Hundertblatt-Karte* in einem kleinen Maßstab beruhte auf der Zusammenfassung vorhandenen kartographischen Materials und blieb vorwissenschaftlich und punktuell. Die *Schubert-Karte* ging darüber hinaus, insofern sie auf der Zusammenfügung topographischer Karten einer großen Zahl von Gouvernements und zahlreichen astronomisch und trigonometrisch ermittelten Punkten beruhte, dagegen aber nicht ausreichten, um die Topographie des Imperiums als Ganzes einheitlich in einem großen Maßstab zu erfassen. Die lokal initiierte *Specialcharte von Livland* in einem mittleren Maßstab stellte einen großen Fortschritt auf Gouvernements-Ebene dar, da sie die aus vorhandenen Gutskarten gewonnenen topographischen Informationen mit einem flächendeckenden Netz aus astronomisch und trigonometrisch ermittelten Punkten kombinierte. Es erwies sich, dass eine einheitliche Landesaufnahme in den Maßstäben, wie sie in anderen europäischen Staaten durchgeführt wurde, dem Russländischen Imperium aufgrund seiner räumlichen Ausdehnung und angesichts des zeitlichen, finanziellen und personellen Aufwandes nicht angemessen war. Dieser langfristigen Aufgabenstellung standen die unmittelbaren Forderungen des Militärs entgegen, das aus pragmatischen Gründen der Verteidigung und Kriegsführung auf Kartenmaterial angewiesen war. Auch im Kartieren des Russländischen Imperiums erwies sich das 19. Jahrhundert als ein „langes Jahrhundert". Bis zum Ende des Zarenreiches konnte die Kartierung nach den Kriterien einer Landesaufnahme in einem großen Maßstab (1 : 16.800; 1 : 21.000 oder 1 : 42.000) nicht abgeschlossen werden. Die erste gedruckte Landeskarte, die *ausschließlich* von den Aufnahmeblättern der Landesaufnahmen westlicher russländischer Gouvernements abgeleitet wurde, ist die so genannte *Drei-Werst-Karte* im mittleren Maßstab von 1 : 126.000. Bei ihrer Herstellung durch die Kartographen des Militär-Topographischen Depots wurden insbesondere militär-taktische Zwecke berücksichtigt. Ab 1846 hergestellt, war sie bis zum Ende des Zarenreiches und darüber hinaus bei der zarischen bzw. der Roten Armee sowie in der Zivil-Administration in Gebrauch. In ihrem mittleren Maßstab und ihrem großen Ausschnitt bildete sie bis 1917 und darüber hinaus das detaillierteste gedruckte Kartenwerk vom westlichen Drittel des europäischen Russland (Abb. 48). Eine allgemeine, flächendeckende topographische Landeskarte im mittleren oder großen Maßstab wurde im Zarenreich nicht erreicht. Statt ihrer deckten unterschiedliche topographische Kartenwerke verschiedener Maßstäbe das russländische Territorium ab (Abb. Vorsatz und Nachsatz)

8.1 Die Karte auf dem Tisch: Annäherung und Bestandsaufnahme

Die *Drei-Werst-Karte* wurde unter dem Titel *Militär-topographische Karte des westlichen Russland*[1] publiziert, im offiziellen Sprachgebrauch und in der Historiographie aber zunehmend ihrem Maßstab nach benannt (*Trëch-verstnaja karta* oder *Trëch-verstka*). Ihre Blätter wurden ab 1846 sukzessive nach Gouvernements zusammengestellt und in den 1860–1870er Jahren aktualisiert. Im Handel seit 1857 erhältlich, wurde sie 1920 für geheim erklärt und fand teilweise bis in die 1930er Jahre Verwendung. Nach einer 1912 publizierten Blattübersicht (Abb. 48) zählt sie inklusive Kongress-Polen, bzw. Weichselland, 504 Blätter und bedeckte über ein Drittel des europäischen Russland. Bis 1918 wurde sie auf 517 Blätter erweitert. Ab 1918 erfolgte unter der Sowjet-Regierung die Erweiterung des Kartenausschnitts um 208 Blätter für den östlichen Teil des europäischen Russland sowie für nördliche Gouvernements als „provisorische Ausgabe" (*vremennoe izdanie*) ohne Geländedarstellung. Zwei Nomenklaturen verweisen darauf, dass hier zwei Kartenwerke zu einem vereinigt worden waren. Die Blattzählung erfolgt für die Zeilen/Reihen (horizontal) in römischen Ziffern (I–XXXV) und nach Spalten (vertikal) in arabischen Ziffern (1–23). Die Spalten für den mittleren und westlichen Teil Kongress-Polens werden westwärts mit kyrillischen Buchstaben (А–Г), die für West-Russland ostwärts mit arabischen Ziffern (1–23) bezeichnet (Abb. 48).[2] Das Kartenwerk wurde als Rahmenkarte konzipiert, was bedeutet, dass die Kartenblätter durch den gewählten Blattschnitt ein identisches rechtwinkliges Format besitzen und von den eingezeichneten Längen- und Breitengraden an den Rändern des Kartenwerkes zunehmend schräg geschnitten werden. Das rechteckige Format der Kartenblätter misst jeweils 58 x 41 Zentimeter. Einzelne Blätter weichen davon ab. Das Verkleinerungsverhältnis beträgt einen Djujm Kartenstrecke zu drei Werst Naturstrecke, d. h. ein Zentimeter Kartenstrecke entspricht 1.260 Meter Naturstrecke. Der Flächeninhalt eines Kartenblattes beträgt rund 3.900 Quadratkilometer. Der Karte liegt eine Bonnesche Projektion zugrunde. Die Breiten- und Längengrade des Kartengitters sind zu je 20 Minuten gezogen. Als mittlere Parallele des Kartenwerkes wurde der 52. Breitengrad der nördlichen Erdhalbkugel, als mittlerer Längenkreis der Meridian der Hauptsternwarte Pulkovo angenommen, der in diesem Kartenwerk erstmals als Nullmeridian des

---

1 Voenno-topografičeskaja karta Zapadnoj Rossii, 517 Blätter, Maßstab 1 : 126.000, Sankt Peterburg/ Petrograd 1846–1918.

2 SBB, Kart. Q 11911; Kart. Q 16761 u. Kart. Q 16762 – andererseits aus folgenden Monografien entnommen: Istoričeskij očerk dejatel'nosti Korpusa voennych topografov, S. 348; Prikaz Revolucionnogo voennogo soveta respubliki ot 12 avgusta 1920 goda, Nr. 1538, in: Voenno topografičeskij žurnal, 3 (1920) 4–6, S. 74 f.; Alekseev: Kratkij očerk dejatel'nosti Korpusa voennych topografov, S. 16 f.; Sališčev: Osnovy kartovedenija; Papkovskij: Iz istorii geodezii, S. 141, 153; Postnikov: Razvitie krupnomasštabnoj kartografii v Rossii, S. 159 f.; Planheft Russland. Im Auftrage der Abteilung für Kriegskarten und Vermessungswesen im Generalstab des Heeres, bearbeitet von der Heeresplankammer, Berlin 1942, S. B3–B5.

Russländischen Imperiums Verwendung fand. Abzulesen ist dies an der Gradleiste, die sich am Kartenfeldrand jedes Blattes befindet. Zusätzlich zählt eine zweite äußere Gradleiste die Längengrade nach dem Nullmeridian von Paris. Das Kartenwerk knüpft an der *Topographischen Karte des Zartums Polen* (1818–1843) an, die bis zum polnischen Novemberaufstand 1830–1831 im Topographischen Büro in Warschau, danach im Militär-Topographischen Depot in Sankt Petersburg hergestellt worden war und formal (Blattzählung, Nullmeridian, Kartenschrift) eine gewisse staatliche Eigenständigkeit widerspiegelt. So zeigt diese in ihrer ersten Version den Längenkreis von Warschau als Nullmeridian, bis dieser in der aktualisierten Ausgabe aus den 1870er Jahren durch den russländischen Nullmeridian von Pulkovo ersetzt wurde. Die Kartenschrift der *Drei-Werst-Karte* ist weitgehend kyrillisch ausgeführt. Eine Ausnahme bildet die *Topographische Karte des Zartums Polen*, bis 1867 die Verwendung lateinischer Schrift in polnischen Karten untersagt und ihre zweite Auflage vollständig in Kyrilliza ausgeführt wurde. Der Kartenrand enthält Informationen über die Nomenklatur. Oben links ist die Reihe (römische Ziffer), rechts die Blattnummer (arabische Ziffer, bzw. Buchstaben für Polen) angegeben. Oben in der Mitte steht der Name des Gouvernements, das im Blatt abgebildet ist. Unten links platziert sind die Namen der verantwortlichen Graveure für die Zeichnung, rechts der Name des Graveurs für die Kartenschrift. Ebenfalls auf dem unteren Blattrand ist eine Maßstabsleiste in Werst sowie die Angabe des Maßstabs im metrischen System mittig abgedruckt – „1 : 126.000". Angaben zum Jahr der Zeichnung, Gravur oder Aktualisierung sind darin nur in wenigen Ausnahmen enthalten. Aktualisierung und Eisenbahnnachtragungen wurden mit dem entsprechenden Jahr vermerkt. Lediglich die ab 1839 gedruckte *Topographischen Karte des Zartums Polen* verfügt über einen Signaturen-Schlüssel sowie über ein separates Titelblatt mit einer künstlerisch gestalteten Kartusche. Dem gesamten Kartenwerk wurde kein Signaturen-Schlüssel beigegeben, weshalb hier nicht alle verwendeten Kartenzeichen eindeutig zitiert werden können. Zumindest gibt eine inoffizielle Publikation (*Izdanie ne oficial'noe*) eine ausführliche Darstellung und Erklärung der Signaturen für alle militär-topographischen Kartenwerke im Ein-, Zwei- und Drei-Werst-Maßstab.[3] Aus dieser systematischen Sammlung wird das inhaltliche Spektrum der Kartenwerke deutlich. Signaturen für Straßen, Wege, Telegraphenlinien, stehende und fließende Gewässer, Brücken, Grenzen, Bodenbedeckungen, Reliefs und einzelne Höhenangaben, Städte, Dörfer, hölzerne und steinerne Häuser, Gärten, Parks, Krüge, Gotteshäuser, Friedhöfe, Fabriken und Werke, Häfen, Post-, Zoll- und Telegraphenstationen, Meilensteine, Denkmale, Kreuze, sowie abgekürzte Objektbezeichnungen werden u. a. darin abgebildet und erklärt. Das breite Spektrum an Signaturen verweist auf die möglichst vollständige Wiedergabe der Topographie im großen und mittleren Maßstab. Die ausdifferenziertesten Signaturen aber beziehen sich auf Wege und Schienen, Brü-

---

3 Adrianov [Vladimir Nikolaevič]: Uslovnye znaki voenno-topografičeskich kart (1-, 2-, i 3-verstnych), Sankt Peterburg [1912].

cken, Gelände und Bodenbedeckungen. Daran mag besonders deutlich auffallen, dass es bei der Auswahl dieser Signaturen insbesondere um militärische Erfordernisse ging: neben den Flächensignaturen für Wiese und Büsche, Nadel-, Laub- und Mischwald finden sich diejenigen für gerodeten Wald, Torfgruben, kleine Erdhügel (*kočki*), Dornbüsche (*ternovnik*), Schilf (*kamyš*), lichter und dichter Wald, passierbarer Sumpf, mühsam passierbarer Sumpf und unpassierbarer Sumpf. Besonders im Vergleich mit den agrarwirtschaftlich ausgerichteten Flächensignaturen der *Specialcharte von Livland* fällt das starke militärische Interesse für Orientierung, Passierbarkeit und Hindernisse einer kartierten Gegend auf. Es ging hierbei nicht etwa um die Kartierung der Topographie als Grundlage für die Verbesserung der Bodenverhältnisse, der Land-, oder Stadtwirtschaft. Es handelte sich um eine Karte für militär-taktische Zwecke. Alle Kartenblätter sind im Kupferstichverfahren gedruckt und vorwiegend einfarbig, vereinzelt existieren Versionen mit handkolorierten Grenzverläufen. Der größte Teil der kartierten Fläche verfügt über eine Geländedarstellung in Bergschraffen, ausgenommen das Gebiet der Donkosaken sowie neu hinzugekommene Blätter ab 1918.

8.2 Die *Topographische Karte des Zartums Polen* als Muster

Wie mehrfach von der Führung des Militär-topographischen Depots und von russischen Historikern unterstrichen wurde, diente die *Topographische Karte des Zartums Polen* als Muster für die *Drei-Werst-Karte*.[4] Die Geschichte ihrer Entstehung ist mit der stufenweisen Einverleibung Polen-Litauens und seinen Teilungen eng verbunden, wie auch mit dem Einfluss Frankreichs auf seinen Satelliten – das Herzogtum Warschau, sowie mit seinem Wiederauftauchen als Kongress-Polen unter der zarischen Doppelmonarchie. Diese Episode gibt Einblick in die gängige Praxis der europäischen Kontinentalmächte im frühen 19. Jahrhundert, Territorium mittels Vermessung und Kartographie zu erschließen, anzueignen und zu kontrollieren. Darüber hinaus deckt ihre Geschichte gegenseitige Beeinflussungen der Großmächte in der Herstellung von topographischen Karten auf, die weniger als Teil interimperialer wissenschaftlicher Diskurse zu verstehen sind, sondern vielmehr als Begleiterscheinungen der territorialen Interessen dreier europäischer Großmächte beschrieben werden müssen. Ziel ist es hier zu zeigen, dass die *Topographische Karte des Zartums Polen* von mehreren europäischen Akteuren geprägt worden war, bevor sie als Muster für die *Drei-Werst-Karte* diente. Die *Topographische Karte des Zartums Polen* war keine abstrakte Erfindung, sondern wurzelt vielmehr im Kanon der europäischen Territorialpolitik nach 1815. Mit den drei Teilungen Polen-Litauens (1772, 1793, 1795) begannen die Teilungsmächte Russland, Preußen und Österreich, ihre neu gewonnenen Territorien zu vermessen und zu kartieren. Von den neuen preußischen Ge-

---

4 Vgl. Postnikov: Geografičeskie issledovanija i kartografirovanie Pol'ši, S. 16.

bieten waren u. a. topographische Karten von Südpreußen und Neu-Ostpreußen entstanden, von den neuen österreichischen Gebieten einige Karten von Galizien und Lodomerien sowie von West- bzw. Neu-Galizien.[5]

Mit der Gründung Kongress-Polens im Jahr 1815 hatte Russland den größten territorialen Gewinn in Mitteleuropa erzielt. Gleichzeitig übernahm es auch eine polnische Armee, die seit 1807 von französischem Militär stark geprägt worden war und dessen Einfluss ein Wendepunkt für die polnische Kartographie dargestellt hatte.[6] Nach französischem Vorbild wurde 1809 in Warschau ein Topographisches Büro gegründet, das auch für die Ausbildung von Topographen zuständig war. Geleitet wurde es von dem in Metz ausgebildeten französischen Offizier Jean-Baptiste Mallet de Grandville (1777–1846), der nach 1815 in polnische Dienste trat und als Maletskij bekannt wurde. Bei der polnischen Armee wurde so hochqualifiziertes Fachpersonal befähigt, die fortschrittlichsten Methoden der militär-topographischen Aufnahmen anzuwenden.[7] Der Zarenerlass aus dem Jahr 1818, eine topographische Karte von Polen zusammenstellen zu lassen[8], hatte beste Aussicht auf erfolgreiche Verwirklichung. Während in Warschau ausgebildete Topographen für Aufnahmen zur Verfügung standen, lagen relativ aktuelle topographische Karten für die gesamte westliche Hälfte Kongress-Polens, nämlich für das vormalige Südpreußen, Neu-Ostpreußen und West-Galizien sowie für das südliche Grenzgebiet (Galizien und Lodomerien) bereits aus der Feder preußischer und österreichischer Offiziere und Gelehrter vor. Diese günstigen Bedingungen wurden genutzt, indem Aufnahmen (Rekognoszierungen) nicht auf Grundlage einer aufwändigen Triangulation, sondern auf Basis vorliegender Karten unternommen wurden.[9] Eben dieses Vorgehen folgte den Empfehlungen eines französischen Topographen-Lehrbuches, topographische Karten ausländischer Staaten zu verwenden, die bereits auf Grundlage von Triangulationen vorlägen. Diese sollten bis zum nützlichen Maßstab vergrößert und durch Rekognoszierungen und Nachfragen bei der Bevölkerung ergänzt werden.[10] Mit der Einführung des russländischen Längen-Systems in Polen sowie reichsweit einheitlicher Karten-Signaturen, wurde versucht, das polnische Vermessungs- und

---

5 Vgl. Special Karte von Südpreussen [David Gilly]; Karte von Neu Ostpreussen [Johann Christoph Textor u. a.]; Carte von West-Galizien welche auf allerhöchsten Befehl Seiner Kaiserlich oesterreichischen und Königlich apostolischen Majestät in den Jahren 1801 bis 1804, 12 Blätter, [Maßstab 1:150.000], o. O. o. J. [Wien 1808–1811]; Karte vom Königreich Galizien und Lodomerien, Herausgegeben im Jahre 1790 von Liesganig, vermehrt und verbessert im Jahre 1824, 132 Blätter, [Maßstab 1:115.000], o. O. o. J. [Wien].
6 Vgl. Postnikov: Geografičeskie issledovanija i kartografirovanie Pol'ši, S. 57.
7 Vgl. Postnikov: Geografičeskie issledovanija i kartografirovanie Pol'ši, S. 238.
8 Vgl. Postnikov: Geografičeskie issledovanija i kartografirovanie Pol'ši, S. 239.
9 Vgl. Zapiski Voenno-topografičeskago depo, Teil X (1847), S. 18 f.
10 Vgl. Postnikov: Geografičeskie issledovanija i kartografirovanie Pol'ši, S. 84. Dabei handelte es sich um Dupain de Montesson: L'art de lever les plans.

Kartenwesen mit dem finnischen und russischen kompatibel zu machen.[11] Von einer Verschmelzung kann bis zum Novemberaufstand (1830–1831) aber keine Rede sein. Erst danach zog der zarische Generalstab mit seinem Militär-Topographischem Depot die Leitung der restlichen topographischen und kartographischen Arbeiten zur vollständigen Erfassung Polens an sich und betraute damit den Generalquartiermeister der russischen Operationsarmee, Karl Ivanovič Richter (1793–1842).[12]

Seit 1822 hatte das Topographische Büro der polnischen Armee an ihrer *Topographischen Karte des Königreichs Polen* (*Karta topograficzna Królestwa Polskiego*) im vereinheitlichten Werst-Maßstab von einem Djujm zu drei Werst (1 : 126.000) gearbeitet, welche bis 1831 fast den gesamten Westen sowie das südliche Grenzgebiet Kongress-Polens abdeckte (von insgesamt 59 Kartenblättern plus Titelblatt waren 28 Kartenblätter in Kupfer gestochen, 6 Blätter zum Stich vorbereitet).[13] Dabei handelte es sich um Blätter, die auf Grundlage der erwähnten preußischen und österreichischen Karten zusammengestellt worden waren. Ein Hinweis auf die Entlehnung aus der preußischen Kartographie ist beispielsweise die übernommene typische Nomenklatur nach Spalten, abgekürzt „Kol." und Zeilen, abgekürzt „Sek.". Diese waren für die russische Kartographie nach wie vor unüblich. Das inhaltliche Spektrum war breit angelegt und berücksichtigte nicht nur militärische, sondern auch sozio-ökonomische Objekte, welche die wirtschaftliche Tätigkeit der Bevölkerung anzeigten: u. a. Wasser-, Wind- und Sägemühlen, Ackerland sowie Manufakturen, Fabriken, Bergwerke (jeweils mit Bezeichnung ihrer Art).[14] Dieses Spektrum machte den Typ *Topographische Karte* aus (Abb. 52).

Nach dem polnischen Novemberaufstand setzte die zarische Administration auf militärische Gewalt, um die russische Herrschaft in Polen zu sichern. Eine der Bedingungen für den Erfolg der russischen Okkupationstruppen war die möglichst umfassende Kenntnis des Territoriums, wofür eine topographische Karte benötigt wurde.[15] Das Kartenprojekt begann daraufhin seinen polnisch eigenstaatlichen Charakter deutlich zu verlieren. Die künftige Karte erhielt nun den offiziellen russischsprachigen Titel *Topographische Karte des Zartums Polen* (*Topografičeskaja karta Carstva Pol'skago),* was die Machtverhältnisse stärker zur Geltung brachte. Wie aus einem Quellen-Vergleich hervorgeht, wurden die bereits vorliegenden Kartenblätter vom Westen Kongress-Polens noch einmal neu bearbeitet und inhaltlich verdichtet, wo-

---

11 Vgl. Postnikov: Geografičeskie issledovanija i kartografirovanie Pol'ši, S. 73, 85–88; Uslovnye znaki (1822).
12 Vgl. Zapiski Voenno-topografičeskago depo Teil X (1847), S. 19 f.; Postnikov: Geografičeskie issledovanija i kartografirovanie Pol'ši, S. 165; Gluškov: Istorija voennoj kartografii v Rossii, S. 486 f.
13 Vgl. Karta zbiorowa, in: Olszewicz, Bolesław: Polska kartografja wojskowa, Warszawa 1921. Karta topograficzna Królestwa Polskiego, [Fragment], Maßstab 1 : 126.000, o. O. o. J. [Warszawa 1822–1830]. (SBB, Kart. Q 16735)
14 Vgl. Postnikov: Geografičeskie issledovanija i kartografirovanie Pol'ši, S. 86–88.
15 Vgl. Postnikov: Geografičeskie issledovanija i kartografirovanie Pol'ši, S. 162.

bei die polnisch-lateinische Kartenschrift vorerst beibehalten wurde.[16] Um die Karte mit polnisch-lateinischer Beschriftung als Herrschaftsinstrument für die zarische Regierung und Armee benutzbar zu machen, führt der stark differenzierte Zeichenschlüssel auf Blatt Kol. II/ Sek. VIII Erklärungen sämtlicher Signaturen nicht nur auf Polnisch und Russisch auf, sondern auch auf Französisch, das in dieser Karte offenbar als *lingua franca* zwischen Herrschenden und Beherrschten diente. Da die Aufnahme des Zartums Polen als Grenzland (*zemli pograničnoj*) nach dem Aufstand unbedingt geheim bleiben und ihr freier Verkauf damit unterlassen werden musste, befahl Zar Nikolaus I., nicht wie geplant 2.000, sondern nur 300 Exemplare der Karte drucken zu lassen. Davon sollten lediglich 50 Exemplare in Warschau verbleiben – wo die Karte gezeichnet, gestochen und gedruckt worden war – während der Großteil für das Militär-Topographische Depot in Sankt Petersburg bestimmt wurde. Bis 1857 wurde die *Topographische Karte des Zartums Polen* ausschließlich für den administrativen Dienstgebrauch herangezogen.[17] Die *Topographische Karte des Zartums Polen*, die ab 1843 vollständig vorgelegen hatte, mag von der zarischen Regierung als ein geeignetes Instrument für territoriale Kontrolle wahrgenommen worden sein. Dies zeigt sich deutlich in der Entscheidung, ein ähnliches Kartenbild für das westliche Russland auf Grundlage der bereits seit fast drei Jahrzehnten laufenden Landesaufnahmen zu entwerfen.

8.2.1 Die *Drei-Werst-Karte* als Folgekarte

Nach der Reinzeichnung wurden alle Messtischblätter der Landesaufnahmen im Militär-Topographischen Depot in Sankt Petersburg archiviert, wo sie zunächst für den westlichen Abschnitt der *Schubert-Karte* als Grundlagen dienten, bevor sie für die Herstellung der *Drei-Werst-Karte* herangezogen wurden. Abbildung 8 zeigt die Blattübersicht für die 38 abgeleiteten Blätter der *Militär-topographischen Karte des Gouvernements Kovno, bzw. Vil'no* (als Teil der *Drei-Werst-Karte*) aus dem Jahr 1861. Die Blattübersicht verweist auf das Vorgehen der Landesaufnahmen nach Gouvernements, während die vertikale Blattzählung (beginnend mit Zeile IX) auf den größeren Ausschnitt des gesamten Kartenwerks deutet.

8.3 Taktische Karte und Kriegsspiel

Das Dilemma der zarischen Militärführung bestand in der Frage, wie die räumliche Ausdehnung des europäischen Russland am besten zu bewältigen sei: Entweder an

---

16 Vgl. Topografičeskaja karta carstva Pol'skago, 60 Blätter, Maßstab 1:126.000, Sankt Petersburg 1833–1843.
17 Vgl. Postnikov: Geografičeskie issledovanija i kartografirovanie Pol'ši, S. 189, 247.

den langwierigen und kostenintensiven topographischen Aufnahmen festzuhalten, d. h. die allgemeinstaatlichen Landesaufnahmen im Sinne unterschiedlicher zivil-administrativer und militärischer Bedarfe fortzuführen. Oder aber, um den Preis des allgemeinstaatlichen Nutzens ein effizienteres Verfahren anzunehmen, um die Kartierung militärisch relevanter Objekte zu beschleunigen.[18] Die zunehmend drängende Frage wurde von der Militärführung schließlich zugunsten der eigenen Interessen beantwortet, um ein Kartenwerk zu erarbeiten, das sich für militär-taktische Zwecke eignen sollte. Im post-napoleonischen Europa hatte die militärwissenschaftliche Auseinandersetzung mit Taktik zunehmend an Bedeutung gewonnen. Seit den 1830er Jahren wurde Taktik als Hauptfach auch an der Militär-Akademie in Sankt Petersburg gelehrt.[19] Nachdem 1836 bereits eine gekürzte Anleitung für das taktische „Kriegsspiel" aus dem Deutschen übersetzt worden war[20], wurde ein zarischer Offizier 1843 ins deutschsprachige Ausland entsandt, um dort sämtliche verfügbaren schriftlichen Anleitungen für „Kriegsspiele" zu ergattern, die bei der sächsischen, österreichischen, bayerischen und nicht zuletzt bei der preußischen Armee zur Ausbildung von Offizieren genutzt wurden.[21] Insbesondere der preußischen Kriegsschule sollte die 1832 in Sankt Petersburg gegründete Kaiserliche Militär-Akademie (*Imperatorskaja voennaja akademija*) gleichen.[22] In Berlin wurde für die Ausbildung von Generalstabs-Offizieren eine mechanische Vorrichtung unter der Bezeichnung „Kriegsspiel" verwendet, um taktische Manöver „sinnlich darzustellen".[23] Philipp von Hilgers kommt zum Schluss:

> Keine der Kriegsspielregeln schrieb taktische Grundsätze vor, während seine Vorgänger eben darauf Wert gelegt hatten und in ihren Spielen suggerierten, Schlachtverläufe folgten dem Determinismus überkommener Kabinettskriege. [...] durch das taktische Kriegsspiel wird die Disponibilität taktischer Manöver überhaupt erst sichtbar, und es darf deshalb als Antwort auf die leidvolle Begegnung mit Napoléons neuen Taktiken verstanden werden.[24]

In diesem Zusammenhang weist der Autor ferner darauf hin, dass: „Techniken zur Herstellung von Karten und deren operative Anwendung in taktischen Kriegsspielen

---

18 Vgl. Kap. 4.1.4.

19 Vgl. Zacharova, Larisa Georgievna. (Hrsg.): Vospominanija general-fel'dmaršala grafa Dmitirija Alekseeviča Miljutina 1816–1843, Moskva 1997, S. 146.

20 Vgl. Kuzminskij, Aleksandr Petrovič (Hrsg.): Rukovodstvo k voennoj igre, Sankt Peterburg 1847, S. 12.

21 Vgl. Kuzminskij: Rukovodstvo k voennoj igre, S. II.

22 Vgl. Gejsman, Platon Aleksandrovič (Hrsg.): Glavnyj štab, istoričeskij očerk vozniknovenija i razvitija v Rossii General'nago štaba v 1825–1902g. g., Schriftenreihe: Stoletie Voennago ministerstva 1802–1902, Bd. IV, Teil 2, Buch 2, Abt. 1, Sankt Peterburg 1910, S. 169.

23 Vgl. Hilgers, Philipp von: Kriegsspiele. Eine Geschichte der Ausnahmezustände und Unberechenbarkeiten, Paderborn 2008, S. 61.

24 Vgl. Hilgers: Kriegsspiele, S. 61.

mit wechselseitiger Bezugnahme vermittelt wurden."[25] Das heißt, dass der auszubildende Spieler nicht nur taktische Entscheidungen auf Grundlage des Kartenbildes treffen, sondern dieser auch begreifen sollte, welche Anforderungen an zweckmäßige Karten bestehen, um in einer Schlacht taktisch so effektiv wie möglich vorgehen zu können. 1847 erschien in Sankt Petersburg schließlich die „auf russische Verhältnisse angepasste" Anleitung für das Kriegsspiel.[26] Ab 1850 hatte dann jeder Generalstabs-Anwärter praktische Übungen in Taktik zu absolvieren und darzustellen, wie er eine gestellte taktische Aufgabe löst.[27] Die Hinwendung zum „Kriegsspiel" bei der Ausbildung von künftigen Generalstabs-Offizieren muss daher als Ausdruck einer gesteigerten Aufmerksamkeit der Militärwissenschaft für die Kunst der Taktik gesehen werden, die sich insbesondere im Bedarf nach einer topographischen Karte in einem mittleren Maßstab widerspiegelt. Neu dabei war der Anspruch der Berechenbarkeit, die wissenschaftliche Perspektive auf die unterschiedlichen Bedingungen einer Schlacht – insbesondere der räumlichen. Bemerkenswert ist zudem die Freigabe der preußischen Generalstabskarten im Jahr 1841, was für die gerade im Erscheinen begriffene *Topographische Karte vom östlichen Theile der Monarchie* zutraf.[28] Mit der sukzessiv veröffentlichten preußischen Karte bekam die zarische Militärführung ein Bild von der neuesten „taktischen Karte" der preußischen Armee, die bis an die westliche Grenze des Russländischen Imperiums heranreichte. Der für diese gedruckte Folgekarte verwendete Maßstab von 1 : 100.000 erlaubte – so der Chef des preußischen Vermessungswesens und spätere Generalstabschef – Karl von Müffling (1775–1851): „[...] alles in die Karte aufzunehmen, was man zu den Operationen und am Tage der Schlacht bedarf."[29] Demnach finden in dieser Karte u. a. alle Verbindungswege, Ortschaften, Gelände, Gewässer und Sümpfe Platz. Sowohl das nach militärwissenschaftlichen Erkenntnissen benötigte neue topographische Kartenwerk vom europäischen Russland in einem mittleren Maßstab, als auch der lang diskutierte hohe finanzielle und zeitliche Aufwand für allgemeinstaatliche Landesaufnahmen beleuchten, unter welchen Voraussetzungen 1844 der kaiserliche Befehl erging, die in Sachen Landesaufnahme noch fehlenden Gouvernements fortan militär-topo-

---

25 Vgl. Hilgers: Kriegsspiele, S. 69.

26 Kuzminskij: Rukovodstvo k voennoj igre, S. III.

27 Vgl. Glinoeckij, Nikolaj Pavlovič (Hrsg.): Istoričeskij očerk Nikolaevskoj akademii General'nago štaba, Sankt Peterburg 1882, S. 48.

28 Topographische Karte vom östlichen Theile der Monarchie, Maßstab 1 : 100.000, 249 Sektionen, Berlin ab 1841. Diese wurde auf Grundlage der 1822 bis 1857 vom preußischen Generalstab ausgeführten Aufnahmen zusammengestellt und später erweitert zur Topographischen Karte vom Preußischen Staate mit Einschluss der Anhaltinischen und Thüringischen Länder, 601 Sektionen. Vgl. Kretschmer: Lexikon zur Geschichte der Kartographie, Bd. 2, S. 640; Scharfe, Wolfgang: Abriss der Kartographie Brandenburgs 1771–1821, Berlin/New York 1972, S. 318.

29 Zitiert nach: Behr, Hans Joachim (Hrsg.): Karl Freiherr von Müffling. Offizier – Kartograph – Politiker (1775–1851), Köln [u. a.] 2003, S. 259 f.

graphisch (1 : 42.000) aufzunehmen und damit wesentlich zu beschleunigen.[30] Die kaiserliche Anordnung, ein Konzept für eine „taktische Karte" zu entwerfen, folgte kurz darauf im Frühjahr 1845 mit der Begründung, dass für „einzelne Überlegungen in taktischer Hinsicht" noch keine ausführlichen Karten hergestellt worden waren. Alle Mittel des Militär-Topographischen Depots seien zur Herstellung der neuen Karte des westlichen Russland [*Drei-Werst-Karte*] einzusetzen. Ferner sollte diese Karte mit den fortschreitenden Aufnahmen von Gouvernements in Richtung Osten erweitert werden.[31] Das heißt, die *Drei-Werst-Karte* sollte im Gegensatz zu der *Topographischen Karte des Zartums Polen* ausschließlich aus den Ergebnissen der Landesaufnahmen abgeleitet werden und nicht eine Kompilation aus qualitativ unterschiedlichen Quellen sein.

1845 wurde der an der Kaiserlichen Militär-Akademie lehrende Professor für Geodäsie, Aleksej Pavlovič Bolotov (1803–1853), ins europäische Ausland entsandt. Erst wenige Jahre zuvor hatte er Lehrbücher zur Theorie und Praxis der Geodäsie publiziert, wofür er mindestens aus sechs französisch- und deutschsprachigen Lehrbüchern geschöpft hatte. Damit legte er eine Anleitung in zeitgenössischen Methoden der Messtischaufnahme für zarische Generalstabs-Offiziere vor.[32] Als Experte machte er sich nun im Ausland ein eigenes Bild von den praktischen Arbeiten bei den Landesaufnahmen in Preußen, Hamburg und Altona, Gotha-Coburg, Frankreich, Hessen-Darmstadt, Württemberg, Baden, Schweiz, Piemont, Bayern sowie in Österreich, die er ausführlich in den Periodika der Russisch Geographischen Gesellschaft sowie des Militär-Topographischen Depots beschrieb.[33] Nach dem Thema seiner nachfolgenden Berichte zu schließen, ging es hierbei um die Vorgehensweisen und Resultate bei Vermessungen und Kartierungen im europäischen Ausland, um Erkenntnisse für die Planungen der *Drei-Werst-Karte* einfließen zu lassen. Abgesehen von Unterschieden im inhaltlichen Spektrum sowie in der Nomenklatur und lateinischen Kartenschrift fand die *Drei-Werst-Karte* ihre besondere Anlehnung an der *Topographischen Karte des Zartums Polen* im selben Maßstab 1 : 126.000. Worauf das ausgearbeitete Kartenkonzept dann schließlich abzielte, ist einem 1847 erschienenen Artikel aus dem *Russischen Invaliden* zu entnehmen. Darin wurden die Leser u. a. über das künftige Kartenwerk informiert:

> Es ist genug zu sagen, dass allein das europäische Russland bis zu 5,5 Millionen Quadratwerst umfasst. Jedes Blatt der neuen Karte wird 3.415,5 Quadratwerst abbilden. Folglich wird die militär-topographische Karte allein vom europäischen Russland bis zu 1.300 Blätter umfassen.

---

30 Vgl. Kap. 4.1.4.

31 Vgl. Zapiski Voenno-topografičeskago depo, Teil X (1847), S. 25.

32 Vgl. Bolotov, A.: Geodezija, ili rukovodstvo k isledovaniju obščago vida zemli, postroeniju kart i proizvodstvu trigonometričeskich i topografičeskich s"emok i nivellirovok, 2 Bde., Sankt Peterburg 1836 und 1837. Bolotovs Verweis auf Quellen: Bd. 1, S. VI f.

33 Vgl. Bolotov: Vzgljad; Zapiski Voenno-topografičeskago depo, Teil XII (1849), S. 25–65.

Auf diesen Haupt-Grundsätzen erfolgt jetzt diese wichtige Arbeit, die in einer Reihe mit den Arbeiten dieser Art im Ausland steht.[34]

Diese offizielle Ankündigung belegt das große Vorhaben, ein militär-topographisches Kartenwerk (*Drei-Werst-Karte*) des *gesamten* europäischen Russland im Maßstab 1 : 126.000 herzustellen. Im Rechenschaftsbericht des Kriegsministers Černyšëv an Zar Nikolaus I. im Jahre 1850 heißt es über die 1845 begonnenen Arbeiten an der *Drei-Werst-Karte,* dass diese mittlerweile den ersten Platz innerhalb der Tätigkeiten des Militär-Topographischen Depots einnehmen. Die Karte würde nach den zuverlässigsten Aufnahmematerialien zusammengestellt und trüge allen einzelnen Überlegungen in militärischer Hinsicht Rechnung.[35] Entgegen der Ankündigung von 1847, umfasste dieses Kartenwerk im Jahr 1912 aber nicht 1.300, sondern lediglich rund 500 Blätter, wie der Blattübersicht (Abb. 48) zu entnehmen ist. Wie noch dargelegt wird, verhinderte vor allem die immer stärker als notwendig erachtete Aktualisierung der Blätter vom westlichen Grenzgebiet die vorgesehene Erweiterung des Kartenausschnitts in Richtung Osten und Norden.[36]

8.3.1 Kurze Gültigkeit der *Drei-Werst-Karte*

Nach der Niederlage im Krimkrieg und den ernüchternden Erfahrungen im Zusammenhang mit unzureichenden topographischen Karten, riefen die Ereignisse des polnischen Januaraufstandes 1863–1864 im zarischen Generalstab die allgemeine Einschätzung hervor, dass die Kartographie Russlands insgesamt mangelhaft sei. Die Reaktion des Militär-Topographischen Depots schlug sich darauf nicht nur in der Herstellung der *Strel'bickij-Karte* nieder, die bis 1917 und darüber hinaus den strategischen Blick der zarischen Militärführung auf das europäische Russland und seine benachbarten Staaten wiedergibt.[37] Auch die *Drei-Werst-Karte* als taktisches Instrument der zarischen Armee rief Kritik hervor. Im Jahr 1863 waren bereits 435 Kupferdruckplatten für die Vervielfältigung der *Drei-Werst-Karte* vom westlichen europäischen Russland gestochen. Doch bei den kämpfenden Truppen der zarischen Armee wurde über veraltete und unzuverlässige Inhalte geklagt, besonders in Bezug auf Wege und Wälder.[38] Während des Januaraufstandes hatten aufständische Partisanen vornehmlich aus unübersichtlichen und schwer zugänglichen Wäldern heraus agiert. Die zarische Armee wurde in über 600 Auseinandersetzungen geradezu vorgeführt, denn ihre Kontrahenten ließen sich nicht zu einer Entscheidungs-

---

34 Zapiski Voenno-topografičeskago depo, Teil X (1847), in: Russkij invalid, Nr. 147, 5. Juli 1847, S. 587.
35 Vgl. Materialy i čerty k biografii Imperatora Nikolaja I, S. 325.
36 Vgl. Saličev: Osnovy kartovedenija, S. 176.
37 Vgl. Kap. 9.
38 Vgl. Kratkij doklad o rabotach Korpusa voennych topografov (1919), S. 17.

schlacht zwingen.[39] Infolgedessen wurden zwischen 1864 und 1872 die Topographien von 16 westlichen Gouvernements vor Ort einer Revision unterzogen und die entsprechenden Druckplatten nachgeführt.[40] Auch die Blätter der im Jahr 1861 erschienenen *Drei-Werst-Karte* (Abb. 8) des strategisch hoch bedeutsamen Gouvernements Vil'no waren betroffen. Sie hatten eine Topographie abgebildet, die so nicht mehr existierte, obwohl ab Mitte der 1840er Jahre eine erste Revision der Manuskriptkarten aus den Jahren 1819–1829 erfolgt war.[41] Daraufhin wurde dieses Gouvernement 1865 von Topographen rekognosziert, um die notwendigen Korrekturen vorzunehmen. Dabei stellte sich konkret heraus, wie stark inzwischen die Landschaft von Menschenhand verwandelt worden war: 3.032 Bauerndörfer mussten neu eingezeichnet und 1.171 getilgt werden. Zudem waren mittlerweile 224 Werst Schienen gelegt, Chausseen um 14 Werst sowie Poststraßen um zwölf Werst erweitert worden. Vor allem waren aber Wälder auf einer Fläche von 105.000 Desjatinen gerodet und Neupflanzungen auf 72.000 Desjatinen vorgenommen worden.[42] Diese Aufzählung stellt lediglich einen Bruchteil der potentiell kriegsrelevanten Veränderungen dar, die von den Topographen festgestellt und in den Aufnahmen berichtigt werden mussten. Bei der Niederschlagung des Januaraufstandes mussten die Kolonnenführer der zarischen Armee die großen Unterschiede zwischen Kartenbild und unmittelbarer Wahrnehmung im Feld mit Schrecken festgestellt haben – besonders im Hinblick auf die unkonventionellen Guerilla-Methoden der Aufständischen und der großen Bedeutung von dichten Wäldern und schmalen Wegen. Die Berichtigungen der Aufnahmen des Gouvernements Vil'no veranschaulicht, dass mit der Publikation einer topographischen Karte weniger ein endgültiges Resultat, sondern eher eine temporäre Momentaufnahme entstanden war. So stark, wie Landschaft, Bodenbedeckung, Siedlungen und Wege etc. Veränderungen erfuhren, mussten auch die Kartenbilder entsprechend nachgeführt werden, um über ein aktuelles verkleinertes Abbild des physischen Raumes zu verfügen, das als zuverlässige Lehrkarte für militärische Planungen dienen konnte. Solange die Karten nicht aktuell gehalten wurden, waren sie nur eine stumpfe Waffe im Kampf um territoriale Herrschaft – möglicherweise sogar eine bittere Falle. Sehr wahrscheinlich hatte der zarische Generalstab dies schon früher erkannt, angesichts der noch zu vermessenden und kartierenden Gebiete aber zurückgestellt. Vor dem Hintergrund des Deutsch-Französischen Krieges hatte Zar Alexander II. 1870 die geheime Mobilisierung der Armee befohlen, um für eine mögliche Eskalation zu einem umfassenden europäischen

---

39 Vgl. Gesket, Sergej Davidovič: Voennye dejstvija v carstve Pol'skom v 1863 godu, Varšava 1894, S. 367–374; Figes: Krim-Krieg, S. 619.
40 Vgl. Kratkij doklad o rabotach Korpusa voennych topografov (1919), S. 17.
41 Vgl. Postnikov: Razvitie krupnomasštabnoj kartografii v Rossii, S. 150.
42 Vgl. Istoričeskij očerk dejatel'nosti Korpusa voennych topografov, S. 349; Papkovskij: Iz istorii geodezii, S. 141, 151.

Krieg gewappnet zu sein.[43] Bei der Auswertung eines 1871 abgehaltenen Manövers, das offenbar in diesem Zusammenhang im Gouvernement Livland stattgefunden hatte, wurde der Wert der *Drei-Werst-Karte* von einer Kommission analysiert. Demnach bestand ihr größter systematischer Mangel in der unzureichenden Darstellung der Gewächse. Wälder und Gebüsche hatten keine Konturen, weshalb der Leser keine ausreichende Vorstellung von der Passierbarkeit der Gegend bekam.[44] Die mangelhafte Lesbarkeit, die unpräzise Geländedarstellung, der kleine Maßstab und die inhaltliche Veraltung der *Drei-Werst-Karte* führten zur Einsicht, stattdessen eine *Zwei-Werst-Karte* zusammenstellen zu müssen, deren größerer Maßstab mehr Platz für Details bot.[45] Der Blick auf potentielle Gegner hatte hierfür große Bedeutung. Im Kontext der *Großen Reformen* fanden vermehrt militärische Kulturtransfers statt, die auch neue Ansprüche in der militär-topographischen Kartographie begründeten. Das Interesse der zarischen Militärführung am Deutsch-Französischen Krieg war groß. Elf ihrer Offiziere durften sich als Kriegsbeobachter beim preußischen Generalstab ein unmittelbares Bild vom Geschehen an der Kriegsfront machen. Seit dem Krim-Krieg hatte die Bedeutung von Militär-Attachés und Kriegsbeobachtern für die Erlangung von kriegswichtigen Informationen zugenommen. Dabei ging es um technologische Neuerungen, wie präzisere Waffen, Eisenbahnen und elektrische Telegraphen, aber auch um spezielle Merkmale der Kriegsführung. Das Kriegsministerium in Sankt Petersburg war gut unterrichtet und an Neuerungen anderer Armeen stark interessiert. Dabei hatte es vor dem Hintergrund der sich ändernden Kriegsführung besonders das preußische Militär im Visier.[46] Die Notwendigkeit einer neuen *Zwei-Werst-Karte* beim zarischen Militär kam in dem Moment auf, als in Preußen Vermessungen für ein neues Kartenwerk beschlossen wurden. Nach dem deutschfranzösischen Krieg und der Gründung des Deutschen Reiches (1871) wurde eine vollständige topographische Neuaufnahme Preußens im Maßstab 1 : 25.000 durchgeführt, deren Ziel erstmals gedruckte Messtischblätter im selben Maßstab vorsah (3.699 Blätter) und bis 1914 im Großen und Ganzen abgeschlossen werden konnte. 1878 wurde ein einheitliches Reichskartenwerk im Maßstab 1 : 100.000 beschlossen, das 1910 als *Karte des Deutschen Reiches* komplett vorlag.[47] Dass sich die Entwicklungen der preußischen Militär-Kartographie auf die zarische Kartographie auswirk-

---

43 Vgl. Fuller: Strategy and Power, S. 277.

44 Vgl. Postnikov: Razvitie krupnomasštabnoj kartografii v Rossii, S. 159.

45 Vgl. Postnikov: Razvitie krupnomasštabnoj kartografii v Rossii, S. 159 f.

46 Vgl. Persson, Gudrun: Russian Military Attachés and the Wars of the 1860s, in: Schimmelpenninck van der Oye, David; Menning, Bruce W. (Hrsg): Reforming the Tsar's Army. Military Innovation in Imperial Russia from Peter the Great to the Revolution, Cambridge 2011, S. 151–167; Dvadcat' pjat' let nazad, (Otryvok iz dnevnika) Bar. L. L. Zeddelera, in: Istoričeskij vestnik, 16 (1896) 64, S. 114.

47 Vgl. Stavenhagen, Willibald von: Die geschichtliche Entwicklung des preussischen Militär-Wesens (Schluss), in: Geographische Zeitschrift, 6 (1900) 10, S. 549 f.; Lexikon zur Geschichte der Kartographie, Bd. 2, S. 640 f.

ten, zeigt beispielsweise die Übernahme der „Preußischen Polyeder-Projektion" für die russische *Ein-* und *Zwei-Werst-Karte*.[48] Diese hatte eine deutliche Verringerung der Verzerrungen innerhalb der Kartenblätter zur Folge.[49] Für die Schlagkraft der Artillerie war das entscheidend. Der Deutsch-Französische Krieg hatte vorgeführt, wie sehr die Armeen Karten benötigten, um nicht nur präzise Positionswechsel vornehmen, sondern auch um Stellungen bauen und auf die Ferne mit präzisen Läufen schießen zu können. Dabei war grundlegend wichtig, dass diese topographischen Karten auf exakten instrumentalen Aufnahmen beruhten, genaue Höhen verzeichneten und vor allem das Gelände in Höhenlinien darstellten, anstelle der ungenaueren Bergschraffen, die in der *Drei-Werst-Karte* Verwendung gefunden hatten.[50] Auf Grundlage einer neuen Instruktion wurde das westliche Grenzgebiet ab 1872 abermals rekognosziert.[51] So wurden die bestehenden Blätter der *Drei-Werst-Karte* der unter Kriegsminister Miljutin neu gegründeten Militärbezirke Warschau, Vil'no und Kiev aktualisiert.[52] Dabei handelte es sich um eben jene Gebiete, in denen die Partisanen während des Januaraufstandes 1863–1864 gegen die zarische Armee gekämpft hatten.[53] Hauptziel dieser Rekognoszierung war die Prüfung und Korrektur der *Drei-Werst-Karte* hinsichtlich militärisch besonders relevanter Inhalte. Aus zeitlichen und finanziellen Gründen konnten für die neue Karte zunächst keine neuen militärtopographischen Aufnahmen hergestellt werden. Demnach sollte auf bestehenden Grundlagen herausgefunden werden, welche Fehler einerseits bei den Original-Aufnahmen, andererseits bei der Zusammenstellung und Zeichnung der *Drei-Werst-Karte* gemacht wurden. Die Instruktion von 1872 legte beispielsweise fest, dass in den Karten u. a. besondere Aufmerksamkeit auf die Darstellung der Gewächse gelegt werden sollte, wie Waldarten, Höhe und Dichte sowie Passierbarkeit der Waldmassive, gleiches galt für Büsche. Zudem sollten Arten von Wegen besser unterschieden werden können sowie ihre Oberflächen und Breiten. Ferner war auch die Angabe wichtig, für welche Militärgattungen die Wege geeignet wären und welchen Einfluss die verschiedenen Jahreszeiten auf ihren Zustand hatten. Auch, ob Eisenbahntrassen ein- oder zweigleisig gebaut waren. Flüsse sollten in ihrer Breite und Tiefe erkundet, Strömungsgeschwindigkeiten, Beschaffenheit des Grundes unter Wasser sowie die Passierbarkeit von Ufern ermittelt, schließlich Gebäude nach militärtaktischem Wert klassifiziert werden.[54] Wie diese Beispiele aus der Instruktion bele-

---

48 Dabei handelt es sich um Gradabteilungskarten, deren Blattschnitt nach geographischen Koordinaten erfolgt. Ihre Blätter sind durch Meridiane und Breitengrade begrenzt und damit nicht rechteckig, sondern in Relation zum entsprechenden Breitengrad unterschiedlich trapezförmig geschnitten, um die gekrümmte Erdoberfläche möglichst verzerrungsarm zweidimensional abzubilden.
49 Vgl. Lexikon der Kartographie und Geomatik, Bd. 2, S. 231.
50 Vgl. Alekseev: Kratkij očerk dejatel'nosti Korpusa voennych topografov, S. 7.
51 Vgl. Postnikov: Razvitie krupnomasštabnoj kartografii v Rossii, S. 159 f.
52 Vgl. Papkovskij: Iz istorii geodezii, S. 141, 153.
53 Vgl. Figes: Krim-Krieg, S. 619; Barnes: Ruheloses Russland, S. 85.
54 Vgl. Postnikov: Razvitie krupnomasštabnoj kartografii v Rossii, S. 159.

gen, fand bei der Erhebung militärisch relevanter Objekte eine massive Präzisierung statt. Auf diesem Weg wurde aber nur ein Teil der *Drei-Werst-Karte* bis 1876 grundlegend aktualisiert. Im Jahr 1903 stellte dann eine Kommission fest, dass ihr mittlerer und östlicher Teil (Abb. 48) nur nach den ersten Rekognoszierungen der 1860er Jahre berichtigt und nicht einmal die inzwischen gebauten Chausseen und Eisenbahntrassen kartiert worden waren. Nur im westlichen Grenzgebiet bis zur Linie Dvinsk–Vil'no–Rovno–Kamenec–Podolsk fanden fragmentarische Berichtigungen auf Grundlage neuer topographischer Aufnahmen statt. Infolgedessen hatte die *Drei-Werst-Karte* ihren Wert stark eingebüßt und war so nicht viel mehr als eine grobe Orientierungskarte, die sich für taktische Zwecke gar nicht mehr eignete.[55] Nach den Ergebnissen dieses Gutachtens wurde 1903 die Entscheidung getroffen, die *Drei-Werst-Karte* nicht weiter zu aktualisieren und sie durch die *Zwei-Werst-Karte* zu ersetzen.[56] Damit hatte die *Drei-Werst-Karte* nur eine relativ kurze Gültigkeit, denn ihr Wert als Instrument taktischer Kriegsführung schwand mit ihrer zunehmenden Veraltung – vor allem für Zentralrussland. In zivil-administrativer Hinsicht war die *Drei-Werst-Karte* um die Jahrhundertwende aber ebenso unbefriedigend. Wie ein ziviler Vermesser berichtet, war diese Karte einem breiten Publikum bekannt und wurde von Ingenieuren, von den Selbstverwaltungen (*zemstva*), von der Administration sowie von Gutsbesitzern herangezogen. Die Karte litt demnach aber unter Unvollständigkeiten, besonders in wirtschaftlicher Hinsicht und sei stark veraltet.[57] Hier sprach der Autor vermutlich von den unberücksichtigten Bedarfen der Gutsbesitzer, deren Interesse an topographischen Objekten bestanden haben dürfte, wie sie in der *Specialcharte von Livland* zu finden sind, d. h. vor allem eine differenzierte Darstellung der Bodenbedeckung.

8.4 Bildanalyse

Abbildung 53 zeigt einen Ausschnitt aus der *Drei-Werst-Karte* (Polen) samt Gradleiste und Kartenrahmen. Diese Lehrkarte diente zur Darstellung der Signaturen, die auch in der *Drei-Werst-Karte* Verwendung fanden. Zur Veranschaulichung werden im Kartenfeld die Kartenblattausschnitte der *Zwei-Werst-Karte* (größerer Rahmen) sowie der *Ein-Werst-Karte* (kleinerer Rahmen) demonstriert, um die unterschiedlichen Vergrößerungen anzudeuten. Demnach bildet ein Blatt der *Ein-Werst-Karte* vergleichsweise den kleinsten Flächenraum ab, im Maßstab 1 : 42.000 dafür aber am detailliertesten.[58] Die oben beschriebene Präzisierung und Vermehrung von militärisch relevanten Informationen tritt in diesem Kartenbild von 1912 deutlich hervor. Im Ver-

---

55 Vgl. Kratkij doklad o rabotach Korpusa voennych topografov (1919), S. 18.
56 Vgl. Oreškin: Boevaja služba, S. 7.
57 Vgl. Iveronov: Sovremennaja geodezičeskaja dejatel'nost' v Rossii, S. 86.
58 Vgl. Kap. 1.4.2.3.

gleich zu Abbildung 52 zeigt es u. a. die ab den 1870er Jahren veränderten Signaturen für Bodenbedeckungen (Wald, Büsche etc.). Wege und Straßen erscheinen akzentuierter, die Geländedarstellung ist überarbeitet, vereinzelte Höhenangaben wurden genauso wie Angaben über die Zahlen der Höfe ergänzt. Auffällig tritt die Kartierung einer eingleisigen Eisenbahntrasse im rechten Bildteil durch eine neue Liniensignatur hervor (fette schwarze Linie mit zwei dünnen Außenlinien). Im Jahr 1912 verzeichnete der Signaturen-Schlüssel für die *Drei-, Zwei- und Ein-Werst-Karten* allein neun unterschiedliche Liniensignaturen für Eisenbahntrassen[59], was ganz konkret verdeutlicht, wie detailliert die Randgebiete des Zarenreiches kartiert wurden, während das Landesinnere unter zunehmend veralteten Aufnahmen in kleineren Maßstäben litt (Abb. 29). Im Vergleich zu Abbildung 52 fällt insbesondere die kyrillische Kartenschrift auf. Wurde die *Topographische Karte des Zartums Polen* nach dem Novemberaufstand 1830–1831 unter der Führung des zarischen Generalstabs 1843 fertiggestellt und in ihrer lateinischen Schrift belassen, so korrespondierte die neue Karte nach dem Januaraufstand 1863–1864 mit der weitreichenden „Zwangsintegration" (Kappeler) Kongress-Polens. Dieses büßte die Reste seiner Sonderstellung als Königreich ein, der Name Polen wurde durch Weichselland (*privislinskij kraj*) und die polnische Amtssprache durch die russische ersetzt.[60] Nach einem kaiserlichen Erlass Zar Alexanders II. wurde 1867 die Verwendung der lateinischen Schrift in Karten untersagt.[61] Das polnische Territorium wurde kartographisch vollends mit dem europäischen Russland verschmolzen. Fortan waren die Längengrade auf den russländischen Nullmeridian von Pulkovo bezogen, und nicht mehr auf den Mittagskreis von Warschau, wie in der *Topographischen Karte des Zartums Polen* zuvor. Auch wurden Blattschnitt und Nummerierung an die *Drei-Werst-Karte* des westlichen Russland angepasst. Auf einen separaten Titel und eine eigene Titelkartusche wurde ebenso verzichtet. In Abbildung 53 wird zudem die russische Vereinnahmung Polens durch Umbenennung des Ortes Puławy in Novoaleksandrija sichtbar, welche bereits 1846 anlässlich eines Besuches von Zarin Aleksandra Fëdorovna vorgenommen worden war und bis 1918 gültig blieb. Auch für die Ostsee-Provinzen zeigen die Blätter der *Drei-Werst-Karte* sowie die der *Zwei-* und *Ein-Werst-Karte* ausschließlich kyrillische Kartenschrift und geben spätere Ortsumbenennungen, wie etwa Jur'ev (1893–1918) für das vorherige Dorpat wieder. Hierin zeigt sich ebenso deutlich die Praxis unter Zar Alexander III. (1881–1894), die westlichen Randgebiete einschließlich der Ostsee-Provinzen im Sinne der Russifizierungspolitik als untrennbaren Teil des russländischen Herrschaftsraumes zu imaginieren und ihre Sonderstellung in Frage zu stellen.[62] Die Initiative der Livländischen Gemeinnützigen und Ökonomischen Sozietät von 1891, die 1839 erschienene *Specialcharte von Livland* zum 100-

---

59 Vgl. Adrianov: Uslovnye znaki voenno-topografičeskich kart (1912), S. 18.
60 Vgl. Kappeler: Russland als Vielvölkerreich, S. 208.
61 Vgl. Olszewicz: Polska kartografja wojskowa, S. 188 f.
62 Vgl. Kappeler: Russland als Vielvölkerreich, S. 212.

jährigen Jubiläum der Sozietät 1895 neu herauszugeben[63], scheiterte möglicherweise vorerst an eben dieser Russifizierungspolitik.[64] Im Gegensatz dazu war das Großherzogtum Finnland von einer Unifizierungspolitik erst wesentlich später betroffen und behielt lange „Attribute einer Eigenstaatlichkeit".[65] Dieser Befund spiegelt sich in der *Ein-Werst-Karte* des südlichen Finnland (Abb. 49, rechts), die noch 1894 finnische Toponyme in lateinischer Schrift wiedergibt.[66]

8.5 Kampf um zuverlässige Karten und Fragmente der Macht

Bei der Aktualisierung von Karten handelte es sich für die Topographen und Kartographen um einen stetigen Kampf, inhaltliche Zuverlässigkeit zu gewährleisten. Dieser Umstand hatte gerade für die topographisch-kartographische Bewältigung des ausgedehnten Zarenreiches eine zentrale Bedeutung. Um bedrohte Grenzgebiete militärisch kontrollieren zu können, mussten die Karten möglichst permanent den topographischen Ist-Zustand abbilden. Die dafür notwendigen kartographischen Revisionen benötigten Personal und kosteten langfristig Zeit und Geld. All dies fehlte dann aber an anderen Stellen, um weitere allgemeine, militärische oder integrierte Landesaufnahmen im europäischen Russland, etwa von zentralen, nördlichen oder östlichen Gouvernements anzufertigen, geschweige denn laufend zu halten. Eben darin lag ein zentrales Dilemma für die militärische Führung, letztlich aber insbesondere für die zarische Regierung. Entweder sollten die Karten in großen Maßstäben von den sensiblen Grenzgebieten laufend aktuell gehalten und präzisiert werden oder es sollten möglichst flächendeckende Aufnahmen zumindest des relativ dichtbesiedelten europäischen Russland angestrebt werden. Aufgrund begrenzter Mittel und Personalausstattung hätten diese insgesamt nicht so detailliert und aktuell gehalten werden können – auch nicht die Grenzgebiete. Aus militärischer Sicht überwog die Sorge um die Grenzgebiete, was die bewusste Vernachlässigung der Kartierung Zentralrusslands nach sich zog.

In der Zeit nach dem Krim-Krieg und in der Ära der Großen Reformen, wurde aus Geldmangel die 1864 im zarischen Generalstab aufgekommene Idee nicht verwirklicht, für eine permanente Laufendhaltung der topographischen Karten das europäische Russland in sechs „topographische Bezirke" (*topografičeskie okrugi*) aufzuteilen und reihum von einem festen Personalstamm systematisch aktuell zu

---

63 Vgl. Tartu ERA.1185.1.595, Protokolle der Kommission in Sachen der Karte von Livland ..., Bl. 40–67. Die Kommission in Sachen der Karte von Livland, Sitzungsprotokolle, Dorpat, 4. März bis 30. Mai 1891; Konzept für die Herstellung einer topographischen Karte von Livland durch den dänischen Generalstab, mitgeteilt von P. Rosenstand Wöldike; Die Revision der Karte von Livland betreffend, Resultate der Kommissionsarbeit, I. Sep. 1891.
64 Vgl. Kap. 7.3.2. u. 7.5.4.
65 Vgl. Kappeler: Russland als Vielvölkerreich, S. 214.
66 Vgl. [Westrußland nördl. v. 58°, 1-Werstkarte des russ. Gen.-Stabes, 1886 ff.], SBB, Kart. Q 15193.

halten. Selbst die erheblichen Veränderungen der Siedlungsverteilung infolge der Aufhebung der Leibeigenschaft (Bauernreform 1861) sollte nach der Überzeugung der Militärführung die mittelfristige Zuverlässigkeit der Karten nicht stark beeinträchtigen. Stattdessen sollten lokale Zivilverwaltungen und Militärbezirks-Stäbe das Militär-Topographische Depot ständig über relevante Veränderungen der Topographie informieren. Grundlegende Berichtigungen der Karten sollten demnach durch systematische Rekognoszierungen nur alle 15 bis 20 Jahre durchgeführt werden.[67] Wie die oben erwähnte fragmentarische Berichtigung der *Drei-Werst-Karte* belegt, erfolgte dies aber nicht flächendeckend, sondern ausschließlich in den Grenzgebieten. Unter dem neuen Zaren Alexander III. und seinem Kriegsminister Pëtr Semënovič Vannovskij (1822–1904) wurde dann sogar ab 1882 vor allem das westliche Grenzgebiet mit Angaben der Höhen und Höhenlinien topographisch vollständig neu aufgenommen, während die in Karten festgehaltene Topographie Zentralrusslands zunehmend veraltete, wie die Übersichtskarte (Abb. 29) eindrücklich zeigt. Deutlich wird darin die Konzentration der neuesten (ab 1872) und genauesten topographischen Aufnahmen in Westrussland und auf der Halbinsel Krim (gelb) sowie im Kaukasus und in Transkaukasien (rot), während die älteren Aufnahmen vom Zentrum und dem Osten in unterschiedlichen Genauigkeiten (rosa, hellblau, hellgrün) bis 1917 nicht mehr erneuert wurden. Die Militär-Topographen hatten bereits ab 1873 ihre Messtisch-Aufnahmen im westlichen und südlichen Grenzgebiet wieder in einem sehr großen Maßstab (1 : 21.000) durchgeführt, um möglichst viele topographische Details genau zu erfassen – genauso wie sie in der ersten Hälfte des 19. Jahrhunderts unter Tenner bereits erfolgt waren. Dies stellte wieder ein neues Kapitel in der topographisch-kartographischen Erschließung des Zarenreichs dar, nachdem die Militärführung 1844 die Entscheidung getroffen hatte, auf derart ausführliche Aufnahmen zu verzichten, um Kosten zu sparen und die Arbeiten zu beschleunigen. Unter dem Eindruck der neuen Militär-Taktik war der Generalstab aber zu einer Kehrtwende gezwungen. Dem gestiegenen Bedarf an detaillierten und aktuellen Karten war mit den bestehenden Mitteln aber nur für ein kleines Teilgebiet des Reiches nachzukommen. Der zarische Generalstab entschied sich klar für die westlichen und südlichen Randgebiete des europäischen Russland. Die 1887 in Kraft getretene Vermessungs-Instruktion zielte auf die Einheitlichkeit und Ausführlichkeit des neuen Vorgehens. Demnach waren die topographischen Aufnahmen wieder vollständig instrumentell auszuführen, um sämtliche Details zu erfassen. Vollkommen neu war, das Gelände in Höhenlinien (*gorizontali*) darzustellen, was auf Höhenmessungen beruhte (Abb. 51), statt auf Augenmaß. All dies sollte nach §1 der Instruktion *ausschließlich* für die Zwecke des Kriegsministeriums erfolgen.[68] Offensichtlich sah sich

---

67 Vgl. Istoričeskij očerk dejatel'nosti Korpusa voennych topografov, S. 349–351.
68 Vgl. Instrukcija dlja topografičeskich s"emok v masštabe 250 saž. v djujme, proizvodjaščichsja pod neposredstvennym vedeniem Voenno-topografičeskago otdela Glavnago štaba, in: Zapiski Voenno-topografičeskago otdela Glavnago štaba, Teil XLII, Sankt Peterburg 1888, S. 1–14.

die zarische Militärführung gezwungen, dem technologischen Wandel in der Kriegsführung und den damit verbundenen notwendigen kartographischen Voraussetzungen Rechnung zu tragen. Eben so, wie es das westlich angrenzende Preußen mit seiner vollständigen topographischen Neuaufnahme vorführte. Die Abbildung auf dem
Vorsatzblatt zeigt im Vergleich, wie sich die gedruckten Ergebnisse der Aufnahmen,
nämlich die *Drei-Werst-Karte* (blau) und ihre detaillierteren Nachfolger, die *Zwei-
Werst-Karte* (braun) sowie die *Ein-Werst-Karte* (rot), vor allem auf Gebiete bezogen,
die vom Russländischen Imperium seit dem 18. Jahrhundert einverleibt und militärisch beherrscht worden waren. Das Militär rang demnach zuvorderst mit der kartographischen Erfassung der imperialen Peripherien im Westen und Süden des europäischen Russland, indem es von diesen Randgebieten die genauesten und
detailliertesten Karten herstellte und darüber hinaus gezwungen war, die Ergebnisse
dauernd aktuell halten zu müssen. Mit diesen zunehmend detaillierten Karten wurde ein Großteil der verfügbaren Mittel auf die westlichen und südlichen Grenzgebiete des europäischen Russland gelenkt, was die kartographische Vernachlässigung
des dichtbesiedelten Zentrums und anderer östlicher und nördlicher Gebiete bedeutete. Wie aus dem anschließenden neunten und letzten Kapitel hervorgeht, wurden
die Folgen dieses Handelns im Ersten Weltkrieg und im anschließenden Bürgerkrieg
besonders spürbar, als detaillierte und aktuelle Karten von zentralen, östlichen und
nördlichen Gebieten des europäischen Russland fehlten. Angesichts dieser Lage
mussten die aufwändig hergestellten Kartenwerke vom Westen Russlands als teuer
bezahlte, aber nunmehr wertlose Fragmente zarischer Macht erscheinen.

9 *Strel'bickij-Karte:* Strategischer Blick auf Europa

Dieses Kapitel handelt von der *Strel'bickij-Karte*. Ihrem Maßstab nach gehört sie zum Karten-Typ der *Zehn-Werst-Karte*, die in Form von mindestens vier separaten Kartenwerken bis zum Ende des Russländischen Imperiums sowie in der frühen Sowjetunion Verwendung fand. Das erste Kartenwerk bzw. der Vorläufer in diesem Maßstab war die *Schubert-Karte*. Ab 1865 wurde dann die *Strel'bickij-Karte* als vollkommen neues Kartenwerk in diesem Maßstab gezeichnet und bildete sukzessive das gesamte europäische Russland, den Kaukasus samt südlichem Kaukasus sowie angrenzende Territorien des Osmanischen Reiches, des Deutschen Reiches und des Habsburger Reiches ab. Für den asiatischen Teil Russlands erschienen entsprechende Kartenwerke von Westsibirien, Turkestan und Ostasien. Bei der *Zehn-Werst-Karte* handelt sich um einen Karten-Typ, mit dem der zarische Generalstab den beispiellosen Herausforderungen bei der kartographischen Erfassung der aus seiner Sicht wichtigsten Teile des ausgedehnten Russländischen Imperiums und angrenzender Gebiete begegnete, um seine militär-strategischen Planungen durchführen zu können. Neben Flächenberechnungen, statistischen Erhebungen und geologischen Forschungen wurden sie vor allem dafür verwendet, einen Krieg bis zum Moment der Schlacht zu führen, d. h. den Aufmarsch der Armee, den Aufbau von Etappen, die Herstellung der militärischen Kommunikation sowie die Verbindung und Vorbereitung der möglichen Kriegsschauplätze zu verwirklichen.[1] Diese Kartenwerke wurden für potentielle Auseinandersetzungen um territoriale Herrschaft, Expansion und Abgrenzung des Russländischen Imperiums hergestellt und aktualisiert, erweitert und neu herausgegeben. Die *Zehn-Werst-Karte* bezeugt das militär-strategische Kalkül der zarischen Armee-Führung. Bei diesen Kartenwerken handelte es sich für viele Millionen Quadratwerst des Zarenreiches und angrenzender Gebiete um den größten möglichen Maßstab, während genauere Kartenbilder in größeren Maßstäben nur wesentlich kleinere Teile Russlands einheitlich wiedergeben konnten (Abb. Vorsatz- und Nachsatz). Die *Zehn-Werst-Karte* bildete somit den günstigsten Kompromiss, der unter den gegebenen Bedingungen möglich war, um zügig ausgedehnte Gebiete des Reiches in *einem* Kartenwerk einheitlich darzustellen. Dafür mussten die Kartographen unter Verzicht von Genauigkeit und Zuverlässigkeit auf eine Vielzahl qualitativ unterschiedlicher Quellen zurückgreifen.

Die Niederlage im Krim-Krieg, letztendlich aber der Januaraufstand in Polen 1863–1864, gaben den Ausschlag für eine neue, umfangreichere und genauere *Zehn-Werst-Karte* vom europäischen Russland. Bei den sukzessiven Erweiterungen des Kartenwerkes nach dem gewonnenen Russisch-Osmanischen Krieg von 1877–1878 trat das strategische Interesse des erstarkten Russlands an benachbarten Territorien deutlich hervor. Berlin und Wien, die Balkanhalbinsel und Konstantinopel bildeten

---

1 Vgl. Žukovič: Kakie karty nužny Krasnoj armii, S. 13.

sukzessive den strategischen Horizont des zarischen Generalstabs in einem Kartenbild, welches große Teile des Russländischen Imperiums mit dem angrenzenden
Ausland zusammenhängend abbildete – einheitlich und nahtlos im größten verfügbaren Maßstab in kyrillischer Schrift. Als im Zuge der *Großen Reformen* auch das
Kriegsministerium eine Militärreform durchführte, wurden neben dem Militär-Topographischen Depot in Sankt Petersburg mehrere neue kartographische Zentren eingerichtet.[2] In den Militärbezirksverwaltungen für den Kaukasus, für Westsibirien sowie für Turkestan und Ostasien wurden *Zehn-Werst-Karten* für die neu gegründeten
Militärbezirke dezentral gezeichnet und gedruckt. Die Zentralisierung der Kartographie im Karten-Depot, die Ende des 18. Jahrhunderts auf Betreiben Zar Pauls I. stattgefunden hatte und seit 1812 beim Militär-Topographischen Depot über ein halbes
Jahrhundert in Sankt Petersburg bestand, wurde mit diesem Schritt aufgegeben. Im
Ersten Weltkrieg verteidigte das Russländische Imperium seine Interessen gegenüber westlichen Nachbarn vornehmlich in Europa, dort, wo es mit dem Zusammenbruch des Zarenreiches vorwiegend um die territoriale Behauptung der Macht zwischen Roten und Weißen ging. Neben den Kriegsschauplätzen in Sibirien verliefen
die Fronten im Norden, Osten und Süden des europäischen Russland. In eben der
Zehn-Werst-Karte des europäischen Russland fand Sowjetrussland sein erstes Kartenwerk.

9.1 Die Karte auf dem Tisch: Annäherung und Bestandsaufnahme

Eine gleichrangige Behandlung aller Kartenwerke im Zehn-Werst-Maßstab ist im
Hinblick auf Thema und Umfang der Arbeit nicht zielführend. Angesichts der histo-
rischen Bedeutung des europäischen Russland und der Quellenlage in Bezug auf
das asiatische Russland, wird in diesem Abschnitt insbesondere auf die *Strel'bickij-
Karte* eingegangen. In der Betrachtung zurückgestellt werden dagegen die Zehn-
Werst-Karten von Westsibirien, Turkestan[3] und Ostasien.

9.1.1 Bewährter Kompromiss als neuer Standard

Die *Schubert-Karte* ist das Ergebnis eines Kompromisses zwischen dem militärischen
Bedarf nach möglichst detaillierten topographischen Informationen von einem möglichst großen Gebiet, und der Notwendigkeit, die Karte auf Grundlage von Quellen
mit einer Mindest-Genauigkeit und Mindest-Zuverlässigkeit herzustellen. Auch in

---

2 Vgl. Kap. 2.2.1.
3 Jeske, Martin: Die Zehn-Werst-Karte des Militärbezirks Turkestan: Russland, das Große Spiel und
die Jagd nach der Grenze in Zentralasien (1882–1936), in: Heinz, Markus (Hrsg.): 20. Kartographiehistorisches Colloquium in Berlin (in Druck).

der zweiten Hälfte des 19. Jahrhunderts und darüber hinaus schien der Zehn-Werst-Maßstab bei der kartographischen Erfassung des europäischen Russland geeignet zu sein und etablierte sich als neuer Standard für Kartenwerke von verschiedenen asiatischen Teilen des Russländischen Imperiums, wie die *Zehn-Werst-Karten* von Westsibirien, Turkestan und Ostasien belegen.

9.1.2 *Strel'bickij-Karte*

Auch die *(Neue) Spezialkarte des europäischen Russland*[4] erhielt bereits von Zeitgenossen den praktikablen Kurztitel *Strel'bickij-Karte* (*Karta Strel'bickago*), der auf ihren verantwortlichen Verfasser verweist. Für die bessere Lesbarkeit wird auch hier im Folgenden dieser Kurztitel verwendet. Das Kartenwerk wurde unter verschiedenen Titeln bis in die 1930er Jahre erweitert und aktualisiert. Eine dazugehörige Blattübersicht zeigt Kartenausschnitt, Blattschnitt sowie verschiedene Blattbezeichnungen (Abb. 54). Die erweiterte Blattübersicht wurde 1887 entworfen und zeigt mit 177 Blättern den Stand am Vorabend des Ersten Weltkrieges Ende 1913. Neben der Hervorhebung von Eisenbahn-Korridoren und Flüssen ist das weite Ausgreifen des Kartenwerkes in das angrenzende westliche und südliche Ausland besonders auffällig. Während die arabischen Blattnummern (1–145) den ursprünglichen Ausschnitt des Kartenwerkes aus den späten 1860er und 1870er Jahren anzeigen – nämlich das europäische Russland samt Kaukasus – beziehen sich die römischen Blattnummern sowie die lateinischen und kyrillischen Blattbezeichnungen auf das angrenzende Ausland, das ab den 1880er Jahren sukzessive hinzugefügt wurde. Schließlich reicht das Kartenwerk im Westen bis Berlin und Wien, im Südwesten umfasst es die Balkanhalbinsel. Im Norden bildet es die Küste des Eismeeres vollständig ab, im Süden Transkaukasien und das Schwarze Meer samt Bosporus und Dardanellen. Mit einer abgebildeten Fläche von rund sieben Millionen Quadratwerst übertraf der Ausschnitt der *Strel'bickij-Karte* mit Ausnahme der nord-östlichen Gebiete (Ural-Gebirge) den Ausschnitt der *Hundertblatt-Karte* (Abb. 13). Die Vielzahl an Blättern kam nicht nur durch die immense Vergrößerung des Karten-Ausschnittes zustande. Das einheitliche Format der Karten-Blätter wurde mit 49,3 cm x 64,5 cm kleiner als in der vorhergehenden *Schubert-Karte* gewählt, womit sich auch der Blattschnitt unterscheidet. Das Kartenwerk wurde teils als Kupferstich, teils als Chromo-Lithographie gedruckt. Konturen und Beschriftung wurden in Schwarz als Kupferstich ausgeführt, während Gelände in Sepia (braun), Gewässer in Blau und Wälder in Grün mit dem chromo-lithographischen Druckverfahren kopiert wurden. Die Kartenblätter waren in verschiedenen Versionen erhältlich. Entweder mit reduziertem Inhalt als einfarbiger Kupferstich oder mit zusätzlichen farbigen Inhalten als Kombination aus Kupfer-

---

4 (Novaja) Special'naja karta Evropejskoj Rossii, 177 Blätter, Maßstab 1 : 420.000, Sankt Peterburg 1865–1918.

stich und Chromo-Lithographie. Nur bedeutendes Gelände ist in Bergstrichen ohne Höhenangaben und größtenteils ohne die Bezeichnungen einzelner Berge dargestellt. Die gesamte Kartenschrift ist kyrillisch. Das Kartennetz (Längen- und Breitengrade) ist nach der „Gaußschen Projektion" konstruiert. Die Längen- und Breitengrade sind nach je 30 Minuten eingezeichnet. Die Zählung der Längen orientiert sich am Nullmeridian Pulkovo. Das Kartenwerk enthält keinen separaten Signaturen-Schlüssel. Jedes Kartenblatt beinhaltet auf dem unteren Kartenrand eine Erklärung der im vorliegenden Blatt verwendeten Zeichen. Im Vergleich zur *Schubert-Karte* sticht das vierfarbige Kartenbild hervor, in dem vor allem Eisenbahntrassen und Wald neue Inhalte bilden. Auf ein Titelblatt innerhalb des Kartenausschnittes wurde verzichtet. Das Jahr der jeweiligen Zeichnung, bzw. Aktualisierung eines Blattes ist vornehmlich am unteren Kartenrand verzeichnet. Das Kartenwerk wurde in Sowjetrussland zwei Mal unter verändertem Titel neu herausgegeben, erweitert und bis mindestens 1940 gedruckt.[5]

9.1.3 *Zehn-Werst-Karten* des asiatischen Russland

Neben dem angedeuteten Ausschnitt der *Strel'bickij-Karte*, sind in Abbildung 61 die Ausschnitte der *Zehn-Werst-Karten* des asiatischen Russland (orange) um das Jahr 1913 hervorgehoben: die *Spezialkarte von West-Sibirien, die Zehn-Werst-Karte des Militärbezirks Turkestan* sowie die *Zehn-Werst-Karte vom östlichen Teil des asiatischen Russland*. Diese Kartenwerke wurden in verschiedenen Versionen von den dezentralen Militärverwaltungen gezeichnet und gedruckt.[6] Neben dem einheitlichen Maßstab weisen sie eine annähernd identische Gestaltung auf. Blattformate, Blattzählung, vierfarbiges Kartenbild sowie kyrillische Kartenschrift sind einheitlich. Auch die verwendeten Signaturen folgen überwiegend einem einheitlichen System. Unterschiede treten etwa in der Geländedarstellung (Pamir) sowie beim Nullmeridian auf (Greenwich für Ostasien). Diese und andere individuelle Merkmale wurden von den Kartographen auf die geographischen und topographischen Besonderheiten der abgebildeten Gebiete angepasst.

---

5 Special'naja karta Evropejskoj Rossii s prilegajuščej k nej čast'ju zapadnoj Evropy i Maloj Azii, 189 Blätter, Maßstab 1 : 420.000, [Moskva 1919–192?]; 10-ti Verstnaja karta Evropejskoj časti S. S. S. R. i prilegajuščich gosudarstv, 171 Blätter, Maßstab 1 : 420.000, [Moskva 192?–194?].
6 Die Titel dieser Kartenwerke wurden mehrfach verändert: Special'naja karta Omskago voennago okruga, 130 Blätter, Maßstab 1 : 420.000, Omsk ab 1882; Special'naja karta Zapadnoj Sibirii, Maßstab, [130 Blätter], 1 : 420.000, Omsk 1905–[1917]; Special'naja 10-verstnaja karta Zapadnoj Sibirii, 138 Blätter, 1 : 420.000, Omsk 1919–1927 [Auch als Faksimile 2009 in Sankt Petersburg publiziert.]; sowie: Special'naja karta vostočnoj časti Aziatskoj Rossii (s prilegajuščimi k nej vladenjami), 18 Blätter, Maßstab 1 : 420.000, o. O. [Irkutsk?] 1907–1917; Neuauflage: Special'naja 10-ti verstnaja karta Vostočno-Aziatskoj S. S. S. R.; 41 Blätter, 1 : 420.000, Omsk [1928–?]

9.1.4 Deutungen der Bestandsaufnahme

Die Bestandsaufnahme und Annäherung an die *Zehn-Werst-Karten* ergibt das Bild, dass es sich bei den Kartenwerken aus der zweiten Hälfte des 19. Jahrhunderts zunehmend um einen Karten-Typ handelt, der vom zarischen Militär systematisch hergestellt worden ist, um das europäische Russland und ausgesuchte Teile des asiatischen Russland einheitlich abzubilden. Inhaltlich spielen Siedlungen unter Angabe der genauen Gebäudezahl und das Wegenetz einschließlich Eisenbahnen sowie Gewässer und Sümpfe die Hauptrolle. Mit der technischen Ermöglichung des Farbdruckes gewinnt die zusätzliche Darstellung von Wald und Gelände stark an Bedeutung. Zudem bringen die sukzessiven Erweiterungen von Kartenausschnitten das europäische Russland sowie Teile des asiatischen Russland zunehmend in gezielte bildliche Zusammenhänge mit dem angrenzenden Ausland. Während der Nord-Westen des europäischen Russland (Königreich Schweden) gar keine Rolle spielt, wurde seit dem letzten Viertel des 19. Jahrhunderts der Karten-Ausschnitt um benachbarte Gebiete im Westen, Südwesten und Süden sukzessive erweitert (Abb. 54). Die einzelnen Kartenwerke bildeten dabei das detaillierteste verfügbare topographische Bild dieser grenzübergreifenden Räume bis zum Ende des Zarenreiches. Topographische Kartenwerke des zarischen Militärs in größeren Maßstäben dienten vor allem militär-taktischen Planungen zur Grenzsicherung im Inland und bezogen sich damit überwiegend auf die Peripherien des Russländischen Imperiums (Abb. Vorsatz- und Nachsatz). Dagegen ragen die *Zehn-Werst-Karten* vom europäischen sowie asiatischen Russland teilweise mehrere hundert Kilometer in benachbarte Gebiete hinein. Dies deutet auf ein militär-strategisches Kalkül des zarischen Generalstabs hin, das weit über die Grenzen des Russländischen Imperiums hinausreichte. Auch die sowjetischen Regierungen machten von den *Zehn-Werst-Karten* bis in die 1930er und 1940er Jahre Gebrauch (Abb. 63). Den Eindruck der grenzüberscheitenden Blicke des zarischen Generalstabs auf angrenzende Gebiete hinterlässt dagegen die *Schubert-Karte* aus dem zweiten Viertel des 19. Jahrhunderts nicht. Ihr Ausschnitt bezieht sich hauptsächlich auf das dichtbesiedelte Innere des europäischen Russland einschließlich des Zartums Polen und des südlichen Teils des Großfürstentums Finnland. Zwar korrespondieren die darin verwendeten Signaturen mit militärischen Bedarfen. Die Blattübersicht (Abb. 25) hebt aber die administrative Gliederung des europäischen Russland in Gouvernements stark hervor und grenzt diesen Raum mittels Karten-Ausschnitt und durchgehender Grenzlinien nach außen, vor allem nach Westen hin, deutlich ab.

9.2 Neue Generalkarte des europäischen Russland

Im Moment des polnischen Januaraufstandes 1863 forderte der amtierende Generalquartiermeister Aleksandr Ivanivič Verigin (1807–1891) eine neue Generalkarte des europäischen Russland.[7] In der zur Militärreform tagenden Kommission mahnte Verigin, dass die Kartographie Russlands überaus mangelhaft sei und selbst die *Schubert-Karte* den Ansprüchen des Generalstabs nicht mehr genüge. Ungeachtet etlicher Mängel ihrer Grundlagen wäre sie zwar in vielerlei Hinsicht eine musterhafte Ausgabe, im Laufe der Zeit sei sie aber so veraltet, dass sie den allgemeinen Überlegungen und täglichen Bedarfen des Generalstabs nicht mehr dienen könne, so Verigin. Zudem seien ihre verwendeten Kupfer-Druckplatten durch ständige Korrekturen und starke Abnutzung für weitere Abzüge nicht mehr zu gebrauchen. Infolgedessen wurde von der zarischen Militärführung der Plan gefasst, eine vollkommen neue Spezialkarte, nun aber für das gesamte europäische Russland auszuarbeiten.[8] Die *Strel'-bickij-Karte* entstand in der Ära der *Großen Reformen*, in der die zarische Regierung bestrebt war, eine umfassende Modernisierung des Landes einzuleiten. Unter anderem war es das Ziel, das Militär zu reorganisieren und die Infrastruktur auszubauen, um nicht in die zweite Reihe der europäischen Mächte zurücktreten zu müssen. David Alan Rich argumentiert in seiner Untersuchung über den Aufbau einer wirkungsvollen militärischen Aufklärung (*razvedka*) in Russland, dass die in weit ausgedehnten Kriegsschauplätzen operierenden Massen-Heere gleichzeitig eine zentralisierte Planung und dezentrale Ausführung erforderten. Sowohl die Militär-Statistik als auch die Militär-Geographie gewannen in beiden Hinsichten stark an Gewicht in der Führung der reformierten zarischen Armee.[9] Aus dieser Perspektive spiegelt die *Strel'bickij-Karte* den strategischen Blick des zarischen Generalstabs auf das europäische Russland und der angrenzenden Nachbarn, um sowohl als Instrument für die zentrale Planung, als auch für die dezentrale Ausführung zu dienen.

9.2.1 Strategischer Blick auf Europa

Nach dem verlorenen Krim-Krieg war das Hauptziel des seit 1861 amtierenden Kriegsministers Dimitrij Alekseevič Miljutin, die „Würde und politische Bedeutung des Russländischen Imperiums gegen die europäische Koalition zu verteidigen".[10] Nach Manfred Hildermeiers Darstellung ging es in den folgenden sechs Jahrzehnten für Russland um die Wiedererlangung des Status als europäische Großmacht, den es

---

7 Vgl. Istoričeskij očerk dejatel'nosti Korpusa voennych topografov, S. 570; Kap. 8.3.1.

8 Vgl. Vsepoddanejščij otčet o dejstvijach Voennago ministerstva za 1865 god, Sankt Peterburg 1867, S. 47 f.

9 Vgl. Rich, David Alan: Building Foundations for Effective Intelligence. Military Geography and Statistics in Russian Perspective, 1845–1905, in: Schimmelpenninck van der Oye, David; Menning, Bruce W. (Hrsg.): Reforming the Tsar's Army. Military Innovation in Imperial Russia from Peter the Great to the Revolution, New York 2011, S. 171.

10 Zitiert nach: Danilov, Nikolaj Aleksandrovič (Hrsg.): Priloženija k istoričeskomu očerku razvitija voennago upravlenija v Rossii, Schriftenreihe: Stoletie Voennago ministerstva 1802–1902, Bd. I, Sankt Peterburg 1902, S. 76.

durch die Niederlage im Krim-Krieg eingebüßt hatte. In diesem Zusammenhang war die russische Außenpolitik von Versuchen geprägt, die erzwungene Neutralität des Schwarzen Meeres aufzuheben und eigene Interessen auf dem Balkan (Panslavismus) zu verfolgen. Russlands errungener Sieg gegen das Osmanische Reich 1877–1878 wurde im Sinne der europäischen Machtbalance auf dem Berliner Kongress von 1878 beschnitten. Die territorial-staatliche Neuordnung des Balkans ließ Bulgarien nördlich des Balkangebirges (ohne Ostrumelien) zum Protektorat Russlands werden und sah die Besetzung Bosniens und Herzegowinas durch Österreich vor, während Serbien, Montenegro und Rumänien selbständig wurden. Zudem fielen Bessarabien und die besetzten Gebiete im Nordosten Anatoliens an Russland. Die Allianzen mit Preußen bzw. dem Deutschen Reich (1871) und mit Österreich bzw. Österreich-Ungarn (1867) erwiesen sich vor dem Hintergrund des österreichisch-russischen Antagonismus zunehmend als brüchig. Durch den beiderseitigen Hegemonieanspruch auf dem Balkan kam es ab 1881 zur Bulgarienkrise, welche mit der Stärkung des österreichischen Einflusses in Bulgarien und 1890 mit dem Bruch der deutsch-russischen Allianz endete. Russland ging daraufhin 1892 zum Bündnis mit Frankreich über, dem 1907 auch Großbritannien nach Russlands Niederlage in Ostasien beitrat. Österreichs Annexion Bosniens und Herzegowinas (1908) bedeuteten eine neue Zuspitzung. Vor dem Hintergrund des Eisenbahnbaus auf der Balkanhalbinsel wuchsen die Spannungen zwischen Österreich und Russland noch weiter. Gleichzeitig drohte der Zerfall des Osmanischen Reiches durch die jungtürkische Revolution (1908), und Russland versuchte sich für die Meerengen weiterhin ein Durchfahrtsrecht auch für Kriegsschiffe zu sichern. Die Militärausgaben Russlands wurden 1908–1913 infolge seines Wirtschaftsaufschwungs um das Anderthalbfache gesteigert, und der zarische Generalstab ging ab 1912 von defensiven zu offensiven strategischen Planungen gegen das Deutsche Reich und Österreich-Ungarn über.[11] Die Balkankriege als Stellvertreterkriege führten daraufhin fast zu einer Konfrontation zwischen Österreich und Russland (1912–1913). Für Russland bildete Serbien die letzte zuverlässige Bastion auf dem Balkan gegen Österreich-Ungarn. Schließlich verteidigte Russland 1914 seine Interessen gegenüber den anderen Großmächten vornehmlich in Europa. Der traditionelle Rahmen russischer Interessen lag dabei auf dem Balkan, den Meerengen sowie im Schwarzen Meer. Der Kriegserklärung Deutschlands an Russland vom 1. August 1914 (n. S.) folgten schwere Niederlagen der zarischen Armee, vor allem gegen das Militär des Deutschen Reiches.[12] Korrespondierend mit diesen Entwicklungen und den daraufhin ausgerichteten offensiven und defensiven Strategien des zarischen Generalstabs, wurde die *Strel'bickij-Karte* sukzessive erweitert und stellenweise mehrfach aktualisiert. Die Eisenbahn gewann seit den 1860er Jahren in der modernen Kriegsführung stark an Bedeutung.[13]

---

11 Vgl. Hildermeier: Geschichte Russlands, S. 1121 f.; Fuller: Strategy and Power, S. 439.

12 Vgl. Hildermeier: Geschichte Russlands, S. 1084–1112.

13 Vgl. Schenk: Russlands Fahrt in die Moderne, S. 363–369; Fuller: Strategy and Power, S. 276 f.

Deutlich wird hierbei die Eigenschaft eines Kartenwerks, das sich von einer vielblätt-rigen Einzelkarte, wie der *Hundertblatt-Karte,* dadurch unterscheidet, dass seine Blätter je nach Bedarf separat aktualisiert und erweitert wurden. Auffällig ist, dass Kartenausschnitt und Blattzählung von Anfang an darauf ausgerichtet waren, (Kon-gress-)Polen – ab 1864 als Weichselland (*Privislinskij kraj*) bezeichnet – als integra-len Bestandteil der neuen Karte abzubilden (Abb. 54, Blätter 1, 2, 6, 7). Die 1865 er-schienenen Blätter 6 und 7 lassen aber das Weichselland vollkommen aus. So reicht die kartierte Topographie in Blatt 7 lediglich bis Brest-Litovsk. Westwärts erscheint nur das leere Gitternetz als „Weißer Fleck". Dies weist auf die Geheimhaltungs-Pra-xis hin, die aufgrund des polnischen Januaraufstandes 1863 aufrechterhalten wor-den war. Ab wann die vier vollständigen Blätter publiziert wurden, ist unklar. Die im Bestand der Staatsbibliothek zu Berlin befindlichen Blätter verweisen auf die Jahre 1873 und 1875.[14] Ein ähnliches Prinzip ist vor dem Hintergrund des russisch-türki-schen Krieges 1877–1878 zu beobachten. Zwar war die Balkanhalbinsel kein Bestan-teil des russländischen Territoriums und auch nicht im ursprünglichen Kartenaus-schnitt der *Strel'bickij-Karte* vorgesehen. Das Militär-Topographische Depot hielt die bereits 1877 fertiggestellten 17 Blätter der *Ausführlichen Karte vom europäischen Teil des Osmanischen Reiches* zunächst unter Verschluss, bis sie 1887 integriert und der Ausschnitt des Kartenwerks deutlich nach Südwesten erweitert wurde. Diese geziel-te Vergrößerung des Kartenwerkes geht einher mit systematischen militärwissen-schaftlichen Analysen in Bezug auf das Ausland, wie sie mit der Militärreform ab den 1860er Jahren an Gestalt gewannen.[15] Das Kartenwerk zeigt, welches strategi-sche Bild sich die zarische Militärführung von Russlands Territorium und seinen an-grenzenden Nachbarn zeichnete. Berlin und Wien – traditionelle Bündnispartner Russlands – gerieten mit der anwachsenden Rivalität nun auch in das strategische Blickfeld des zarischen Generalstabs. Entgegen der ursprünglichen Absicht, wurde nach 1878, d. h. nach dem Russisch-Osmanischen Krieg und der Berliner Konferenz, das Kartenwerk um die entsprechenden Blätter von Preußen (И, П, Р) sowie von Ös-terreich-Ungarn (С, Т, У) und dem europäischen Teil des Osmanischen Reiches ein-schließlich der Meerengen (А–Ф) an den Grenzen Russlands erweitert. 1887 erschien dann die erheblich erweiterte Blattübersicht mit nunmehr 177 Blattnummern, wie sie die 1913 gedruckte Blattübersicht in Abbildung 54 zeigt. Im Jahr 1903 waren da-von insgesamt 167 Blätter fertiggestellt.[16] Der Ausschnitt des Kartenwerks umfasste

---

14 Vgl. SBB, Kart. Q 11948, Alte Fortsetzungskartei (AFK).

15 Vgl. Schimmelpenninck van der Oye, David: Reforming Military Intelligence, in: ders.; Menning (Hrsg.): Reforming the Tsar's Army. Military Innovation in Imperial Russia from Peter the Great to the Revolution, New York 2011, S. 150.

16 Vgl. Voenno-topografičeskija raboty v 1880g., in: Voennyj sbornik (1881) 7, Abteilung II, S. 60; Postnikov: Razvitie krupnomasštabnoj kartografii v Rossii, S. 158; Gluškov: Istorija voennoj karto-grafii v Rossii, S. 167; Katalog Knižnago i geografičeskago magazina izdanij Glavnago štaba, Sankt Peterburg 1890, S. 37; [Podrobnaja karta Evropejskoj časti Osmanskoj imperii], 17 Blätter, Maßstab 1 : 420.000, Sankt Peterburg 1877.

ab 1887 das europäische Russland im Zusammenhang mit den außenpolitisch relevanten Nachbarstaaten. Berlin, Wien, Pešt, Belgrad, Bukarest, Sofia und Konstantinopel einschließlich der Meerengen bildeten in diesem Kartenwerk den Horizont des strategischen Kalküls. Die 23 Blätter der im Westen und Südwesten angrenzenden Staaten mussten durch eine separate Nomenklatur (kyrillischen/ lateinischen Buchstaben) bezeichnet werden, da im Westen des Weichsellandes (Blatt 1) die ursprüngliche Blattzählung beginnt und im Ural-Gebirge (Blatt 145) endete. Für den Osten Anatoliens wählten die Kartographen eine weitere Nomenklatur (römische Ziffern I – VI). Spätestens seit 1890 waren diese Blätter in Planung.[17] Zwischen 1905 und 1913 wurde sie dann von der Militär-Topographischen Abteilung in Tiflis herausgegeben. Für den Westen Kleinasiens wurde 1916 in Petrograd eine deutsche Karte kopiert und in neun Blättern herausgegeben.[18] Die Erweiterungen des Kartenausschnitts fanden vornehmlich an der westlichen, südwestlichen und südlichen Flanke des europäischen Russland statt. Während etwa das Königreich Schweden bei dieser sukzessiven Weitung des Blickwinkels keine Rolle spielte, standen die gesamte Westgrenze Russlands, die Balkanhalbinsel sowie der Osten Anatoliens im Visier der zarischen Generalität – eben dort, wo das Russländische Imperium im letzten Drittel des 19. Jahrhunderts bis zum Ersten Weltkrieg sowohl defensive als auch offensive Ziele an seinen westlichen, südwestlichen und südlichen Grenzen verfolgte. Die Blattübersicht von 1913 zeigt den Ausschnitt der *Strel'bickij-Karte* am Vorabend des Ersten Weltkrieges (Abb. 54). Von insgesamt 177 Blättern bilden 29 das an Russland grenzende Territorien ab. Das Interesse am Ausland war auf Deutschland und Österreich-Ungarn, die Balkanhalbinsel, die Meerengen sowie auf Nordost-Anatolien gerichtet. Im Gegensatz zur Blattübersicht der *Schubert-Karte* (Abb. 25) sind hier nicht die Gouvernements-Grenzen als innere Territorial-Verwaltungsordnung hervorgehoben, sondern Eisenbahnkorridore und Flussläufe, die sowohl die verkehrstechnischen Verbindungen innerhalb des europäischen Russland, als auch die Vernetzung Russlands mit dem benachbarten Ausland betonen. Im Vergleich zur Blattübersicht in Abbildung 25 geht es in Abbildung 54 offensichtlich nicht um Abgrenzung und administrative Einteilung des europäischen Russland, sondern vielmehr um einen zusammenhängenden strategischen Verkehrsraum. Hiermit wurden insbesondere die Möglichkeiten von Truppenverlegungen per Eisenbahn in einem mehrere Millionen Quadratkilometer umfassenden Operationsraum visualisiert, der weit über die Grenzen des Russländischen Imperiums hinausreicht. Wie Benjamin Schenk in seiner Studie über Russlands Mobilität und sozialen Raum im Eisenbahnzeitalter analysiert, waren Militärs in der Eisenbahndebatte der 1860er Jahre der Überzeugung, dass die Zeit, in der ein Land mithilfe einer großen Armee und einer Anzahl Festungen nach außen verteidigt werden konnte, der Vergangenheit ange-

---

17 Vgl. Alekseev: Kratkij očerk dejatel'nosti Korpusa voennych topografov, S. 17.
18 Vgl. Papkovskij: Iz istorii geodezii, S. 148. Dabei handelte es sich um [Kieperts] Karte von Kleinasien, 24 Blätter, Maßstab 1 : 400,000, Berlin 1902–1916.

hörte. Die Eisenbahn stellte nunmehr ein wichtiges Mittel moderner Kriegsführung dar und bildete fortan den „Lebensnerv der Kriegskunst".[19] Demnach war auch die Verschmelzung der Westgebiete mit dem Kernland noch nicht ausreichend erfolgt. Die offene Westflanke stand somit im Zentrum der militärstrategischen Überlegungen, wobei u. a. die Festung Kiev als mögliches Drehkreuz und Reservelager im Gespräch war.[20] Die Häufigkeit der kartographischen Aktualisierungen belegt die erhöhte Aufmerksamkeit auf bestimmte Gebiete, wie zum Beispiel Kiev. Das entsprechende Blatt 31 der *Strel'bickij-Karte* wurde zwischen 1865 und 1917 mindestens acht Mal aktualisiert, während andere Blätter von Gebieten im Norden oder Osten des europäischen Russland ohne Eisenbahnverbindungen nur ein einziges Mal gedruckt und bis zum Ende des Zarenreiches nicht mehr nachgeführt wurden. Alle anderen Blätter, hauptsächlich von nördlichen und östlichen Gebieten, in denen Eisenbahnverbindungen vorkamen, wurden 1905 aktualisiert.[21] Dies realisierten Kartographen, als das Zarenreich im Russisch-Japanischen Krieg (1904–1905) seinen imperialistischen Anspruch auf die Mandschurei und das nördliche Korea aufgab und sich die Revolution von 1905 im Inneren des Landes Bahn brach. Wie Benjamin Schenk unterstreicht, hatte gerade der Generalstreik der Eisenbahner im Jahr 1905 „eine kaum zu überschätzende Bedeutung für den zeitweiligen Erfolg der ersten Revolution im Zarenreich".[22] Dass die Kartenrevision während dieser außen- und innenpolitisch angespannten Situation vorgenommen wurde, zeigt, dass es notwendig war, einen aktuellen Überblick über das *gesamte* Eisenbahnnetz im europäischen Russland zu gewinnen. Die *Strel'bickij-Karte* diente dafür als Instrument.

9.2.2 Kartenkonzept

Dass die *Schubert-Karte* an erheblichen Genauigkeitsproblemen litt, hatte auch eine Untersuchung der IRGO festgestellt. So sind darin beispielsweise die zentralrussischen Wolga-Handelsstädte Jaroslavl' und Kostroma mit einem maßstäblichen Fehler von 16 Werst kartiert[23], was bei ihrer angenommenen Entfernung von 78 Werst einen enormen Fehler bedeutet, der sich auf die Berechnung von Reisestrecken und Zeitbedarfe – und ganz allgemein – auf die Flächenberechnung der Kreise und Gouvernements in erheblichem Maße auswirkte. Im beginnenden Eisenbahnzeitalter des Zarenreiches muss ein derartiger Fehler in einer der wichtigsten topographischen Kartenwerke des europäischen Russland für große Verunsicherung gesorgt

---

19 Vgl. Schenk: Russlands Fahrt in die Moderne, S. 64.
20 Vgl. Schenk: Russlands Fahrt in die Moderne, S. 64–73.
21 Vgl. SBB, Kart. Q 11948, Alte Fortsetzungskartei (AFK).
22 Schenk: Russlands Fahrt in die Moderne, S. 349.
23 Vgl. Žurnal obščego sobranija 3-go oktjabrja, in: Izvestija Imperatorskago russkago geografičeskago obščestva za 1873 god 9 (1873) 9, S. 211.

und die Frage aufgeworfen haben, ob die Karte überhaupt für Transportplanungen tauglich war. Dem zarischen Generalstab kam es aber gerade darauf an, die Verlegung von Truppen und Reserven zu koordinieren. Allerdings offenbarten die Ereignisse während des polnischen Januaraufstandes 1863–1864 die vollständige Unbrauchbarkeit der strategischen Planungen auf russischer Seite. Dieses Scheitern führte 1864 zu einer neuen Dislokationsplanung beim zarischen Generalstab, welche den Bau strategischer Eisenbahnen beinhaltete und mit der Initiative für neue Karten zusammenhing.[24] Dem zarischen Generalstab sollte es möglich sein, strategische Entscheidungen für unterschiedliche Mobilisierungsszenarien auf Grundlage möglichst genauer und vor allem aktueller topographischer Karten treffen und realisieren zu können. Um für diesen Zweck den geeignetsten Maßstab zu ermitteln, wurden Vergleiche angestellt, woraufhin sich die Militärführung für den Zehn-Werst-Maßstab (1 : 420.000) entschied.[25]

Um den besten Verantwortlichen für die Zusammenstellung der neuen Karte zu ermitteln, wurde ein Wettbewerb veranstaltet, bei dem sich Generalquartiermeister Verigin und Kriegsminister Miljutin für den Beitrag des jungen Offiziers Ivan Afanas'evič Strel'bickij (1828–1900) entschieden. Dieser hatte nach seiner Teilnahme am Krim-Krieg in Sevastopol die Generalstabs-Akademie in Sankt Petersburg samt Kursus an der Hauptsternwarte Pulkovo als Geodät absolviert und war erst für kurze Zeit im Generalstab tätig. Nach seiner Wahl als Redakteur war Strel'bickij bis zu seinem Tod für die Zusammenstellung, Aktualisierung und Erweiterung des Kartenwerkes verantwortlich.[26] Das Kartenwerk wurde nach den Vorstellungen einer einberufenen Kommission für die Bedarfe der Armee so detailliert wie möglich ausgearbeitet und von Kriegsminister Miljutin bestätigt. Entsprechend seines Maßstabes, Inhalts sowie seiner Form, wurde das Kartenwerk als Grundlage für militär-strategische Planungen ausgearbeitet.[27] Bei der Auswahl der Signaturen ging es um die Abbildung der topographischen Elemente im gesamten Kartenausschnitt, die den Durchmarsch von Truppen begünstigen oder behindern konnten, wie Gelände, Gewässer und Ufer, Sumpf, Sand und Wald. Allen Eisenbahntrassen, Post-, Haupt- und Landwegen kam dabei besonderes Gewicht zu, während dagegen auf Objekte wirtschaftlicher Bedeutung, wie Wasser- und Wind-Mühlen, Ziegeleien oder Teerfabriken verzichtet wurde. Auch sollten weniger Feldwege und weniger kleine Ortschaften eingezeichnet werden, um den Schwerpunkt auf größere Verbindungswege zwischen den größten Siedlungen und möglichen Quartieren für die Armee zu kon-

---

24 Vgl. Vsepoddanejščij otčet o dejstvijach Voennago ministerstva za 1864 god, Sankt Peterburg 1866, S. 25 f.

25 Voenno-dorožnaja (-stretgičeskaja) karta Evropejskoj Rossii, 17+9 Blätter, Maßstab 1 : 1.050.000, Sankt Peterburg ab 1867. Über die Laufendhaltung dieser Karte wurde 1868 eine gesetzliche Regelung getroffen und publiziert, in: PSZ II, 43, Nr. 46.104.

26 Vgl. Istoričeskij očerk dejatel'nosti Korpusa voennych topografov, S. 570; Sališčev: Osnovy kartovedenija, S. 352.

27 Vgl. Postnikov: Razvitie krupnomasštabnoj kartografii v Rossii, S. 159.

zentrieren.[28] In dicht besiedelten Gegenden sollten nur Siedlungen mit mindestens fünf Höfen, in weniger dicht besiedelten Gegenden Siedlungen mit mindestens drei Höfen kartiert werden. Hinzu kamen alle Herrenhäuser, Vorwerke (*fol'varki*), Gehöfte (*myzy*) und an großen Straßen liegende Quartiere.[29] Vollkommen neu war die militärisch relevante Darstellung von Wäldern, Eisenbahnwegen und Gelände. Konturen und Beschriftung sollten in Schwarz als Kupferstich ausgeführt werden, während die Darstellungen des Geländes in Sepia (braun), der Gewässer in Blau und der Wälder in Grün erfolgten. Für die Beschriftung sollte die allgemeingültige Orthographie angewendet werden, wie sie von geographischen Lexika vorgegeben wurde.[30]

Dass die *Schubert-Karte* nicht den gesamten europäischen Teil Russlands umfasste, hatte im Wesentlichen an mangelnden und unzureichenden Quellen gelegen. Rund ein Vierteljahrhundert nach ihrer Fertigstellung im Jahr 1840 waren die astronomischen, trigonometrischen und topographischen Vermessungen innerhalb des europäischen Russland weiter fortgeschritten, so dass die *Strel'bickij-Karte* nicht nur an Genauigkeit, sondern auch in ihrem Inhalt und Umfang wesentlich erweitert werden konnte. Doch der militärische Bedarf, den Ausschnitt des Kartenwerks zu vergrößern, hing offenbar insbesondere mit den Erfahrungen im Krim-Krieg zusammen. Die Alliierten hatten sich den Grenzen des Russländischen Imperiums an mehreren entlegenen Orten über See genähert, die gerade nicht im Ausschnitt der *Schubert-Karte* lagen. Nämlich dem Norsufer der Halbinsel Kola, dem Ostufer des nördlichen Bottnischen Meerbusens, dem Weißen Meer sowie dem Schwarzen Meer durch Dardanellen und Bosporus (Abb. 25).[31] Die einzige russische Karte, die all diese Gebiete im größten verfügbaren Maßstab einheitlich abbildete, war immer noch die betagte *Hundertblatt-Karte* (Abb. 13). Dass sie diesen großen Ausschnitt umfasst, könnte erklären, warum diese stark veraltete Karte noch bis 1865 im Handel erhältlich war.[32] Sobald aber die *Strel'bickij-Karte* im Jahr 1867 im Verkaufskatalog angekündigt wurde, verschwand zugleich die *Hundertblatt-Karte* aus dem Programm – über ein halbes Jahrhundert nach ihrer ersten Publikation.[33] Der wesentlich größere Ausschnitt der *Strel'bickij-Karte* sah nun das europäische Russland samt Finnland, den Orenburger Kreis und die an der Westgrenze gelegenen Gouvernements (*privisljanskie gubernii*) sowie einen Teil Preußens, das gesamte Galizien und die Bukowina, Moldawien, die Walachei und einen Teil des Osmanischen Reiches vor.[34]

---

28 Vgl. Postnikov: Razvitie krupnomasštabnoj kartografii v Rossii, S. 158.
29 Vgl. Istoričeskij očerk dejatel'nosti Korpusa voennych topografov, S. 570.
30 Vgl. Istoričeskij očerk dejatel'nosti Korpusa voennych topografov, S. 570.
31 Vgl. Barnes: Ruheloses Russland, S. 71.
32 Vgl. Katalog Geografičeskago magazina General'nago štaba, Sankt Peterburg 1865, S. 3. Die *Hundertblatt-Karte* wird darin mit dem Stand zum Jahre 1815 für 11,40 Rubel angeboten.
33 Vgl. I-e Prodol'ženie k katalogu Geografičeskago magazina Glavnago štaba, Sankt Peterburg 1867.
34 Vgl. Istoričeskij očerk dejatel'nosti Korpusa voennych topografov, S. 574.

9.2.3 Neues Zeitalter der Kartographie – die Lithographie

In Frankreich war es in den 1840er Jahren gelungen, Karten im chromo-lithographischen Verfahren zu drucken und für nur ein Sechstel des Preises jener Karten anzubieten, die im Kupferstich-Verfahren hergestellt und per Hand koloriert wurden. Infolge der günstigeren Herstellungskosten waren die Auflagenhöhen beträchtlich gestiegen.[35] Angesichts dieser Neuerungen wurde im deutschsprachigen Ausland auch der hohe Preis der *Schubert-Karte* beanstandet.[36] 1858 verkaufte das Militär-Topographische Depot dieses Kartenwerk immer noch für 60 Silber-Rubel – umgerechnet kaum günstiger als in den 1830er Jahren.[37] Das chromo-lithographische Verfahren brachte aber nicht nur einen Kostenvorteil mit sich. Damit ließ sich vor allem Wald und Gelände problemlos darstellen. Wie aus Schuberts ersten Ideen für eine neue Karte hervorgeht, war die Darstellung des militärisch bedeutsamen Waldes bereits zu Beginn der 1820er Jahre vorgesehen. Ihr kleiner Maßstab hatte aber die Darstellung in Form einer Einzelbaum-Signatur (Abb. 26 u. 27) nicht zugelassen, was die Chromo-Lithographie als effektivere Drucktechnik ermöglichte. Die Herstellung der Karten im Kupferstichverfahren nahm sehr viel Zeit und Geld in Anspruch, wie die teure *Schubert-Karte* belegt, für deren Fertigstellung mindestens 14 Jahre benötigt wurden. Vor allem eine mangelhafte Ausbildung des Personals zu brauchbaren Lithographen sowie deren geringe Bezahlung wurden von reformorientierten zarischen Offizieren als Hauptursachen für die verzögerte Anwendung der Lithographie im Militär-Topographischen Depot ausgemacht. Erst in den 1850er Jahren beschlossen die Verantwortlichen des Militär-Topographischen Depots, diese Mängel aktiv zu beseitigen, indem die im westlichen Ausland ständig verbesserte Drucktechnik zügig auch in Russland eingeführt werden sollte. Treibende Kraft dahinter waren die angewachsenen Bedarfe des Militärs nach geeigneten Karten in ausreichender Menge. So erhöhte das Militär-Topographische Depot 1851 zumindest die Zahl der Graveure im Stellenplan von 30 auf 50. Zudem wurde 1852 ein zarischer Offizier ins europäische Ausland entsandt, um unterschiedliche Methoden der Radierung, Lithographie und Photographie für eine effektivere Herstellung von Karten zu studieren. Auf der zweijährigen Dienstreise besuchte er kartographische Anstalten in Paris, Brüssel, Gotha, Berlin und Wien. Die in seinem ausführlichen Bericht umrissenen Vorschläge wurden angenommen und auf einer weiteren Reise die nötigen Geräte und Materialien gekauft. Daraufhin wurde 1856 eine photographische Abteilung

---

35 Vgl. Brotton: Die Geschichte der Welt in zwölf Karten, S. 513.
36 Vgl. Sydow, Emil von: Der kartographische Standpunkt Europa's am Schlusse des Jahres 1856 mit besonderer Rücksicht auf den Fortschritt der topogr. Spezialarbeiten, in: Mittheilungen aus Justus Perthes' Geographischer Anstalt über wichtige neue Erforschungen auf dem Gesammtgebiete der Geographie 3 (1857), S. 2.
37 Katalog kart, planov, Atlasov i medalej, èstampov, knig i geodezičeskich instrumentov, Sankt Peterburg 1858, S. 8.

beim Militär-Topographischen Depot gegründet, um seltene Exemplare von Plänen und Karten photographisch zu kopieren und zu verkleinern. Ziel war es, die Photographie für die rationellere Herstellung von Karten einzusetzen. Ab 1857 begann sich dann das Militär-Topographische Depot insbesondere der Chromo-Lithographie zuzuwenden, wofür weitere Lithographen und Drucker aus dem westlichen Ausland angeworben wurden. Die Einführung der neuen Drucktechnik erwies sich als erfolgreich. Während um 1850 noch rund 20.000 Karten-Blätter jährlich lithographiert wurden, waren es 1864 bereits rund 250.000, was der zwölffachen Produktionsleistung entsprach. Ein weiterer großer Vorteil von farbigen Karten lag darin, dass sie mittels Schwarz-Weiß-Photographie von den Kartographen anderer Staaten nicht mehr schnell und billig reproduziert werden konnten. Nur die Herstellung neuer Original-Druckplatten ermöglichte eine Kopie des farbigen Originals, was großen Zeit- und Kostenaufwand mit sich brachte.[38] Die Anwendung dieser leistungsfähigeren Drucktechnik war ein bedeutender Schritt in der Herstellung topographischer Karten durch das Militär-Topographische Depot. Qualitativ und quantitativ begann ein neues Zeitalter der Kartenproduktion im Zarenreich, während am bewährten Zehn-Werst-Maßstab festgehalten wurde und dieser sich als neuer Standard etablierte. Das umfangreichste und bedeutendste Kartenwerk dieser Epoche war die *Strel'-bickij-Karte* deren mehrfarbige Blätter im Handel um 25 bis 50 Prozent günstiger angeboten werden konnten als noch die einfarbigen Kupferstiche der *Schubert-Karte.*[39]

9.2.4 Herstellung der Karte

Beruht die *Schubert-Karte* auf 264 astronomisch und einigen hundert trigonometrisch ermittelten Punkten, so liegen der *Strel'bickij-Karte* bereits über 20.000 Koordinaten von Orten im gesamten europäischen Russland zugrunde.[40] Diese erhebliche Verdichtung des Lagefestpunktfeldes durch astronomische Ortsbestimmungen (bis zu 1.000 Koordinaten), vor allem aber durch Dreiecksmessungen (Triangulation) im Rahmen der Landesaufnahmen, trug neben einer neuen Kartenprojektion grundlegend dazu bei, dass sich die Verzerrung der Karte verringerte und Distanzen bzw. Flächen genauer aus dem Kartenblatt entnommen werden konnten. Da das Kartenwerk in seinem größten Ausschnitt eine Fläche von weit über sieben Millionen Quadratkilometern abbildet, die bis zum Ersten Weltkrieg nur teilweise vermes-

---

38 Vgl. De-Livron, Viktor Francevič (Hrsg.): Istoričeskij očerk dejatel'nosti Korpusa voennych topografov v pervoe dvacatipjatiletie blagopolučnago carstvovanija Gosudarja Imperatora Aleksandra Nikolaeviča 1855–1880, Sankt Peterburg 1880, S. 98–102, 118; Istoričeskij očerk dejatel'nosti Korpusa voennych topografov, S. 439 f.; Papkovskij: Iz istorii geodezii, S. 77; Reitzner, Victor von: Die Terrainlehre, Teil 1, Wien 1882, S. 191.
39 Vgl. I-e Prodol'ženie k katalogu Geografičeskago magazina Glavnago štaba, S. 4.
40 Vgl. Postnikov: Razvitie krupnomasštabnoj kartografii v Rossii, S. 159, Papkovskij: Iz istorii geodezii, S. 142.

sen und topographisch einheitlich aufgenommen wurden, konnte jedoch nicht die gleiche Genauigkeit und Zuverlässigkeit jedes einzelnen Blattes garantiert werden (Abb. 29). Im Jahr 1871 waren insgesamt 62 des zunächst auf 145 Blätter entworfenen Kartenwerks im Handel erhältlich. Diese Blätter bildeten mit wenigen Ausnahmen das europäische Russland südwestlich einer gedachten Linie von Sankt Petersburg nach Astrachan ab – ein Gebiet das zu dieser Zeit bereits durch Landesaufnahmen topographisch weitgehend erfasst war (Abb. 12) Für die Zeichnung dieses Gebietes griffen die Kartographen zur Herstellung der *Strel'bickij-Karte* auf die bereits vorhandenen Blätter der *Drei-Werst-Karte* zurück (Abb. 48).[41] Im Jahr 1880 waren von 145 Blättern 126 Blätter fertiggestellt.[42] Für die Randgebiete des europäischen Russland griffen die Kartographen in traditioneller Weise auf sämtliche verfügbaren Quellen zurück. Für die Gouvernements Olonec, Vologda, Vjatka, und Perm' im Norden und Osten des europäischen Russland wurden Karten der Vermessungskanzlei beim Justizministerium herangezogen, während für den größten Teil des Gouvernements Archangel'sk Quellen des Ministeriums für Reichsdomänen und des Zentralen Statistischen Komitees beim Innenministerium verwendet wurden.[43] Diese Quellen verfügten nur in Ausnahmefällen über Geländedarstellung, da das Relief bei der kartographischen Dokumentation von Grundstücksgrenzen und Bodenbedeckungen bestenfalls eine untergeordnete Rolle spielte. Das erklärt, warum nördlich der gedachten Linie Sankt Petersburg – Tjumen' nur Kartenblätter ohne Geländedarstellung zusammengestellt und im Handel angeboten wurden.[44] In diesem ausgedehnten Gebiet waren mit Ausnahme Süd-Finnlands keine topographischen Aufnahmen durch den zarischen Generalstab erfolgt. Demnach war nur dort Gelände kartiert worden, wo Militär-Topographen Aufnahmen angefertigt hatten, nämlich insbesondere im Westen und Südwesten des europäischen Russland. Unabhängig davon wurden Daten des Statistischen Komitees über die Anzahl der Höfe in den Siedlungen sowie das *Geographisch-statistische Lexikon des Russländischen Imperiums* von Pëtr Petrovič Semënov (Tjan-Šanskij) herangezogen, genauso wie Expeditionsberichte von Offizieren und Wissenschaftlern zu den östlichen und südöstlichen Randgebieten des europäischen Russland. Neben den offiziellen Materialen des Marine-Ministeriums, des Ministeriums für Reichsdomänen, den Vermessungs- und Berg-

---

41 Vgl. Postnikov: Razvitie krupnomasštabnoj kartografii v Rossii, S. 58.
42 Vgl. De-Livron: Istoričeskij očerk dejatel'nosti Korpusa voennych topografov 1855–1880, S. 60; Istoričeskij očerk dejatel'nosti Korpusa voennych topografov, S. 573 f.; Sydow, Emil v.: Der kartographische Standpunkt Europa's vom Jahre 1869 bis 1871, in: Mittheilungen aus Justus Perthes' Geographischer Anstalt über wichtige neue Erforschungen auf dem Gesammtgebiete der Geographie 18 (1872), S. 257.
43 Vgl. Istoričeskij očerk dejatel'nosti Korpusa voennych topografov, S. 574; Karta över Storfurstendömet Finland, Maßstab 1 : 400.000, bis 1872 insgesamt 16 Blätter publiziert, Helsingfors (Övterstyrelsen för landtmäteriet).
44 Vgl. Sbornaja tablica Special'noj karty Evropejskoj Rossii, in: Priloženie k katalogu Knižnago i geografičeskago magazina izdanii Glavnago štaba, Sankt Peterburg 1890.

bau-Behörden, des Zentralen Statistischen Komitees sowie von der Kaiserlichen Russischen Geographischen Gesellschaft waren schließlich private Materialien und Beschreibungen von denjenigen Orten wichtig, für welche die offiziellen Angaben nicht ausreichten. Für die Kartierung der Grenzgebiete wurden die besten verfügbaren Karten aller angrenzenden Staaten herangezogen.[45] Wie sich bei der Herstellung der Karte herausstellte, musste im Gegensatz zum Kartenkonzept die Kartierung der Ortschaften von der jeweiligen Siedlungsdichte der Gegend abhängig gemacht werden. So war es keineswegs überall möglich, Orte mit drei oder fünf Höfen einzuzeichnen. Im dichtbesiedelten Zentral- und Westrussland war daher die Kartierung von Siedlungen erst ab einer Zahl von sieben bis zehn Höfen möglich.[46] Alle anderen Ortschaften mit weniger als sieben Höfen fanden in der Karte keine Erwähnung. Würde man das Kartenwerk in seinen anfänglich 145 Blättern ausbreiten, nähme es rund 41 Quadratmeter ein. Auf dieser Fläche sollten über eine halbe Millionen Siedlungspunkte samt Beschriftung Platz finden, was die Kartographen vor eine der größten Herausforderungen ihrer Arbeit stellte.[47] 1867 wurde die *Strel'bickij-Karte* im Katalog des Generalstabes folgendermaßen angekündigt:

> Durch ihre große Detailliertheit, vollständige künstlerische Ausführung und Genauigkeit übertrifft die Karte ausnahmslos alle anderen russischen und ausländischen Veröffentlichungen zum europäischen Russland. Besonderes Interesse ruft die Karte in der Hinsicht hervor, dass sie im Vergleich zu anderen Karten in ähnlichen Maßstäben zum ersten Mal Wald und Orographie [Gelände] in größtmöglicher Deutlichkeit anzeigen wird.[48]

Zwei Versionen wurden zum Kauf angeboten. Die einfarbige Version beinhaltete die in Schwarz gehaltenen Konturen, Grenzen, Wege, Gewässer, Siedlungen, Beschriftungen und andere Objekte. Als Kupferstich gedruckt, kostete ein solches Blatt 60, als Lithographie nur 45 Kopeken. Die Druckplatten des aufwändigeren und teureren Kupferstichs ließen sich im Gegensatz zur Lithographie korrigieren und das Verfahren sorgte für schärfere Konturen der abgebildeten Objekte und Beschriftungen. Die kolorierte Variante des Kupferstichs sah farbliche Hervorhebungen für Gewässer (blau), Wald (grün) und Relief (sepia) durch zusätzliche lithographische Überdrucke vor und kostete 75 Kopeken je Blatt, während die vollständig chromo-lithographierten Blätter nur mit 50 Kopeken veranschlagt wurden. Die farbliche Hervorhebung von administrativen Grenzen (rot) konnte zu einem Aufpreis von 10 Kopeken bestellt werden. Im Jahr 1839 hatte ein im Kupferstichverfahren gedrucktes und per Hand koloriertes Blatt der *Schubert-Karte* noch sechs Assignaten-Rubel gekostet.[49] In diesem Zusammenhang wird deutlich, dass die Lithographie als alternative Drucktech-

---

45 Vgl. Istoričeskij očerk dejatel'nosti Korpusa voennych topografov, S. 575.
46 Vgl. Novaja special'naja i maršrutnaja karty, in: Voennyj sbornik, (1868) 2, Abteilung III, S. 142.
47 Vgl. Novaja special'naja i maršrutnaja karty, S. 141.
48 I-e Prodolženie k katalogu Geografičeskago magazina Glavnago štaba, S. 4.
49 Katalog atlasam, kartam, S. 9.

nik nicht nur die serielle farbliche Abbildung des Waldes, Geländes und Gewässers erlaubte, sondern Karten nun auch wesentlich billiger angeboten werden konnten. Im Hinblick auf die Frage der Rezeption dieser Kartenbilder dürfte der sinkende Preis ein entscheidender Faktor für die vermehrte Verbreitung gewesen sein. Die Karte beinhaltete nicht nur mehr Informationen als früher, sondern war damit auch für das private Publikum erschwinglicher. Dass dieses Kartenwerk in einer breiten Palette an Versionen angeboten wurde, verweist auf seine unterschiedliche Verwendung. Während die Darstellung von Wald und Relief für Truppenbewegen besondere Bedeutung genoss, war die Hervorhebung der administrativen Grenzen etwa für statistische Erhebungen wichtig.

Die *Strel'bickij-Karte* gründete zwar auf einer Vielzahl von geographischen und kartographischen Informationen unterschiedlicher Herkunft und Qualität, vereinheitlichte aber das Bild des europäischen Russland und angrenzender Territorien. Für die Kartographie Russlands, war dieses Kartenwerk in den Augen des preußischen Kartographen Emil von Sydow:

> [...] eines der bedeutungsvollsten Werke, das seit langer Zeit publicirt worden ist, weil es sich so weit als nur irgend möglich, auf spezielles neuestes Original-Material stützt, alle Elemente in großer Vollständigkeit und Genauigkeit zusammenarbeitet und eine glückliche Mitte hält zwischen den unzureichenden Generalkarten und topographischen Spezialkarten, welch' letztere für die Kenntniss des ganzen großen Reiches zu umfangreich und kostspielig sind.[50]

Mit den fortschreitenden Aufnahmen und Rekognoszierungen wurden bestimmte Blätter vom südlichen, besonders aber vom westlichen Grenzgebiet Russlands mehrfach aktualisiert. Im Gegensatz zur *Schubert-Karte*, ist das Jahr der ursprünglichen Fertigstellung eines jeden Karten-Blattes auf dem unteren Rand links und das jeweilige Jahr der Fortführung mittig vermerkt und lässt den differenzierenden Vergleich von verschiedenen Auflagen erst zu. Diese Neuerung verweist auf den gewachsenen Bedarf nach aktuellen topographischen Informationen mit der Angabe, welchem Stand das vorliegende kartographische Bild entspricht. Durch den Bau der Eisenbahnen änderte sich die Topographie des europäischen Russland zusehends, was für strategische Überlegungen des zarischen Generalstabs besonders relevant war. Jährlich wurden bis zu 40 Kartenblätter hergestellt, aktualisiert und jeweils 600 bis 1.000 Mal gedruckt.[51] Theoretisch ergibt das jährlich eine Summe von 24.000 bis 40.000 gedruckten Blättern dieses Kartenwerks.

---

50 Sydow: Der kartographische Standpunkt Europa's (1872), S. 257. Im westlichen Ausland waren dem Typ der Spezialkarte wesentlich größere Maßstäbe zugeordnet als in Russland, was mit den wesentlich kleineren Territorien zu erklären ist.

51 Vgl. Papkovskij: Iz istorii geodezii, S. 142 f. Eine Gesamtzahl aller gedruckten Blätter dieses Kartenwerkes wurde nicht angegeben und ein Überschlag gestaltet sich schwierig. Die Produktion blieb nicht konstant, denn es muss von einer sprunghaften Steigerung der Produktion in Kriegszeiten ausgegangen werden.

9.3 Bildanalyse

Der Kartenausschnitt von Kiew und Umgebung bietet sich für eine Analyse der *Strel'-bickij-Karte* und ihrer Kopien an, da diese Gegend von wichtigen topographischen Elementen, wie Gewässer, Gelände, Wald und unterschiedlichen Verkehrsverbindungen geprägt ist. Die Stadt hat zwischen 1837 und 1915 ein starkes Bevölkerungswachstum erlebt, verfügte über eine Festung, entwickelte sich zu einem Knotenpunkt im Eisenbahnnetz und gewann im Ersten Weltkrieg, im Russisch-Polnischen Krieg, im Bürgerkrieg sowie im Zweiten Weltkrieg große Bedeutung als umkämpfter Ort zwischen der westlichen und südwestlichen Flanke des europäischen Russland bzw. der Ukraine. Abbildung 55 zeigt Kiew und Umgebung im handkolorierten Kupferstich der *Schubert-Karte*, worin Straßen und Wege, Flüsse und Flüsschen, Sümpfe, Siedlungen, Gebäude sowie Beschriftungen angegeben sind. Auch der Grundriss der Festung Kiew, der Signaturen für zwei Kirchen beinhaltet, ist neben der angedeuteten Flussquerung am linken Ufer zu erkennen. Demgegenüber steht das Kartenbild in Abbildung 56, welches zunächst durch seinen chromo-lithographischen Druck ins Auge sticht. Im Vergleich dieser Abbildungen wird deutlich, dass die grüne Flächensignatur für Wald keinen zusätzlichen Platz beansprucht, da sie mit schwarzen Grundrissen und Beschriftungen überdruckt werden kann, ohne die Lesbarkeit zu beeinträchtigen. Auch stört die Geländedarstellung in Sepia Beschriftungen und Grundrisse kaum. Der preußische Kartograph Sydow schreibt zur *Strel'-bickij-Karte*:

> Die technische Ausführung der Buntlithographie ist eine äusserst sorgfältige; ob aber die minutiöse Detaillierung der Terrain-Unebenheiten mit dem immerhin generalisierenden Maassstab in Einklang steht, ob für selbst scharfe Augen nicht hie und da zu viel kleine Schrift geboten wird und ob mit solcher Detailbehandlung die sehr breite Signatur der Eisenbahn in Übereinstimmung ist, – das stellen wir als offene Frage hin.[52]

Neben der baulichen Erweiterung der Stadt Kiew fällt im Vergleich die Eisenbahn als breite schwarze Liniensignatur auf. Die überbreite, nicht maßstäbliche Signatur verweist auf die zentrale Bedeutung der Eisenbahn aus Sicht der militärischen Kartenredaktion. Entsprechend ihrer Bedeutung für den Transport löste diese auffällige Signatur die Poststraße, bzw. Chaussee auch im Kartenbild als wichtigsten Verkehrsweg ab. Jedoch unterscheidet sie nicht zwischen ein- oder zweispurigen Trassen. Das ist bemerkenswert, da zweigleisige Strecken einen gleichzeitigen Transport in entgegengesetzte Richtungen ermöglichen und ihnen somit für die Truppenverlegung und Versorgung im Kriegsfall große Bedeutung zukommt. Im weiteren Vergleich der Kartenausschnitte fällt besonders auf, dass die Festung Kiew in Abbil-

---

52 Sydow: Der kartographische Standpunkt Europa's (1872), S. 257 f. Anmerkung: Der hier abgebildete Ausschnitt von 1915 entspricht in drucktechnischer Hinsicht der Version, die Sydow zur Verfügung stand.

dung 56 nicht mehr grundrisslich kartiert wurde. Selbiges konnte bei der Festung Aleksandrovskij Citadel' in Warschau (Blatt 6) festgestellt werden, weshalb eine inhaltliche Zensur der *Strel'bickij-Karte* nicht ausgeschlossen werden kann. Die Kartierung der zweifellos wichtigen Festungen Brest-Litovsk (Blatt 7) oder Dünaburg (Blatt 14) verweist auf eine fallweise Unterschlagung von Festungen. Eine mögliche Erklärung für den konkreten Fall in Kiew könnte die Sichtweise des Kriegsministers Dimitrij Alekseevič Miljutin bieten. Dieser war 1862 der Meinung, dass die größte Bedeutung für die Verteidigung der Westgrenze den Festungen Novogeorgievsk, Ivangorod und Brest-Litovsk zukomme, da diese in wichtigen Aufmarschgebieten an der Weichsel lägen. Die im Kartenbild der *Strel'bickij-Karte* fehlende Festung Kiew war in Miljutins Augen lediglich eine Zitadelle, welche die Heiligtümer des dortigen Klosters (*Kievo-Pečerskaja Lavra*) schützte, nicht aber die Stadt. Ganz ähnlich verhielt es sich seiner Meinung nach bei der Festung Aleksandrovskij citadel', die als Reaktion auf den polnischen Novemberaufstand von 1830–1831 errichtet wurde, um die Stadt Warschau militärisch kontrollieren zu können. Diese bot überhaupt keinen Schutz gegen einen *äußeren* Feind, da man diese Möglichkeit beim Bau der Festung gar nicht in Betracht gezogen hatte.[53] Demnach könnten die Festungen in Warschau und Kiew aufgrund ihrer geringen militärischen Bedeutung für die Verteidigung gegen einen äußeren Feind unerwähnt geblieben sein, während andere Festungen durchaus im Kartenbild vorkommen. Aus Sicht der gegnerischen Mittelmächte war die Kartierung der Festung in Kiew und anderer militärischer Einrichtungen im Kriegsjahr 1916 jedoch durchaus relevant, wie die entsprechenden Abbildungen 57 und 58 belegen. Aus der Karte im mittleren Maßstab (1:200.000) des k. u. k. Militärgeographischen Instituts in Wien (Abb. 57) geht überdies hervor, was in der russischen Karte unterschlagen worden war. Am östlichen Ufer des Dnepr erstreckte sich ein „Artillerie-Schießplatz" und „Militär-Baracken". Diese Einrichtung fehlt im russischen Kartenbild gänzlich, was vermutlich mit dem zweifach kleineren Maßstab zusammenhängt oder aber auf die Zensur militärisch bedeutsamer Objekte hinweist. Zudem ist eine Unterscheidung der Signaturen für eingleisige und zweigleisige Eisenbahnen (mit Querstrichen) deutlich zu erkennen. Auch ist eine nach Süden führende, im Bau befindliche Eisenbahnstrecke (gestrichelt) kartiert. Diese ist in der russischen Karte ebenfalls nicht enthalten. Das stark abweichende Erscheinungsbild des Kartenwerks aus Berlin (Abb. 58) in einem mittleren Maßstab von 1:300.000 zeigt eine starke inhaltliche Reduzierung auf das militärisch Wesentliche: Ortschaften, Befestigungen, Eisenbahnen und Straßen, Wald, Gelände, Sumpf und Gewässer. Die vergleichsweise starke Generalisierung und grobe Ausführung verweist auf eine kriegsbedingt zügige Herstellung des Kartenblattes. Gleichwohl scheint hier die Unterscheidung zwischen Signaturen für eingleisige und zweigleisige Eisenbahnen (mit Querstrichen) bedeutend genug gewesen zu sein, während das Gelände nur

---

53 Vgl. Zacharova, L. G. (Hrsg.): Vospominanija general-fel'dmaršala grafa Dmitrija Alekseeviča Miljutina 1860–1862, Moskva 1999, S. 287 f.

flüchtig angedeutet wurde. Die rote Hervorhebung von Festungsbauten und sonstiger militärischer Präsenz sticht ins Auge und verweist unmittelbar auf den Kartenzweck.

Ungeachtet möglicher Inkonsistenzen und anderer Mängel, muss der größte Wert der *Strel'bickij-Karte* in der einheitlichen Abbildung eines mehrere Millionen Quadratkilometer umfassenden Operationsraumes gesehen werden. Auch wenn gerade im Falle Kiews noch andere russische Karten in größeren Maßstäben vorhanden waren, die bestimmte Objekte detaillierter abbildeten. Neben der inhaltlichen Erweiterung des Kartenbildes um die Signaturen für Eisenbahnen und Wald, kommt besonders der Gelände-Darstellung in der *Strel'bickij-Karte* eine große Bedeutung zu. Umso mehr in Gebieten, deren militärische Beherrschung durch Gebirgsregionen wie den Kaukasus besonders erschwert wurde. Im Vergleich zur imaginären Wiedergabe dieses Hochgebirges im frühen 19. Jahrhundert, wie es in der *Hundertblatt-Karte* zu sehen ist (Abb. 23), zeigt die *Strel'bickij-Karte* das Relief mittels farbiger Böschungsschraffen in Raupenmanier (sepia) aus einer senkrechten Perspektive (Abb. 59). Das entsprechende Blatt erschien erstmals 1879 und wurde mehrfach aktualisiert. Es zeigt die abchasische Schwarzmeer-Küste mit der Hafenstadt Suchumi und dem von Gebirge und Wald bestimmten Hinterland. Erst die kolorierten Signaturen ermöglichen diese inhaltliche Dichte. In Schwarz gehaltene Kartenzeichen für Fluss- und Bachläufe sind den Signaturen für Straßen und Wege sehr ähnlich und bedürfen zur Unterscheidung genauester Vergleiche. Die grüne Flächensignatur zeigt Bewaldung an. Zudem ist etwas Übung nötig, um sich das Gelände vorstellen zu können, denn eine plastische Wirkung, wie sie den napoleonischen Kartographen im frühen 19. Jahrhundert gelang (Abb. 24), erreicht diese approximative Darstellung kaum. Je dichter und dunkler die Schraffen gezeichnet sind, desto steiler ist die Böschung. Flüsse und Flüsschen (schwarz) weisen den geübten Kartenleser auf Senken und Täler hin. Diese Methode der Geländedarstellung lässt jedoch verhältnismäßig wenig Differenzierung der Höhenniveaus zu. Vereinzelte Höhenangaben (hier nicht im Ausschnitt) beziehen sich lediglich auf die höchsten Gipfel des Gebirges. All dies verweist darauf, dass diesem Kartenbild keine präzisen Vermessungen, sondern allenfalls Skizzen nach Augenmaß zugrunde lagen.

9.3.1 Bereitstellung und Brauchbarkeit von Karten im Krieg

Die Versorgung der zarischen Armee mit topographischen Karten in unterschiedlichen Maßstäben stieg seit dem letzten Drittel des 19. Jahrhunderts exponentiell an und erreichte im Ersten Weltkrieg ihren vorläufigen Höhepunkt. Während im Russisch-Osmanischen Krieg 1877–1878 noch 220.000 Kartenblätter in vorwiegend kleinen Maßstäben gedruckt worden waren, verzehnfachte sich die Zahl während des Russisch-Japanischen Krieges in den Jahren 1904–1905 auf zwei Millionen Blätter in allen Maßstäben. Wurde zwischen 1906 und 1914 mit rund 34 Millionen gedruckten

Kartenblättern die Menge noch einmal deutlich gesteigert, so explodierte die Produktion während des Ersten Weltkrieges mit 100 Millionen Kartenblättern regelrecht.[54] Dieses enorme Wachstum führt eindrücklich vor Augen, in welchem Ausmaß der Bedarf nach Karten gestiegen war und in welchem Grad die Bedeutung der Kartographie mit den Kriegen des späten 19. und frühen 20. Jahrhunderts zunahm. Vor allem hing das mit der Entwicklung der Kriegstechnik und der Häufung von Stellungskriegen zusammen. Dafür wurden topographische Informationen über Verteidigungslinien, Beobachtungsposten und Verläufe von Schützengräben dringend benötigt. Im Ersten Weltkrieg zeigte sich, dass sich das Schlachtfeld durch Artilleriebeschuss permanent so stark veränderte, dass Karten und Pläne sehr schnell veralteten und nicht mehr zu gebrauchen waren. Damit waren ständige Aktualisierungen der Karten nötig, nicht zuletzt, um den Zustand der Verbindungswege einschätzen zu können.[55] Vor diesem Hintergrund wuchs der Bedarf nach großmaßstäblichen aktuellen Karten und Plänen rapide an und band die kartographische Produktion an militärische Zwecke. Obwohl die Militär-Topographische Abteilung in Sankt Petersburg vor dem Beginn des Ersten Weltkrieges fünf Militärbezirks-Stäbe im europäischen Russland mit umfangreichen Kartenvorräten ausgestattet hatte, geriet sie durch den Bedarf der Armee in gewaltige Arbeitsschwierigkeiten. Die Militär-Topographische Abteilung war nicht nur gezwungen, für die lithographischen Arbeiten ununterbrochene Schichten einzuführen, sondern in Petrograd zusätzlich zwölf große private lithographische Werkstätten mit dem Druck von Karten zu beauftragen.[56] Täglich wurden insgesamt bis zu 200.000 Kartenblätter gedruckt. Abbildung 60 veranschaulicht exemplarisch, wie es in der Militär-Topographischen Verwaltung in Petrograd zuging, wo in Friedenszeiten Kartographen mit der Zeichnung von Karten befasst waren. Duzende Soldaten sortierten und verpackten dort Massen von Karten und Plänen für die Front. Angesichts einer Vergleichszahl wird diese beeindruckende, aber doch abstrakte Menge an bereitgestellten Karten und Plänen stark relativiert. Auf sowjetischer Seite wurde davon ausgegangen, dass die deutsche Armee während des Ersten Weltkrieges mit insgesamt 800 Millionen Kartenblättern versorgt worden war.[57] Demnach operierte das gegnerische Militär an all seinen Fronten

---

54 Vgl. Artanov: Staryj opyt, S. 10.

55 Vgl. Gluškov: Istorija voennoj kartografii v Rossii, S. 256.

56 Die Mehrheit der im Rahmen dieser Studie gesichteten Blattränder der Strel'bickij-Karte zeigen seit der Wende vom 19. zum 20. Jahrhundert das Reichssiegel und darunter die Aufschrift „Litografija kartografičeskago zavedenija voenno-topografičeskago otdela S. P. B. ". Diese Maßnahme wurde vermutlich ursprünglich ergriffen, um das Urheberrecht zu schützen, bzw. private Druckereien vom Kopieren amtlicher Karten abzuhalten. Dennoch geriet eine Vielzahl von identischen Kartenblättern zwischen 1903 und 1917 in den Umlauf, die dieses Reichssiegel nicht führen. Offenbar handelt es sich bei diesen Exemplaren um jene Kartenblätter, die während des Krieges im Auftrag des Kriegsministeriums von privaten Druckereien angefertigt wurden.

57 Vgl. Artanov, [Aleksandr Ivanovič]: Karta – glaza armii, in: Geodezist. Naučno-techničeskij i obščestvenno-političeskij žurnal 1 (1925) 1, S. 5. Auf deutscher Seite ist dagegen lediglich von 275

mit einer viel größeren Menge kartographischen Materials. Allein im quantitativen Vergleich war die russische Armee im Nachteil – selbst wenn der größte Teil der Karten und Pläne für die deutsche Armee an der Westfront bestimmt gewesen war. In Bezug auf den qualitativen Wert des kartographischen Materials im Kriegseinsatz gibt es nur wenige Berichte. In den 1920er Jahren schätzte ein fachkundiger Militär und Zeitzeuge den Wert von Karten im Zehn-Werst-Maßstab folgendermaßen ein:

> Im ersten Weltkrieg war die 10-Werst-Karte auf dem gesamten Schlachtfeld wenig zu gebrauchen, da der Maßstab so klein war, dass die Verlegung von Reserve-Truppen entlang der Front nicht gut zu planen war. Die Karte wurde im Bereich der Korps und für allgemeine Direktiven für Armeen eingesetzt. Außerdem war es die einzige Karte, die für Verlagerungen in der Etappe, zu den Stellungen und entlang der Front sowie für die Verlegung von Reserven eingesetzt wurde. Dadurch erfuhren die verlegten Truppen große Schwierigkeiten beim Marsch und bei der Einquartierung. [...] Die 10-Werst-Karten sind mangelhaft, da man in dicht besiedelten Gegenden, wie etwa Polen, der Grenze zu Österreich oder im Baltikum nur schwer die Beschriftungen zuordnen kann, die Schrift zu klein ausgeführt ist und daher der Marsch, das Biwak oder das Nachtlager schwer zu planen sind. Zwei parallel marschierende Divisionen eines Korps trafen sich unerwartet auf Wegen, die in der Karte gar nicht eingetragen waren oder unter den Beschriftungen verschwanden. Ortslagen in der Nähe der Grenzlinie waren ungenau. Folglich war diese Karte bei der Truppe nicht beliebt. Man benutzte lieber [umgedruckte Kopien] der österreichischen Karte 1:200.000 mit russischen Lettern aus dem Jahr 1916.[58]

Dieser Erfahrungsbericht führt den Wert der Karte für Truppenverlegungen beispielhaft vor Augen. Demnach konnte die *Strel'bickij-Karte* den Ansprüchen der Armee im Einsatz kaum gerecht werden. Hauptsächlich wurde der kleine Kartenmaßstab bemängelt, weshalb von der eigenen Armee die Karte des Gegners (Abb. 57) bevorzugt wurde. Ein Kartenwerk in einem mittleren Maßstab von 1:200.000 war aber mit dem vorhandenen Kartenmaterial des gesamten europäischen Russland nicht herzustellen. Um diesen großräumigen Ausschnitt zu kartieren, war der gewählte Zehn-Werst-Maßstab (1:420.000) der größtmögliche.

Wenn, wie in der russischen Militär-Enzyklopädie aus dem Jahr 1912 zu lesen steht, die Aufgabe des Generalstabs „in der Ermittlung der Gegebenheiten und Informationen besteht, welche die oberste Militärführung für alle Kriegsvorbereitungen und Entscheidungen sowie für deren Verwirklichung im Krieg benötigt"[59], so wurde er seinem Anspruch nicht ausreichend gerecht. Ausgehend von den geschilderten Kriegserfahrungen war die zarische Armee nicht in der Lage, sich auf Grundlage der vom Generalstab zur Verfügung gestellten topographischen Karten im eigenen Staatsgebiet effektiv zu bewegen, geschweige denn dieses erfolgreich zu kontrollieren. Stattdessen zogen russische Truppen die Karte des Gegners in einem mittleren

---

Millionen Kartenblättern die Rede, die während des Ersten Weltkrieges vom stellvertretenden Generalstab in Auftrag gegeben wurden. Vgl. Eckert, Kartenwissenschaft, Bd. 2, S. 806.

58 Žukovič: Kakie karty nužny Krasnoj armii, S. 13 f.

59 Voennaja ènciklopedija, Bd. VII, Sankt Peterburg 1912, S. 234.

Maßstab vor, um mehr topographische Details zu erfahren, etwa, ob eine Eisenbahntrasse nun ein- oder zweispurig befahrbar oder diese noch im Bau war. Es entbehrt nicht einer gewissen Ironie, dass bereits Generalquartiermeister Pëtr Michajlovič Volkonskij einen solchen mittleren Maßstab gefordert hatte, als er 1821 eine neue Karte vom westlichen Teil des Zarenreiches anregte, dies aber mit dem Verweis auf unzureichende Quellen abgelehnt werden musste und stattdessen künftig der Zehn-Werst-Maßstab Verwendung fand.[60]

Die Niederlage Russlands im Ersten Weltkrieg hatte viele Ursachen. Ob die Qualität der verfügbaren topographischen Karten dazu zählt, kann vermutet, auf Grundlage der vorhandenen Quellen aber nicht abschließend geklärt werden. Wie im vorangegangenen Kapitel dargelegt, wurde die vorhandene *Drei-Werst-Karte* vom westlichen Russland seit 1903 nicht mehr aktualisiert, während die aktuell gehaltenen *Zwei-* und *Ein-Werst-Karten* nur das westliche und südliche Grenzgebiet abdeckten (Abb. Vorsatz) und gemäß ihres großen Maßstabes nicht für strategische Zwecke geeignet waren.[61] Obgleich die Bedeutung der Kartographie für die militärische Sicherung des Territoriums erkannt und eine enorme Menge Karten vom zarischen Generalstab produziert wurde, konnte eine grundlegende Ursache für die Probleme nicht beseitigt werden: nämlich der Anspruch, ein derart ausgedehntes Gebiet, wie das europäische Russland, auf Grundlage eines flächendeckenden, einheitlichen Kartenwerkes im kleinen Maßstab zu kontrollieren. Dieser Anspruch begrenzte die Leistungsfähigkeit des Mediums gerade an der dicht besiedelten Westgrenze – der verwundbarsten Stelle des Russländischen Reiches. Im Krieg konnte das Kartenwerk seine militärische Funktion als strategisches Instrument für zentrale Planung und dezentrale Ausführung nur unzureichend erfüllen – eben dort, wo das Kartenwerk infolge der dichten Besiedelung viele Objekte nicht mehr abbilden konnte. Sein kleiner Maßstab stellte sich in der Kriegspraxis als nachteilhafter Kompromiss heraus, der die militärische Kontrolle des westlichen Grenzgebietes erschwerte oder gar behinderte. Im Bürgerkrieg (1918–1921) nahm die *Strel'bickij-Karte* eine zentrale Rolle ein. Als einziges topographisches Kartenwerk bildete es das *gesamte* europäische Russland einheitlich ab.[62]

9.4 Die Karte als Waffe im Bürgerkrieg

Bereits ab Frühjahr 1918 bestand im Bürgerkrieg ein großer Bedarf nach der *Strel'-bickij-Karte*, da für die Denikin-Front (Südukraine), Kolčak-Front (Sibirien, Ural-Wolga-Gebiet) sowie für die Nord-Fronten (Archangel'sk, Karelien und Kola) keine

---

60 Vgl. Kap. 6.2.1.
61 Vgl. Kap. 4.2.1.
62 Vgl. Kap. 9.5.

geeigneteren Karten zur Verfügung standen.[63] Die Fronten entstanden sehr schnell und die Gebiete der militärischen Auseinandersetzungen waren so fragil, dass Karten von praktisch allen Gebieten des europäischen Russland gebraucht wurden. Die *Zwei-Werst-Karte* bildete nur die westlichen Grenzgebiete des Reiches, die Krim und einen Teil des Kaukasus ab. Die veraltete *Drei-Werst-Karte* umfasste lediglich das westliche Drittel des europäischen Russland (Abb. Vorsatz und Nachsatz). Für zahlreiche andere Gebiete des ausgedehnten Kriegsschauplatzes existierten dagegen gar keine topographischen Karten in großen oder mittleren Maßstäben.[64] Vor diesem Hintergrund erhielt die *Strel'bickij-Karte* ihre Bedeutung als Waffe im Bürgerkrieg. Sie gab als einziges verfügbares topographisches Kartenwerk das *gesamte* europäische und Teile des asiatischen Russland einheitlich im größten verfügbaren Maßstab wieder, in denen sich strategisch wichtige Orte sowie Verbindungswege befanden und der Bürgerkrieg tobte. Wie sich hierbei in aller Deutlichkeit offenbarte, eigneten sich die genauesten und zuverlässigsten Kartenwerke nicht für einen Krieg im Inneren Russlands, sondern nur für die Beherrschung und Verteidigung des Grenzlandes gegen einen Feind von Westen oder Süden. Diesem unvorstellbaren Bürgerkriegs-Szenario im Inneren Russlands hatte der zarische Generalstab zu wenig Beachtung geschenkt. Vor allem für die nördlichen, aber auch die östlichen und südöstlichen Gebiete des europäischen Russland existierten weiten Teils nur grobe topographische Aufnahmen nach Augenmaß. Um den Bedarfen der Roten Armee nach möglichst aktuellem Kartenmaterial gerecht zu werden, wurden ab 1918 die entsprechenden Blätter der *Strel'bickij-Karte* für die umkämpften Nord- und Ostfronten im europäischen Russland aktualisiert. Einige der Blätter waren fast ein halbes Jahrhundert lang nicht fortgeführt worden.[65] Damit blieben zahlreiche Veränderungen der Topographie, vor allem neue Verbindungs- und Schienenwege unsichtbar.

Bereits im Mai 1918 war im Zuge der Gründung des Allrussischen Hauptstabs der Roten Armee (*Vserossijskij glavnyj štab,* abgekürzt: *Vseroglavštab*) eine militär-topographische Verwaltung (*Voenno-topografičeskoe upravlenie vseroglavštaba*) ins Leben gerufen worden.[66] Doch die kartographische Bearbeitung und der lithographische Druck von Karten konnten unter den Bedingungen des Bürgerkriegs nur schwer organisiert werden. Das Vorrücken der deutschen Armee und die Bedrohung Petrograds zwang die Regierung der Bolschewiki, die Staatsverwaltung zu evakuieren. Die Übersiedlung nach Moskau erfolgte im März 1918 kurz nach dem Friedensvertrag von Brest-Litovsk. Wegen Platzmangels in Moskau wurden die schweren Druckmaschinen der kartographischen Abteilung des ehemaligen zarischen Generalstabs in Sankt Petersburg nach Nižnij Novgorod verlagert. Lediglich ein kleiner

---

63 Vgl. Barnes: Ruheloses Russland, S. 111.
64 Sergeev, O.: Kartografičeskie raboty Voenno-topografičeskogo upravlenija za desjatiletie 1917–1927g. g., in: Geodezist. Naučno-techničeskij i obščestvenno-političeskij žurnal 3 (1927) 11, S. 114.
65 Vgl. Sergeev: Kartografičeskie raboty Voenno-topografičeskogo upravlenija, S. 118, 123.
66 Vgl. Poslednie štaty Korpusa voennych topografov, S. 101–102.

Teil des früheren Personals des zarischen Generalstabs begab sich nur mit der aller-
nötigsten Ausrüstung nach Moskau, um dort kartographisch tätig zu werden. Auch
das Karten-Archiv wurde evakuiert. Sämtliche originalen Aufnahmeblätter, Original-
karten und andere unersetzliche kartographische Materialien, die sich über ein Jahrhundert lang im Petersburger Generalstab angehäuft hatten, wurden in zwei Eisen-
bahnzügen nach Omsk abtransportiert und blieben dort von der Einnahme der
Weißen im November 1918 und der Rückeroberung durch die Roten im November
1919 unversehrt bis Anfang des Jahres 1920. Der größte Teil der Materialien sowie
des Personals verharrten währenddessen in Omsk. [67] Diese Zersplitterung der ehemaligen Militär-Topographischen Abteilung des zarischen Generalstabs in Sankt Petersburg stellte ein großes Problem für die Rote Armee dar. Während die Druckmaschinen in Petrograd bzw. Nižnij Novgorod lagerten, befand sich das Archiv in Omsk
und die militärische Führung der Roten Armee samt einigen Kartographen in Moskau. Dort beschlagnahmte sie Ende Oktober 1918 die private Litographie-Anstalt Me-
nert, was erst die Durchführung aller notwendigen Arbeitsschritte von der gezeichneten bis zur gedruckten Karte vor Ort in Moskau ermöglichte. Die Arbeit wurde
durch das fehlende Kartenarchiv und ständige Materialengpässe behindert. Papier-
mangel wurde mit dem Druck auf der Rückseite von alten Karten sowie mit der Verwendung von Zeitungspapier kompensiert. Unter diesen Bedingungen wurden zwischen September und Dezember 1918 insgesamt sechs Millionen Kartenblätter
gedruckt, 1919 knapp 15 Millionen. Das war vergleichsweise viel. Während des Ersten Weltkrieges hatten in Petrograd zehn lithographische Anstalten gleichzeitig daran gearbeitet, jährlich bis zu 30 Millionen Kartenblätter zu drucken.[68] Mit der Rückeroberung von Omsk durch die Rote Armee wurde die Kartenherstellung in Moskau
entlastet. Danach sorgte in Omsk Personal der Roten Armee für die kartographische
Versorgung der eigenen Truppen an der Front in Ostasien, während sich Kartographen in Moskau um Karten für die Truppen im europäischen Russland kümmer-
ten.[69]

9.4.1 Geheimhaltung von Karten im Bürgerkrieg

Während der Hochphase dieses Bürgerkrieges legte der Revolutionäre Kriegsrat im
August 1920 die Versorgung des Militärs mit Kartenmaterial fest.[70] Offenbar hatte
der Allrussische Hauptstab aus den kläglichen Erfahrungen mit mangelhaften Karten im Ersten Weltkrieg organisatorische Konsequenzen gezogen und die systematische Versorgung der Roten Armee mit topographischen Karten zu verbessern beab-

---

67 Vgl. Sergeev: Kartografičeskie raboty Voenno-topografičeskogo upravlenija, S. 113 f.
68 Vgl. Sergeev: Kartografičeskie raboty Voenno-topografičeskogo upravlenija, S. 115 f.
69 Vgl. Sergeev: Kartografičeskie raboty Voenno-topografičeskogo upravlenija, S. 117.
70 Vgl. Prikaz Revolucionnogo voennogo soveta, S. 74 f.

sichtigt. Alle topographischen Karten in den Maßstäben von 1 : 126.000 und größer wurden als geheim (*sekretnye*) eingestuft und ihre Registrierung, bzw. ihre Beschlagnahmung vorgesehen. Wörtlich heißt es:

> Alle Personen und Behörden, die im Besitz von geheim klassifizierten Karten sind, sollen diese zur Registrierung in die örtlichen Militärkommissariate bringen, welche angehalten sind, eine strenge Registrierung und Aufbewahrung dieser geheimen Karten durchzuführen.[71]

Wer dagegen verstieß, wurde mit „[...] aller Strenge der revolutionären Gesetze zur Rechenschaft gezogen."[72] Das erste Kartenwerk Sowjetrusslands, nämlich die 1919 neu betitelte *Spezialkarte des europäischen Russland*, wurde nach dem Befehl zwar nicht zu den geheimen Dokumenten gezählt, seine Ausgabe musste aber ausdrücklich genehmigt werden, womit es in Zeiten des *Roten Terrors* nur noch einer äußerst begrenzten Leserschaft zugänglich gewesen sein dürfte. Der Befehl lautete:

> Die Herausgabe von geheimen Karten und der Zehn-Werst-Karte an zivile Behörden und Privatpersonen erfolgt beim Karten-Depot und bei den Abteilungen der Militärtopographen der Militärbezirksstäbe oder beim nächsten örtlichen Kriegskommissariat unter persönlicher Verantwortung der politischen Kommissare dieser ausgebenden Behörden.[73]

Seit dem 19. Jahrhundert hatte die Geheimhaltung von *Zehn-Werst-Karten* zeitweise für Regionen bestanden, in denen es zu militärischen Auseinandersetzungen oder Spannungen gekommen war. Entsprechend der jeweiligen Konfliktlage traf das seit Mitte des 19. Jahrhunderts auf unterschiedliche Weise auf Polen bzw. das Weichselland, auf Teile des Osmanischen Reiches, auf das Gouvernement Orenburg und Westsibirien sowie auf Zentral- und Ostasien zu. Als sich der Bürgerkrieg über das gesamte europäische Russland und Sibirien ausgebreitet hatte, setzten die roten Machthaber diese Logik mit ihrer Geheimhaltung fort. Der Verkauf von Kartenmaterial gehörte der Vergangenheit an. Spätestens mit dem Befehl der revolutionären Regierung Nr. 1538 wurde in Sowjetrussland der private Besitz von topographischen Karten im mittleren Maßstab, einschließlich der *Zehn-Werst-Karten* verboten. Die Kriminalisierung der nicht autorisierten Kartenbesitzer sowie der restriktive Umgang mit topographischen Karten führen deutlich vor Augen, welche Bedeutung die Bolschewiki diesem Instrument beimaß. Mitte der 1920er Jahre wurde vor den Folgen dieser Geheimhaltungspolitik für die wirtschaftliche Entwicklung des Landes öffentlich gewarnt.[74]

---

71 Zitiert nach: Prikaz Revolucionnogo voennogo soveta, § 18, S. 75.
72 Zitiert nach: Prikaz Revolucionnogo voennogo soveta, § 19, S. 75.
73 Zitiert nach: Prikaz Revolucionnogo voennogo soveta, § 17, S. 75.
74 Vgl. Kap. 4.4.

9.5 Das erste Kartenwerk Sowjetrusslands

Nach ihrer Machtergreifung 1918 benötigten die Bolschewiki dringend ein Kartenwerk, welches das Territorium Sowjetrusslands samt seinen Grenzgebieten möglichst aktuell, vollständig und detailliert abbildete. Die innen- und außenpolitische Konsolidierung Sowjetrusslands war das Gebot der Stunde. Der Kampf um die Macht mit den „konterrevolutionären" Weißen im Bürgerkrieg, das Ingangbringen einer funktionierenden Verwaltung und nicht zuletzt die Abwehr außenpolitischer Gegner stellten die neue Staatsmacht vor große Herausforderungen das beanspruchte Territorium unter ihre Kontrolle zu bringen. Für den europäischen Teil Russlands diente dafür insbesondere die *Strel'bickij-Karte* unter neuem Titel, verfasst in reformierter Orthographie.[75] Fortan hieß sie *Spezialkarte des europäischen Russland und daran angrenzender Teile Westeuropas sowie Kleinasiens*. Das Kartenwerk erhielt mit dem Titel zunächst sein neues Etikett, um es dann sukzessive zu aktualisieren und zu erweitern.[76] Seit den späten 1920er Jahren wurde es vom Generalstab der Roten Arbeiter- und Bauern-Armee dann unter seinem letzten Titel bis mindestens 1940 als *10-Werst-Karte des europäischen Teils der UdSSR und angrenzender Staaten* fortgeführt (Abb. 63).[77] Bereits 1918 hatten die Kartographen des Allrussischen Hauptstabs einzelne Blätter der bestehenden *Strel'bickij-Karte* aktualisiert und unten rechts mit dem Signet „Kartographische Anstalt Petrograd" (*Kartografičeskoe zavedenie Petrograd*) gedruckt. Im März 1919 erschienen weitere Blätter (z. B. 70, 72, 90) mit dem Aufdruck „Lithographie der kartographischen Abteilung" (*Litografija kartografičeskogo otdela*) ohne Ortsangabe. Spätestens ab September 1919 erschienen einzelne Blätter (z. B. 145 u. 136) mit der Angabe „Lithographie der kartographischen Abteilung des Militär-Topographen-Korps Moskau" (*Litografija kartografičeskogo otdela korpusa voennych topografov, Moskva*).[78] Die Fertigstellung eines neuen Blattes benötigte zwei bis vier Monate Arbeit eines Kartographen und anschließend noch einmal ein bis zwei Jahre Arbeit eines Graveurs, bevor es zum Druck kam. Von 1924 bis 1927 wurden insgesamt 36 Blätter neu herausgegeben.[79] Für den asiatischen Teil der

---

75 Am 10. Oktober 1918 wurde das Dekret über die Einführung der neuen Rechtschreibung verabschiedet. Darin wurde festgelegt, dass ab 15. Oktober 1918 das Verfassen von Schriftdokumenten aller sowjetischer Behörden nach der neuen Rechtschreibung zu erfolgen habe. Vgl. Dekret Soveta narodnych komissarov. O vvedenii novoj orfografii, in: Sobranie uzakonenij i rasporjaženij pravitel'stva za 1917–1918gg., Moskva 1942, S. 1020 f., Nr. 804.

76 Auf den 1919 gedruckten Kartenblättern steht zudem oben rechts der neue Titel: Special'naja karta Evropejskoj Rossii s prilegajuščej k nej čast'ju Zapadnoj Evropy i Maloj Azii, 1919 godu v Kartografičeskom otdele Geodezičeskogo upravlenijaa štaba narkomvoen. Die Blattübersicht enthält den Kartentitel sowie zwei Textkommentare über die Geschichte der Karte und zum Karteninhalt.

77 10-ti Verstnaja karta Evropejskoj časti S. S. S. R. i prilegajuščich gosudarstv o. O. o. J. [Moskva 1926–1930]; vgl. Sergeev: Kartografičeskie raboty Voenno-topografičeskogo upravlenija, S. 122.

78 Vgl. RNB Sankt-Peterburg, K 4-CEвp./230-2.

79 Vgl. Sergeev: Kartografičeskie raboty Voenno-topografičeskogo upravlenija, S. 122.

Sowjetunion aktualisierten die Kartographen die seit dem 19. Jahrhundert herausge-gebenen *Zehn-Werst-Karten* von Westsibirien, Ostasien und Turkestan und ergänz-ten diese um Kartenblätter von Zentralsibirien.[80]

80 Vgl. Sergeev: Kartografičeskie raboty Voenno-topografičeskogo upravlenija, S. 125 f.

10 Schlussbetrachtung: Das kartographische Selbstbild des Imperiums

Diese Studie behandelt den Prozess, wie Vermessung und Kartographie das Selbstbild des Russländischen Imperiums im langen 19. Jahrhundert geprägt haben. Dabei hat sich herauskristallisiert, dass dieser Prozess von drei wesentlichen Merkmalen gekennzeichnet ist. Erstens hat die Zentralisierung der staatlichen Kartographie im beginnenden 19. Jahrhundert erstmals die Herstellung eines topographischen Kartenbildes Russlands ermöglicht, das beispiellos einheitlich und zusammenhängend war und damit eine neue Ära der kartographischen Wissensspeicherung und Repräsentation des Imperiums begründete. Zweitens spielten Kulturtransfers aus dem westlichen Ausland eine entscheidende Rolle, um eigenes Fachpersonal auszubilden und die Topographie des Reiches mithilfe von Landesaufnahmen wissenschaftlich zu kartieren. Schließlich und drittens, vereinnahmte das Militär im Laufe des 19. Jahrhunderts die Vermessung und Kartographie zunehmend für seine Zwecke, was bis zum Ende des Russländischen Imperiums ein stark fragmentiertes Kartenbild seines Territoriums nach sich zog.

Topographische Karten als visuelle Resultate aufwändiger und langwieriger Vermessungsprozesse bezeugen, wie sich die Zeitgenossen ein Bild gemacht haben vom physischem Raum, wie sie diesen wahrgenommen und symbolisch in Besitz genommen haben. Die wissenschaftliche Vermessung Frankreichs im 18. Jahrhundert hatte nicht nur den Franzosen selbst, sondern auch allen anderen europäischen Staaten das beeindruckende „wahre" Abbild dieses Staates gegeben, was nach Jordan Branch das Konzept der politisch-territorialen Autorität förderte.[1] Offenkundig berührte dieses Werk unmittelbar die Frage von Macht und Legitimität, da politische, wirtschaftliche und militärische Entscheidungen künftig auf einer exakt quantifizierbaren Erdoberfläche getroffen werden konnten, während das Unberechenbare, Diffuse und Ungefähre mit jedem weiteren gemessenen Winkel und jedem kartierten Punkt Stück um Stück zum Verschwinden gebrachte wurde. Dieses auf Vermessungsdaten beruhende Wissen vermehrte die Möglichkeiten, die vielfältigen Eigenschaften eines jeden Staatsgebietes systematisch zu analysieren und die gewonnenen Erkenntnisse im Sinne der eigenen politischen Interessen zu nutzen. Dies konnte der Verbesserung der Landwirtschaft und Infrastruktur, der Urbarmachung und Besiedelung von Landstrichen dienen, ebenso aber auch der militärischen und politischen Kontrolle eines Gebietes bzw. der Vereinnahmung und Beherrschung von schwächeren Peripherien – kurz, der Gewinnung neuen Territoriums. Damit lag die Macht der topographischen Karten zuvorderst in der Schaffung wissenschaftlicher Grundlagen, um möglichst effiziente Entscheidungen treffen zu können. Dass aber die Erfassung des europäischen Raumes kein einfacher Prozess war und jeder

---

1 Vgl. Branch: The Cartographic State, S. 76; Kap. 1.4.1.

europäische Staat eine unterschiedliche und spezielle Form der räumlichen Neuinterpretation durch Karten und Vermessung erfuhr, hob bereits Matthew Edney hervor. Wie die Briten in Indien, so seien auch die Vermesser in Europa ebenso nicht in der Lage gewesen, die perfekte systematische Vermessung in die Praxis umsetzen.[2] Wie aus der hier vorliegenden Studie hervorgeht, trifft diese These auch auf das Zarenreich zu, dessen Vermessung und Kartierung im langen 19. Jahrhundert einen schwierigen und teilweise widersprüchlichen Prozess darstellen. Obschon die Prozesse in vielen europäischen Staaten gemeinsame Züge aufweisen, unterschieden sie sich in einigen wichtigen Punkten. Im Falle Russlands war bereits dessen immense räumliche Ausdehnung eine einzigartige Herausforderung. Dass es trotz dieser besonderen Bedingung im beginnenden 19. Jahrhundert zur Herstellung der *Hundertblatt-Karte* kam, ist vor allem als Ausdruck einer sich wandelnden Strategie der Legitimierung zu verstehen, staatliche Autorität über ein Territorium kartographisch zu visualisieren. Wie Willard Sunderland konstatierte, wurde zum Ende des 18. Jahrhunderts von der Reichselite des Zarenreiches „Territorium" ganz anders wahrgenommen als noch ein Jahrhundert zuvor. Die Art zu regieren wurde „zunehmend als Wissenschaft von der territorialen Verwaltung verstanden".[3] In diesem Zusammenhang ist auch die Gründung des Karten-Depots 1797 zu verstehen, wodurch die staatliche Kartographie Russlands zentralisiert und dem direkten Befehl des Zaren unterstellt wurde. Als kartographisches Nervenzentrum des Imperiums war es dem Karten-Depot fortan möglich, alle vorhandenen Vermessungsdaten und Karten für die Herstellung einer neuen integralen Karte Russlands heranzuziehen, die alle existierenden Karten von Russland weit übertraf. Obwohl dieses zusammenhängende und detaillierte Kartenbild noch nicht das Resultat einheitlicher systematischer Vermessungen war, repräsentierte es in seiner neuartigen Form Russland als europäische Großmacht, das sein Territorium mit modernen Methoden kontrollierte. Diese Karte bildete einen starken Gegenentwurf zur Atlaskartographie des 18. Jahrhunderts, die sich neben zusätzlichen künstlerischen Illustrationen vor allem durch Konvolute von Karten in verschiedenen Maßstäben ausgezeichnet hatte und dementsprechend nur einzelne Ausschnitte der Topographie des Russländischen Imperiums erlaubte.

Die Herstellung der *Hundertblatt-Karte* fiel in die Zeit, als die Expansion des Russländischen Imperiums im Westen ihren Abschluss fand. Die dabei einverleibten Gebiete politisch wie militärisch zu erschließen und zu einem Teil des russländischen Territoriums zu machen, war das Ziel des Zarenreiches als europäischer Großmacht. Ihr diente die Karte als Instrument, um einen integralen, stabilen Herrschaftsraum zu bilden, der den innen- wie außenpolitischen, den zivilen, vor allem aber den militärischen Bedrohungen durch andere Großmächte standzuhalten in der Lage war. Die Karte beinhaltet in Umfang und Detailliertheit weit mehr topogra-

---

2 Edney mapping an Empire, S. 339.
3 Vgl. Sunderland: Imperial Space, S. 53 f.

phische Informationen als frühere in unterschiedlichen kleineren Maßstäben erstellte Karten. Damit leitete sie ein neues Kapitel in der kartographischen Repräsentation des Russländischen Imperiums ein – vor allem deshalb, weil sie als vielblättrige Karte das europäische Russland mitsamt seinen Grenzgebieten als ein zusammenhängendes Territorium in einem einheitlichen Maßstab darstellt, der vergleichsweise groß gewählt war und damit differenziertere Signaturen zuließ. Die neu einverleibten Gebiete wurden mittels kartographischer Rhetorik symbolisch in das Reichsterritorium eingegliedert und den kartographischen Vorstellungen des imperialen Zentrums entsprechend in russischsprachiger Kartenschrift integriert. Die Karte schuf ein zusammenhängendes, einheitliches Bild des Imperiums, um es als kohärentes Territorium repräsentieren und kontrollieren zu können. Die dabei angewandte Methode, verschiedene Vermessungsdaten und Karten unterschiedlicher Qualität zu einem homogenen Bild zu montieren, blieb bis ins 20. Jahrhundert *die* gängige Antwort der russischen Administration auf die Frage, wie ein derart ausgedehntes Staatsgebiet kartographisch zu bewältigen war, während die weitaus detailliertere Vermessung und Kartierung der westlichen und südlichen Grenzgebiete einen Großteil der Topographen und Kartographen banden. Sowohl die *Schubert-Karte*, als auch die *Strel'bickij-Karte* und andere *Zehn-Werst-Karten* des asiatischen Russland und der Sowjetunion sind die Resultate dieser Vorgehensweise. Obwohl sich dieses Verfahren auf lange Sicht negativ auf die Genauigkeit und Zuverlässigkeit derartiger Karteninhalte auswirkte, wurde es bewusst in Kauf genommen, um große Teile des ausgedehnten Staatsgebietes überhaupt zusammenhängend in topographischen Kartenwerken abbilden zu können.

Russlands Staatsgebiet im frühen 19. Jahrhundert vermessungstechnisch und kartographisch nach dem neuesten Stand der Wissenschaft zu erschließen, setzte Methoden voraus, wie sie bei der Vermessung und Kartierung Frankreichs im 18. Jahrhundert entwickelt worden waren. Spezialisten eigneten sich diese Methoden aus dem westlichen Ausland an und vermittelten sie u. a. durch wissenschaftliche Schriften in Russland. Daher spielte bei der Organisation und Verwirklichung der Vermessung und Kartenherstellung der Transfer wissenschaftlicher Methoden und kultureller Techniken aus dem westlichen Europa eine grundlegende Rolle – nicht trotz, sondern gerade wegen der zwischen den europäischen Großmächten existierenden Rivalität. Während der wechselhaften französisch-russischen Beziehungen ging der militärische Kulturtransfer ungebrochen weiter. Vor allem in Zeiten des angespannten Verhältnisses war die Übernahme französischer Theorie und Praxis in Russland stark ausgeprägt, da die zarische Regierung überzeugt war, dass man Frankreich nur besiegen könne, indem man es kopierte. Fürst Petr Michailovič Volkonskij, Quartiermeister der russischen Armee (1810–1823), hatte in Paris die Organisation der Militär-Topographie persönlich studiert, bevor unter seiner Führung 1812 das Militär-Topographische Depot in Sankt Petersburg nach französischem Vorbild geschaffen und dem Militär offiziell untergeordnet wurde. Die Aneignung der im westlichen Ausland etablierten Methoden der Vermessung und Kartographie wurde von der Regierung des Zarenreiches erfolgreich gefördert. Wissenschaftliche und technologische Kulturtransfers waren dabei eng verflochten mit militärischen, da Vermessung und Kartographie vom Militär und den Erfordernissen des Krieges stark geprägt waren. Schließlich bereitete Napoleons Russlandfeldzug von 1812 der systematischen Anwendung der Triangulation als entscheidende Vermessungsmethode für die Landesaufnahmen in Russland den Boden. Dabei blieb die westliche Flanke bis zum Ende des Zarenreiches und darüber hinaus die Achillesverse Russlands, für deren Vermessung und Kartierung der größte Aufwand betrieben wurde, getreu dem zeitgenössischen Diktum, dass es ohne zuverlässige Karten leicht passiert, bedeutende Fehler zu begehen, die das Schicksal von Armeen und ganzer Staaten entscheiden können.[4]

Trigonometrie als Teil der „höheren Geodäsie" war indessen vornehmlich eine Domäne der über die Grenzen des Reiches hinweg gut vernetzten Gelehrtenwelt, auf deren Forschungsergebnissen auch die militärisch organisierte Vermessung und Kartographie im Zarenreich beruhte. Die im beginnenden 19. Jahrhundert wiedereröffnete Universität Dorpat etablierte sich als „geistige Drehscheibe" für Russland, wo zunehmend enge Kontakte zu mittel- und westeuropäischen Wissenschaftlern die Vermittlung von wissenschaftlichen Methoden in Gang setzten. So auch im Bereich der Astronomie, die als „Mutter der Geographie" eine „wahre Landkarten-Reform" begründete. Mit der astronomisch-trigonometrischen Vermessung der Ostseeprovinz Livland hatte der Astronom Friedrich Georg Wilhelm Struve den praktischen Nutzen seiner wissenschaftlichen Tätigkeit bewiesen und das Vertrauen der Regierung in Sankt Petersburg gewonnen. Diese ermöglichte ihm die Beteiligung an einem in ganz Europa diskutieren wissenschaftlichen Problem, womit die Dorpater Universitätssternwarte zum Ausgangspunkt der umfangreichsten Gradmessung des 19. Jahrhunderts wurde, einem Projekt zur Feststellung der Größe und Form der Erdgestalt, was in der internationalen Gelehrtenwelt große Beachtung fand. Eng verflochten damit war der praktische Nutzen für die geodätische Grundlegung der Landesaufnahmen im Russländischen Imperium, welche sich unmittelbar auf die Russisch-Skandinavische Gradmessung stützte. Der Verbreitung der dabei verwendeten Methoden und Technik kam eine zentrale Rolle zu. Die Dorpater Universitätssternwarte errang auf diesem Wege nicht nur eine große Bedeutung als Forschungsstätte, sondern auch als Ausbildungszentrum für eine neue Generation hoch spezialisierter Astronomen und Geodäten sowie Offiziere der zarischen Armee und Marine, bis nahe Sankt Petersburg das Haupt-Observatorium Pulkovo gebaut und 1839 unter Struves Leitung in Betrieb genommen wurde. Pulkovo bildete fortan das astronomisch-geodätische Zentrum des Reiches, welches den russländischen Nullmeridian markierte. Die zarische Regierung setzte auf dieses aufwändige Forschungsprojekt und den teuren Neubau der Sternwarte gerade deshalb so große Erwartungen, weil sie sich davon einen konkreten Nutzen für das Reich versprach.

---

4 Vgl. Djupen de Monteson: Iskusstvo snimanija mest, S. III; Kap. 5.8.3.2.

Nicht zuletzt hatte Alexander von Humboldt auf seiner Russland-Reise 1829 wortmächtig den potentiellen Wert der Naturwissenschaften für Russland verdeutlicht –
einem Reich, das ihm „so groß wie der Mond"[5] erschienen war.

Der Vermessung des Landes auf Grundlage einer Triangulation kam gerade deshalb eine so große Bedeutung zu, weil sie es ermöglichte, auf Basis eines Gradnetzes
und Koordinaten lokal begrenzte Kartierungen mit Kartierungen von ausgedehnten
Regionen, Kontinenten und der Erde kartographisch miteinander zu verbinden.[6]
Eben dieses Prinzip liegt den Landesaufnahmen zugrunde, die nach dem Wiener
Kongress 1815 neben anderen europäischen Kontinentalmächten auch vom Russländischen Imperium begonnen wurden. Die Landesaufnahmen bezweckten eine wissenschaftlich fundierte, flächendeckende, einheitliche topographische Erfassung
des Staatsgebietes für administrative und militärische Anforderungen. Als Verfech-
ter einer vollständigen topographischen Aufnahme *aller* Objekte im Raum, setzte
sich der Leiter des Militär-Topographischen Depots, Theodor Friedrich Schubert, aus
Überzeugung dafür ein, sich in Friedenszeiten an allgemeinstaatlichen Bedürfnissen
zu orientieren und damit nicht *nur* militärische Erfordernisse zu berücksichtigen.
Angesichts der gewaltigen Ausdehnung Russlands stellte sich jedoch bald die Frage,
wie dieser Raum mit den vorhandenen Mitteln effektiver kartographisch erfasst werden könnte. Die von Schubert favorisierte Methode geriet schließlich ins Abseits,
während sich ab 1844 eine Reduzierung auf militär-topographische Aufnahmen in
kleinerem Maßstab durchsetzte, um die Arbeiten zu beschleunigen und die hohen
Kosten zu reduzieren. Während dieses Übergangs wurde im Jahre 1845 die Russische
Geographische Gesellschaft gegründet, die ihre Aufgabe darin sah, mit ihren Tätigkeiten für die Geographie Russlands eben dort anzusetzen, wo die Arbeiten anderer
staatlicher Institutionen endeten. Als interministerielles Forum oblag ihr folglich ein
Projekt, das die teils Jahrzehnte alten Ergebnisse der vom Justizministerium verant-
worteten Generalvermessungen in Kernrussland aktualisierte und mithilfe des Militärs auf ein geodätisches Fundament zu stellen versuchte. Darin drückte sich die
Hoffnung aus, das Ziel allgemeinstaatlicher Landesaufnahmen mit bereits vorhandenen Ergebnissen zeit- und kostensparend doch noch zu erreichen. Dieser Plan
weist starke Parallelen zur Herstellung der *Specialcharte von Livland* auf. Die Folgen
der Niederlage Russlands im Krimkrieg haben dieses Projekt aber zum Scheitern gebracht. Nur drei der zehn geplanten topographischen Gouvernements-Atlanten wurden publiziert. Im Zuge der Militär-Reform der 1860er und 1870er Jahre brach das
Militär mit dem Konzept der Landesaufnahmen vollkommen. Danach ging es nicht
mehr nur um eine Reduzierung des Karteninhalts, sondern auch um die Reduzierung der Aufnahmen vom Landesinneren. Ab 1873 war keine Rede mehr von flächendeckenden militär-topographischen Aufnahmen nach Gouvernements. Stattdessen
rückte das westliche und südliche Grenzgebiet des europäischen Russland mehr

---

5 Humboldt, Alexander von: Brief aus Sankt Petersburg; Kap. 3.2.
6 Vgl. Branch: The Cartographic State, S. 76; Kap. 1.4.1.

denn je in den Fokus des Generalstabs, was eng mit der wachsenden Notwendigkeit zusammenhing, Karten ständig aktuell zu halten, um ihren Wert für mögliche militärische Operationen sicherzustellen. Angesichts des begrenzten Personals – das in absoluten Zahlen weniger Militär-Topographen als das vielfach kleinere Habsburger Reich zählte – waren unter diesen Bedingungen detaillierte Landesaufnahmen nach westlichem Vorbild in Russland nicht zu realisieren. Mit der Dezentralisierung der militär-topographischen Organisation im Zuge der Militär-Reform und der russischen Expansion nahm das Militär die Grenzgebiete in Mittelasien, Sibirien und Ostasien zunehmend in den Blick. Die Befriedigung allgemeinstaatlicher ziviler Bedürfnisse für den Ausbau des Landes wurde damit weiter vernachlässigt. Die von verschiedenen Ministerien unternommenen Vermessungsarbeiten verliefen parallel und doppelten sich sogar an einigen Orten, was der dringenden Notwendigkeit einer effizienten topographisch-kartographischen Raumerschließung des Riesenreiches vollkommen widersprach. Mit der Befürchtung einer von außen kommenden Bedrohung wurde das Problem noch verstärkt. Selbst unter dem Dach der nunmehr Kaiserlichen Russischen Geographischen Gesellschaft gelang es den einsichtigen Protagonisten nicht, die Folgen aus dem Rückzug des Militärs von der Arbeit an den Landesaufnahmen durch eine interministerielle Kooperation zu kompensieren. Nur für besonders wichtige Projekte, wie etwa für das auch militärisch wichtige transsibirische Eisenbahn-Projekt des „Großen Sibirischen Weges", wurde das Militär speziell verpflichtet, eine Kooperation mit zivilen Ministerien zur topographisch-kartographischen Erfassung bestimmter Landesteile einzugehen. Eine generelle Kooperation kam für das Kriegsministerium bis 1917 aber nicht in Frage. Erst die Sowjetregierung erkannte die Notwendigkeit einer zentralen Zusammenfassung von Vermessung und Kartographie für die Sicherung des wirtschaftlichen Aufbaus und gründete 1919 die Oberste Geodätische Verwaltung. Doch auch die Rote Armee ließ sich nicht auf eine zivile Kooperation für eine allgemeine Landesaufnahme ein.

Die von Valerie Kivelson für das Moskauer Reich im 17. Jahrhundert getroffene Feststellung, dass sich die Kartenherstellung und damit das politisch territoriale Denken einerseits auf die Expansion und Landnahme an den Rändern des Zarenreiches, andererseits auf die Organisation und Entwicklung des Kernlandes bezog, lässt sich auch auf das 19. Jahrhundert übertragen. Nach wie vor bildeten diese Perspektiven zwei Teile *eines* Projektes – nämlich „die Schaffung und imaginative Konsolidierung eines territorialen zarischen Imperiums"[7]. Doch traten diese zwei Teile im 19. Jahrhundert stärker denn je in Widerspruch zueinander, da die angeeignete wissenschaftlich begründete Vermessung und Kartographie in den Händen des zarischen Militärs vor allem für territoriale Expansionen, für die Kontrolle einverleibter Gebiete sowie für die Sicherung territorialer Grenzen genutzt wurde, während in Zentralrussland die zivil organisierte Vermessung und Kartenherstellung weitge-

---

7 Kivelson: Cartographies of Tsardom, S. 10.

hend vom Fortschritt, der durch den Transfer von Wissenschaft und Technik möglich geworden war, ausgeschlossen blieben.

Die typischen Kartenbilder sagen über die räumlichen Hierarchien auf den mentalen Landkarten (*mental maps*) des Reiches aus, dass Detailliertheit, Genauigkeit und Aktualität der topographisch-kartographischen Informationen zu den Rändern des russländischen Territoriums hin zunahmen. Vor allem in Richtung Westen ist dies zu beobachten, wie die *Drei-Werst-Karte* und die nachfolgenden *Zwei- und Ein-Werst-Karten* veranschaulichen. Je detaillierter und genauer im Laufe des 19. Jahrhunderts die gedruckten topographischen Karten der Peripherien des Reiches wurden, desto größer wurde der Abstand zu den vorwiegend handgezeichneten Karten Zentralrusslands, deren Aktualisierung und Reproduktion weitgehend gescheitert war. Diese wachsende Kluft hat das kartographische Selbstbild des Russländischen Imperiums wesentlich geprägt. Die auf dem Vor- und Nachsatzpapier des vorliegenden Buches abgebildeten Übersichtskarten aus den Jahren 1917 und 1918 dokumentieren, dass der Grad der topographisch-kartographischen Raumerschließung regional höchst unterschiedlich war. Als das Russländische Imperium 1917 zusammenbrach, lag von dem ausgedehnten Territorium *kein* einheitliches gedrucktes topographisches Kartenwerk in einem mittleren oder großen Maßstab vor. Die typischen Kartenbilder trugen folglich zum Prozess der Territorialisierung des größten Landes der Erde sehr unterschiedlich bei. Wollte man an der Detailliertheit und Genauigkeit von topographischen Karten eines physischen Raumes den Grad seiner Durchdringung und Territorialisierung ablesen, dann ergibt sich für das Russländische Imperium ein äußerst heterogenes Bild von territorialer Souveränität, das sich mit diesen Übersichtskarten aus den Jahren 1917 und 1918 decken würde. Die daran ablesbare Konzentration auf die Peripherien nach militärisch taktischen Gesichtspunkten korrespondiert weitgehend mit der eingangs beschriebenen Tendenz, dass Territorialisierung von Raum eng mit der Herausbildung von Grenzen verbunden und dass deren Sicherung von erstrangiger Bedeutung für die Etablierung und Festigung staatlich-politischer Autorität ist. Dies bildete die Voraussetzung für die Organisation des Raumes innerhalb der äußeren Grenzen[8], und somit für den wirtschaftlichen, technischen, industriellen Landesausbau. Dem Zarenreich gelang es jedoch nicht, ein umfassendes, auf Vermessungsdaten basierendes Kartenbild des ganzen Reiches – selbst nicht für seinen europäischen Teil – zu erstellen, da es sich vornehmlich um die Sicherung bedrohter Ränder und zudem um die territoriale Expansion in Asien sorgte.

Die Territorialisierung von Raum stellt nur einen von vielen Aspekten in der Geschichte des Russländischen Imperiums im langen 19. Jahrhundert dar. Aus der Sicht des geographischen Possibilismus, nämlich, „dass der Raum die Geschichte nicht determinieren muss, aber dies gelegentlich durchaus kann"[9], bietet die vorlie-

---

8 Vgl. Maier: Once within Borders, S. 9.

9 Goehrke: Russland Strukturgeschichte, S. 26.

gende Studie Ansätze, nach den Konsequenzen des so ungleichen kartographischen Selbstbildes des Imperiums weiterführend zu fragen. Welche sozio-ökonomischen Folgen hatte die Absage an die allgemeinstaatlichen Landesaufnahmen – mitsamt der Erfassung aktueller agrarwirtschaftlich relevanter Informationen, wie etwa Bedeckung und Qualität des Bodens – für die Lösung der Agrarfrage in Zentralrussland bzw. für die Stolypinsche Agrarreform? Wie die Untersuchung der *Specialcharte von Livland* zeigt, kam diese zustande in einem sehr spezifischen Bedingungsgeflecht, das es unmöglich macht, deren Prinzip vollständig auf das gesamte Imperium zu übertragen. Als Ausgangspunkt müssen die im Geiste der Aufklärung erfolgten Agrarreformen in den Ostsee-Provinzen gesehen werden. Bauern wurden zu Rechtspersonen erklärt, ihre Abgaben an Gutsherren genau definiert und Art und Umfang des von ihnen bewirtschafteten Landes vermessen und kartiert. Diese als Gutskarten bezeichneten Pläne ergaben ein wertvolles topographisches Gesamtbild Livlands, das genutzt werden konnte, um die Landwirtschaft zu modernisieren. Als berechenbare Grundlage diente sie der Verwissenschaftlichung und Intensivierung der Landwirtschaft, die als Haupterwerbsquelle Livlands eine der effektivsten Agrarwirtschaften des Russländischen Imperiums war. Zur Lösung der Agrarfrage in Zentralrussland fehlten vielerorts vergleichbare Karten für eine planvolle Intensivierung der Agrarwirtschaften.

Inwieweit das ungleiche kartographische Selbstbild des Imperiums auch im Ersten Weltkrieg eine Rolle spielte, wäre ein zweiter Ansatz, um nach Konsequenzen der hier beschriebenen Fragmentierung des Zarenreiches zu fragen. Der drohende Zusammenbruch der Kriegswirtschaft und der verzweifelte Versuch der Kommission zur Erforschung der natürlichen Produktionsmittel (KEPS) in letzter Minute mithilfe von topographischen Karten im Landesinneren Bodenschätze zu lokalisieren, deutet an, wie schwer die vermessungstechnische und kartographische Konzentration auf die Peripherien des Reiches gewogen haben muss. In der größten Not war es nämlich nicht möglich, die Kriegswirtschaft mit den eigenen Rohstoffen ausreichend zu versorgen.

Die Sicherung bedrohter Ränder und die territoriale Expansion als Prozess der Imperiumsbildung behinderten die gleichmäßige Territorialisierung des Reiches mithilfe von Vermessung und Kartographie. Die Kosten des imperialen Machtanspruches überstiegen nicht nur die wirtschaftliche Leistungsfähigkeit, wie Carsten Goehrke es formuliert hat[10], diese entzogen ihrer Entwicklung möglicherweise sogar die Grundlage. Wie andere Imperien der Weltgeschichte, erscheint auch das Zarenreich als „Geisel des Territoriums"[11]. In dieser Hinsicht trifft auch die These vom „*imperial overstrech*" zu, wonach ein Reich von der Größe des Russländischen Imperiums mit den begrenzten Ressourcen eines relativ rückständigen Landes nicht (mehr) erfolgreich regiert werden konnte.

---

10 Vgl. Goehrke: Russland Strukturgeschichte, S. 108.
11 Maier: Once within Borders, S. 49.

11 Quellen- und Literaturverzeichnis

11.1 Quellen

11.1.1 Archivquellen

Rossijskij gosudarstvennyj voenno-istoričeskij archiv, Moskva (RGVIA)
    f. 26 (Voenno-pochodnaja kanceljarija E. I. V.), op. 1, d. 477.
    f. 40 (Voenno-topografičeskoe depo) op. 1, d. 53.
    f. 846 (Voenno-učennyj archiv. Kollekcija), op. 16, d. 306.
    f. 846 (Voenno-učennyj archiv. Kollekcija), op. 16, d. 18006.
    f. 846 (Voenno-učennyj archiv. Kollekcija), op. 16, d. 19632.
    f. 846 (Voenno-učennyj archiv. Kollekcija), op. 16, d. 19878, č. 1.
    f. 846 (Voenno-učennyj archiv. Kollekcija), op. 16, d. 19903.
Sankt-Peterburgskij filial Archiva Rossijskoj akademii nauk, Sankt Peterburg (SPF ARAN)
    f. 139 (Šubert, Fëdor Fëdorovič), op. 1, ed. chr. 9.
    f. 139 (Šubert, Fëdor Fëdorovič), op. 1, ed. chr. 22.
    f. 139 (Šubert, Fëdor Fëdorovič), op. 1, ed. chr. 58.
    f. 721 (Struve, Vasilij Jakovlevič), op. 1, ed. chr. 68.
Naučnyj archiv Russkogo geografičeskogo obščestva, Sankt Peterburg (NA RGO)
    f. 1 (Kanceljarija Geografičeskogo obščestva) op. 1–1846, Nr. 13, č. 1.
    f. 1 (Kanceljarija Geografičeskogo obščestva) op. 1–1882, Nr. 20.
Rahvusarhiiv, Tartu (ERA[1])
    Liivimaa kubermanguvalitsuse ehitusosakond EAA.298.2.1, 1838
    Tartu Keiserlik Ülikool ERA.402.5.19.
    Tartu Keiserlik Ülikool ERA.402.5.234.
    Liivimaa Üldkasulik ja Ökonoomiline Sotsieteet ERA.1185.1.48.
    Liivimaa Üldkasulik ja Ökonoomiline Sotsieteet ERA.1185.1.595.
    Perekond Berg EAA.1874.1.2540.
    Kaardikogu EAA.2072.9.513.

11.1.2 Periodika

Allgemeine Geographische Ephemeriden (1798, 1803, 1806, 1807, 1813)
Astronomisches Jahrbuch (1820)
Bulletin de la classe physico-math. de l'Acad. de sciences de Saint-Pétersbourg (1845)
Das Inland (1840)
Ežegodnik Imperatorskago russkago geografičeskago obščestva (1898)
Ežemesjačnik Korpusa voennych topografov (1918)
Geodezist. Naučno-techničeskij i obščestvenno-političeskij žurnal (1925, 1927, 1928)
Geographische Zeitschrift (1900)
Hertha. Zeitschrift für Erd-, Völker- und Staatenkunde (1829)

---

1 Rahvusarhiiv, Tartu (ERA) hieß bis 2016 Eesti ajalooarhiiv (EAA). Die Angabe der Signaturen erfolgt teilweise weiterhin unter der Abkürzung EAA.

Istoričeskij vestnik (1896)
Izvestija (1919)
Izvestija Akademii nauk (1917)
Izvestija Imperatorskago russkogo geografičeskago obščestva (1869, 1873)
Königlich-privilegirte Baierische National-Zeitung (1812)
Kriegstechnische Zeitschrift (1899)
Kritischer Wegweiser im Gebiete der Landkarten-Kunde (1833)
Mémoires de l'académie impériale des sciences de Saint-Pétersbourg (1833, 1850)
Mittheilungen aus Justus Perthes' Geographischer Anstalt (1857, 1872)
Neueres ökonomisches Repertorium für Livland (1816)
Ostsee-Provinzen-Blatt (1826)
Petermanns Mitteilungen (1904)
Russkij Invalid (1833, 1847)
Sanktpeterburgskie vedomosti (1797, 1824)
Severnaja pčela (1829)
Severnaja počta (1863)
The Geographical Journal (1904)
Vierteljahrschrift der Astronomischen Gesellschaft (1894)
Vestnik Imperatorskago russkago geografičeskago obščestva (1857, 1858)
Voenno-topografičeskij žurnal (1920)
Voennyj sbornik (1868, 1881)
Voennyj žurnal (1858)
Zapiski Russkago geografičeskago obščestva (1846, 1849)
Zapiski Imperatorskago russkago geografičeskago obščestva (1862)
Zapiski Voenno-topografičeskago depo (1837, 1843, 1847, 1849)
Zapiski Voenno-topografičeskago otdela (1888, 1917, 1918)
Zeitschrift der Gesellschaft für Erdkunde zu Berlin (1887)
Zemledel'českaja gazeta (1849)
Žurnal maunfaktur i torgovli (1832)
Žurnal ministerstva justicii (1864, 1866, 1867)

11.1.3 Gedruckte Quellen und Quellensammlungen

ABALAKIN, Viktor Kuz'mič (Hrsg.): Glavnaja astronomičeskaja observatorija v Pulkove 1839–1917gg. Sbornik dokumentov, Sankt Peterburg 1994.
ADRIANOV [Vladimir Nikolaevič]: Uslovnye znaki voenno-topografičeskich kart (1, 2, i 3-ch verstnych), Sankt Peterburg [1912].
ALEKSEEV, Jakov Ivanovič: Kratkij očerk dejatel'nosti Korpusa voennych topografov za vsë vremja ego suščestvovanija (s 1822 po 1923g.), Moskva 1923.
AMBURGER, Erik (Hrsg.): Friedrich von Schubert. Unter dem Doppeladler. Erinnerungen eines Deutschen in russischem Offiziersdienst 1789–1814, Stuttgart 1961.
ARSEN'EV, Konstantin Ivanovič: Statističeskie očerki Rossii, Sankt Peterburg 1848.
ARTANOV, [Aleksandr Ivanovič]: Karta – glaza armii, in: Geodezist. Naučno-techničeskij i obščest-venno-političeskij žurnal 1 (1925) 1, S. 4–7.
ARTANOV, [Aleksandr Ivanovič]: Staryj opyt i novye zadači, in: Geodezist. Naučno-techničeskij i obščestvenno-političeskij žurnal 3 (1928) 2, S. 6–24.
AUZAN, [Andrej Ivanovič]: O Vysšem geodezičeskom upravlenii, in: Voenno-topografičeskij žurnal, (1920) 1–3, S. 45–63.

BAER, Karl Ernst von: Kurzer Bericht über wissenschaftliche Arbeiten und Reisen, welche zur nähern Kentniss des Russischen Reichs in Bezug auf seine Topographie, physische Beschaffenheit, seine Naturproducte, den Zustand seiner Bewohner u. s. w. in der letzten Zeit ausgeführt, fortgesetzt oder eingeleitet sind, Schriftenreihe: Baer, Karl Ernst von; Helmersen, Gregor von (Hrsg.): Beiträge zur Kenntniss des Russischen Reiches und der angränzenden Länder Asiens, Bd. 9, Teil 1, Sankt Petersburg 1845 [Nachdruck Osnabrück 1968].

Baeyer, Johann Jacob: Ueber die Grösse und Figur der Erde, eine Denkschrift zur Begründung einer mittel-europäischen Gradmessung, Berlin 1861.

BECK, Hanno: Geographie, Europäische Entwicklung in Texten und Erläuterungen, Schriftenreihe: Orbis Academicus, Problemgeschichten der Wissenschaft in Dokumenten und Darstellungen, Bd. II/16, Freiburg u. München, 1973.

BERTHAUT, Henri Marie Auguste: Les ingénieurs géographes militaires 1624–1831. Étude historique, Bd. 2, Paris 1902.

BESSEL, Friedrich Wilhelm; BAEYER, Johann Jacob: Gradmessung in den Ostseeprovinzen und ihre Verbindung mit Preussischen und Russischen Dreiecksketten, Berlin 1838.

BIENEMANN VON BIENENSTAMM, Herbord Karl Friedrich. Geographischer Abriß der drei deutschen Ostsee-Provinzen Russlands oder der Gouvernements Ehst-, Liv- und Kurland, Riga 1826.

BLARAMBERG, Johann von: Die grossen topographischen Arbeiten des Europäischen Russland, in: Petermann, August Heinrich (Hrsg.): Mittheilungen aus Justus Perthes' Geographischer Anstalt über wichtige neue Erforschungen auf dem Gesammtgebiete der Geographie, 4 (1858), S. 251–253.

BLARAMBERG, [Ivan Fedorovič]: Primečanie ot Redakcii, in: Sidov, Émil' fon: Očerk sovremennago položenija kartografii i v osobennosti special'no-topografičeskich rabot v Evrope do konca 1856 goda, in: Vestnik Imperatorskago Russkago Geografičeskago Obščestva, Teil 21, Abteilung III, 1857, S. 1–52.

BOEHME, Erich (Hrsg.): Memoiren der Kaiserin Katharina II. Nach den von der Kaiserlichen Russischen Akademie der Wissenschaften veröffentlichten Manuskripten, Bd. 2, Leipzig 1913.

BOGALEJ, Dmitrij Ivanovič: Opyt istorii Char'kovskago universiteta, po neizdannym materialam, Bd. 1, 1802–1815, Char'kov 1893–1898.

BOGDANOVIČ, Modest Ivanovič: Istorija carstvovanija Imperatora Aleksandra I i Rossij v" ego Vremja, Bd. 1, Sankt Peterburg 1869.

BOLOTOV, Aleksej Pavolovič: Geodezija, ili rukovodstvo k isledovaniju obščago vida zemli, postroeniju kart i proizvodstvu trigonometrieskich i topografieskich s"emok i nivellirovok, Teil 1 u. 2, Sankt Peterburg 1836 u. 1837.

BOLOTOV, Aleksej Pavolovič: Vzgljad na sovremennoe sostojanie geodezičeskich i topografičeskich dejstvij, in: Zapiski Russkago geografičeskago obščestva, 1 (1846) 1, S. 116–135.

BOHNENBERGER, Johann Gottlieb Friedrich: Anleitung zur geographischen Ortsbestimmung vorzüglich vermittelst des Spiegelsextanten, Göttingen 1795.

BOUGE, Jean Baptiste de: Nouvelle Carte de l'Empire de Russie, partie Occidentale, jusqu'au delà des Monts Ourals en Asie, Berlin chez Simon Schropp et Comp. 1812, in: Allgemeine Geographische Ephemeriden 40 (1813), 2. Stck., S. 230–231.

BLUM, Karl Ludwig: Entwurf eines Schema's zur Statistik Livlands, in: Livländische Jahrbücher der Landwirthschaft, I (1838) 2, S. 88–100.

BLUM, Karl Ludwig: Ein Bild aus den Ostseeprovinzen: oder Andreas Löwis of Menar, Berlin 1846.

BUSCH, Friedrich: Der Fürst Karl Lieven und die Kaiserliche Universität Dorpat unter seiner Oberleitung, aus der Erinnerung und nach seinen Briefen und amtlichen Nachlassen, Dorpat 1846.

CHARKEVIČ, Vladimir Ivanovič: Barklaj de Tolli v otečestvennuju vojnu posle soedinenija armij pod Smolenskom, Sankt Peterburg 1904, (Supplement), S. 1–58.

CHODNEV, Aleksej Ivanovič: Istorija Imperatorskago Vol'nago Ėkonomičeskago Obščestva s 1765 do 1865 goda, Sankt Peterburg 1865.

CICIANOV, Dimitrij Pavlovič: Kratkoe matematičeskoe iz"jasnenie zemlemerija meževogo, Sanktpeterburg 1757.

CLAUSEWITZ, Carl von: Vom Kriege, Hamburg 2017 [Nachdruck von 1832–1834].

DANILOV, Nikolaj Aleksandrovič (Hrsg.): Istoričeskij očerk razvitija voennago upravlenija v Rossii, Schriftenreihe: Stoletie Voennago ministerstva 1802–1902, Bd. I, Sankt Peterburg 1902.

DANILOV, Nikolaj Aleksandrovič (Hrsg.): Priloženija k istoričeskomu očerku razvitija voennago upravlenija v Rossii, Schriftenreihe: Stoletie Voennago ministerstva 1802–1902, Bd. I, Sankt Peterburg 1902.

Dekret ob učreždenii Vysšego geodezičeskogo upravlenija, in: Izvestija Vserossijskogo central'nogo ispolnitel'nogo komiteta sovetov rabočich, krest'janskich, kazač'ich, i krasnoarmejskich deputatov i Moskovskogo soveta rabočich i krasnoarmejskich deputatov, 23. marta 1919g., Nr. 63 (615), S. 6.

Dekret ot 14 sentjabrja 1918 goda. O Vvedenii meždunarodnoj metričeskoj sistemy mer i vesov, in: Sobranie uzakonenij i razporjaženij pravitel'stva RSFSR za 1917–1918gg., Nr. 66 ot 16 sentjabrja 1918g., Abteilung 1, Moskva 1942, S. 902–903.

Dekret Soveta Narodnych Komissarov, Ob učreždenii Vysšego Geodezičeskogo Upravlenija, in: Sobranie uzakonenij i rasporjaženij pravitel'stva za 1919g. Upravlenie delami Sovnarkoma SSSR, Moskva 1943, S. 165.

DE-LIVRON, Viktor Francevič (Hrsg.): Istoričeskij očerk dejatel'nosti Korpusa voennych topografov v pervoe dvacatipjatiletie blagopolučnago carstvovanija Gosudarja Imperatora Aleksandra Nikolaeviča 1855–1880, Sankt Peterburg 1880.

DUPAIN DE MONTESSON, [Louis Charles]: L'art de lever les plans, appliqué à tout qui a rapport à la guerre, à la navigation et à l'architecture civile et rurale, Paris 1804.

DJUPEN DE MONTESON: Iskusstvo snimanija mest, i v osobennosti o voennoj s"emke. Sočinenie izvestnogo Francuzkogo inžener-geografa Djupen-de Montesona. perevedennoe na Rossijskij jazyk Petrom Burnašëvym, Sankt-Peterburg 1814.

DURNOVO, Nikolaj Dmitrievič: Dnevnik 1812 in: 1812 god. Voennye dnevniki, Moskva 1990, S. 31–113.

Dvacatipjatiletie Imperatorskago russkago geografičeskago občestva, 13. janvarja 1871 goda, Sankt Peterburg 1872.

FABRICIUS, Ivan Gavrilovič (Hrsg.): Glavnoe inženernoe upravlenie. Istoričeskij očerk, Schriftenreihe: Stoletie Voennago ministerstva 1802–1902, Bd. VII, Teil 1, Sankt Peterburg 1902.

FICTUM, Ivan Ivanovič: Rassuždenie o sočinenii voennych planov v pol'zu molodych oficerov Svity E. I. V. po Kvartirmejsterskoj časti majorom Ivanom fon Fictumom, Sankt Peterburg 1801.

FRIEBE, Christian Wilhelm: Grundsätze einer theoretischen und praktischen Verbesserung der Landwirtschaft in Liefland, Bd.1, Riga 1802.

FRIMAN, Lev L'vovič: Istorija kreposti v Rossii, očerk, do načala XIX stoletija, Teil 1, Sankt Peterburg 1895.

GEJSMAN, Platon Aleksandrovič (Hrsg.): Glavnyj štab, Istoričeskij očerk vozniknovenija i razvitija v Rossii General'nago štaba do konca carstvovanija Imperatora Aleksandra I vključitel'no, Schriftenreihe: Stoletie Voennago ministerstva 1802–1902, Bd. IV, Teil 1, Buch 2, Abt. 1, Sankt Peterburg 1902.

GEJSMAN, Platon Aleksandrovič (Hrsg.): Glavnyj štab, Istoričeskij očerk vozniknovenija i razvitija v Rossii General'nago štaba v 1825–1902g. g., Schriftenreihe: Stoletie Voennago ministerstva 1802–1902, Bd. IV, Teil 2, Buch 2, Abt. 1, Sankt Peterburg 1910.

GERASIMOV, [Aleksandr Pavlovič]: O sekretnych kartach i planach, in: Po voprosu sekretnosti kart, in: Geodezist. Naučno-techničeskij i obščestvenno-političeskij žurnal 1 (1925) 2, S. 4–6.

GERMAN, Ivan Egorovič: Istorija russkago meževanija, Moskva 1914.

GESKET, Sergej Davidovič: Voennye dejstvija v Carstve Pol'skom v 1863 godu, Varšava 1894.

GLINOECKIJ, Nikolaj Pavlovič (Hrsg.): Istoričeskij očerk Nikolaevskoj akademii General'nago štaba, Sankt Peterburg 1882.

GLINOECKIJ, Nikolaj Pavlovič: Istorija Russkago General'nago štaba, 1698–1825, Bd. I, Sankt Peterburg 1883.

GLINOECKIJ, Nikolaj Pavlovič: Istorija Russkago General'nago štaba, 1826–1855, Bd. II, Sankt Peterburg 1894.

HAHNZOG, August Gotthilf: Lehrbuch der Militär-Geographie von Europa, eine Grundlage bei dem Unterricht in deutschen Kriegsschulen, Teil 1, Magdeburg 1820.

HEHN, Carl von: Die Intensität der livländischen Landwirthschaft. Abt. I, Der Grund und Boden, und die Arbeit, Dorpat 1858.

HELMERSEN, Gregor von (Hrsg.): Nachrichten über Chiwa, Buchara, Chokand und den nordwestlichen Theil des chinesischen Staates, gesammelt von dem Präsidenten der asiatischen Grenz-Commission in Orenburg General-Major Gens, bearbeitet und mit Anmerkungen versehen von Chr. V. Helmersen, Schriftenreihe: Beiträge zur Kenntniss des Russischen Reiches und der angrenzenden Länder Asiens, Bd. 2, Sankt Petersburg 1839.

HERMANN, Benedict Franz Johann: Die Wichtigkeit des russischen Bergbaues, Sankt Petersburg 1810.

HUMBOLDT, Alexander von: Brief aus Sankt Petersburg vom 3. Mai 1829 (n. S.) an seinen

Bruder Wilhelm, in: Knobloch, Eberhard; Schwarz, Ingo; Suckow, Christian (Hrsg.): Alexander von Humboldt. Briefe aus Russland 1829, Schriftenreihe: Beiträge zur Alexander-von-Humboldt-Forschung, Bd. 30, S. 111–112.

HUMBOLDT, Alexander von: Rede, gehalten in der außerordentlichen Sitzung der Kaiserlichen Akademie der Wissenschaften von St. Petersburg, 16./28.11.1829, in: Knobloch, Eberhard; Schwarz, Ingo; Suckow, Christian (Hrsg.): Alexander von Humboldt, Briefe aus Russland 1829, Schriftenreihe: Beiträge zur Alexander-von-Humboldt-Forschung, Bd. 30, S. 266–285.

HUPEL, August Wilhelm (Hrsg.): Topographische Nachrichten von Lief- und Ehstland, 3 Bde., Riga 1774–1789.

HUTH, Gottfried: Brief an den Herausgeber, vom 9. Februar 1812, in: Bode, Johann Elert (Hrsg.): Astronomisches Jahrbuch für das Jahr 1815 nebst einer Sammlung der neuesten in die astronomischen Wissenschaften einschlagenden Abhandlungen Beobachtungen und Nachrichten, Berlin 1812, S. 109.

Istorija udelov za stoletie ich suščestvovanija 1797–1897, Bd. 1, Sankt Peterburg 1902.

Instrukcija dlja s"emki zemel'vedomstva Ministerstva gosudarstvennych imuščestv, [Sankt Peterburg] 1843.

Instrukcija dlja topografičeskich s"emok v masštabe 250 saž. v djujme, proizvodjaščichsja pod neposredstvennym vedeniem voenno-topografičeskago otdela Glavnago štaba, in: Zapiski Voenno-topografičeskago otdela Glavnago štaba, Teil XLII, Sankt Peterburg 1888, S. 1–14.

Istoričeskij očerk dejatel'nosti Korpusa voennych topografov, 1822–1872, Sankt Peterburg 1872.

Istoričeskoe obozrenie pjatidesjatiletnej dejatel'nosti Ministerstva gosudarstvennych imuščestv, 1837–1887, Teil 2, Abt. 2, Sankt Peterburg 1888.

IVANIŠČEV, Gerasim Timoveevič: Mežduvedomstvennye soveščanija i komissii po ob"edineniju geodezičeskich, topografičeskich i kartografičeskich rabot, proizvodimych v Rossii do 1917g., in: Sbornik naučno-techničeskich i proizvodstvennych statej, (1945) 8, S. 88–91.

IVANOV, Pëtr Ivanovič: Opyt istoričeskago izsledovanija o meževanii zemel' v Rossii, Moskva 1846.

IVERONOV, Ivan Aleksandrovič: Sovremennaja geodezičeskaja dejatel'nost' v Rossii, in: Trudy Topografo-geodezičeskoj kommissii geografičeskago otdelenija Imperatorskago obščestva ljubitelej estestvoznanija, antropologii i etnografii, sostojaščago pri Moskovskom universitete, (1897) VI, S. 83–105.

Izvlečenie iz vsepoddannejšago otčeta po ministerstvu justicii za 1862 god, in: Žurnal ministerstva justicii 19 (1864) 3, Abt. II, S. 75–96.

Ja. A.: K voprosu o novych masštabach i razbivke s"emočnych planšetov i kart, in: Voenno Topografičeskij Žurnal, priloženie k voenno-naučnomu žurnalu „Voennoe Delo" (1920) 1–3, S. 71–77.

JAKOB, Ludwig, Heinrich: Über Russlands Papiergeld und die Mittel dasselbe bey einem unveränderlichen Werthe zu erhalten nebst einem Anhange über die neuesten Maaßregeln in Oesterreich das Papiergeld daselbst wegzuschaffen, Halle 1817.

JAQUET, Friedrich David: Reise in meinem Zimmer in den Jahren 1812 und 1813. Mit einem Berichte ans Publikum von Professor Burdach, Riga 1813.

JUSTI, Johann Heinrich Gottlob von: Die Grundfeste zu der Macht und Glückseeligkeit der Staaten oder Ausführliche Vorstellung der gesamten Policey-Wissenschaft, Bd. 1, Königsberg 1760.

JUSTI, Johann Heinrich Gottlob von: Grundsätze der Policey-Wissenschaft in einem vernünftigen, auf den Endzweck der Policey gegründeten, Zusammenhange und zum Gebrauch Academischer Vorlesungen abgefasset, Göttingen 1782.

KANNENBERG, Vassilij Ričardovič: Voennaja geografija. Obščij obzor Rossii v voenno-geografičeskom otnošenii, pograničnaja polosa Rossii, kak teatry voennych dejstvij, Sankt Peterburg 1909.

Katalog atlasam, kartam, planam, risunkam, prodajuščimsja pri Voenno-topografičeskom depo, Sankt Peterburg 1826.

Katalog atlasam, kartam, planam, knigam, ėstampam i geodezičeskim instrumentam, prodajuščimsja pri Voenno-topografičeskom depo, Sankt Peterburg 1839.

Katalog kart, planov, Atlasov i medalej, ėstampov, knig i geodezičeskich instrumentov, Sankt Peterburg 1858.

Katalog Geografičeskago magazina General'nago štaba, Sankt Peterburg 1865.

Katalog Knižnago i geografičeskago magazina izdanii Glavnago štaba, Sankt Peterburg 1890.

Katalog geografičeskich kart knižnago i geografičeskago magazina izdanij Glavnago štaba i Glavnago upravlenija general'nago štaba i Komiteta po obrasovaniju vojsk, Teil II, Sankt Peterburg 1908.

Katalog geografičeskich kart Knižnago i geografičeskago magazina izdanij Glavnago štaba i Glavnago upravlenija general'nago štaba, Teil II, Petrograd 1915.

KLEIN, L.: Die erste russische Eisenbahn von St. Petersburg nach Zarskoe-Selo und Pawlowsk, in: Allgemeine Bauzeitung mit Abbildungen, 7 (1842), S. 104–125.

KLIMAŠEVSKIJ, A.: K voprosu o sekretnosti kart, in: Geodezist. Naučno-techničeskij i obščestvenno-političeskij žurnal, 2 (1927) 8, S. 71.

KLINGSPOR, Carl Arvid von (Hrsg.): Baltisches Wappenbuch. Wappen sämmtlicher, den Ritterschaften von Livland, Estland, Kurland und Oesel zugehöriger Adelsgeschlechter, Stockholm 1882.

KOLOKOLOV, Pëtr Fëdorovič: Opisanie sostavlenija special'noj karty zapadnoj časti Rossii General-Lejtenanta Šuberta, in: Žurnal Ministerstva narodnago prosveščenija, Teil XXVII, Abteilung II, 1840, S. 149–198.

KOVERSKIJ, Ėduard Avreljanovič: O geodezičeskich rabotach i sooruženii velikago sibirskago puti s kartoju Aziatskoj Rossii i smežnych s neju vladenij, Sankt Peterburg 1896.

KOVERSKIJ, Ėduard Avreljanovič: Ob organizacii geodezičeskoj časti i raznych vedomstvach v svjazi s postrojkoju velikago Sibirskago puti, Sankt Peterburg 1897.

KOVERSKIJ, Ėduard Avreljanovič: Očerk organizacii geodezičeskoj časti v raznych vedomstvach v svjazi s postrojkoju velikago Sibirskago puti, in: Ežegodnik Imperatorskago russkago geografičeskago obščestva, sbornik obzorov uspechov raznych otraslej zemlevladenija, Bd. VII (1898), S. 1–34.

KULOMZIN, Anatolij Nikolaevič (Hrsg.): Finansovye dokumenty carstvovanija Imperatora Aleksandra I., Schriftenreihe: Sbornik Imperatorskago russkago istoričeskago obščestva, Bd. XLV, Sankt Peterburg 1885.

Kratkij doklad o rabotach Korpusa Voennych Topografov, predstavlennyj v mežduve-domstvennuju komissiju po obedineniju s''emočnych rabot, obrazovannuju pri Rossijskoj akademii nauk v 1917 godu, Moskva 1919.

Kratkoe opisanie Depo-kart, Sankt Peterburg 1816.

KUZMINSKIJ, Aleksandr Petrovič (Hrsg.): Rukovodstvo k voennoj igre, Sankt Peterburg 1847.

LUKIN, Semen: (Hrsg.): Načal'noe osnovanie situacii zaključajuščee v sebe vse čto izobražaetsja na topografičeskich, častnych kartach i voennych planach v pol'zu upražnjajuščichsja v sej nauki, [Sankt Peterburg 1794].

Materialy i čerty k biografii Imperatora Nikolaja I., Schriftenreihe: Sbornik Imperatorskago russkago istoričeskago obščestva, Bd. 98, Sankt Peterburg 1896.

Mesjacoslov s rospis'ju činovnych osob v gosudarstve, na leto ot roždestva christova 1783, Sanktpeterburg [1782].

Mesjacoslov s rospis'ju činovnych osob, ili obščij štat Rossijskoj imperii, na leto ot roždestva christova 1811, Teil 1, Sanktpeterburg [1810].

Mémorial topographique et militaire rédigé au dépôt général de la guerre, imprimé par ordre du ministre, 6 Bde., Paris 1802–1805.

Memorial topografičeskij i voennyj, perevodimyj kolležskim assesorom Petrjavym, ėkspeditorom pri Departamente vodjanych kommunikacij, 4 Bde., Sankt Peterburg 1806–1809.

Mežvoe opisanie Tverskoj gubernii Kaljazinskago uezda k atlasu sej gubernii, Sankt Peterburg 1855.

MILJUTIN, Dmitrij Alekseevič: Geschichte des Krieges Rußlands mit Frankreich unter der Regierung Kaiser Paul's I. im Jahre 1799, Bd. I, München 1856.

Ministerstvo finansov, 1802–1902, Teil I, Sankt Peterburg 1902.

MURAV'ĖV, Aleksandr Nikolaevič: Avtobiografičeskie zapisi, in: Dekabristy. Novye materialy, Moskva 1955, S. 139–229.

NAZAROV, Stepan: Praktičeskaja Geometrija, sočinennaja pri Suchoputnom šljachetnom kadetskom korpuse, dlja upotreblenija obučajuščegosja blagorodnogo junošestva, nachod-jaščimsja pri onom korpuse inž.-praporščikom Stepanom Nazarovym, Teil II, O praktike geometrii voobšče, Sankt Peterburg 1761.

N. K.: Poslednie štaty Korpusa voennych topografov, utverždennye 10-go oktjabrja 1919g., in: Voenno topografičeskij žurnal, (1920) 1–3, S. 101–102.

N. N.: Kurze Uebersicht der Fortschritte Rußlands in der Geographie seines eigenen Reiches, nebst einer Anzeige des seit den letzten Jahren bey dem dortigen Berg-Cadetten-Corps ausgegebe-nen russischen Atlasses, 2. Teil, in: Allgemeine Geographische Ephemeriden 1 (1798) 2, S. 157–171.

N. N.: Tablica pokazyvajuščaja mesta Rossijskoj imperii, kotorych širota i dolgota ili odna širota opredeleny astronomičeskimi nabliodenjami, in: Mesjacoslov na leto ot r oždestva christova 1800, kotoroe est' visokosnoe, soderžaščee v sebe 366 dnej, sočinennyj na znatnejšija mesta Rossijskoj imperii, Sanktpeterburg [1799], S. 58–66.

N. N.: Tablica pokazyvajuščaja mesta Rossijskoj imperii, kotorych po sie vremja širota i dolgota, a nekotorych odna širota opredeleny astronomičeskimi nabliodenjami, in: Mesjacoslov na leto ot roždestva christova 1800, kotoroe est' visokosnoe, soderžaščee v sebe 366 dnej, sočinennyj na znatnejšija mesta Rossijskoj imperii, Sanktpeterburg [1799], S. 70–82.

N. N.: Höchstinteressante Anekdote, die Geographie von Lief- und Esthland betreffend, in: Allge-meine Geographische Ephemeriden 5 (1803) 12, S. 624–627.

N. N.: Podrobnaja karta Rossiyskoy Imperii i bliz Iezschaschtschich zagranischnych wladjeniy ssot-schinjaetssja, grawiruetsja i petschataetssja pri sobstwennom Ego Imperatorskago Welit-schestwa Depo Kart, in: Allgemeine Geographische Ephemeriden 19 (1806) 2, S. 218–238.

N. N. Podrobnaja karta Rossiyskoy Imperii i bliz Iezschaschtschich zagranischnych wladjeniy ssot-schinjaetssja, grawiruetsja i petschataetssja pri sobstwennom Ego Imperatorskago Welit-schestwa Depo Kart, in: Allgemeine Geographische Ephemeriden 22 (1807) 1, S. 99–104.

N. N.: Bericht über die im Jahre 1816 angefangene trigonometrische Vermessung Livlands, in: Neueres ökonomisches Repertorium für Livland, 4 (1816) 3, S. 457–458.

N. N.: Über den in Arbeit befindlichen neuen Atlas von Livland, in: Ostsee-Provinzen-Blatt, Beilage zu Nr. 42, 1826, S. 205–206.

N. N.: Schuberts Karten von Russland, in: Hertha. Zeitschrift für Erd-, Völker- und Staatenkunde 5 (1829), 13, S. 76–83.

N. N.: Vnutrennija izvestija, in: Severnaja pčela, 19. November 1829, Nr. 139, Titelblatt.

N. N.: Landkarta Francii, in: Žurnal maunfaktur i torgovli, 8 (1832) 7, S. 60–62.

N. N.: Ein Vorschlag des Krit. Wegw. und die Industrie der (sogenannten) geographischen Anstalt des bibliographischen Instituts in Hildburghausen und New-York, in: Kritischer Wegweiser im Gebiete der Landkarten-Kunde nebst andern Nachrichten zur Beförderung der mathematisch-physikalischen Geographie und Hydrographie, IV (1833), 9/10, S. 273–278.

N. N.: Ob''javlenie, in: Russkij Invalid, Nr. 321, 18.12.1833, S. 1284.

N. N.: Osnovanie v S. Peterburge Russkago geografičeskago obščestva i zanjatija ego s sentjabrja 1845 po maj 1846g., in: Zapiski Russkago geografičeskago obščestva, 1 (1846) 1, S. 25–42.

N. N.: Zapiski Voenno-topografičeskago depo, čast' X., in: Russkij invalid, Nr. 147, 5. Juli 1847, S. 587–588.

N. N.: Osnovanie v S. Peterburge Russkago geografičeskago obščestva i zanjatija ego s sentjabrja 1848 po maj 1849, in: Zapiski Russkago geografičeskago obščestva, 4 (1849) 1–2, S. 9–22.

N. N.: Aus dem „Russischen Invaliden" Nr. 200, in: Sankt Petersburger Zeitung, Nr. 215, 5. (17.) Oktober 1857, S. 857.

N. N. Ochoty krestjanskogo dela po svedenjam poucennym v nojabre 1863ago goda, in: Severnaja počta 1863, Nr. 285, S. 1159.

N. N. O tom, čtoby General'nyj štab sostojal v snošenii s Akademieju nauk po predmetu astrono-mičeskago opredelenija mestnostej, in: Dopolnenie k sborniku Ministerstva narodnago pros-veščenija, Sankt Peterburg 1867, S. 305–306.

N. N.: Novaja special'naja i maršrutnaja karty, in: Voennyj sbornik, (1868) 2, Abt. III, S. 140–144.

N. N.: Voenno-topografičeskija raboty v 1880g., in: Voennyj sbornik, (1881) 7, Abt. II, S. 48–62.

N. N.: Dvadcat' pjat' let nazad, (otryvok iz dnevnika) Bar. L. L. Zeddelera, in: Istoričeskij vestnik, 16 (1896) 64, S. 114–129.

N. N.: Materialy i čerty k biografii Imperatora Nikolaja I i k istorii ego carstvovanija, Schriftenreihe: Sbornik Russkogo istoričeskogo obščestva, Bd. 98, Sankt Peterburg 1896, S. 299–448.

N. N. Obozrenie Upravlenija gosudarstvennych imuščestv za poslednija 25 let s 20 nojabrja 1825 po 20 nojabrja 1850, in: Dubrovin, Igor Aleksandrovič (Hrsg.): Sbornik Russkago istoričeskago obščestva, Bd. 98, Sankt Peterburg 1896, S. 468–498.

N. N.: Bumagi otnosjaščiesja do Otečestvennoj vojny 1812 goda, Teil 7, Moskva 1903, S. 293–343.

Razvitie zemleustrojstva na krest'janskich nadel'nych zemljach za 1907–1915gg., in: Komitet po zemleustroitel'nym delam. Kratkij očerk za desjatiletie 1906–1916, Petrograd 1916, Anhang.

Obzor dejstvij departamenta sel'skago chozjajstva i očerk sostojanija glavnych otraslej sel'skoj promyšlennosti v Rossii, v tečenie 10 let, s 1844 po 1854 god, Sankt Peterburg 1855.

Obzor važnejšich geografičeskich rabot v Rossii za 1867–1868 gody, in: Izvestija Imperatorskago russkago geografičeskago obščestva, 5 (1869) 5, Abt. 2, S. 327–380.

Oettingen, Arthur von: Gedächtnisrede zur Feier des hundertjährigen Geburtstages von Wilhelm Struve, gehalten am 15./3. April 1893 in der Aula der Universität Dorpat, in: Lehmann-Filhés, Rudolf; Seeliger, Hugo (Hrsg.): Vierteljahrschrift der Astronomischen Gesellschaft, 29 (1894) 1, S. 67–90.

O komandirovanii Professora Derptskago Universiteta Struve v Germaniju, dlja predpologaemago im trigonometričeskago izmerenija Ostzejskich provincij, in: Sbornik" postanovlenij, po Ministerstvu narodnago prosveščenija, Bd. 1, Abt. 1, 1802–1825, Anhang, Sankt-Peterburg 1864.

OLSZEWICZ, Bolesław: Polska kartografja wojskowa, Warszawa 1921.

OREŠKIN, Ivan Petrov: Boevaja služba voenno-topografičeskich častej, Leningrad 1929.

Otčet Imperatorskago russkago geografičeskago obščestva za 1856 god, in: Vestnik Imperatorskago russkago geografičeskago obščestva, 7 (1857) 19, S. 1–66.

Otčet Ministerstva justicii za 1864 god, in: Žurnal Ministerstva justicii 28 (1866) 5, S. 201–216.

Otčet Ministerstva justicii za 1865 god, in: Žurnal Ministerstva justicii 31 (1867) 8, S. 33–58.

Otčet Gosudarstvennago kontrolja po ispolneniju gosudarstvennoj rospisi za smetnyj period 1867 goda, Sankt Peterburg 1868.

Otčet o služebnoj poezdke Voennago ministra v Turkestanskij voennyj okrug v 1901 godu, Sankt Peterburg 1902.

Otčet Gosudarstvennago kontrolja po ispolneniju gosudarstvennoj rospisi i finansovych smet za 1906, Sankt Peterburg 1907.

Otčety o dejatel'nosti komissii po izučeniju estestvennych proizvoditel'nych sil Rossii sostojaščej pri Imperatorskoj akademii nauk, 1 (1915) 1.

Otčet o pjatiletnej dejatel'nosti Vysšego geodezsičeskogo upravlenija, 1919–1924g., Moskva 1924.

[PARROT, Georg Friedrich]: Über eine mögliche ökonomische Gesellschaft in und für Liefland, Riga 1795.

PARROT, Georg Friedrich: Description d'un nouveau pantographe, in: Mémoires de l'Académie impériale des sciences de St.-Pétersbourg, Sc. Math., Bd. I, Sankt-Pétersbourg 1831, S. 25–38.

[Pervoe] I-e Prodol'ženie k Katalogu geografičeskago magazina Glavnago štaba, Sankt Peterburg 1867.

PETROV, Fedor Aleksandrovič (Hrsg.): Napoléon, sa famille et son entourage: documents du Musée historique d'État, Moscou, compilé par A. D. Ianovskii, New York 1996 [Mikrofilm].

Planheft Russland. Im Auftrage der Abteilung für Kriegskarten und Vermessungswesen im Generalstab des Heeres, bearbeitet von der Heeresplankammer, Berlin 1942.

Položenie o sekretnych kartach, in: Cirkuljary Glavnago štaba, Sankt Peterburg 1905, S. 19, Nr. 21.

Prikaz po Korpusu voennych topografov ot 4 aprelja 1919g., Nr. 48, in: Ja. A.: K voprosu o novych masštabach i razbivke s"emočnych planšetov i kart, priloženija, in: Voenno-topografičeskij žurnal, 3 (1920) 1–3, S. 71–100.

Prikaz Revolucionnogo voennogo soveta respubliki ot 12 avgusta 1920 goda za Nr. 1538, in: Voenno topografičeskij žurnal, 3 (1920) 4–6, S. 74–75.

Protokoly zasedanij konferencii Imperatorskoj akademii nauk s 1725 po 1803 goda, Bd. IV, Sankt Peterburg 1911.

RATZEL, Friedrich: Politische Geographie, München u. Berlin 1903.

[REIMERS, Heinrich Christoph von]: St. Petersburg am Ende seines ersten Jahrhunderts. Mit Rückblicken auf Entstehungen und Wachsthum dieser Residenz unter den verschiedenen Regierungen während dieses Zeitraums, Teil 2, St. Petersburg und Penig 1805.

REITZNER, Victor von: Die Terrainlehre, Teil 1, Wien 1882.

[ROMANOV, Konstantin Nikolaevič]: Pis'mo velikogo knjaza Konstantina Nikolaeviča ministru narodnogo prosveščenija A. S. Norovu ob uvelečenii assignovanij na soderžanie N[ikolaevskoj] G[lavnoj] A[stronomičeskoj] O[bservatorii], 21 dekabrja 1856g. (a. S.), in: Abalakin, Viktor

Kuz'mič (Hrsg.): Glavnaja astronomičeskaja observatorija v Pulkove 1839–1917gg. Sbornik dokumentov, Sankt Peterburg 1994, S. 105–106.

ROŽDESTVENSKIJ, Sergej Vasil'evič: Istoričeskij obzor dejatel'nosti Ministerstva narodnago prosveščenija 1802–1902, Sankt-Peterburg 1902.

Rospisanie gorodov s pokazaniem rastojanij, gubernskich gorodov ot stolic i gubernskich gorodov, skol'ko na pervoj slučaj sobrat' bylo možno, in: Mesjacoslov na leto ot roždestva christova 1779, kotoroe est' prostoe, soderžaščee v sebe 365 dnej, sočinennyj na znatnejšija mesta Rossijskoj imperii, Sankt Peterburg [1778], S. 66–77.

RÜCKER, Carl Gottlieb: Zur Geschichte der Bearbeitung der Specialcharte von Livland, in: Das Inland. Eine Wochenschrift für Liv-, Esth- und Curland's Geschichte, Geographie, Statistik und Literatur, Nr. 12, 1840, S. 177–183.

ZACHAROVA, Larisa Georgievna (Hrsg.): Vospominanija general-fel'dmaršala grafa Dmitrija Alekseeviča Miljutina 1816–1843, Moskva 1997.

ZACHAROVA, Larisa Georgievna (Hrsg.): Vospominanija general-feldmaršala grafa Dmitrija Alekseeviča Miljutina 1860–1862, Moskva 1999.

SAWITSCH, Aleksej: Abriss der practischen Astronomie, vorzüglich in ihrer Anwendung auf die geographische Ortsbestimmung, Bd. 2, Hamburg 1851.

SAWITSCH, Aleksej: Die Anwendung der Wahrscheinlichkeitstheorie auf die Berechnung der Beobachtungen und geodätischen Messungen oder die Methode der kleinsten Quadrate, Mitau 1863.

Sobranie prikazov otdannych po General'nomy štabu (byvšej Kvartirmejsterskoj časti) s 1815 po 1830 god, Sankt Peterburg 1831.

ŠOKALSKIJ, Julij Michajlovič: Trudy počvennogo otdela K. E. P. S. [Aufsatz von November 1918], H. I, Schriftenreihe: Otčety o dejatel'nosti Komissii po izučeniju estestvennych projzvoditel'nych sil Rossii pri Rossijskoj akademii nauk, Nr. 19, Petrograd 1923, S. 3–16.

SOKOLOVSKIJ, Evgenij Matveevič: Pjatidesjatiletie Instituta i Korpusa inženerov putej soobšenija. Istoričeskij očerk, Sankt Peterburg 1859.

Sostav Russkago geografičeskago obščestva, in: Zapiski Russkago geografičeskago obščestva, 1 (1846) 1, S. 1–8.

SCHELLWITZ, P[aul Hartmann]: Übersicht der Russischen Landesaufnahmen bis incl. 1885, in: Zeitschrift der Gesellschaft für Erdkunde zu Berlin, 22 (1887), S. 107–143.

SCHUBERT, Friedrich Theodor: Anleitung zu der astronomischen Bestimmung der Länge und Breite, zum Gebrauche der Herren Offiziere vom General-Stabe, auf Befehl Sr. Kaiserl. Majestät, Sankt Petersburg 1803.

ŠUBERT, [Fëdor Ivanovič]: Rukovodstvo k astronomičeskomu opredeleniju geografičeskoj dolgoty i široty, sočinennoe dlja pol'sy i upotreblenija g. oficerov General'nago štaba, Sankt Peterburg 1803.

[SCHUBERT, Theodor Friedrich:] Anleitung zu den Berechnungen einer trigonometrischen Aufnahme, und zu den Arbeiten des topographischen Bureaus, nebst den dazu gehörigen Hülfstafeln, Sankt Petersburg 1826.

[ŠUBERT, Fëdor Fëdorovič:] Rukovodstvo k isčisleniju trigonometričeskoj s''emki i dlja rabot Voenno-topografičeskago depo, s prinadležaščimi onym tablicam, Sankt Peterburg 1826.

SCHUBERT, Theodor Friedrich: Exposé des travaux astronomiques et géodésiques exécutés en Russie dans un but géographique jusqu'à l'année 1855, Carte des triangulations exécutées en Russie, Saint-Pétersbourg 1858.

[Šubert, Fëdor Fëdorovič:] O masštabach, naibolee udobnych dlja s''emok i kart, in: Voennyj žurnal, (1858) 4, S. 290–306.

SEMËNOV, Pëtr Petrovič: Geografičesko-statističeskij slovar' Rossijskoj imperii, 5 Bde., 1863–1881.

SEMËNOV, Pëtr Petrovič: Istorija poluvekovoj dejatel'nosti Imperatorskago russkago geografičeskago obščestva 1845–1895, Teil I, Sankt Peterburg 1896.

SEMËNOV, Pëtr Petrovič: Istorija poluvekovoj dejatel'nosti Imperatorskago russkago geografičeskago obščestva 1845–1895, Teil III, Sankt Peterburg 1896.

SEMËNOV, Pëtr Petrovič: (Hrsg.): Rossija. Polnoe geografičeskoe opisanie našego otečestva, 11 Bde. Sankt-Peterburg 1899–1914.

SERGEEV, O.: Kartografičeskie raboty Voenno-topografičeskogo upravlenija za desjatiletie 1917–1927g. g., in: Geodezist. Naučno-techničeskij i obščestvenno-političeskij žurnal 3 (1927) 11, S. 112–127.

ŠILDER, Nikolaj Karlovič: Imperator Nikolaj pervyj. Ego žisn' i carstvovanie, Bd. 1, Sankt Peterburg 1903.

Spiski naselennych mest Rossijskoj imperii, sostavlennye i izdavaemye central'nym statističeskim Komitetom Ministerstva vnutrennich del, 20 Bde., Sankt Peterburg 1861–1865.

STAVENHAGEN, Willibald von: Ueber russisches Kartenwesen, in: Kriegstechnische Zeitschrift für Offiziere aller Waffen, zugleich Organ für kriegstechnische Erfindungen und Entdeckungen auf allen militärischen Gebieten 2 (1899) 5, S. 223–228.

STAVENHAGEN, Willibald von: Ueber das russische Kartenwesen, in: Kriegstechnische Zeitschrift für Offiziere aller Waffen, zugleich Organ für kriegstechnische Erfindungen und Entdeckungen auf allen militärischen Gebieten 2 (1899) 6, S. 272–279.

STAVENHAGEN, Willibald von: Die geschichtliche Entwicklung des preussischen Militär-Wesens (Schluss), in: Geographische Zeitschrift, 6 (1900) 10, S. 549–565.

STAVENHAGEN, Willibald von: Skizze der Entwicklung und des Standes des Kartenwesens des außerdeutschen Europa, Ergänzungsheft 148 zu Petermanns Mitteilungen, Gotha 1904.

STAVINSKIJ, V.: Po voprosu sekretnosti kart, in: Geodezist. Naučno-techničeskij i obščestvenno-političeskij žurnal 1 (1925) 4–5, S. 43–45.

STEIN, Felix von: Geschichte des russischen Heeres vom Ursprunge desselben bis zur Thronbesteigung des Kaisers Nikolai I. Pawlowitsch, Stuttgart 1975 [Nachdruck von 1885].

STREL'BICKIJ, Ivan Afanas'evič: Isčislenie poverchnosti Rossijskoj imperii, v obščem eja sostave v carstvovanie Imperatora Aleksandra II., Sanktpeterburg 1874.

STRUVE, Friedrich Georg Wilhelm: De geographica positione speculae astronomicae Dorpatensis, Mitaviae 1813.

STRUVE, Friedrich Georg Wilhelm: Beschreibung der unter allerhöchstem Kaiserlichen Schutze von der Universität zu Dorpat veranstalteten Breitengradmessung in den Ostseeprovinzen Russlands, ausgeführt und bearbeitet in den Jahren 1821 bis 1831 mit Beihülfe des Capitain-Lieutenants B. W. V. Wrangel und Anderer, Dorpat 1831.

STRUVE, Friedrich Georg Wilhelm: Vereinigung der beiden in den Ostseeprovinzen und in Litthauen bearbeiteten Bogen der Russischen Breitengradmessung, in: Mémoires de l'académie impériale des sciences de Saint-Pétersbourg, sciences mathématiques, physiques et naturelles, Bd. 2, Saint-Pétersbourg 1833, S. 400–425.

STRUVE, Friedrich Georg Wilhelm: Anwendung des Durchgangs-Instruments für die geographische Ortsbestimmung. Zum Gebrauch d. Offiziere d. kaiserl. Russ. Generalstabes, Sankt Petersburg 1833.

STRUVE, Friedrich Georg Wilhelm: Ueber Doppelsterne nach den auf der Dorpater Sternwarte mit Fraunhofers grossem Fernrohre von 1824–1837 angestellten Micrometermessungen, Sankt Petersburg 1837.

STRUVE, Friedrich Georg Wilhelm: (Hrsg.): Fedorow's vorläufige Berichte über die von ihm in den Jahren 1832 bis 1837 auf allerhöchsten Befehl in West-Sibirien ausgeführten astronomisch-geographischen Arbeiten, Sankt Petersburg 1838.

STRUVE, Friedrich Georg Wilhelm: Librorum in bibliotheca speculae Pulcovensis contentorum Catalogus systematicus, Petropoli 1845.

STRUVE, Friedrich Georg Wilhelm: Ueber den Flächeninhalt der 37 westlichen Gouvernements und Provinzen des europaeischen Russlands in: Bulletin de la classe physico-mathématique de l'Académie de sciences de Saint-Pétersbourg, Bd. 4, Nr. 22–24, Saint-Pétersbourg 1845, S. 336–349.

STRUVE, Friedrich Georg Wilhelm: Description de l'observatoire astronomique central de Poulkova, Saint-Pétersbourg 1845.

STRUVE, Friedrich Georg Wilhelm: Obzor geografičeskich rabot v Rossii, in: Zapiski Russkago geografičeskago obščestva 1 (1846) 1, S. 43–58.

STRUVE, Friedrich Georg Wilhelm; Struve, Otto: Expédition chronométrique exécutée entre Altona et Greenwich pour la détermination de la longitude géographique de l'observatoire central de Russie, Saint-Pétersbourg 1846.

STRUVE, Friedrich Georg Wilhelm: (Hrsg.): Beschreibung der zur Ermittelung des Höhenunterschiedes zwischen dem Schwarzen und dem Caspischen Meere mit allerhöchster Genehmigung auf Veranlassung der Kaiserlichen Akademie der Wissenschaften in den Jahren 1836 und 1837 von G. Fuß, A. Sawitsch u. G. Sabler ausgeführten Messungen, nach den Tagebüchern und Berechnungen der drei Beobachter zusammengestellt, Sankt Petersburg 1849.

STRUVE, Friedrich Georg Wilhelm: Resultate der in den Jahren 1816 bis 1819 ausgeführten astronomisch-trigonometrischen Vermessung Livlands, Schriftenreihe: Mémoires de l'academie impériale des sciences de Saint-Pétersbourg, sciences mathématiques et physiques, Bd. 4, St.-Pétersbourg 1850.

STRUVE, Friedrich Georg Wilhelm: Astronomische Ortsbestimmungen in der europäischen Türkei, in Kaukasien und Klein-Asien, nach den von Officieren des Kaiserlichen Generalstabes in den Jahren 1828 bis 1832 angestellten astronomischen Beobachtungen, in: Mémoires de L'Académie Impériale des Sciences de Sankt-Pétersbourg, Sciences Mathématiques et Physiques, Bd. 4, Saint-Pétersbourg 1850, S. 130–205.

STRUVE, Friedrich Georg Wilhelm: Doklad V. Ja. Struve ministru narodnago prosveščenija A. P. Širinskomu-Šichmatovu o rezultatach dejatel'nosti GAO za 12 let [1851], in: Abalakin, Viktor Kuz'mič (Hrsg.): Glavnaja astronomičeskaja observatorija v Pulkove 1839–1917gg. Sbornik dokumentov, Sankt-Peterburg 1994, S. 97–105.

STRUVE, Friedrich Georg Wilhelm: Über die Breitengradmessung zwischen der Donau und dem Eismeer, in: Sitzungsberichte der Mathematisch-Naturwissenschaftlichen Classe der Kaiserlichen Akademie der Wissenschaften, Bd. 21, H. 1, Wien 1856, S. 1–5.

STRUVE, Friedrich Georg Wilhelm: Arc du méridien de 25° 20' entre le Danube et la Mer Glaciale, mesuré depuis 1816 jusqu'en 1855, sous la direction C. de Tenner, Christopher Hansteen [u. a.], 2 Bde., Sankt-Pétersbourg 1857 u. 1860.

Struve, Otto: Librorum in Bibliotheca Speculae Pulcovensis anno 1858 exeunte contentorum catalogus systematicus, Petropoli 1860.

Struve, Otto: Die Beschlüsse der Washingtoner Meridianconferenz, Sankt Petersburg 1885.

Struve, Otto: Wilhelm Struve. Zur Erinnerung an den Vater, den Geschwistern dargebracht, Karlsruhe 1895.

Svod ustava o cenzure, in: Sbornik postanovlenij i rasporjaženij po cenzure s 1720 po 1862, Sankt Peterburg 1862, S. 324, § 44.

Svod voennych postanovlenij 1869 goda, Teil 1, Buch 2, Voennyja upravlenija, Nr. 84, Sankt Peterburg 1893.

SYDOW, Emil von: Der kartographische Standpunkt Europa's am Schlusse des Jahres 1856 mit besonderer Rücksicht auf den Fortschritt der topogr. Spezialarbeiten, in: Mittheilungen aus

Justus Perthes' Geographischer Anstalt über wichtige neue Erforschungen auf dem Gesammt-gebiete der Geographie 3 (1857), S. 1–24.

SYDOW, Emil von: (Hrsg.): Erinnerungen aus dem Leben des Kaiserlich Russischen General-Lieutnant Johann von Blaramberg, Nach dessen Tagebüchern 1811–1871, Bd. 3, Berlin 1875.

SYDOW, Emil von: Der kartographische Standpunkt Europa's vom Jahre 1869 bis 1871, in: Mitthei-lungen aus Justus Perthes' Geographischer Anstalt über wichtige neue Erforschungen auf dem Gesammtgebiete der Geographie, 18 (1872), S. 256–272, 297–314.

THAER, Albrecht Daniel: Einleitung zur Kenntniß der englischen Landwirthschaft und ihrer neueren practischen und theoretischen Fortschritte in Rücksicht auf Vervollkommnung deutscher Land-wirthschaft, für denkende Landwirthe und Cameralisten, Hannover 1801.

TOBIEN, Alexander von: Die Agrargesetzgebung in Livland im 19. Jahrhundert, Bd. 1, Bauernverord-nungen von 1804 und 1819, Berlin 1899.

Uslovnye znaki dlja upotreblenija na topografičeskich, geografičeskich i kvartirnych kartach i voennych planach, sostavleny pri Kanceljarii General-kvartirmejstera Glavnago štaba Ego Im-peratorskago Veličestva, [Sankt Peterburg] 1822.

Uslovnye znaki meževych znakov, sostavlennye pri Meževoj kommissii v otdelenija sobstvennoj Ego Imperatorskago Veličestva kanceljarii, o. O. o. J. [am 4. Juni 1838 vom Zar persönlich in Peterhof gebilligt.]

Uslovnye znaki, vysočajšie utverždennye v 28-j den' dekabrja 1853 goda dlja upotreblenija po ve-domstvam voennomu i gosudarstvennych imučestv, Sankt Peterburg 1854.

USPENSKIJ, T.: Topografičeskaja dejatel'nost G. K. (VGU) k oktjabrju 1917g., in: Geodezist 2 (1927) 11, S. 80–99.

Ustav Glavnoj astronomičeskoj observatorii, 19 ijunja 1838g. (a. S.), in: Abalakin, Viktor Kuz'mič (Hrsg.): Glavnaja astronomičeskaja observatorija v Pulkove 1839–1917gg. Sbornik dokumen-tov, Sankt-Peterburg 1994, S. 59–64.

Ustav" učebnych zavedenij, podvedomych Imperatorskomu Derptskomu universitetu, in: Sbornik" postanovlenij po Ministerstvu narodnago prosveščenija, Bd. 1, Abt. 1, 1802–1825, Sankt-Peterburg 1864.

VERNADSKIJ, Vladimir Ivanovič: Ob organizacii topografičeskoj s"emki Rossii, in: Izvestija Akademii nauk 11 (1917) 11, S. 843–849.

VITKOVSKIJ, Vasilij Vasil'evič: Topografija, Sankt Peterburg/Petrograd/Leningrad ¹1904, ²1915, ³1928, ⁴1940.

Verzeichnis der vom 17ten Januar 1821 zu haltenden halbjährlichen Vorlesungen auf der Kaiserli-chen Universität zu Dorpat. (Universitätsbibliothek Tartu, URN: https://www.ester.ee/record=b2386961 [Zugriff: 24.05.2022]

[VJAZEMSKIJ, Pëtr Andreevič]: Iz zapiski tovarišča ministra narodogo osveščenija P. A. Vjazemskogo Gosudarstvennomy sovetu o neobchodimosti izmenenij v štate NGAO, 24 maja 1857g. (a. S.), in: Abalakin, Viktor Kuz'mič (Hrsg.): Glavnaja astronomičeskaja observatorija v Pulkove 1839–1917gg. Sbornik dokumentov, Sankt-Peterburg 1994, S. 106–108.

Voenno-statističeskoe obozrenie Rossijskoj imperii, Bd. 11, Teil 2, Tavričeskaja gubernija, Sankt Peterburg 1849.

Voenno-statističeskoe obozrenie Rossijskoj imperii, Bd. 7, Ostzejskie gubernii, Teil 2, Lifljandskaja gubernija, Sankt Peterburg 1853.

Vsepoddanejščij otčet o dejstvijach Voennago ministerstva za 1864 god, Sankt Peterburg 1866.

Vsepoddanejščij otčet o dejstvijach Voennago ministerstva za 1865 god, Sankt Peterburg 1867.

ZABLOCKIJ-DESJATOVSKIJ, Andrej Parfënovič: Graf P. D. Kiselëv i ego vremja, materialy dlja istorii Imperatorov Aleksandra I, Nikolaja I i Aleksandra II, Bd. II, Sankt Peterburg 1882.

[ZACH, Franz Xaver von]: Einleitung, in: Allgemeine Geographische Ephemeriden 1 (1798) 1, zitiert nach: Brosche, Peter (Hrsg.): Astronomie der Goethezeit, Textsammlung aus Zeitschriften und

Briefen Franz Xaver von Zachs, ausgewählt und kommentiert von Peter Brosche, Schriftenreihe: Ostwalds Klassiker der exakten Wissenschaften, Bd. 280, Thun/Frankfurt/M. 1998, S. 54–66.

ZAKATOV, Pëtr Sergeevič: Topografičeskaja služba v SSSR (1919–1939), in: Baranov, A. N. (Hrsg.): XX let sovetskoj geodezii I kartografii 1919–1939, Bd. 1, S. 203–217.

Zapiski Voenno-topografičeskago depo, Teil I, Sankt Peterburg 1837.

Zapiski Voenno- topografičeskago depo, Teil VIII, Sankt Peterburg 1843.

Zapiski Voenno- topografičeskago depo, Teil X, Sankt Peterburg 1847.

Zapiski Voenno- topografičeskago depo, Teil XII, Sankt Peterburg 1849.

Zapiski Voenno-topografičeskago otdela Glavnago štaba, Teil XLII, Sankt Peterburg 1888.

Zapiski Voenno-topografičeskago otdela Glavnago upravlenija General'nago štaba, Teil LXXI, Abt. I u. II, Petrograd 1917.

Zasedanie soveta 19. dekabrja 1856 goda, in: Vestnik Imperatorskago russkago geografičeskago obščestva 7 (1857) 19, Abt. VI, S. 41–44.

Zasedanie soveta 6. fevralja 1857 goda, in: Vestnik Imperatorskago russkago geografičeskago obščestva 7 (1857) 19, Abt. VI, S. 59–69.

Zasedanie soveta aprelja 16 dnja 1857 goda, in: Vestnik Imperatorskago russkago geografičeskago obščestva 7 (1857) 21, Abt. VI, S. 8–13.

ŽUKOVIČ, I.: Kakie karty nužny Krasnoj Armii, in: Geodezist, naučno-techničeskij i obščestvenno-političeskij žurnal, organ voenno–topografičeskogo upravlenija 1 (1925) 2, S. 9–15.

Žurnal Zasedanija Kartografičeskoj Kommissii, 3 fevralja 1860g., in: Zapiski Imperatorkago russkago geografičeskago obščestva 2 (1862) 2, S. 114–118.

Žurnal obščego sobranija 3–go oktjabrja, in: Izvestija Imperatorskago russkago geografičeskago obščestva za 1873 god 9 (1873) 9, S. 209–215.

11.1.4 Karten und Atlanten (chronologisch)

Atlas vserossijskoj imperii, [Sankt Peterburg 1726–1734].

Atlas rossijskoj sostojaščej iz devjatnadcati special'nych kart predstavljajuščich vserossijskuju Imperiju s pograničnymi zemljami, sočinennoj po pravilam Geografičeskim i novejšim observacijam, s priložennoju pritom general'noju kartoju velikija seja imperii, staraniem i trudami imperatorskoj akademii nauk, Sanktpeterburg [1745].

Atlas Russicus, mappa una generali et undeviginti specialibus vastissimum Imperium Russicum cum adiacentibus regionibus, Petropoli [1745].

Novaja general'naja karta Rossii, Maßstab 1 : 7.227.000, [Sankt Peterburg] 1776.

Atlas Kalužskago namestničestva, sostojaščago iz dvenadcati gorodov i uezdov, obmeževannago v blagopolučnoe carstvovanie Imp. Ekateriny Alekseevny II učreždennym ot e. i. v. k pol'ze i spokojstviju vernopodannych jeja gosudarstvennym zemel' razmeževaniem, Sankt Peterburg 1782.

Opisanii i alfavity k Kalužskomu atlasu, 2 Bde., [Sankt Peterburg 1782].

Atlas Kalužskago namestničestva, [Sankt Peterburg] 1785.

General'naja karta Rossijskoj imperii s razdeleniem na novo učreždennye gubernii i uezdy, [Maßstab ca. 1 : 3.000.000, Sankt Peterburg 1785].

Karta saratovskago namestničestva, [Maßstab ca. 1 : 1.400.000, o. O. 1785].

Novaja karta Rossijskoj imperii razdelennaja na namestničestva sočinennaja v 1786g., [Maßstab ca. 1 : 5.200.000, Sankt Peterburg 1786].

Karta moskovskoj gubernii, [Maßstab ca. 1 : 600.000, o. O. 1788].

Karta teatra vojny sojuznych imperij protiv turok, [Maßstab unbekannt, o. O. 1788].

Karta teatra vojny Rossijskoj imperii protiv švedov sočinennaja 1789 goda, [Maßstab ca. 1 : 750.000, o. O. 1789].

Karte des Königl. Preuß. Herzogthums Vor- und Hinterpommern, 6 Blätter, Maßstab ca. 1 : 180.000, [Berlin 1789].

Karte vom Königreich Galizien und Lodomerien, Herausgegeben im Jahre 1790 von Liesganig, vermehrt und verbessert im Jahre 1824, 132 Blätter, [Maßstab 1 : 115.000] [Wien 1790 u. 1824].

Atlas von Liefland oder von den beyden Gouvernementern u. Herzogtümern Lief- u. Esthland u. der Provinz Oesel, Riga 1791–1798 und Leipzig 1808, hrsg. von Ludwig August Graf von Mellin)

Rossijskoj atlas iz soroka četyrëch kart sostojaščij i na sorok dva namestničestva imperiju razdeljajuščij, [pri gornogo učilišča, Sankt Peterburg] 1792.

Novyj atlas ili sobranie kart vsech častej zemnago šara: Počerpnutyj iz raznych sočinitelej i napečatannyj v Sanktpeterburge dlja upotreblenija junošestva v 1793 godu pri gornom učilišče, [Sankt Peterburg 1793].

Atlas Rossijskoj imperii, Izdannoj dlja upotreblenija junošestva, 1794.

Novaja pograničnaja karta Rossijskoj imperii. Ot Baltijskago morja do Kaspijskago, razdelennaja na gubernii, oblasti i okrugi, sočinena v 1795 godu, vier Blätter, [Maßstab 1 : 1.260.000, Sankt Peterburg] 1795.

Atlas Rossijskoj imperii iz 52 kart, izdannyj vo grade sv. Petra v leto 1796, a carstvovanija Ekateriny II XXXV-e, Sankt Peterburg 1796.

Charta öfwer Nylands och Tavastehus samt Kymmenegårds Höfdingedömen, ein Blatt, o. Maßstab, o. O. 1798.

Podrobnaja militernaja karta po granice Rossii s Prussieju, o. Maßstab, [Sankt Peterburg] 1799.

General'naja karta časti Rossii, razdelennaja na gubernii i uezdy s izobražneniem počtovych i drugich glavnych dorog, [Maßstab 1 : 2.300.000], Sankt Peterburg 1799.

Charta öfver Storfurstendömet Finland, ein Blatt, o. Maßstab, o. O. 1799.

Podrobnaja militarnaja karta po granice Rossii s Prussieju, sočinena i gravirovana v 1799 god. Pri sobstvennom Ego Imperatorskago Veličestva Depo kart, [Maßstab 1 : 525.000?, Sankt Peterburg] 1799.

Podrobnaja militernaja karta po granice Rossii s Turcieju, o. Maßstab, o. O. o. J. [Sankt Peterburg 1800].

Rossijskoj atlas iz soroka trech kart sostojaščij i na sorok odnu guberniju imperiju razdeljajuščij, izdan pri Geografičeskom departamente, [Sankt Peterburg] 1800.

Podrobnaja karta Rossijskoj imperii i bliz ležaščich zagraničnych vladenii, 114 Blätter, Maßstab 1 : 840.000, Sankt Peterburg 1801–1816.

Special Karte von Südpreussen [David Gilly], 13 Sektionen, [Maßstab 1 : 150.000], Berlin 1802–1803.

Karte von Ost-Preussen nebst Preussisch Litthauen und West-Preussen nebst dem Netzdistrict, 25 Blätter, Maßstab ca. 1 : 150.000, Berlin 1802–1808.

Karte von Ost-Preussen nebst Preussisch Litthauen und West-Preussen nebst dem Netzdistrict. Aufgenommen von 1796 bis 1802, 25 Sektionen, Maßstab 1 : 150.000, Berlin o. J. [1802–1810].

Karte von Neu Ostpreussen [Johann Christoph Textor u. a.], 17 Sektionen, [Maßstab 1 : 150.000], o. O. [Berlin] 1805–1806.

Topographisch-Militärische Karte vom vormaligen Neu-Ostpreussen oder dem jetzigen Nördlichen Teil Herzogtums Warschau nebst dem Russischen Distrikt, 15 Blätter, Maßstab ca. 1 : 150.000, Berlin/Paris 1807.

Carte von West-Galizien welche auf allerhöchsten Befehl Seiner Kaiserlich oesterreichischen und Königlich apostolischen Majestät in den Jahren 1801 bis 1804 militärisch aufgenommen worden, 12 Blätter, [Maßstab 1 : 150.000], o. O. o. J. [Wien 1808–1811].

Karmannyj počtovyj atlas vsej Rossijskoj imperii razdelennoj na gubernij s pokazaniem glavnych počtovych dorog, Sankt Peterburg 1808.

Semitopografičeskaja karta inostrannym vladenijam po zapadnoj granice Rossijskoj imperii, o. O. o. J. [90 Blätter, Maßstab 1 : 252.000, Sankt Petersburg 1811–1820].

Voenno-topografičeskaja karta Kavkazskoj gubernii s sopredel'nymi oblastjami gorskich narodov, 17 Blätter, Maßstab 1 : 21.000, [Sankt Peterburg] 1811.

„Spezialkarten" der einzelnen Länder, Maßstab 1 : 144.000, 370 Blätter, o. O. [Wien] o. J. [1811–?].

Allgemeine Charte von dem Russischen Reiche in Europa nebst den angränzenden Theilen von Schweden, Preußen, Pohlen, Österreich und der Türkey. Nach der großen russischen Charte von Suchtelen und Oppermann, 9 Blätter, o. Maßstab, Wien 1812.

Tableau d'assemblage de la Carte de la Russie Européenne en LXXVII Feuilles, exécutée au Dépôt général de la Guerre, Paris 1812.

Carte de la Russie Européene, Traduite et gravée par ordre du Gouvernement, au dépôt général de la guerre en 1812, 1813, 1814 d'après La Carte Russe en 104 Feuilles, [77 Blätter, Maßstab 1 : 500.000], Paris 1812–1814.

Karta carstva Polskago, služaščaja k prodolženiju Podrobnoj karty Rossii, 6 Blätter, Maßstab 1 : 840.000, [Sankt Peterburg] 1816.

Podrobnaja karta Kolyvano-Voskresenskoj gornoj okrugi, sostavlennaja iz novejšich častnych kart Barnaulskago gornago archiva, 12 Blätter, [Maßstab 1 : 840.000], [Sankt Peterburg 1816].

Karta dlja soedinenija podrobnoj karty Rossii, s kartoju Kolyvano-Voskresenskoj gornoj okrugi, 1 Blatt, [Massstab 1 : 840.000], [Sankt Peterburg 1816].

Voenno-topografičeskaja karta poluostrova Kryma, 10 Blätter, Maßstab 1 : 168.000, Sankt Peterburg 1816.

Carte de l'Etat-Major, 273 Blätter, Maßstab 1 : 80.000, Paris [1818]–1873.

Special'naja Karta zapadnoj časti Rossijskoj imperii, 62 Blätter, Maßstab 1 : 420.000, Sankt Peterburg 1826–1840.

Karta raspoloženija vojsk 2 armii, sostavlennaja v 1827 gody, 1818–1827, 13 Blätter, 1 : 420.000, [Sankt Petersburg] 1827.

[Karta teatra vojny v 1828 i 1829gg. v Evropejskoj Turcii], 7 Blätter, Maßstab 1 : 420.000, o. J. o. O.].

[Karte vom europäischen Teil des Osmanischen Reiches], 7 Blätter, Maßstab 1 : 420.000, Sankt Peterburg 1828–1829].

Voenno-dorožnaja karta časti Rossii i pograničnych zemel', Maßstab 1 : 1.680.000, 8 Blätter, Sankt Peterburg 1829.

Karta topograficzna Królestwa Polskiego, [Fragment], Maßstab 1 : 126.000, o. O. o. J. [Warszawa 1822–1830].

Gidrografičeskij atlas Rossijskoj imperii, Sankt Peterburg 1832.

Sbornoj list special'noj karty sapad. časti Rossii, [Sankt Peterburg 1832].

Topografičeskaja karta Carstva pol'skago, 60 Blätter, Maßstab 1 : 126.000, Sankt Peterburg 1833–1843.

Karta Kavkazskago kraja s pograničnymi zemljami, sostavlennaja pri General'nom štabe otdel'nago Kavkazskago korpusa v 1834 godu, 20 Blätter, o. Maßstab, [Sankt Peterburg] 1834.

General-Charte von Livland, nach den vollständigen astronomisch-trigonometrischen Ortsbestimmungen und speciellen Landesvermessungen. Mit Bewilligung der Livl. gem. ökon. Societät, aus der von ihr herausgegebenen topographischen Charte bearbeitet und herausgegeben von C. G. Rücker, 1 Blatt, [Maßstab ca. 1 : 600.000], Dorpat 1836.

Specialcharte von Livland in 6 Blättern. Bearbeitet und herausgegeben auf Veranstaltung der Livländischen gemeinnützigen und ökonomischen Societät, nach Struves astronomisch-trigonometrischen Vermessung und den vollständigen Specialmessungen, gezeichnet von C. G.

Rücker, gestochen im Topographischen Depôt des Kaiserlichen Generalstabes, 6 Blätter, [Maßstab 1 : 184.275], [Sankt Petersburg] 1839.

Sbornoj list" semitopografičeskoj karty Lifljandii, 1 Blatt, o. Maßstab, [Sankt Peterburg] o. J.

Topographische Karte vom östlichen Theile der Monarchie, 249 Blätter (Sektionen), Maßstab 1 : 100.000, Berlin 1836–. Später erschienen unter dem Titel: Topographische Karte vom Preußischen Staate mit Einschluß der Anhaltinischen und Thüringischen Länder, Maßstab 1 : 100.000, 601 Blätter, Berlin o. J.

Topographische Karte der Provinz Westphalen und der Rheinprovinz, Maßstab 1 : 80.000, 72 Blätter (Sektionen), Berlin 1841.

Topografičeskaja karta poluostrova Kryma, Bl. VII, Maßstab 1 : 210.000, Sankt Peterburg 1842.

General-Karte der Russischen Ost-See-Provinzen Liv-, Ehst- und Kurland. Nach den vollständigen astronomisch-trigonometrischen Ortsbestimmungen u. den speciellen Landesvermessungen auf Grundlage der Specialcharten v. C. Neumann, C. G. Rücker und J. H. Schmidt, herausgegeben von C. G. Rücker, 1 Blatt, [Maßstab 1 : 610.000], Reval 1846.

Voenno-topografičeskaja karta zapadnoj Rossii, 517 Blätter, Maßstab 1 : 126.000, Sankt Peterburg/ Petrograd 1846–1918.

Charte von Livland die Haupthöhenverhältnisse darstellend, in: Mémoires de l'académie impériale des sciences de Saint-Pétersbourg, sciences mathématiques et physiques, o. Maßstab, Bd. 4, Anhang, Saint-Pétersbourg 1850, Bl. 2.

Chozjajstvenno-statističeskij atlas evropejskoj Rossii, Sankt Peterburg 1851 [Neuauflagen 1852, 1857, 1869].

Semitopografičeskaja karta Tverskoj gubernii, Maßstab 1 : 336.000, 4 Blätter, Moskva 1853.

Topografičeskij meževoj atlas Tverskoj gubernii, Maßstab 1 : 84.000 und 1 : 21.000 für Stadtpläne, Moskva 1853–1857.

Carte de la Russie (d'après la Carte de l' Etat-Major Russe), 35 Blätter, Maßstab 1 : 424.000, Paris 1854–1856.

Topografičeskaja Karta poluostrova Kryma, 89 Blätter, Maßstab 1 : 42.000, Sankt Peterburg 1855.

Topografičeskij meževoj atlas Rjazanskoj gubernii, Moskva 1859–1860, Maßstab 1 : 168.000. (Semitopografičeskaja) karta Rjazanskoj gubernii, [Zahl der Blätter unbekannt], Maßstab 1 : 336.000, Moskva 1860.

Topografičeskij meževoj atlas Tambovskoj gubernii, Maßstab 1 : 168.000, Moskva [1862–1864].

Karta Evropejskoj Rossii i Kavkazskago kraja, 12 Blätter, Maßstab 1 : 1.680.000, Sankt Peterburg 1862 [ab 1879 mit Kartierung der Eisenbahnstrecken, 1894 Neuauflage].

Karta Rossijskoj imperii c označeniem voennych okrugov, suchoputnych, vodnjanych i telegrafnych coobščenij, 1 Blatt, Maßstab 1 : 5.040.000, Sankt Peterburg 1864.

(Novaja) Special'naja karta Evropejskoj Rossii, 177 Blätter, Maßstab 1 : 420.000, Sankt Peterburg 1865–1918.

Voenno-dorožnaja (-strategičeskaja) karta Evropejskoj Rossii, 17+9 Blätter, Maßstab 1 : 1.050.000, Sankt Peterburg 1867–?

Karta övter Storfurstendömet Finland, 16 Blätter, Maßstab 1 : 400.000, Helsingfors [bis 1872].

Map of a Portion of Central Asia Comprising the Countries between the Russian Possessions and British India (Lat. 34° to 44°, Long. 62° to 80° E.), o. O. 1873.

Karta Turkestanskogo general-gubernatorstva, Chivinskago, Bucharskogo i Kokandskogo chanstv s pograničnymi častjami Central'noj Azii, [1 Blatt, 1 : 840.000, Sankt Peterburg 1876].

[Podrobnaja karta Evropejskoj časti Osmanskoj imperii], 17 Blätter, Maßstab 1 : 420.000, Sankt Petersburg 1877.

Dvuchverstnaja karta zapadnogo pograničnago prostranstva, 664 Blätter, Maßstab 1 : 84.000, 1881–1917 (150 zusätzliche Blätter als vorübergehende Ausgabe 1918–1923).

Special'naja karta Omskago voennago okruga, 130 Blätter, Maßstab 1 : 420.000, Omsk 1882–
[1905].
Desjativerstnaja karta Turkestanskago voennago okruga, 41 Blätter, 1 : 420.000, Taškent 1882–
1915.
Karta Aziatskoj Rossii s prilegajuščimi k nej vladenijami, 8 Blätter, Maßstab 1 : 4.200.000, Sankt
Peterburg 1884.
Odnoverstnaja karta [zapadnogo pograničnago prostranstva], Gesamtzahl der Blätter unbekannt
(1885–1894 : 1.780 Blätter), Maßstab 1 : 42.000, o. O. 1885–[1917].
Dvuchverstnaja karta Kavkaza, Gesamtzahl der Blätter unbekannt, Maßstab 1 : 84.000, [Tbilisi]
1886–[1917].
[Kieperts] Karte von Kleinasien, 24 Blätter, Maßstab 1 : 400,000, Berlin 1902–1916.
Special'naja karta Zapadnoj Sibiri, Maßstab, [130+ Blätter], 1 : 420.000, Omsk 1905–[1917].
Special'naja Karta vostočnoj časti Aziatskoj Rossii (s prilegajuščimi k nej vladenijami), 18 Blätter,
Maßstab 1 : 420.000, o. O. [Irkutsk?] 1907–1917.
Trëch-(3-ch) verstnaja karta Evropejskoj Rossii, 208 Blätter (vorläufige Ausgabe), Maßstab
1 : 126.000, o. O. 1918–1923 [weitere Blätter nach 1923 erschienen].
Special'naja Karta Evropejskoj Rossii s prilegajuščej k nej čast'ju Zapadnoj Evropy i Maloj Azii, 189
Blätter, Maßstab 1 : 420.000, [Moskva 1919–192?].
Special'naja 10-verstnaja karta Zapadnoj Sibiri, 138 Blätter, 1 : 420.000, Omsk 1919–1927
(Nachdruck, Sankt Peterburg 2009).
10-ti verstnaja karta Turkestana, 52 Blätter, Maßstab 1 : 420.000, [Taškent 1924–1936].
Otčetnaja karta Evropejskoj časti S. S. S. R. s pokazaniem rabot Kartografičeskogo otdela geodez.
komiteta VSNCh – SSSR po sostavleniju i izdaniju na 1-e oktjabrja 1927 goda topografičeskoj
karty odnoj stotysjačnoj, in: Belavin, A.: Dejatel'nost' Geodezičeskogo komiteta VSNCh SSSR
po Kartografičeskomu otdelu s momenta ego organizacii do 1-go oktjabrja 1927 goda, in: Geodezist, 2 (1927) 11, 106/107.
10-ti Verstnaja Karta Evropejskoj časti S. S. S. R. i prilegajuščich gosudarstv, 171 Blätter, Maßstab
1 : 420.000, o. O. o. J. [Moskva 1926–1930].
Special'naja 10ti verstnaja karta Vostočno-Aziatskoj S. S. S. R; 41 Blätter, 1 : 420.000, Omsk
[1928–?].
[Allgemeine geologische Karte des europäischen Russland], 154 Blätter, Maßstab 1 : 420.000, mit
Text, o. J. o. O.

11.2 Sekundärliteratur

AKERMAN, James R.: Cartography and Statecraft: Studies in Governmental Mapmaking in Modern
Europe and its Colonies, in: Cartographica. The International Journal for Geographic Informa-
tion and Geovisualization 35 (1998) 3/ 4.
ALBRECHT, Oskar: Zur Frage des Blattschnittes. Gegenüberstellung bisheriger Lösungen und Vor-
schläge, in: Mitteilungen des Chefs der Kriegs-Karten und Vermessungswesens 3 (1944) 3,
S. 117–126.
ANDERSON, Benedict: Imagined Communities. Reflections on the Origin and Spread of Nationalism,
London/New York 2006.
ARETIN, Karl Otmar Freiherr von: Das Problem des Aufgeklärten Absolutismus in der Geschichte
Russlands, in: Handbuch der Geschichte Russlands, 1613–1856, Vom Randstaat zur Hegemoni-
almacht, Bd. 2/II, Stuttgart 2001, S. 849–867.

AUST, Martin: Adlige Landstreitigkeiten in Rußland. Eine Studie zum Wandel der Nachbarschaftsverhältnisse 1676–1796, Schriftenreihe: Forschungen zur osteuropäischen Geschichte, Bd. 60, Wiesbaden 2003.

AUST, Martin; SCHÖNPFLUG, Daniel (Hrsg.): Vom Gegner lernen. Feindschaft im Europa des 19. und 20. Jahrhunderts, Frankfurt/M. 2007.

AUST, Martin; VULPIUS, Ricarda; MILLER, Aleksej (Hrsg.): Imperium inter Pares: Rol' transferov v istorii Rossijskoj imperii (1700–1917), Moskva 2010.

BAGROW, Leo [Castner, Henry W. (Hrsg.)]: A History of the Russian Cartography up to 1800, Wolfe Island (Ontario) 1975.

BARNES, Ian: Ruheloses Russland. 3000 Jahre Geschichte in Karten, Darmstadt 2016.

BARON, Nick: New Spatial Histories of Twentieth Century Russia and the Soviet Union: Surveying the Landscape, in: Jahrbücher für Geschichte Osteuropas 55 (2007) 3, S. 374–400.

BARON, Nick: „Ot grecha podal'še…": censura i kontrol' nad topografičeskim znaniem v Sovetskoj Rossii (1918–1925), in: Studies in the History of Biology 2 (2010) 4, S. 84–92.

BASSIN, Mark: Imperial Visions. Nationalist Imagination and Geographical Expansion in the Russian Far East, 1840–1865, Cambridge 1999.

BASSIN, Mark; ELY, Christopher; STOCKDALE, Melissa K. (Hrsg.): Space, Place, and Power in Modern Russia. Essays in the New Spatial History, DeKalb 2010.

BAUMANN, Eberhard: J. G. F. Bohnenbergers erstes geodätisch-kartographisches Werk, in: Mitteilungen Deutscher Verein für Vermessungswesen e. V. – Gesellschaft für Geodäsie, Geoinformation und Landmanagement, Landesverein Baden-Württemberg e. V. 57 (2010) 2, S. 78–113.

BAZYLEVA, Elena Anatol'evna: Russkoe geografičeskoe obščestvo i kniga. Očerk istorii izdatel'skoj, bibliotečnoj i bibliografičeskoj raboty v XIX – načale XX v., Novosibirsk 2008.

BEHR, Hans-Joachim (Hrsg.): Karl Freiherr von Müffling, Offizier – Kartograph – Politiker (1775–1851). Lebenserinnerungen und kleinere Schriften, Schriftenreihe: Veröffentlichungen aus den Archiven Preußischer Kulturbesitz, Bd. 56, Köln 2003.

BELL, Morag; BUTLIN, Robin; HEFFERNAN, Michael (Hrsg.): Geography and Imperialism, 1820–1940, Manchester [u. a.] 1995.

BLACK, Jeremy: Maps and Politics, London 1997.

BRANCH, Jordan: The Cartographic State. Maps, Territory, and the Origins of Sovereignty, Schriftenreihe: Cambridge Studies in International Relations, Bd. 127, New York 2014.

BROTTON, Jerry: Die Geschichte der Welt in zwölf Karten, München 2014.

BRÜGGEMANN, Karsten; WOODWORTH, Bradley D.: Entangled Pasts. Russia and the Baltic Region, in: dies. (Hrsg.): Russland an der Ostsee. Imperiale Strategien der Macht und kulturelle Wahrnehmungsmuster (16. bis 20. Jahrhundert), Schriftenreihe: Quellen und Studien zur baltischen Geschichte, Bd. 22, Wien [u. a.] 2012, S. 3–26.

BURBANK, Jane; HAGEN, Mark von; REMNEV, Anatoly (Hrsg.): Russian Empire. Space, People, Power, 1700–1930, Bloomington 2007.

BURBANK, Jane; COOPER, Frederick: Imperien der Weltgeschichte. Das Repertoire der Macht vom alten Rom und China bis heute, Frankfurt/M. 2012.

CVETKOVSKI, Roland: Modernisierung durch Beschleunigung, Raum und Mobilität im Zarenreich, Frankfurt/M. 2006.

CROM, Wolfgang: Kartendigitalisierung – buntes Bild oder Mehrwert?, in: Kartographische Nachrichten 5 (2016) 66, S. 243–248.

DELANEY, David: Territory. A Short Introduction, Malden 2005.

DICK, Wolfgang R.; Eelsalu, Heino: Die Dorpater Struves und der Generalfeldmarschall Friedrich Wilhelm Rembert Berg, in: Jahrbuch der Akademischen Gesellschaft für deutschbaltische Kultur in Tartu (Dorpat), Bd. 1, 1996, S. 61–66.

DIPPER, Christof; SCHNEIDER, Ute (Hrsg.): Kartenwelten. Der Raum und seine Repräsentation in der Neuzeit, Darmstadt 2006.

DOLGOV, Evgenij Ivanovič; SERGEEV, Sergej Vladimirovič: Istorija častej topografičeskoj služby, Schriftenreihe: Topografičeskaja služba Vooružennych sil Rossijskoj Federacii, Moskva 2012.

DONNERT, Erich: Die Universität Dorpat–Jufev 1802–1918. Ein Beitrag zur Geschichte des Hochschulwesens in den Ostseeprovinzen des Russischen Reiches, Frankfurt/M. 2007.

DONNERT, Erich: Agrarfrage und Aufklärung in Lettland und Estland. Livland, Estland und Kurland im 18. und beginnenden 19. Jahrhundert, Frankfurt/M. [u. a.] 2008.

DÜRING, Marten; EUMANN, Ulrich: Historische Netzwerkforschung. Ein neuer Ansatz in den Geschichtswissenschaften, in: Geschichte und Gesellschaft. Zeitschrift für historische Sozialwissenschaft 39 (2013) 3, S. 369–390.

DYCK, Walter von: Georg von Reichenbach, München 1912.

EDNEY, Matthew: Mapping an Empire. The Geographical Construction of British India 1765–1843, Chicago [u. a.] 1997.

EDNEY, Matthew: Reconsidering Enlightenment Geography and Map Making: Reconnaissance, Mapping, Archive, in: Livingstone, David N.; Withers, Charles W. J. (Hrsg.): Geography and Enlightenment, Chicago/London 1999, S. 165–198.

EDNEY, Matthew: The Irony of Imperial Mapping, in: Akerman, James R. (Hrsg.): The Imperial Map. Cartography and the Mastery of Empire, Schriftenreihe: Lectures in the History of Cartography, Chicago 2009, S. 11–45.

ELDEN, Stuart: The Birth of Territory, Chicago/London 2013.

ELY, Christopher: This Meager Nature. Landscape and National Identity in Imperial Russia, DeKalb 2002.

ENGBERG-PEDERSEN, Anders: Sketching War. August von Larisch's Collection of Field Maps from the Russian Campaign of 1812, in: Imago Mundi. The International Journal for the History of Cartography 66 (2014), S. 70–81.

ENGELHARDT, Hans Dieter; NEUSCHÄFFER, Hubertus: Die Livländische Gemeinnützige und Ökonomische Sozietät (1792–1939), Schriftenreihe: Quellen und Studien zur baltischen Geschichte, Bd. 5, Köln [u. a.] 1983.

ERBE, Michael: Revolutionäre Erschütterung und erneuertes Gleichgewicht – Internationale Beziehungen 1785–1830, Paderborn [u. a.] 2004.

ESPAGNE, Michel; WERNER, Michael: Transferts. Les relations interculturelles dans l'espace franco-allemand (XVIIIe–XIXesiècle), Paris 1988

FEL', Sergej Efimovič: Kartografija Rossii XVIII veka, Moskva 1960.

FIESELER, Christian: Der Vermessene Staat. Kartographie und Kartierung nordwestlicher Territorien im 18. Jahrhundert, Schriftenreihe: Veröffentlichungen der Historischen Kommission für Niedersachsen und Bremen, 264, Hannover 2013.

FIGES, Orlando: Krim-Krieg. Der letzte Kreuzzug, Berlin 2012.

FISCHER, Alexander: Die Herrschaft Pauls I., in: Zernack, Klaus (Hrsg.): Handbuch der Geschichte Russlands. Vom Randstaat zur Hegemonialmacht, 1613–1856, Bd. 2/ II, Stuttgart 2001, S. 935–950.

FISCHER, Alexander: Paul I. 1796–1801, in: Torke, Hans Joachim (Hrsg.): Die russischen Zaren, 1547–1917, München 2012, S. 262–273.

FISCHER, Hanspeter: Astronom, Kartograph und Geodät. Zum 150. Todestag des Tübinger Gelehrten Johann Gottlieb Friedrich von Bohnenberger, in: Beiträge zur Landeskunde, (1981) 2, S. 14–16.

FISCHER, Hanspeter: Die Carte de l'Empéreur (1808–1812) und die Carte militaire de l'Allemagne (1822–1830) 1 : 100.000, in: Cartographica Helvetica. Fachzeitschrift für Kartengeschichte 31 (2005), S. 15–20.

FRANK, Susi K.: Imperiale Aneignung. Diskursive Strategie der Kolonisation Sibiriens durch die russische Kultur, München 2016.

FRIMAN, L.: Značenie Krepostej dlja oborony Rossii, Po opytu Otečestvennoj vojny v 1812g., Sankt-Peterburg 1912.

FULLER, William C. Jr.: Strategy and Power in Russia, 1600–1914, New York 1992.

GANZENMÜLLER, Jörg; TÖNSMEYER, Tatjana (Hrsg.): Vom Vorrücken des Staates in die Fläche. Ein europäisches Phänomen des langen 19. Jahrhunderts, Köln/Weimar/Wien 2016.

GARLEFF, Michael: Dorpat als Universität der baltischen Provinzen im 19. Jahrhundert, in: Pistohlkors, Gert von (Hrsg.): Die Universitäten Dorpat/Tartu, Riga und Wilna/Vilnius 1579–1979, Köln [u. a.] 1987, S. 143–151.

GERASIMOV, Ilya; KUSBER, Jan; SEMYONOV, Alexander (Hrsg.): Empire Speaks Out: Languages of Rationalization and Self-Description in the Russian Empire, Leiden [u. a.] 2009.

GITERMAN, Valentin: Geschichte Russlands, Bd. II, Frankfurt/M. 1965.

GLUŠKOV, Valerij Vasilevič: Istorija voennoj kartografii v Rossii (XVIII–načalo XX v.), Moskva 2007.

GNUČEVA, Vera Fёdorovna: Geografičeskij departament Akademii nauk XVIII veka, Moskva 1946.

GODLEWSKA, Anne: Napoleon's Geographers (1797–1815): Imperialists and Soldiers of Modernity, in: dies.; Smith, Neil (Hrsg.): Geography and Empire, Oxford 1994, S. 31–54.

GOEHRKE, Carsten: Russland, eine Strukturgeschichte, Paderborn [u. a.] 2010.

GOTTMANN, Jean: The Significance of Territory, Charlottesville 1976.

GROSJEAN, Georges: Geschichte der Kartographie, Schriftenreihe: Geographica Bernensia, Reihe U, Nr. 8, Bern 1980.

GUGERLI, David; SPEICH, Daniel: Topografien der Nation. Politik, kartografische Ordnung und Landschaft im 19. Jahrhundert, Zürich 2002.

GÜNZEL, Stephan; NOWAK, Lars (Hrsg.): KartenWissen. Territoriale Räume zwischen Bild und Diagramm, Schriftenreihe: Trierer Beiträge zu den historischen Kulturwissenschaften, Bd. 5, Wiesbaden 2012.

HAAG, Heinrich: Die Geschichte des Nullmeridians, Leipzig 1913.

HAPPEL, Jörn; JOVANOVIĆ, Mira; WERDT, Christophe von (Hrsg.): Osteuropa kartiert – Mapping Eastern Europe, Schriftenreihe: Osteuropa, Bd. 3, Münster 2010.

HARLEY, John B.: Deconstructing the Map, in: Cartographica 26 (1989) 6, S. 1–20.

HARLEY, John B.: [Laxton, Paul (Hrsg.)]: The New Nature of Maps. Essays in the History of Cartography, Baltimore 2001.

HARTLEY, Janet M.: The Russian Army, in: Schneid, Frederick C. (Hrsg.): European Armies of the French Revolution 1789–1802, Norman/Oklahoma 2015, S. 86–106.

HASLINGER, Peter: Der spatial turn und die Geschichtsschreibung zu Ostmitteleuropa in Deutschland, in: Zeitschrift für Ostmitteleuropa-Forschung 63 (2014) 1, S. 74–95.

HELLER, Klaus: Die Geld- und Kreditpolitik des Russischen Reiches in der Zeit der Assignaten (1768–1839/43), Schriftenreihe: Quellen und Studien zur Geschichte des östlichen Europa, Bd. XIX, Wiesbaden 1983.

HILDERMEIER, Manfred: Geschichte Russlands. Vom Mittelalter bis zur Oktoberrevolution, München 2013.

HILGERS, Philipp von: Kriegsspiele. Eine Geschichte der Ausnahmezustände und Unberechenbarkeiten, Paderborn 2008.

ICHSANOVA, Vera: Pulkovo, Sankt Petersburg: Spuren der Sterne und der Zeiten. Geschichte der russischen Hauptsternwarte, Frankfurt/M. [u. a.] 1995.

ILJUŠINA, Tat'jana Vladimirovna: Kadastr prirodnych resursov Rossii. Očerki istorii (X–načalo XX vv.), Moskva 2012.

IPSEN, Detlev: Raumbilder, in: Informationen zur Raumentwicklung 11/12 (1986), S. 921–931.

JAČMENICHIN, K. M.: Voennye poselenija v Rossii. Istorija social'no-ėkonomičeskogo ėksperimenta, Ufa 1994.

JÄGER, Eckhardt (Hrsg.): Der Atlas von Livland des Ludwig August Graf Mellin. Mit einer Einführung in Leben und Werk in Zusammenarbeit mit Otto Bong, Lüneburg 1972.

JÄGER, Eckhardt: Die Schröttersche Landesaufnahme von Ost- und Westpreußen (1796–1802). Entstehungsgeschichte, Herstellung und Vertrieb der Karte, in: Zeitschrift für Ostforschung 30 (1981), S. 359–389.

JUREIT, Ulrike: Das Ordnen von Räumen. Territorium und Lebensraum im 19. und 20. Jahrhundert, Hamburg 2012.

KAIN, Roger J. P.; BAIGNET, Elizabeth: The Cadastral Map in the Service of the State. A History of Property Mapping, Chicago/London 1992.

KAPPELER, Andreas: Russland als Vielvölkerreich: Entstehung – Geschichte – Zerfall, München 1993.

KARIMOV, Aleksej Ėnverovič: Dokuda topor i socha chodili. Očerki istorii zemel'nogo i lesnogo kadastra v Rossii XVI – načala XX veka, Moskva 2007.

KASPER, Nils: Die Dinge (in) der Literatur. Kartographie und Zimmerreise, in: Pfaffenthaler, Manfred; Lerch, Stefanie; Schwabl, Katharina; Probst, Dagmar (Hrsg.): Räume und Dinge. Kulturwissenschaftliche Perspektiven, Bielefeld 2014, S. 193–210.

KAŠIN, Leonid Andreevič: Topografičeskoe izučenie Rossii (istoričeskij očerk), Moskva 2001.

KATYCHOVA, Ljudmila Aleksandrovna: Ot rublja bumažnogo k rublju serebrjanomu, in: Zimarina, N. P. (Hrsg.): Russkij Rubl'. Dva veka istorii, XIX–XX vv., Moskva 1994, S. 14–61.

KEEP, John L. H.: Paul I and the Militarization of Government, in: Canadian-American Slavic Studies VII (1973), S. 1–14.

KHODARKOVSKY, Michael: Russia's Steppe Frontier. The Making of a Colonial Empire 1500–1800, Bloomington [u. a.] 2002.

KIVELSON, Valerie: Cartographies of Tsardom. The Land and its Meanings in Seventeenth-Century Russia, Ithaca [u. a.] 2006.

KIVELSON, Valerie Ann; SUNY, Ronald Grigor: Russia's Empires, New York 2017

KLEIN, Wolf Peter: Deutsch als Sprache der Naturwissenschaften im Ostseeraum, Ausgewählte Beispiele aus dem 18. Und 19. Jahrhundert, in: Prinz, Michael; Korhonen, Jarmo (Hrsg.): Deutsch als Wissenschaftssprache im Ostseeraum – Geschichte und Gegenwart, Akten zum Humboldt-Kolleg an der Universität Helsinki, 27. bis 29. Mai 2010, Schriftenreihe: Finnische Beiträge zur Germanistik, Bd. 27, S. 99–110.

KNIGHT, Nathaniel: Constructing the Science of Nationality. Ethnography in Mid-Nineteenth Century Russia, Ann Arbor 1997.

KOHLER, Conrad: Die Landesvermessung des Königreichs Württemberg. In wissenschaftlicher technischer und geschichtlicher Beziehung, Stuttgart 1858.

KOMKOV, Gennadij Danilovič; LEVŠIN, Boris Venediktovič; SEMĖNOV, Lev Konstantinovič: Geschichte der Akademie der Wissenschaften der UdSSR, Berlin 1981.

KONVITZ, Josef W.: Cartography in France 1660–1848. Science, Engineering, and Statecraft, Chicago [u. a.] 1987.

KRETSCHMER, Ingrid: Leonhard Eulers Beitrag zur Kartographie, in: Scharfe, Wolfgang; Jäger, Eckhard: Kartographiehistorisches Colloquium Lüneburg, Berlin 1985, S. 29–38.

KUSBER, Jan: Kulturtransfer als Beobachtungsfeld historischer Kulturwissenschaft. Das Beispiel des neuzeitlichen Russland, in: ders.; Dreyer, Mechthild, Rogge, Jörg; Hütig, Andreas (Hrsg.): Historische Kulturwissenschaften. Positionen, Praktiken und Perspektiven, Bielefeld 2010, S. 261–285.

ŁAWRYNOWICZ, Kasimir: Friedrich Wilhelm Bessel, Schriftenreihe: Vita Mathematica, Bd. 9, Basel/ Boston/Berlin 1995.

LEDONNE, John P.: The Russian Empire and the World, 1700–1917, The Geopolitics of Expansion and Containment, New York 1997.

LEDONNE, John P.: The Grand Strategy of the Russian Empire, 1650–1831, New York 2004.

LENGWILER, Martin: Praxisbuch Geschichte. Einführung in die historischen Methoden, Zürich 2011.

LEONHARD, Jörn; HIRSCHHAUSEN, Ulrike von: Empires und Nationalstaaten im 19. Jahrhundert, Göttingen 2009.

LEVICKIJ, Grigori Vasil'evič: Astronomy Jur'evskago universiteta s" 1802 po 1894 god", in: Učenyja zapiski imperatorskago Jur'evskago universiteta 8 (1900) 2, S. 64–78.

LITVIN, Aleksej Alekseevič: Sobstvennoe Ego Imperatorskogo Veličestva Depo kart i razvitie otečestvennoj kartografii v 1797–1812gg., in: Ryženkov, Michail Rafailovič (Hrsg.): Dokumental'nye relikvii rossijskoj istorii, 200–letie Voenno–istoričeskogo archiva, Moskva 1998, S. 37–53.

LIEVEN, Dominic: Empire. The Russian Empire and Its Rivals, London 2000.

LIEVEN, Dominic: Russland gegen Napoleon. Die Schlacht um Europa, München 2011.

LOGINOVA, Larisa Vladimirovna: Topografičeskie i obščegeografičeskie karty, in: Ljuty, A. A. (Hrsg.): Kartografičeskaja izučennost' Rossii (topografičeskie i tematičeskie karty), Moskva 1999, S. 9–31.

LÖW, Martina: Raumsoziologie, Frankfurt/M. 2001.

MADARIAGA, Isabel de: Katharina die Große. Das Leben der russischen Kaiserin, Wiesbaden 2004.

MAIER, Charles S.: Transformations of Territoriality. 1600–2000, in: Budde, Cornelia; Conrad, Sebastian; Janz, Oliver (Hrsg.): Transnationale Geschichte. Themen, Tendenzen und Theorien, Göttingen 2006, S. 32–55.

MAIER, Charles S.: Once within Borders. Territories of Power, Wealth, and Belonging since 1500, Cambridge [u. a.] 2016

MAURER, Trude: Hochschullehrer im Zarenreich. Ein Beitrag zur russischen Sozial- und Bildungsgeschichte, Köln [u. a.] 1998.

MERRIDALE, Catherine: Der Kreml. Eine neue Geschichte Russlands, Frankfurt/M. 2014.

MIDDELL, Matthias: Kulturtransfer und Historische Komparatistik – Thesen zu ihrem Verhältnis, in: Comparativ. Zeitschrift für Globalgeschichte und Vergleichende Gesellschaftsforschung 10 (2000) 1, S. 7–41.

MIDDELL, Matthias: Deutsch-russisch-französische Kulturbeziehungen im 18. und 19. Jahrhundert – ein Feld triangulärer Kulturtransfers, in: Riha, Ortun; Fischer, Marta (Hrsg.): Naturwissenschaften als Kommunikationsraum zwischen Deutschland und Russland im 19. Jahrhundert, Schriftenreihe: Wissenschaftsbeziehungen im 19. Jahrhundert zwischen Deutschland und Russland auf den Gebieten Chemie, Pharmazie und Medizin, Bd. 6, Aachen 2011, S. 49–72.

MILLER, Aleksej (Hrsg.): Rossijskaja imperija v sravnitel'noj perspektive. Sbornik statej, Moskva 2004.

MILOV, L[eonid] V[asil'evič]: Issledovanie ob „ekonomičeskich primečanijach" k General'nomu meževaniju, Moskva 1965.

MOGIL'NER, Marina: Homo imperii. Istorija fizičeskoj antropologii v Rossii, Moskva 2008.

MONMONIER, Mark: Eins zu einer Million. Die Tricks und Lügen der Kartographen, Basel 1996.

MORITSCH, Andreas: Landwirtschaft und Agrarpolitik in Rußland vor der Revolution 1861–1917, Schriftenreihe: Wiener Archiv für Geschichte des Slawentums und Osteuropas, Veröffentlichungen des Instituts für Ost- und Südosteuropaforschung der Universität Wien, Bd. XII, Wien 1986.

MURDIN, Paul: Die Kartenmacher. Der Wettstreit um die Vermessung der Welt, Mannheim 2010.

NADAL, Francesc; URTEAGA, Luis: Cartography and State: National Topographic Maps and Territorial Statistics in the Nineteenth Century, Schriftenreihe: Geo Critica, Nr. 88, Barcelona 1990.

NENARTOVIČ, Tomaš: Kaiserlich-russische, deutsche, polnische, litauische, belarussische und sowjetische kartographische Vorstellungen und territoriale Projekte zur Kontaktregion von Wilna

1795–1939, München 2016, URL http://geb.uni-giessen.de/geb/volltexte/2017/12435/ [Zugriff 25.05.2022].

NOVOKŠANOVA (SOKOLOVSKAJA), Zinaida Kuzminična: Karl Ivanovič Tenner, Moskva 1957.

NOVOKŠANOVA (SOKOLOVSKAJA), Zinaida Kuzminična: Fëdor Fëdororvič Šubert. Voennyj geodezist, Moskva 1958.

NOVOKŠANOVA (SOKOLOVSKAJA), Zinaida Kuzminična: Vasilij Jakovlevič Struve, Moskva 1964.

NOVOKŠANOVA (SOKOLOVSKAJA), Zinaida Kuzminična: Kartografičeskie i geodezičeskie raboty v Rossii v XIX – načale XX v., Moskva 1967.

OSTERHAMMEL, Jürgen: Imperien, in: Budde, Cornelia; Conrad, Sebastian; Janz, Oliver (Hrsg.): Transnationale Geschichte. Themen, Tendenzen und Theorien, Göttingen 2006, S. 56–67.

OSTERHAMMEL, Jürgen: Die Verwandlung der Welt. Eine Geschichte des 19. Jahrhunderts, Schriftenreihe Bundeszentrale für politische Bildung, Bd. 1044, Bonn 2010.

PÁPAY, Gyuala: Zur Herausbildung der Wissenschaftsdisziplin Kartographie, in: Guntau, Martin; Laitko, Hubert (Hrsg.): Der Ursprung moderner Wissenschaften. Studien zur Entstehung wissenschaftlicher Disziplinen, Berlin 1987, S. 213–228.

PÁPAY, Gyuala: Politik und Kartographie, in: Unverhau, Dagmar (Hrsg.): Kartenverfälschung als Folge übergroßer Geheimhaltung? Eine Annäherung an das Thema Einflußnahme der Staatssicherheit auf das Kartenwesen der DDR: Referate der Tagung des BStU vom 8.–9.03.2001 in Berlin, Münster 2006, S. 13–25.

PAPKOVSKIJ, Pëtr Pavlovič: Iz istorii geodezii, topografii i kartografii v Rossii, Moskva 1983.

PETRONIS, Vytautas: Constructing Lithuania. Ethnic Mapping in Tsarist Russia, ca. 1800–1914, Stockholm 2007.

PEREL'MAN, Aleksandr Il'ič: Vladimir Ivanovič Vernadskij, in: Esakov, Vasilij A. (Hrsg.): Tvorcy otečestvennoj nauki. Geografy, Moskva 1996, S. 318–334.

PERSSON, Gudrun: Russian Military Attachés and the Wars of the 1860s, in: Schimmelpenninck van der Oye, David; Menning, Bruce W. (Hrsg): Reforming the Tsar's Army. Military Innovation in Imperial Russia from Peter the Great to the Revolution, Cambridge 2011, S. 151–167.

PIPES, Richard E.: The Russian Military Colonies, 1810–1831, in: The Journal of Modern History, XXII (1950) 3, S. 205–219.

PISTOHLKORS, Gert von: Die Ostseeprovinzen unter russischer Herrschaft (1710/95–1914), in: ders. (Hrsg.): Deutsche Geschichte im Osten Europas. Baltische Länder, Berlin 1994, S. 266–450.

POSTNIKOV, Aleksej Vladimirovič: Razvitie krupnomasštabnoj kartografii v Rossii, Moskva 1989.

POSTNIKOV, Aleksej Vladimirovič: Contact and conflict: Russian mapping of Finland and the development of Russian cartography in the 18th and early 19th centuries, in: FENNIA. International Journal of Geography, 171 (1993) 2, S. 63–98.

POSTNIKOV, Aleksej Vladimirovič: Geografičeskie issledovanija i kartografirovanie Pol'ši v processe sozdanija „topograficeskoj karty carstva pol'skogo (1818–1843)", [deponirovanaja naučnaja rabota, Moskva 1995, unveröffentlicht. Diese Monographie befindet sich unter angegebenem Titel bei dem Verlag Paulsen in Moskau in Vorbereitung zum Druck und wird durch eine separate Faksimileausgabe des Statistischen Atlas des Zartum Polen (Statističestkij atlas Carstva Pol'skogo, Sankt Peterburg 1840) ergänzt.]

POSTNIKOV, Aleksej Vladimirovič: Karty zemel' rossijskich. Očerk istorii geografičeskogo izučenija kartografirovanija našego otečestva, Moskva 1996.

POSTNIKOV, Aleksej Vladimirovič: Fëdor Fëdorovič Šubert (1789–1865), in: Tvorcy otečestvennye nauki. Geografy, hrsg. von Esakov, Vasilij A., Moskva1996, S. 115–135.

POSTNIKOV, Alexsei Vladimirovich: Outline of the History of Russian Cartography, in: Kimitaka, Matsuzato (Hrsg.): Regions: A Prism to View the Slavic-Eurasian World, Sapporo 2000, S. 1–49.

POSTNIKOV, Alexsey Vladimirovich: Maps For Ordinary Consumers versus Maps for the Military: Double Standards of Map Accuracy in Soviet Cartography, 1917–1991, in: Unverhau, Dagmar (Hrsg.): Geheimhaltung und Staatssicherheit. Zur Kartographie des Kalten Krieges, Bd. 1, Schriftenreihe: Archiv zur DDR-Staatssicherheit, im Auftrag der Bundesbeauftragten für die Unterlagen des Staatssicherheitsdienstes der ehemaligen Deutschen Demokratischen Republik, Bd. 9.1, Berlin 2009, S. 83–106.

PREYSS, Carl Robert: Georg von Reichenbach, in: Allgemeine Vermessungsnachrichten, Zeitschrift für alle Zweige des Vermessungs-, Karten- und Liegenschaftswesens sowie für Bodenverbesserung und Landesplanung 69 (1962) 2, S. 39–48.

PREYSS, Carl Robert: Joseph von Fraunhofer, Physiker – Industriepionier, Schriftenreihe: Stöppel-Kaleidoskop, Bd. 203, München 2008.

REICH, Karin; ROUSSANOVA, Elena: Carl Friedrich Gauss und Russland: sein Briefwechsel mit in Russland wirkenden Wissenschaftlern, Schriftenreihe: Abhandlungen der Akademie der Wissenschaften zu Göttingen, Bd. 16, Berlin 2012.

REICH, Karin; ROUSSANOVA, Elena: Formeln und Sterne: Korrespondenz deutscher Gelehrter mit der Kaiserlichen Akademie der Wissenschaften zu St. Petersburg, Aachen 2013.

RENNER, Andreas: Russische Autokratie und europäische Medizin. Organisierter Wissenstransfer im 18. Jahrhundert, Schriftenreihe: Medizin, Gesellschaft und Geschichte – Beihefte (MedGG-B) 34, Stuttgart 2010.

RICH, David Alan: Building Foundations for Effective Intelligence. Military Geography and Statistics in Russian Perspective, 1845–1905, in: Schimmelpenninck van der Oye, David; Menning, Bruce W. (Hrsg.): Reforming the Tsar's Army. Military Innovation in Imperial Russia from Peter the Great to the Revolution, New York 2011, S. 168–185.

RICKENBACHER, Martin: Napoleons Karten der Schweiz. Landesvermessung als Machtfaktor, 1798–1815, Baden 2011.

RIEBER, Alfred J.: The Struggle for the Eurasian Borderlands, From the Rise of Early Modern Empires to the End of the First World War, Cambridge 2014.

RUŽICKAJA, Irina Vladimirovna: Prosveščennaja bjurokratija, 1800–1860-e gg., Moskva 2009.

RYŽENKOV, Michail Rafailovič (Hrsg.): Dokumental'nye relikvii rossijskoj istorii. 200–letie Voenno-istoričeskogo archiva, Moskva 1998.

SACK, Robert D.: Human Territoriality. Its Theory and History, Cambridge 1986.

SALIŠČEV, Konstantin Alekseevič: Osnovy kartovedenija. Čast' istoričeskaja i kartografičskie materialy, Moskva 1943 [1948; 1962].

SALIŠČEV, Konstantin Alekseevič: Wie alt sind die Begriffe Karte und Kartographie?, in: Petermanns Geographische Mitteilungen. Zeitschrift für Geo- und Umweltwissenschaften 123 (1979) 1, S. 65–68.

SALIŠČEV, Konstantin Alekseevič: Kartografija, Moskva 1982.

SCHARFE, Wolfgang: Abriss der Kartographie Brandenburgs 1771–1821, Berlin/New York 1972.

SCHENK, Frithjof Benjamin: Der spatial turn und die Osteuropäische Geschichte, in: H-Soz-u-Kult 01.06.2006, URN: http://hsozkult.geschichte.huberlin.de/forum/ 2006-06-001 [Zugriff: 23.05.2022].

SCHENK, Frithjof Benjamin: Mental Maps: Die kognitive Kartierung des Kontinents als Forschungsgegenstand der europäischen Geschichte, in: Europäische Geschichte Online (EGO), hg. vom Leibniz-Institut für Europäische Geschichte (IEG), Mainz 2013-06-05. URL: http://www.ieg-ego.eu/ [Zugriff: 25.05.2022].

SCHENK, Frithjof Benjamin: Russlands Fahrt in die Moderne. Mobilität und sozialer Raum im Eisenbahnzeitalter, Schriftenreihe: Quellen und Studien zur Geschichte des Östlichen Europa, Bd. 82, Stuttgart 2014.

SCHIMMELPENNINCK VAN DER OYE, David: Reforming Military Intelligence, in: ders.; Menning, Bruce W. (Hrsg.): Reforming the Tsar's Army. Military Innovation in Imperial Russia from Peter the Great to the Revolution, Cambridge 2011, S. 133–150.

SCHLAU, Karl-Otto: Mitau im 19. Jahrhundert, Schriftenreihe: Beiträge zur baltischen Geschichte, Bd. 15, Wedemark-Elze 1995.

SCHLÖGEL, Karl: Petersburg. Das Laboratorium der Moderne, 1909–1921, München u. Wien 2002.

SCHLÖGEL, Karl: Im Raume lesen wir die Zeit. Über Zivilisationsgeschichte und Geopolitik, München [u. a.] 2003.

SCHLÖGEL, Karl: Terror und Traum. Moskau 1937, Schriftenreihe der Bundeszentrale für politische Bildung, Bd. 733, Bonn 2008.

SCHLÖGEL, Karl: Raum und Raumbewältigung als Probleme der russischen Geschichte, in: ders. (Hrsg.): Mastering Russian Spaces. Raum und Raumbewältigung als Probleme der russischen Geschichte, Schriften des Historischen Kollegs, Kolloquien 74, München 2011, S. 1–25.

SCHLÖGEL, Karl: Das sowjetische Jahrhundert. Archäologie einer untergegangenen Welt, München 2018.

SCHNEIDER, Ute: Die Macht der Karten. Die Geschichte der Kartographie vom Mittelalter bis heute, Darmstadt 2004.

SCHRÖDER, Eberhard: Kartenentwürfe der Erde. Kartographische Abbildungsverfahren aus mathematischer und historischer Sicht, Schriftenreihe: Mathematische Schulbücherei, Bd. 128, Leipzig 1988

SCHWEIGER, Hannes; HOLMES, Deborah: Nationale Grenzen und ihre biographischen Überschreitungen, in: Fetz, Bernhard (Hrsg.): Die Biographie – Zur Grundlegung ihrer Theorie, Berlin/New York 2009, S. 385–418.

SCHWEMIN, Friedhelm: Bodes astronomisches Jahrbuch als biographische Quelle, in: Hamel, Jürgen [u. a.] (Hrsg.): Gottfried Kirch (1639–1710) und die Berliner Astronomie im 18. Jahrhundert, Schriftenreihe: Acta Historica Astronomiae, Bd. 41, Frankfurt/M. 2010.

SDVIŽKOV, Denis: Nos amis les ennemis. Über die russisch-französischen Beziehungen von der Revolution 1789 bis zum Krimkrieg 1853–1856, in: Aust, Martin; Schönpflug, Daniel (Hrsg.): Vom Gegner lernen. Feindschaften und Kulturtransfers im Europa des 19. und 20. Jahrhunderts, Frankfurt/M. 2007, S. 36–60.

SDVIŽKOV, Denis: L'Empire d'Occident Faces the Russian Empire. Inter-Imperial Exchanges and Their Reflections in Historiography, in: Planert, Ute (Hrsg.): Napoleon's Empire, European Politics in Global Perspective, New York 2016, S. 159–172.

SEEGEL, Steven: Mapping Europe's Borderlands. Russian Cartography in the Age of Empire, Chicago/London 2012.

SELLIN, Volker: Gewalt und Legitimität. Die europäische Monarchie im Zeitalter der Revolutionen, Oldenburg 2011.

ŠIBANOV, Fjodor Anisimovič: Russkaja polevaja astronomija v XVIII v., in: Kelarev, L. A.; Moiseeva, L. V. (Hrsg.): Kartografija. Učenye zapiski, Nr. 226, Serija geografičeskich nauk, H. 12, Leningrad 1958, S. 3–20.

ŠIBANOV, Fjodor Anisimovič: Očerki po istorii otečstvennoj kartografii, Leningrad 1971.

SHIBANOV, Fyodor Anisimovich: Studies in the History of Russian Cartography, Part 2, From the History of Russian Cartography in the 18th, 19th, and Early 20th Centuries, Supplement Nr. 3 to the Canadian Cartographer 12 (1975) 15.

SIILIVASK, Karl: Die Rolle der Universität Dorpat in den wissenschaftlichen Beziehungen zwischen Deutschland und Rußland während der ersten Hälfte des 19. Jahrhunderts, in: Reinhalter, Helmut (Hrsg.): Gesellschaft und Kultur Mittel-, Ost- und Südosteuropas im 18. und beginnenden 19. Jahrhundert, Schriftenreihe: Demokratische Bewegungen in Mitteleuropa 1770–1850, Bd. 11, Frankfurt/M. [u. a.] 1994, S. 257–265.

SMAGIN, Roman Jur'evič: Voenno-topografičeskaja služba v Sibiri v XIX – načale XX veka, Diss. Univ. Omsk 2015. URN: http://cheloveknauka.com/v/601402/a?#?page=1 [Zugriff: 18.06.2022].

SNEŽKO, N. G. (Hrsg.): Rossijskij gosudarstvennyj voenno-istoričeskij archiv. Istorija v dokumentach, 1797–2007, Moskva 2011.

STEGBAUER, Christian; HÄUSSLING, Roger (Hrsg.): Handbuch Netzwerkforschung, Schriftenreihe: Netzwerkforschung, Bd. 4, Wiesbaden 2010.

STRANG, Jan: Venjäjän Suomi-kuva – Vennöjö Suomen kartoittajana 1710–1942, Helsinki 2014.

Submission to the World Heritage Committee for Inscription on the World Heritage List, 2004 in: https://whc.unesco.org/uploads/nominations/1187.pdf [Zugriff: 19.06.2022].

SUCKOW, Christian: Alexander von Humboldt und Rußland. Thesen zu Biographie und Werk, in: Internationale Zeitschrift für Humboldt-Studien VI (2005) 11, S. 10–17.

SUNDERLAND, Willard: Taming the Wild Field. Colonization and Empire on the Russian Steppe, Ithaca/New York 2004.

Sunderland, Willard: Imperial Space. Territorial Thought and Practice in the Eighteenth Century, in: BURBANK, Jane; HAGEN, Mark von; REMNEV, Anatoly (Hrsg.): Russian Empire. Space, People, Power, 1700–1930, Bloomington 2007 (S. 33–66).

TAMMIKSAAR, Erki: Geografičeskie aspekty tvorčestva Karla Bêra v 1830–1840gg., Schriftenreihe: Dissertationes geographicae Universitatis Tartuensis, Bd. 11, Tartu 2000.

TAMUL, Villu: Das Professoreninstitut und der Anteil der Universität Dorpat/Tartu an den russisch-deutschen Wissenschaftskontakten im ersten Drittel des 19. Jahrhunderts, in: Benninghoven, Friedrich; Hartmann, Stefan; Irgang, Winfried [u. a.] (Hrsg.): Zeitschrift für Ostforschung, Länder und Völker im östlichen Mitteleuropa 41 (1992) 4, S. 525–542.

TARCHOV, Sergej Anatol'evič.: Istoričeskaja ėvoljucija administrativno-territorial'nogo i političeskogo delenija Rossii, in: Trejviš, Andrej Il'ič.; Artobolevskij, Sergej Sergeevič (Hrsg.): Regionalizacija i razvitie Rossii: geografičeskie processy i problemy, Moskva 2001, S. 191–213.

TARKIAINEN, Ülle: Die Vermessung Livlands, in: Laur, Mati; Brüggemann, Karsten (Hrsg.): Forschungen zur baltischen Geschichte, Bd. 5, Tartu 2010, S. 59–74.

TARKIAINEN, Ülle: Estland and Livland as Test Areas for Agricultural Innovation, in: Brüggemann, Karsten; Woodworth, Bradley D. (Hrsg.): Russland an der Ostsee. Imperiale Strategien der Macht und kulturelle Wahrnehmungsmuster (16. bis 20. Jahrhundert), Schriftenreihe: Quellen und Studien zur baltischen Geschichte, Bd. 22, Wien [u. a.] 2012, S. 345–364.

TERING, Arvo (Hrsg.): Die Beziehungen der Universität Göttingen zu Est-, Liv-, und Kurland im 18. und frühen 19. Jahrhundert, Gemeinsame Ausstellung der Universitätsbibliothek Tartu und der Niedersächsischen Staats- und Landesbibliothek Göttingen vom 19. Mai bis 16. Juni 1989, Tartu 1989.

TICHOMIROVA, M. M.: Novye dannye o kartach general'ogo meževanija Rossii, in: Sbornik statej po kartografii 9 (1961) 13, S. 101–112.

THIES, Bernhard (Hrsg.): Zwei Tapfere. Humoristische Erzählung von Anton Tschechow, Leipzig 1922.

TOKAREV, Sergej Aleksandrovič: Istorija russkoj ėtnografii, Moskva 1966.

TORGE, Wolfgang: Geschichte der Geodäsie in Deutschland, Berlin 2009.

TORKE, Hans Joachim (Hrsg): Die russischen Zaren 1547–1917, München 2012.

TROSKA, Gea: Eesti Küland XIX Sajandil (Die Dörfer Estlands im 19. Jahrhundert), Ajaloolis-Etnograafiline Uurimus, Tallin 1987.

TSVETKOV, M. A.: Cartographic results of the General Survey of Russia 1766–1861, in: Essays on the History of Russian Cartography 16th to 19th Centuries, Supplement No. 1 to Canadian Cartographer, Bd. 12, 1975, S. 91–105.

URBANSKY, Sören: Kolonialer Wettstreit. Russland, China, Japan und die Ostchinesische
Eisenbahn, Reihe: Globalgeschichte, Bd. 4, Frankfurt/M. 2008.

VAREP, Endel: C. G. Rückeri Liivimaa spetsiaalkaardist 1839, Tallin 1957.

VASIL'EV, A. A.: Obzor francuskich dokumentov-trofeev otečestvennoj vojny 1812g., chranjaščichsja
v fonde i kollekcijach voenno-učenogo archiva, in: Garuška, I. O. (Hrsg.): Dokumental'nye
relikvii rossijskoj istorii, 200–letie voenno–istoričeskogo archiva, Teil 2, Moskva 1998, S. 123–
134.

VOLLMAR, Rainer: Die Vielschichtigkeit von Karten als kulturhistorische Produkte, in: Unverhau,
Dagmar (Hrsg.): Geschichtsdeutung auf alten Karten, Archäologie und Geschichte, Wiesbaden
2003, S. 381–395.

VULPIUS, Ricarda: Das Imperium als Thema der Russischen Geschichte, in: Zeitenblicke 6 (2007) 2,
[24.12.2007], URN: urn:nbn:de:0009-9-12382 [Zugriff 28.06.2022].

WALTER, Rolf: Wirtschaftsgeschichte. Vom Merkantilismus bis zur Gegenwart, Köln/Stuttgart 2011.

WEEKS, Theodore R.: Nationality, Empire, and Politics in the Russian Empire and USSR: An
Overview of Recent Publications, in: H-Soz-u-Kult [29.10.2012], URL: http://hsozkult.geschich-
te.hu-berlin.de/forum/2012-10-001 [Zugriff: 28.06.2022].

WEISS, Claudia: Wie Sibirien „unser" wurde. Die Russische Geographische Gesellschaft und ihr
Einfluss auf die Bilder und Vorstellungen von Sibirien im 19. Jahrhundert, Göttingen 2007.

WERNER, Michael; ZIMMERMANN, Bénédicte: Vergleich, Transfer, Verflechtung. Der Ansatz der
Histoire croisée und die Herausforderung des Transnationalen, in: Geschichte und Gesellschaft 28 (2002) 4, S. 607–636.

WOOD, Denis: The Power of Maps, New York [u. a.] 1992.

ZAMOYSKI, Adam: 1812. Napoleons Feldzug in Russland, München 2012.

ZAMOYSKI, Adam: Napoleon. Ein Leben, München 2018.

ZERNACK, Klaus: Polen und Rußland. Zwei Wege in der europäischen Geschichte, Schriftenreihe:
Propyläen Geschichte Europas, Ergänzungsband, Berlin 1994.

ZERNACK, Klaus: Dorpat – Helsinki – St.Petersburg. Brennpunkte des europäischen Geistes, in: Ziessow, Karl-Heinz [u. a.] (Hrsg.): Frühe Neuzeit, Festschrift für Ernst Hinrichs, Schriftenreihe:
Studien zur Regionalgeschichte, Bd. 17, Bielefeld 2004, S. 339–350.

11.3 Nachschlagewerke, Bibliographien

ABC Kartenkunde, hrsg. von Ogrissek, Rudi, Leipzig 1983.

Allgemeine Deutsche Biographie, Bd. 42, München u. Leipzig 1897.

Allgemeines Schriftsteller- und Gelehrtenlexikon der Provinzen Livland, Esthland und Kurland, Bd.
1, bearb. von Recke, Johann Friedrich; Napiersky, Karl Eduard, Bd. 1 u. 3, Berlin 1966
[Nachdruck von 1827].

Baltisches Historisches Ortslexikon, Teil I, Estland (einschließlich Nordlivland), hrsg von: Zur
Mühlen, Heinz von, Schriftenreihe: Quellen und Studien zur baltischen Geschichte, Bd. 8/I,
Köln/Wien 1985.

Biografičeskij slovar' professorov i prepodavetelej Imperatorskago Jur'evskago byvšago Derptskago
universiteta za sto let ego suščestvovanija (1802–1902), hrsg. von Levickij, Grigorij Vasil'evič,
2 Bde., Jur'ev 1902 u. 1903.

Cartography in the Twentieth Century, hrsg. von Monmonier, Mark, Teil 1, Schriftenreihe: The
History of Cartography, Bd. 6, Chicago 2015.

Die Kartenwissenschaft. Forschungen und Grundlagen zu einer Kartographie als Wissenschaft,
hrsg. von Eckert, Max, 2. Bde., Berlin/Leipzig 1921 u. 1925.

Ėnciklopedia voennych i morskich nauk, hrsg. von Leer, Genrich Antonovič, Bd. III, Sankt Peterburg 1888.

Ėnciklopedičeskij slovar', Bde. VIII, XII, XXIVa, XXXII, XXXIV, hrsg. von Brokgauz, Fridrich Arnold; Efron, Il'ja Abramovič, Sankt Peterburg 1892–1902.

Geschichte der Behördenorganisation Russlands von Peter dem Großen bis 1917, hrsg. von Amburger, Erik, Leiden 1966.

Handbuch der Geschichte Russlands. Vom Randstaat zur Hegemonialmacht, 1613–1856, hrsg. von Zernack, Klaus, Bd. 2/II, Stuttgart 2001.

Historisches Lexikon der Sowjetunion 1917/22 bis 1991, hrsg. von Torke, Hans Joachim, München 1993.

Kartographie in Stichworten, hrsg. von Wilhemy, Herbert, Berlin/Stuttgart 2002.

Katalog Voenno-učenago archiva Glavnago upravlenija General'nago štaba, Bd. III, Sankt Peterburg 1910.

Lexikon der deutschsprachigen Literatur des Baltikums und Sankt Petersburgs. Vom Mittelalter bis zur Gegenwart, Bd. 1, Berlin und New York 2007.

Lexikon der Geschichte Rußlands. Von den Anfängen bis zur Oktober-Revolution, hrsg. von Torke, Hans Joachim, München 1985.

Lexikon zur Geschichte der Kartographie. Von den Anfängen bis zum Ersten Weltkrieg, hrsg. von Kretschmer, Ingrid; Dörflinger, Johannes; Wawrik, Franz, Bd. 1, Wien 1986, Schriftenreihe: Arnberger, Erik; Kretschmer, Ingrid (Hrsg.): Die Kartographie und ihre Randgebiete. Enzyklopädie, Bd. C/1.

Lexikon der Kartographie und Geomatik in zwei Bänden, hrsg. von Bollmann, Jürgen; Koch, Wolf Günther, Heidelberg/Berlin 2001/2002.

Meyers Großes Konversations-Lexikon. Ein Nachschlagewerk des allgemeinen Wissens, Bde. 6, 11, 12, Leipzig u. Wien 1904–1905.

Polnaja ėnciklopedija russkago sel'skago chozjajstva, hrsg. von: Devrien, Al'fred Fëdorovič, Bd. III, Sankt Peterburg 1900.

Polnoe sobranie zakonov Rossijskoj imperii, Reihe I (1649–1825), Bde. 15, 16, 17, 20, 21, 22, 24, 25, 26, 27, 32, 33, 37, 38, 43, 44, Sankt Peterburg 1830; Reihe II (1825–1881), Bde. 1, 7, 10, 12, 13, 22, 24, 37, 39, 40, 41, 43, 52; Reihe III: (1881–1913), Bde. 7, 13, 15, 19.

Rossija, Ėnciklopedičeskij slovar', Sankt Peterburg 1898, [Nachdruck, Leningrad 1991].

Rossijskij gosudarstvennzj voenno istoričeskij archiv, putevoditel' v 4-ch tomach, Moskva 2006–2009.

Russkaja ėnciklopedia, Band 6, Sankt Peterburg [1913].

Slovar' russkogo jazyka XVIII veka, Bd. 6, Leningrad 1991.

Tvorcy otečestvennoj nauki. Geografy, Moskva 1996.

Ukazatel' kartografičeskoj literatury, vysšej v Rossii. S 1800 po 1917 god, Leningrad 1961.

Ukazatel' k izdanijam Imperatorskago russkago geografičeskago obščestva i ego otdelov s 1846 po 1875 god, Sankt Peterburg 1886.

Versuch eines Quellenanzeigers alter und neuer Zeit für das Studium der Geographie, Topographie, Ethnographie und Statistik des Russischen Reiches, Bd. 1, Teil 1: Landkarten, Pläne und Monographien, Sankt Petersburg 1849; Teil 2: Bibliographie, Sankt Petersburg 1851.

Voennaja Ėnciklopedia, Bde. VII, XII, XVI, Sankt Peterburg 1912–1914.

Voennyj ėnciklopedičeskij leksikon, Bde. VIII, XII, Sankt Petersburg 1855–1857.

Voennyj slovar'. Zaključajuščij najmenovanija ili terminy, v rossijskom suchopytnom vojske upotrebljaemye: S pokazaniem roda nauki, k kotoromy prinadležat, iz kakogo jazyka vzjaty, kak mogut byt' perevedeny na rossijskoj, kakoe onych upotreblenie i k čemu služat, Moskva 1818.

Vysšie i central'nye gosudarstvennye učreždenija Rossii 1801–1917, 4 Bde., Sankt Peterburg 1998–2004.

Wesen und Aufgaben der Kartographie, Topographische Karten (Aufnahme; Entwurf Topographischer und geographischer Karten; Kartenwerke), Teil 1, Schriftenreihe: Arnberger, Erik (Hrsg.):
Die Kartographie und ihre Randgebiete, Bd. I, Wien 1975.

12 Abkürzungsverzeichnis

Abt.	Abteilung/otdelenie (bei bibliographischen Angaben)
č.	čast'/Teil (bei Aktenangaben)
BAN	Biblioteka Akademii nauk (Bibliothek der Akademie der Wissenschaften, Sankt-Petersburg)
BSB	Bayerische Staatsbibliothek, München
EAA	siehe ERA
ed. chr.	edinica chranenija / Aufbewahrungseinheit (Archivierungskategorie)
ERA	Rahvusarhiiv, Tartu (Estnisches Nationalarchiv, Tartu), bis 2016 Eesti ajalooarhiiv (EAA), die Angabe der Signaturen erfolgt teilweise weiterhin unter der Abkürzung EAA.
f.	(Archiv-) Fonds / (Akten-/ Archiv-)Bestand
FB Gotha	Forschungsbibliothek Gotha
FN	Fußnote
GAO	Glavnaja astronomičeskaj observatorija (Hauptsternwarte, Pulkovo)
GGK	Glavnyj geodezičeskij komitet / Geodätisches Haupt-Komitee (1928–1930)
GGU	Glavnoe geodezičeskoe upravlenie / Geodätische Hauptverwaltung (1930– 1932)
GK	Geodezičeskij komitet / Geodätisches Komitee (1926–1928)
GGGGU	Glavnoe geologo-gidro-geodezičeskoe upravlenie / Geologisch-Hydrographisch-Geodätische Hauptverwaltung (1933–1935)
GOĖLRO	Gosudarstvennaja Komissija po ėlektrifikacii Rossii / Staatliche Kommission zur Elektrifizierung Russlands
GUGK	Glavnoe upravlenie geodezii i kartografii / Hauptverwaltung für Geodäsie und Kartographie (1938–1991)
GUGSK	Glavnoe Upravlenie gosudarstvennoj s"emki i kartografii / Hauptverwaltung für Landesaufnahme und Kartographie (1935–1938)
GULag	Glavnoe Upravlenie ispravitel'no-trudovych lagerej i kolonij / Hauptverwaltung der Besserungsarbeitslager
HI	Herder-Institut für historische Ostmitteleuropaforschung (Marburg)
IRGO	Imperatorskoe russkoe geografičeskoe obščestvo / Kaiserliche Russische Geographische Gesellschaft (1850–1917)
KEPS	Komissija po izučeniju estestvennych proizvoditel'nych sil / Kommission zur Erforschung der natürlichen Produktionsmittel
KVT	Korpus voennych-topografov/ Militär-Topograpgen-Korps
KVT RKKA	Korpus voennych topografov raboče-krest'janskoj krasnoj armii / Militär-Topograpgen-Korps der Roten Arbeiter- und Bauern-Armee
l.	list / Blatt (bei Aktenangaben)
MGI	Ministerstvo gosudarstvennych imuščestv / Ministerium für Reichsdomänen
NA RGO	Naučnyj archiv Russkogo geografičeskogo obščestva / Wissenschaftliches Archiv der Russischen Geographischen Gesellschaft
NĖP	Novaja ėkonomičeskaja politika / Neue Ökonomische Politik
NKVD	Narodnyj komissariat vnutrennych del / Volkskommissariat für innere Angelegenheiten
N. N.	Namentlich nicht bekannte Person
n. S.	neuer Stil (Datumsangabe nach dem Gregorianischen Kalender)
ob.	oborotnyj / verso (bei Aktenangaben)
op.	opis' / Verzeichnis, Inventar (Archivierungskategorie)
PSZ	Polnoe sobranie zakonov Rossijskoj imperii / Vollständige Gesetzes-Sammlung des Russländischen Imperiums

RGB	Rossijskaja gosudarstvennaja biblioteka / Russländische Staatliche Bibliothek (Moskau)
RNB	Rossijskaja nacional'naja biblioteka / Russländische Nationalbibliothek (Sankt Petersburg)
SBB	Staatsbibliothek zu Berlin
SPF ARAN	Sankt-Peterburgskij filial archiva Rossijskoj akademii nauk / Sankt Petersburger Filiale des Archivs der Russländischen Akademie der Wissenschaften
RGO	Russkoe geografičeskoe obščestvo / Russische Geographische Gesellschaft (1845–1850)
RGVIA	Rossijskij gosudarstvennyj voenno-istoričeskij archiv / Russländisch Staatliches Militär-Historisches Archiv
RKKA	Raboče-krest'janskaja krasnaja armija / Rote Arbeiter- und Bauern-Armee
RSFSR	Rossijskaja sovetskaja federativnaja socialističeskaja respublika / Russländische Sozialistische Föderative Sowjetrepublik
ThULB	Thüringer Universitäts- und Landesbibliothek
UB	Universitätsbibliothek
UdSSR	Sojuz sovetskich socialističeskich respublik / Union der Sozialistischen Sowjetrepubliken
URL	Uniform Resource Locator / Einheitlicher Ressourcenanzeiger (lokalisiert z. B. eine Webseite als Adresse einer Ressource)
URN	Uniform Resource Name / Einheitlicher Name für Ressourcen (gibt den konkreten Namen einer Ressource an)
VGU	Vysšee geodezičeskoe upravlenie / Oberste geodätische Verwaltung (1919–1926)
VSNCh	Vysšij sovet narodnogo chozjajstva / Oberster Volkswirtschaftsrat

13 Abbildungsnachweis

Vorsatz: Ausschnitt: Otčetnaja karta planov i kart krupnago masštaba Evropejskoj Rossii, sostavlennych i izdannych Korpusom Voennych Topografov k 1918g., Maßstab 1 : 840.000 (Karte), in: AUZAN, A. I. (Hrsg.): Kratkij doklad o rabotach Korpusa voennych topografov, predstavlennyj v mežduvedomstvennuju komissiju po obedineniju s"emočnych rabot, objazannuju pri Rossijskoj akademii nauk v 1917 godu, Moskva 1919, Anhang. (RNB, 37.54.2.334)

Nachsatz: Otčetnaja karta planov i kart krupnago masštaba Aziatskoj Rossii, sostavlennych i izdannych Korpusom voennych topografov k 1918g., Maßstab 1 : 12.000.000 (Karte), in: AUZAN, A. I. (Hrsg.): Kratkij doklad o rabotach Korpusa voennych topografov, predstavlennyj v mežduvedomstvennuju komissiju po obedineniju s"emočnych rabot, objazannuju pri Rossijskoj akademii nauk v 1917 godu, Moskva 1919, Anhang. (RNB, 37.54.2.334)

Abb. 1: Geometričeskaja karta Kalužskago namestničestva, in: Atlas Kalužskago namestničestva, sostojaščago iz dvenadcati gorodov I uezdov, obmeževannago v blagopolučnoe carstvovanie Imp. Ekateriny Alekseevny II učreždennym ot E. I. V. k pol'ze i spokojstviju vernopodannych jeja gosudarstvennym zemel' razmeževaniem, Sankt Peterburg 1782, Karte 1. (RNB, К 1-Цтр 9/1)

Abb. 2: Topografičeskaja meževaja karta Tverskoj gubernii Kaljazinskago uezda, Maßstab 1 : 84.000, Moskau 1853, Bl. XII. 7. (SBB, Kart. Q 18928)

Abb. 3: Razdelenie Rossii na Inspekcii v 1798 godu (Karte), in: MILJUTIN, D.: Istorija vojny 1799 goda meždu Rossiej i Franciej v carstvovanie Imperatora Pavla I., Bd. I, Sankt Peterburg 1857, Anhang, Karte Nr. 2. (SBB, Ue 4800/4-1<2>)

Abb. 4: Obščij vid Pulkovskoj observatorii, o. J., in: Brokgauz, F. A.; Efron, I. A. (Hrsg.): Ėnciklopedičeskij slovar', Bd. XXI^A, Sankt-Peterburg 1897, S. 598/589 (SBB, OE LS DA a 101–42)

Abb. 5: Reichenbach's Universalinstrument, 1812–19, in: REPSOLD, Johann Adolf: Zur Geschichte der astronomischen Messwerkzeuge, Bd. 1, Köln 2004, S. 103, Fig. 142. [Fassung von 1908 überarbeitet und korrigiert von Günther M. Schmidt]. (SBB, HA 13 Qa 3121–1)

Abb. 6: (Novaja) Special'naja Karta Evropejskoj Rossii, 177 Blätter, Maßstab 1 : 420.000, Sankt Peterburg 1863–1917, Bl. 26 (1910). (SBB, Kart. Q 11948)

Abb. 7: Uebersicht der zur russischen Gradmessung ausgewählten Dreiecke, in: Brief des Herrn Professors Struve an den Herausgeber, in: Astronomische Nachrichten 2 (1824) 33, Sp. 152, Anlage. (SBB, 4″ Oh 1806-1/2=1/48+Beil.1823/24<a>)

Abb. 8: Sbornoj list Voennoj-topografičeskoj karty Kovenskoj i Vilenskoj gubernii, 1861g. 3 ver. V 1^m d. (SBB, Kart. Q 11911)

Abb. 9: Ohne Titel, in: [Šubert, Fëdor Fëdorovič]: O masštabach, naibolee udobnych dlja s"emok i kart, in: Voennyj žurnal, (1858) 4, S. 290–306, Anhang. (RGB, FB XVI 67/30)

Abb. 10: Karte vom europäischen Russland zur Übersicht der Generalvermessungen und Mende-Aufnahmen, 2018 vom Autor bearbeitet, auf Grundlage von: Karta Evropejskoj Rossii s pokazaniem General'nago Meževanija proizvedennago s 1765 po 1822g., in: N. N.: Istoričeskij očerk dejatel'nosti Korpusa voennych topografov, Sankt Peterburg 1872, Anhang. (RNB, 18.123.2.4)

Abb. 11: Karte vom europäischen Russland zur Übersicht der bis zum J. 1858 ausgeführten trigonometrischen & astronomischen Arbeiten, in: BLARAMBERG, Johann von: Die grossen topographischen Arbeiten des Europäischen Russlands, in: Petermann, August Heinrich (Hrsg.) Mittheilungen aus Justus Perthes' Geographischer Anstalt über wichtige neue Erforschungen auf dem Gesammtgebiete der Geographie, 4 (1858), Tafel 9. (Forschungsbibliothek Gotha der Universität Erfurt, Signatur: SPA 4° 00100 (004))

Abb. 12: Karte vom europäischen Russland zur Übersicht der bis zum J. 1858 Ausgeführten topographischen Aufnahmen (1858), in: BLARAMBERG, Johann von: Die grossen topographischen Arbeiten des Europäischen Russlands, in: Petermann, August Heinrich (Hrsg.) Mittheilungen aus Justus Perthes' Geographischer Anstalt über wichtige neue Erforschungen auf dem Gesammtgebiete der Geographie, 4 (1858), Tafel 8. (Forschungsbibliothek Gotha der Universität Erfurt, Signatur: SPA 4° 00100 (004))

Abb. 13: Übersicht der ausführlichen Charte des Russischen Reichs in 100 Blättern entworfen bey dem Kais. Charten_Depôt in St. Petersburg, in: Allgemeine Geographische Ephemeriden 19 (1806), Karte K01. (Thüringer Universitäts- und Landesbibliothek Jena, Signatur: 8 Geogr. I, 87)

Abb. 14: Tableau d'assemblage de la Carte de la Russie Européenne en LXXVII Feuilles, exécutée au Dépôt général de la Guerre, Paris 1812. (SBB, Kart. Q 11838)

Abb. 15: Podrobnaja karta Rossijskoj imperii i bliz ležaščich zagraničnych vladenij, 114 Blätter, Maßstab 1:840.000, Sankt Peterburg 1801–1816, Bl. 35. (SBB, Kart. Q 11210)

Abb. 16: Karta Kalužskoj gubernii iz 9 uezdov, in: Rossijskoj atlas iz soroka trech kart sostojaščij i na sorok odnu guberniju Imperiju razdeljajuščij, izdan pri geografičeskom departamente, Sankt Peterburg 1800. (SBB: Kart. Q 11192<1800>)

Abb. 17: Geometričeskaja karta Kalužskago namestničestva, in: Atlas Kalužskago namestničestva, sostojaščago iz dvenadcati gorodov I uezdov, obmeževannago v blagopolučnoe carstvovanie Imp. Ekateriny Alekseevny II učreždennym ot E. I. V. k pol'ze i spokojstviju vernopodannych jeja gosudarstvennym zemel' razmeževaniem, Sankt Peterburg 1782, Karte 1. (RNB К 1-Цтр 9/1)

Abb. 18: Podrobnaja karta Rossijskoj imperii i bliz ležaščich zagraničnych vladenij, 114 Blätter, Maßstab 1:840.000, Sankt Peterburg 1801–1816, Bl. 26. (SBB, Kart. Q 11210)

Abb. 19: Carte de la Russie Européenne, Traduite et gravée par ordre du Gouvernement, au dépôt général de la guerre en 1812, 1813, 1814 d'après La Carte Russe en 104 Feuilles, [77 Blätter, Maßstab 1:500.000], Paris 1812–1814, Bl. B-6. (SBB, Kart. Q 11838)

Abb. 20: Podrobnaja karta Rossijskoj imperii i bliz ležaščich zagraničnych vladenij, 114 Blätter, Maßstab 1:840.000, Sankt Peterburg 1801–1816,Bl. 29. (SBB, Kart. Q 11211)

Abb. 21: Podrobnaja karta Rossijskoj imperii i bliz ležaščich zagraničnych vladenij, 114 Blätter, Maßstab 1:840.000, Sankt Peterburg 1801–1816, Bl. 84. (SBB, Kart. Q 11210)

Abb. 22: Podrobnaja karta Rossijskoj imperii i bliz ležaščich zagraničnych vladenij, 114 Blätter, Maßstab 1:840.000, Sankt Peterburg 1801–1816, Bl. 30ᵃ. (SBB, Kart. Q 11210)

Abb. 23: Podrobnaja karta Rossijskoj imperii i bliz ležaščich zagraničnych vladenij, 114 Blätter, Maßstab 1:840.000, Sankt Peterburg 1801–1816, Bl. 51. (SBB, Kart. Q 11210)

Abb. 24: Carte de la Russie Européenne, Traduite et gravée par ordre du Gouvernement, au dépôt général de la guerre en 1812, 1813, 1814 d'après La Carte Russe en 104 Feuilles, [77 Blätter, Maßstab 1:500.000], Paris 1812–1814, Bl. D-11. (SBB, Kart. Q 11838)

Abb. 25: Sbornoj list tablica Special'noj karty zapad. časti Rossii, Sankt Peterburg 1832. (SBB, Kart. Q 11861)

Abb. 26: Semitopgrafičeskaja karta inostrannych vladenij po zapadnoj granice Rossijskoj imperii, 1811–1820g., 95 Blätter, 1:252.000, Bl. 11. (SBB, Kart. F 6761/1)

Abb. 27: Special'naja karta zapadnoj časti Rossijskoj imperii, 62 Blätter, Maßstab 1:420.000, Sankt Peterburg 1826–1840, Bl. XXII. (SBB, Kart. Q 11861)

Abb. 28: Carte de la Russie (d'après la Carte de l' Etat-Major Russe), 35 Blätter, Maßstab 1:424.000, Paris 1854–1856, Bl. XXII. (SBB, Kart. Q 11920)

Abb. 29: Bearbeiteter Ausschnitt: Karta Rajonov poslednych s"emok proizvedennych korpusom voennych topografov, in: AUZAN, A. I. (Hrsg.): Kratkij doklad o rabotach Korpusa Voennych Topografov, predstavlennyj v mežduvedomstvennuju komissiju po obedineniju s"emočnych rabot, objazannuju pri Rossijskoj akademii nauk v 1917 godu, Moskva 1919, Anhang. (RNB, 37.54.2.334)

Abb. 30: Special'naja karta zapadnoj časti Rossijskoj imperii, 62 Blätter, Maßstab 1:420.000, Sankt Peterburg 1826–1840, Bl. XXXIII. (SBB Kart. Q 11861)

Abb. 31: Special'naja karta zapadnoj časti Rossijskoj imperii, 62 Blätter, Maßstab 1:420.000, Sankt Peterburg 1826–1840, Bl. XLVI. (SBB, Kart. Q 11861)

Abb. 32: Ausschnitt aus: Raspoloženie častej i listov Podrobnoj karty Rossii, Sankt Peterburg o. J. (SBB, Kart. Q 11211)

Abb. 33: Sbornoj list tablica Special'noj karty zapad. časti Rossii, Sankt Peterburg 1832. (SBB, Kart. Q 11861)

Abb. 34: Karta Evropejskoj Rossii i Kavkazskago kraja, [12] Blätter, 1:680.000, Sankt Peterburg 1879, Bl. IV. (SBB, Kart. Q 11938)

Abb. 35: Special'naja karta zapadnoj časti Rossijskoj imperii, 62 Blätter, Maßstab 1:420.000, Sankt Peterburg 1826–1840, Bl. LVI. (SBB, Kart. Q 11861)

Abb. 36: Carte de la Russie (d'après la Carte de l' Etat-Major Russe), 35 Blätter, Maßstab 1:424.000, Paris 1854–1856, Bl. LVI. (SBB, Kart. Q 11920)

Abb. 37: Karta carstva Polskago, služaščaja k prodolženiju Podrobnoj Karty Rossii, 6 Blätter, Maßstab 1:840.000, Sankt Peterburg 1816, Bl. 4. (SBB, Kart. Q 16710a)

Abb. 38: Specialcharte von Livland, sechs Blätter, Maßstab 1:184.275, Sankt Petersburg 1839, Bl. VI. (SBB, Kart. Q 16236)

Abb. 39: Sbornyj list Semitopografičeskoj karty Lifljandii [1839]. (SBB, Kart. Q 16236)

Abb. 40: Charte der Astronomisch-trigonometrischen Vermessung Livlands, Supplement zu: Struve, Friedrich Georg Wilhelm: Resultate der in den Jahren 1816 bis 1819 ausgeführten astronomisch-trigonometrischen Vermessung Livlands, in: Mémoires de l'academie impériale des sciences de Saint-Pétersbourg, sciences mathématiques et physiques, Bd. 4, St.-Pétersbourg 1850, Bl. 1. (SBB, 4" Ab 5406;1-4=6.1850)

Abb. 41: Charte von den Hofs und Bauer Ländereyen des privaten Gutes Lustifer. Gelegen im Rigischen Gouvernement, Pernauschen Kreise, und Oberpahlens Kirchspiele, nach vorhergegangener Speciellen Messung, berechnet, gravirt und eingeteilt, worüber diese Charte angefertigt im Jahre 1822 durch Kreis-Revisor des Dörptschen Kreises C. C. Anders. (RA, EAA.2072.9.513, Bl. 2)

Abb. 42: Specialcharte von Livland, sechs Blätter, Maßstab 1:184.275, Sankt Petersburg 1839, Bl. I. (SBB, Kart. Q 16236)

Abb. 43: Specialcharte von Livland, sechs Blätter, Maßstab 1:184.275, Sankt Petersburg 1839, Bl. II. (SBB, Kart. Q 16236)

Abb. 44: Atlas von Liefland oder von den beyden Gouvernementern u. Herzogtümern Lief- u. Esthland u. der Provinz Oesel, Riga 1791–1798 und Leipzig 1808, Karte Nr. 5, Der Werrosche Kreis. (SBB, Kart. Q 15663/2)

Abb. 45: Geom. Charte von dem zum privat Guthe Schlos Sagnitz gehörigen Dorfe Sagnitz (1814). (RA, EAA.1874.1.2540)

Abb. 46: Special'naja karta zapadnoj časti Rossijskoj imperii, 62 Blätter, Maßstab 1 : 420.000, Sankt Peterburg 1826–1840, Bl. XVII. (SBB, Kart. Q 11861)

Abb. 47: Atlas von Liefland oder von den beyden Gouvernementern u. Herzogtümern Lief- u. Esthland u. der Provinz Oesel, Riga 1791–1798 und Leipzig 1808, Karte Nr. 3, Der Wolmarsche Kreis. (SBB, Kart. Q 15663/2)

Abb. 48: Sbornaja tablica list Trechverstnoj karty, in: Adrianov [Vladimir Nikolaevič]: Uslovnye znaki voenno-topografičeskich kart (1, 2 i 3-ch verstnych), Sankt Peterburg [1912], Anhang. (RNB, К Усл/58)

Abb. 49: Sbornaja tablica listov Dvuchverstnoj karty Evropejskoj Rossii; Sbornaja tablica listov Odnoverstnoj karty in: ADRIANOV [Vladimir Nikolaevič]: Uslovnye znaki voenno-topografičeskich kart (1, 2, i 3-ch verstnych), Sankt Peterburg [1912], Anhang. (RNB, К Усл/58)

Abb. 50: Sbornaja tablica listov Dvuchverstnoj karty Aziatskoj Rossii, in: ADRIANOV [Vladimir Nikolaevič]: Uslovnye znaki voenno-topografičeskich kart (1, 2, i 3-ch verstnych), Sankt Peterburg [1912], Anhang. (RNB, К Усл/58)

Abb. 51: Čert. 390, in: VITKOVSKIJ, V.: Topografija, Petrograd 1915, S. 587. (Im Besitz des Autors)

Abb. 52: Topografičeskaja karta carstva Pol'skago, [28 Blätter], Maßstab 1 : 126.000, Sankt Peterburg 1839–1843, Bl. Kol. V/ Sek. VI. (SBB, Kart. Q 16761)

Abb. 53: Obrazec Trechvertnoj karty, in: ADRIANOV [Vladimir Nikolaevič]: Uzlovnye znaki voenno-topografičeskich kart (1, 2, i 3-ch verstnych), Sankt Peterburg [1912], Anhang. (RNB, К Усл/58)

Abb. 54: Sbornaja Tablica Special'noj karty Evropejskoj Rossii, Sankt Peterburg 1913. (SBB, Kart. Q 11948)

Abb. 55: Special'naja karta zapadnoj časti Rossijskoj imperii, 62 Blätter, Maßstab 1 : 420.000, Sankt Peterburg 1826–1840, Bl. XLI. (SBB, Kart. Q 11861)

Abb. 56: (Novaja) Special'naja karta Evropejskoj Rossii, 177 Blätter, Maßstab 1 : 420.000, Sankt Peterburg 1863–1917, Bl. 31 (1915). (SBB, Kart. Q 11948)

Abb. 57: Generalkarte von Mitteleuropa, 265 Blätter, Maßstab 1 : 200.000, Wien 1887–1960, Bl. „48° 50° Kijew" (30. III. 1916). (Herder Institut, Kartensammlung, K1 II L65)

Abb. 58: Übersichtskarte von Mitteleuropa, Maßstab 1 : 300.000, Berlin 1893–1945, Bl. W 51, Kijew (1916). (SBB, Kart. F 6597)

Abb. 59: (Novaja) Special'naja karta Evropejskoj Rossii, 177 Blätter, Maßstab 1 : 420.000, Sankt Peterburg 1863–1917, Bl. 79 (1907). (SBB, Kart. Q 11948)

Abb. 60: Odna iz služebnych zal Voenno-topografičeskago otdela vo vremja vojny, in: Ežemesjačnik Korpusa voennych topografov, 1 (1918) 1, S. 22. (RNB, П11/1047)

Abb. 61: Sbornaja tablica kart Aziatskoj Rossii, in: Adrianov [Vladimir Nikolaevič]: Uslovnye znaki voenno-topografičeskich kart (1, 2 i 3-ch verstnych), Sankt Peterburg [1912], Anhang. (RNB, К Усл/58)

Abb. 62: Karta voennych okrugov Aziatskoj Rossii, in: Atlas Aziatskoj Rossii, Sammelwerk: Aziatskaja Rossija, Atlasband, Sankt Peterburg 1914, Karte 11. (SBB, 2″ Kart. D 2320)

Abb. 63: 10-ti Verstnaja karta Evropejskoj časti S. S. S. R. i prilegajuščich gosudarstv o. O. o. J. [Moskva 1926–1930] (SBB, Kart. Q 11948)

Abb. 64: KLIMAŠEVSKIJ, A.: K voprosy sekretnosti kart, in: Geodezist 2 (1927) 8, S. 71.

14 Namenregister

15 Ortsregister

Литогр. Картогр. Зав.
Военно-Топографическаго Отдѣла.
ПЕТРОГРАДЪ.

Обозначеніе красокъ картъ разныхъ масштаб

	Карта въ масштабѣ *1 верстъ въ дюймѣ.*	Карта въ масштабѣ *10 верстъ въ дюймѣ.*
	" 2 "	" 20 "
	" 5 "	" 40 "

Zeitfracht Medien GmbH
Ferdinand-Jühlke-Straße 7
99095 Erfurt, Deutschland
produktsicherheit@kolibri360.de